普通高等教育"十一五"国家级规划教材
高职高专计算机系列规划教材

高等数学

（第3版）

钱椿林 主编

電子工業出版社
Publishing House of Electronics Industry
北京·BEIJING

内 容 简 介

本书是普通高等教育“十一五”国家级规划教材，是根据教育部最新制定的《高职高专高等数学课程教学基本要求》编写的。全书共 15 章。在介绍函数和极限概念的基础上，利用极限概念分别引出了导数与积分的运算及其方法，利用微积分解决工程技术、经济领域与其他实际问题的方法，将常微分方程、无穷级数与矩阵等内容应用于解决实际问题的方法，最后介绍了利用数学实验去解决实际问题或者解决比较复杂的微积分问题的方法。

本书注重突出应用，各章通过例题，介绍解题思路，学会建立数学模型的方法。每章都有小结，其内容为本章的基本概念、基本定理、基本方法；其疑点解析的目的是为了巩固所学知识，逐步提高读者用高等数学的方法去分析问题和解决问题的能力。

本书既可作为计算机学科和工程各专业高职高专的教材，也可供有关经济专业的师生和科技工作者阅读和参考。

图书在版编目(CIP)数据

高等数学/钱椿林主编．—3 版．—北京：电子工业出版社，2010.12
高职高专计算机系列规划教材　普通高等教育“十一五”国家级规划教材
ISBN 978-7-121-11856-2

Ⅰ．①高…　Ⅱ．①钱…　Ⅲ．①高等数学—高等学校：技术学校—教材　Ⅳ．①O13

中国版本图书馆 CIP 数据核字（2010）第 182587 号

责任编辑：吕　迈（lumai@phei.com.cn）
印　　刷：北京丰源印刷厂
装　　订：三河市鹏成印业有限公司
出版发行：电子工业出版社
　　　　　北京市海淀区万寿路 173 信箱　邮编　100036
开　　本：787×1092　1/16　印张：21　字数：538 千字
印　　次：2010 年 12 月第 1 次印刷
印　　数：3000 册　定价：35.00 元

第3版前言

为了适应高职高专教育发展的需要，我们根据高职高专计算机系列教材出版规划的要求对2006年的第2版进行了修订。具体修订内容如下：

1．删改了一些较难的例题，将一些较难的推导做了进一步简化或压缩，注意与学生具备的数学知识相衔接，并注意使分析和解题过程更加清晰而便于理解。

2．在第5章中，新增加一节：导数在经济中的应用，增加了微分方法在经济中应用的例题与习题，强调了微分方法的实际应用。

3．在第8章中，新增加一节：定积分在经济领域中的应用举例，增加了积分方法在经济领域中应用的例题与习题，强调了积分方法的实际应用。

4．在第14章中，新增加三个方面的应用问题，即流动问题、交通流量问题和矩阵在密码编制中的应用等，增加了矩阵方法在实际中应用的例题与习题，强调了矩阵方法的实际应用。

5．改正了第8章和第12章中个别例题中的错误，对于其他小错误一一也做了改正。

6．最后增加了一个初等数学公式的附录，这些公式在学习高等数学时经常要用到，同时还可以将这些初等数学公式与高等数学更好地联系起来，有助于更好地掌握高等数学方法。

通过这次修订，我们主要强调高等数学方法的实际应用，特别注意在经济方面的实际应用，并且保持了第2版教材的风格与体系，读者使用起来会感觉更方便，更适用。

本次修订（在第2版基础上）由钱椿林完成，不足之处敬请读者批评指正。

编　者

2010年10月

第2版前言

本书是普通高等教育“十一五”国级规划教材（高职高专教育）。

本书是中国计算机学会大专教育学会大专计算机教材编委会编写计划系列教材之一，并由大专计算机教材编审委员会负责征稿、审定、推荐出版。

在科学技术的研究中，数学方法是一种必不可少的研究方法。数学方法不但广泛应用于自然科学领域的研究活动中，而且也广泛渗透到其他的研究活动中。所谓数学方法，就是运用数学所提供的概念、理论和方法对所研究的对象进行定量的分析、描述、推导和计算，以便从量的关系上认识事物发展变化的规律性的方法。但是，必须说明，这里所说的数学方法，不是指数学家研究数学的方法，而是指除此之外的科研人员以数学概念和理论揭示所研究事物的内在联系和运动规律的方法。

在科学技术的研究中，定量分析和精确计算是掌握客观规律的根本途径。而数学方法是对客观事物进行定量分析和精确计算的重要手段。由于数学具有高度的抽象性、严密的逻辑性、严格的确定性和广泛的适用性的特点，由于它自身在长期的发展中创造了一系列的概念、理论和方法，再加上电子计算机的出现和运用，使得数学方法能适应现代科学技术发展的要求，在科学技术研究中起着越来越重要的作用。

本书所介绍的高等数学方法，称为高等数学，它是一种最基本最重要的数学方法。因此，高等数学是高职高专各专业必修的一门重要基础课，它的内容主要包括一元函数微积分学，多元函数微积分学，微分方程，无穷级数，矩阵等等，其核心内容是微积分。本书在介绍函数和极限的概念基础上，利用极限分别引出了导数与积分的运算及其方法，利用微积分解决工程技术与其他实际问题的方法，常微分方程、无穷级数与矩阵等内容应用于解决实际问题的方法，利用数学软件包去解决实际问题或者解决比较复杂的微积分问题的方法，为后继课程的学习打下良好基础。

为满足高职高专院校培养技术应用性人才的需要，贯彻“以能力为主线，必需、够用为度”的原则，结合多年从事在高等数学方面的科研和教学改革的经验，将高等数学、矩阵两部分内容融合在一起，编写了适应高职高专院校计算机专业与工科类各专业的《高等数学》教材，这本教材具有以下几个特点：

1．依据《高职高专高等数学课程教学基本要求》，内容必须覆盖高职高专学校计算机专业与工科类各专业对高等数学的需求。

2．贯彻“掌握概念、强化应用”的教学原则。掌握概念要落实到用数学思想及数学概念结合工程实际方面上；强化应用要落实到使学生能运用所学数学方法求解数学模型上。注重学生掌握基本概念，学会用数学方法建模，运用计算机的数学软件包求解。

3．对难度较大的基础理论不要求严格的论证，只作简单的几何说明。

4．适当注意数学自身的系统性与逻辑性。

5．注意到与实际应用联系较多的基础知识、基本方法和基本技能的训练，但不要求过分复杂的计算和变换。

6．在教学内容上注意到对学生抽象概括能力、逻辑推理能力、自学能力、熟练的运算能力和分析问题、解决问题的能力培养，并对解题的步骤和思路进行适当的归纳。

7．依据《高职高专高等数学课程教学基本要求》所编写的本教材，有较宽的适用面，也可以适用于经济类专业。

8．每章末都有本章小结，包括内容提要，疑点解析两部分，以方便学生复习巩固，并突出对于数学方法的总结，以利于提高学生用高等数学的方法去分析问题和解决问题的能力。

9．书中全部的数学实验均在 Mathmatica 4.0 平台上进行编写，形式上采用了实验指导书的形式，包括了实验目的与任务、实验内容与实验步骤，使学生上机实验更容易方便。书中所有实验项目全部在 Mathmatica 4.0 系统中运行通过。

本书由钱椿林任主编，参编人员为邬枫（第 2 章至第 5 章）、吴平（第 6 章至第 10 章）、沈京一（第 15 章）、钱椿林（第 1 章及第 11 章至第 14 章）。全书由钱椿林修改并定稿。

在编写本书的过程中，俞泳薇副教授对本书稿提出了许多有价值的意见；赵一鸣副教授、王平一副教授、徐遵副教授对本书稿提出了许多宝贵的建议；汪军、田立炎、周良英、龚奇敏、肖群华、李平和张晶讲师作了大量的资料收集和整理工作；戈扬和凌霞老师在电脑制作方面化费了大量的时间与精力；电子工业出版社吕迈老师对本书的编写构思提出了有益的建议和对本书的编写工作热情的支持，在此一并致谢。

上海水产大学王英华教授任本书主审，王教授仔细审阅了全稿，提出了许多宝贵意见，在此深表感谢。

由于编者水平有限，书中难免有不足之处，诚恳地希望读者批评指正。

编　者
2005 年 10 月于苏州

目　录

第 1 章　绪　　论

在科学技术研究中，数学方法是一种必不可少的研究方法。按照马克思的看法，“一种科学只有成功地运用数学时，才算达到真正完善的地步”。数学方法不但广泛应用于自然科学领域的研究活动中，而且也广泛渗透到其他的研究活动中。高等数学方法是一种重要的研究方法。本章将对数学方法进行简单的介绍，使读者对高等数学方法中的微积分方法所研究的基本问题有一个初步的了解，并对怎样学习高等数学有一个初步的认识。

1.1　数学方法概述与作用

数学是研究现实世界的数量关系和空间形式的一门基础学科。在人类活动的早期，由于生产的需要，产生了算术与几何学，算术运算后来又发展到一般字母符号的运算，形成了代数学。从 16 世纪开始，由于社会生产的要求，使得代数与几何相结合，产生了解析几何学。在解析几何学的基础上又产生了微积分，形成了数学分析学。代数、几何与数学分析三大数学学科各自独立地发展，互相联系和渗透，加上其他学科的纵横交叉从而产生和分化出众多的数学分支。相对于初等数学，它们被称为高等数学。

所谓数学方法，就是运用数学所提供的概念、理论和方法对所研究的对象进行定量的分析、描述、推导和计算，以便从量的关系上认识事物发展变化的规律性的方法。但是，必须说明，这里所说的数学方法，不是指数学家研究数学的方法，而是指除此之外的科研人员以数学概念和理论揭示所研究事物的内在联系和运动规律的方法。

那么，数学方法具有哪些特点呢？数学方法的特点与数学本身的特点是统一的。这些特点归纳起来有以下几个方面：第一，数学方法具有高度的抽象性。数学概念和理论的抽象性，决定了数学方法的抽象性。在用数学方法解决问题时，已经舍弃了研究对象的其他性质，把全部问题变成了数学符号之间的运算关系。第二，数学方法具有严密的逻辑性。数学方法在揭示事物量和量的关系时，不是通过直接的实验方法来实现的，而是通过一系列的逻辑推理和逻辑证明之后才认为是正确的。这样，数学方法具有比其他科学方法更严格的逻辑特性。第三，数学方法具有严格的确定性。数学是描述事物量的关系的科学，而量是严格确定的。虽然量也可能以变化状态出现，但它在每个确定条件下都有确定值。第四，数学方法具有应用的广泛性。这是数学方法最重要的特点。数学的生命力的源泉在于它的概念和结论尽管极为抽象，但是它们都是从实践中来的，在实践中研究对象量和量的关系。任何科学都有自己的研究对象和应用范围，而量和量的关系贯穿于一切领域和一切事物中，在对不同的领域和不同的事物进行定量分析时，都离不开数学方法。因此，同其他科学方法相比，数学方法具有更加广泛的应用范围。

在科学研究中，定量分析和精确计算是掌握客观规律的根本途径。而数学方法是对客观事物进行定量分析和精确计算的重要手段。由于数学具有高度的抽象性、严密的逻辑性、严格的确定性和广泛的适用性等特点，在长期的发展中创造了一系列的概念、理论和方法，再加上电子计算机的出现和应用，使得数学方法能适应现代科学技术发展的要求，在科学技术研究中起着越来越重要的作用。

数学方法的第一个作用是它为科学研究提供定量分析和精确计算的手段；第二个作用是它为科学研究提供了一种简洁精确的形式化语言；第三个作用是它为科学研究提供了逻辑推理和科学抽象的工具；最后，数学方法还为总结科学理论和创立新学科提供新的手段。

数学模型方法是解决科学技术问题最重要、最常用的一种数学方法。所谓数学模型方法，就是通过建立和研究客观事物的数学模型来揭示事物的本质特征和变化规律的一种方法。这种方法将在本书的有关章节中进行详细讨论。

本书所介绍的高等数学方法，称为高等数学。它是高职高专各专业必修的一门重要基础课，内容主要包括一元函数微积分学、多元函数微积分学、微分方程、无穷级数、矩阵等等，其核心内容是微积分。工程技术人员在所建立的数学表达式中一些烦琐的数学计算与推理，运用微积分方法，过去只能由数学专业人员才能完成的，由于电子计算机与数学应用软件的发展，现在也可以由一般工程技术人员借助计算机与数学应用软件方便地完成。因此，训练学生掌握数学应用软件的使用已成为高等数学教学内容的一部分。

1.2 微积分所研究的两个基本问题及方法

从研究常量到研究变量，是数学发展中的一个转折点。初等数学主要采用形式逻辑的方法，静止地、孤立地研究问题，而高等数学则是用运动的、变化的观点去研究问题。下面，用“速度问题”和“面积问题”这两个经典问题为例，介绍微积分的基本方法。

1. 变速直线运动的瞬时速度

物体最简单的运动是直线运动。在直线运动中，有两种运动：一种是速度始终保持不变的运动，称为匀速直线运动；一种是速度有变化的运动，称为变速直线运动。客观实际中的直线运动常常是变速的，例如，火车和汽车的行驶，飞机的飞行与物体的降落等等，都是变速运动。

设物体沿着直线运动，所走过的路程为s，所花费的时间为t，匀速直线运动的速度为v，则有公式

$$v=\frac{s}{t} \tag{1.1}$$

问题是如何求变速直线运动的速度，下面举例来说明。

例 1.1 求自由落体的运动速度。

由常识可知，从空中落下来的物体越落越快，速度是变化的。假定物体在初始时刻是静止的，并且忽略空气阻力的作用，则在时间t内下落的路程s由下列公式给出：

$$s=\frac{1}{2}gt^2 \tag{1.2}$$

其中g是重力加速度。现在要计算自由落体在每一个时刻的速度，即所谓瞬时速度。

对于匀速直线运动中每一个时刻的速度，可用公式（1.1）计算，而对于变速直线运动，如自由落体运动，其速度是随时间变化而变化的，这时不能用公式（1.1）计算，用公式（1.1）只能算出这段时间内的平均速度，而不能算出这段时间内每一时刻的速度。如何解决这个问题？为此，可以先考察某一很小时间段内速度的变化情况，在整段时间内，速度是变化的，但在很小时间段内，速度可以近似地看成是不变的，即可以近似地“以匀速代变速”来计算。

利用这种思想方法，为了求自由落体在时刻t_0的瞬时速度$v(t_0)$，考察从时刻t_0到时刻$t_0+\Delta t$这段时间内的运动，这里Δt表示从时刻t_0开始的一段时间。由式（1.2），在这段时间，自由落体所走过的路程为

$$\Delta s=\frac{1}{2}g(t_0+\Delta t)^2-\frac{1}{2}gt_0^2=gt_0\cdot\Delta t+\frac{1}{2}g(\Delta t)^2$$

如果Δt很小，在这段时间内，运动就可以近似地看成是匀速的，所以就可以用这段时间内的平均速度$\overline{v}(t_0)$来表示，即

$$\overline{v}(t_0)=\frac{\Delta s}{\Delta t}=\frac{gt_0\cdot\Delta t+\frac{1}{2}g(\Delta t)^2}{\Delta t}=gt_0+\frac{1}{2}g\cdot\Delta t \tag{1.3}$$

来近似地代替时刻t_0的瞬时速度$v(t_0)$，即$v(t_0)\approx\overline{v}(t_0)$，$\Delta t$越小，近似程度越高。但是，无论$\Delta t$多么小，平均速度$\overline{v}(t_0)$总还是瞬时速度$v(t_0)$的近似值，而不是它的精确值。

为了解决近似值与精确值这对矛盾，即如何把近似值转化为精确值，只要将Δt无限地趋近于 0，即当$\Delta t\to 0$时，平均速度$\overline{v}(t_0)$无限接近一个确定的常数就是瞬时速度$v(t_0)$，记为

$$v(t_0)=\lim_{\Delta t\to 0}\overline{v}(t_0)=\lim_{\Delta t\to 0}\frac{\Delta s}{\Delta t}$$

因此，在平均速度$\overline{v}(t_0)$的计算公式（1.3）中，当$\Delta t\to 0$时，得

$$v(t_0)=\lim_{\Delta t\to 0}\overline{v}(t_0)=\lim_{\Delta t\to 0}\frac{\Delta s}{\Delta t}=\lim_{\Delta t\to 0}\left(gt_0+\frac{1}{2}g\cdot\Delta t\right)=gt_0$$

这就算出了自由落体在时刻t_0的瞬时速度$v(t_0)=gt_0$。在把近似值转化为精确值的过程中运用的方法称为取极限。

上述计算的思想方法可以简单表示为：局部以匀速代替变速，以平均速度代替瞬时速度，然后通过取极限的方法，把瞬时速度的近似值转化为它的精确值。

变速直线运动的瞬时速度问题及其求解方法引出微积分中的一个基本问题——微分学。在微分学中的基本概念就是导数，导数就是从这类问题中抽象出来的。在本书的第 4 章将进一步研究这个问题。

2．平面图形的面积问题

平面图形的面积的研究引出微积分中的另外一个基本问题——积分学。为此，举例来说明平面图形的面积的求法。

例 1.2 设给定一个如图 1.1 所示的平面图形，它由抛物线$y=x^2$，直线$x=1$及Ox轴所围成，试计算这个平面图形的面积。

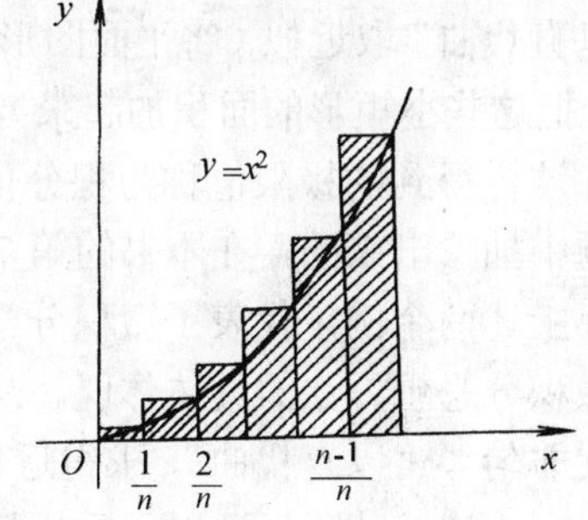

图 1.1

由于该平面图形有一边是曲的，称为曲边三角形，其面积不能用初等数学的方法计算，出现了“曲与直”的矛盾。

为了解决这一矛盾，利用把面积分割成很小的块的思想方法，先把x轴上从 0 到 1 这线段分成许多小段，再从所有分点引平行于y轴的直线，将整个平面图形分成许多很窄的竖条。虽然每一个

竖条的上面那个边都是曲的，但由于竖条很窄，从计算面积的角度来看，“以直代曲”，把它们近似地看成小矩形来计算。

假定把 x 轴上从 0 到 1 这线段分成 n 个相等的小段，则每一小段的长为 $\frac{1}{n}$，分点的坐标分别为 $\frac{1}{n},\frac{2}{n},\cdots,\frac{n-1}{n}$。小矩形共有 n 个，它们的宽度都是 $\frac{1}{n}$，而高度分别是 $\left(\frac{1}{n}\right)^2,\left(\frac{2}{n}\right)^2,\cdots,\left(\frac{n}{n}\right)^2$。因此，它们的面积分别等于 $\left(\frac{1}{n}\right)^2\frac{1}{n},\left(\frac{2}{n}\right)^2\frac{1}{n}$，$\cdots,\left(\frac{n}{n}\right)^2\frac{1}{n}$。把这些小矩形面积加起来就得到平面图形面积的近似值为

$$S_n=\left(\frac{1}{n}\right)^2\frac{1}{n}+\left(\frac{2}{n}\right)^2\frac{1}{n}+\cdots+\left(\frac{n}{n}\right)^2\frac{1}{n}=\frac{1}{n^3}[1^2+2^2+\cdots+n^2] \tag{1.4}$$

设平面图形的面积为 S，则有 $S\approx S_n$，当 n 越大时，近似程度越高。

为了解决近似值与精确值这对矛盾，即如何把近似值转化为精确值，只要将 n 无限地增大，即当 $n\to\infty$ 时，平面图形面积的近似值 S_n 无限接近一个确定的常数就是平面图形面积 S，记为

$$S=\lim_{n\to\infty}S_n$$

为了计算这个极限，利用公式

$$(1^2+2^2+\cdots+n^2)=\frac{n(n+1)(2n+1)}{6}$$

把式（1.4）写成为

$$S_n=\frac{1}{n^3}(1^2+2^2+\cdots+n^2)=\frac{1}{n^3}\cdot\frac{n(n+1)(2n+1)}{6}=\frac{1}{6}\left(1+\frac{1}{n}\right)\left(2+\frac{1}{n}\right) \tag{1.5}$$

利用式（1.5）得

$$S=\lim_{n\to\infty}S_n=\lim_{n\to\infty}\frac{1}{6}\left(1+\frac{1}{n}\right)\left(2+\frac{1}{n}\right)=\frac{1}{3}$$

即这个平面图形的面积等于 $\frac{1}{3}$。

上述计算的思想方法可以简单表示为：分割（将平面图形的面积分成许多窄条），局部“以直代曲”取近似（将平面图形面积中每个窄条近似地换成小矩形），求和得到面积的近似值（把这些小矩形的面积加起来），然后通过取极限的方法，把面积的近似值转化为它的精确值。这样得到的极限值称为积分值。在积分学中的基本概念就是定积分，定积分就是从这类问题中抽象出来的。在本书的第 7 章将进一步研究这个问题。

上述两个例子代表了微积分学中两个基本问题，具有普遍的意义，其求解的思想方法就是微积分思想方法的具体体现。从上面两个例子中看出，采取的方法都是：在微小局部“以匀代非匀”，“以直代曲”，求得近似值，通过求极限转化为精确值。这是微积分解决问题的基本思想方法，体现了通过矛盾的转化解决矛盾的唯物辩证法，与初等数学主要依据形式逻辑的推理方法有很大的不同。

3．高等数学方法的特点

从以上两个基本问题可知，微积分学研究的问题及处理问题所依据的基本观念和基本方

法具有不同于初等数学的特点，主要有以下几点：

（1）贯穿基本问题讨论中的一个基本观点，就是变化的观点，用变化的观点去考察问题，从变化中去认识解决问题。如在平面图形面积计算中，从局部内的直边形去代替曲边形。

（2）从变化的观点出发研究问题，就要引入变量，了解变量的依赖关系，从变量之间的联系去考察问题。这就决定了微积分主要研究变量，研究变量间的关系就是函数。而初等数学主要研究常量，即固定不变的量。

（3）在微积分中，经常要处理矛盾，这些矛盾的主要表现形式为曲与直的矛盾，变与不变的矛盾，有限与无限的矛盾和匀与不匀的矛盾等。解决这些矛盾的方法是：首先在局部“以直代曲”，“以不变代变”，“以有限代无限”等，从而求得近似解，再归结为近似与精确的矛盾，为了解决近似与精确的矛盾，最后通过取极限方法实现从近似到精确的转化。

（4）极限理论是解决微积分基本问题的基础，表现了微积分学不同于初等数学的显著特点。

1.3 怎样学习高等数学

从高等数学方法的特点来看，高等数学的研究对象和研究方法与初等数学有很大的不同。高等数学的概念更加抽象，推理更加严谨，逻辑性更强，适用性更广，理论性更强，因此，学习高等数学困难也更大。于是，读者在学习高等数学的时候，根据数学方法的特点和计算机的广泛应用，应注意以下几点：

（1）由于数学方法具有高度的抽象性，所以可以通过实例将抽象的内容具体化，并要透过抽象的表达形式，深刻理解基本概念的内涵与实质，正确掌握一些重要的数学思想方法与基本理论。只有把数学的基本概念、基本方法和基本理论掌握好，才能运用数学方法去分析问题和解决问题。

（2）由于数学方法具有严密的逻辑性，所以一定要培养抽象思维和逻辑思维的能力。这方面的训练主要是做一定数量的习题，做习题不仅为了掌握数学的基本方法，而且更重要的是培养抽象思维和逻辑思维的能力，通过举一反三、触类旁通，培养创新的能力。

（3）由于数学方法具有应用的广泛性，所以要把学到的数学知识用到实际问题中去。学会把实际问题建成数学模型的方法，并培养运用数学方法分析、解决数学模型的能力。在学习中，要独立思考，勇于提出问题，研究问题，培养创造性思维和自学的能力。

（4）由于计算机的广泛应用，所以一定要善于利用计算机与数学应用软件来完成一些典型的习题。在培养运用计算机与数学应用软件处理数学问题能力的同时，可以提高对有关问题的感性认识，加深对数学概念及方法的理解。

若在学习数学中注意以上几点，付出努力，学好数学并不难。当你进入数学的自由王国时，就会发现它会给你增添无穷的智慧与力量。

习 题 1

1．数学方法有哪些特点？

2．微积分学所研究的两个基本问题及方法是什么？

3．怎样学习高等数学？

第 2 章　函　　数

在人们赖以生存的客观世界里，在生产实践和现实生活中，到处可见变化着的量，如火车行驶的路程、自由落体的速度、商品销售的数量、电阻的电压等等。进而还会发现，这些变量的变化是受到其他一些量变化的影响或制约的。如火车行驶的路程受到行驶的速度和时间的影响；自由落体的瞬时速度与下落的时间有关；商品的销售量受到商品价格的影响；在电路中电压受到电流和电阻的影响。变量之间的这种互相联系，互相制约的关系是普遍存在的。这种关系用数学的方法加以抽象，就产生了一个重要的概念即函数。函数是微积分学研究的主要对象。本章将介绍函数的概念，复合函数与初等函数的概念及其主要性质，为微积分学的学习打好基础。

2.1　函数及其性质

2.1.1　函数的概念

1. 常量和变量

对自然和社会现象的发展变化过程做定量的描述，总要涉及两种基本的量，即常量和变量。在研究过程中数值始终保持不变，取固定值的量称为常量；在研究过程中数值会发生变化，在一定范围内可能取不同值的量称为变量。

常量和变量的概念是相对的。一个量是常量还是变量，要根据具体情况做具体分析。例如，在匀速行驶下的火车的速度是常量，从静止开始启动到正常行驶时的火车的速度是变量；在直流电路中电流是常量，在交流电路中电流是变量等等。

通常用字母 a，b，c 等表示常量，用字母 x，y，z 等表示变量。

在上述例子中，设火车匀速行驶的速度为 v，行驶的时间为 t，行驶的路程为 s，则有

$$s = vt$$

其中，t 是大于零的实数，有唯一的 s 的取值与之对应，这就是所谓的函数关系。

2. 函数的定义

定义 2.1　设 D 与 B 是两个非空实数集，如果存在一个对应规则 f，使得对 D 中任何一个实数 x，在 B 中都有唯一确定的实数 y 与 x 对应，则对应规则 f 称为在 D 上的函数，记为

$$f: x \to y \quad 或 \quad f: D \to B$$

y 称为 x 对应的函数值，记为

$$y = f(x)，\ x \in D$$

其中，x 称为自变量，y 称为因变量，自变量的取值范围 D 称为函数的定义域。

有时也简称因变量 y 是自变量 x 的函数，虽然这种说法不太确切，但反映了 y 是依赖于 x 的变量，在使用上有方便之处，所以以后常用这种说法。

若对于确定的$x_0 \in D$，通过对应规则f，函数y有唯一确定的值y_0相对应，则称y_0为$y=f(x)$在x_0处的函数值，记为$y_0 = y|_{x=x_0} = f(x_0)$，函数值的集合称为值域，记为$Z=\{y \mid y=f(x),\ x \in D\}$。

例 2.1 设等边三角形的边长为a，则此三角形的面积S与边长的函数关系是$S=\dfrac{\sqrt{3}}{4}a^2$。这个函数的自变量是a，因变量是S，定义域是（0，$+\infty$）,当$a=5$时，面积$S(5)=\dfrac{25\sqrt{3}}{4}$。

例 2.2 设国际航空信件的邮资标准是10g以内的邮资4元，超过10g部分，每克加收0.3元，信件重量最多不能超过200g，这样邮资F与信件重量的函数关系可以表示为

$$F=F(m)=\begin{cases} 4 & 0<m\leqslant 10 \\ 4+0.3(m-10) & 10<m\leqslant 200 \end{cases}$$

这个函数的自变量是m，因变量是F，定义域是（0，200]，值域是[4，61]。当信件重8g时，邮资$F(8)=4$（元）；当信件重12g时，邮资$F(12)=4+0.3\cdot(12-10)=4.6$（元）。

3．有关函数的几点说明

（1）函数的记号

函数是自变量和因变量之间的一种对应关系。在$y=f(x)$中，这种对应关系用字母f来表示，也可以用其他字母来表示函数关系，如$y=g(x)$，$y=h(x)$或$y=F(x)$，但同一函数在讨论中应取同一种记法。在同一问题中涉及多个函数时，则应取不同记号分别表示它们各自的对应规则。

（2）对应规则

函数是一种对应规则。在函数$y=f(x)$中，f表示函数，$f(x)$是对应于自变量x值的函数值。由于在研究函数时，这种对应关系总是通过函数值表现出来的，所以习惯上常把在x处的函数值y称为函数，并用$y=f(x)$的形式表示y是x的函数。但应正确理解，函数的本质是指对应规则f，不是指因变量y。例如$f(x)=2x^3+4\sin 3x-6$就是一个特定的函数，f确定的对应规则为

$$f(\quad)=2(\quad)^3+4\sin 3(\quad)-6$$

就是一个函数。

（3）定义域

函数$y=f(x)$的定义域D是自变量x的取值范围，而函数值y又是由对应规则f来确定的，所以函数实质上是由其定义域D和对应规则f所确定。因此，将函数的定义域和对应规则称为函数的两要素。也就是说，只要两个函数的定义域相同，对应规则也相同，就称这两个函数为相同的函数，与变量用什么符号表示无关，如$y=|x|$与$s=\sqrt{t^2}$，就认为是相同的函数。

例 2.3 求函数$y=\ln(x^2-1)+\dfrac{1}{\sqrt{4-x^2}}$的定义域。

解 这是求两个式子之和的定义域，先分别求出每个式子的定义域，然后再求其公共部分即为函数的定义域。

对于 $\ln(x^2-1)$ 要有意义，必须满足 $(x^2-1)>0$，解得 $x>1$ 或 $x<-1$；

对于 $\dfrac{1}{\sqrt{4-x^2}}$ 要有意义，必须满足 $4-x^2>0$，解得 $-2<x<2$。

这两个式子有意义的公共部分是，$1<x<2$ 或 $-2<x<-1$。

因此，所求函数的定义域为 $1<x<2$ 或 $-2<x<-1$，即（1, 2）或（−2, −1）。

4．函数的表示法

函数通常有三种表示方法：解析法、图像法和列表法。

（1）解析法(又称公式法)　用数学表达式表示变量之间的对应关系，这种表示函数的方法称为解析法。解析法是函数的精确描述，是最常用的方法，在微积分中起着重要的作用。函数可能只需用一个数学表达式表示，有时也可能需要用多个数学表达式表示，如例 2.2，这样的函数称为分段函数。

（2）图像法(又称图示法)　用平面直角坐标系中的曲线或点来表示变量 x 和变量 y 之间的对应关系，这种表示函数的方法称为图像法。图像法表示函数具有直观性，是研究函数必不可少的工具。函数的图像常由实验数据获得或由仪器根据有关的数据自动绘制，如图 2.1 与图 2.2 所示。

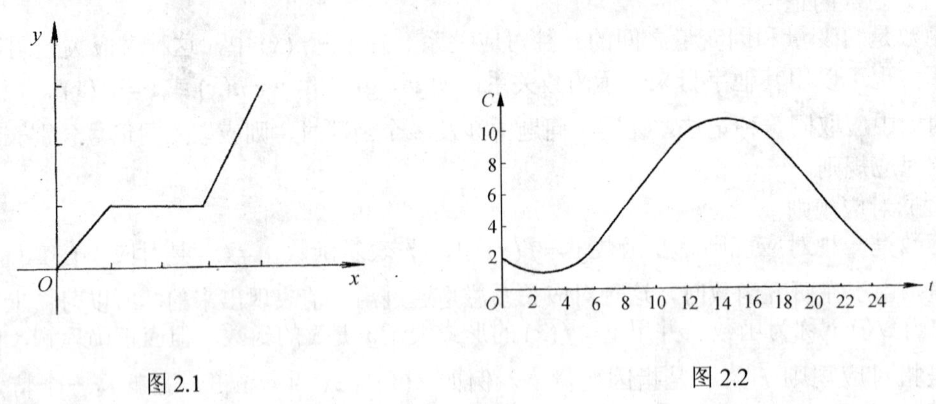

图 2.1　　　　图 2.2

（3）列表法(又称表格法)　用自变量的一些数值与相应因变量的对应数值列成表格来表示变量之间的对应关系，这种表示函数的方法称为列表法。函数的列表法表示便于直接由自变量的值去查找相应因变量的值。在自然科学与工程学中，变量之间的依存关系往往是由实验或观察方法建立起来的。如某地 2000 年 5 月 1 日~10 日每天的最高气温表：

日期（5 月）	1	2	3	4	5	6	7	8	9	10
最高气温（℃）	18	19	20	16	15	14	16	17	18	20

5．反函数

定义 2.2　设函数 $y=f(x)$ 为定义在数集 D 上的函数，其值域为 Z。如果对于数集 Z 中的每个数 y，在数集 D 中都有唯一确定的一个数 x，使得 $f(x)=y$，则得到一个定义在 Z 上的以 y 为自变量，x 为因变量的函数，称为函数 $y=f(x)$ 的反函数，记为 $x=f^{-1}(y)$，其定义域为 Z，值域为 D。

由于人们习惯用x表示自变量，用y表示因变量，为了方便，仍采用这个习惯，将函数$y=f(x)$的反函数$x=f^{-1}(y)$用$y=f^{-1}(x)$表示。

2.1.2 函数的几种特性

设函数$y=f(x)$的定义域为区间D。

1．奇偶性

设函数$y=f(x)$的定义域D关于原点对称，若任意$x\in D$，满足$f(-x)=f(x)$，则称$f(x)$是D上的偶函数；若任意$x\in D$，满足$f(-x)=-f(x)$，则称$f(x)$是D上的奇函数。既不是偶函数也不是奇函数的函数，称为非奇非偶函数。

可知，偶函数的图像关于y轴对称，奇函数的图像关于原点对称。

2．单调性

若任意$x_1,x_2\in(a,b)$，当$x_1<x_2$时，有$f(x_1)<f(x_2)$，则称函数$y=f(x)$是区间(a,b)上的单调增加函数；当$x_1<x_2$时，有$f(x_1)>f(x_2)$，则称函数$y=f(x)$是区间(a,b)上的单调减少函数。

单调增加函数和单调减少函数统称为单调函数。若函数$y=f(x)$在(a,b)上为单调函数，则称区间(a,b)为函数的单调区间。

3．有界性

如果存在$M>0$，使对于任意$x\in D$，满足$|f(x)|\leqslant M$，则称函数$y=f(x)$是有界的。

4．周期性

如果存在常数T，使对于任意$x\in D$，有$x+T\in D$，且$f(x+T)=f(x)$，则称函数$y=f(x)$是周期函数。通常所说的周期函数的周期是指它的最小正周期。

2.2 初等函数

本书主要研究初等函数，而初等函数是由基本初等函数组成的。

2.2.1 基本初等函数

（1）常函数　$y=c$（c为常数）。

（2）幂函数　$y=x^{\alpha}$（α为常实数）。

（3）指数函数　$y=a^x$　（$a>0$且$a\neq 1$，a为常实数）。

（4）对数函数　$y=\log_a x$　（$a>0$且$a\neq 1$，a为常实数）。

（5）三角函数　$y=\sin x$，$y=\cos x$，$y=\tan x$，$y=\cot x$，$y=\sec x$，$y=\csc x$。

（6）反三角函数　$y=\arcsin x$，$y=\arccos x$，$y=\arctan x$，$y=\operatorname{arccot} x$。

这六种函数统称为基本初等函数。这些函数的性质、图形在中学已经学过，希望读者自己再复习一下，以后将经常用到它们。

2.2.2 复合函数

设函数 $y=f(u)$,定义域为 D_1，函数 $u=\varphi(x)$ 的值域为 D_2，若 $D_2\cap D_1\neq\varnothing$，则称函数 $y=f[\varphi(x)]$ 为由函数 $y=f(u)$ 和函数 $u=\varphi(x)$ 构成的复合函数，而变量 u 称为中间变量。

函数 $y=f[\varphi(x)]$ 的定义域由 $u=\varphi(x)$ 的定义域中那些使 $\varphi(x)$ 属于 $y=f(u)$ 的定义域的值所组成，即 $D_2\cap D_1$。这种将一个函数“代入”另一个函数的运算叫做函数的复合运算。

例 2.4 函数 $y=\cos^2 x$ 是由 $y=u^2$ 和 $u=\cos x$ 复合而成的复合函数,其定义域为 $(-\infty,+\infty)$,它也是 $u=\cos x$ 的定义域；函数 $y=\sqrt{1-x^2}$ 是由 $y=\sqrt{u}$ 和 $u=1-x^2$ 复合而成的复合函数,其定义域为[−1, 1]，它是 $u=1-x^2$ 的定义域的一部分；函数 $y=\arccos u$ 和 $u=2+x^2$ 是不能复合成一个函数的。

例 2.5 将下列复合函数分解成基本初等函数或简单函数：

（1）$y=\sin^2\sqrt{x}$；　（2）$y=2^{\tan\sqrt{x^2+1}}$。

解 （1）$y=u^2, u=\sin v, v=\sqrt{x}$；　（2）$y=2^u, u=\tan v, v=\sqrt{w}, w=x^2+1$。

例 2.6 设 $f(x)=x^3$，$g(x)=5^x$，求 $f[g(x)]$，$g[f(x)]$。

解 $f[g(x)]=[g(x)]^3=(5^x)^3=5^{3x}$，$g[f(x)]=5^{f(x)}=5^{x^3}$。

2.2.3 初等函数

由基本初等函数经过有限次的四则运算和有限次的复合运算而得到的，且用一个式子表示的函数，叫做初等函数。例如

$$y=\cos^2 x,\quad y=\sqrt{1-x^2},\quad y=2^{\arctan\sqrt{x^2+1}}$$

都是初等函数。

例 2.7 双曲正弦函数 $\mathrm{sh}x=\dfrac{\mathrm{e}^x-\mathrm{e}^{-x}}{2}$，双曲余弦函数 $\mathrm{ch}x=\dfrac{\mathrm{e}^x+\mathrm{e}^{-x}}{2}$，双曲正切函数 $\mathrm{th}x=\dfrac{\mathrm{sh}x}{\mathrm{ch}x}$，这些函数统称双曲函数。

显然，双曲函数都是初等函数，在工程上是常用的。还需指出，分段函数一般不是初等函数，下面举例加以说明。

例 2.8 符号函数，如图 2.3 所示。

$$f(x)=\begin{cases}-1, & x<0\\ 0, & x=0\\ 1, & x>0\end{cases}$$

例 2.9 矩形脉冲函数，如图 2.4 所示。

$$g(x)=\begin{cases}1, & a\leqslant x\leqslant b\\ 0, & x<a, x>b\end{cases}$$

这种分段表示的函数，在每一段上可以用一个数学式子表示，但总体上讲，它不能用一个数学式子表示。因此，这类函数一般不是初等函数。

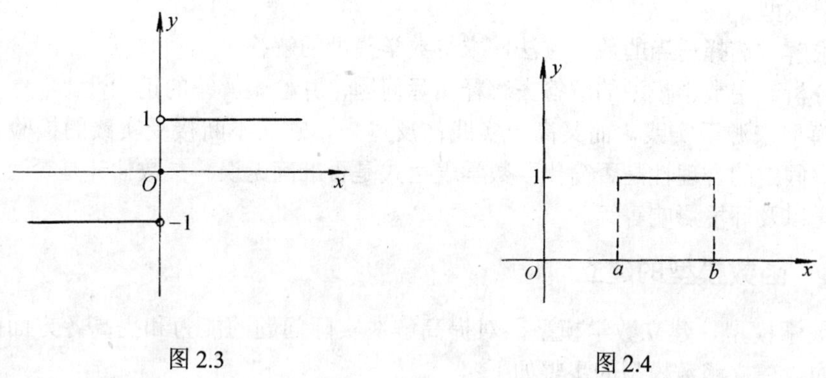

图 2.3

图 2.4

2.3 数学模型方法概述

函数关系可以说是一种变量相依关系的数学模型。数学模型方法是处理科学理论问题的一种经典方法，也是处理各种实际问题的一般方法。掌握数学模型方法是非常必要的。在此，对数学模型方法进行概述。

数学模型方法称为 MM（Mathematical Modeling）方法。它是针对所考察的问题构造出相应的数学模型，通过对数学模型的研究，使问题得以解决的一种数学方法。

2.3.1 数学模型的概念

数学模型是针对现实世界的某一特定对象，为了一个特定的目的，根据特有的内在规律，进行必要的简化和假设，运用适当的数学工具，采用形式化语言，概括或近似地表述出来的一种数学结构。它或者能解释特定对象的现实状态，或者能预测对象的未来状态，或者能提供处理对象的最优决策或控制。数学模型既源于现实又高于现实，不是实际原型，而是一种模拟，在数值上可以作为公式应用，可以推广到与原物相近的一类问题，可以作为某事物的数学语言，可译成算法语言，编写程序进入计算机。

2.3.2 数学模型的建立过程

建立一个实际问题的数学模型，需要一定的洞察力和想象力，进行筛选，抛弃次要因素，突出主要因素，进行适当的抽象和简化。全过程一般分为提出问题、建立模型、模型求解与结果分析几个阶段，并且通过这些阶段完成从实际问题到数学模型，再从数学模型到实际问题的循环。可用流程图表示如下：

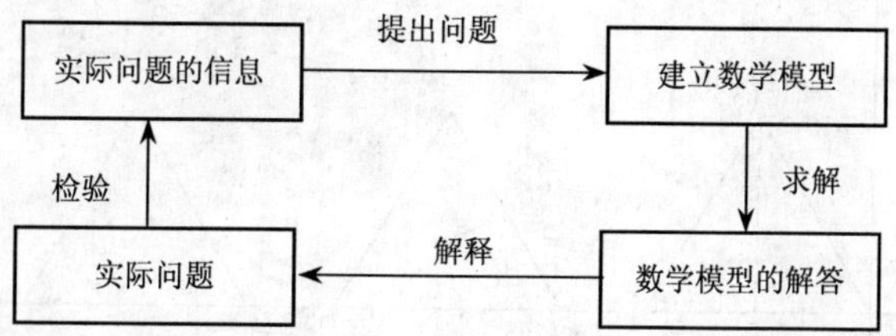

提出问题 首先需要对实际问题进行分析，再对问题进行简化、假设、抽象等，抓住主要因素，最后提出符合要求的问题。

建立模型 根据提出的实际问题，利用适当的数学工具，或创造新的数学概念和方法去建立数学模型。

模型求解 选择适当的数学方法，求得数学模型的解答。

结果分析 用数学模型的解答去解释实际问题，并检验解答的正确性。

数学模型来源于实践，而又高于实践；反过来，它又不断接受实践的检验。检验的主要对象是：假定的合理性是否简化；数学表达式是否准确无误；参数估计是否可靠；参数是否发生变化以及环境影响等等。

2.3.3 函数模型的建立

研究数学模型，建立数学模型，对提高解决实际问题的能力和提高各方面的素质都是十分重要的。建立函数模型的步骤如下：

（1）分析问题中哪些是变量，哪些是常量，分别用字母表示；

（2）根据所给条件，运用数学、物理、经济及其他知识，确定等量关系；

（3）具体写出解析式 $y = f(x)$，并指明其定义域。

鉴于我们初涉微积分学，这里只介绍几个简单的函数关系。

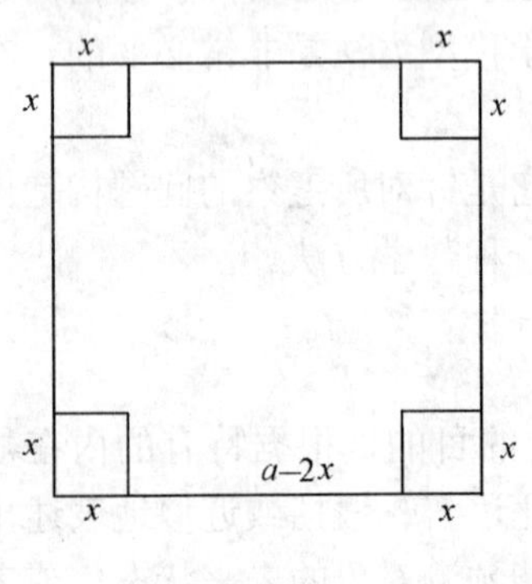

图 2.5

例 2.10 有一块边长为 a 的正方形铁皮，将它的四角剪去面积相等的四个小正方形，如图 2.5 所示，制成一个没有盖的容器，试求此容器的容积 V 和剪去的小正方形边长 x 的函数模型。

解 由几何知，此容器的容积取决于底面的边长和容器的高。剪去的小正方形边长为 x，则底面还是正方形且边长为 $(a-2x)$，容器底面面积为 $(a-2x)^2$，容器的高为 x。因此，容器的容积的函数关系为

$$V = x(a-2x)^2,\ x \in \left(0, \frac{1}{2}a\right)$$

例 2.11 某脉冲发生器从 $t=0$ 时间开始，发生如图 2.6 的三角形电压波，每隔时间 t_0 发生一次，试建立时间 t 和电压 U 之间的函数模型。

解 由图 2.6 可见，此电压波的周期为 $\tau + t_0$，第一个周期内，各点的坐标分别是

$$A\left(\frac{\tau}{2}, U_0\right),\ B(\tau, 0),\ C(t_0+\tau, 0)$$

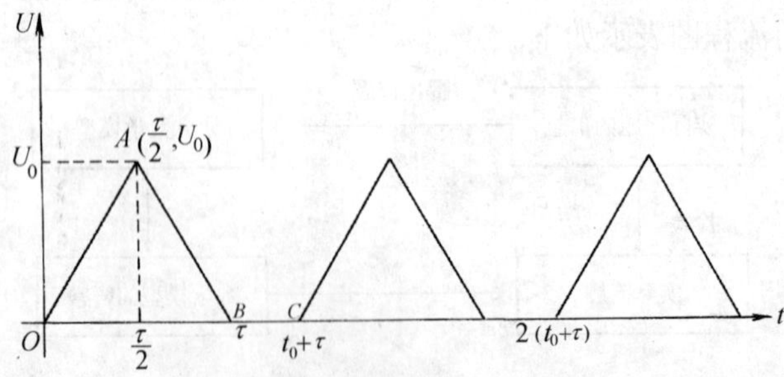

图 2.6

直线 OA 方程为 $U-0=\dfrac{U_0}{\frac{\tau}{2}}(t-0)$，即 $U=\dfrac{2U_0}{\tau}t$，$0\leqslant t<\dfrac{\tau}{2}$。

直线 AB 方程为 $U-0=\dfrac{U_0-0}{\frac{\tau}{2}-\tau}(t-\tau)$，即 $U=-\dfrac{2U_0}{\tau}(t-\tau)$，$\dfrac{\tau}{2}\leqslant t<\tau$。

直线 BC 方程为 $U=0$，$\tau\leqslant t<t_0+\tau$。

因此，所求函数是

$$U=\begin{cases}\dfrac{2U_0}{\tau}t, & k(t_0+\tau)\leqslant t<k(t_0+\tau)+\dfrac{\tau}{2}\\ -\dfrac{2U_0}{\tau}(t-\tau), & k(t_0+\tau)+\dfrac{\tau}{2}\leqslant t<kt_0+(k+1)\tau \quad (k=0,1,\cdots)\\ 0, & kt_0+(k+1)\tau\leqslant t\leqslant(k+1)(t_0+\tau)\end{cases}$$

例 2.12 在机械中，曲柄连杆系统如图 2.7 所示，半径为 r 的主动轮以恒等角速度 ω 转动，长为 l 的连杆 AB 带动滑块 B 在槽内做水平往返运动。运动从 $\theta=0$ 开始，求滑块 B 的运动规律的函数模型。

解 由已知，r,ω 和 l 都是常量。从图 2.7 知，滑块 B 的运动规律表现为 B 到圆心 O 的距离 s，且 s 是时间 t 的函数，$\theta=\omega t$。任一时间 t，有

$$OC=r\cos\theta=r\cos\omega t$$

$$CB=\sqrt{l^2-AC^2}=\sqrt{l^2-r^2\sin^2\theta}=\sqrt{l^2-r^2\sin^2\omega t}$$

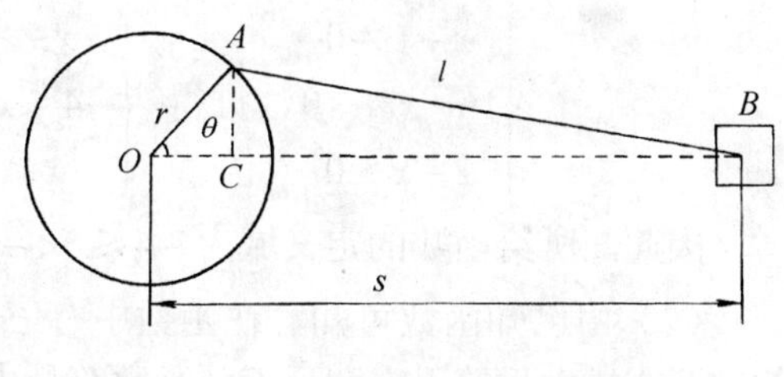

图 2.7

所以
$$s=OC+CB=r\cos\omega t+\sqrt{l^2-r^2\sin^2\omega t}, \quad (0\leqslant t<+\infty)$$

建立函数模型是一个比较灵活的问题，没有固定的方法，只有通过多做多练才能逐步掌握。

2.4 本章小结

2.4.1 内容提要

1．基本概念

函数，定义域，单调性，奇偶性，有界性，周期性，分段函数，反函数，复合函数，基本初等函数，初等函数。

2．基本方法

求函数的定义域的方法，判断两个函数是否相同的方法，判断函数的奇偶性的方法，将函数分解成基本初等函数的方法。

2.4.2 疑点解析

问题 1 如何求函数的定义域？

解析 主要考虑以下几种情况：

（1）含有分式的函数，其分母不为零。

（2）含有偶次根式符号的函数，其被开方式大于等于零。

（3）含有一些特殊函数符号的函数，需要有特殊的要求。如对数函数符号内的式子为正，反正弦、反余弦函数符号内的式子，其绝对值小于等于 1 等。

（4）若在一个函数中有两种以上情况同时出现，则需要建立不等式组，求出联立不等式组的解，其解就是所给函数的定义域。

例 2.13 求下列函数的定义域：

（1）$f(x)=\lg(2-x)+\dfrac{\sqrt{16-x^2}}{x+1}$；（2）$f(x)=\arcsin\dfrac{x-1}{x}+\dfrac{1}{\sqrt{6-x}}$。

解 利用求函数的定义域的方法。（1）由已知函数可知，在函数中有三种情况同时出现，即要求分母不为零，偶次根式的被开方式大于等于零和对数函数符号内的式子为正，可建立不等式组，并求出联立不等式组的解，即

$$\begin{cases}x+1\neq 0\\16-x^2\geqslant 0\\2-x>0\end{cases}，推得\begin{cases}x\neq -1\\-4\leqslant x\leqslant 4\\x<2\end{cases}，即-4\leqslant x<-1或-1<x<2。$$

因此，所给函数的定义域为$-4\leqslant x<-1$或$-1<x<2$，即$[-4,-1)\cup(-1,2)$。

（2）由已知函数可知，在函数中有三种情况同时出现，即要求分母不为零，偶次根式的被开方式大于等于零和反正弦函数符号内的式子的绝对值小于等于 1，可建立不等式组，并求出联立不等式组的解，即

$$\begin{cases}x\neq 0\\\sqrt{6-x}\neq 0\\6-x\geqslant 0\\\left|\dfrac{x-1}{x}\right|\leqslant 1\end{cases}，推得\begin{cases}x\neq 6, x\neq 0\\x\leqslant 6\\(x-1)^2\leqslant x^2\end{cases}，即\frac{1}{2}\leqslant x<6$$

因此，所给函数的定义域为$\dfrac{1}{2}\leqslant x<6$，即$\left[\dfrac{1}{2},6\right)$。

问题 2 如何判断两个函数是否相同？

解析 判断两个函数是否相同，要根据函数的两要素：定义域和对应规则。首先判断两个函数的定义域是否相同，若不相同，则这是两个不同的函数；若相同，再进行下一步，考虑这两个函数的对应规则，若不相同，则这是两个不同的函数，若相同，则这是两个相同的函数。一般说来，直接判断对应规则是否相同比较困难，在定义域相同的条件下，可用函数的值域是否相同来判断，若函数的值域相同，则对应规则相同，否则，对应规则不相同。

例 2.14 判断下列各对函数是否相同：

（1）$f(x)=|x|$与$g(x)=\sqrt{x^2}$；（2）$f(x)=\ln(x^2-9)$与$g(x)=\ln(x+3)+\ln(x-3)$。

解 利用函数的两要素，即定义域和对应规则进行判断。

（1）$f(x)=|x|$ 与 $g(x)=\sqrt{x^2}$ 的定义域都是 $(-\infty,+\infty)$，即两个函数的定义域相同，由于 $g(x)=\sqrt{x^2}=|x|=f(x)$，即对应规则也相同，所以 $f(x)$ 与 $g(x)$ 是相同的函数。

（2）由于 $f(x)$ 的定义域为 $x<-3$ 或 $x>3$，$g(x)$ 的定义域为 $x>3$，因此 $f(x)$ 与 $g(x)$ 的定义域不同，所以 $f(x)$ 与 $g(x)$ 是不同的函数。

习 题 2

1．求下列函数的定义域：

（1）$y=\dfrac{1}{x^2+x-2}$；（2）$y=\arccos\dfrac{x}{2}$；（3）$y=\dfrac{\sqrt{x+1}}{\ln(2+x)}$；

（4）$y=\sqrt{\ln(x^2-8)}+\sin\dfrac{1}{x-4}$；（5）$y=\dfrac{1}{\ln|x-1|}+\sqrt{x-1}$。

2．设 $f(x)=x^2+5$，求 $f(1)$，$f(-1)$，$f(a)$，$f\left(\dfrac{1}{x}\right)$，$f[f(x)]$，$\dfrac{1}{f(x)}$。

3．判断下列各对函数是否相同：

（1）$f(x)=\dfrac{x^2-1}{x+1}$ 与 $g(x)=x-1$；

（2）$f(x)=1+\tan^2 x$ 与 $g(x)=\sec^2 x$。

4．设 $\varphi(x)=\dfrac{1}{x}$，求 $\varphi(x+\Delta x)$，$\varphi(x+\Delta x)-\varphi(x)$。

5．设 $f(x+1)=x(x+1)(x+2)$，求 $f(x)$。

6．讨论下列函数的奇偶性：

（1）$f(x)=x\sin x$；（2）$g(x)=\dfrac{a^x-1}{a^x+1}$；（3）$f(x)=\sin x-\cos x$；（4）$f(x)=x\arcsin x$。

7．下列函数是由哪些简单函数复合而成的？

（1）$y=\mathrm{e}^{-\sqrt{1+\sin x}}$；（2）$y=\ln\tan\dfrac{x^2+1}{2}$；（3）$y=[\arcsin(1-x^2)]^3$；

（4）$y=2^{-\cos\sqrt{x+1}}$；（5）$y=\sqrt[3]{1+\cos 2x}$；（6）$y=\cos^2[\sin(x^2-1)]$。

8．做一容积为 V 的圆柱形无盖小桶，试建立圆桶的全面积 S 和圆桶高 h 之间的函数模型。

9．拟建容积为 V 的长方体水池，设其底为正方形，如果池底单位面积造价是四周单位面积造价的 2 倍，试建立总造价与底面边长之间的函数模型，并指出定义域。

第3章　极限与连续

上一章讲述了函数的概念与函数值的计算问题。但是，在现实世界中，还要研究当自变量无限接近某个常数或某个"方向"时，函数是否无限接近于某一确定的值。例如，在第 1 章中求变速直线运动的瞬时速度与曲边图形的面积就都归结于这样的问题。解决这类问题的方法称为极限方法。极限是微积分学中重要的概念之一，是研究微积分学的重要工具。微积分学中的许多重要概念，如函数的连续性，导数与定积分等，都是由极限引入的。因此，掌握极限的思想与方法是学好微积分的条件。本章着重研究极限的概念，无穷小量和无穷大量的概念和性质，极限的运算，函数连续的概念等问题。

3.1　极限的概念

极限是描述变量在变化过程中的变化趋势。为理解极限的概念，先从数列的极限说起。

3.1.1　数列的极限

1．数列的概念

定义在正整数集合上的函数 $x_n = f(n)\ (n=1,2,\cdots)$，其函数值按自变量 n 由小到大排成一列数

$$x_1, x_2, x_3, \cdots, x_n, \cdots$$

称为数列，记做 $\{x_n\}$。其中 x_n 称为数列的通项或一般项。

例 3.1　考察下列五个数列，当 n 无限增大时，通项 x_n 的变化趋势怎样。

（1）$1, \frac{1}{2}, \frac{1}{4}, \frac{1}{8}, \cdots, \frac{1}{2^{n-1}}, \cdots$

（2）$\frac{1}{2}, \frac{2}{3}, \frac{3}{4}, \frac{4}{5}, \cdots, \frac{n}{n+1}, \cdots$

（3）$1, -1, 1, -1, \cdots, (-1)^{n+1}, \cdots$

（4）$\sin 1, \sin 2, \sin 3, \sin 4, \cdots, \sin n, \cdots$

（5）$\sqrt{1}, \sqrt{2}, \sqrt{3}, \sqrt{4}, \cdots, \sqrt{n}, \cdots$

解　（1）通项为 $x_n = \frac{1}{2^{n-1}}$，当 n 无限增大时，x_n 无限趋近一个固定值 0；

（2）通项为 $x_n = \frac{n}{n+1}$，当 n 无限增大时，x_n 无限趋近一个固定值 1；

（3）通项为 $x_n = (-1)^{n+1}$，当 n 无限增大时，x_n 始终在 1 和-1 两个数上摆动，不趋近于某一个固定的值；

（4）通项为 $x_n = \sin n$，当 n 无限增大时，x_n 始终在 1 和-1 之间振荡，不趋近于某一个固定的值；

（5）$x_n=\sqrt{n}$，当n无限增大时，x_n也无限增大。

上述数列（1）和（2），当n无限增大时，x_n都会趋近于某一个固定的常数，只要n充分大，x_n与这个常数的差距可以任意小，要多小就可以有多小，就称这个固定的常数为这个数列的极限。而数列(3)、(4)、(5)，当n无限增大时，不存在这样一个固定的常数，这时，称数列的极限不存在。下面给出数列极限的定义。

2．数列的极限

定义 3.1 设数列$\{x_n\}$，若当n无限增大时，x_n无限趋近于某一固定的常数A，则称A为当n趋于无穷时，数列$\{x_n\}$的极限，记做

$$\lim_{n\to\infty}x_n=A \quad 或x_n\to A(n\to\infty)$$

这时也称当$n\to\infty$时，数列$\{x_n\}$收敛于A。如果当$n\to\infty$时，数列$\{x_n\}$不趋近于某一固定的常数，则称当$n\to\infty$时，数列$\{x_n\}$发散。

由例 3.1 中的（1）知，$\lim\limits_{n\to\infty}\frac{1}{2^{n-1}}=0$；（2）知 $\lim\limits_{n\to\infty}\frac{n}{n+1}=1$，所以这两个数列是收敛的，分别收敛于 0 与 1，而其他数列是发散的。

若数列$\{x_n\}$对于每一个正整数n，都有$x_n\leqslant x_{n+1}$，则称为数列$\{x_n\}$是单调递增数列；若数列$\{x_n\}$对于每一个正整数n，都有$x_n\geqslant x_{n+1}$，则称为数列$\{x_n\}$是单调递减数列。对于单调有界数列有下列定理。

定理 3.1 单调有界数列必有极限。

证明从略。

3.1.2 函数的极限

数列是一种特殊的函数，即自变量取正整数的函数。下面讨论一般函数的极限。

对于给定函数$y=f(x)$，因变量y随自变量x的变化而变化。若当自变量x无限接近于某个“方向”（一个数x_0，或$+\infty$或$-\infty$）时，因变量y无限接近于一个确定的常数A，则称A为函数$f(x)$的极限。为了叙述问题的方便，规定：当x无限增大时，用记号$x\to+\infty$（读做x趋于正无穷）表示；当$|x|$无限增大且$x<0$时，用记号$x\to-\infty$（读做x趋于负无穷）表示；当$|x|$无限增大时，用记号$x\to\infty$（读做x趋于无穷）表示；当x无限接近于x_0时，用记号$x\to x_0$（读做x趋于x_0）表示；当x从x_0的左侧无限接近于x_0时，用记号$x\to x_0^-$表示；当x从x_0的右侧无限接近于x_0时，用记号$x\to x_0^+$表示。下面，根据自变量x无限接近于“方向”的不同方式，分别介绍函数的极限。

1．$x\to\infty$时函数$f(x)$的极限

这种极限与数列的极限很相似，下面直接给出定义。

定义 3.2 设函数$y=f(x)$在$|x|>b$（$b>0$的某个实数）时有定义，如果当自变量x的绝对值无限增大时，相应的函数值$f(x)$无限趋近于同一个固定的常数A，则称A为$x\to\infty$时函数$f(x)$的极限，记做$\lim\limits_{x\to\infty}f(x)=A$或$f(x)\to A(x\to\infty)$。

由图 3.1 知，$\lim\limits_{x\to\infty}\frac{1}{x}=0$。

2．$x\to+\infty$ 时函数 $f(x)$ 的极限

定义 3.3　设函数 $y=f(x)$ 在 $(a,+\infty)$（a 为某个实数）内有定义，如果当自变量 x 无限增大时，相应的函数值 $f(x)$ 无限趋近于某一个固定的常数 A，则称 A 为 $x\to+\infty$ 时函数 $f(x)$ 的极限，记做 $\lim\limits_{x\to+\infty}f(x)=A$ 或 $f(x)\to A(x\to+\infty)$。

由图 3.2 知，$\lim\limits_{x\to+\infty}2^{-x}=0$。

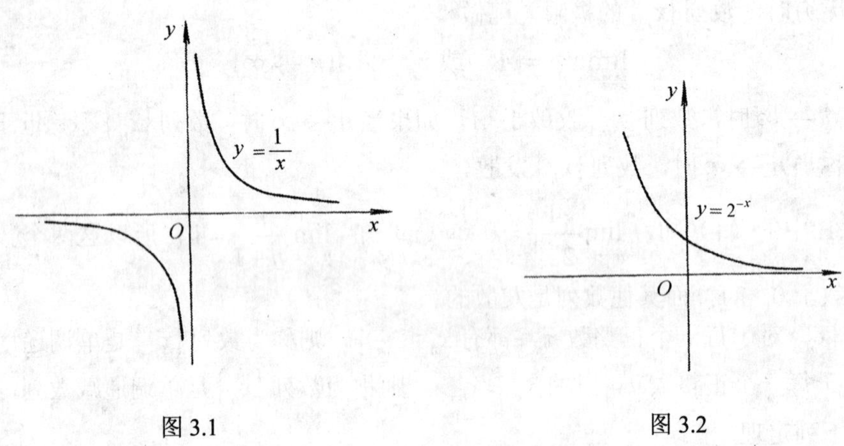

图 3.1　　　　图 3.2

3．$x\to-\infty$ 时函数 $f(x)$ 的极限

定义 3.4　设函数 $y=f(x)$ 在 $(-\infty,a)$（a 为某个实数）内有定义，如果当自变量 $|x|$ 无限增大且 $x<0$ 时，相应的函数值 $f(x)$ 无限趋近于某一个固定的常数 A，则称 A 为 $x\to-\infty$ 函数 $f(x)$ 的极限，记做 $\lim\limits_{x\to-\infty}f(x)=A$ 或 $f(x)\to A(x\to-\infty)$。

由图 3.1 知，$\lim\limits_{x\to-\infty}\frac{1}{x}=0$。

不难证明：

定理 3.2　$\lim\limits_{x\to\infty}f(x)=A$ 的充分必要条件是 $\lim\limits_{x\to+\infty}f(x)=\lim\limits_{x\to-\infty}f(x)=A$。

4．$x\to x_0$ 时函数 $f(x)$ 的极限

为了便于读者理解 $x\to x_0$ 时函数 $f(x)$ 的极限，先从图形上观察两个具体的函数。

从图 3.3 不难看出，当 x 无限趋近于 2 时，$f(x)=x+2$ 无限趋近于 4；从图 3.4 知，当 x 无限趋近于 2 时，$g(x)=\frac{x^2-4}{x-2}$ 无限趋近于 4。函数 $f(x)=x+2$ 与 $g(x)=\frac{x^2-4}{x-2}$ 是两个不同的函数，$f(x)=x+2$ 在 $x=2$ 处有定义，$g(x)=\frac{x^2-4}{x-2}$ 在 $x=2$ 处无定义。这就是说，当 x 无限趋近于 2 时，$f(x)$，$g(x)$ 的极限是否存在与其在 $x=2$ 是否有定义无关。这里先介绍一下邻域的概念，称开区间 $(x_0-\delta,x_0+\delta)$ 为以 x_0 为中心，以 $\delta(\delta>0)$ 为半径的邻域，简称为点 x_0 的 δ 邻域，记为 $N(x_0,\delta)$；称 $(x_0-\delta,x_0)\cup(x_0,x_0+\delta)$ 为点 x_0 的去心 δ 邻域，记为

$N(\hat{x}_0,\delta)$。因此，一般说来，为了使 $x \to x_0$ 时函数 $f(x)$ 的极限的定义适用范围更广泛，不必要求 $f(x)$ 在 x_0 点有定义，只需要求 $f(x)$ 在点 x_0 的去心邻域内有定义，而在 x_0 处可以没有定义。于是给出如下定义：

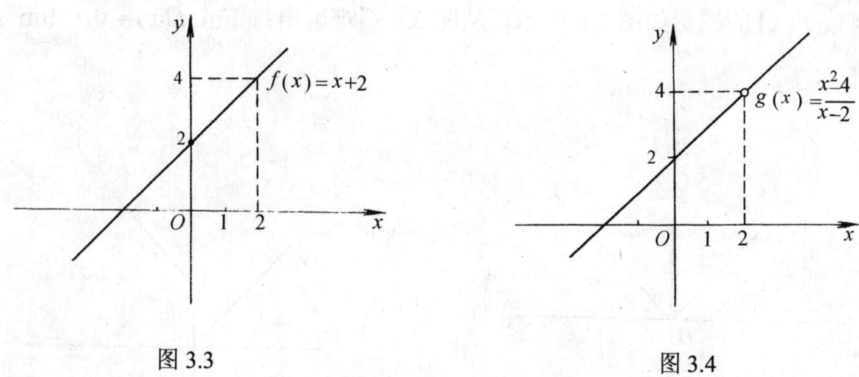

图 3.3　　　　图 3.4

定义 3.5　设函数 $y = f(x)$ 在点 x_0 的去心邻域 $N(\hat{x}_0,\delta)$ 内有定义，如果当自变量 x 在 $N(\hat{x}_0,\delta)$ 内无限趋近于 x_0 时，相应的函数值 $f(x)$ 无限趋近于某一个固定的常数 A，则称 A 为 $x \to x_0$ 时函数 $f(x)$ 的极限，记做 $\lim\limits_{x \to x_0} f(x) = A$ 或 $f(x) \to A(x \to x_0)$。

由定义 3.5 知，$\lim\limits_{x \to 2}(x+2) = 4$，$\lim\limits_{x \to 2}\dfrac{x^2-4}{x-2} = 4$。

5．$x \to x_0^-$ 时函数 $f(x)$ 的极限

定义 3.6　设函数 $y = f(x)$ 在点 x_0 的左半邻域 $(x_0-\delta, x_0)$ 内有定义，如果当自变量 x 在此半邻域内从 x_0 左侧无限趋近于 x_0 时，相应的函数值 $f(x)$ 无限趋近于某个固定的常数 A，则称 A 为当 x 趋近于 x_0 时函数 $f(x)$ 的左极限，记做 $\lim\limits_{x \to x_0^-} f(x) = A$ 或 $f(x) \to A(x \to x_0^-)$，或 $f(x_0-0) = A$。

6．$x \to x_0^+$ 时函数 $f(x)$ 的极限

定义 3.7　设函数 $y = f(x)$ 在点 x_0 的右半邻域 $(x_0, x_0+\delta)$ 内有定义，如果当自变量 x 在此半邻域内从 x_0 右侧无限趋近于 x_0 时，相应的函数值 $f(x)$ 无限趋近于某个固定的常数 A，则称 A 为当 x 趋近于 x_0 时函数 $f(x)$ 的右极限,记做 $\lim\limits_{x \to x_0^+} f(x) = A$ 或 $f(x) \to A(x \to x_0^+)$，或 $f(x_0+0) = A$。

例 3.2　设函数 $f(x) = \begin{cases} -x, & x < 0 \\ x, & x \geqslant 0 \end{cases}$，画出该函数的图形，并讨论 $\lim\limits_{x \to 0^-} f(x)$，$\lim\limits_{x \to 0^+} f(x)$，$\lim\limits_{x \to 0} f(x)$。

解　函数 $f(x)$ 的图形如图 3.5 所示，从图 3.5 不难看出：$\lim\limits_{x \to 0^-} f(x) = 0$，$\lim\limits_{x \to 0^+} f(x) = 0$，$\lim\limits_{x \to 0} f(x) = 0$。

例 3.3 设函数 $f(x)=\begin{cases}-x, & x\leqslant 0\\ x+1, & x>0\end{cases}$，画出该函数的图形，并讨论 $\lim\limits_{x\to 0^-}f(x)$，$\lim\limits_{x\to 0^+}f(x)$，$\lim\limits_{x\to 0}f(x)$。

解 函数 $f(x)$ 的图形如图 3.6 所示，从图 3.6 不难看出：$\lim\limits_{x\to 0^-}f(x)=0$，$\lim\limits_{x\to 0^+}f(x)=1$，$\lim\limits_{x\to 0}f(x)$ 不存在。

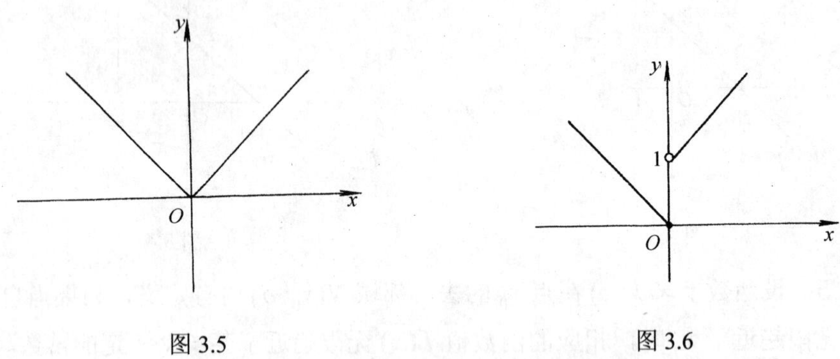

图 3.5　　　　图 3.6

由左极限和右极限的定义及上述的两个例子，可知有如下定理：

定理 3.3 $\lim\limits_{x\to x_0}f(x)=A$ 的充分必要条件是 $\lim\limits_{x\to x_0^-}f(x)=\lim\limits_{x\to x_0^+}f(x)=A$。

3.1.3 极限的性质

由于数列的极限是一种特殊函数的极限，因此数列的极限与函数的极限所描述的是同一个问题，即自变量在某一变化过程中，函数无限接近于某个确定的常数。因此，它们有很多共性。下面仅以 $x\to x_0$ 为例给出函数极限的性质。

性质 3.1 （唯一性）若 $\lim\limits_{x\to x_0}f(x)$ 存在，则极限是唯一的。

性质 3.2 （有界性）若 $\lim\limits_{x\to x_0}f(x)$ 存在，则存在 x_0 的某个去心邻域 $N(\hat{x}_0,\delta)$，在 $N(\hat{x}_0,\delta)$ 内函数 $f(x)$ 有界。

性质 3.3 （保号性）若 $\lim\limits_{x\to x_0}f(x)=A$ 且 $A>0$，则存在 x_0 的某个去心邻域 $N(\hat{x}_0,\delta)$，在 $N(\hat{x}_0,\delta)$ 内函数 $f(x)>0$；若 $A<0$，存在 x_0 的某个去心邻域 $N(\hat{x}_0,\delta)$，在 $N(\hat{x}_0,\delta)$ 内函数 $f(x)<0$。

性质 3.4 （夹逼准则）若 $x\in N(\hat{x}_0,\delta)$（其中 $\delta>0$）时，有 $g(x)\leqslant f(x)\leqslant h(x)$，且 $\lim\limits_{x\to x_0}g(x)=A$，$\lim\limits_{x\to x_0}h(x)=A$，则 $\lim\limits_{x\to x_0}f(x)=A$。

性质 3.4 在极限的计算中是很有用的。

3.1.4 关于极限概念的说明

为了正确理解极限的概念，需要说明两点：

（1）在极限过程 $x\to x_0$ 中，只要求 x 充分接近 x_0 时，$f(x)$ 存在，与 $x=x_0$ 时或远离 x_0 时，$f(x)$ 取值如何是毫无关系的。

（2）上述所给出的各种情形下的极限定义，是一种描述性的极限定义，不是严格的极限定义。如上述的极限定义中，都要求自变量在某一变化过程中，函数 $f(x)$ 无限接近于某个确

定的常数 A，那么，何谓 $f(x)$ 与常数 A 无限接近？在数学上如何给予精确的描述？可以看到，$f(x)$ 与常数 A 无限接近是指 $|f(x)-A|$ 可以任意小，即 $|f(x)-A|$ 可以无限接近于 0。换句话说，对任意给定无论多么小的正数 ε，当 x 变化到某一程度后，总有 $|f(x)-A|<\varepsilon$ 成立。由于自变量 x 的变化过程不同，有许多种描述方法。下面仅以 $x\to x_0$ 为例给出函数 $f(x)$ 的极限的精确定义（$\varepsilon-\delta$ 语言），供读者参考。

定义 3.8（极限的 $\varepsilon-\delta$ 语言）设函数 $f(x)$ 在点 x_0 的某个去心邻域 $N(\hat{x}_0,\delta)$ 内有定义，若对任意给定的正数 ε，存在 $\delta>0$，使得当 $0<|x-x_0|<\delta$ 时，恒有 $|f(x)-A|<\varepsilon$ 成立，则称当 $x\to x_0$ 时，$f(x)$ 以 A 为极限，记为 $\lim\limits_{x\to x_0}f(x)=A$。

3.1.5 无穷小量

1. 无穷小量的定义

定义 3.9 在自变量的某个变化过程中，以零为极限的变量称为这个变化过程中的无穷小量，简称无穷小。

例如，若 $\lim\limits_{x\to x_0}\alpha(x)=0$，则称变量 $\alpha(x)$ 为 $x\to x_0$ 时的无穷小量；若 $\lim\limits_{x\to+\infty}\beta(x)=0$，则称变量 $\beta(x)$ 为 $x\to+\infty$ 时的无穷小量。类似地还有 $x\to x_0^-$，$x\to x_0^+$，$x\to\infty$ 等情形下的无穷小量。

注意：一般说来，无穷小表达的是变量的变化状态，而不是变量的大小，一个变量无论多么小，都不能是无穷小量，数零是唯一可作为无穷小的常数。

例 3.4 自变量 x 在怎么样的变化过程中，下列函数为无穷小：

（1）$y=\dfrac{1}{x}$；（2）$y=x-1$；（3）$y=3^{-x}$；(4) $y=6^x$。

解 （1）由于 $\lim\limits_{x\to\infty}\dfrac{1}{x}=0$，所以 $\dfrac{1}{x}$ 为当 $x\to\infty$ 时的无穷小；

（2）由于 $\lim\limits_{x\to1}(x-1)=0$，所以 $x-1$ 为当 $x\to1$ 时的无穷小；

（3）由于 $\lim\limits_{x\to+\infty}3^{-x}=0$，所以 3^{-x} 为当 $x\to+\infty$ 时的无穷小；

（4）由于 $\lim\limits_{x\to-\infty}6^x=0$，所以 6^x 为当 $x\to-\infty$ 时的无穷小。

2. 极限与无穷小量的关系

设 $\lim\limits_{x\to x_0}f(x)=A$，即当 $x\to x_0$ 时，函数 $f(x)$ 无限接近于常数 A，换句话说，$f(x)-A$ 无限接近于常数 0，即当 $x\to x_0$ 时，$f(x)-A$ 以零为极限，也就是说，当 $x\to x_0$ 时，$f(x)-A$ 为无穷小量，若记 $\alpha(x)=f(x)-A$，则有 $f(x)=A+\alpha(x)$，于是有下述定理。

定理 3.4（极限与无穷小量的关系）$\lim\limits_{x\to x_0}f(x)=A$ 的充分必要条件是 $f(x)=A+\alpha(x)$，其中 $\alpha(x)$ 是当 $x\to x_0$ 时的无穷小量。

在定理 3.4 中，将自变量 x 的变化过程换成其他任何一种情形（$x\to x_0^-$，$x\to x_0^+$，$x\to\infty$，$x\to+\infty$，$x\to-\infty$）后仍然成立。

3. 无穷小量的运算性质

定理 3.5 有限个无穷小量的代数和是无穷小量。

定理 3.6 有限个无穷小量的乘积是无穷小量。

定理 3.7 无穷小量与有界量的乘积是无穷小量。

推论 3.1 常数与无穷小量的乘积是无穷小量。

例 3.5 求 $\lim\limits_{x\to 0} x\sin\dfrac{1}{x}$。

解 由于 $\lim\limits_{x\to 0} x=0$，因此 x 为当 $x\to 0$ 时的无穷小量，又由于 $\left|\sin\dfrac{1}{x}\right|\leqslant 1$，于是 $x\sin\dfrac{1}{x}$ 仍为当 $x\to 0$ 时的无穷小量，所以 $\lim\limits_{x\to 0} x\sin\dfrac{1}{x}=0$。

3.1.6 无穷大量

1. 无穷大量的定义

定义 3.10 在自变量的某个变化过程中，绝对值可以无限增大的变量称为这个变化过程中的无穷大量，简称无穷大。

例如，变量 $f(x)$ 为 $x\to x_0$ 时的无穷大量，记做 $\lim\limits_{x\to x_0} f(x)=\infty$；变量 $f(x)$ 为 $x\to x_0$ 时的正无穷大量，记做 $\lim\limits_{x\to x_0} f(x)=+\infty$；变量 $f(x)$ 为 $x\to x_0$ 时的负无穷大量，记做 $\lim\limits_{x\to x_0} f(x)=-\infty$。对于自变量 x 的其他变化过程中的无穷大量，正无穷大量，负无穷大量可用类似的方法描述。

应该注意的是：无穷大量是极限不存在的一种情形，这里借用极限的记号，但并不表示极限存在。

不难知道，$\lim\limits_{x\to 0^-}\dfrac{1}{x}=-\infty$，$\lim\limits_{x\to\infty} x^2=+\infty$。

2. 无穷大量与无穷小量的关系

由无穷大量与无穷小量的定义，可知：

定理 3.8 （无穷大量与无穷小量的关系）在自变量的某个变化过程中，无穷大量的倒数是无穷小量；非零无穷小量的倒数是无穷大量。

例 3.6 自变量 x 在怎样的变化过程中，下列函数为无穷大：

（1）$y=\dfrac{1}{x}$；（2）$y=x-1$；（3）$y=3^{-x}$；(4) $y=6^x$。

解 （1）由于 $\lim\limits_{x\to 0} x=0$，即当 $x\to 0$ 时 x 为无穷小，所以 $\dfrac{1}{x}$ 为当 $x\to 0$ 时的无穷大；

（2）由于 $\lim\limits_{x\to\infty}\dfrac{1}{x-1}=0$，即当 $x\to\infty$ 时 $\dfrac{1}{x-1}$ 为无穷小，所以 $x-1$ 为当 $x\to\infty$ 时的无穷大；

（3）由于 $\lim\limits_{x\to-\infty} 3^x=0$，即当 $x\to-\infty$ 时 3^x 为无穷小，所以 3^{-x} 为当 $x\to-\infty$ 时的无

穷大；

（4）由于 $\lim\limits_{x\to+\infty} 6^{-x}=0$，即当 $x\to+\infty$ 时 6^{-x} 为无穷小，所以 6^{x} 为当 $x\to+\infty$ 时的无穷大。

3.2 极限的运算

由极限的定义来求变量的极限是很不方便的。下面给出极限的一些运算法则。

3.2.1 极限的运算法则

为简便起见，如 $\lim f(x)$ 及 $\lim g(x)$，其中极限记号“lim”下没有注明自变量的变化过程，都假定 x 在同一变化过程中，即都是 $x\to x_0$ 或 $x\to\infty$ 等情况。

定理 3.9 设 $\lim f(x)$ 及 $\lim g(x)$ 都存在，则

（1）$\lim[f(x)\pm g(x)]=\lim f(x)\pm\lim g(x)$；

（2）$\lim[f(x)\cdot g(x)]=\lim f(x)\cdot\lim g(x)$；

（3）$\lim\dfrac{f(x)}{g(x)}=\dfrac{\lim f(x)}{\lim g(x)}$ （$\lim g(x)\neq 0$）。

定理 3.9 的证明可由定理 3.4~定理 3.7 得到。下面证明定理 3.9 中的(2)，其他的证法类同。

证 设 $\lim f(x)=A$，$\lim g(x)=B$，由定理 3.4 知，$f(x)=A+\alpha(x)$，$g(x)=B+\beta(x)$，其中 $\alpha(x)$，$\beta(x)$ 都是无穷小，因此

$$f(x)\cdot g(x)=(A+\alpha(x))(B+\beta(x))=AB+(A\beta(x)+B\alpha(x)+\alpha(x)\beta(x))$$

利用定理 3.5~定理 3.7 和推论 3.1 知，$A\beta(x)+B\alpha(x)+\alpha(x)\beta(x)$ 是无穷小，再利用定理 3.4，得

$$\lim[f(x)\cdot g(x)]=AB=\lim f(x)\cdot\lim g(x)$$

推论 3.2 $\lim[cg(x)]=c\lim g(x)$（其中 c 为常数）。

推论 3.3 $\lim[f(x)]^n=[\lim f(x)]^n$（其中 n 为正整数）。

例 3.7 求 $\lim\limits_{x\to1}\dfrac{x^2+3}{x-2}$。

解 因为 $\lim\limits_{x\to1}(x-2)\neq0$，所以

$$\lim_{x\to1}\frac{x^2+3}{x-2}=\frac{\lim\limits_{x\to1}(x^2+3)}{\lim\limits_{x\to1}(x-2)}=\frac{\lim\limits_{x\to1}x^2+3}{\lim\limits_{x\to1}x-2}=\frac{1^2+3}{1-2}=-4$$

例 3.8 求 $\lim\limits_{x\to2}\dfrac{x^2-4x+4}{x-2}$。

解 因为 $\lim\limits_{x\to2}(x-2)=0$，所以不能用定理 3.9，又因为 $\lim\limits_{x\to2}(x^2-4x+4)=0$，故可约去公因式 $(x-2)$，有

$$\lim_{x\to2}\frac{x^2-4x+4}{x-2}=\lim_{x\to2}\frac{(x-2)^2}{x-2}=\lim_{x\to2}(x-2)=0$$

例 3.9　求 $\lim\limits_{x\to 4}\dfrac{\sqrt{x}-2}{x^2+x-20}$。

解　因为 $\lim\limits_{x\to 4}(x^2+x-20)=0$，所以不能用定理 3.9，又由于 $\lim\limits_{x\to 4}(\sqrt{x}-2)=0$，可将分子有理化，并约去公因式 $(x-4)$，有

$$\lim_{x\to 4}\frac{\sqrt{x}-2}{x^2+x-20}=\lim_{x\to 4}\frac{x-4}{(x+5)(x-4)(\sqrt{x}+2)}=\lim_{x\to 4}\frac{1}{(x+5)(\sqrt{x}+2)}=\frac{1}{36}$$

由此可见，有理函数或无理函数在 $x\to x_0$ 时的极限是容易求得的。

下面，讨论 $x\to\infty$ 的极限，先看一个例子。

例 3.10　求 $\lim\limits_{x\to\infty}\dfrac{3x^3+2x^2-2}{2x^4-4x^2+x-1}$。

解　求有理分式的极限，只要对分子和分母同除以 x^4，有

$$\lim_{x\to\infty}\frac{3x^3+2x^2-2}{2x^4-4x^2+x-1}=\lim_{x\to\infty}\frac{\dfrac{3}{x}+\dfrac{2}{x^2}-\dfrac{2}{x^4}}{2-\dfrac{4}{x^2}+\dfrac{1}{x^3}-\dfrac{1}{x^4}}=0$$

从上例可以看出，对于 $x\to\infty$ 的极限，可用分子、分母中 x 的最高次幂除之，然后再求极限。一般地，可得

$$\lim_{x\to\infty}\frac{a_0x^n+a_1x^{n-1}+\cdots+a_n}{b_0x^m+b_1x^{m-1}+\cdots+b_m}=\begin{cases}0, & n<m\\ \dfrac{a_0}{b_0}, & n=m\\ \infty, & n>m\end{cases}\quad（其中 b_0\neq 0）$$

例 3.11　求 $\lim\limits_{x\to\infty}\dfrac{(x-11)^3(5-3x)^{25}}{(3x+7)^{28}}$。

解　由于分子和分母展开后都是 28 次多项式，对分子和分母同除以 x^{28}，则有

$$\lim_{x\to\infty}\frac{(x-11)^3(5-3x)^{25}}{(3x+7)^{28}}=\lim_{x\to\infty}\frac{\left(1-\dfrac{11}{x}\right)^3\left(\dfrac{5}{x}-3\right)^{25}}{\left(3+\dfrac{7}{x}\right)^{28}}=\frac{1^3\cdot(-3)^{25}}{3^{28}}=-\frac{1}{27}$$

例 3.12　求 $\lim\limits_{x\to+\infty}\dfrac{x\sin x}{\sqrt{x^2+x^3}}$。

解　由于当 $x\to\infty$ 时，$x\sin x$ 极限不存在，所以不能用定理 3.9，又由于 $\sin x$ 是有界量，且

$$\lim_{x\to+\infty}\frac{x}{\sqrt{x^2+x^3}}=\lim_{x\to+\infty}\frac{x}{x\sqrt{1+x}}=\lim_{x\to+\infty}\frac{1}{\sqrt{1+x}}=0$$

利用定理 3.7，得

$$\lim_{x\to+\infty}\frac{x\sin x}{\sqrt{x^2+x^3}}=\lim_{x\to+\infty}\frac{x}{\sqrt{x^2+x^3}}\cdot\sin x=0$$

求极限的方法小结：

（1）运用极限运算法则时，必须注意只有各项极限存在，才能适用；

（2）若不能直接用极限运算法则时，必须先对原式进行恒等变形（约分，通分，有理化，变量代换等），然后再求极限；

（3）利用无穷小的运算性质求极限，注意正确使用有关无穷小的定理 3.7。

3.2.2 两个重要极限

1．$\lim\limits_{x\to 0}\dfrac{\sin x}{x}=1$

下面来证明上述重要极限：

制作单位圆，如图 3.7 所示，取$\angle AOB=x\left(0<x<\dfrac{\pi}{2}\right)$, $BC=\sin x$, $\overset{\frown}{AB}=x$，$AD=\tan x$。

由图得$S_{\Delta AOB}<S_{扇形AOB}<S_{\Delta AOD}$，即

$$\frac{1}{2}\sin x<\frac{1}{2}x<\frac{1}{2}\tan x$$

有
$$\sin x<x<\frac{\sin x}{\cos x}$$

除以$\sin x$，得
$$1<\frac{x}{\sin x}<\frac{1}{\cos x}$$

即
$$1>\frac{\sin x}{x}>\cos x$$

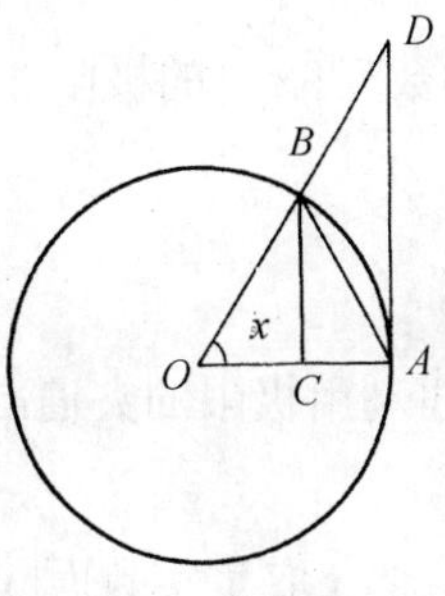

图 3.7

上述不等式是当$0<x<\dfrac{\pi}{2}$时得到的，但对$-\dfrac{\pi}{2}<x<0$也是成立的。又因为 $\lim\limits_{x\to 0}\cos x=1$，$\lim\limits_{x\to 0}1=1$，由极限的夹逼准则知，$\lim\limits_{x\to 0}\dfrac{\sin x}{x}=1$。

注意：这个重要极限是$\dfrac{0}{0}$型，为了强调形式，可把它写成一般形式

$$\lim_{u(x)\to 0}\frac{\sin u(x)}{u(x)}=1,\ （其中u(x)表示任一变量）$$

例 3.13 求$\lim\limits_{x\to 0}\dfrac{\sin 3x}{x}$。

解 由于这是$\dfrac{0}{0}$型的极限，所以 $\lim\limits_{x\to 0}\dfrac{\sin 3x}{x}=\lim\limits_{x\to 0}\left(\dfrac{\sin 3x}{3x}\cdot 3\right)=3\lim\limits_{x\to 0}\dfrac{\sin 3x}{3x}=3$。

例 3.14 求$\lim\limits_{x\to 0}\dfrac{1-\cos x}{x^2}$。

解 由于这是$\dfrac{0}{0}$型的极限，所以$\lim\limits_{x\to 0}\dfrac{1-\cos x}{x^2}=\lim\limits_{x\to 0}\dfrac{2\sin^2\dfrac{x}{2}}{4\cdot(\dfrac{x}{2})^2}=\dfrac{1}{2}\left(\lim\limits_{x\to 0}\dfrac{\sin\dfrac{x}{2}}{\dfrac{x}{2}}\right)^2=\dfrac{1}{2}$。

例 3.15 求 $\lim\limits_{x\to\infty} x\sin\dfrac{1}{2x}$。

解 由于这是一个可化为 $\dfrac{0}{0}$ 型的极限，所以

$$\lim_{x\to\infty} x\sin\frac{1}{2x}=\lim_{x\to\infty}\frac{\sin\dfrac{1}{2x}}{\dfrac{1}{2x}}\cdot\frac{1}{2}=\frac{1}{2}\lim_{x\to\infty}\frac{\sin\dfrac{1}{2x}}{\dfrac{1}{2x}}=\frac{1}{2}$$

2\. $\lim\limits_{x\to\infty}\left(1+\dfrac{1}{x}\right)^x=\mathrm{e}$

对这一重要极限在这里不给出证明，仅给出其证明的思路：先考虑 x 取正整数 n 时的情形，即 $x_n=\left(1+\dfrac{1}{n}\right)^n$，利用二项式展开定理，可以证得数列$\{x_n\}$单调递增且有界，由定理 3.1 知数列$\{x_n\}$的极限存在，并用 e 来表示此极限，即

$$\lim_{n\to\infty}\left(1+\frac{1}{n}\right)^n=\mathrm{e}，\quad \mathrm{e}=2.718281828\cdots$$

再利用极限的夹逼准则，当 x 取正实数而无限增大时，函数 $\left(1+\dfrac{1}{x}\right)^x$ 的极限等于 e。同样可证，当 x 取负实数而$|x|$无限增大时，函数 $\left(1+\dfrac{1}{x}\right)^x$ 的极限等于 e，所以 $\lim\limits_{x\to\infty}\left(1+\dfrac{1}{x}\right)^x=\mathrm{e}$。

为了准确地用好这个极限，它有两个特征，一是它属于1^∞型的极限，二是它可形象地写成为

$$\lim_{u(x)\to\infty}\left(1+\frac{1}{u(x)}\right)^{u(x)}=\mathrm{e}，\text{（其中} u(x) \text{表示任一变量）}$$

例 3.16 求 $\lim\limits_{x\to\infty}\left(1+\dfrac{2}{x}\right)^x$。

解 由于这是1^∞型，利用第 2 个重要极限，令 $u=\dfrac{x}{2}$，则 $x=2u$，得

$$\lim_{x\to\infty}\left(1+\frac{2}{x}\right)^x=\lim_{u\to\infty}\left(1+\frac{1}{u}\right)^{2u}=\left[\lim_{u\to\infty}\left(1+\frac{1}{u}\right)^u\right]^2=\mathrm{e}^2$$

例 3.17 求 $\lim\limits_{x\to 0}(1+x)^{\frac{1}{x}}$。

解 设 $u=\dfrac{1}{x}$，当 $x\to 0$ 时，$u\to\infty$，这是1^∞型，于是 $\lim\limits_{x\to 0}(1+x)^{\frac{1}{x}}=\lim\limits_{u\to\infty}\left(1+\dfrac{1}{u}\right)^u=\mathrm{e}$

所以得到第 2 个重要极限的另一种形式为

$$\lim_{x\to 0}(1+x)^{\frac{1}{x}}=\mathrm{e}$$

例 3.18 求 $\lim\limits_{x\to\infty}\left(1-\dfrac{2}{x}\right)^x$。

解 由于这是1^∞型，利用第 2 个重要极限，有

$$\lim_{x\to\infty}\left(1-\frac{2}{x}\right)^x=\lim_{x\to\infty}\left[\left(1+\left(-\frac{2}{x}\right)\right)^{-\frac{x}{2}}\right]^{-2}=\mathrm{e}^{-2}=\frac{1}{\mathrm{e}^2}$$

例 3.19 求 $\lim\limits_{x\to\infty}\left(\dfrac{x+1}{x-3}\right)^x$。

解 由于这是1^∞型，设 $\dfrac{x+1}{x-3}=1+\dfrac{1}{u}$，解得 $x=4u+3$。当 $x\to\infty$ 时，$u\to\infty$。因此

$$\lim_{x\to\infty}\left(\frac{x+1}{x-3}\right)^x=\lim_{u\to\infty}\left(1+\frac{1}{u}\right)^{4u+3}=\lim_{u\to\infty}\left[\left(1+\frac{1}{u}\right)^u\right]^4\cdot\lim_{u\to\infty}\left(1+\frac{1}{u}\right)^3=\mathrm{e}^4$$

3.2.3 无穷小的比较

在 3.1.5 节讨论了两个无穷小和与积。在计算数学的许多问题中，还需比较两个无穷小趋于零的快慢问题。先看$\dfrac{1}{n}$与$\dfrac{1}{n^2}$，当 $n\to\infty$ 时，两者都是无穷小，但趋于零的速度却不一样（见表 3.1）。

表 3.1

n	1	10	100	1000	10000	…
$\dfrac{1}{n}$	1	0.1	0.01	0.001	0.0001	…
$\dfrac{1}{n^2}$	1	0.01	0.0001	0.000001	0.00000001	…

从表 3.1 中看出，$\dfrac{1}{n^2}$比$\dfrac{1}{n}$趋于零的速度要快，这说明，无穷小量$\dfrac{1}{n^2}$的阶比$\dfrac{1}{n}$高。

为此，引入无穷小量阶的概念。

定义 3.11 设在自变量 x 某个变化过程中，$\alpha(x)$ 与 $\beta(x)$ 是两个无穷小量，且

$$\lim\frac{\beta(x)}{\alpha(x)}=c \text{（}c\text{ 为常数）}$$

（1）若 $c=0$，则称 $\beta(x)$ 是比 $\alpha(x)$ 高阶的无穷小，记为 $\beta(x)=o(\alpha(x))$。

（2）若 $c\neq0$，则称 $\alpha(x)$ 与 $\beta(x)$ 是同阶无穷小，若 $c=1$，则称 $\alpha(x)$ 与 $\beta(x)$ 是等阶无穷小，记为 $\alpha(x)\sim\beta(x)$。

例如，$\lim\limits_{x\to0}\dfrac{\sin x}{x}=1$，即 $\sin x\sim x$（$x\to0$）；$\lim\limits_{x\to0}\dfrac{\ln(x+1)}{x}=1$，即 $\ln(x+1)\sim x$（$x\to0$）。

利用等阶无穷小来求极限，有如下定理。

定理 3.10 设（1）$\alpha(x)\sim\alpha'(x)$，$\beta(x)\sim\beta'(x)$；（2）$\lim\dfrac{\beta'(x)}{\alpha'(x)}=A$，则 $\lim\dfrac{\beta(x)}{\alpha(x)}=A$。

证 $\lim\dfrac{\beta(x)}{\alpha(x)}=\lim\dfrac{\beta(x)}{\beta'(x)}\cdot\lim\dfrac{\beta'(x)}{\alpha'(x)}\cdot\lim\dfrac{\alpha'(x)}{\alpha(x)}=\lim\dfrac{\beta'(x)}{\alpha'(x)}=A$。

例 3.20 求 $\lim\limits_{x\to0}\dfrac{\sin 3x}{\tan 4x}$。

解 当 $x\to0$ 时，$\sin 3x\sim 3x$，$\tan 4x\sim 4x$，所以 $\lim\limits_{x\to0}\dfrac{\sin 3x}{\tan 4x}=\lim\limits_{x\to0}\dfrac{3x}{4x}=\dfrac{3}{4}$。

例 3.21 求 $\lim\limits_{x\to0}\dfrac{\tan x-\sin x}{\sin^3 x}$。

解 当 $x\to0$ 时，$\sin x\sim x$，$\tan x\sim x$，$1-\cos x\sim\dfrac{1}{2}x^2$，所以

$$\lim_{x\to0}\frac{\tan x-\sin x}{\sin^3 x}=\lim_{x\to0}\frac{\tan x(1-\cos x)}{\sin^3 x}=\lim_{x\to0}\frac{x\cdot\frac{1}{2}x^2}{x^3}=\frac{1}{2}$$

注意：无穷小等价代换只能对相乘或相除的无穷小进行，而对相加或相减的无穷小不能分别进行等价代换，否则就会产生错误。

在例 3.21 中，若用 $\sin x\sim x$，$\tan x\sim x$ 做等价代换，则有

$$\lim_{x\to0}\frac{\tan x-\sin x}{\sin^3 x}=\lim_{x\to0}\frac{x-x}{\sin^3 x}=0$$

这样就错了。

下面列出几个常见的无穷小等价代换，当 $x\to0$ 时，得 $\sin x\sim x$，$\tan x\sim x$，$\arcsin x\sim x$，$\arctan x\sim x$，$1-\cos x\sim\dfrac{1}{2}x^2$，$\ln(x+1)\sim x$，$\mathrm{e}^x-1\sim x$。

3.3 函数的连续性

在微积分中，连续函数是很重要的一类函数，在本课程中也主要研究连续函数。连续性是自然界中各种物体连续变化的数学体现，如水的连续流动，自由落体的位移的连续变化等。在本节中将运用极限方法对连续性的现象进行描述和研究，并利用连续性的方法去解决某些极限的计算问题。

3.3.1 函数的连续性定义

下面先引入增量的概念，再建立连续性定义。

设变量 u 从一个初值 u_1，变化到终值 u_2，终值与初值之差 u_2-u_1，称为变量 u 的增量，记为 Δu，即 $\Delta u=u_2-u_1$。当 $\Delta u>0$ 时，变量 u 的变化是增大的；当 $\Delta u<0$ 时，变量 u 的变化是减小的。

设函数 $f(x)$ 在点 x_0 的某邻域内有定义，当自变量 x 由 x_0 变到 $x_0+\Delta x$ 时，函数相应由 $f(x_0)$ 变到 $f(x_0+\Delta x)$，因此函数的增量为

$$\Delta y = f(x_0 + \Delta x) - f(x_0)$$

定义 3.12 设函数 $f(x)$ 在点 x_0 的某邻域内有定义，若当自变量的增量 $\Delta x = x - x_0$ 趋于零时，对应的函数增量也趋于零，即

$$\lim_{\Delta x \to 0} \Delta y = \lim_{\Delta x \to 0}[f(x_0 + \Delta x) - f(x_0)] = 0$$

则称函数 $f(x)$ 在点 x_0 处连续。或称 x_0 是 $f(x)$ 的一个连续点。

由于 $x = x_0 + \Delta x$，所以 $\Delta y = f(x_0 + \Delta x) - f(x_0) = f(x) - f(x_0)$，定义 3.12 中极限表达式可写为 $\lim\limits_{\Delta x \to 0}[f(x) - f(x_0)] = 0$，即 $\lim\limits_{\Delta x \to 0} f(x) = f(x_0)$。

定义 3.13 设函数 $f(x)$ 在点 x_0 的某邻域内有定义，若 $\lim\limits_{x \to x_0} f(x) = f(x_0)$，则称函数 $f(x)$ 在点 x_0 处连续。

下面给出函数 $f(x)$ 在点 x_0 处左连续和右连续的概念。

若 $\lim\limits_{x \to x_0^-} f(x) = f(x_0)$，则称函数 $f(x)$ 在点 x_0 处左连续。若 $\lim\limits_{x \to x_0^+} f(x) = f(x_0)$ 则称函数 $f(x)$ 在点 x_0 处右连续。

定理 3.11 函数 $f(x)$ 在点 x_0 处连续的充分必要条件是 $f(x)$ 在点 x_0 处，既左连续，又右连续。

如果函数 $f(x)$ 在开区间 (a,b) 内的每一点都连续，则称 $f(x)$ 在开区间 (a,b) 内连续。如果函数 $f(x)$ 在开区间 (a,b) 内连续，且在 $x = a$ 处右连续，在 $x = b$ 处左连续，则称 $f(x)$ 是闭区间 $[a,b]$ 上连续。连续函数的图形是一条连绵不断的曲线。

由定义 3.13 不难看出，函数 $f(x)$ 在点 x_0 处连续，必须同时满足以下三个条件：

（1）函数 $f(x)$ 在点 x_0 的某邻域内有定义；

（2）$\lim\limits_{x \to x_0} f(x)$ 存在；

（3）这个极限等于函数值 $f(x_0)$。

若上述条件中至少有一个不满足，则称点 x_0 为函数 $f(x)$ 的间断点。

定义 3.14（间断点的分类）设 x_0 为 $f(x)$ 的一个间断点，如果当 $x \to x_0$ 时，$f(x)$ 的左极限、右极限都存在，则称 x_0 为 $f(x)$ 的第一类间断点；否则，称 x_0 为 $f(x)$ 的第二类间断点。

对于第一类间断点有以下两种情形：

（1）当 $\lim\limits_{x \to x_0^-} f(x)$ 与 $\lim\limits_{x \to x_0^+} f(x)$ 都存在，但不相等时，称 x_0 为 $f(x)$ 的跳跃间断点；

（2）当 $\lim\limits_{x \to x_0} f(x)$ 存在，但极限不等于 $f(x_0)$ 时，称 x_0 为 $f(x)$ 的可去间断点。

例 3.22 设 $f(x) = \begin{cases} x & , x \leqslant 1 \\ x + 1, & x > 1 \end{cases}$，讨论 $f(x)$ 在 $x = 1$ 处的连续性。

解 $f(1) = 1$，$\lim\limits_{x \to 1^-} f(x) = \lim\limits_{x \to 1^-} x = 1$，$\lim\limits_{x \to 1^+} f(x) = \lim\limits_{x \to 1^+}(x + 1) = 2$，得 $\lim\limits_{x \to 1^-} f(x) \neq \lim\limits_{x \to 1^+} f(x)$，即 $\lim\limits_{x \to 1} f(x)$ 不存在。所以 $x = 1$ 是 $f(x)$ 的第一类间断点，且为跳跃间断点（图 3.8）。

例 3.23 设 $f(x)=\begin{cases}\dfrac{x^2}{x}, x\neq 0\\ 1, x=0\end{cases}$，讨论 $f(x)$ 在 $x=0$ 处的连续性。

解 $f(0)=1$，$\lim\limits_{x\to 0}f(x)=\lim\limits_{x\to 0}\dfrac{x^2}{x}=\lim\limits_{x\to 0}x=0$，即 $\lim\limits_{x\to 0}f(x)\neq f(0)$。所以 $x=0$ 是 $f(x)$ 第一类间断点，且为可去间断点（图 3.9）。

若 $\lim\limits_{x\to x_0}f(x)=\infty$，则称 x_0 为 $f(x)$ 的无穷间断点，无穷间断点属第二类间断点。

例如，$f(x)=\dfrac{1}{x}$ 在 $x=0$ 处没有定义，且 $\lim\limits_{x\to 0}f(x)=\infty$，则称 $x=0$ 为 $f(x)$ 的无穷间断点。

又如 $f(x)=\sin\dfrac{1}{x}$ 在 $x=0$ 处没有定义，且 $\lim\limits_{x\to 0}f(x)$ 不存在，则称 $x=0$ 为 $f(x)$ 的振荡间断点，振荡间断点也属第二类间断点。

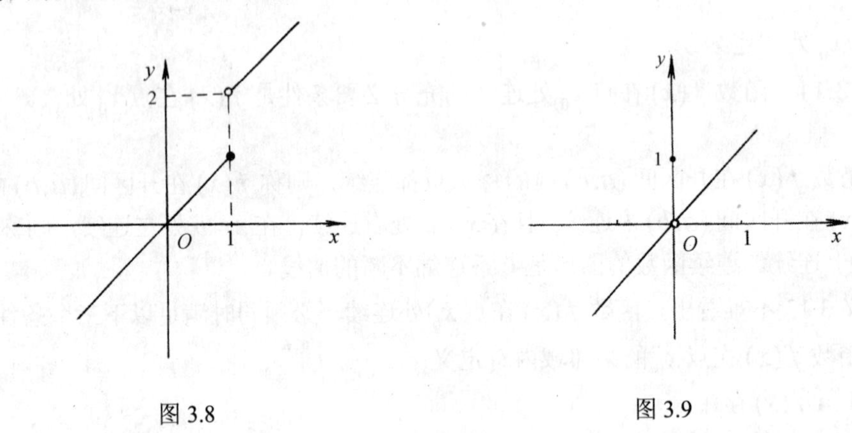

图 3.8　　　　图 3.9

3.3.2 初等函数的连续性

1. 初等函数的连续性

对于初等函数给出如下的重要结论：一切初等函数在其定义区间内都是连续的。

由此可见，求初等函数的连续区间就是求函数的定义域。由于分段函数一般不是初等函数，所以在求分段函数的连续性时，除了利用上述结论考虑每一段函数的连续性外，还必须讨论分界点处的连续性。

2. 利用函数的连续性求极限

若函数 $y=f(x)$ 在点 x_0 处连续，则有

$$\lim_{x\to x_0}f(x)=f(x_0)=f(\lim_{x\to x_0}x)$$

即求连续函数的极限时，可归结为计算函数值，又表明函数符号 f 与极限符号 lim 可交换。

例 3.24 求 $\lim\limits_{x\to 0}\ln\cos x$。

解 由于 $x=0$ 是初等函数 $\ln\cos x$ 的定义区间内的点，所以 $\ln\cos x$ 在 $x=0$ 处连续，得

$$\lim_{x\to 0}\ln\cos x=\ln\cos 0=\ln 1=0$$

例 3.25 求 $\lim\limits_{x\to 0}\dfrac{\ln(x+1)}{x}$。

解 利用函数符号与极限符号可交换，由于 $y=\ln u$ 在 $u>0$ 上是连续的，所以，得

$$\lim_{x\to 0}\frac{\ln(x+1)}{x}=\lim_{x\to 0}\ln(x+1)^{\frac{1}{x}}=\ln\lim_{x\to 0}(x+1)^{\frac{1}{x}}=\ln \mathrm{e}=1$$

3.3.3 闭区间上连续函数的性质

闭区间上连续函数有许多重要性质，它们是研究诸多问题的基础，现只给出结论而不予证明。

定理 3.12 （最大值和最小值存在定理）闭区间上连续函数一定能取得最大值和最小值。

定理 3.13 （根的存在定理）设 $f(x)$ 为闭区间$[a,\ b]$上连续，且 $f(a)$与$f(b)$ 异号，则至少存在一点 $\xi\in(a,b)$，使得 $f(\xi)=0$。

定理 3.14 （介值定理）设函数 $f(x)$ 是闭区间$[a,\ b]$上连续，且 $f(a)\neq f(b)$，则对介于 $f(a)$ 与 $f(b)$ 之间任意一个数 η，则至少存在一点 $\xi\in(a,b)$，使得 $f(\xi)=\eta$。

对于定理 3.13 从几何上看，如图 3.10 所示，连续曲线 $y=f(x)$ 从 x 轴上侧的点 A（纵坐标 $f(a)>0$）连续不断地画到 x 轴下侧的点 B（纵坐标 $f(b)<0$）时，必与 x 轴至少相交于一点 $C(\xi,0)$。这表明若方程 $f(x)=0$，函数 $f(x)$ 在闭区间$[a,\ b]$上的两个端点处的函数值异号，则方程 $f(x)=0$ 在开区间 (a,b) 内至少存在一个根。

对于定理 3.14 从几何上看，如图 3.11 所示，在闭区间$[a,\ b]$上的连续函数 $y=f(x)$ 的图像从点 A 连续不断地画到点 B 时，至少要与直线 $y=\eta$ 相交于一次。

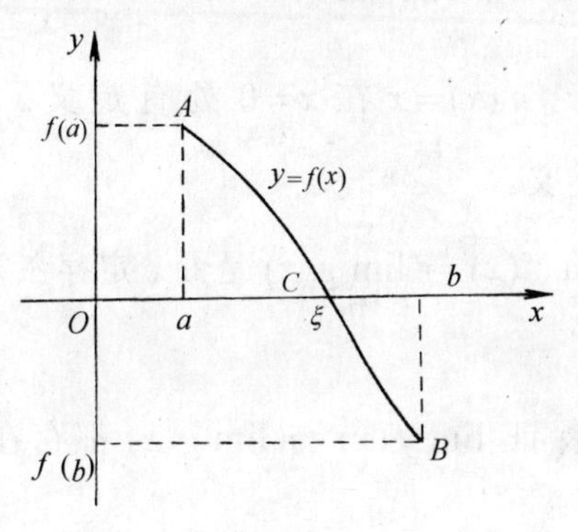

图 3.10

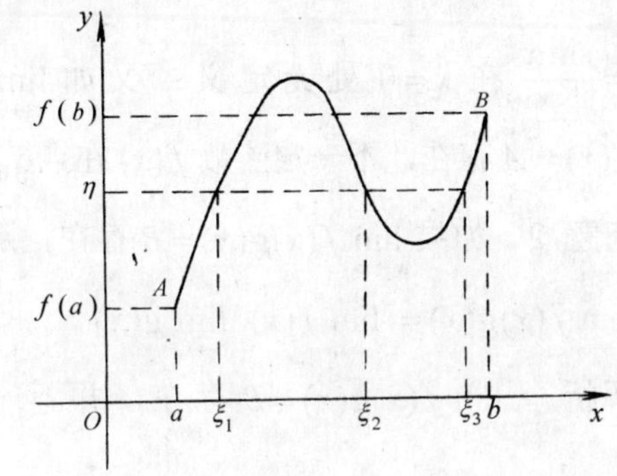

图 3.11

例 3.26 证明方程 $\cos x-ax=0\,(a>0)$ 在 0 与 π 之间有实根。

证 设 $f(x)=\cos x-ax$，由于 $f(x)$ 在$[0,\pi]$上连续，又 $f(0)=1>0$，$f(\pi)=-1-a\pi<0$，所以，利用根的存在定理 3.13 知，至少存在一点 $\xi\in(0,\pi)$，使得 $f(\xi)=0$，即方程 $\cos x-ax=0$ 在 0 与π之间至少有一个实根。

3.4 本章小结

3.4.1 内容提要

1. 基本概念

数列极限，函数极限，左极限，右极限，无穷小量，无穷大量，等价无穷小量，函数在一点连续，连续函数，间断点，第一类间断点，可去间断点，跳跃间断点，第二类间断点，无穷间断点。

2. 基本定理

左右极限与极限的关系定理，单调有界数列极限的存在定理，夹逼准则，极限的四则运算法则，极限与无穷小的关系定理，无穷小的运算性质定理，无穷小的替换定理，无穷小与无穷大的关系定理，初等函数的连续性定理，闭区间上连续函数的性质定理。

3. 基本方法

利用函数的连续性求极限的方法，利用四则运算法则求极限的方法，利用两个重要极限求极限的方法，利用“无穷小与有界量之积仍为无穷小”求极限的方法。

3.4.2 疑点解析

问题 1　如果 $\lim\limits_{x\to x_0} f(x)=A$ 存在，那么函数 $f(x)$ 在点 x_0 处是否一定有定义？

解析　$\lim\limits_{x\to x_0} f(x)=A$ 存在与 $f(x)$ 在点 x_0 处是否有定义无关。例如 $\lim\limits_{x\to 0}\dfrac{\sin x}{x}=1$，而 $f(x)=\dfrac{\sin x}{x}$ 在 $x=0$ 处无定义；又如 $\lim\limits_{x\to 0}x=0$，$f(x)=x$ 在 $x=0$ 处有定义。所以，$\lim\limits_{x\to x_0} f(x)=A$ 存在，不一定函数 $f(x)$ 在点 x_0 处有定义。

问题 2　如果 $\lim\limits_{x\to x_0} f(x)g(x)=B$ 存在，那么 $\lim\limits_{x\to x_0} f(x)$ 与 $\lim\limits_{x\to x_0} g(x)$ 是否一定存在？是否一定有 $\lim\limits_{x\to x_0} f(x)g(x)=\lim\limits_{x\to x_0} f(x)\ \lim\limits_{x\to x_0} g(x)$？

解析　$\lim\limits_{x\to x_0} f(x)g(x)=B$ 存在，并不一定能保证 $\lim\limits_{x\to x_0} f(x)$ 与 $\lim\limits_{x\to x_0} g(x)$ 都存在。例如 $\lim\limits_{x\to 0}x\sin\dfrac{1}{x}=0$，$\lim\limits_{x\to 0}x=0$，而 $\lim\limits_{x\to 0}\sin\dfrac{1}{x}$ 不存在。因此，$\lim\limits_{x\to x_0} f(x)g(x)=B$ 存在，不一定能保证 $\lim\limits_{x\to x_0} f(x)g(x)=\lim\limits_{x\to x_0} f(x)\cdot\lim\limits_{x\to x_0} g(x)$。

习　题　3

1．设函数 $f(x)=\begin{cases}-x, x<0\\ x^2, x\geqslant 0\end{cases}$，（1）求：$\lim\limits_{x\to 0^-} f(x)$ 及 $\lim\limits_{x\to 0^+} f(x)$；（2）当 $x\to 0$ 时，$f(x)$ 的极限存在吗？

2．设 $f(x)=\begin{cases} x^2+2x-1, & x\leqslant 1 \\ x, & 1<x<2 \\ 2x-2, & x\geqslant 2 \end{cases}$，求：$\lim\limits_{x\to -5}f(x), \lim\limits_{x\to 1}f(x), \lim\limits_{x\to 2}f(x), \lim\limits_{x\to 3}f(x)$。

3．在下列各题中，哪些是无穷小量？哪些是无穷大量？

（1）$\ln x$，当 $x\to 1$ 时；（2）e^x，当 $x\to -\infty$ 时；（3）$3^{\frac{1}{x}}$，当 $x\to 0^-$ 时；

（4）$2^{-x}-1$，当 $x\to 0$ 时；（5）$\dfrac{1+2x}{x^2}$，当 $x\to 0$ 时；（6）$\tan x$，当 $x\to 0$ 时。

4．求下列极限：

（1）$\lim\limits_{x\to 0}x^2\sin\dfrac{1}{x}$；（2）$\lim\limits_{x\to\infty}\dfrac{1}{x}\arctan x^3$；（3）$\lim\limits_{x\to\infty}\dfrac{1}{x}(\sin x+\cos x)$。

5．求下列极限：

（1）$\lim\limits_{n\to\infty}\dfrac{2^{n+1}+3^{n+1}}{2^n+3^n}$；（2）$\lim\limits_{x\to\infty}\dfrac{x^3-4x+5}{2x^3+3x^2+1}$；（3）$\lim\limits_{n\to\infty}\left[2+\dfrac{(-1)^n}{n^2}\right]$；

（4）$\lim\limits_{x\to -\infty}\dfrac{\sqrt{x^2+1}}{x+1}$；（5）$\lim\limits_{x\to +\infty}(\sqrt{x^2+3x}-x)$；（6）$\lim\limits_{x\to 0}\dfrac{x^2}{\sqrt{x^2+1}-1}$；

（7）$\lim\limits_{x\to\frac{1}{2}}\dfrac{8x^3-1}{6x^2-5x+1}$；（8）$\lim\limits_{x\to\infty}\dfrac{(1-2x)^{19}(x+1)^5}{(2x-3)^{24}}$。

6．求 $\lim\limits_{n\to\infty}\left(\dfrac{1+2+\cdots+n}{n^2+2}\right)$，其中 n 为自然数。

7．求下列极限：

（1）$\lim\limits_{x\to 0}\dfrac{\sin 3x}{\sin 2x}$；（2）$\lim\limits_{x\to\infty}x\tan\dfrac{1}{x}$；（3）$\lim\limits_{x\to 3}\dfrac{\sin(x-3)}{x^2-x-6}$；

（4）$\lim\limits_{x\to 1}(1-x)\tan\dfrac{\pi x}{2}$；（5）$\lim\limits_{x\to 0}\left(1-\dfrac{x}{2}\right)^{\frac{1}{x}}$；（6）$\lim\limits_{x\to\infty}\left(\dfrac{x}{1+x}\right)^x$。

8．试证：当 $x\to 1$ 时，$1-\sqrt{x}$ 与 $1-\sqrt[3]{x}$ 均为无穷小，并对这两个无穷小进行比较。

9．用等价无穷小代换定理，求下列极限：

（1）$\lim\limits_{x\to 0}\dfrac{\tan x^2}{1-\cos x}$；（2）$\lim\limits_{x\to 0^+}\dfrac{\sin 2x}{\sqrt{1-\cos x}}$。

10．讨论下列函数的连续性，如有间断点，指出其类型：

（1）$y=\dfrac{x^2-1}{x^2-4x+3}$；（2）$y=\dfrac{\sin 2x}{x}$；（3）$y=\begin{cases} x^2-1, x<0 \\ 1, & x=0 \\ x, & x>0 \end{cases}$；（4）$y=\dfrac{\mathrm{e}^{\frac{1}{x}}-1}{\mathrm{e}^{\frac{1}{x}}+1}$。

11．已知 a,b 为常数，$\lim\limits_{x\to\infty}\dfrac{ax^2+bx+6}{3x+2}=6$，求 a，b 的值。

12．已知 $\lim\limits_{x\to\infty}\left(\dfrac{x^2+6}{x+2}-ax-b\right)=0$，求 a，b 的值。

13．已知$\lim\limits_{x\to 0}\dfrac{x}{f(6x)}=1$，求$\lim\limits_{x\to 0}\dfrac{f(3x)}{2x}$。

14．设$f(x)=\dfrac{|x|-x}{x}$，求$\lim\limits_{x\to 0^-}f(x)$及$\lim\limits_{x\to 0^+}f(x)$，并问$\lim\limits_{x\to 0}f(x)$是否存在？

15．设$f(x)=\begin{cases} x\sin\dfrac{1}{x}+a, & x<0 \\ b+1, & x=0 \\ x^2-1, & x>0 \end{cases}$，试求：（1）当$a$为何值时，$f(x)$在$x=0$处的极限存在；（2）当$a,b$为何值时，$f(x)$在$x=0$处连续。

16．设$f(x)=\begin{cases} \dfrac{1}{x}\sin x+1, & x<0 \\ p, & x=0 \\ \dfrac{\ln(1+x)}{x}+q, & x>0 \end{cases}$，在$x=0$处连续，求$p,q$的值。

17．已知$\lim\limits_{x\to\infty}\left(\dfrac{x+c}{x-c}\right)^x=4$，求$c$。

18．设圆的半径为R，求证：(1)圆内接正n边形的面积$A_n=\dfrac{R^2}{2}n\sin\dfrac{2\pi}{n}$；(2)圆面积为$\pi R^2$。

19．设A,B为半径为R的圆周上的两点，O为圆心，圆心角$\angle AOB=\alpha$，它所对的圆弧为$\overset{\frown}{AB}$，弦为AB；试证：当$\alpha\to 0$时，弧$\overset{\frown}{AB}$与弦AB是等价无穷小。

第4章　导数与微分

宇宙空间中的万事万物都按照一定的规律在不断地变化和运动，其中的许多规律，常常可以通过形式完美而其实质不易被人们理解的途径用数学形式表示出来，并且由此得出新的甚至是人们意想不到的知识。如物体运动的速度、电流、线密度、化学反应速度、生物繁殖率以及曲线的切线等。所有这些在数量关系上都归结为函数的变化率，即导数。导数作为微积分中重要的概念，是从研究因变量相对于自变量的变化率的问题中抽象出来的数学概念。它是由英国数学家牛顿（Newton）和德国数学家莱布尼茨（Leibniz）分别研究力学与几何学过程中同时建立的。

导数是微积分学的核心概念，是在微积分学中解决实际问题的基本工具。在本章中，除了介绍导数与微分的概念之外，还建立起一整套的微分法公式与法则，从而解决了初等函数的求导问题。

4.1　导数的概念

4.1.1　两个实例

1. 瞬时速度

设一质点做变速直线运动，其运动方程为 $s=s(t)$，其中，t 是时间，s 是路程，试求在 t_0 时刻的瞬时速度 $v(t_0)$。

对于匀速直线运动来说，有速度公式 $v=\dfrac{s}{t}$。对于非匀速直线运动来说，匀速直线运动的速度公式只能表示某一时间段内的平均速度。现在的问题是要求非匀速直线运动在 t_0 时刻的瞬时速度，由 t_0 变化到 $t_0+\Delta t$ 的时间增量为 Δt，这时质点所经过的路程的增量为

$$\Delta s=s(t_0+\Delta t)-s(t_0)$$

当时间间隔 $|\Delta t|$ 很小时，从 t_0 到 $t_0+\Delta t$ 时间段内的平均速度 $\bar{v}$ 与 t_0 时刻的瞬时速度就近似相等，即

$$v(t_0)\approx \bar{v}=\frac{\Delta s}{\Delta t}=\frac{s(t_0+\Delta t)-s(t_0)}{\Delta t}$$

而且 $|\Delta t|$ 越小，$\bar{v}$ 就越接近 $v(t_0)$，当 $\Delta t\to 0$ 时，$\bar{v}\to v(t_0)$，即

$$v(t_0)=\lim_{\Delta t\to 0}\frac{\Delta s}{\Delta t}=\lim_{\Delta t\to 0}\frac{s(t_0+\Delta t)-s(t_0)}{\Delta t}$$

就是说，物体运动的瞬时速度是路程函数的增量与时间增量之比，且当时间增量趋于零时的极限。

2. 切线斜率

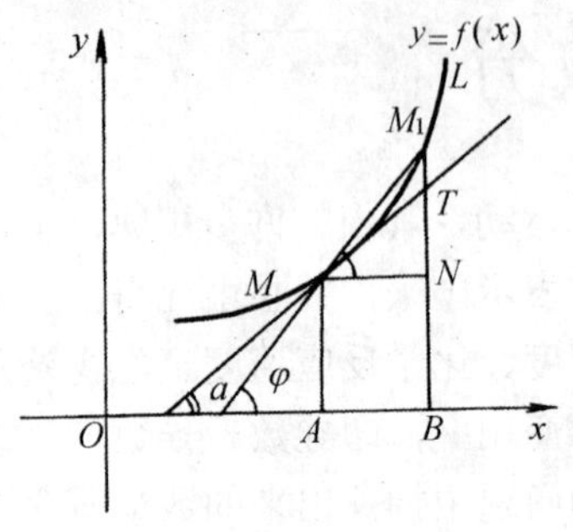

图 4.1

首先给出一般曲线的切线的定义，在曲线上点 M 的附近，再取一点 M_1，作割线 MM_1，当点 M_1 沿曲线移动而趋向于 M 时，割线 MM_1 的极限位置 MT 就定义为曲线在点 M 处的切线。

设函数 $y=f(x)$ 的图像是如图 4.1 的曲线 L，$M(x_0,f(x_0))$ 和 $M_1(x_1,f(x_1))$ 是曲线 L 上的两点，它们到 x 轴的垂足分别为 A 和 B，作 MN 垂直 BM_1 并交 BM_1 于 N，则

$$MN=\Delta x=x_1-x_0,$$

$$NM_1=\Delta y=f(x_1)-f(x_0)$$

割线 MM_1 的斜率为 k_1，从而得

$$k_1=\tan\varphi=\frac{\Delta y}{\Delta x}=\frac{f(x_1)-f(x_0)}{x_1-x}=\frac{f(x_0+\Delta x)-f(x_0)}{\Delta x}$$

当 $\Delta x\to 0$ 时，动点 M_1 沿曲线趋向 M，从而得到割线的极限位置 MT 的斜率，即切线的斜率 k，即

$$k=\tan\alpha=\lim_{\Delta x\to 0}\tan\varphi=\lim_{\Delta x\to 0}\frac{\Delta y}{\Delta x}=\lim_{\Delta x\to 0}\frac{f(x_0+\Delta x)-f(x_0)}{\Delta x}$$

由此可见，曲线 $y=f(x)$ 在点 M 处的纵坐标 y 的增量 Δy 与横坐标 x 的增量 Δx 之比，当 $\Delta x\to 0$ 时的极限即为曲线在点 M 处的切线斜率。

4.1.2 导数的概念

上面研究了变速直线运动的瞬时速度和平面曲线的切线斜率，虽然它们的具体意义各不相同，但从数学结构上看，却具有完全相同的形式。在自然科学中，还有许多其他的量，如电流、线密度等都具有这种形式，即函数的增量与自变量增量之比当自变量增量趋于零时的极限，把这种形式的极限抽象出来，就是函数的导数概念。

1. 导数的定义

定义 4.1 设函数 $y=f(x)$ 在点 x_0 的某一邻域内有定义，当自变量 x 在点 x_0 处有增量 Δx（$\Delta x\neq 0$，$x_0+\Delta x$ 仍在该邻域内）时，相应地函数有增量 $\Delta y=f(x_0+\Delta x)-f(x_0)$，若极限

$$\lim_{\Delta x\to 0}\frac{\Delta y}{\Delta x}=\lim_{\Delta x\to 0}\frac{f(x_0+\Delta x)-f(x_0)}{\Delta x}$$

存在，则称 $f(x)$ 在点 x_0 处可导，并称此极限值为 $f(x)$ 在点 x_0 处的导数，记为 $f'(x_0)$，也可记为 $y'(x_0)$，$y'\big|_{x=x_0}$，$\frac{\mathrm{d}y}{\mathrm{d}x}\Big|_{x=x_0}$ 或 $\frac{\mathrm{d}f}{\mathrm{d}x}\Big|_{x=x_0}$，即

$$f'(x_0)=\lim_{\Delta x\to 0}\frac{\Delta y}{\Delta x}=\lim_{\Delta x\to 0}\frac{f(x_0+\Delta x)-f(x_0)}{\Delta x}$$

若极限不存在，则称 $y=f(x)$ 在点 x_0 处不可导。

若固定x_0，令$x_0+\Delta x=x$，则当$\Delta x\to 0$时，有$x\to x_0$，所以函数$f(x)$在x_0处的导数$f'(x_0)$也可表为

$$f'(x_0)=\lim_{x\to x_0}\frac{f(x)-f(x_0)}{x-x_0}$$

有了导数概念，前面两个问题可以用导数来表达：

（1）变速直线运动在t_0时刻的瞬时速度，就是路程$s=s(t)$在t_0处对时间t的导数，即

$$v(t_0)=\frac{\mathrm{d}s}{\mathrm{d}t}\bigg|_{t=t_0}$$

（2）平面曲线的切线斜率，就是曲线的纵坐标y在该点对横坐标x的导数，即

$$k=\tan\alpha=\frac{\mathrm{d}y}{\mathrm{d}x}\bigg|_{x=x_0}$$

2．左导数与右导数

极限

$$\lim_{\Delta x\to 0^-}\frac{\Delta y}{\Delta x}=\lim_{\Delta x\to 0^-}\frac{f(x_0+\Delta x)-f(x_0)}{\Delta x}$$

$$\lim_{\Delta x\to 0^+}\frac{\Delta y}{\Delta x}=\lim_{\Delta x\to 0^+}\frac{f(x_0+\Delta x)-f(x_0)}{\Delta x}$$

分别称为函数$f(x)$在点x_0处的左导数和右导数，且分别记为$f'_-(x_0)$和$f'_+(x_0)$。

由左极限、右极限的性质知，有如下定理。

定理 4.1 函数$f(x)$在点x_0处可导的充分必要条件是$f(x)$在点x_0处的左导数和右导数都存在且相等。

如果函数$f(x)$在区间(a,b)内任意一点x都可导，则称$f(x)$在区间(a,b)内可导。

如果$f(x)$在区间(a,b)内可导，那么对应于(a,b)中的每一个确定的x值，都对应着一个确定的导数值$f'(x)$。这样就确定了一个新的函数，此函数称为函数$y=f(x)$的导函数，记为$f'(x)$, y'，$\dfrac{\mathrm{d}y}{\mathrm{d}x}$或$\dfrac{\mathrm{d}f(x)}{\mathrm{d}x}$，在不致发生混淆的情况下，导函数也简称为导数。

显然，函数$f(x)$在点x_0处的导数$f'(x_0)$，就是导函数$f'(x)$在点$x=x_0$处的函数值，即$f'(x_0)=f'(x)\big|_{x=x_0}$。

例 4.1 求函数$y=x^3$在任意点x处的导数。

解 在x处给自变量一个增量Δx，相应的函数增量为

$$\Delta y=f(x+\Delta x)-f(x)=(x+\Delta x)^3-x^3=3x^2\Delta x+3x(\Delta x)^2+(\Delta x)^3$$

因此有

$$\frac{\Delta y}{\Delta x}=3x^2+3x\Delta x+(\Delta x)^2$$

则得$\displaystyle\lim_{\Delta x\to 0}\frac{\Delta y}{\Delta x}=\lim_{\Delta x\to 0}(3x^2+3x\Delta x+(\Delta x)^2)=3x^2$，即$(x^3)'=3x^2$。

3．导数的几何意义

由第二个实例可知，导数的几何意义是函数$y=f(x)$在点x_0处的导数$f'(x_0)$等于曲线

$y=f(x)$ 在点 (x_0,y_0) 处的切线斜率。

有了曲线在点 (x_0,y_0) 处的切线斜率，就容易写出曲线 $y=f(x)$ 在点 (x_0,y_0) 处的切线方程。若 $f'(x_0)$ 存在，则曲线 $y=f(x)$ 在点 $M(x_0,y_0)$ 处的切线方程为

$$y-y_0=f'(x_0)(x-x_0)$$

若 $f'(x_0)=\infty$，则切线垂直于 x 轴，其切线方程为 $x=x_0$。

若 $f'(x_0)\neq 0$，则过点 $M(x_0,y_0)$ 的法线方程为

$$y-y_0=-\frac{1}{f'(x_0)}(x-x_0)$$

若 $f'(x_0)=0$，则法线垂直于 x 轴，其法线方程为 $x=x_0$。

例 4.2 求曲线 $y=x^3$ 在点（1,1）处的切线方程和法线方程。

解 由于 $y'=(x^3)'=3x^2$，由导数的几何意义知，曲线 $y=x^3$ 在点（1,1）处的切线斜率为 $y'|_{x=1}=3x^2|_{x=1}=3$，所以，切线方程为 $y-1=3(x-1)$，即 $y=3x-2$；法线方程为 $y-1=-\frac{1}{3}(x-1)$，即 $y=-\frac{1}{3}x+\frac{4}{3}$。

4. 变化率模型

前面从实际问题中抽象出了导数的概念，并利用导数的定义来求一些函数的导数，但是抽象的概念应该回到具体的问题中去，在科学技术中常常把导数称为变化率。变化率反映了因变量随着自变量在某处的变化而变化的快慢程度。前面已经看到，切线的斜率是曲线的纵坐标 y 对横坐标 x 的变化率；瞬时速度是路程 s 对时间 t 的变化率。下面再举几个有关变化率的例子。

例 4.3 （电流模型）在导线中有一强度变化不定的电流通过，设在 t 时刻流过某一固定截面的电量 $Q=Q(t)$，求在 t_0 时刻的电流 $i(t_0)$。

解 若是恒定电流，在 Δt 时间段内流过某一固定截面的电量为 ΔQ，则电流 $i(t_0)=\frac{\Delta Q}{\Delta t}$。

若是非恒定电流，就不能直接用上面的公式求 t_0 时刻的电流 $i(t_0)$，此时

$$\bar{i}=\frac{\Delta Q}{\Delta t}=\frac{Q(t_0+\Delta t)-Q(t_0)}{\Delta t}$$

称为在 Δt 时间段内的平均电流。当 $|\Delta t|$ 很小时，平均电流 $\bar{i}$ 可以作为 t_0 时刻的电流的近似值，而且 $|\Delta t|$ 越小，$\bar{i}$ 就越接近 $i(t_0)$，当 $\Delta t\to 0$ 时，$\bar{i}\to i(t_0)$，即

$$i(t_0)=\lim_{\Delta t\to 0}\frac{\Delta Q}{\Delta t}=\lim_{\Delta t\to 0}\frac{Q(t_0+\Delta t)-Q(t_0)}{\Delta t}=\left.\frac{\mathrm{d}Q}{\mathrm{d}t}\right|_{t=t_0}$$

例 4.4 （细杆的线密度模型）设一根质量非均匀分布的细杆放在 x 轴上，在 x 处的质量 $m=m(x)$，求杆上 x_0 处的线密度 $\rho(x_0)$。

解 若细杆的质量分布是均匀的，长度为 Δx 的一段的质量为 Δm，则 $\rho(x_0)=\frac{\Delta m}{\Delta x}$。

若细杆的质量分布是非均匀的，就不能直接用上面的公式求 x_0 处的线密度 $\rho(x_0)$，此时

$$\bar{\rho}=\frac{\Delta m}{\Delta t}=\frac{m(x_0+\Delta x)-m(x_0)}{\Delta x}$$

称为在长度为 Δx 内的平均线密度。当$|\Delta x|$很小时，平均 $\bar{\rho}$ 可以作为在 x_0 处的线密度的近似值，而且$|\Delta x|$越小，$\bar{\rho}$ 就越接近 $\rho(x_0)$，当 $\Delta x \to 0$ 时，$\bar{\rho} \to \rho(x_0)$，即

$$\rho(x_0) = \lim_{\Delta t \to 0} \frac{\Delta m}{\Delta x} = \lim_{\Delta t \to 0} \frac{m(t_0 + \Delta x) - m(x_0)}{\Delta x} = \frac{\mathrm{d}m}{\mathrm{d}x}\bigg|_{x=x_0}$$

例 4.5 （化学反应速度模型）在化学反应中某种物质的浓度 N 和时间 t 的关系为 $N = N(t)$，求 t_0 时刻此物质的瞬时反应速度 $v(t_0)$。

解 当时间从 t_0 变到 $t_0 + \Delta t$ 时，浓度的增量为 $\Delta N = N(t_0 + \Delta t) - N(t_0)$，此时，浓度的平均变化率为

$$\bar{v} = \frac{\Delta N}{\Delta t} = \frac{N(t_0 + \Delta t) - N(t_0)}{\Delta t}$$

当$|\Delta t|$很小时，平均速度 $\bar{v}$ 可以作为 t 时刻的速度的近似值，而且$|\Delta t|$越小，$\bar{v}$ 就越接近 $v(t_0)$，当 $\Delta t \to 0$ 时，$\bar{v} \to v(t_0)$，即

$$v(t_0) = \lim_{\Delta t \to 0} \frac{\Delta N}{\Delta t} = \lim_{\Delta t \to 0} \frac{N(t_0 + \Delta t) - N(t_0)}{\Delta t} = \frac{\mathrm{d}N}{\mathrm{d}t}\bigg|_{t=t_0}$$

4.1.3 可导与连续的关系

从几何上来看，一个函数如果在一点处可导，则此函数在该点连续。下面给出严格证明。

定理 4.2 若函数 $y = f(x)$ 在点 x 处可导，则 $y = f(x)$ 在点 x 处一定连续。

证 由已知条件知，$\lim\limits_{\Delta x \to 0} \frac{\Delta y}{\Delta x} = f'(x)$，根据函数的极限与无穷小的关系，得

$$\frac{\Delta y}{\Delta x} = f'(x) + \alpha$$

其中，α 为当 $\Delta x \to 0$ 时的无穷小，在上式的两端各乘以 Δx，有

$$\Delta y = f'(x)\Delta x + \alpha \Delta x$$

从而

$$\lim_{\Delta x \to 0} \Delta y = \lim_{\Delta x \to 0} (f(x)\Delta x + \alpha \Delta x) = 0$$

这就是说，函数 $y = f(x)$ 在点 x 处连续。但反过来不一定成立，即在点 x 处连续的函数未必在点 x 处可导。

例如，函数 $y = f(x) = |x| = \begin{cases} x, & x \geqslant 0 \\ -x, & x < 0 \end{cases}$，显然在 $x = 0$ 处连续，但是在该点处不可导。因为

$$\Delta y = f(0 + \Delta x) - f(0) = |\Delta x|$$

在 $x = 0$ 处的右导数为

$$f'_+(0) = \lim_{\Delta x \to 0^+} \frac{\Delta y}{\Delta x} = \lim_{\Delta x \to 0^+} \frac{|\Delta x|}{\Delta x} = \lim_{\Delta x \to 0^+} \frac{\Delta x}{\Delta x} = 1$$

在 $x = 0$ 处的左导数为

$$f'_-(0) = \lim_{\Delta x \to 0^-} \frac{\Delta y}{\Delta x} = \lim_{\Delta x \to 0^-} \frac{|\Delta x|}{\Delta x} = \lim_{\Delta x \to 0^-} \frac{-\Delta x}{\Delta x} = -1$$

得 $f'_+(0) \neq f'_-(0)$，所以 $f(x)$ 在 $x = 0$ 时不可导。因此，函数连续是可导的必要条件而不是充

分条件。

4.1.4 求导举例

由导数的定义可知，求函数 $y=f(x)$ 的导数 y'，可分为以下三个步骤：

（1）求增量：$\Delta y=f(x+\Delta x)-f(x)$；

（2）求比值：$\dfrac{\Delta y}{\Delta x}=\dfrac{f(x+\Delta x)-f(x)}{\Delta x}$；

（3）取极限：$y'=\lim\limits_{\Delta x\to 0}\dfrac{\Delta y}{\Delta x}$。

下面，利用以上三个步骤求一些基本初等函数的导数。

例 4.6 求函数 $y=c$（c 为常数）的导数。

解 （1）求增量：$\Delta y=c-c=0$；（2）求比值：$\dfrac{\Delta y}{\Delta x}=0$；（3）取极限：$y'=\lim\limits_{\Delta x\to 0}\dfrac{\Delta y}{\Delta x}=0$。这就是说，常数函数的导数等于零，即 $(c)'=0$。

例 4.7 求函数 $y=\sin x$ 的导数。

解 （1）求增量：利用三角中的和差化积公式，有

$$\Delta y=\sin(x+\Delta x)-\sin x=2\cos\left(x+\frac{\Delta x}{2}\right)\sin\frac{\Delta x}{2}$$

（2）求比值：$\dfrac{\Delta y}{\Delta x}=\dfrac{2\cos\left(x+\dfrac{\Delta x}{2}\right)\sin\dfrac{\Delta x}{2}}{\Delta x}=2\cos\left(x+\dfrac{\Delta x}{2}\right)\dfrac{\sin\dfrac{\Delta x}{2}}{\Delta x}$

（3）取极限：利用 $\cos x$ 的连续性及第 1 个重要极限 $\lim\limits_{x\to 0}\dfrac{\sin x}{x}=1$，得

$$y'=\lim_{\Delta x\to 0}\frac{\Delta y}{\Delta x}=\lim_{x\to 0}2\cos\left(x+\frac{\Delta x}{2}\right)\frac{\sin\dfrac{\Delta x}{2}}{\Delta x}=\lim_{x\to 0}\cos\left(x+\frac{\Delta x}{2}\right)\frac{\sin\dfrac{\Delta x}{2}}{\dfrac{\Delta x}{2}}=\cos x$$

即 $(\sin x)'=\cos x$。

用类似的方法，可求得函数 $y=\cos x$ 的导数，即 $(\cos x)'=-\sin x$。

例 4.8 求函数 $y=x^n$（n 为正整数）的导数。

解 （1）求增量：利用二项式定理，有

$$\Delta y=(x+\Delta x)^n-x^n=nx^{n-1}\Delta x+\frac{n(n-1)}{2}x^{n-2}(\Delta x)^2+\cdots+(\Delta x)^n$$

（2）求比值：$\dfrac{\Delta y}{\Delta x}=nx^{n-1}+\dfrac{n(n-1)}{2}x^{n-2}\Delta x+\cdots+(\Delta x)^{n-1}$

（3）取极限：$y'=\lim\limits_{\Delta x\to 0}\dfrac{\Delta y}{\Delta x}=\lim\limits_{\Delta x\to 0}\left[nx^{n-1}+\dfrac{n(n-1)}{2}x^{n-2}\Delta x+\cdots+(\Delta x)^{n-1}\right]=nx^{n-1}$

即 $(x^n)'=nx^{n-1}$（n 为正整数）。特别地，$(x)'=1$，一般地，$y=x^{\mu}$（μ 为实数），也有 $(x^{\mu})'=\mu x^{\mu-1}$，这个公式在后面将给出证明。

例 4.9 求对数函数 $y=\log_a x$（$a>0, a\neq 1, x>0$）的导数。

解 （1）求增量：$\Delta y=\log_a(x+\Delta x)-\log_a x=\log_a\dfrac{x+\Delta x}{x}=\log_a\left(1+\dfrac{\Delta x}{x}\right)$

（2）求比值：$\dfrac{\Delta y}{\Delta x}=\dfrac{\log_a\left(1+\dfrac{\Delta x}{x}\right)}{\Delta x}=\dfrac{1}{x}\log_a\left(1+\dfrac{\Delta x}{x}\right)^{\frac{x}{\Delta x}}$

（3）取极限：利用对数函数的连续性与第 2 个重要极限，得

$$y'=\lim_{\Delta x\to 0}\frac{\Delta y}{\Delta x}=\lim_{\Delta x\to 0}\frac{1}{x}\log_a\left(1+\frac{\Delta x}{x}\right)^{\frac{x}{\Delta x}}=\frac{1}{x}\log_a \mathrm{e}=\frac{1}{x\ln a}$$

即$(\log_a x)'=\dfrac{1}{x\ln a}$，特别地，当$a=\mathrm{e}$时，得自然对数的导数为$(\ln x)'=\dfrac{1}{x}$。

以上介绍了一些基本初等函数的导数公式，其他一些基本初等函数的导数公式将在以后给出。

4.2 求导法则

4.2.1 函数的和、差、积、商的求导法则

在 4.1 节中介绍了用导数定义求函数的导数的方法，但是，如果对每一个函数都直接用导数定义求导数，那将是比较麻烦的，有时甚至是很困难的。在本节中，将介绍一些求导数的基本法则和基本初等函数的求导公式，利用这些法则和公式，就能比较方便地求出常见的初等函数的导数。

定理 4.3 设函数$u(x)$与$v(x)$在点x处可导，则函数$u(x)\pm v(x)$，$u(x)v(x)$，$\dfrac{u(x)}{v(x)}\ (v(x)\neq 0)$也在点$x$处可导，且有以下法则：

（1）$[u(x)\pm v(x)]'=u'(x)\pm v'(x)$；

（2）$[u(x)v(x)]'=u'(x)v(x)+u(x)v'(x)$，特别地$[c\cdot u(x)]'=c\cdot u'(x)$（$c$为常数）；

（3）$\left(\dfrac{u(x)}{v(x)}\right)'=\dfrac{u'(x)v(x)-u(x)v'(x)}{v^2(x)}\ (v(x)\neq 0)$，特别地，$\left(\dfrac{1}{v(x)}\right)'=-\dfrac{v'(x)}{v^2(x)}\ (v(x)\neq 0)$。

下面给出法则（2）的证明，法则（1）、（3）的证明从略。

证 设$y=f(x)=u(x)v(x)$，给x以增量Δx，相应地函数$u(x)$与$v(x)$各有增量Δu与Δv。

（1）求增量：
$$\begin{aligned}\Delta y&=f(x+\Delta x)-f(x)=u(x+\Delta x)v(x+\Delta x)-u(x)v(x)\\&=[u(x+\Delta x)-u(x)]v(x+\Delta x)+u(x)[v(x+\Delta x)-v(x)]\\&=\Delta u v(x+\Delta x)+u(x)\Delta v\end{aligned}$$

（2）求比值：$\dfrac{\Delta y}{\Delta x}=\dfrac{\Delta u}{\Delta x}\cdot v(x+\Delta x)+u(x)\cdot\dfrac{\Delta v}{\Delta x}$

（3）取极限：由于$u(x)$与$v(x)$在点x处可导，可知$v(x)$在点x处连续，所以

$$\lim_{\Delta x\to 0}\frac{\Delta y}{\Delta x}=\lim_{\Delta x\to 0}\left(\frac{\Delta u}{\Delta x}\cdot v(x+\Delta x)+u(x)\cdot\frac{\Delta v}{\Delta x}\right)$$

$$= \lim_{\Delta x \to 0} \frac{\Delta u}{\Delta x} \cdot \lim_{\Delta x \to 0} v(x+\Delta x) + u(x) \cdot \lim_{\Delta x \to 0} \frac{\Delta v}{\Delta x} = u'(x)v(x) + u(x)v'(x)$$

这就是说，$y = u(x)v(x)$ 也在点 x 处可导，且有

$$[u(x)v(x)]' = u'(x)v(x) + u(x)v'(x)$$

利用数学归纳法，可把法则（1）、（2）推广到任意有限多个可导函数的情形，即若 $u_i(x)$ $(i = 1,2,\cdots,n)$ 都可导，则

$$(u_1 + u_2 + \cdots + u_n)' = u_1' + u_2' + \cdots + u_n'$$

$$(u_1 u_2 \cdots u_n)' = u_1' u_2 \cdots u_n + u_1 u_2' \cdots u_n + \cdots + u_1 u_2 \cdots u_n'$$

例 4.10 求 $y = x^3 \sin x + 2\ln x - 3x + 10$ 的导数。

解 $y' = (x^3 \sin x + 2\ln x - 3x + 10)' = (x^3 \sin x)' + (2\ln x)' - (3x)' + (10)'$

$$= (x^3)' \sin x + x^3 (\sin x)' + 2(\ln x)' - 3(x)' = 3x^2 \sin x + x^3 \cos x + \frac{2}{x} - 3$$

例 4.11 求 $y = \tan x$ 的导数 。

解 $y' = (\tan x)' = \left(\dfrac{\sin x}{\cos x}\right)' = \dfrac{(\sin x)' \cos x - \sin x (\cos x)'}{\cos^2 x}$

$$= \frac{\cos^2 x + \sin^2 x}{\cos^2 x} = \frac{1}{\cos^2 x} = \sec^2 x$$

即 $(\tan x)' = \sec^2 x$。用类似的方法可得 $(\cot x)' = -\csc^2 x$。

例 4.12 求 $y = \sec x$ 的导数。

解 $y' = (\sec x)' = \left(\dfrac{1}{\cos x}\right)' = \dfrac{-(\cos x)'}{\cos^2 x} = \dfrac{\sin x}{\cos^2 x} = \sec x \tan x$

即 $(\sec x)' = \sec x \tan x$。用类似的方法可得 $(\csc x)' = -\csc x \cot x$。

例 4.13 求 $y = \dfrac{x \cos x}{1 + \sin x}$ 的导数。

解 $y' = \left(\dfrac{x \cos x}{1 + \sin x}\right)' = \dfrac{(x\cos x)'(1 + \sin x) - x\cos x (1 + \sin x)'}{(1 + \sin x)^2}$

$$= \frac{(\cos x - x\sin x) \cdot (1 + \sin x) - x\cos x \cdot \cos x}{(1 + \sin x)^2}$$

$$= \frac{\cos x \cdot (1 + \sin x) - x\sin x - x\sin^2 x - x\cos^2 x}{(1 + \sin x)^2} = \frac{\cos x - x}{1 + \sin x}$$

4.2.2 复合函数的求导法则

利用导数的四则运算法则和基本初等函数的求导公式可求出一些比较复杂的初等函数的导数。由于初等函数的产生，除了四则运算外，还有函数的复合。因此，复合函数的求导法则是求初等函数的导数的一个重要方法。

关于复合函数的求导法则，有如下的定理。

定理 4.4 如果函数 $u = \varphi(x)$ 在点 x 处可导，而函数 $y = f(u)$ 在点 u 处可导，则复合函数 $y = f[\varphi(x)]$ 也在点 x 处可导，且有

$$\frac{\mathrm{d}y}{\mathrm{d}x}=\frac{\mathrm{d}y}{\mathrm{d}u}\cdot\frac{\mathrm{d}u}{\mathrm{d}x}\text{或}[f(\varphi(x))]'=f'(u)\varphi'(x)$$

证 当自变量x的增量为Δx时，对应的函数$u=\varphi(x)$与$y=f(u)$的增量分别为Δu和Δy。

由于函数$y=f(u)$在点u处可导，即有$\lim\limits_{\Delta u\to 0}\frac{\Delta y}{\Delta u}=\frac{\mathrm{d}y}{\mathrm{d}u}$，利用函数极限与无穷小的关系，有$\frac{\Delta y}{\Delta u}=\frac{\mathrm{d}y}{\mathrm{d}u}+\alpha$，其中$\alpha$是当$\Delta u\to 0$时的无穷小，于是

$$\Delta y=\frac{\mathrm{d}y}{\mathrm{d}u}\Delta u+\alpha\Delta u$$

在上式两端同除以Δx，得

$$\frac{\Delta y}{\Delta x}=\frac{\mathrm{d}y}{\mathrm{d}u}\cdot\frac{\Delta u}{\Delta x}+\alpha\cdot\frac{\Delta u}{\Delta x}$$

由于$u=\varphi(x)$在点x处可导，可知$u=\varphi(x)$在点x处连续，故有$\lim\limits_{\Delta x\to 0}\frac{\Delta u}{\Delta x}=\frac{\mathrm{d}u}{\mathrm{d}x}$，且当$\Delta x\to 0$时，有$\Delta u\to 0$，从而

$$\lim_{\Delta x\to 0}\frac{\Delta y}{\Delta x}=\lim_{\Delta x\to 0}\left(\frac{\mathrm{d}y}{\mathrm{d}u}\cdot\frac{\Delta u}{\Delta x}+\alpha\cdot\frac{\Delta u}{\Delta x}\right)=\frac{\mathrm{d}y}{\mathrm{d}u}\cdot\lim_{\Delta x\to 0}\frac{\Delta u}{\Delta x}+\lim_{\Delta x\to 0}\alpha\cdot\lim_{\Delta x\to 0}\frac{\Delta u}{\Delta x}$$
$$=\frac{\mathrm{d}y}{\mathrm{d}u}\cdot\frac{\mathrm{d}u}{\mathrm{d}x}+0\cdot\frac{\mathrm{d}u}{\mathrm{d}x}=\frac{\mathrm{d}y}{\mathrm{d}u}\cdot\frac{\mathrm{d}u}{\mathrm{d}x}$$

上式说明，求复合函数$y=f[\varphi(x)]$对x的导数时，可先求出$y=f(u)$对u的导数和$u=\varphi(x)$对x的导数，然后相乘即得。

利用数学归纳法，这个法则可推广到有限多个可导函数的复合，例如设$y=f(u)$，$u=\varphi(v)$，$v=\psi(x)$都可导，则

$$\frac{\mathrm{d}y}{\mathrm{d}x}=\frac{\mathrm{d}y}{\mathrm{d}u}\cdot\frac{\mathrm{d}u}{\mathrm{d}v}\cdot\frac{\mathrm{d}v}{\mathrm{d}x}\text{或}y'=f'(u)\varphi'(v)\psi'(x)$$

例 4.14 求函数$y=\tan x^2$的导数。

解 函数$y=\tan x^2$可以看做由函数$y=\tan u$与$u=x^2$复合而成的，利用复合函数的求导法则，得

$$y'=(\tan u)'\cdot(x^2)'=\sec^2 u\cdot 2x=2x\sec^2 x^2$$

例 4.15 求函数$y=(1-x^2)^6$的导数。

解 函数$y=(1-x^2)^6$可以看做由函数$y=u^6$与$u=1-x^2$复合而成的，利用复合函数的求导法则，得

$$y'=(u^6)'\cdot(1-x^2)'=6u^5\cdot(-2x)=-12x(1-x^2)^5$$

对于复合函数的分解比较熟练后，在求复合函数的导数时，就可以不必写出中间变量，而可以采用以下例题的方法来求导数。

例 4.16 求函数$y=\ln\cos x^2$的导数。

解 $y'=(\ln\cos x^2)'=\frac{1}{\cos x^2}\cdot(\cos x^2)'=\frac{1}{\cos x^2}\cdot(-\sin x^2)\cdot(x^2)'$

$$=-\tan x^2\cdot 2x=-2x\tan x^2$$

例 4.17 求函数 $y=\sin\ln(1+x^2)$ 的导数。

解 $y'=[\sin\ln(1+x^2)]'=\cos\ln(1+x^2)\cdot[\ln(1+x^2)]'=\cos\ln(1+x^2)\cdot\dfrac{1}{1+x^2}\cdot(1+x^2)'$

$$=\cos\ln(1+x^2)\cdot\frac{1}{1+x^2}\cdot 2x=\frac{2x\cos\ln(1+x^2)}{1+x^2}$$

从以上例题可见，复合函数的求导法则是函数求导的重要方法，它贯穿着整个求导过程的始终，也是函数求导的核心。

4.2.3 反函数的求导法则

为了解决反三角函数的求导问题，在此先利用复合函数的求导法则来推导一般的反函数的求导法则。

定理 4.5 设单调连续函数 $x=\varphi(y)$ 在点 y 处可导，并有 $\varphi'(y)\neq 0$，则它的反函数 $y=f(x)$ 在对应点 x 处可导，且有

$$f'(x)=\frac{1}{\varphi'(y)} \text{ 或 } \frac{\mathrm{d}y}{\mathrm{d}x}=\frac{1}{\dfrac{\mathrm{d}x}{\mathrm{d}y}}$$

证 因为 $x=\varphi(y)$ 是单调连续的，所以它的反函数 $y=f(x)$ 也是单调连续的，给 x 以增量 $\Delta x\neq 0$，从 $y=f(x)$ 的单调性可知，$\Delta y=f(x+\Delta x)-f(x)\neq 0$，因此恒有

$$\frac{\Delta y}{\Delta x}=\frac{1}{\dfrac{\Delta x}{\Delta y}}$$

由 $y=f(x)$ 的连续性，当 $\Delta x\to 0$ 时，必有 $\Delta y\to 0$，又 $x=\varphi(y)$ 可导，得 $\lim\limits_{\Delta y\to 0}\dfrac{\Delta x}{\Delta y}=\varphi'(y)\neq 0$，

所以 $\lim\limits_{\Delta x\to 0}\dfrac{\Delta y}{\Delta x}=\lim\limits_{\Delta y\to 0}\dfrac{1}{\dfrac{\Delta x}{\Delta y}}=\dfrac{1}{\varphi'(y)}$，这就是说，$y=f(x)$ 在点 x 处可导，且有 $f'(x)=\dfrac{1}{\varphi'(y)}$。

作为定理 4.5 的应用，下面再导出几个函数的导数公式。

例 4.18 求函数 $y=a^x\ (a>0, a\neq 1)$ 的导数。

解 $y=a^x$ 是 $x=\log_a y$ 的反函数，且 $x=\log_a y$ 在 $(0,+\infty)$ 单调、可导，又 $\dfrac{\mathrm{d}x}{\mathrm{d}y}=\dfrac{1}{y\ln a}\neq 0$，所以 $y'=\dfrac{1}{\dfrac{\mathrm{d}x}{\mathrm{d}y}}=y\ln a=a^x\ln a$，即 $(a^x)'=a^x\ln a$。特别地，$(\mathrm{e}^x)'=\mathrm{e}^x$。

例 4.19 求函数 $y=x^{\mu}$（μ 为实数）的导数。

解 因为 $y=x^{\mu}=\mathrm{e}^{\mu\ln x}$ 可以看做由指数函数 e^u 与对数函数 $u=\mu\ln x$ 复合而成的。利用指数函数和复合函数的求导法则，得

$y'=(x^{\mu})'=(\mathrm{e}^{\mu\ln x})'=\mathrm{e}^u\cdot(\mu\ln x)'=\mathrm{e}^{\mu\ln x}\cdot\mu\dfrac{1}{x}=x^{\mu}\cdot\mu\dfrac{1}{x}=\mu x^{\mu-1}$，即 $(x^{\mu})'=\mu x^{\mu-1}$。

例 4.20 求函数 $y=\arcsin x$ 的导数。

解 $y=\arcsin x$ 是 $x=\sin y$ 的反函数，且 $x=\sin y$ 在区间 $\left(-\dfrac{\pi}{2},\dfrac{\pi}{2}\right)$ 内单调、可导，

又 $\frac{\mathrm{d}x}{\mathrm{d}y}=\cos y>0$，所以 $y'=\frac{1}{\frac{\mathrm{d}x}{\mathrm{d}y}}=\frac{1}{\cos y}=\frac{1}{\sqrt{1-\sin^2 y}}=\frac{1}{\sqrt{1-x^2}}$，即 $(\arcsin x)'=\frac{1}{\sqrt{1-x^2}}$。

类似地，有 $(\arccos x)'=-\frac{1}{\sqrt{1-x^2}}$。

例 4.21 求函数 $y=\arctan x$ 的导数。

解 $y=\arctan x$ 是 $x=\tan y$ 的反函数，且 $x=\tan y$ 在开区间 $\left(-\frac{\pi}{2},\frac{\pi}{2}\right)$ 内单调、可导，又 $\frac{\mathrm{d}x}{\mathrm{d}y}=\sec^2 y>0$，所以 $y'=\frac{1}{\frac{\mathrm{d}x}{\mathrm{d}y}}=\frac{1}{\sec^2 y}=\frac{1}{1+\tan^2 y}=\frac{1}{1+x^2}$，即 $(\arctan x)'=\frac{1}{1+x^2}$。

类似地，有 $(\mathrm{arc}\cot x)'=-\frac{1}{1+x^2}$。

例 4.22 求函数 $y=\arcsin\sqrt{x}$ 的导数。

解 $y'=(\arcsin\sqrt{x})'=\frac{1}{\sqrt{1-(\sqrt{x})^2}}\cdot(\sqrt{x})'=\frac{1}{\sqrt{1-x}}\cdot\frac{1}{2\sqrt{x}}=\frac{1}{2\sqrt{x-x^2}}$

例 4.23 求函数 $y=\mathrm{e}^{\arctan\sqrt{x}}$ 的导数。

解 $y'=(\mathrm{e}^{\arctan\sqrt{x}})'=\mathrm{e}^{\arctan\sqrt{x}}\cdot(\arctan\sqrt{x})'=\mathrm{e}^{\arctan\sqrt{x}}\cdot\frac{1}{1+x}\cdot(\sqrt{x})'=\frac{\mathrm{e}^{\arctan\sqrt{x}}}{2\sqrt{x}(1+x)}$

例 4.24 求函数 $y=\sqrt[3]{1+\ln^2 x}$ 的导数。

解 $y'=\frac{1}{3}\cdot(1+\ln^2 x)^{-\frac{2}{3}}(1+\ln^2 x)'=\frac{1}{3}\cdot(1+\ln^2 x)^{-\frac{2}{3}}\cdot 2\ln x\cdot(\ln x)'=\frac{2\ln x}{3x\sqrt[3]{(1+\ln^2 x)^2}}$

4.2.4 基本初等函数的求导公式

至此，已经求出了基本初等函数的导数，建立了函数的和、差、积、商的求导法则。复合函数的求导法则，反函数的求导法则。这样，就解决了初等函数的求导问题。为了查阅方便，在所涉及的函数可导的前提下，将已学过的导数公式和求导法则整理如下：

1. 基本初等函数的导数公式

$c'=0$（c 为常数）；

$(x^{\mu})'=\mu x^{\mu-1}$（μ 为实数）；

$(a^x)'=a^x\ln a$；

$(\mathrm{e}^x)'=\mathrm{e}^x$；

$(\log_a x)'=\frac{1}{x\ln a}$；

$(\ln x)'=\frac{1}{x}$；

$(\sin x)'=\cos x$；

$(\cos x)'=-\sin x$；

$(\tan x)'=\sec^2 x=\frac{1}{\cos^2 x}$；

$(\cot x)'=-\csc^2 x=-\frac{1}{\sin^2 x}$；

$(\sec x)'=\sec x\tan x$；

$(\csc x)'=-\csc x\cot x$；

$(\arcsin x)' = \dfrac{1}{\sqrt{1-x^2}}$；　　　　$(\arccos x)' = -\dfrac{1}{\sqrt{1-x^2}}$；

$(\arctan x)' = \dfrac{1}{1+x^2}$；　　　　$(\operatorname{arc\,cot} x)' = -\dfrac{1}{1+x^2}$；

$(\operatorname{sh} x)' = \operatorname{ch} x$；　　　　$(\operatorname{ch} x)' = \operatorname{sh} x$。

2．函数的和、差、积、商的求导法则

$(u(x) \pm v(x))' = u'(x) \pm v'(x)$　；

$[u(x)v(x)]' = u'(x)v(x) + u(x)v'(x)$，$(c \cdot u(x))' = c \cdot u'(x)$（$c$ 为常数）；

$\left(\dfrac{u(x)}{v(x)}\right)' = \dfrac{u'(x)v(x) - u(x)v'(x)}{v^2(x)}$ $(v(x) \neq 0)$，$\left(\dfrac{1}{v(x)}\right)' = -\dfrac{v'(x)}{v^2(x)}$ $(v(x) \neq 0)$。

3．复合函数的求导法则

设 $y = f(u)$，　$u = \varphi(x)$，则复合函数 $y = f[\varphi(x)]$ 的导数为

$$\frac{\mathrm{d}y}{\mathrm{d}x} = \frac{\mathrm{d}y}{\mathrm{d}u} \cdot \frac{\mathrm{d}u}{\mathrm{d}x} \text{或} [f(\varphi(x))]' = f'(u)\varphi'(x)$$

4．反函数的求导法则

设 $y = f(x)$ 是 $x = \varphi(y)$ 的反函数，则 $f'(x) = \dfrac{1}{\varphi'(y)}$ $(\varphi'(y) \neq 0)$。

4.2.5　三种常用的求导方法

1．隐函数求导法

前面所遇到的函数都是 $y = f(x)$ 的形式，就是因变量 y 可由含有自变量 x 的数学式子直接表示出来的函数，称为显函数。例如，$y = \sin x$，$y = \sqrt{1-x^2}$ 等。但是有些函数的表达式却不是这样，例如方程 $\mathrm{e}^y - \mathrm{e}^x + xy = 0$ 也表示一个函数，因为自变量 x 在某个定义域内取值时，变量 y 有唯一确定的值与之对应，这样的函数称为隐函数。

一般地，如果变量 x，y 之间的函数关系是由某一个方程 $F(x, y) = 0$ 所确定，那么这种函数称为由方程所确定的隐函数。

隐函数的求导法是根据复合函数求导法则去求的，其求导的结果往往同时含有变量 x 和变量 y 的数学表达式。具体的方法如下：

（1）设 $y = f(x)$ 是由方程 $F(x, y) = 0$ 所确定的隐函数，代入方程 $F(x, y) = 0$，得恒等式为 $F[x, f(x)] \equiv 0$；

（2）将恒等式 $F[x, f(x)] \equiv 0$ 的两端对 x 求导，可得所求的导数；但是在实际计算时，一般说来 y 不能写成 x 的显函数，而是在方程 $F(x, y) = 0$ 的两端对 x 求导。因此，在对 x 求导时，要记住 y 是 x 的函数，再利用复合函数求导法则去求导，这样，便可得到所求的导数。

下面举例说明这种方法。

例 4.25 求由方程 $e^{xy}+xy^2=\cos 2x$ 所确定的隐函数的导数 $\frac{dy}{dx}$。

解 把方程 $e^{xy}+xy^2=\cos 2x$ 的两边同时对 x 求导，记住 y 是 x 的函数，有

$$e^{xy}(y+xy')+y^2+2xyy'=-2\sin 2x$$

由上式解出 y'，可得隐函数的导数为

$$\frac{dy}{dx}=y'=-\frac{2\sin 2x+y^2+ye^{xy}}{xe^{xy}+2xy} \quad (xe^{xy}+2xy\neq 0)$$

例 4.26 求曲线 $2y^2=x^2(x+1)$，在点（1,1）处的切线方程。

解 把方程 $2y^2=x^2(x+1)$ 的两边同时对 x 求导，记住 y 是 x 的函数，有

$$4yy'=3x^2+2x$$

因此得 $y'=\frac{3x^2+2x}{4y}\ (y\neq 0)$，而 $y'\big|_{(1,1)}=\frac{5}{4}$，故所求的切线方程为 $y-1=\frac{5}{4}(x-1)$，即 $5x-4y-1=0$。

2．对数求导法

利用隐函数求导法，还可以得到一个简化求导运算的方法。它适合于由几个因子通过乘、除、乘方与开方所构成的比较复杂的函数或幂指函数的求导。这个方法是先取对数，化乘、除为加、减，化乘方、开方为乘积，再利用隐函数求导法求导，所以称为对数求导法。

例 4.27 求 $y=(x+1)^5\frac{\sqrt[3]{(3x+2)^2}}{\sqrt{4x-3}}$ 的导数。

解 先在等式两边取对数，得

$$\ln y=5\ln(x+1)+\frac{2}{3}\ln(3x+2)-\frac{1}{2}\ln(4x-3)$$

再两边同时对 x 求导数，记住 y 是 x 的函数，得

$$\frac{1}{y}\cdot y'=\frac{5}{x+1}+\frac{2}{3}\cdot\frac{3}{3x+2}-\frac{1}{2}\cdot\frac{4}{4x-3}$$

所以

$$y'=(x+1)^5\frac{\sqrt[3]{(3x+2)^2}}{\sqrt{4x-3}}\cdot\left(\frac{5}{x+1}+\frac{2}{3x+2}-\frac{2}{4x-3}\right)$$

例 4.28 求 $y=x^{\sin 3x}\ (x>0)$ 的导数。

解 先在等式两边取对数，得

$$\ln y=\sin 3x\ln x$$

两边同时对 x 求导数，记住 y 是 x 的函数，有

$$\frac{1}{y}\cdot y'=3\cos 3x\ln x+\frac{\sin 3x}{x}$$

所以

$$y'=y\left(3\cos 3x\ln x+\frac{\sin 3x}{x}\right)=x^{\sin 3x}\left(3\cos 3x\ln x+\frac{\sin 3x}{x}\right)$$

3．由参数方程所确定的函数求导方法

在前面研究的是由 $y=f(x)$ 和 $F(x,y)=0$ 给出的函数关系的导数问题。但在某些情况

下，因变量 y 与自变量 x 的函数关系是通过第三个变量 t（称为参变量）给出的。一般地如果参数方程

$$\begin{cases} x=\varphi(t) \\ y=\psi(t) \end{cases} \quad (\alpha \leqslant t \leqslant \beta)$$

确定 y 与 x 之间的函数关系，则称此函数关系所表示的函数为由参数方程所确定的函数。

下面研究由参数方程所确定的函数的求导方法。若函数 $x=\varphi(t)$，$y=\psi(t)$ 都可导，且 $\varphi'(t)\neq 0$，又 $x=\varphi(t)$ 具有单调连续的反函数 $t=\varphi^{-1}(x)$，则参数方程所确定的函数可以看成 $y=\psi(t)$ 与 $t=\varphi^{-1}(x)$ 复合而成，根据复合函数与反函数的求导法则，有

$$\frac{\mathrm{d}y}{\mathrm{d}x}=\frac{\mathrm{d}y}{\mathrm{d}t}\cdot\frac{\mathrm{d}t}{\mathrm{d}x}=\frac{\mathrm{d}y}{\mathrm{d}t}\cdot\frac{1}{\frac{\mathrm{d}x}{\mathrm{d}t}}=\psi'(t)\cdot\frac{1}{\varphi'(t)}=\frac{\psi'(t)}{\varphi'(t)}$$

例 4.29 求摆线 $\begin{cases} x=a(t-\sin t) \\ y=a(1-\cos t) \end{cases}$ $(a>0, 0\leqslant t\leqslant 2\pi)$ 在 $t=\frac{\pi}{2}$ 处的切线方程。

解 先求摆线在任意点的切线斜率，即求摆线的导数，有

$$\frac{\mathrm{d}y}{\mathrm{d}x}=\frac{[a(1-\cos t)]'}{[a(t-\sin t)]'}=\frac{a\sin t}{a(1-\cos t)}=\cot\frac{t}{2}$$

再求在 $t=\frac{\pi}{2}$ 处的导数，当 $t=\frac{\pi}{2}$ 时，摆线上的对应点为 $\left(a\left(\frac{\pi}{2}-1\right),a\right)$，在此点的切线斜率为 $\left.\frac{\mathrm{d}y}{\mathrm{d}x}\right|_{t=\frac{\pi}{2}}=\left.\cot\frac{t}{2}\right|_{t=\frac{\pi}{2}}=1$，因此，切线方程为 $y-a=x-a\left(\frac{\pi}{2}-1\right)$，即 $y=x+a\left(2-\frac{\pi}{2}\right)$。

4.2.6 高阶导数

一般说来，函数 $y=f(x)$ 的导数 $y'=f'(x)$ 仍是 x 的一个函数。如果 $y'=f'(x)$ 的导数存在，这个导数就称为函数 $y=f(x)$ 的二阶导数，记为 $f''(x)$，y''，$\frac{\mathrm{d}^2 f(x)}{\mathrm{d}x^2}$ 或 $\frac{\mathrm{d}^2 y}{\mathrm{d}x^2}$，即

$$y''=(y')'=f''(x) \text{ 或 } \frac{\mathrm{d}^2 y}{\mathrm{d}x^2}=\frac{\mathrm{d}}{\mathrm{d}x}\left(\frac{\mathrm{d}y}{\mathrm{d}x}\right)$$

相应地，把 $y=f(x)$ 的导数 $f'(x)$ 称为函数 $y=f(x)$ 的一阶导数。

类似地，二阶导数的导数称为三阶导数，三阶导数的导数称为四阶导数，一般地，函数 $f(x)$ 的 $n-1$ 阶导数的导数称为 n 阶导数，分别记为

$$y''',\ y^{(4)},\ \cdots,y^{(n)};\ f'''(x),\ f^{(4)}(x),\ \cdots,f^{(n)}(x) \text{ 或 } \frac{\mathrm{d}^3 y}{\mathrm{d}x^3},\ \frac{\mathrm{d}^4 y}{\mathrm{d}x^4},\ \cdots,\ \frac{\mathrm{d}^n y}{\mathrm{d}x^n}$$

且有 $y^{(n)}=[y^{(n-1)}]'$ 或 $\frac{\mathrm{d}^n y}{\mathrm{d}x^n}=\frac{\mathrm{d}}{\mathrm{d}x}\left(\frac{\mathrm{d}^{n-1} y}{\mathrm{d}x^{n-1}}\right)$。

二阶及二阶以上的导数称为高阶导数。由上述可知，求函数的高阶导数，只要逐阶求导，直到所要求的阶数即可，所以仍可用前面的求导方法来计算高阶导数。

例 4.30 求函数 $y=\mathrm{e}^{-x}\sin 2x$ 的二阶、三阶导数。

解 $y'=-\mathrm{e}^{-x}\sin 2x+\mathrm{e}^{-x}(\cos 2x)\cdot 2=\mathrm{e}^{-x}(2\cos 2x-\sin 2x)$

$$y''=-e^{-x}(2\cos 2x-\sin 2x)+e^{-x}(-4\sin 2x-2\cos 2x)=-e^{-x}(4\cos 2x+3\sin 2x)$$

$$y'''=e^{-x}(4\cos 2x+3\sin 2x)-e^{-x}(-8\sin 2x+6\cos 2x)=e^{-x}(-2\cos 2x+11\sin 2x)$$

例 4.31 求 n 次多项式 $y=a_nx^n+a_{n-1}x^{n-1}+\cdots+a_1x+a_0$ 的各阶导数。

解

$$y'=na_nx^{n-1}+(n-1)a_{n-1}x^{n-2}+\cdots+a_1$$

$$y''=n(n-1)a_nx^{n-2}+(n-1)(n-2)a_{n-1}x^{n-3}+\cdots+2a_2$$

由此可见，每经过一次求导运算，多项式的次数就降低一次，继续求导得 $y^{(n)}=n!a_n$，这是一个常数，因此 $y^{(n+1)}=y^{(n+2)}=\cdots=0$。这就是说，$n$ 次多项式的一切高于 n 阶导数都是零。

例 4.32 求指数函数 $y=e^{ax}$ 的 n 阶导数。

解 $y'=ae^{ax}$，$y''=a^2e^{ax}$，$y'''=a^3e^{ax}$，依次类推，可得 $y^{(n)}=a^ne^{ax}$，即 $(e^{ax})^{(n)}=a^ne^{ax}$，特别地有 $(e^x)^{(n)}=e^x$。

例 4.33 求 $y=\sin x$ 与 $y=\cos x$ 的 n 阶导数。

解 对于 $y=\sin x$，有

$$y'=\cos x=\sin\left(x+\frac{\pi}{2}\right), y''=\cos\left(x+\frac{\pi}{2}\right)=\sin\left(x+\frac{\pi}{2}+\frac{\pi}{2}\right)=\sin\left(x+2\cdot\frac{\pi}{2}\right),$$

$$y'''=\cos\left(x+2\cdot\frac{\pi}{2}\right)=\sin\left(x+3\cdot\frac{\pi}{2}\right)$$，依次类推，可得 $y^{(n)}=\sin\left(x+n\cdot\frac{\pi}{2}\right)$，

即 $(\sin x)^{(n)}=\sin\left(x+n\cdot\frac{\pi}{2}\right)$；用类似的方法，可得 $(\cos x)^{(n)}=\cos\left(x+n\cdot\frac{\pi}{2}\right)$。

例 4.34 求对数函数 $y=\ln(1+x)$ 的 n 阶导数。

解 对 $y=\ln(1+x)$，有 $y'=\frac{1}{1+x}$，$y''=-\frac{1}{(1+x)^2}$，$y'''=\frac{1\cdot 2}{(1+x)^3}$，$y^{(4)}=-\frac{1\cdot 2\cdot 3}{(1+x)^4}$，

依次类推，可得 $y^{(n)}=(-1)^{n-1}\frac{(n-1)!}{(1+x)^n}$，即 $[\ln(1+x)]^{(n)}=(-1)^{n-1}\frac{(n-1)!}{(1+x)^n}$。

4.3 微分

4.3.1 微分的概念

在本节中，将研究微分学中的另一个基本概念——微分。

在许多实际问题中，当分析运动过程时，常常要通过微小的局部的运动来寻找运动规律，于是需要考虑变量的微小改变量。一般说来，计算函数 $y=f(x)$ 的改变量 Δy 的精确值是比较困难的，所以往往需要找出简便的计算方法，来计算它的近似值。

先从一个具体例子来分析函数改变量的近似值的计算方法。一块正方形金属薄片当受到温度的影响时，它的边长由 x_0 变到 $x_0+\Delta x$（图 4.2），问此薄片的面积改变了多少？

设正方形的边长为 x，面积为 A，则 A 是 x 的函数，其函数为 $A=x^2$，当薄片受到温度的影响时，面积的改变量可以看成是当自变量 x 由 x_0 变到 $x_0+\Delta x$ 时，函数 A 相应的增量 ΔA，即

$$\Delta A=(x_0+\Delta x)^2-{x_0}^2=2x_0\Delta x+(\Delta x)^2$$

从上式可以看出，ΔA 包含两部分：第一部分 $2x_0\Delta x$，它是 Δx 的线性函数，即图 4.2 中带有斜线的两个矩形面积之和；第二部分是 $(\Delta x)^2$，在图中是带有交叉斜线的小正方形的面积。显然，$2x_0\Delta x$ 是面积增量 ΔA 的主要部分，而 $(\Delta x)^2$ 是次要部分，当 $|\Delta x|$ 很小时，$(\Delta x)^2$ 部分比 $2x_0\Delta x$ 要小得多。也就是说，当 $|\Delta x|$ 很小时，面积增量 ΔA 可以近似地用 $2x_0\Delta x$ 表示，即 $\Delta A \approx 2x_0\Delta x$，略去的部分 $(\Delta x)^2$ 是比 Δx 高阶的无穷小，又因为 $A'(x_0)=(x^2)'|_{x=x_0}=2x_0$，所以 $\Delta A \approx A'(x_0)\Delta x$。

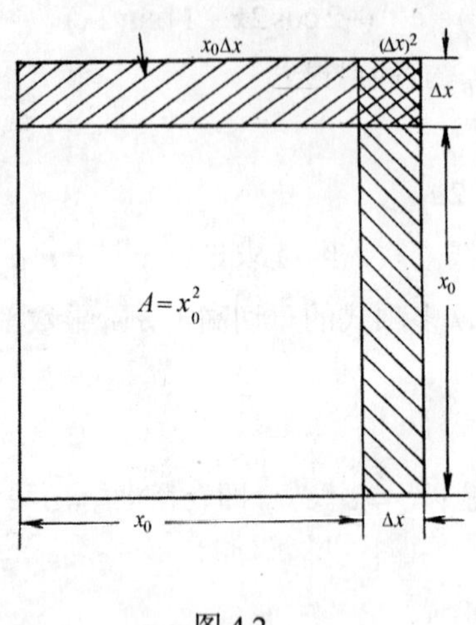

图 4.2

从上述例子中可知，函数的改变量可以表示成两部分，一部分是自变量增量的线性部分；另一部分是当自变量增量趋于零时，是自变量增量的高阶的无穷小，且当自变量增量的绝对值很小时，函数的增量可以由该点的导数与自变量增量乘积来近似代替。

上述结论对于一般的函数是否成立呢？下面说明对于可导函数都有此结论。

设函数 $y=f(x)$ 在点 x 处可导，对于 x 处的改变量 Δx，相应地有改变量 Δy。

由 $\lim\limits_{\Delta x\to 0}\dfrac{\Delta y}{\Delta x}=f'(x)$ 知，有 $\dfrac{\Delta y}{\Delta x}=f'(x)+\alpha$（其中 α 为无穷小），即 $\lim\limits_{\Delta x\to 0}\alpha=0$，于是

$$\Delta y=f'(x)\Delta x+\alpha\Delta x$$

而上式右边的第一部分 $f'(x)\Delta x$ 是 Δx 的线性函数；由于 $\lim\limits_{\Delta x\to 0}\dfrac{\alpha\Delta x}{\Delta x}=0$，所以第二部分是比 Δx 高阶的无穷小，因此当 $|\Delta x|$ 很小时，第二部分可以忽略，于是第一部分就成了 Δy 的主要部分，从而有近似公式 $\Delta y\approx f'(x)\Delta x$。通常称 $f'(x)\Delta x$ 为 Δy 的线性主部。

反之，如果函数的改变量 Δy 可以表示成 $\Delta y=A\Delta x+o(\Delta x)$，其中 $\lim\limits_{\Delta x\to 0}\dfrac{o(\Delta x)}{\Delta x}=0$，则有 $\dfrac{\Delta y}{\Delta x}=A+\dfrac{o(\Delta x)}{\Delta x}$，可得 $f'(x)=\lim\limits_{\Delta x\to 0}\dfrac{\Delta y}{\Delta x}=\lim\limits_{\Delta x\to 0}\left(A+\dfrac{o(\Delta x)}{\Delta x}\right)=A$，即 $\Delta y=f'(x)\Delta x+o(\Delta x)$。

为此引入微分的概念。

定义 4.2 如果函数 $y=f(x)$ 在点 x 处的改变量 $\Delta y=f(x+\Delta x)-f(x)$ 可以表示成

$$\Delta y=A\Delta x+o(\Delta x)$$

其中 $o(\Delta x)$ 是比 Δx（$\Delta x\to 0$）高阶的无穷小，则称函数 $y=f(x)$ 在点 x 处可微，并称其线性主部 $A\Delta x$ 为函数 $y=f(x)$ 在点 x 处微分，记为 $\mathrm{d}y$ 或 $\mathrm{d}f(x)$，即 $\mathrm{d}y=A\Delta x$。

由上面的讨论和微分的定义可知，一元函数的可导与可微是等价的，且有 $\mathrm{d}y=f'(x)\Delta x$。即函数 $y=f(x)$ 在点 x 处可微的充分必要条件是函数 $y=f(x)$ 在点 x 处可导。

当函数 $f(x)=x$ 时，函数的微分 $\mathrm{d}f(x)=\mathrm{d}x=x'\Delta x=\Delta x$，即 $\mathrm{d}x=\Delta x$。

因此规定自变量的微分等于自变量的增量，这样函数 $y=f(x)$ 的微分可以写成

$$\mathrm{d}y=f'(x)\Delta x=f'(x)\mathrm{d}x$$

在上式两边同除以 $\mathrm{d}x$，有 $\dfrac{\mathrm{d}y}{\mathrm{d}x}=f'(x)$。

由此可见，导数等于函数的微分与自变量的微分之商，即 $f'(x)=\dfrac{dy}{dx}$，故导数又称为“微商”，而 $\dfrac{dy}{dx}$ 也常常被用做导数的记号。

注意：微分与导数虽然有着密切的联系，但它们是有区别的：导数是函数在一点处的变化率，而微分是函数在一点处由自变量增量所引起的函数变化量的主要部分；导数的值只与 x 有关，而微分的值与 x 和 Δx 有关。

例 4.35 求函数 $y=x^2$ 在 $x=1$，$\Delta x=0.01$ 时的改变量及微分。

解 由于 $\Delta y=(x+\Delta x)^2-x^2$，所以当 $x=1$，$\Delta x=0.01$ 时，$\Delta y=(1+0.01)^2-1^2=0.0201$，在点 $x=1$ 处，$y'|_{x=1}=2x|_{x=1}=2$，因此 $dy=y'|_{x=1}\Delta x=2\times0.01=0.02$。从这题可以看出，函数的增量可以由该点的导数与自变量增量乘积来近似代替，即 $\Delta y\approx dy=y'|_{x=1}\Delta x$。

4.3.2 微分的几何意义

设函数 $y=f(x)$ 如图 4.3 所示，在曲线 $y=f(x)$ 取一点 $M\ (x_0,y_0)$，当自变量有增量 Δx 时，得到曲线上另一点 $N(x_0+\Delta x,y_0+\Delta y)$，过点 M 作曲线的切线 MT，设 MT 的倾斜角为 α，从图 4.3 可知，$MQ=\Delta x$，$NQ=\Delta y$，则

$$PQ=MQ\cdot\tan\alpha=f'(x_0)\Delta x$$

即

$$PQ=dy$$

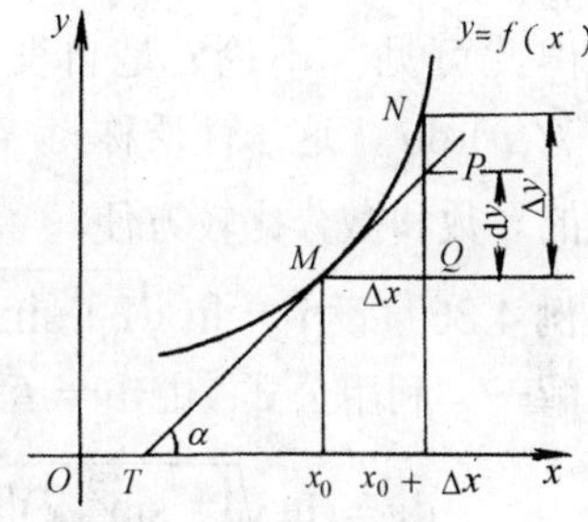

图 4.3

由此可见，微分 $dy=f'(x_0)\Delta x$ 是当 x 有增量 Δx 时，曲线 $y=f(x)$ 在点 $M\ (x_0,y_0)$ 处的切线的纵坐标的增量。用 dy 近似代替 Δy 就是用点 $M\ (x_0,y_0)$ 处的切线的纵坐标的增量 PQ 来近似代替曲线 $y=f(x)$ 的纵坐标的增量 NQ，并且有 $|\Delta y-dy|=NP$。

4.3.3 微分的运算法则

由微分的定义可知，函数 $y=f(x)$ 的微分 dy 等于导数 $f'(x)$ 乘以 dx，即 $dy=f'(x)\,dx$，因此对照求导公式和导数运算法则，就能得到相应的微分公式和微分运算法则。

1. 基本的微分公式

$dc=0$（c 为常数）； $d(x^\mu)=\mu x^{\mu-1}\,dx$（$\mu$ 为实数）；

$d(a^x)=a^x\ln a\,dx$； $d(e^x)=e^x\,dx$；

$d(\log_a x)=\dfrac{1}{x\ln a}\,dx$； $d(\ln x)=\dfrac{1}{x}\,dx$；

$d(\sin x)=\cos x\,dx$； $d(\cos x)=-\sin x\,dx$；

$d(\tan x)=\sec^2 x\,dx$； $d(\cot x)=-\csc^2 x\,dx$；

$d(\sec x)=\sec x\tan x\,dx$； $d(\csc x)=-\csc x\cot x\,dx$；

$d(\arcsin x)=\dfrac{1}{\sqrt{1-x^2}}\,dx$； $d(\arccos x)=-\dfrac{1}{\sqrt{1-x^2}}\,dx$；

$\mathrm{d}(\arctan x)=\frac{1}{1+x^2}\mathrm{d}x$；　　$\mathrm{d}(\mathrm{arc}\cot x)=-\frac{1}{1+x^2}\mathrm{d}x$ 。

2．函数的和、差、积、商的微分运算法则

$\mathrm{d}[u(x)\pm v(x)]=\mathrm{d}u(x)\pm \mathrm{d}v(x)$ ；

$\mathrm{d}[u(x)v(x)]=v(x)\mathrm{d}u(x)+u(x)\mathrm{d}v(x)$，　$\mathrm{d}[c\cdot u(x)]=c\cdot \mathrm{d}u(x)$（$c$ 为常数）；

$\mathrm{d}\left[\frac{u(x)}{v(x)}\right]=\frac{v(x)\mathrm{d}u(x)-u(x)\mathrm{d}v(x)}{v^2(x)}$（$v(x)\neq 0$），　$\mathrm{d}\left[\frac{1}{v(x)}\right]=-\frac{\mathrm{d}v(x)}{v^2(x)}$（$v(x)\neq 0$）。

3．复合函数的微分法则

设函数 $y=f(u)$，由微分的定义可知，当 u 是自变量时，函数 $y=f(u)$ 的微分为

$$\mathrm{d}y=f'(u)\ \mathrm{d}u$$

当 u 不是自变量时，而是 x 的可导函数 $u=\varphi(x)$，则复合函数 $y=f[\varphi(x)]$ 的微分为

$$\mathrm{d}y=f'(u)\varphi'(x)\ \mathrm{d}x$$

由于 $\varphi'(x)\ \mathrm{d}x=\mathrm{d}u$，所以 $\mathrm{d}y=f'(u)\ \mathrm{d}u$ 。

由此可见，不论 u 是自变量还是中间变量，函数 $y=f(u)$ 的微分总保持同一形式 $\mathrm{d}y=f'(u)\ \mathrm{d}u$，这一性质称为一阶微分形式不变性。有时，利用一阶微分形式不变性求复合函数的导数和微分比较方便。

例 4.36　设 $y=\ln\sqrt{1+\sin^2 x}$，求 $\mathrm{d}y$ 。

解一　利用公式，由 $\mathrm{d}y=f'(x)\mathrm{d}x$，有

$$\mathrm{d}y=(\ln\sqrt{1+\sin^2 x})'\mathrm{d}x=\frac{1}{2(1+\sin^2 x)}\cdot 2\sin x\cos x\mathrm{d}x=\frac{\sin 2x}{2(1+\sin^2 x)}\mathrm{d}x$$

解二　利用一阶微分形式的不变性，得

$$\mathrm{d}y=\mathrm{d}(\ln\sqrt{1+\sin^2 x})=\frac{1}{2}\mathrm{d}(\ln(1+\sin^2 x))=\frac{1}{2(1+\sin^2 x)}\mathrm{d}(1+\sin^2 x)$$

$$=\frac{\sin x}{1+\sin^2 x}\mathrm{d}(\sin x)=\frac{\sin x\cos x}{(1+\sin^2 x)}\mathrm{d}x=\frac{\sin 2x}{2(1+\sin^2 x)}\mathrm{d}x$$

例 4.37　设方程 $\mathrm{e}^{xy}=2x+y^3$ 确定的隐函数 $y=f(x)$，求微分 $\mathrm{d}y$ 和导数 $\frac{\mathrm{d}y}{\mathrm{d}x}$ 。

解　对方程两边同时微分，得

$$\mathrm{e}^{xy}(y\mathrm{d}x+x\mathrm{d}y)=2\mathrm{d}x+3y^2\mathrm{d}y$$

即

$$(x\mathrm{e}^{xy}-3y^2)\mathrm{d}y=(2-y\mathrm{e}^{xy})\mathrm{d}x$$

所以

$$\mathrm{d}y=\frac{2-y\mathrm{e}^{xy}}{x\mathrm{e}^{xy}-3y^2}\mathrm{d}x,\quad \frac{\mathrm{d}y}{\mathrm{d}x}=\frac{2-y\mathrm{e}^{xy}}{x\mathrm{e}^{xy}-3y^2}。$$

4.3.4　微分在近似计算中的应用

在实际问题中，可以利用微分做近似计算。

设函数 $y=f(x)$ 在点 x_0 处可导且导数 $f'(x_0)\neq 0$，当 $|\Delta x|$ 很小时，有近似公式 $\Delta y\approx \mathrm{d}y$，即

$$f(x_0+\Delta x)-f(x_0)\approx f'(x_0)\Delta x \tag{4.1}$$

或
$$f(x_0+\Delta x)\approx f(x_0)+f'(x_0)\Delta x \tag{4.2}$$
在式（4.2）中令 $x_0+\Delta x=x$，则
$$f(x)\approx f(x_0)+f'(x_0)(x-x_0) \tag{4.3}$$
特别地，当 $x_0=0$，$|x|$ 很小时，有
$$f(x)\approx f(0)+f'(0)x \tag{4.4}$$
例 4.38 当 $|x|$ 很小时，试证明下列近似公式：

（1）$(1+x)^{\mu}\approx 1+\mu x$；（2）$\sin x\approx x$ [x 用弧度（rad）做单位]；（3）$\ln(1+x)\approx x$；

（4）$\tan x\approx x$ [x 用弧度（rad）做单位]；（5）$e^x\approx 1+x$。

证 （1）取 $f(x)=(1+x)^{\mu}$，$f(0)=1$，$f'(0)=\mu(1+x)^{\mu-1}|_{x=0}=\mu$，代入式（4.4）得
$$(1+x)^{\mu}\approx 1+\mu x$$
（2）取 $f(x)=\sin x$，$f(0)=\sin 0=0$，$f'(0)=\cos 0=1$，代入式（4.4）得
$$\sin x\approx x$$
其他几个公式也可用类似的方法证明。

例 4.39 计算 $\sin 29°$ 的近似值。

解 设 $f(x)=\sin x$，利用公式（4.2），得
$$\sin(x_0+\Delta x)\approx \sin x_0+\cos x_0\cdot\Delta x$$
取 $x_0=\dfrac{\pi}{6}$，$\Delta x=-\dfrac{\pi}{180}$，有
$$\sin 29°=\sin\left(\frac{\pi}{6}+\left(-\frac{\pi}{180}\right)\right)\approx \sin\frac{\pi}{6}+\cos\frac{\pi}{6}\cdot\left(-\frac{\pi}{180}\right)=\frac{1}{2}-\frac{\sqrt{3}}{2}\cdot\frac{\pi}{180}\approx 0.4848$$
例 4.40 计算 $\sqrt[3]{66}$ 的近似值。

解 由于 $\sqrt[3]{66}=\sqrt[3]{64+2}=\sqrt[3]{64\left(1+\dfrac{1}{32}\right)}=4\times\sqrt[3]{\left(1+\dfrac{1}{32}\right)}$，由例 4.38 的近似公式（1），得
$$\sqrt[3]{66}=4\times\sqrt[3]{\left(1+\frac{1}{32}\right)}\approx 4\times\left(1+\frac{1}{3}\times\frac{1}{32}\right)\approx 4.041$$
例 4.41 求外直径为 10cm，壳厚为 0.125cm 的球壳体积的近似值。

解 设球体的直径为 x，体积为 V，则 $V=\dfrac{\pi}{6}x^3$，利用公式（4.1），有
$$|\Delta V|\approx|\mathrm{d}V|=\frac{\pi}{2}x_0^2|\Delta x|$$
取 $x_0=10$，$\Delta x=-2\times 0.125=-0.25$，得
$$|\Delta V|\approx\frac{\pi}{2}x_0^2|\Delta x|=\frac{1}{2}\times 3.1416\times 10^2\times\frac{1}{4}\approx 39.27\text{cm}^3$$
即球壳体积的近似值为 39.27cm^3。

4.4 本章小结

4.4.1 内容提要

1．基本概念

导数，切线，变化率，高阶导数，线性主部，微分。

2．基本公式

基本初等函数的求导公式，求导的四则运算法则，复合函数求导法则，微分公式，微分法则，微分近似公式。

3．基本方法

利用导数定义求导数的方法，利用导数公式与求导的四则运算法求导数的方法，利用复合函数求导法求导数的方法，隐函数的微分法，参数方程的微分法，利用对数求导数的方法，利用微分运算法求微分或导数的方法。

4.4.2 疑点解析

问题 1 如何讨论函数 $y=f(x)$ 在点 x_0 处的可导性？

解析 函数的连续性只是可导性的必要条件，函数 $y=f(x)$ 在点 x_0 处可导的充分必要条件是左导数 $f'_-(x_0)$ 与右导数 $f'_+(x_0)$ 存在并且相等，即 $f'(x_0)=f'_-(x_0)=f'_+(x_0)$，因此，要判定一个函数在某点是否可导，一般地，可先检查函数在该点是否连续，如果不连续，就一定不可导；如果连续，可直接用导数定义来判定，或用求左导数与右导数是否存在并且相等来判定。

问题 2 为什么说复合函数求导法是函数求导的核心？

解析 这是因为复合函数求导法既可以解决复合函数的求导问题，又是隐函数求导法、参数方程求导法与对数求导法等求导法的基础。

问题 3 微分与导数有何区别？

解析 微分与导数是两个不同的概念。微分是由于函数的自变量发生变化而引起的函数变化量的近似值，而导数则是函数在一点处的变化率。对于一个给定的函数来说，它的微分与 x 和 Δx 都有关，而导数只与 x 有关。因为微分具有形式不变性，所以提到微分可以不说明是关于哪个变量的微分，但提到导数必须说清是对哪个变量的导数。

习 题 4

1．根据定义求下列函数的导数：

（1）$f(x)=\sqrt{x}$，求 $f'(4)$；（2）$f(x)=\sin 2x$，求 $f'(x)$。

2．如果 $f(x)$ 在点 x_0 处可导，求

（1）$\lim\limits_{h\to 0}\dfrac{f(x_0-2h)-f(x_0)}{h}$；（2）$\lim\limits_{h\to 0}\dfrac{f(x_0+ah)-f(x_0+bh)}{h}$。

3．求曲线 $y=\ln x$ 在（1, 0）处的切线方程。

4．求抛物线 $y=x^2+1$ 上的一点，使得该点切线平行于 $y=2x+3$。

5．求曲线 $y=\dfrac{1}{x}$ 在点 $\left(\dfrac{1}{2},2\right)$ 处的切线方程和法线方程。

6．证明函数 $f(x)=\begin{cases}2x-1, x\leqslant 1\\ \sqrt{x}, \quad x>1\end{cases}$，在 $x=1$ 处连续，但不可导。

7．设 $f(x)=\begin{cases}x^2, & x\leqslant 1\\ ax+b, & x>1\end{cases}$，当 a,b 为何值时，使 $f(x)$ 在 $x=1$ 处可导。

8．设 $f(x)=(ax+b)\sin x+(cx+d)\cos x$，确定常数 $a,b,c,d,$ 的值，使 $f'(x)=x\cos x$。

9．设 $f(x)=x^3+9x^2+2x+2$，求满足 $f(x)=f'(x)$ 的所有的 x 值。

10．一底半径与高相等的直圆锥体受热膨胀，在膨胀过程中，其高和底半径的膨胀率相等，问：（1）体积关于半径的变化率如何？（2）半径为 5cm 时，体积关于半径的变化率如何？

11．求下列函数的导数：

（1）$y=\dfrac{1}{x^2}+\cos x-5$；

（2）$y=x^2(\ln x+\sqrt{x})$；

（3）$y=x^2\tan x+\cos 2$；

（4）$y=x^2\sec x$；

（5）$y=\dfrac{1}{x+\sin x}$；

（6）$y=\dfrac{2x}{1-x^2}$；

（7）$y=\mathrm{e}^x(\sin x-\cos x)$；

（8）$y=\dfrac{\tan x}{\ln x+1}$

（9）$y=\dfrac{1+\cos x}{\sin x}$；

（10）$y=\dfrac{1-\ln x}{1+\ln x}$。

12．求下列函数的导数：

（1）$y=(3x^4-1)^8$；

（2）$y=\mathrm{e}^{\frac{1}{x}}+x\sqrt{x}$；

（3）$y=\mathrm{e}^{-x^2+2x-1}$；

（4）$y=\sqrt{\ln^2 x+1}$；

（5）$y=x^2\sin\dfrac{1}{x}$；

（6）$y=\sqrt{x+\sqrt{x+\sqrt{x}}}$；

（7）$y=\ln[\ln(\ln x)]$；

（8）$y=2^{\sin x}+\cos\sqrt{x}$；

（9）$y=\ln\left(x+\sqrt{a^2+x^2}\right)$；

（10）$y=\dfrac{\cot x}{1-x^2}$；

（11）$y=\cos^2(\sin 3x)$；

（12）$y=\dfrac{x\sin x}{1+\tan x}$；

（13）$y=\mathrm{e}^{\arcsin x^2}$；

（14）$y=\arctan(\ln x)$。

13．求下列函数在指定点处的导数值：

（1）$f(t)=\dfrac{t-\sin t}{t+\sin t}$，求 $f'\left(\dfrac{\pi}{2}\right)$；（2）$y=\arccos\dfrac{x-3}{3}-2\sqrt{\dfrac{6-x}{x}}$，求 $y'|_{x=3}$；

（3）$y=(1+x^3)\left(5-\dfrac{1}{x^2}\right)$，求 $y'|_{x=1}$；（4）$y=\dfrac{\sin x}{2x^3+3}$，求 $y'\Big|_{x=\frac{\pi}{2}}$。

14．设 $f(u)$ 可导，求下列函数的导数：

（1）$y=\ln f(e^x)$；（2）$y=f(e^x \sin x)$。

15．设 $f(x)=\frac{1}{\sqrt{2\pi}\sigma}e^{-\frac{(x-\mu)^2}{2\sigma^2}}$，其中 μ,σ 是常数，求使 $f'(x)=0$ 的 x 值。

16．求下列函数的导数：

（1）$y=\arctan 2x$，求 y''；（2）$y=(1+x^2)\arctan x$，求 y'''。

17．求下列函数的 n 阶导数：

（1）$y=\cos^2 x$；（2）$y=xe^x$；（3）$f(x)=\frac{1}{1-x}$，求 $f^{(n)}(0)$。

18．求由下列方程所确定的隐函数的导数 y'：

（1）$2x^2y-xy^2+y^3=0$；（2）$xy=e^{x+y}$；

（3）$x^3+y^3-3axy=0$；（4）$y=1-xe^{xy}$。

19．用对数求导法求下列函数的导数：

（1）$y=\frac{\sqrt{x+1}}{\sqrt[3]{2x-1}(x+3)^2}$；（2）$y=(\cos x)^{\tan x}\ (\cos x>0)$。

20．求下列参数方程所确定的函数的导数 $\frac{dy}{dx}$：

（1）$\begin{cases}x=\sqrt{1+t}\\y=\sqrt{1-t}\end{cases}$；（2）$\begin{cases}x=e^{2t}\cos^2 t\\y=e^{2t}\sin^2 t\end{cases}$；（3）$\begin{cases}x=\ln(1+t^2)\\y=t-\arctan t\end{cases}$，求 $\left.\frac{dy}{dx}\right|_{t=1}$。

21．求曲线 $\begin{cases}x=\ln\sin t\\y=\cos t\end{cases}$ 在 $t=\frac{\pi}{2}$ 处的切线方程和法线方程。

22．求下列函数的微分：

（1）$y=\arctan\frac{1+x}{1-x}$；（2）$y=\ln\cos\frac{x}{2}$；

（3）$y=e^{\sqrt{x+1}}\sin x$；（4）$e^{\frac{x}{y}}-xy=0$；

（5）$y=\tan^2(1+2x^2)$；（6）$y=[\ln(1-x)]^2$。

23．利用微分求近似值：

（1）$\sin 30°\ 30'$；（2）arctan1.03；（3）ln 1.02；（4）$\sqrt[6]{65}$。

24．水管壁的横截面是一个圆环，设它的内径为 R_0，壁厚为 h，试利用微分来计算这个圆环面积的近似值。

25．如果半径为 15cm 的球的半径伸长 2mm，球的体积约扩大多少？

第5章 导数的应用

上一章已经学习了微分学中关于导数产生的实际背景，导数的概念及求导法则。导数在自然科学与工程技术上有着极其广泛的应用。本章将在介绍微分中值定理的基础上，引出计算未定式极限的新方法——洛必达法则，并以导数为工具，研究函数及其图形的某些性态，解决一些常见的应用问题。同时还可以看到，微分中值定理是用导数来研究函数在区间上整体性质的有力工具。

5.1 微分中值定理

本节将介绍的三个定理都是微分学的基本定理。运用它们，就能通过导数研究函数的一些问题，因此，它们在微积分的理论和应用中均占重要地位，其中拉格朗日中值定理尤为重要。对于微分中值定理，可以借助于几何图形的帮助来理解定理的条件、结论及其思想。

1. 罗尔定理

定理 5.1 （罗尔（Rolle）定理） 如果函数 $y = f(x)$ 满足下列三个条件：

（1）在闭区间 $[a,b]$ 上连续；

（2）在开区间 (a,b) 内可导；

（3） $f(a) = f(b)$，则至少存在一点 $\xi \in (a,b)$，使 $f'(\xi) = 0$。

证明从略。罗尔定理的几何意义是：如果连续曲线 $y = f(x)$ 除端点外处处有不垂直于 x 轴的切线，且曲线两端点的纵坐标相等，那么在这曲线上至少存在一点，使曲线在该点的切线与 x 轴平行，如图 5.1 所示。

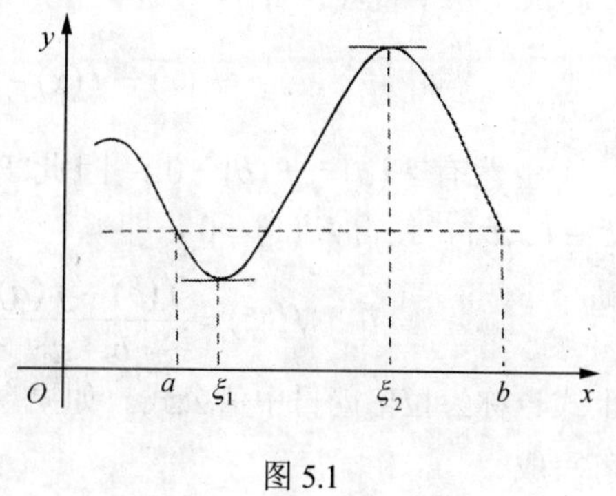

图 5.1

值得注意的是，该定理中要求函数 $y = f(x)$ 应同时满足三个条件：在闭区间 $[a,b]$ 上连续，在开区间 (a,b) 内可导，且 $f(a) = f(b)$。若 $y = f(x)$ 不能同时满足这三个条件，则结论就可能不成立。图 5.2（a）、（b）、（c）直观地说明了，当其中有一个条件不满足时，结论就不成立。

2. 拉格朗日中值定理

定理 5.2 （拉格朗日（Lagrange）定理）如果函数 $y = f(x)$ 满足下列两个条件：

（1）在闭区间 $[a,b]$ 上连续；

（2）在开区间 (a,b) 内可导。

则至少存在一点 $\xi \in (a,b)$，使得 $f'(\xi) = \dfrac{f(b) - f(a)}{b - a}$，或 $f(b) - f(a) = f'(\xi)(b - a)$ 。

拉格朗日定理的几何意义是：如果连续曲线 $y = f(x)$ 除端点外处处有不垂直于 x 轴的切

线，那么在这曲线上至少存在一点，使曲线在该点的切线与弦 AB 平行，如图 5.3 所示。

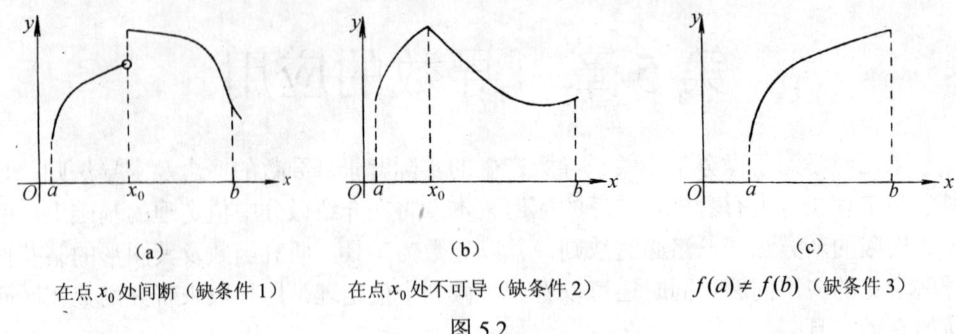

在点 x_0 处间断（缺条件 1） 在点 x_0 处不可导（缺条件 2） $f(a) \neq f(b)$（缺条件 3）

图 5.2

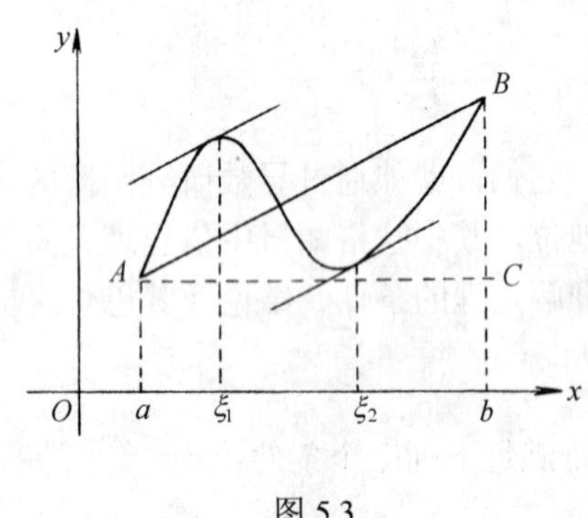

图 5.3

不难看出，当 $f(a)=f(b)$ 时，拉格朗日定理就成了罗尔定理，即罗尔定理是拉格朗日定理的特殊情况。显然，这两个定理存在着某种联系，即能否用罗尔定理来证明拉格朗日定理呢？这就需要构造一个辅助函数 $F(x)$，只要能使 $F(x)$ 满足罗尔定理的第三个条件即可，即将过两点 A 与 B 的直线“拉成”水平直线。由解析几何可知，通过两点 $A\,(a,f(a))$ 与 $B\,(b,f(b))$ 的直线方程为

$$y=f(a)+\frac{f(b)-f(a)}{b-a}(x-a)$$

设辅助函数 $F(x)$ 是由曲线 $y=f(x)$ 的纵坐标与直线 AB 的纵坐标之差，即将直线 AB“拉成”水平直线，有

$$F(x)=f(x)-\left[f(a)+\frac{f(b)-f(a)}{b-a}(x-a)\right]$$

显然有 $F(a)=F(b)=0$，因此 $F(x)$ 满足罗尔定理的三个条件，则至少存在一点 $\xi\in(a,b)$，使得 $F'(\xi)=0$，即

$$f'(\xi)=\frac{f(b)-f(a)}{b-a}\text{，或 } f(b)-f(a)=f'(\xi)(b-a)\text{。}$$

上式也称为拉格朗日中值公式。如果令 $x=a$，$\Delta x=b-a$，$\xi=x+\theta\Delta x\ (0<\theta<1)$，上式又可写成

$$f(x+\Delta x)-f(x)=f'(x+\theta\Delta x)\Delta x\ (0<\theta<1)$$

拉格朗日中值定理是微分学的一个基本定理，在理论上和应用上都有很重要的价值。上式表明，它建立了函数在某区间上的增量与函数在这区间内某点处的导数之间的联系，从而有可能用导数去研究函数在区间上的性态。

作为拉格朗日中值定理的一个应用，推导出在微积分学中两个重要的推论。

推论 5.1 如果函数 $f(x)$ 在区间 (a,b) 内可导，且 $f'(x)\equiv 0$，则在 (a,b) 内 $f(x)=C$（C 为常数）。

证 设 x_1，x_2 是 (a,b) 内任意两点，设 $x_1<x_2$，那么在区间 $[x_1,x_2]$ 上函数 $f(x)$ 满足拉格朗日中值定理的条件，故有

$$f(x_2)-f(x_1)=f'(\xi)(x_2-x_1) \qquad (x_1<\xi<x_2)$$

由于 $f'(\xi)=0$，所以 $f(x_2)-f(x_1)=0$，即 $f(x_2)=f(x_1)$。因为 x_1,x_2 是 (a,b) 内的任意两点，则表明 $f(x)$ 在 (a,b) 内任意两点的值总是相等的，即 $f(x)$ 在 (a,b) 内是一个常数。

推论 5.2 设函数 $f(x)$ 和 $g(x)$ 在区间 (a,b) 内可导，如果对 (a,b) 内任意一点 x，都有 $f'(x)=g'(x)$，那么在 (a,b) 内 $f(x)$ 与 $g(x)$ 之间只差一个常数，即 $f(x)=g(x)+C$。

证 设 $F(x)=f(x)-g(x)$，则 $F'(x)=0$，由推论 5.1 知，$F(x)$ 在 (a,b) 内为一个常数 C，即 $f(x)-g(x)=C$，$x\in(a,b)$。

3. 柯西中值定理

定理 5.3 （柯西（Cauchy）定理） 如果函数 $f(x)$ 与 $g(x)$ 满足下列两个条件：

（1）在闭区间 $[a,b]$ 上连续；

（2）在开区间 (a,b) 内可导，且 $g'(x)\neq 0$，$x\in(a,b)$，则在 (a,b) 内至少存在一点 ξ，使得

$$\frac{f(b)-f(a)}{g(b)-g(a)}=\frac{f'(\xi)}{g'(\xi)}$$

证明从略。在柯西中值定理中，当 $g(x)=x$ 时，就得到拉格朗日中值定理。

上述三个定理指出，在一定条件下，必有点 ξ 存在，而且可能不只一个，尽管定理并没有指出点 ξ 在 (a,b) 内具体位置，但是 ξ 客观存在这个事实，在理论上已经具有重要意义。故这些定理统称为微分中值定理。作为柯西中值定理的一个重要应用，就是下一节要讲的求未定式极限的一个重要方法——洛必达法则。

5.2 洛必达法则

在极限的讨论中，已经看到：若当 $x\to x_0$ 时，两个函数 $f(x)$，$g(x)$ 都是无穷小或无穷大，则极限 $\lim\limits_{x\to x_0}\dfrac{f(x)}{g(x)}$ 可能存在，也可能不存在，通常把两个无穷小之比或无穷大之比的极限称为 $\dfrac{0}{0}$ 型或 $\dfrac{\infty}{\infty}$ 型未定式（也称为 $\dfrac{0}{0}$ 型或 $\dfrac{\infty}{\infty}$ 型未定型）的极限。这类极限不能用商的极限运算法则，一般可以用洛必达法则。洛必达法则就是利用柯西中值定理，以导数为工具求未定式极限的方法。

定理 5.4 （洛必达（L′ Hospital）法则）如果

（1）$\lim\limits_{x\to x_0}f(x)=0$，$\lim\limits_{x\to x_0}g(x)=0$；

（2）函数 $f(x)$ 与 $g(x)$ 在 x_0 某个邻域内（点 x_0 可除外）可导，且 $g'(x)\neq 0$；

（3）$\lim\limits_{x\to x_0}\dfrac{f'(x)}{g'(x)}=A$（$A$ 为有限数，也可为 ∞，$+\infty$ 或 $-\infty$），则

$$\lim_{x\to x_0}\frac{f(x)}{g(x)}=\lim_{x\to x_0}\frac{f'(x)}{g'(x)}=A$$

证 由于要讨论的是函数在点 x_0 的极限，而极限与函数在点 x_0 的值无关，所以可补充 $f(x)$ 与 $g(x)$ 在点 x_0 的定义，而对所讨论的问题不会发生任何影响。令 $f(x_0)=g(x_0)=0$，

则 $f(x)$ 与 $g(x)$ 在点 x_0 连续，在 x_0 附近任取一点 x，并利用柯西中值定理，有

$$\frac{f(x)}{g(x)}=\frac{f(x)-f(x_0)}{g(x)-g(x_0)}=\frac{f'(\xi)}{g'(\xi)} \qquad (\xi\text{ 在 } x \text{ 与 } x_0 \text{ 之间})$$

当 $x\to x_0$ 时，有 $\xi\to x_0$，对上式取极限，得

$$\lim_{x\to x_0}\frac{f(x)}{g(x)}=\lim_{\xi\to x_0}\frac{f'(\xi)}{g'(\xi)}=\lim_{x\to x_0}\frac{f'(x)}{g'(x)}=A$$

即为所得到的结果。

注意：上述定理对于 $x\to\infty$ 时的 $\frac{0}{0}$ 型未定式同样适用，对于 $x\to x_0$ 或 $x\to\infty$ 时的 $\frac{\infty}{\infty}$ 型未定式也有相应的法则。

例 5.1 求极限 $\lim\limits_{x\to 0}\frac{e^x-e^{-x}}{\sin x}$。

解 这是 $\frac{0}{0}$ 型未定式，由洛必达法则，得

$$\lim_{x\to 0}\frac{e^x-e^{-x}}{\sin x}=\lim_{x\to 0}\frac{e^x+e^{-x}}{\cos x}=2$$

例 5.2 求极限 $\lim\limits_{x\to 0}\frac{\sin ax}{\sin bx}\ (b\neq 0)$。

解 这是 $\frac{0}{0}$ 型未定式，由洛必达法则，得

$$\lim_{x\to 0}\frac{\sin ax}{\sin bx}=\lim_{x\to 0}\frac{a\cos ax}{b\cos bx}=\frac{a}{b}$$

例 5.3 求极限 $\lim\limits_{x\to 0}\frac{x-\sin x}{\sin^3 x}$。

解 这是 $\frac{0}{0}$ 型未定式，使用二次洛必达法则并化简，得

$$\lim_{x\to 0}\frac{x-\sin x}{\sin^3 x}=\lim_{x\to 0}\frac{1-\cos x}{3\sin^2 x\cos x}=\lim_{x\to 0}\frac{\sin x}{6\sin x\cos^2 x-3\sin^3 x}=\lim_{x\to 0}\frac{1}{6\cos^2 x-3\sin^2 x}=\frac{1}{6}$$

注意：在本题中，使用了一次洛必达法则后，极限仍是 $\frac{0}{0}$ 型或 $\frac{\infty}{\infty}$ 型未定式，那么仍可再次使用洛必达法则，直至其极限变为不是未定式，便可求得极限。

例 5.4 求极限 $\lim\limits_{x\to\frac{\pi}{2}}\frac{\tan 3x}{\tan x}$。

解 这是 $\frac{\infty}{\infty}$ 型未定式，化简并使用三次洛必达法则，得

$$\begin{aligned}\lim_{x\to\frac{\pi}{2}}\frac{\tan 3x}{\tan x}&=\lim_{x\to\frac{\pi}{2}}\frac{3\sec^2 3x}{\sec^2 x}=\lim_{x\to\frac{\pi}{2}}\frac{3\cos^2 x}{\cos^2 3x}=\lim_{x\to\frac{\pi}{2}}\frac{6\cos x\cdot(-\sin x)}{2\cos 3x\cdot(-3\sin 3x)}\\&=\lim_{x\to\frac{\pi}{2}}\frac{\sin 2x}{\sin 6x}=\lim_{x\to\frac{\pi}{2}}\frac{2\cos 2x}{6\cos 6x}=\frac{1}{3}\end{aligned}$$

例 5.5 求 $\lim\limits_{x\to+\infty}\dfrac{\ln x}{x^n}$，（$n>0$）。

解 这是$\dfrac{\infty}{\infty}$型未定式，由洛必达法则，得

$$\lim_{x\to+\infty}\frac{\ln x}{x^n}=\lim_{x\to+\infty}\frac{\dfrac{1}{x}}{nx^{n-1}}=\lim_{x\to+\infty}\frac{1}{nx^n}=0$$

除$\dfrac{0}{0}$型与$\dfrac{\infty}{\infty}$型未定式之外，还有$0\cdot\infty$，$\infty-\infty$，1^{∞}，0^0，∞^0等类型未定式，计算这些类型的极限，可利用适当变换将它们化为$\dfrac{0}{0}$型与$\dfrac{\infty}{\infty}$型未定式，再用洛必达法则求极限，在这里不再详细介绍，有兴趣的读者可参阅有关的书籍，下面只举几个例子。

例 5.6 求 $\lim\limits_{x\to+\infty}x\left(\dfrac{\pi}{2}-\arctan x\right)$。

解 这是$0\cdot\infty$型未定式，把$\dfrac{1}{x}$“放”到分母上，可将其化为$\dfrac{0}{0}$型未定式，由洛必达法则，得

$$\lim_{x\to+\infty}x\left(\frac{\pi}{2}-\arctan x\right)=\lim_{x\to+\infty}\frac{\left(\dfrac{\pi}{2}-\arctan x\right)}{\dfrac{1}{x}}=\lim_{x\to+\infty}\frac{-\dfrac{1}{1+x^2}}{-\dfrac{1}{x^2}}=\lim_{x\to+\infty}\frac{x^2}{1+x^2}=1$$

例 5.7 求$\lim\limits_{x\to0}\left(\cot x-\dfrac{1}{x}\right)$。

解 这是$\infty-\infty$型未定式，通过“ 通分”将其化为$\dfrac{0}{0}$型未定式，由洛必达法则，得

$$\begin{aligned}\lim_{x\to0}\left(\cot x-\frac{1}{x}\right)&=\lim_{x\to0}\left(\frac{\cos x}{\sin x}-\frac{1}{x}\right)=\lim_{x\to0}\frac{x\cos x-\sin x}{x\sin x}=\lim_{x\to0}\frac{\cos x-x\sin x-\cos x}{\sin x+x\cos x}\\&=\lim_{x\to0}\frac{-\sin x-x\cos x}{\cos x+\cos x-x\sin x}=\frac{0}{2}=0\end{aligned}$$

例 5.8 求 $\lim\limits_{x\to+\infty}x^{\frac{1}{x}}$。

解 这是∞^0型未定式，利用恒等式将其化为$\dfrac{\infty}{\infty}$型未定式，由洛必达法则，得

$$\lim_{x\to+\infty}x^{\frac{1}{x}}=\lim_{x\to+\infty}\mathrm{e}^{\frac{\ln x}{x}}=\mathrm{e}^{\lim\limits_{x\to+\infty}\frac{\ln x}{x}}=\mathrm{e}^{\lim\limits_{x\to+\infty}\frac{\frac{1}{x}}{1}}=\mathrm{e}^0=1$$

在使用洛必达法则时，应注意如下几点：

（1）每次使用洛必达法则时，必须检验极限是否属于$\dfrac{0}{0}$型或$\dfrac{\infty}{\infty}$型未定式，如果不是这种未定式，就不能使用该法则；

（2）如果使用洛必达法则之后，其极限还是属于$\dfrac{0}{0}$型或$\dfrac{\infty}{\infty}$型未定式，可继续使用洛必

达法则，直至其极限变为不是未定式，便可求得极限；

（3）如果有可约因子，或有非零极限值的乘积因子，则可先约去或提出，然后再利用洛必达法则，以简化演算步骤；

（4）如果极限属于$0\cdot\infty$，$\infty-\infty$，1^{∞}，0^{0}，∞^{0}等类型未定式，计算这些类型的极限时，可利用适当变换将它们化为$\dfrac{0}{0}$型与$\dfrac{\infty}{\infty}$型未定式，再用洛必达法则求极限；

（5）当$\lim\dfrac{f'(x)}{g'(x)}$不存在时，并不能断定$\lim\dfrac{f(x)}{g(x)}$不存在，此时应使用其他方法求极限。

例 5.9 证明$\lim\limits_{x\to 0}\dfrac{x^2\sin\dfrac{1}{x}}{\sin x}$存在，但不能用洛必达法则求其极限。

解 由于$\lim\limits_{x\to 0}\dfrac{x^2\sin\dfrac{1}{x}}{\sin x}=\lim\limits_{x\to 0}\dfrac{x}{\sin x}x\sin\dfrac{1}{x}=\lim\limits_{x\to 0}\dfrac{x}{\sin x}\cdot\lim\limits_{x\to 0}x\sin\dfrac{1}{x}=0$，所以，所给的极限存在。又因为这是$\dfrac{0}{0}$型未定式，可利用洛必达法则，得

$\lim\limits_{x\to 0}\dfrac{x^2\sin\dfrac{1}{x}}{\sin x}=\lim\limits_{x\to 0}\dfrac{2x\sin\dfrac{1}{x}-\cos\dfrac{1}{x}}{\cos x}$不存在，所以，所给的极限不能用洛必达法则求出。

5.3 函数的单调性、极值与最值

5.3.1 函数的单调性

在第 1 章中已经介绍了函数的单调性的概念，单调性是函数的重要性态之一，它既决定着函数递增和递减的状况，又能帮助我们研究函数的极值，还能证明某些不等式和函数的图形。在这里将以微分中值定理为工具，给出函数单调性的判别法和极值的判别法。

对于区间$[a, b]$上的单调函数$f(x)$（图 5.4）的图像是一条随x的增大而逐渐上升的曲线，曲线上任一点处的切线与x轴正向夹角都是锐角，即$f'(x)>0$，反过来是否成立呢？有如下定理：

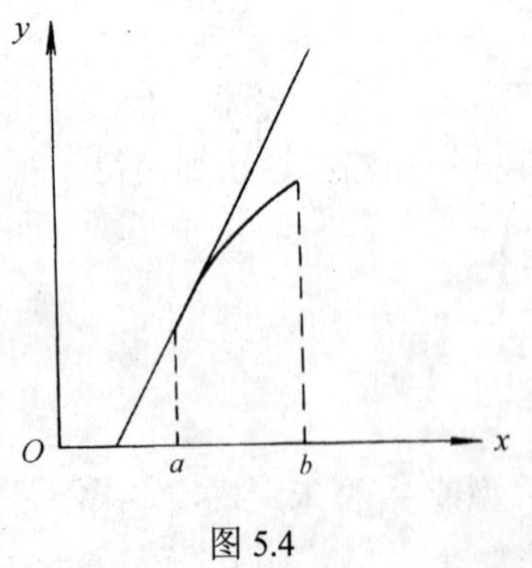

图 5.4

定理 5.5 设函数$f(x)$在闭区间$[a,b]$上连续，在开区间(a,b)内可导，则有

（1）若在(a,b)内$f'(x)>0$，则函数$f(x)$在$[a,b]$内单调增加；

（2）若在(a,b)内$f'(x)<0$，则函数$f(x)$在$[a,b]$内单调减少。

证 设x_1，x_2是$[a,b]$内任意两点，设$x_1<x_2$，利用拉格朗日中值定理有

$$f(x_2)-f(x_1)=f'(\xi)(x_2-x_1)\qquad (x_1<\xi<x_2)$$

若$f'(x)>0$，必有$f'(\xi)>0$，又$x_2-x_1>0$，$f(x_2)-f(x_1)>0$，即$f(x_2)>f(x_1)$。由于x_1，x_2（$x_1<x_2$）是$[a,b]$内任意两点，所以函数$f(x)$在$[a,b]$内单调增加。

同理可证，若 $f'(x)<0$，则函数 $f(x)$ 在 $[a,b]$ 内单调减少。

有时，函数在其整个定义域上并不具有单调性。所谓研究函数的单调性，就是判定函数在哪些区间上是单调增加，在哪些区间上是单调减少。如图 5.5 所示，函数 $f(x)$ 在区间 $[a,x_1]$，$[x_2,b]$ 上单调增加，而在 $[x_1,x_2]$ 上单调减少，并且从图上容易看出，可导函数 $f(x)$ 在单调区间的分界点处的导数为零，即 $f'(x_1)=f'(x_2)=0$。

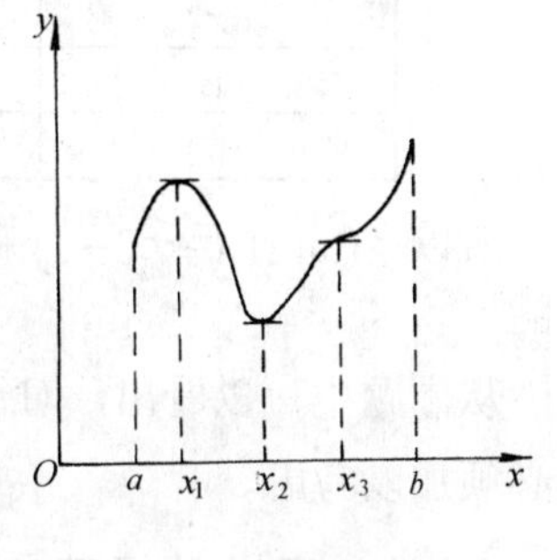

图 5.5

使导数 $f'(x)=0$ 的点称为函数 $f(x)$ 的驻点。

要确定可导函数 $f(x)$ 的单调区间，首先要求出函数 $f(x)$ 的驻点，然后，用这些驻点将 $f(x)$ 的定义域分成若干个子区间，再用列表的方法，在每个子区间上用定理 5.5 判断函数的单调性。一般地，当 $f'(x)$ 在某区间内个别点处等于零，而在其余各点处都为正（或负）时，那么 $f(x)$ 在该区间上仍然是单调增加（或单调减少）的。如 $f(x)=x^3$ 在 $(-\infty,+\infty)$ 内除 $x=0$ 外，处处有 $f'(x)=3x^2>0$，函数 $f(x)=x^3$ 在 $(-\infty,+\infty)$ 内是单调增加的。

例 5.10 讨论函数 $f(x)=-x^4+\dfrac{8}{3}x^3-2x^2+2$ 的单调性。

解 （1）函数定义域为 $(-\infty,+\infty)$。

（2）求出函数 $f(x)=-x^4+\dfrac{8}{3}x^3-2x^2+2$ 的驻点。有

$$f'(x)=-4x^3+8x^2-4x=-4x(x^2-2x+1)=-4x(x-1)^2$$

令 $f'(x)=0$，得驻点为 $x_1=0, x_2=1$。

（3）写出 $f(x)$ 在 $(-\infty,+\infty)$ 内的三个子区间为 $(-\infty,0)$，$(0,1)$ 与 $(1,+\infty)$。

（4）在每个子区间上用定理 5.5 判断函数的单调性。可用列表的方法，确定 $f'(x)$ 在每个子区间上的符号，从而判定出函数 $f(x)$ 在每个子区间内的单调性，其结果如下：

x	$(-\infty,0)$	$(0,1)$	$(1,+\infty)$
$f'(x)$	+	−	−
$f(x)$	↗	↘	↘

注意：表中用“↗”表示单调增加，用“↘”表示单调减少。
所以 $f(x)$ 在 $(-\infty,0)$ 单调增加，在 $(0,+\infty)$ 单调减少。

例 5.11 讨论函数 $f(x)=\dfrac{x^2}{3}-\sqrt[3]{x^2}$ 的单调性。

解 （1）函数定义域为 $(-\infty,+\infty)$。

（2）求出函数 $f(x)=\dfrac{x^2}{3}-\sqrt[3]{x^2}$ 的驻点及不可导点。有

$$f'(x)=\frac{2x}{3}-\frac{2}{3\sqrt[3]{x}}=\frac{2}{3\sqrt[3]{x}}(x\sqrt[3]{x}-1)$$

令 $f'(x)=0$，得驻点为 $x_1=-1$，$x_2=1$，$f(x)$ 的不可导点为 $x_3=0$。

（3）写出 $f(x)$ 在 $(-\infty,+\infty)$ 内的四个子区间为 $(-\infty,-1)$，$(-1,0)$，$(0,1)$ 与 $(1,+\infty)$。

（4）在每个子区间上用定理 5.5 判断函数的单调性。用列表的方法，确定 $f'(x)$ 在每个

子区间上的符号，从而判定出函数 $f(x)$ 在每个子区间内的单调性，其结果如下：

x	$(-\infty,-1)$	$(-1,0)$	$(0,1)$	$(1,+\infty)$
$f'(x)$	$-$	$+$	$-$	$+$
$f(x)$	↘	↗	↘	↗

所以 $f(x)$ 在 $(-\infty,-1)$ 和 $(0,1)$ 上是单调减少的，$f(x)$ 在 $(-1,0)$ 和 $(1,+\infty)$ 上是单调调增的。

从本题中可以看出，对于函数 $f(x)$ 在定义域内的不可导点，在判断函数的单调性时，也必须加以考虑。

5.3.2 函数的极值

定义 5.1 设函数 $f(x)$ 在点 x_0 的某邻域内有定义，如果对于该邻域内任一点 $x(x\neq x_0)$，都有 $f(x)<f(x_0)$，则称 $f(x_0)$ 是函数 $f(x)$ 的极大值；如果对于该邻域内任一点 $x(x\neq x_0)$，都有 $f(x)>f(x_0)$，则称 $f(x_0)$ 是函数 $f(x)$ 的极小值。函数的极大值与极小值统称为函数的极值，使函数取得极值的点 x_0 称为函数 $f(x)$ 的极值点。

由定义可以看出，极值是一个局部性概念。在整个定义域内往往会有多个极值，极大值未必是最大值，极小值也未必是最小值。从图 5.6 可直观地看出，x_0,x_2,x_4 都是极大值点，$f(x_0),f(x_2),f(x_4)$ 都是函数 $f(x)$ 的极大值，x_1,x_3,x_5 是极小值点，$f(x_1),f(x_3),f(x_5)$ 都是函数 $f(x)$ 的极小值。

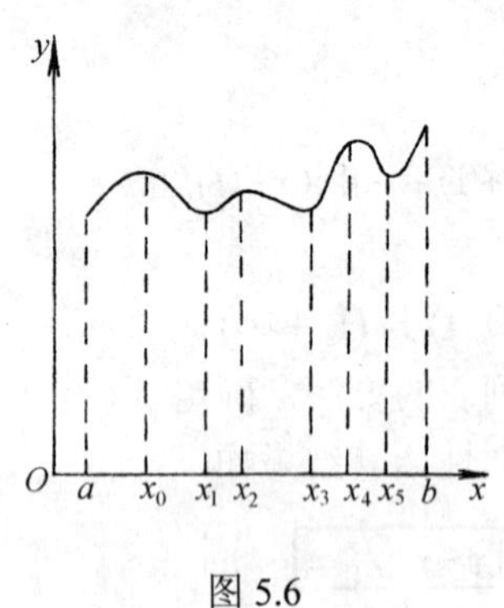

图 5.6

从图 5.6 可以看出，可导函数在取得极值处的切线是水平的，即极值点 x_0 处，必有 $f'(x_0)=0$，于是有如下定理。

定理 5.6 （极值的必要条件）设函数 $f(x)$ 在 x_0 处可导，且在点 x_0 处取得极值，那么 $f'(x_0)=0$。

证 设 $f(x_0)$ 是极小值。由定义 5.1 可知，必存在点 x_0 的某个邻域，对该邻域内的一切 $x(x\neq x_0)$，都有 $f(x)>f(x_0)$。因此

当 $x>x_0$ 时，有 $\dfrac{f(x)-f(x_0)}{x-x_0}>0$。故有 $f'_+(x_0)=\lim\limits_{x\to x_0^+}\dfrac{f(x)-f(x_0)}{x-x_0}\geqslant 0$；当 $x<x_0$ 时，有 $\dfrac{f(x)-f(x_0)}{x-x_0}<0$。故有 $f'(x_0)=\lim\limits_{x\to x_0}\dfrac{f(x-f(x_0)}{x-x_0}\leqslant 0$。因为 $f(x)$ 在 x_0 处可导，所以 $f(x)$ 在 x_0 处的左导数、右导数存在且相等，即 $f'(x_0)=f'_-(x_0)=f'_+(x_0)$，有 $0\leqslant f'(x_0)\leqslant 0$，从而得到 $f'(x_0)=0$。类似可证 $f(x_0)$ 是极大值的情形。

从定理 5.6 可知，可导函数 $f(x)$ 的极值点必是 $f(x)$ 的驻点。反过来，驻点不一定是 $f(x)$ 的极值点。如 $x=0$ 是函数 $f(x)=x^3$ 的驻点，但不是极值点。对于一个连续函数，它的极值点还可能是不可导点。如 $f(x)=|x|$，$x=0$ 是 $f(x)$ 的不可导点，但 $x=0$ 是 $f(x)$ 的极小值点（图 5.7）。

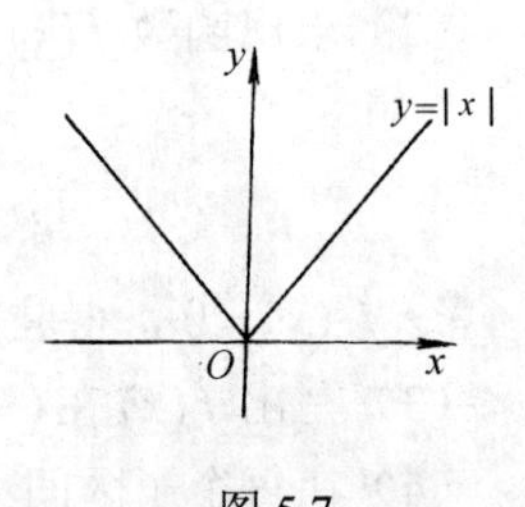

图 5.7

总而言之，连续函数 $f(x)$ 的可能极值点只能是驻点或是连续

但不可导的点，为了判断函数的可能极值点是否为极值点，有如下定理。

定理 5.7（极值的第一充分条件）设函数 $f(x)$ 在点 x_0 连续，在点 x_0 的某一去心邻域内任一点 x 可导。当 x 在该邻域内由小增大经过 x_0 时，如果

（1）$f'(x)$ 由正变负，那么 x_0 是 $f(x)$ 的极大值点，$f(x_0)$ 是 $f(x)$ 的极大值；

（2）$f'(x)$ 由负变正，那么 x_0 是 $f(x)$ 的极小值点，$f(x_0)$ 是 $f(x)$ 的极小值；

（3）$f'(x)$ 不改变符号，那么 x_0 不是 $f(x)$ 的极值点。

证（1）$f(x)$ 在以 x 和 x_0 为端点的闭区间上利用拉格朗日中值定理，得

$$f(x)-f(x_0)=f'(\xi)(x-x_0) \quad（\xi \text{ 在 } x \text{ 与 } x_0 \text{ 之间}）$$

由已知条件知，当 $x<x_0$ 时，$f'(\xi)>0$；当 $x>x_0$ 时，$f'(\xi)<0$，可得 $f'(\xi)(x-x_0)<0$，即 $f(x)-f(x_0)<0$，所以在点 x_0 的某个邻域内任取一点 x（$x \neq x_0$）时，有 $f(x)<f(x_0)$。由极值定义知，x_0 是 $f(x)$ 的极大值点，$f(x_0)$ 是 $f(x)$ 的极大值。类似地可证明（2）。

（3）由已知条件知，在点 x_0 的某个邻域内任取一点 x（$x \neq x_0$）时，有 $f'(x)>0(<0)$，所以在这个邻域内是单调增加（减少），因此 x_0 不是 $f(x)$ 的极值点。

定理 5.8（极值的第二充分条件）设函数 $f(x)$ 在点 x_0 处具有二阶导数且 $f'(x_0)=0$，$f''(x_0)\neq 0$，则 x_0 是函数 $f(x)$ 的极限点，$f(x_0)$ 为函数 $f(x)$ 的极值，且有

（1）如果 $f''(x_0)<0$，则 $f(x)$ 在点 x_0 处取得的极大值；

（2）如果 $f''(x_0)>0$，则 $f(x)$ 在点 x_0 处取得的极小值。

证（1）由于 $f''(x_0)<0$，所以 $f''(x_0)=\lim\limits_{x\to x_0}\dfrac{f'(x)-f'(x_0)}{x-x_0}<0$，利用极限的性质，在点 x_0 的某个邻域内任一点 x（$x\neq x_0$）必有 $\dfrac{f'(x)-f'(x_0)}{x-x_0}<0$，又因为 $f'(x_0)=0$，所以有 $\dfrac{f'(x)}{x-x_0}<0$（$x\neq x_0$），从而可知，当 $x<x_0$ 时，$f'(x)>0$；当 $x>x_0$ 时，$f'(x)<0$，由定理 5.7 知，$f(x_0)$ 是 $f(x)$ 的极大值，x_0 是 $f(x)$ 的极大值点。类似地可证明（2）。

根据定理 5.7 和定理 5.8，求函数 $f(x)$ 的极值的步骤可归纳如下：

（1）求出函数 $f(x)$ 的定义域；

（2）求出函数 $f(x)$ 的导数 $f'(x)$；

（3）求出函数 $f(x)$ 的所有驻点及不可导点，即令 $f'(x)=0$ 和 $f'(x)$ 不存在的点；

（4）利用定理 5.7 或定理 5.8，判定上述驻点或不可导点是否为函数的极值点，并求出相应的极值。

例 5.12 求函数 $f(x)=2x^3-9x^2+12x-3$ 的极值。

解一（1）求出函数 $f(x)$ 的定义域。函数的定义域为 $(-\infty,+\infty)$；

（2）求出函数 $f(x)$ 的导数 $f'(x)$。$f'(x)=6x^2-18x+12=6(x-1)(x-2)$；

（3）求出函数 $f(x)$ 的所有驻点及不可导点。令 $f'(x)=0$，得驻点为 $x_1=1$，$x_2=2$，$f(x)$ 没有不可导点；

（4）利用定理 5.7，判定驻点是否为函数的极值点。由两个驻点把定义域分成三个子区间，用列表的方法，确定函数在每个子区间上的导数的符号，从而判定函数 $f(x)$ 在每个子区

间内的增减性及驻点是否为极值点，其结果如下：

x	$(-\infty,1)$	1	$(1,2)$	2	$(2,+\infty)$
$f'(x)$	+	0	−	0	+
$f(x)$	↗	极大值 $f(1)=2$	↘	极小值 $f(2)=1$	↗

由上表可知，函数 $f(x)$ 在 $x=1$ 处取得极大值 $f(1)=2$，在 $x=2$ 处取得极小值 $f(2)=1$。

解二 （1）求出函数 $f(x)$ 的定义域。函数的定义域为 $(-\infty,+\infty)$；

（2）求出函数 $f(x)$ 的导数 $f'(x)$。$f'(x)=6x^2-18x+12$；

（3）求出函数 $f(x)$ 的所有驻点及不可导点。令 $f'(x)=0$，得驻点为 $x_1=1$，$x_2=2$，$f(x)$ 没有不可导点；

（4）利用定理 5.8，判定驻点是否为函数的极值点。计算 $f''(x)=12x-18$，由于 $f''(1)=-6<0$，所以 $f(1)=2$ 为极大值；由于 $f''(2)=6>0$，所以 $f(2)=1$ 为极小值。

例 5.13 求函数 $f(x)=x-\frac{3}{2}\sqrt[3]{x^2}$ 的极值。

解 （1）求出函数 $f(x)$ 的定义域。函数的定义域为 $(-\infty,+\infty)$；

（2）求出函数 $f(x)$ 的导数 $f'(x)$。$f'(x)=1-\frac{1}{\sqrt[3]{x}}=\frac{\sqrt[3]{x}-1}{\sqrt[3]{x}}$；

（3）求出函数 $f(x)$ 的所有驻点及不可导点。令 $f'(x)=0$，得驻点为 $x_1=1$，$f(x)$ 的不可导点为 $x=0$；

（4）利用定理 5.7，判定驻点或不可导点是否为函数的极值点。由一个驻点和一个不可导点把定义域分成三个子区间，用列表的方法，确定函数在每个子区间上的导数的符号，从而判定函数 $f(x)$ 在每个子区间内的增减性、驻点与不可导点是否为极值点，结果如下表：

x	$(-\infty,0)$	0	$(0,1)$	1	$(1,+\infty)$
$f'(x)$	+	不存在	−	0	+
$f(x)$	↗	极大值 $f(0)=0$	↘	极小值 $f(1)=-0.5$	↗

由表可见，函数 $f(x)$ 在 $x=0$ 处取得极大值 $f(0)=0$，在 $x=1$ 处取得极小值 $f(1)=-0.5$。

5.3.3 函数的最大值与最小值

在许多数学和工程技术问题中，常常会遇到如何做才能使“用料最省”、“效率最高”、“成本最低”、“路程最短”等问题。用数学的方法进行描述，它们都可归结为求一个函数的最大值、最小值问题。

在第 3 章中可知，在闭区间 $[a,b]$ 上的连续函数 $f(x)$ 一定存在着最大值和最小值。显然，函数在闭区间 $[a,b]$ 上的最大值和最小值只能在区间 (a,b) 内的驻点、不可导点与闭区间的端点处取得。因此，求函数 $f(x)$ 在闭区间 $[a,b]$ 上最大值和最小值的步骤可归纳为：

（1）求出函数 $f(x)$ 的所有驻点及不可导点；

（2）计算函数 $f(x)$ 在驻点、不可导点、区间端点处的函数值；

（3）比较这些函数值的大小，其中最大者即为函数的最大值；最小者即为函数的最小值。

例 5.14 求函数 $f(x)=x^3-3x^2-9x+5$ 在 $[-4,4]$ 上的最大值和最小值。

解 由于 $f(x)=x^3-3x^2-9x+5$ 在 $[-4,4]$ 上连续，所以在该区间上存在着最大值和最小值。求 $f(x)$ 最值的具体的步骤如下：

（1）求出函数 $f(x)$ 的所有驻点及不可导点。$f'(x)=3x^2-6x-9=3(x-3)(x+1)$，令 $f'(x)=0$，得驻点 $x_1=-1, x_2=3$；

（2）计算函数 $f(x)$ 在驻点、区间端点处的函数值。有

$$f(-4)=-71,\quad f(-1)=10,\quad f(3)=-22,\quad f(4)=-15$$

（3）比较这些函数值的大小。比较得，函数 $f(x)$ 在 $[-4,4]$ 上的最大值为 $f(-1)=10$，最小值为 $f(-4)=-71$。

在实际应用问题中，往往可以根据问题的性质就可断定函数 $f(x)$ 在定义区间的内部确有最大值或最小值。可以证明：若实际问题已断定 $f(x)$ 在其定义区间的内部存在着最大值（或最小值），且点 x_0 是可导函数 $f(x)$ 在其定义区间的内部的唯一驻点，那么就可断定 $f(x)$ 在点 x_0 取得相应的最大值（或最小值）。

例 5.15 如图 5.8，设工厂 C 到铁路的垂直距离为 20km，垂足为 A。铁路线上距离 A100km 处有一原料供应站 B。现要求铁路 AB 之间某处 D 点修建一个原料供应中转站，再由 D 点到工厂 C 修建一条公路。如果每 km 的铁路运费与公路运费之比为 3:5，D 应选择何处才能使原料供应站 B 运货到工厂的 C 运费最省。

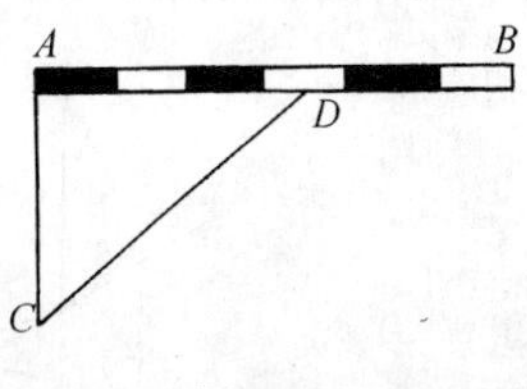

图 5.8

解 设 AD 的间距为 x km，铁路运费为 $3a$ 元 / km，则公路运费为 $5a$ 元 / km，并设从 B 到 C 点的总运费为 y，则

$$y=5a\sqrt{x^2+20^2}+3a(100-x)\qquad(0\leqslant x\leqslant 100)$$

由此可见，x 过大或过小，总运费 y 都会变大，故有一个合适的 x 使总运费 y 达到最小值。又因为 $y'=\dfrac{5ax}{\sqrt{x^2+400}}-3a$，令 $y'=0$，即 $\dfrac{5x}{\sqrt{x^2+400}}-3=0$，得 $x=15$ 为函数 y 在其定义区间的内部的唯一驻点，故知 y 在 $x=15$ 处取得最小值，即 D 点应选在距 A 为 15km 处，运费最少。

例 5.16 半径为 r 的半圆内，内接一矩形，问矩形的边长为何值时，矩形的周长最大？如图 5.9。

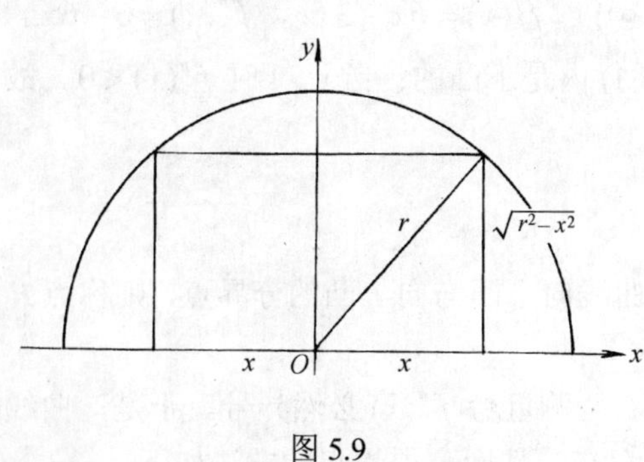

图 5.9

解 设矩形的长为 $2x$，那么宽为 $\sqrt{r^2-x^2}$，

矩形的周长为 y，则

$$y=4x+2\sqrt{r^2-x^2}\quad(0<x<2r)$$

由此可见，x 过大或过小，矩形的周长 y 都会变小，故有一个合适的 x 使矩形的周长 y 达到最大值。

$y'=4-\dfrac{2x}{\sqrt{r^2-x^2}}$，令 $y'=0$，即

$4-\dfrac{2x}{\sqrt{r^2-x^2}}=0$，得 $x=\dfrac{2r}{\sqrt{5}}$ 为函数 y 在其定义区间的内部的唯一驻点，故知 y 在 $x=\dfrac{2r}{\sqrt{5}}$ 处取得最大值，即矩形的长为 $\dfrac{4r}{\sqrt{5}}$，宽为 $\dfrac{r}{\sqrt{5}}$ 时，矩形的周长最大。

5.4 函数图形的凸向与拐点

为了准确地描绘函数的图形，仅了解函数单调性和极值是不够的，还应了解它的弯曲方向以及不同弯曲方向的分界点。这一节将利用二阶导数来研究曲线的凸向与拐点。

1. 曲线的凸向及其判别法

从图 5.10（a）中看出，在区间 (a, b) 内曲线上各点的切线都位于曲线的下方，而从图 5.10（b）中看出，在区间 (a, b) 内曲线上各点的切线都位于曲线的上方，看到的这种现象在数学上称为曲线的凸向，下面给出曲线的凸向定义及其判别法。

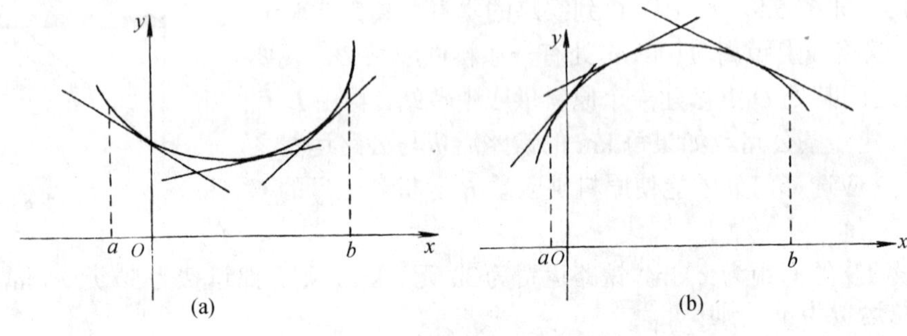

图 5.10

定义 5.2 若在区间 (a, b) 内曲线 $y=f(x)$ 的各点处切线都位于曲线的下方，则称此曲线在 (a, b) 内是向下凸的（简称下凸，或称上凹）；若曲线 $y=f(x)$ 的各点处切线都位于曲线的上方，则称此曲线在 (a, b) 内是向上凸的（简称上凸，或称下凹）。

定理 5.9 （曲线的凸向的判定定理）设函数 $y=f(x)$ 在区间 (a, b) 内具有二阶导数，

（1）如果在区间 (a, b) 内 $f''(x)>0$，则曲线 $y=f(x)$ 在 (a, b) 内是下凸的；

（2）如果在区间 (a, b) 内 $f''(x)<0$，则曲线 $y=f(x)$ 在 (a, b) 内是上凸的。

例 5.17 判定曲线 $f(x)=3x^2-x^3$ 的凸向。

解 函数 $f(x)=3x^2-x^3$ 的定义域为 $(-\infty,+\infty)$。$f'(x)=6x-3x^2$，$f''(x)=6-6x$，当 $x<1$ 时 $f''(x)>0$，故曲线 $f(x)=3x^2-x^3$ 在 $(-\infty,1)$ 内是下凸的；当 $x>1$ 时 $f''(x)<0$，故曲线 $f(x)=3x^2-x^3$ 在 $(1,+\infty)$ 内是上凸的。

2. 拐点及其求法

定义 5.3 若连续曲线 $y=f(x)$ 上的点 P 是曲线向下凸与向上凸的分界点，则称点 P 是曲线 $y=f(x)$ 的拐点。

由于拐点是曲线凸向的分界点，所以拐点左右两侧近旁 $f''(x)$ 必然异号。于是，曲线拐点的横坐标 x_0，只可能有 $f''(x_0)=0$ 或 $f''(x_0)$ 不存在，从而可得拐点的求法如下：

（1）设 $y=f(x)$ 在 (a,b) 内具有二阶导数，求出 $f(x)$ 的定义域及 $f''(x)$；

（2）求出在(a,b)内使$f''(x)=0$的点或$f''(x)$不存在的点；

（3）列表。用上述各点从小到大依次将(a,b)分成子区间，考察在每个子区间上$f''(x)$的符号，将上述各点、子区间与$f''(x)$的符号等列在一张表上。从表可见，若$f''(x)$在点x_i两侧近旁异号，则$(x_i,f(x_i))$是曲线$y=f(x)$的拐点，否则不是。

例 5.18 求曲线$y=\sqrt[3]{x}$的凸性与拐点。

解 （1）求出y''。函数$y=\sqrt[3]{x}$的定义域为$(-\infty,+\infty)$，$y'=\dfrac{1}{3\sqrt[3]{x^2}}$，$y''=-\dfrac{2}{9x\sqrt[3]{x^2}}$；

（2）求出在$(-\infty,+\infty)$内使$f''(x)=0$的点或$f''(x)$不存在的点。得$f''(x)$不存在的点为$x=0$，而$f''(x)=0$的点没有；

（3）列表。

x	$(-\infty,0)$	0	$(0,+\infty)$
y''	+	不存在	−
y	下凸	拐点（0，0）	上凸

从上表可见，$y=\sqrt[3]{x}$在$(-\infty,0)$是下凸的，在$(0,+\infty)$是上凸的，（0, 0）是拐点。

3．函数的渐近线

在中学里学过，双曲线$\dfrac{x^2}{a^2}-\dfrac{y^2}{b^2}=1$有两条渐近线$\dfrac{x}{a}+\dfrac{y}{b}=0$和$\dfrac{x}{a}-\dfrac{y}{b}=0$，如图 5.11。

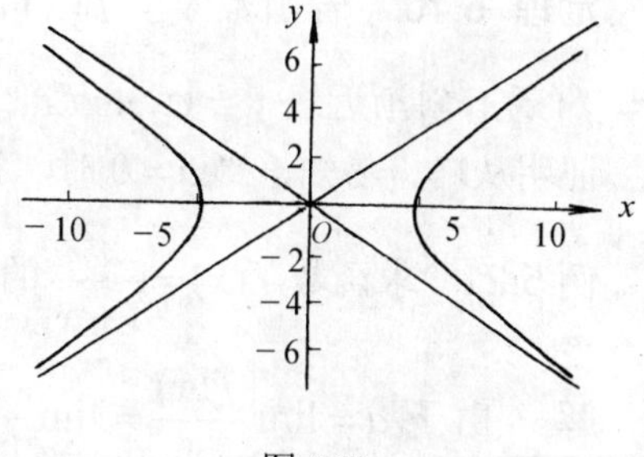

图 5.11

由双曲线的渐近线，就容易看出双曲线在无穷远处的伸展状态。对一般曲线，也想了解其在无穷远处的变化趋势。

定义 5.4 若曲线C上的动点P沿着曲线无限地远离原点时，点P与某一固定直线L的距离趋于零，则称直线L为曲线C的渐近线。

并不是任何曲线都有渐近线，下面分三种情形。

（1）水平渐近线

定义 5.5 若当$x\to\infty$时，有$f(x)\to b$（b为常数），则称曲线$y=f(x)$有水平渐近线$y=b$。

例 5.19 求曲线$y=\dfrac{2x}{1+x^2}$的水平渐近线。

解 当$x\to\infty$时，有$\dfrac{2x}{1+x^2}\to 0$，所以$y=0$是曲线$y=\dfrac{2x}{1+x^2}$的水平渐近线，见图 5.12。

（2）垂直渐近线

定义 5.6 若当$x\to a$（a为常数）时,有$f(x)\to\infty$，则称曲线$y=f(x)$有垂直渐近线$x=a$。

例 5.20 求曲线$y=\dfrac{x+1}{x-2}$的渐近线。

解 当$x\to 2$时，有$\dfrac{x+1}{x-2}\to\infty$，所以$x=2$是$y=\dfrac{x+1}{x-2}$的垂直渐近线。当$x\to\infty$时，有$\dfrac{x+1}{x-2}\to 1$，所以$y=1$是$y=\dfrac{x+1}{x-2}$的水平渐近线，见图 5.13。

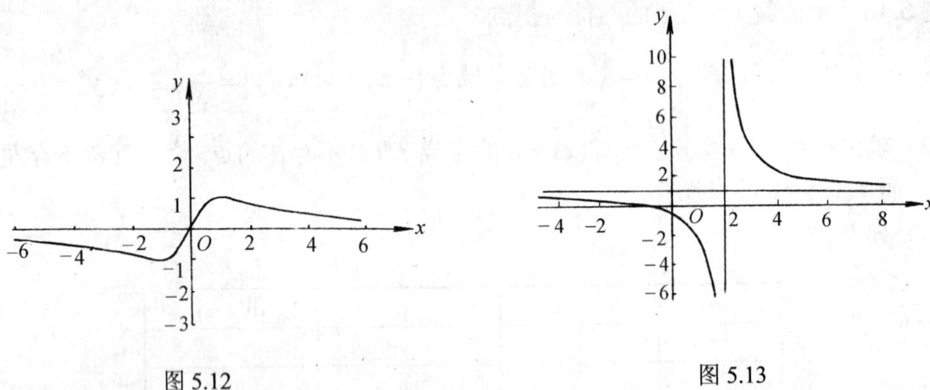

图 5.12　　　　图 5.13

（3）斜渐近线

定理 5.10 若函数$y=f(x)$满足$a=\lim\limits_{x\to\infty}\dfrac{f(x)}{x}$，且$b=\lim\limits_{x\to\infty}[f(x)-ax]$，则称曲线$y=f(x)$有斜渐近线$y=ax+b$。

证明从略。易知，当$a=0$时，得$y=b$，即$y=b$是曲线$y=f(x)$的水平渐近线。

例 5.21 求函数$f(x)=\dfrac{x^2}{1+x}$的渐近线。

解 由于$a=\lim\limits_{x\to\infty}\dfrac{f(x)}{x}=\lim\limits_{x\to\infty}\dfrac{x}{1+x}=1$，$b=\lim\limits_{x\to\infty}[f(x)-ax]=\lim\limits_{x\to\infty}\left(\dfrac{x^2}{1+x}-x\right)=\lim\limits_{x\to\infty}\dfrac{-x}{1+x}=-1$，所以曲线的渐近线为$y=x-1$。又当$x\to -1$时，有$\dfrac{x^2}{1+x}\to\infty$，所以$x=-1$是曲线的垂直渐近线，见图 5.14。

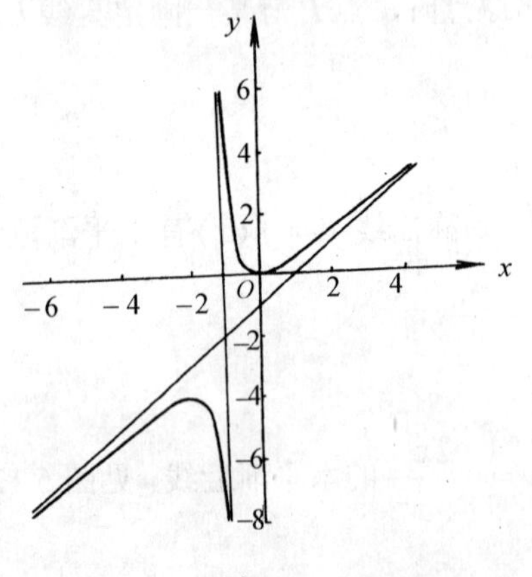

图 5.14

4．函数作图

逐点描迹法是函数作图的基本方法，但其局限性也是明显的，它往往不可能取很多的点，因为这样的运算量太大；不能方便地描出显示函数重要特性形态的点，也就不能确切反映函数曲线的全貌。现在通过对函数单调性、奇偶性、周期性、凸性、拐点、渐近线等函数性态的研究，就能有选择地描绘出反映函数变化特征的关键点，这样就可以将函数的图像较精确地描绘出来。函数作图一般包括下列步骤：

（1）确定函数的定义域及值域；

（2）考察函数的奇偶性与周期性；

（3）利用函数的一阶导数，求函数的单调区间与极值点；

（4）利用函数的二阶导数，求函数的下凸、上凸区间与拐点；

（5）考察函数的渐近线；

（6）适当再描出一些点，如曲线与坐标轴的交点等，列表，描绘函数的图像。

例 5.22 描绘函数 $y=\mathrm{e}^{-x^2}$ 的图像。

解 （1）函数的定义域是 $(-\infty,+\infty)$，值域是 $(0,1]$；

（2）函数是偶函数，关于 y 轴对称，所以只需讨论 $x\geqslant 0$ 的情形；

（3）$y'=-2x\mathrm{e}^{-x^2}$，$y''=2\mathrm{e}^{-x^2}(2x^2-1)$。令 $y'=0$，得 $x=0$，令 $y''=0$，得 $x=\dfrac{\sqrt{2}}{2}$；

（4）列表：

x	0	$\left(0,\dfrac{\sqrt{2}}{2}\right)$	$\dfrac{\sqrt{2}}{2}$	$\left(\dfrac{\sqrt{2}}{2},+\infty\right)$
y'	0	−	−	−
y''	−	−	0	+
y	极大值为 1	↘上凸	拐点 $\left(\dfrac{\sqrt{2}}{2},\dfrac{1}{\sqrt{\mathrm{e}}}\right)$	↘下凸

（5）当 $x\to\infty$ 时，有 $\mathrm{e}^{-x^2}\to 0$，所以 $y=0$ 是水平渐近线；

（6）当 $x=0$ 时，$y=1$，即曲线经过（0，1）；

根据上述讨论的结果，作出函数在 $(0,+\infty)$ 上的图形，再利用图形关于 y 轴的对称性，画出全部图形（图 5.15），这个曲线称为概率曲线。

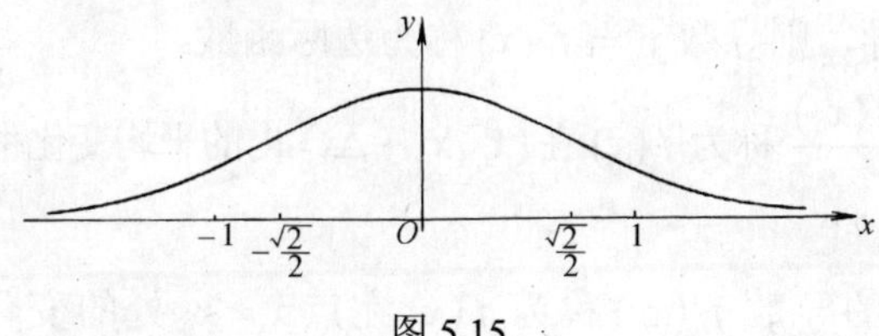

图 5.15

例 5.23 描绘函数 $y=\dfrac{2x-1}{(x-1)^2}$ 的图像。

解 （1）函数的定义域是 $(-\infty,1)\cup(1,+\infty)$，值域是 $[-1,+\infty)$；

（2）函数非奇非偶；

（3）$y'=\dfrac{-2x}{(x-1)^3}$，令 $y'=0$，得 $x=0$，当 $x=1$ 时，y' 不存在；

$y''=\dfrac{2(2x+1)}{(x-1)^4}$，令 $y''=0$，得 $x=-\dfrac{1}{2}$，当 $x=1$ 时，y'' 不存在；

（4）列表：

x	$\left(-\infty,-\dfrac{1}{2}\right)$	$-\dfrac{1}{2}$	$\left(-\dfrac{1}{2},0\right)$	0	(0,1)	(1,+∞)
y'	−	−	−	0	+	−
y''	−	0	+	+	+	+
y	↘上凸	拐点 $\left(-\dfrac{1}{2},-\dfrac{8}{9}\right)$	↘下凸	极小值为 −1	↗下凸	↘下凸

（5）当 $x\to 1$ 时，有 $\dfrac{2x-1}{(x-1)^2}\to\infty$，所以 $x=1$ 是垂直渐近线，当 $x\to\infty$ 时，有 $\dfrac{2x-1}{(x-1)^2}\to 0$，所以 $y=0$ 是水平渐近线；

（6）曲线经过点 $(0,-1)$，$(0.5,0)$。根据上述讨论的结果，描绘出函数的图形（图 5.16）。

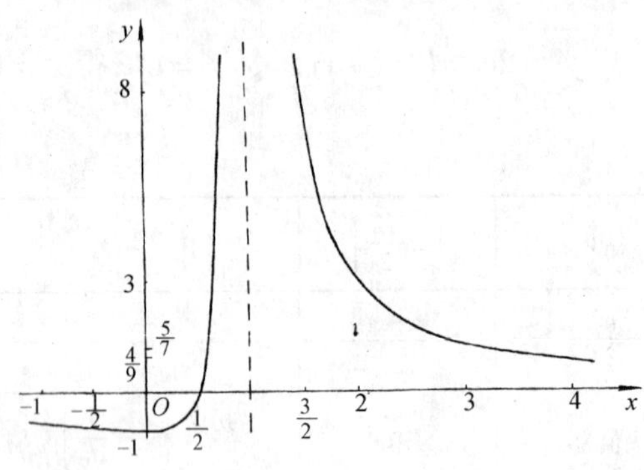

图 5.16

5.5 导数在经济中的应用

1．边际函数

设函数 $y=f(x)$ 可导，则导数 $y'=f'(x)$ 称为边际函数。

$\dfrac{\Delta y}{\Delta x}=\dfrac{f(x_0+\Delta x)-f(x_0)}{\Delta x}$ 称为 $f(x)$ 在 $(x_0,x_0+\Delta x)$ 内的平均变化率，它表示在 $(x_0,x_0+\Delta x)$ 内 $f(x)$ 的平均变化速度。

$f(x)$ 在点 $x=x_0$ 处的导数 $f'(x_0)$ 称为 $f(x)$ 在点 $x=x_0$ 处的变化率，也称为 $f(x)$ 在点 $x=x_0$ 处的边际函数值，它表示 $f(x)$ 在点 $x=x_0$ 处的变化速度。

在点 $x=x_0$ 处，x 从 x_0 改变一个单位，y 相应改变的值为 $\Delta y\Big|_{\substack{x=x_0\\ \Delta x=1}}$，但当 x 改变的单位很小，或 x 的一个单位与 x_0 值相比很小时，则有

$$\Delta y\Big|_{\substack{x=x_0\\ \Delta x=1}}\approx \mathrm{d}y\Big|_{\substack{x=x_0\\ \mathrm{d}x=1}}=f'(x)\mathrm{d}x\Big|_{\substack{x=x_0\\ \mathrm{d}x=1}}=f'(x_0)$$

当然 Δx 也可为负数，即 $\Delta x=-1$，标志着 x 从 x_0 减小一个单位。上式说明，$f(x)$ 在点 $x=x_0$ 处，当 x 产生一个单位的改变时，函数 y 近似地改变 $f'(x_0)$ 个单位。

2．成本函数

某产品的总成本是指生产一定数量的产品所需的全部经济资源投入（劳力、原料、设备等）的价格或费用总额，它由两部分组成，即固定成本与可变成本。

平均成本是指生产一定量的产品，平均每单位产品的成本。

边际成本是总成本的变化率。

设 C 为总成本，C_1 为固定成本，C_2 为可变成本，$\overline{C}$ 为平均成本，C' 为边际成本，Q 为产量，则有

总成本函数$C=C(Q)=C_1+C_2(Q)$；平均成本函数$\overline{C}=\overline{C}(Q)=\dfrac{C(Q)}{Q}=\dfrac{C_1}{Q}+\dfrac{C_2(Q)}{Q}$；边际成本函数$C'=C'(Q)$。

例 5.24 某工厂分批生产某产品，每批产量为Q吨，固定成本为 8 万元，总成本函数为$C(Q)=8+kQ^{\frac{3}{2}}$（k为待定系数，C的单位：万元），已知批量$Q=9$吨，总成本$C=62$万元，问批量为多少时，才能使每批产品的平均成本最低？

解 将$Q=9$，$C=62$代入总成本函数$C(Q)=8+kQ^{\frac{3}{2}}$，得$k=2$，因此总成本函数为

$$C(Q)=8+2Q^{\frac{3}{2}}$$

平均成本函数为$\overline{C}(Q)=\dfrac{8}{Q}+2Q^{\frac{1}{2}}$，求导数得，$\overline{C}'(Q)=-\dfrac{8}{Q^2}+Q^{-\frac{1}{2}}$，令$\overline{C}'(Q)=0$，得$Q=4$。

$$\overline{C}''(Q)=\frac{16}{Q^3}-\frac{1}{2}Q^{-\frac{3}{2}}，\overline{C}''(4)=\frac{16}{4^3}-\frac{1}{2}\times 4^{-\frac{3}{2}}=\frac{1}{4}-\frac{1}{16}=\frac{3}{16}>0$$

所以当$Q=4$时，$\overline{C}(4)=6$为最小值。即每批产量 4 吨时，平均成本每吨 6 万元为最低。

3．收入函数和利润函数

总收入是指生产者出售一定量产品所得的全部收入。

平均收入是指生产者出售一定量产品，平均每出售单位产品所得到的收入，即单位商品的售价。

边际收入为总收入的变化率。

总利润是总收入与总成本之差。边际利润是总利润的变化率。

设P为商品价格，Q为商品量，R为总收入，$\overline{R}$为平均收益，R'为边际收入，L为总利润，L'为边际利润，则有

需求函数 $P=P(Q)$；总收入函数 $R=R(Q)$；平均收入函数 $\overline{R}=\overline{R}(Q)$；

边际收入函数 $R'=R'(Q)$；总利润函数 $L=L(Q)$；边际利润函数 $L'=L'(Q)$。

需求与收入的关系有$R=R(Q)=Q\cdot P(Q)$，$\overline{R}=\overline{R}(Q)=\dfrac{Q\cdot P(Q)}{Q}=P(Q)$；

总利润函数为$L=L(Q)=R(Q)-C(Q)$；边际利润函数为$L'(Q)=R'(Q)-C'(Q)$。

下面讨论最大利润原则：

$L(Q)$取最大值的必要条件为$L'(Q)=0$，即$R'(Q)=C'(Q)$。也就是说，取得最大利润的必要条件为边际收入等于边际成本。

$L(Q)$取最大值的充分条件为$L''(Q)<0$，即$R''(Q)<C''(Q)$。也就是说，取得最大利润的充分条件为边际收入的变化率小于边际成本的变化率。

例 5.25 仪器厂生产的某种精密仪器，每年产量为Q台，产量与销量一致，总成本函数为$C(Q)=40+0.1Q^2$（C的单位：万元），该产品的需求函数为$Q=39.6-P$（P的单位：万元/台）。求：

（1）产量为多少时，平均成本最低？并求此时的平均成本。

（2）产量为多少时，总利润最大？并求此时的利润。

解 （1）总成本函数为 $C(Q)=40+0.1Q^2$，故平均成本函数为 $\bar{C}(Q)=\dfrac{40}{Q}+0.1Q$，

$\bar{C}'(Q)=-\dfrac{40}{Q^2}+0.1$，令 $\bar{C}'(Q)=0$，得 $Q=20$，因为 $\bar{C}''(Q)=\dfrac{80}{Q^3}$，且 $\bar{C}''(20)=\dfrac{80}{20^3}=0.01>0$，所以 $Q=20$ 时，$\bar{C}(20)=4$ 为最小值。即当年产量为 20 台时，平均成本最低，此时的平均成本为每台 4 万元。

（2）因需求函数为 $Q=39.6-P$，所以 $P(Q)=39.6-Q$。

总收入函数为 $R(Q)=Q\cdot P(Q)=Q(39.6-Q)=39.6Q-Q^2$

总利润函数为 $L(Q)=R(Q)-C(Q)=39.6Q-Q^2-40-0.1Q^2=39.6Q-1.1Q^2-40$

边际利润函数为 $L'(Q)=39.6-2.2Q$，令 $L'(Q)=0$，得 $Q=18$，且 $L''(Q)=-2.2$，$L''(18)=-2.2<0$，所以当 $Q=18$ 时，$L(18)=316.4$ 万元为最大值。即当产量为 18 时，总利润最大，最大利润为 316.4 万元。

5.6 本章小结

5.6.1 内容提要

1．基本概念

未定式，极值，极值点，驻点，最大值，最小值，下凸，上凸，拐点，渐近线，水平渐近线，垂直渐近线。

2．基本定理

罗尔中值定理，拉格朗日中值定理，柯西中值定理，洛必达法则，函数单调性的判定定理，极值的必要条件，极值的第一充分条件，极值的第二充分条件，曲线凸向的判定定理。

3．基本方法

用洛必达法则求未定式的极限的方法，函数的单调区间的求法，函数的极大值与极小值的求法，函数的最大值与最小值的求法，求实际问题的最大（或最小）值的方法，曲线的凸向及拐点的求法，曲线的渐近线的求法，一元函数图像的描绘方法。

5.6.2 疑点解析

问题 1 函数的极值点与驻点有何关系？

解析 极值点与驻点是两个不同的概念。从定义上看，极值点是函数在这一点处的函数值在该点的某个邻域内最大或最小的点；而驻点是一阶导数为零的点。因此，极值点可以是可导点，也可以是不可导点，而驻点一定是可导点。如果函数在极值点处可导，则该点一定是驻点。反之，不一定对，只有函数的一阶导数在驻点左、右两侧邻域内符号相反，则该驻点一定是极值点。由此可见，函数的极值点一定是驻点或不可导点，因此求函数的极值点时，只须求出全部的驻点和不可导点，再逐一考察它们是否为极值点即可。

问题 2 如何利用单调性来证明不等式？

解析 首先将不等式变为一个函数来考察；其次利用导数来判定这个函数的单调性；最后利用已知条件与单调性，可将函数变为不等式，即证明了不等式。

例 5.26 证明：当$x>0$时，$\ln(1+x)<\dfrac{x}{\sqrt{1+x}}$。

证 （1）将不等式变为一个函数来考察。设$f(x)=\dfrac{x}{\sqrt{1+x}}-\ln(1+x)$，则$f(x)$在$[0,+\infty)$上连续，且在$(0,+\infty)$内可导；

（2）利用导数来判定这个函数的单调性。当$x>0$时，有

$$f'(x)=\frac{1}{\sqrt{1+x}}-\frac{x}{2(1+x)\sqrt{1+x}}-\frac{1}{1+x}=\frac{2x+2-x-2\sqrt{1+x}}{2(1+x)\sqrt{1+x}}=\frac{(\sqrt{1+x}-1)^2}{2(1+x)\sqrt{1+x}}>0$$

所以$f(x)$在$[0,+\infty)$上单调增加的；

（3）利用已知条件与单调性，证明不等式。由于$x>0$，且$f'(x)>0$，所以$f(x)>f(0)=0$，即

$$\frac{x}{\sqrt{1+x}}-\ln(1+x)>0$$

所以当$x>0$时，有$\ln(1+x)<\dfrac{x}{\sqrt{1+x}}$。

注意：在本例的证明过程中，应用了单调递增函数最本质的属性：当$x_1>x_2$时，有$f(x_1)>f(x_2)$，因此，对一般的解析不等式，都可以利用导数作为工具，利用函数的单调性来证明。

习　题　5

1．对下列函数写出拉格朗日公式$\dfrac{f(b)-f(a)}{b-a}=f'(\xi)$，并求$\xi$：

（1）$f(x)=\sqrt{x}\,,x\in[1,4]$；（2）$f(x)=\ln x\,,x\in[1,2]$；（3）$f(x)=\arctan x\,,x\in[0,1]$。

2．证明恒等式：

（1）当$|x|\leqslant 1$时，$\arcsin x+\arccos x=\dfrac{\pi}{2}$；（2）$\arctan x+\operatorname{arccot} x=\dfrac{\pi}{2}$。

3．求下列极限：

（1）$\lim\limits_{x\to a}\dfrac{x^m-a^m}{x^n-a^n}$（$a\neq 0,m,n$为常数）；（2）$\lim\limits_{x\to 0}\dfrac{e^x-1}{xe^x+e^x-1}$；（3）$\lim\limits_{x\to\pi}\dfrac{\sin 3x}{\tan 5x}$；

（4）$\lim\limits_{x\to 0}\dfrac{\tan x-x}{x-\sin x}$；（5）$\lim\limits_{x\to\frac{\pi}{2}}\dfrac{\ln\sin x}{(\pi-2x)^2}$；（6）$\lim\limits_{x\to+\infty}\dfrac{(\ln x)^2}{x}$；

（7）$\lim\limits_{x\to+\infty}\dfrac{x^n}{e^{\lambda x}}$（$\lambda>0\,,n$为自然数）；（8）$\lim\limits_{x\to 1^-}\ln x\ln(1-x)$；（9）$\lim\limits_{x\to 1}(1-x)\tan\dfrac{\pi x}{2}$；

（10）$\lim\limits_{x\to 1}\left(\dfrac{x}{x-1}-\dfrac{1}{\ln x}\right)$；（11）$\lim\limits_{x\to 0}\left(\dfrac{1}{x}-\dfrac{1}{e^x-1}\right)$；（12）$\lim\limits_{x\to 0}\left(\dfrac{\sin x}{x}\right)^{\frac{1}{x}}$。

4．求下列函数的单调区间：

（1）$y=2x^3+3x^2-12x+1$；（2）$y=x+\sqrt{1-x}$；（3）$y=x-\ln(1+x)$；

（4）$y=e^x-x-1$；（5）$y=x^4-2x^2-5$；（6）$y=x\sqrt{2x-x^2}$。

5．利用单调性，证明下列不等式：

（1）当 $x>0$ 时，$\ln(1+x)>\dfrac{x}{1+x}$；　（2）当 $x>0$ 时，$\ln(1+x)>\dfrac{\arctan x}{1+x}$；

（3）当 $x>0$ 时，$\cos x>1-\dfrac{x^2}{2}$；　（4）当 $x>0$ 时，$\sin x>x-\dfrac{x^3}{6}$。

6．求下列函数的极值：

（1）$y=x+\sqrt{1-x}$；　（2）$y=-4x^4+2x^2$；　（3）$y=x^{\frac{1}{3}}(1-x)^{\frac{2}{3}}$；

（4）$y=(x+1)\mathrm{e}^{-x}$；　（5）$y=2\mathrm{e}^x+\mathrm{e}^{-x}$；　（6）$y=x^2\ln x$。

7．求下列函数在给定区间上的最大值与最小值：

（1）$y=2+x-x^2, x\in[0,5]$；　（2）$y=2x^3-3x^2, x\in[-1,4]$；

（3）$y=2^x, x\in[1,5]$；　（4）$y=\sqrt{5-4x},\ x\in[-1,1]$。

8．从面积为 S 的一切矩形中，求其周长最小者。

9．从周长为 $2c$ 的一切矩形中，求其面积最大者。

10．要造一个容积为 V 的圆柱形闭合油罐，问底半径 r 和高 h 等于多少时，能使表面积最小？这时底半径与高的比是多少？

11．从直径为 d 的圆形树干切出横截面积为矩形的梁，此矩形的底等于 b，高等于 h，若梁的强度与 bh^2 成正比，问梁的尺寸为多少时，其强度最大？

12．要选一个上端为半球形，下端为圆柱形的粮仓，其容积为 V，问当圆柱的高 h 和底半径 r 为何值时，粮仓的表面积最小？

13．求下列函数的凸向区间与拐点：

（1）$y=x^3-5x^2+3x-5$；　（2）$y=x^2\ln x$；　（3）$y=x+\dfrac{1}{x}$。

14．求下列曲线的渐近线：

（1）$y=\left(\dfrac{1+x}{1-x}\right)^4$；　（2）$y=\dfrac{1}{(x+2)^3}$；（3）$y=\mathrm{e}^{\frac{1}{x}}-1$。

15．作下列函数的图像：

（1）$y=(x+1)(x-2)^2$；（2）$y=3x-x^3$；（3）$y=\dfrac{1-x}{1+x}$。

16. 设多项式函数 $f(x)=a_nx^n+a_{n-1}x^{n-1}+\cdots+a_1x+a_0$ 恰有两个局部极大值和一个局部极小值。

（1）画出 $f(x)$ 的一个可能的图像；　（2）$f(x)$ 至少能有几个零点？

（3）$f(x)$ 最多能有几个零点？　（4）$f(x)$ 最多能有几个拐点？

（5）$f(x)$ 是奇次的还是偶次的？　（6）$f(x)$ 至少是几次的？

（7）求 $f(x)$ 的一个可能表达式。

17．某产品生产 x 单位的总成本 C 为 x 的函数：

$$C=C(x)=3000+\frac{1}{120}\cdot x^2\text{(万元)}$$

求产量为多少单位时，平均成本最低？并求此时的平均单位成本和总成本。

18．某厂每批生产某种商品 x 单位的费用为 $C(x)=5x+200$（元），得到的收入是 $R(x)=10x-0.01x^2$（元），问每批应生产多少单位时才能使利润最大？

第6章 不定积分

微分和积分是高等数学中的两大基本运算。微分学的基本问题是：已知一个函数，求它的导数。但是，在许多实际问题中往往会遇到与此相反的问题：已知一个函数的导数，求原来的函数。由此就产生了积分学，积分学包括不定积分和定积分两部分。本章介绍不定积分的概念、性质及基本积分方法，下一章介绍定积分。不定积分在理论上是十分简明的，在实际运用上有一定的难度，因为它对方法的熟练运用和解题经验都有较高的要求。为此，必须多做一些不定积分的题目，才能熟练掌握不定积分的方法。

6.1 不定积分的概念及性质

6.1.1 不定积分的概念

1. 原函数的概念

在物理学中，质点沿直线运动时，要根据实际问题的要求分为两个方面来讨论：一方面是已知路程函数 $s=s(t)$，求质点运动的速度 $v=v(t)$，这个问题已在微分学中解决了，$v=s'(t)$；另一方面是已知质点做直线运动的速度 $v=v(t)$，求路程函数 $s=s(t)$，这个相反的问题，从数学的观点来看，它的实质是：已知函数 $v=v(t)$，求一个函数 $s=s(t)$ 使得 $s'(t)=v(t)$。类似这类问题，在数学上就抽象出了原函数的概念。

定义 6.1 设函数 $y=f(x)$ 在某区间上有定义，若存在函数 $F(x)$，使得在该区间任一点处，均有

$$F'(x)=f(x) \text{ 或 } \mathrm{d}F(x)=f(x)\mathrm{d}x$$

则称 $F(x)$ 为 $f(x)$ 在该区间上的一个原函数。

例如，因为在区间 $(-\infty,+\infty)$ 上 $\left(x^4\right)'=4x^3$，所以 x^4 是 $4x^3$ 在 $(-\infty,+\infty)$ 上的一个原函数，但不是唯一的；又因为 $\left(x^4+1\right)'=4x^3$，$\left(x^4-6\right)'=4x^3$，$\left(x^4+C\right)'=4x^3$（C 为任意常数），所以 $4x^3$ 的原函数不是唯一的。

关于原函数的问题，还要说明两点：

（1）原函数的存在问题：如果 $f(x)$ 在某区间上连续，那么它的原函数一定存在（将在下一章加以说明）。

（2）原函数的一般表达式：如果 $f(x)$ 存在原函数，就不是唯一的，那么这些原函数之间有什么关系？能否写成统一的表达式呢？对此，有如下结论。

定理 6.1 若 $F(x)$ 是 $f(x)$ 的一个原函数，则 $F(x)+C$ 是 $f(x)$ 的全部原函数，其中 C 为任意常数。

证 由于 $F'(x)=f(x)$，又 $(F(x)+C)'=F'(x)=f(x)$，所以 $F(x)+C$ 中的每一个函数都是 $f(x)$ 的原函数。

设 $G(x)$ 是 $f(x)$ 任一个原函数，即 $G'(x)=f(x)$。因为

$$[G(x)-F(x)]'=G'(x)-F'(x)=f(x)-f(x)=0$$

所以$G(x)-F(x)=C$（C为任意常数）或者$G(x)=F(x)+C$，这就是说$f(x)$任一个原函数$G(x)$均可表示成$F(x)+C$形式。这样就证明了$F(x)+C$是$f(x)$的全部原函数。

2. 不定积分的概念

定义 6.2 若$F(x)$是$f(x)$在某区间上的一个原函数，则$f(x)$的全部原函数$F(x)+C$（C为任意常数）称为$f(x)$在该区间上的不定积分，记为$\int f(x)\mathrm{d}x$，即

$$\int f(x)\mathrm{d}x=F(x)+C$$

其中符号$\int$称为积分号，$f(x)$称为被积函数，$f(x)\mathrm{d}x$称为被积表达式，x称为积分变量，C称为积分常数。

由定义 6.2 可知，求不定积分就是求被积函数$f(x)$的原函数。

例 6.1 求下列各式的不定积分

（1）$\int x^2\mathrm{d}x$；（2）$\int \sin x\mathrm{d}x$；（3）$\int \mathrm{e}^x\mathrm{d}x$；（4）$\int \frac{\mathrm{d}x}{1+x^2}$。

解 根据不定积分的定义，只要求出被积函数一个原函数之后，再加一个积分常数即可。

（1）因为$\left(\frac{1}{3}x^3\right)'=x^2$，所以$\int x^2\mathrm{d}x=\frac{1}{3}x^3+C$；

（2）因为$(-\cos x)'=\sin x$，所以$\int \sin x\mathrm{d}x=-\cos x+C$；

（3）因为$(\mathrm{e}^x)'=\mathrm{e}^x$，所以$\int \mathrm{e}^x\mathrm{d}x=\mathrm{e}^x+C$；

（4）因为$(\arctan x)'=\frac{1}{1+x^2}$，所以$\int \frac{1}{1+x^2}\mathrm{d}x=\arctan x+C$。

例 6.2 证明 $\int \frac{1}{x}\mathrm{d}x=\ln|x|+C$。

证 被积函数$\frac{1}{x}$的定义域为$x\neq 0$。

（1）当$x>0$时，因为$(\ln x)'=\frac{1}{x}$，所以$\int \frac{1}{x}\mathrm{d}x=\ln x+C$；

（2）当$x<0$时，因为$[\ln(-x)]'=-\frac{1}{x}\cdot(-1)=\frac{1}{x}$，所以$\int \frac{1}{x}\mathrm{d}x=\ln(-x)+C$。

综合（1），（2）两种情况，所以，当$x\neq 0$时，得$\int \frac{1}{x}\mathrm{d}x=\ln|x|+C$。

注意：求不定积分时，不要忘记在一个原函数后面再加任意常数C，否则求出的只是一个原函数，而不是不定积分。通常把求不定积分的方法称为积分法。

不定积分的几何意义是：设$F(x)$是$f(x)$的一个原函数，$F(x)$的图形称为$f(x)$的一条积分曲线，其方程为$y=F(x)$。因此，不定积分$\int f(x)\mathrm{d}x$在几何上就表示$f(x)$的全体积分曲线，称它为积分曲线族。积分曲线族的方程为$y=F(x)+C$。

例 6.3 求过点（1, 0）斜率为 $2x$ 的曲线方程。

解 设所求曲线方程为 $y=f(x)$，则由题意得 $f'(x)=2x$，所以要求的曲线方程为 $y=\int 2x\mathrm{d}x=x^2+C$，又因为曲线过点（1, 0），所以把点（1, 0）代入曲线方程，得 $C=-1$，于是所求曲线方程为 $y=x^2-1$。

由不定积分的定义可知，积分运算与微分运算之间有如下的互逆关系：

（1）$[\int f(x)\mathrm{d}x]'=f(x)$ 或 $\mathrm{d}[\int f(x)\mathrm{d}x]=f(x)\mathrm{d}x$；

此式表明，先求积分再求导数（或求微分），两种运算的作用相互抵消。

（2）$\int F'(x)\mathrm{d}x=F(x)+C$ 或 $\int \mathrm{d}F(x)=F(x)+C$。

此式表明，先求导数（或求微分）再求积分，两种运算的作用相互抵消后还留有积分常数 C。对于这两个式子，要记准，要熟练运用。

6.1.2 基本积分公式

由于求不定积分是求导数的逆运算，所以由导数公式可以相应地得出下列积分公式：

（1）$\int k\mathrm{d}x=kx+C$（k 为常数）；

（2）$\int x^\mu \mathrm{d}x=\dfrac{x^{\mu+1}}{\mu+1}+C \quad (\mu\neq -1)$；

（3）$\int \dfrac{1}{x}\mathrm{d}x=\ln|x|+C$；

（4）$\int \mathrm{e}^x\mathrm{d}x=\mathrm{e}^x+C$；

（5）$\int a^x\mathrm{d}x=\dfrac{a^x}{\ln a}+C$；

（6）$\int \cos x\mathrm{d}x=\sin x+C$；

（7）$\int \sin x\mathrm{d}x=-\cos x+C$；

（8）$\int \dfrac{1}{\cos^2 x}\mathrm{d}x=\int \sec^2 x\mathrm{d}x=\tan x+C$；

（9）$\int \dfrac{1}{\sin^2 x}\mathrm{d}x=\int \csc^2 x\mathrm{d}x=-\cot x+C$；

（10）$\int \sec x\tan x\mathrm{d}x=\sec x+C$；

（11）$\int \csc x\cot x\mathrm{d}x=-\csc x+C$；

（12）$\int \dfrac{\mathrm{d}x}{\sqrt{1-x^2}}=\arcsin x+C$；

（13）$\int \dfrac{\mathrm{d}x}{1+x^2}=\arctan x+C$。

以上 13 个公式是积分法的基础，必须熟记，不仅要记住等式右端的结果，还要熟悉左端被积函数的形式。

6.1.3 不定积分的性质

性质 6.1 积分对于函数的可加性，即

$$\int[f(x)+g(x)]\mathrm{d}x=\int f(x)\mathrm{d}x+\int g(x)\mathrm{d}x$$

可推广到有限个函数代数和的情况，即

$$\int[f_1(x)\pm f_2(x)\pm\cdots\pm f_n(x)]\mathrm{d}x=\int f_1(x)\mathrm{d}x\pm\int f_2(x)\mathrm{d}x\pm\cdots\pm\int f_n(x)\mathrm{d}x$$

性质 6.2 积分对于函数的齐次性，即

$$\int kf(x)\mathrm{d}x=k\int f(x)\mathrm{d}x \quad (k\neq 0)$$

利用不定积分的性质和基本积分公式，就可以求一些简单函数的不定积分。

例 6.4 求下列各式的不定积分。

（1）$\int\frac{1}{x^2}\mathrm{d}x$；(2) $\int\frac{1}{\sqrt{x}}\mathrm{d}x$； (3) $\int 2^x\mathrm{e}^x\mathrm{d}x$。

解（1）$\int\frac{1}{x^2}\mathrm{d}x=\int x^{-2}\mathrm{d}x=\frac{x^{-2+1}}{-2+1}+C=-\frac{1}{x}+C$；

（2）$\int\frac{1}{\sqrt{x}}\mathrm{d}x=\int x^{-\frac{1}{2}}\mathrm{d}x=\frac{x^{-\frac{1}{2}+1}}{-\frac{1}{2}+1}+C=2\sqrt{x}+C$；

（3）$\int 2^x\mathrm{e}^x\mathrm{d}x=\int(2\mathrm{e})^x\mathrm{d}x=\frac{(2\mathrm{e})^x}{\ln(2\mathrm{e})}+C=\frac{2^x\mathrm{e}^x}{1+\ln 2}+C$。

例 6.5 求 $\int(2\sin x-\frac{3}{x}+\sqrt[3]{x})\mathrm{d}x$。

解 由不定积分的性质可得

$$\int(2\sin x-\frac{3}{x}+\sqrt[3]{x})\mathrm{d}x=\int 2\sin x\mathrm{d}x-\int\frac{3}{x}\mathrm{d}x+\int\sqrt[3]{x}\mathrm{d}x=2\int\sin x\mathrm{d}x-3\int\frac{1}{x}\mathrm{d}x+\int x^{\frac{1}{3}}\mathrm{d}x$$

$$=-2\cos x-3\ln|x|+\frac{x^{\frac{1}{3}+1}}{\frac{1}{3}+1}+C=-2\cos x-3\ln|x|+\frac{3}{4}x^{\frac{4}{3}}+C$$

例 6.6 求 $\int\frac{(x-1)^2}{x^2}\mathrm{d}x$。

解 显然必须先对被积函数化简后，才能利用不定积分的性质，有

$$\int\frac{(x-1)^2}{x^2}\mathrm{d}x=\int\frac{x^2-2x+1}{x^2}\mathrm{d}x=\int\left(1-\frac{2}{x}+\frac{1}{x^2}\right)\mathrm{d}x=x-2\ln|x|-\frac{1}{x}+C$$

例 6.7 求 $\int\left(1-\sqrt{x}\right)\left(\frac{1}{\sqrt{x}}+x\right)\mathrm{d}x$。

解 先要把被积函数化为幂函数代数和的形式，再利用不定积分的性质，得

$$\int\left(1-\sqrt{x}\right)\left(\frac{1}{\sqrt{x}}+x\right)\mathrm{d}x=\int\left(\frac{1}{\sqrt{x}}-1+x-x\sqrt{x}\right)\mathrm{d}x=\int\left(x^{-\frac{1}{2}}-1+x-x^{\frac{3}{2}}\right)\mathrm{d}x$$

$$=2\sqrt{x}-x+\frac{1}{2}x^2-\frac{2}{5}x^2\sqrt{x}+C$$

例 6.8 求 $\int\frac{1+x+x^2}{x(1+x^2)}\mathrm{d}x$。

解 被积函数是分式，一般先把被积函数化为几个基本分式之和，再利用不定积分的性质，有

$$\int\frac{1+x+x^2}{x(1+x^2)}\mathrm{d}x=\int\frac{x+(1+x^2)}{x(1+x^2)}\mathrm{d}x=\int\left(\frac{1}{1+x^2}+\frac{1}{x}\right)\mathrm{d}x=\arctan x+\ln|x|+C$$

例 6.9 求 $\int\tan^2 x\mathrm{d}x$。

解　当被积函数含三角函数时，可先进行三角函数变换，把被积函数化为基本积分表中有的形式再积分，得

$$\int \tan^2 x\mathrm{d}x = \int (\sec^2 x - 1)\mathrm{d}x = \int \sec^2 x\mathrm{d}x - \int \mathrm{d}x = \tan x - x + C$$

例 6.10　求 $\int \frac{1-\cos^2 x}{\sin^2 \frac{x}{2}}\mathrm{d}x$。

解　先用倍角公式把 $\sin^2 \frac{x}{2}$ 化为 $\frac{1}{2}(1-\cos x)$，然后利用不定积分的性质，有

$$\int \frac{1-\cos^2 x}{\sin^2 \frac{x}{2}}\mathrm{d}x = \int \frac{1-\cos^2 x}{\frac{1}{2}(1-\cos x)}\mathrm{d}x = 2\int (1+\cos x)\mathrm{d}x = 2(x+\sin x)+C$$

例 6.11　求 $\int \frac{\mathrm{d}x}{\sin^2 x\cos^2 x}$。

解　把被积函数变形 $\frac{1}{\sin^2 x\cos^2 x} = \frac{\sin^2 x+\cos^2 x}{\sin^2 x\cos^2 x} = \frac{1}{\cos^2 x}+\frac{1}{\sin^2 x}$，再利用不定积分的性质，得

$$\int \frac{\mathrm{d}x}{\sin^2 x\cos^2 x} = \int (\frac{1}{\cos^2 x}+\frac{1}{\sin^2 x})\mathrm{d}x = \int \sec^2 x\mathrm{d}x + \int \csc^2 x\mathrm{d}x = \tan x - \cot x + C$$

6.2　不定积分的积分方法

不定积分的积分方法有很多,下面我们介绍几种基本的积分方法。

6.2.1　第一换元积分法（或称凑微分法）

先分析一个例子，求 $\int \sin 5x\mathrm{d}x$，显然被积函数 $\sin 5x$ 是复合函数，在基本积分表中是找不到的，积分表中只有 $\int \sin x\mathrm{d}x = -\cos x + C$，将被积分式改写如下

$$\int \sin 5x\mathrm{d}x = \frac{1}{5}\int \sin 5x\mathrm{d}(5x)$$

令 $u = 5x$，则上式变为

$$\int \sin 5x\mathrm{d}x = \frac{1}{5}\int \sin 5x\mathrm{d}(5x) = \frac{1}{5}\int \sin u\mathrm{d}u = -\frac{1}{5}\cos u + C = -\frac{1}{5}\cos 5x + C$$

直接验证得知，上述结果是正确的。

上述解法的特点是引入新变量 $u=\varphi(x)$，从而把原积分化为关于 u 的一个简单的积分，再利用基本积分公式求解，现在的问题是，在公式

$$\int \sin x\mathrm{d}x = -\cos x + C$$

中，将 x 换成了 $u=\varphi(x)$，对应得到的公式

$$\int \sin u\mathrm{d}u = -\cos u + C$$

是否还成立？回答是肯定的，我们就得到如下的定理。

定理 6.2　（第一换元积分法）如果 $\int f(x)\mathrm{d}x = F(x)+C$，则

$$\int f(u)\mathrm{d}u = F(u) + C$$

其中 $u=\varphi(x)$ 是关于 x 的一个可微函数。

证 因为 $\int f(x)\mathrm{d}x = F(x) + C$，所以 $\mathrm{d}F(x) = f(x)\mathrm{d}x$，根据微分形式不变性，则有

$$\mathrm{d}F(u) = f(u)\mathrm{d}u\text{，}u=\varphi(x)\text{ 是关于 }x\text{ 的一个可微函数}$$

由此得

$$\int f(u)\mathrm{d}u = \int \mathrm{d}F(u) = F(u) + C$$

这个定理很重要，它表明：在基本积分公式中，自变量 x 换成任一个可微函数 $u=\varphi(x)$ 后公式仍成立。这就大大扩充了基本积分公式的使用范围，运用这一结论，可写出其方法的一般的计算步骤如下：

（1）先凑微分，即 $\int f[\varphi(x)]\varphi'(x)\mathrm{d}x \xlongequal{\text{凑微分}} \int f[\varphi(x)]\mathrm{d}(\varphi(x))$；

（2）再做变量代换后积分，令 $u=\varphi(x)$，即

$$\int f[\varphi(x)]\mathrm{d}(\varphi(x)) \xlongequal{\text{令}u=\varphi(x)} \int f(u)\mathrm{d}u = F(u) + C\text{；}$$

（3）最后回代，即 $\int f(u)\mathrm{d}u = F(u) + C \xlongequal{\text{回代}} F[\varphi(x)] + C$。

这种先“凑”微分式，再做变量代换的积分方法，称为第一换元积分法，也称凑微分法。

例 6.12 求 $\int \sin^2 x\cos x\mathrm{d}x$。

解 设 $u=\sin x$，得 $\mathrm{d}u=\cos x\mathrm{d}x$，利用凑微分的三步法，于是

$$\int \sin^2 x\cos x\mathrm{d}x = \int \sin^2 x\mathrm{d}(\sin x) = \int u^2\mathrm{d}u = \frac{1}{3}u^3 + C = \frac{1}{3}\sin^3 x + C$$

此方法使用比较熟练后，可略去中间的换元步骤，直接用凑微分法“凑”成基本积分公式的形式，即可求得不定积分。

例 6.13 求 $\int \mathrm{e}^{3x}\mathrm{d}x$。

解 $\int \mathrm{e}^{3x}\mathrm{d}x = \frac{1}{3}\int \mathrm{e}^{3x}\mathrm{d}(3x) = \frac{1}{3}\mathrm{e}^{3x} + C$

例 6.14 求 $\int \frac{\mathrm{d}x}{x(2+3\ln x)}$。

解 $\int \frac{\mathrm{d}x}{x(2+3\ln x)} = \int \frac{1}{(2+3\ln x)}\left(\frac{\mathrm{d}x}{x}\right) = \int \frac{\mathrm{d}(\ln x)}{2+3\ln x} = \frac{1}{3}\int \frac{\mathrm{d}(2+3\ln x)}{2+3\ln x} = \frac{1}{3}\ln|2+3\ln x| + C$

例 6.15 求 $\int \frac{\sin\sqrt{x}}{\sqrt{x}}\mathrm{d}x$。

解 $\int \frac{\sin\sqrt{x}}{\sqrt{x}}\mathrm{d}x = 2\int \sin\sqrt{x}\mathrm{d}(\sqrt{x}) = -2\cos\sqrt{x} + C$

凑微分法运用的难点在于原题并未指明应该把哪一部分凑成微分式，即 $\mathrm{d}(\varphi(x))$，这需要有一定的解题经验，如果熟记下列一些微分式，解题中会带来方便。

$\mathrm{d}x=\dfrac{1}{a}\mathrm{d}(ax+b)$； $x\mathrm{d}x=\dfrac{1}{2}\mathrm{d}(x^2)$； $\dfrac{1}{\sqrt{x}}\mathrm{d}x=2\mathrm{d}(\sqrt{x})$；

$\mathrm{e}^x\mathrm{d}x=\mathrm{d}(\mathrm{e}^x)$； $\mathrm{e}^{ax}\mathrm{d}x=\dfrac{1}{a}\mathrm{d}(\mathrm{e}^{ax})$； $\dfrac{1}{x}\mathrm{d}x=\mathrm{d}(\ln x)$；

$\sin x\mathrm{d}x=-\mathrm{d}(\cos x)$； $\cos x\mathrm{d}x=\mathrm{d}(\sin x)$； $\sec^2 x\mathrm{d}x=\mathrm{d}(\tan x)$；

$\csc^2 x\mathrm{d}x=-\mathrm{d}(\cot x)$； $\dfrac{1}{\sqrt{1-x^2}}\mathrm{d}x=\mathrm{d}(\arcsin x)$； $\dfrac{1}{1+x^2}\mathrm{d}x=\mathrm{d}(\arctan x)$。

例 6.16 求下列不定积分：

（1）$\displaystyle\int\frac{\mathrm{d}x}{\sqrt{a^2-x^2}}\ (a>0)$； （2）$\displaystyle\int\frac{\mathrm{d}x}{a^2+x^2}\ (a>0)$； （3）$\displaystyle\int\tan x\mathrm{d}x$；

（4）$\displaystyle\int\cot x\mathrm{d}x$； （5）$\displaystyle\int\sec x\mathrm{d}x$； （6）$\displaystyle\int\csc x\mathrm{d}x$。

解 （1）$\displaystyle\int\frac{\mathrm{d}x}{\sqrt{a^2-x^2}}=\frac{1}{a}\int\frac{\mathrm{d}x}{\sqrt{1-\left(\frac{x}{a}\right)^2}}=\frac{1}{a}\cdot a\int\frac{1}{\sqrt{1-\left(\frac{x}{a}\right)^2}}\mathrm{d}\left(\frac{x}{a}\right)=\arcsin\frac{x}{a}+C$；

（2）$\displaystyle\int\frac{\mathrm{d}x}{a^2+x^2}=\frac{1}{a^2}\int\frac{\mathrm{d}x}{1+\left(\frac{x}{a}\right)^2}=\frac{1}{a^2}\cdot a\int\frac{1}{1+\left(\frac{x}{a}\right)^2}\mathrm{d}\left(\frac{x}{a}\right)=\frac{1}{a}\arctan\frac{x}{a}+C$；

（3）$\displaystyle\int\tan x\mathrm{d}x=\int\frac{\sin x}{\cos x}\mathrm{d}x=-\int\frac{\mathrm{d}(\cos x)}{\cos x}=-\ln|\cos x|+C$；

对于（4）同理 可得，$\displaystyle\int\cot x\mathrm{d}x=\ln|\sin x|+C$；

（5）$$\int\sec x\mathrm{d}x=\int\frac{\sec x(\sec x+\tan x)}{\sec x+\tan x}\mathrm{d}x=\int\frac{\sec^2 x+\sec x\tan x}{\sec x+\tan x}\mathrm{d}x$$

$$=\int\frac{1}{\sec x+\tan x}\mathrm{d}(\sec x+\tan x)=\ln|\sec x+\tan x|+C；$$

对于（6）同理 可得，$\displaystyle\int\csc x\mathrm{d}x=\ln|\csc x-\cot x|+C$。

例 6.16 的六个不定积分今后经常用到，可以作为公式使用。

例 6.17 求下列不定积分：

（1）$\displaystyle\int\frac{\mathrm{d}x}{x^2-a^2}\ (a>0)$； （2）$\displaystyle\int\frac{5-x}{\sqrt{9-4x^2}}\mathrm{d}x$； （3）$\displaystyle\int\cos^2 x\mathrm{d}x$；

（4）$\displaystyle\int\frac{1}{1+\cos x}\mathrm{d}x$； （5）$\displaystyle\int\frac{6-\ln x}{x}\mathrm{d}x$； （6）$\displaystyle\int\sin^3 x\cos^2 x\mathrm{d}x$。

解 在做不定积分前，经常需要先用代数运算或三角变换对被积函数进行适当变形，这是求任意一个不定积分首先应该考虑到的。

（1）$$\int\frac{\mathrm{d}x}{x^2-a^2}=\frac{1}{2a}\int\left(\frac{1}{x-a}-\frac{1}{x+a}\right)\mathrm{d}x=\frac{1}{2a}\left(\int\frac{\mathrm{d}(x-a)}{x-a}-\int\frac{\mathrm{d}(x+a)}{x+a}\right)$$

$$=\frac{1}{2a}\left(\ln|x-a|-\ln|x+a|\right)+C=\frac{1}{2a}\ln\left|\frac{x-a}{x+a}\right|+C$$

(2) $\int\frac{5-x}{\sqrt{9-4x^2}}\mathrm{d}x=5\int\frac{1}{\sqrt{9-4x^2}}\mathrm{d}x-\int\frac{x}{\sqrt{9-4x^2}}\mathrm{d}x=\frac{5}{2}\int\frac{1}{\sqrt{1-\left(\frac{2x}{3}\right)^2}}\mathrm{d}\left(\frac{2x}{3}\right)$

$$-\int\frac{-\frac{1}{8}}{\sqrt{9-4x^2}}\mathrm{d}(9-4x^2)=\frac{5}{2}\arcsin\left(\frac{2x}{3}\right)+\frac{1}{4}\sqrt{9-4x^2}+C$$

(3) $\int\cos^2 x\mathrm{d}x=\int\frac{1+\cos 2x}{2}\mathrm{d}x=\frac{1}{2}\int\mathrm{d}x+\frac{1}{2}\int\cos 2x\mathrm{d}x$

$$=\frac{1}{2}x+\frac{1}{4}\int\cos 2x\mathrm{d}(2x)=\frac{1}{2}x+\frac{1}{4}\sin 2x+C$$

(4) $\int\frac{1}{1+\cos x}\mathrm{d}x=\int\frac{1}{2\cos^2\left(\frac{x}{2}\right)}\mathrm{d}x=\int\frac{1}{\cos^2\left(\frac{x}{2}\right)}\mathrm{d}\left(\frac{x}{2}\right)=\tan\left(\frac{x}{2}\right)+C$

(5) $\int\frac{6-\ln x}{x}\mathrm{d}x=\int\frac{6}{x}\mathrm{d}x-\int\frac{\ln x}{x}\mathrm{d}x=6\ln|x|-\int\ln x\mathrm{d}(\ln x)=6\ln|x|-\frac{1}{2}\ln^2 x+C$

(6) $\int\sin^3 x\cos^2 x\mathrm{d}x=\int\sin^2 x\cos^2 x\sin x\mathrm{d}x=-\int\sin^2 x\cos^2 x\mathrm{d}(\cos x)$

$$=-\int(\cos^2 x-\cos^4 x)\,\mathrm{d}(\cos x)=-\frac{1}{3}\cos^3 x+\frac{1}{5}\cos^5 x+C$$

例 6.18 求 $\int\sin 3x\cos 2x\mathrm{d}x$。

解 被积函数为不同角正弦与余弦的乘积形式，一般先用三角公式积化和差，然后再积分

$$\int\sin 3x\cos 2x\mathrm{d}x=\frac{1}{2}\int(\sin 5x+\sin x)\mathrm{d}x=\frac{1}{2}\left(\frac{1}{5}\int\sin 5x\mathrm{d}(5x)+\int\sin x\mathrm{d}x\right)$$

$$=-\frac{1}{10}\cos 5x-\frac{1}{2}\cos x+C$$

例 6.19 求 $\int\frac{1}{1+\mathrm{e}^x}\mathrm{d}x$。

解一 $\int\frac{1}{1+\mathrm{e}^x}\mathrm{d}x=\int\frac{1+\mathrm{e}^x-\mathrm{e}^x}{1+\mathrm{e}^x}\mathrm{d}x=\int\left(1-\frac{\mathrm{e}^x}{1+\mathrm{e}^x}\right)\mathrm{d}x$

$$=\int\mathrm{d}x-\int\frac{1}{1+\mathrm{e}^x}\mathrm{d}(1+\mathrm{e}^x)=x-\ln(1+\mathrm{e}^x)+C$$

解二 $\int\frac{1}{1+\mathrm{e}^x}\mathrm{d}x=\int\frac{1}{\mathrm{e}^x(\mathrm{e}^{-x}+1)}\mathrm{d}x=\int\frac{\mathrm{e}^{-x}}{(\mathrm{e}^{-x}+1)}\mathrm{d}x$

$$=\int\frac{-1}{(\mathrm{e}^{-x}+1)}\mathrm{d}(\mathrm{e}^{-x}+1)=-\ln(\mathrm{e}^{-x}+1)+C$$

在例 6.19 中说明，选用不同的积分方法，可能得出不同形式的积分结果。

6.2.2 第二换元积分法

第一换元积分法是先凑微分，后换元积分。但是，有些被积函数必须先换元后积分。

例 6.20 求 $\int\frac{dx}{1+\sqrt{x}}$。

解 因为被积函数含根号，不容易凑微分，可以想办法去掉根号，先换元，令 $\sqrt{x}=t$，则 $x=t^2$，$dx=2tdt$，于是

$$\int\frac{dx}{1+\sqrt{x}}=\int\frac{1}{1+t}2tdt=2\int\frac{(t+1)-1}{1+t}dt=2\int\left(1-\frac{1}{1+t}\right)dt$$
$$=2\left(t-\ln|t+1|\right)+C=2\left(\sqrt{x}-\ln\left(\sqrt{x}+1\right)\right)+C$$

对于一般的函数而言，先换元后积分的具体计算步骤如下：

（1）先换元，令 $x=\varphi(t)$，即 $\int f(x)dx \xlongequal{x=\varphi(t)} \int f[\varphi(t)]\varphi'(t)dt$；

（2）再积分，即 $\int f[\varphi(t)]\varphi'(t)dt \xlongequal{\text{积分}} F(t)+C$；

（3）最后回代，$t=\varphi^{-1}(x)$，即 $F(t)+C \xlongequal[\text{回代}]{t=\varphi^{-1}(x)} F[\varphi^{-1}(x)]+C$。

由以上三步组成的方法称为第二换元积分法。

运用第二换元积分法的关键是选择合适的变换函数 $x=\varphi(t)$。对于 $x=\varphi(t)$，要求单调可微，且 $\varphi'(t)\neq 0$，其中 $t=\varphi^{-1}(x)$ 是 $x=\varphi(t)$ 的反函数。

下面再举例来加以说明。

例 6.21 求 $\int\frac{x+1}{\sqrt[3]{3x+1}}dx$。

解 为了消去被积函数的根号，令 $t=\sqrt[3]{3x+1}$，即 $x=\frac{t^3-1}{3}$，则 $dx=t^2dx$，代入后，得

$$\int\frac{x+1}{\sqrt[3]{3x+1}}dx=\frac{1}{3}\int(t^4+2t)dt=\frac{t^5}{15}+\frac{t^2}{3}+C=\frac{1}{15}\sqrt[3]{(3x+1)^5}+\frac{1}{3}\sqrt[3]{(3x+1)^2}+C$$
$$=\frac{1}{5}\sqrt[3]{(3x+1)^2}\cdot(x+2)+C$$

例 6.22 求 $\int\frac{dx}{\sqrt{x}+\sqrt[3]{x}}$。

解 被积函数含 $\sqrt{x}$，$\sqrt[3]{x}$，为了去掉根号，令 $t=\sqrt[6]{x}$，即 $x=t^6$，则 $dx=6t^5dt$，于是

$$\int\frac{dx}{\sqrt{x}+\sqrt[3]{x}}=\int\frac{6t^5dt}{t^3+t^2}=6\int\frac{t^3}{t+1}dt=6\int\frac{t^3+1-1}{t+1}dt=6\int\left((t^2-t+1)-\frac{1}{t+1}\right)dt$$
$$=2t^3-3t^2+6t-6\ln|t+1|+C=2\sqrt{x}-3\sqrt[3]{x}+6\sqrt[6]{x}-6\ln(\sqrt[6]{x}+1)+C$$

由以上例子可以看出：被积函数中含有被开方因式为一次式的根式 $\sqrt[m]{ax+b}$ 时，令 $\sqrt[m]{ax+b}=t$，可以消去根号，从而求得积分。下面讨论被积函数中含有被开方因式为二次式的根式的情况。

例 6.23 求 $\int\sqrt{a^2-x^2}dx$ ($a>0$)。

解 被积函数中含有被开方因式为二次式的根式，如果像例 6.21 或例 6.22 那样，令 $t=\sqrt{a^2-x^2}$，则一般不能消去根号。为了消去根号，此时我们联想到用三角恒等式 $\sin^2 t+\cos^2 t=1$，因此，做三角变换，令 $x=a\sin t\left(-\frac{\pi}{2}\leqslant t\leqslant\frac{\pi}{2}\right)$，则 $\mathrm{d}x=a\cos t\mathrm{d}t$，$\sqrt{a^2-x^2}=a\cos t$，于是

$$\int\sqrt{a^2-x^2}\,\mathrm{d}x=a^2\int\cos^2 t\mathrm{d}t=\frac{a^2}{2}\int(1+\cos 2t)\,\mathrm{d}t$$

$$=\frac{a^2}{2}\left(t+\frac{1}{2}\sin 2t\right)+C=\frac{a^2}{2}t+\frac{a^2}{2}\sin t\cos t+C$$

为把 t 回代成 x 的函数，可根据 $\sin t=\frac{x}{a}$ 做一个辅助直角三角形（图 6.1），得 $\cos t=\frac{\sqrt{a^2-x^2}}{a}$，所以

$$\int\sqrt{a^2-x^2}\,\mathrm{d}x=\frac{a^2}{2}\arcsin\frac{x}{a}+\frac{1}{2}x\sqrt{a^2-x^2}+C$$

例 6.24 求 $\int\frac{\mathrm{d}x}{\sqrt{x^2+a^2}}$（$a>0$）。

解 与上例相类似，为了消去被积函数中的根号，要用 $1+\tan^2 t=\sec^2 t$，令 $x=a\tan t\left(-\frac{\pi}{2}<t<\frac{\pi}{2}\right)$，则 $\mathrm{d}x=a\sec^2 t\mathrm{d}t$，$\sqrt{x^2+a^2}=a\sec t$,于是

$$\int\frac{\mathrm{d}x}{\sqrt{x^2+a^2}}=\int\frac{a\sec^2 t}{a\sec t}\mathrm{d}t=\int\sec t\mathrm{d}t=\ln\left|\sec t+\tan t\right|+C_1$$

可根据 $\tan t=\frac{x}{a}$ 做辅助直角三角形，如图 6.2，得 $\sec t=\frac{\sqrt{x^2+a^2}}{a}$，所以

$$\int\frac{\mathrm{d}x}{\sqrt{x^2+a^2}}=\ln\left|\frac{x}{a}+\frac{\sqrt{x^2+a^2}}{a}\right|+C_1=\ln(x+\sqrt{x^2+a^2})+C_1-\ln a$$

$$=\ln(x+\sqrt{x^2+a^2})+C$$

其中 $C=C_1-\ln a$。

例 6.25 求 $\int\frac{\mathrm{d}x}{\sqrt{x^2-a^2}}$（$a>0$）。

解 为了消去被积函数中的根号，要用 $\sec^2 t-1=\tan^2 t$，令 $x=a\sec t\left(0<t<\frac{\pi}{2}\right)$，则 $\mathrm{d}x=a\sec t\tan t\mathrm{d}t$，$\sqrt{x^2-a^2}=a\tan t$,于是

$$\int\frac{\mathrm{d}x}{\sqrt{x^2-a^2}}=\int\frac{a\sec t\tan t}{a\tan t}\mathrm{d}t=\int\sec t\mathrm{d}t=\ln\left|\sec t+\tan t\right|+C_1$$

可作为辅助直角三角形，如图 6.3，得 $\tan t=\frac{\sqrt{x^2-a^2}}{a}$，于是

$$\int \frac{dx}{\sqrt{x^2-a^2}} = \ln\left|\frac{x}{a}+\frac{\sqrt{x^2-a^2}}{a}\right| + C_1 = \ln\left|x+\sqrt{x^2-a^2}\right| + C_1 - \ln a = \ln\left|x+\sqrt{x^2-a^2}\right| + C$$

其中$C = C_1 - \ln a$。

一般地说，当被积函数含有

（1）$\sqrt{a^2-x^2}$，可做代换$x = a\sin t$；

（2）$\sqrt{a^2+x^2}$，可做代换$x = a\tan t$；

（3）$\sqrt{x^2-a^2}$，可做代换$x = a\sec t$。

通常称以上代换为三角代换，它是第二换元法的重要组成部分，但在具体解题时，还要具体分析，用什么样的积分方法为好，例如$\int x\sqrt{x^2+a^2}\,dx$就不必用三角代换，而用凑微分法更为方便。

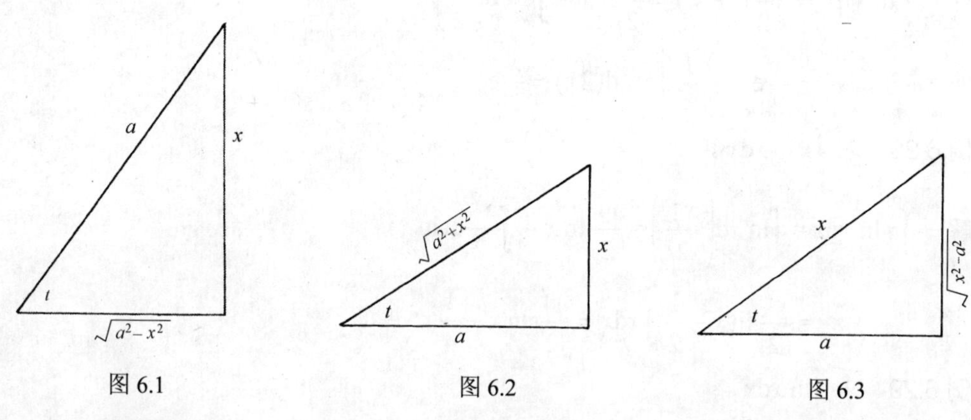

图 6.1　　图 6.2　　图 6.3

6.2.3　分部积分法

当被积函数是两种不同类型函数的乘积时，如$\int x^3 e^x dx$，$\int e^x \cos x dx$等，往往需要用下面所讲的分部积分法来解决。

分部积分法是与乘积微分法则相对应的，也是一种基本积分法则，公式推导如下：

设函数$u = u(x)$，$v = v(x)$具有连续导数，根据乘积微分公式，得

$$d(uv) = u dv + v du$$

移项有

$$u dv = d(uv) - v du$$

两边积分得

$$\int u dv = uv - \int v du$$

该公式称为分部积分公式，利用上式求不定积分的方法称分部积分法。当积分$\int v du$比较容易求时，分部积分法可以将求$\int u dv$积分问题转化为求$\int v du$的积分，它就起到了化难为易的作用。

例 6.26　求$\int x\cos x dx$。

解　设$u = x$，$dv = \cos x dx = d(\sin x)$，于是$du = dx$，$v = \sin x$，代入公式，得

$$\int x\cos x dx = \int x d(\sin x) = x\sin x - \int \sin x dx = x\sin x + \cos x + C$$

注意：在例 6.26 如果设$u=\cos x, \mathrm{d}v=x\mathrm{d}x$，则有$\mathrm{d}u=-\sin x\mathrm{d}x, v=\frac{1}{2}x^2$，代入公式，有

$$\int x\cos x\mathrm{d}x=\frac{1}{2}x^2\cos x+\frac{1}{2}\int x^2\sin x\mathrm{d}x$$

新得到的积分$\int x^2\sin x\mathrm{d}x$反而比原积分更难求，说明这样设$u, \mathrm{d}v$是不合适的。由此可见，运用分部积分法的关键是恰当地选择u和$\mathrm{d}v$，一般选择$u, \mathrm{d}v$的原则是：

（1）v要用凑微分法容易求出；（2）$\int v\mathrm{d}u$要比$\int u\mathrm{d}v$容易积出。

当熟悉分部积分法后，u, $\mathrm{d}v$与v, $\mathrm{d}u$可心算完成，不必具体写出。

例 6.27 求$\int x\mathrm{e}^{2x}\mathrm{d}x$。

解
$$\int x\mathrm{e}^{2x}\mathrm{d}x=\int\frac{x}{2}\mathrm{d}(\mathrm{e}^{2x})=\frac{x}{2}\mathrm{e}^{2x}-\int\mathrm{e}^{2x}\mathrm{d}\left(\frac{x}{2}\right)$$
$$=\frac{x}{2}\mathrm{e}^{2x}-\frac{1}{4}\int\mathrm{e}^{2x}\mathrm{d}(2x)=\frac{x}{2}\mathrm{e}^{2x}-\frac{1}{4}\mathrm{e}^{2x}+C$$

例 6.28 求$\int x\ln x\mathrm{d}x$。

解
$$\int x\ln x\mathrm{d}x=\int\ln x\mathrm{d}\left(\frac{x^2}{2}\right)=\frac{x^2}{2}\ln x-\int\frac{x^2}{2}\mathrm{d}(\ln x)$$
$$=\frac{x^2}{2}\ln x-\frac{1}{2}\int x\mathrm{d}x=\frac{x^2}{2}\ln x-\frac{1}{4}x^2+C$$

例 6.29 求$\int\ln x\mathrm{d}x$。

解 直接用分部积分法，得

$$\int\ln x\mathrm{d}x=x\ln x-\int x\mathrm{d}(\ln x)=x\ln x-\int x\cdot\frac{1}{x}\mathrm{d}x=x\ln x-x+C$$

例 6.30 求$\int x\arctan x\mathrm{d}x$。

解
$$\int x\arctan x\mathrm{d}x=\int\arctan x\mathrm{d}\left(\frac{x^2}{2}\right)=\frac{x^2}{2}\arctan x-\int\frac{x^2}{2}\mathrm{d}(\arctan x)$$
$$=\frac{x^2}{2}\arctan x-\int\frac{x^2}{2(1+x^2)}\mathrm{d}x=\frac{x^2}{2}\arctan x-\frac{1}{2}\int\left(1-\frac{1}{1+x^2}\right)\mathrm{d}x$$
$$=\frac{x^2}{2}\arctan x-\frac{x}{2}+\frac{1}{2}\arctan x+C=\frac{1}{2}(x^2+1)\arctan x-\frac{x}{2}+C$$

例 6.31 求$\int x^2\mathrm{e}^x\mathrm{d}x$。

解
$$\int x^2\mathrm{e}^x\mathrm{d}x=\int x^2\mathrm{d}(\mathrm{e}^x)=x^2\mathrm{e}^x-\int\mathrm{e}^x\mathrm{d}(x^2)=x^3\mathrm{e}^x-2\int x\mathrm{e}^x\mathrm{d}x=x^2\mathrm{e}^x-2\int x\mathrm{d}(\mathrm{e}^x)$$
$$=x^2\mathrm{e}^x-2\left(x\mathrm{e}^x-\int\mathrm{e}^x\mathrm{d}x\right)=x^2\mathrm{e}^x-2x\mathrm{e}^x+2\int\mathrm{e}^x\mathrm{d}x$$
$$=x^2\mathrm{e}^x-2x\mathrm{e}^x+2\mathrm{e}^x+C=(x^2-2x+2)\mathrm{e}^x+C$$

例 6.31 表明，有时要多次使用分部积分法，才能求出结果。下面例题又是一种情况，经两次分部积分后，出现了“循环”，这时所求积分是经过解方程而求得的。

例 6.32 求 $\int e^x \sin 3x dx$。

解 $\int e^x \sin 3x dx = \int \sin 3x d(e^x) = e^x \sin 3x - \int e^x d(\sin 3x)$

$$= e^x \sin 3x - 3\int e^x \cos 3x dx = e^x \sin 3x - 3\int \cos 3x d(e^x)$$

$$= e^x \sin 3x - 3\left(e^x \cos 3x - \int e^x d(\cos 3x)\right)$$

$$= e^x \sin 3x - 3e^x \cos 3x - 9\int e^x \sin 3x dx$$

将再次出现的 $\int e^x \sin 3x dx$ 移至左端，合并后除以 10 得到所求积分为

$$\int e^x \sin 3x dx = \frac{e^x}{10}(\sin 3x - 3\cos 3x) + C\text{。}$$

下列几种类型积分，均可用分部积分法求解，且 u，dv 的设定有规律可循。

（1） $\int x^n e^{ax} dx$, $\int x^n \sin ax dx$, $\int x^n \cos ax dx$，可设 $dv = e^{ax}dx, \sin ax dx, \cos ax dx$；

（2） $\int x^n \ln x dx$，$\int x^n \arcsin x dx$，$\int x^n \arctan x dx$，可设 $dv = x^n dx$；

（3） $\int e^{ax} \sin bx dx$，$\int e^{ax} \cos bx dx$，可设 $dv = e^{ax} dx$。

注意：常数也视为幂函数；情况(1), (2)中的 x^n 换成多项式时仍成立；情况(3)也可设 dv为$\sin ax dx, \cos ax dx$，但一经选定，再次分部积分时，必须仍按原来的选择。

在求不定积分时，有时需要同时用换元法和分部积分法。

例 6.33 求 $\int e^{\sqrt{x}} dx$。

解 先换元，令 $\sqrt{x} = t$，即 $x = t^2$，则 $dx = 2tdt$，再用分部积分法，得

$$\int e^{\sqrt{x}} dx = \int e^t \cdot 2tdt = \int 2td(e^t) = 2te^t - 2\int e^t dt$$

$$= 2te^t - 2e^t + C = 2\sqrt{x}e^{\sqrt{x}} - 2e^{\sqrt{x}} + C$$

例 6.34 求 $\int \frac{\arcsin x}{\sqrt{(1-x^2)^3}} dx$。

解 先换元，令 $t = \arcsin x$，即 $x = \sin t$，则 $dx = \cos tdt$，再用分部积分法，有

$$\int \frac{\arcsin x}{\sqrt{(1-x^2)^3}} dx = \int \frac{t}{\cos^3 t} \cos tdt = \int t\frac{dt}{\cos^2 t} = \int td(\tan t)$$

$$= t\tan t - \int \tan tdt = t\tan t + \ln|\cos t| + C = \frac{x\arcsin x}{\sqrt{1-x^2}} + \ln|\sqrt{1-x^2}| + C$$

例 6.35 用多种方法求 $\int \frac{x}{\sqrt{x-1}} dx$。

解一 用凑微分法，得

$$\int \frac{x}{\sqrt{x-1}} dx = \int \frac{x-1+1}{\sqrt{x-1}} dx = \int \sqrt{x-1} dx + \int \frac{1}{\sqrt{x-1}} dx$$

$$=\frac{2}{3}(x-1)\sqrt{x-1}+2\sqrt{x-1}+C$$

解二 用换元法，令 $t=\sqrt{x-1}$，即 $x=1+t^2$，则 $\mathrm{d}x=2t\mathrm{d}t$，得

$$\int\frac{x}{\sqrt{x-1}}\mathrm{d}x=\int\frac{1+t^2}{t}\cdot 2t\mathrm{d}t=2\int(1+t^2)\mathrm{d}t=2t+\frac{2}{3}t^3+C$$

$$=\frac{2}{3}(x-1)\sqrt{x-1}+2\sqrt{x-1}+C$$

解三 用分部积分法，有

$$\int\frac{x}{\sqrt{x-1}}\mathrm{d}x=\int x\mathrm{d}(2\sqrt{x-1})=2x\sqrt{x-1}-2\int\sqrt{x-1}\mathrm{d}x$$

$$=2x\sqrt{x-1}-\frac{4}{3}(x-1)\sqrt{x-1}+C$$

由例 6.35 可以看出，不定积分的方法多，比较灵活，各种解法都有自己的特点，学习中要注意不断积累经验。

6.2.4 简单有理函数的积分

这里讨论一种常见的函数类型——有理函数的积分方法。有理函数是指两个多项式之比，即 $R(x)=\frac{P(x)}{Q(x)}$，这里 $P(x)$ 与 $Q(x)$ 是不可约的，当 $Q(x)$ 的次数高于 $P(x)$ 的次数时，$R(x)$ 是真分式，否则 $R(x)$ 为假分式。

利用多项式除法，总可以把假分式化为一个多项式与真分式之和，例如

$$\frac{2x^4+x^3+1}{x^2+2}=2x^2+x-4+\frac{-2x+9}{x^2+2}$$

多项式的不定积分是容易求出的，因此只须讨论真分式的积分法即可。

在公式 $\int\frac{1}{x^2-a^2}\mathrm{d}x=\frac{1}{2a}\ln\left|\frac{x-a}{x+a}\right|+C$ 中，被积函数 $\frac{1}{x^2-a^2}$ 就是一个真分式。推导这个公式的方法是：首先把真分式 $\frac{1}{x^2-a^2}$ 按其分母的因式拆成两个简单分式之和，即

$$\frac{1}{x^2-a^2}=\frac{1}{(x-a)(x+a)}=\frac{1}{2a}\left(\frac{1}{x-a}-\frac{1}{x+a}\right)$$

然后再积分这两个简单分式，从而得出公式。一般真分式的积分方法 ，就是按照这一解题思路发展而来的。首先，将分母 $Q(x)$ 分解为一次因式（可能有重因式）和二次质因式的乘积，然后就可把真分式按分母的因式，分解成若干个简单分式之和。通常把这些简单分式称为部分分式。

下面举例说明如何化真分式为部分分式之和。

（1）当分母 $Q(x)$ 含有单因式 $x-a$ 时，这时部分分式中对应有一项 $\frac{A}{x-a}$，其中 A 为待定系数；

例如 $R(x)=\frac{7x-2}{x^3-x^2-2x}=\frac{7x-2}{x(x+1)(x-2)}=\frac{A}{x}+\frac{B}{x+1}+\frac{C}{x-2}$

为确定系数 A,B,C，我们用 $x(x+1)(x-2)$ 乘等式两边，得

$$7x-2=A(x+1)(x-2)+Bx(x-2)+Cx(x+1)$$

这是一个恒等式，将任何 x 值代入都相等。因此，可令 $x=0$，得 $-2=-2A$，即 $A=1$。

类似地，令 $x=-1$，得 $-9=3B$，即 $B=-3$；令 $x=2$，得 $12=6C$，即 $C=2$。

于是得到 $R(x)=\dfrac{7x-2}{x(x+1)(x-2)}=\dfrac{1}{x}+\dfrac{-3}{x+1}+\dfrac{2}{x-2}$；

（2）当分母 $Q(x)$ 含有重因式 $(x-a)^n$ 时，这时部分分式中相应有 n 项，即

$$\frac{A_1}{x-a}+\frac{A_2}{(x-a)^2}+\cdots+\frac{A_n}{(x-a)^n}$$

例如 $\dfrac{x-5}{x^3-3x^2+4}=\dfrac{x-5}{(x+1)(x-2)^2}=\dfrac{A}{x+1}+\dfrac{B}{x-2}+\dfrac{C}{(x-2)^2}$

为确定系数 A,B,C，我们用 $(x+1)(x-2)^2$ 乘等式两边，得

$$x-5=A(x-2)^2+B(x+1)(x-2)+C(x+1)$$

令 $x=-1$，得 $A=-\dfrac{2}{3}$；再令 $x=2$，得 $C=-1$；令 $x=1$，得 $-4=A-2B+2C$，代入已得的 A,C 值，得 $B=\dfrac{2}{3}$；

所以
$$\frac{x-5}{x^3-3x^2+4}=\frac{-\frac{2}{3}}{x+1}+\frac{\frac{2}{3}}{x-2}+\frac{-1}{(x-2)^2}$$

（3）当分母 $Q(x)$ 含有质因式 x^2+px+q 时，这时部分分式中对应有一项 $\dfrac{Ax+B}{x^2+px+q}$，其中 A,B 为待定系数；

例如 $\dfrac{2x^2-3x-3}{(x-1)(x^2-2x+5)}=\dfrac{A}{x-1}+\dfrac{Bx+C}{x^2-2x+5}$

为确定系数 A,B,C，我们用 $(x-1)(x^2-2x+5)$ 乘等式两边，得

$$2x^2-3x-3=A(x^2-2x+5)+(Bx+C)(x-1)$$

令 $x=1$，得 $-4=4A$，即 $A=-1$；再令 $x=0$，得 $-3=5A-C$，即 $C=-2$；令 $x=2$，得 $-1=5A+2B+C$，即 $B=3$，有

$$\frac{2x^2-3x-3}{(x-1)(x^2-2x+5)}=\frac{-1}{x-1}+\frac{3x-2}{x^2-2x+5}$$

（4）当分母 $Q(x)$ 含有 $(x^2+px+q)^n$ 时，这种情况积分过于复杂，在这里不讨论了。

综上所述，有理真分式的积分大体有下面四种形式：

① $\dfrac{A}{x-a}$；② $\dfrac{B}{(x-a)^k}$；③ $\dfrac{Mx+N}{x^2+px+q}$；④ $\dfrac{Mx+N}{(x^2+px+q)^k}\left(p^2-4q<0\right)$

前面两种积分，用凑微分法即可求解，下面对第 3 种情况举例来说明其积分方法。

例 6.36 求 $\displaystyle\int\frac{3x+5}{x^2-4x+13}\mathrm{d}x$。

解 若将分式分成下面两项，可用凑微分法将分子凑成分母的导数，得

$$\int\frac{3x+5}{x^2-4x+13}\mathrm{d}x=\frac{3}{2}\int\frac{2x-4}{x^2-4x+13}\mathrm{d}x+\int\frac{11}{x^2-4x+13}\mathrm{d}x$$

$$=\frac{3}{2}\int\frac{\mathrm{d}(x^2-4x+13)}{x^2-4x+13}+\int\frac{11}{(x-2)^2+3^2}\mathrm{d}x$$

$$=\frac{3}{2}\ln|x^2-4x+13|+\frac{11}{3}\arctan\left(\frac{x-2}{3}\right)+C$$

再举几个例子来说明其积分方法。

例 6.37 求 $\int\frac{2x}{x^2-4x+3}\mathrm{d}x$。

解 先在实数范围内把分母因式分解，利用部分分式，得

$$\frac{2x}{x^2-4x+3}=\frac{2x}{(x-1)(x-3)}=\frac{A}{x-1}+\frac{B}{x-3}$$

上式两边同乘以 $(x-1)(x-3)$，得 $2x=A(x-3)+B(x-1)$，令 $x=1$，得 $A=-1$；再令 $x=3$，得 $B=3$。所以

$$\frac{2x}{(x-1)(x-3)}=\frac{-1}{x-1}+\frac{3}{x-3}$$

于是

$$\int\frac{2x}{x^2-4x+3}\mathrm{d}x=\int\left(-\frac{1}{x-1}+\frac{3}{x-3}\right)\mathrm{d}x=-\int\frac{\mathrm{d}x}{x-1}+3\int\frac{\mathrm{d}x}{x-3}=-\ln|x-1|+3\ln|x-3|+C$$

例 6.38 求 $\int\frac{x-5}{x^3-3x^2+4}\mathrm{d}x$。

解 由前面的情况(2)知，$\frac{x-5}{x^3-3x^2+4}=\frac{-\frac{2}{3}}{x+1}+\frac{\frac{2}{3}}{x-2}+\frac{-1}{(x-2)^2}$ 所以

$$\int\frac{x-5}{x^3-3x^2+4}\mathrm{d}x=-\frac{2}{3}\int\frac{\mathrm{d}x}{x+1}+\frac{2}{3}\int\frac{\mathrm{d}x}{x-2}-\int\frac{\mathrm{d}x}{(x-2)^2}$$

$$=-\frac{2}{3}\ln|x+1|+\frac{2}{3}\ln|x-2|+\frac{1}{x-2}+C$$

例 6.39 求 $\int\frac{2x^2-3x-3}{(x-1)(x^2-2x+5)}\mathrm{d}x$。

解 由前面的情况(3)知，$\frac{2x^2-3x-3}{(x-1)(x^2-2x+5)}=\frac{-1}{x-1}+\frac{3x-2}{x^2-2x+5}$，所以

$$\int\frac{2x^2-3x-3}{(x-1)(x^2-2x+5)}\mathrm{d}x=\int\frac{-1}{x-1}\mathrm{d}x+\int\frac{3x-2}{x^2-2x+5}\mathrm{d}x$$

$$=-\ln|x-1|+\frac{3}{2}\int\frac{2x-2}{x^2-2x+5}\mathrm{d}x+\int\frac{1}{x^2-2x+5}\mathrm{d}x$$

$$=-\ln|x-1|+\frac{3}{2}\int\frac{\mathrm{d}(x^2-2x+5)}{x^2-2x+5}+\int\frac{1}{(x-1)^2+2^2}\mathrm{d}x$$

$$=-\ln|x-1|+\frac{3}{2}\ln|x^2-2x+5|+\frac{1}{2}\arctan\left(\frac{x-1}{2}\right)+C$$

从上述例题可以看出：有理函数的不定积分都是初等函数，因此可以说有理函数的不定积分都是可以积得出来的。

还需指出：以上各例介绍的方法是有理函数积分的一般方法，但计算较繁。因此，在具体解题时，对有理函数积分要做具体分析，注意选择比较简单的方法。下面举两个例子来说明。

例 6.40 求 $\int\frac{x^5}{x^6+8}\mathrm{d}x$。

解 用凑微分法，得

$$\int\frac{x^5}{x^6+8}\mathrm{d}x=\frac{1}{6}\int\frac{1}{x^6+8}\mathrm{d}(x^6+8)=\frac{1}{6}\ln(x^6+8)+C$$

例 6.41 求 $\int\frac{x^3}{(x+2)^8}\mathrm{d}x$。

解 用换元法，令 $t=x+2$，即 $x=t-2$， $\mathrm{d}x=\mathrm{d}t$，有

$$\begin{aligned}\int\frac{x^3}{(x+2)^8}\mathrm{d}x&=\int\frac{(t-2)^3}{t^8}\mathrm{d}t=\int\frac{t^3-6t^2+12t-8}{t^8}\mathrm{d}t\\&=\int t^{-5}\mathrm{d}t-6\int t^{-6}\mathrm{d}t+12\int t^{-7}\mathrm{d}t-8\int t^{-8}\mathrm{d}t\\&=-\frac{1}{4t^4}+\frac{6}{5t^5}-\frac{2}{t^6}+\frac{8}{7t^7}+C\\&=-\frac{1}{4(x+2)^4}+\frac{6}{5(x+2)^5}-\frac{2}{(x+2)^6}+\frac{8}{7(x+2)^7}+C\end{aligned}$$

最后，我们要特别指出，虽然求不定积分是求导数的逆运算，但是，求不定积分远比求导数困难得多，对于任给一个初等函数，只要可导肯定能求出它的导数。然而某些初等函数，尽管它们的原函数存在，却不一定能用初等函数表示。例如，下面的积分：

$$\int\frac{\sin x}{x}\mathrm{d}x；\quad\int\mathrm{e}^{-x^2}\mathrm{d}x；\quad\int\frac{\mathrm{e}^x}{x}\mathrm{d}x；\quad\int\sin(x^2)\mathrm{d}x；\quad\int\frac{\mathrm{d}x}{\ln x}；\quad\int\frac{\mathrm{d}x}{\sqrt{1-\varepsilon\sin^2x}}(0<\varepsilon<1)。$$

等，它们的原函数都不能用初等函数来表示。这时称“积不出”，对这种积分实际应用上常采用数值积分法。

在工程技术问题中，我们还可以借助查积分表来求一些较复杂的不定积分，也可以利用数学软件包在计算机上求原函数。

6.3 本章小结

6.3.1 内容提要

1. 基本概念

原函数，不定积分。

2．基本公式

不定积分的基本积分公式（13 个），分部积分公式。

3．基本方法

第一换元积分法(凑微分法)，第二换元积分法，分部积分法，简单有理函数的积分方法。

6.3.2 疑点解析

问题 1 对于求一个函数的不定积分，应该如何思考，怎样使用积分方法？

解析 求一个函数的不定积分，其一般思维的步骤如下：

（1）使用凑微分法，利用微分形式不变性，“凑”成一个在基本积分公式中的函数，求出不定积分。如果不能使用凑微分法，再考虑下一步；

（2）如果遇到二次根式或有理函数，那么就用第二换元积分法或有理函数的积分方法。如果前面两个方法都不能用，再考虑下一步；

（3）如果没有二次根式，遇到两个不同类型的函数乘积，那么就用分部积分法。

简单地说：求函数的不定积分基本原则是，被积函数有根号就用第二换元积分法消去根号，被积函数没有根式，遇到两个不同类型的函数乘积就用分部积分法。

问题 2 应用第二换元积分法应注意什么问题？

解析 用第二换元积分法计算不定积分 $\int f(x)\mathrm{d}x$，关键是要选择合适的变换 $x=\varphi(t)$，使得新的被积函数 $f(\varphi(t))\varphi'(t)$ 具有原函数 $G(t)$，再从 $x=\varphi(t)$ 中得出反函数 $t=\varphi^{-1}(x)$ 代入 $G(t)$，即得 $f(x)$ 的原函数。如果被积函数中含有被开方因式为一次式的根式 $\sqrt[m]{ax+b}$ 时，令 $\sqrt[m]{ax+b}=t$,可以消去根号，从而求得积分。如果被积函数中含有被开方因式为二次式的根式的情况，一般地说，可进行三角代换，当被积函数含有 $\sqrt{a^2-x^2}$，可进行代换 $x=a\sin t$；当被积函数含有 $\sqrt{a^2+x^2}$，可进行代换 $x=a\tan t$；当被积函数含有 $\sqrt{x^2-a^2}$，可进行代换 $x=a\sec t$。它是第二换元法的重要组成部分。但在具体解题时，还要具体分析，用什么样的积分方法为好，有时用凑微分法更好。

问题 3 为什么同一个不定积分用不同的积分方法可得出形式完全不一样的结果？

解析 这是因为不定积分 $\int f(x)\mathrm{d}x$ 求的是 $f(x)$ 的一切原函数，而 $f(x)$ 的任何两个原函数之间相差一个常数。也正是由于这个缘故，才会出现同一函数的两个原函数在形式上有较大的差异。但是，不管所求原函数的形式如何，其导数都必须是被积函数。

习 题 6

1．验证下列等式是否成立：

（1）$\int \sec x\tan x\mathrm{d}x=\sec x+C$；（2）$\int a^x\mathrm{d}x=\dfrac{a^x}{\ln a}+C$；

（3）$\int \csc^2 x\mathrm{d}x=-\cot x+C$。

2．计算下列不定积分：

（1）$\int\frac{(x^2-1)(x+2)}{\sqrt{x}}\mathrm{d}x$；　（2）$\int\frac{x-4}{\sqrt{x}+2}\mathrm{d}x$；　（3）$\int\frac{\mathrm{d}s}{\sqrt{2gs}}$；

（4）$\int\frac{(2^x+3^x)^2}{5^x}\mathrm{d}x$；　（5）$\int\frac{1+2x^2}{x^2(1+x^2)}\mathrm{d}x$；　（6）$\int\frac{x^4}{1+x^2}\mathrm{d}x$；

（7）$\int\frac{\mathrm{e}^{3x}+1}{\mathrm{e}^x+1}\mathrm{d}x$；　（8）$\int\sin^2\frac{x}{2}\mathrm{d}x$；　（9）$\int\cot^2 x\mathrm{d}x$；

（10）$\int\frac{1+\cos^2 x}{1+\cos 2x}\mathrm{d}x$；　（11）$\int\csc x(\csc x+\cot x)\mathrm{d}x$。

3．已知一条曲线在任意一点的切线斜率为$2x$，且过（1, 0）点，求此曲线的方程。

4．已知某物体由静止开始做直线运动，经过t秒时的速度为$3t^2$ (m/s)，求：

（1）5s 末物体走过的距离；（2）物体走完 1000m 所需时间。

5．求下列不定积分：

（1）$\int\sqrt{2-3x}\mathrm{d}x$；（2）$\int\frac{\mathrm{d}x}{\sqrt[3]{3+5x}}$；　（3）$\int\frac{\mathrm{d}x}{4x-3}$；　（4）$\int\mathrm{e}^{1-2x}\mathrm{d}x$；

（5）$\int\frac{\mathrm{d}x}{\cos^2 2x}$；（6）$\int\cot(3x+2)\mathrm{d}x$；（7）$\int\frac{x\mathrm{d}x}{\sqrt{2x^2+1}}$；　（8）$\int\frac{x\mathrm{d}x}{2+3x^2}$；

（9）$\int x\mathrm{e}^{2-x^2}\mathrm{d}x$；　（10）$\int\mathrm{e}^{x+\mathrm{e}^x}\mathrm{d}x$；　（11）$\int\frac{\ln(\ln x)}{x\ln x}\mathrm{d}x$；　（12）$\int\frac{\mathrm{d}x}{\sqrt{x}(1+x)}$；

（13）$\int\sqrt{\frac{\arcsin x}{1-x^2}}\mathrm{d}x$；（14）$\int\frac{\mathrm{d}x}{\cos^2 x\sqrt{1+\tan x}}$；（15）$\int\frac{\mathrm{d}x}{1+\cos x}$；

（16）$\int\sin 3x\cos 2x\mathrm{d}x$；（17）$\int\cos^4 x\mathrm{d}x$；　（18）$\int\sin^2 x\cos^3 x\mathrm{d}x$；

（19）$\int\frac{\cos x-\sin x}{\cos x+\sin x}\mathrm{d}x$；（20）$\int\frac{\tan x}{\sqrt{\cos x}}\mathrm{d}x$；　（21）$\int\frac{\ln\tan x}{\sin x\cos x}\mathrm{d}x$；

（22）$\int\frac{\mathrm{d}x}{\sqrt{4-9x^2}}$；　（23）$\int\frac{\mathrm{d}x}{4+25x^2}$；　（24）$\int\frac{\sec^2 x}{4+\tan^2 x}\mathrm{d}x$。

6．求下列不定积分：

（1）$\int\frac{\mathrm{d}x}{1+\sqrt[3]{x}}$；　（2）$\int\frac{\sqrt{1+x}}{1+\sqrt{1+x}}\mathrm{d}x$；　（3）$\int\frac{\mathrm{d}x}{x\sqrt{9-x^2}}$；

（4）$\int\frac{\mathrm{d}x}{x^2\sqrt{4+x^2}}$；　（5）$\int\frac{\sqrt{x^2-2}}{x}\mathrm{d}x$。

7．求下列不定积分：

（1）$\int x\cos 2x\mathrm{d}x$；　（2）$\int x^2\sin x\mathrm{d}x$；　（3）$\int\ln(1+\sqrt{x})\mathrm{d}x$；

（4）$\int\arctan x\mathrm{d}x$；　（5）$\int x\arcsin x\mathrm{d}x$；　（6）$\int x^2\mathrm{e}^{2x}\mathrm{d}x$；

（7）$\int\mathrm{e}^{2x}\cos 3x\mathrm{d}x$；　（8）$\int\frac{\ln x}{\sqrt{x}}\mathrm{d}x$；　（9）$\int\mathrm{e}^{3\sqrt{x}}\mathrm{d}x$；

（10）$\int\frac{x\arcsin x}{\sqrt{1-x^2}}\mathrm{d}x$；（11）$\int\cos^2\sqrt{x}\mathrm{d}x$。

8．求下列不定积分：

（1）$\int\frac{\mathrm{d}x}{x^2+5x+6}$；（2）$\int\frac{2x}{(x+1)^2(x-1)}\mathrm{d}x$；（3）$\int\frac{x^2}{(x+1)^{100}}\mathrm{d}x$；

（4）$\int\frac{\mathrm{d}x}{(x^2+1)(x^2+x+1)}$。

9．在平面上有一运动着的质点，如果它在 x 轴方向和 y 轴方向的分速度分别为 $v_x=6\sin t$ 和 $v_y=3\cos t$ 且 $x|_{t=0}=6,\ y|_{t=0}=0$，求：

（1）时间为 t 时，质点所在的位置；（2）运动的轨迹方程。

10．设某函数当 $x=1$ 时有极小值，当 $x=-1$ 时有极大值为 4，又知道这个函数的导数具有形状为 $y'=3x^2+bx+c$，求此函数。

第7章　定　积　分

本章讨论积分学的第二个问题——定积分。定积分不论在理论上还是实际应用上，都有着十分重要的意义，它是整个高等数学最重要的篇章之一。

定积分的概念也是来源于实际问题，本章将在分析典型实例的基础上，引出定积分的概念，进而讨论定积分的性质，重点是研究微积分基本定理，建立关于定积分的换元积分法和分部积分法。

上一章关于积分法的训练，为这一章解决定积分的计算提供了必要的基础。

7.1　定积分的概念及性质

7.1.1　定积分的实际背景

1．曲边梯形的面积

所谓曲边梯形是指如图 7.1 所示图形，它的三条边是直线段，其中有两条垂直于第三条底边，而其第四条边是曲线。如果我们会计算曲边梯形面积，那么我们也就会求任意曲线所围成的图形面积 A 了，这一点可以从图 7.2 中清楚地看出，$A = A_1 - A_2$，其中 A_1 是曲边 $\overset{\frown}{MPN}$ 在底边 CB 上所围面积，A_2 是曲边 $\overset{\frown}{MQN}$ 在底边 CB 上所围面积。

如图 7.3 所示的曲边梯形面积怎样求呢？我们设想：把该曲边梯形沿着 y 轴方向切割成许多窄窄的长条，把每个长条近似看做一个矩形，用长乘宽求得小矩形面积，加起来就是曲边梯形面积的近似值，分割越细，误差越小，于是当所有的长条宽度趋于零时，这个阶梯形图形面积的极限就成为曲边梯形面积的精确值了。

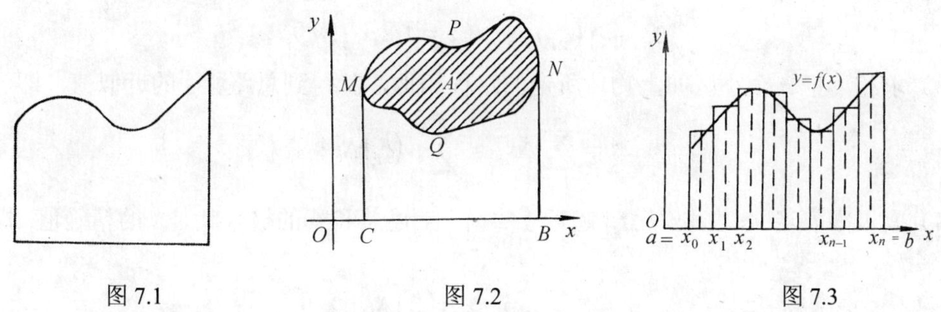

图 7.1　　　　图 7.2　　　　图 7.3

根据以上分析思路，可以按以下四个步骤求出曲边梯形面积 A：

（1）分割　任意取分点 $a = x_0 < x_1 < x_2 < \cdots < x_{n-1} < x_n = b$，把底边区间 $[a,b]$ 分为 n 个小区间　$[x_{i-1}, x_i]$（$i = 1,2,\cdots,n$）

小区间的长度记为 $\Delta x_i = x_i - x_{i-1}$（$i = 1,2,\cdots,n$）

过每个分点作平行于 y 轴的直线，它们把曲边梯形分成 n 个小曲边梯形 ΔA_i；

（2）取近似　在每个小区间$[x_{i-1},x_i]$上任取一点ξ_i，以Δx_i为底边，$f(\xi_i)$为高作小矩形，用小矩形面积$f(\xi_i)\,\Delta x_i$作为小曲边梯形面积ΔA_i的近似值，即

$$\Delta A_i \approx f(\xi_i)\,\Delta x_i\ （i=1,2,\cdots,n）$$

（3）求和　把n个小矩形面积相加，就得到曲边梯形面积A的近似值

$$A=\sum_{i=1}^{n}\Delta A_i \approx \sum_{i=1}^{n} f(\xi_i)\Delta x_i$$

（4）取极限　为了保证全部Δx_i都无限缩小，要求小区间长度中的最大值$\lambda=\max\limits_{1\leqslant i\leqslant n}\{\Delta x_i\}$趋近于零时，上述和式$\sum\limits_{i=1}^{n} f(\xi_i)\Delta x_i$的极限就是曲边梯形面积$A$的精确值，即

$$A=\lim_{\lambda\to 0}\sum_{i=1}^{n} f(\xi_i)\Delta x_i$$

2．变速直线运动的路程

设某物体做变速直线运动,已知速度$v=v(t)$是时间t的连续函数，且$v(t)\geqslant 0$，求在时间间隔$[a,b]$内物体所走的路程s。

如果物体做匀速直线运动，则$s=v(b-a)$，$v(t)$变速，路程就不能用初等方法求了。

解决这个问题的思路和步骤与求曲边梯形面积相类似：

（1）分割　任意取分点$a=t_0<t_1<t_2<\cdots<t_{n-1}<t_n=b$，把区间$[a,b]$分为$n$个小区间$[t_{i-1},t_i]$（$i=1,2,\cdots,n$）

每个小区间的长度记为$\Delta t_i=t_i-t_{i-1}$（$i=1,2,\cdots,n$）

相应的路程s被分为n个小的路程：Δs_i（$i=1,2,\cdots,n$）。

（2）取近似　在每个小区间$[t_{i-1},t_i]$上的直线运动视为匀速，任取时刻$\xi_i\in[t_{i-1},t_i]$，做乘积$v(\xi_i)\,\Delta t_i$，显然物体在小区间上所走的路程Δs_i可近似表示为

$$\Delta s_i \approx v(\xi_i)\,\Delta t_i\ （i=1,2,\cdots,n）$$

（3）求和　把n个小区间上物体所走的路程相加，就得到总路程s的近似值，即

$$s=\sum_{i=1}^{n}\Delta s_i \approx \sum_{i=1}^{n} v(\xi_i)\,\Delta t_i$$

（4）取极限　当$\lambda=\max\limits_{1\leqslant i\leqslant n}\{\Delta t_i\}$趋近于零时，上述总和式的极限就是$s$的精确值，即

$$s=\lim_{\lambda\to 0}\sum_{i=1}^{n} v(\xi_i)\,\Delta t_i$$

7.1.2　定积分的概念

以上两个具体问题说明，它们的实际意义虽然不同，但是它们归结成的数学模型却是一致的。就是说，处理这些问题所遇到的矛盾性质，解决问题的思想方法以及最后所要计算的数学表达式都是完全相同的。在科学技术上还有许多问题也都归结为这种特定和式的极限。为此，抽象出如下定义。

定义 7.1 设函数 $y=f(x)$ 在区间 $[a,b]$ 上有定义，任取分点

$$a=x_0<x_1<x_2<\cdots<x_{n-1}<x_n=b$$

把区间[a，b]分成个小区间 $[x_{i-1},x_i]$ （$i=1,2,\cdots,n$），记为

$$\Delta x_i=x_i-x_{i-1}\ (i=1,2,\cdots,n),\quad \lambda=\max_{1\leqslant i\leqslant n}\{\Delta x_i\}$$

再在每个小区间 $[x_{i-1},x_i]$ 上，任取一点 ξ_i，做乘积 $f(\xi_i)\,\Delta x_i$ 的和式，即

$$\sum_{i=1}^{n}f(\xi_i)\Delta x_i$$

如果 $\lambda\to 0$ 时上述极限存在（即这个极限值与 $[a,b]$ 的分割及点 ξ_i 的取法均无关），则称为函数 $f(x)$ 在闭区间 $[a,b]$ 上可积，并且称此极限值为函数 $f(x)$ 在 $[a,b]$ 上的定积分。记做 $\int_a^b f(x)\mathrm{d}x$，即

$$\int_a^b f(x)\mathrm{d}x=\lim_{\lambda\to 0}\sum_{i=1}^{n}f(\xi_i)\Delta x_i$$

其中 $f(x)$ 称为被积函数，$f(x)\mathrm{d}x$ 称为被积表达式，x 称为积分变量，[a，b]称为积分区间，a 与 b 分别称为积分下限与积分上限，符号 $\int_a^b f(x)\mathrm{d}x$ 读做函数 $f(x)$ 从 a 到 b 的定积分。

根据定积分的定义，上面两个实际问题都可以用定积分表示为：

（1）曲边梯形面积 A 是曲边 $f(x)$ 在区间 $[a,b]$ 上的定积分，即

$$A=\int_a^b f(x)\mathrm{d}x$$

（2）变速直线运动的路程 s 是速度函数 $v=v(t)$ 在时间间隔 $[a,b]$ 上的定积分，即

$$s=\int_a^b v(t)\mathrm{d}t$$

关于定积分定义的说明：

① 定积分是特定和式的极限，它表示一个数，它只取决于被积函数与积分下限、积分上限，而与积分变量采用什么字母无关，例如 $\int_0^{\pi/2}\sin x\mathrm{d}x=\int_0^{\pi/2}\sin t\mathrm{d}t$，一般地有

$$\int_a^b f(x)\mathrm{d}x=\int_a^b f(t)\mathrm{d}t$$

② 定义中要求积分限 $a<b$，现在补充如下规定：

当 $a=b$ 时，$\int_a^b f(x)\mathrm{d}x=\int_a^a f(x)\mathrm{d}x=0$； 当 $a>b$ 时，$\int_a^b f(x)\mathrm{d}x=-\int_b^a f(x)\mathrm{d}x$。

③ 定积分的存在定理：如果 $f(x)$ 在闭区间 $[a,b]$ 上连续或只有有限个第一类间断点，则 $f(x)$ 在 $[a,b]$ 上可积。

7.1.3 定积分的几何意义

在前面的曲边梯形面积问题中，如果 $f(x)>0$，在几何上表示曲边梯形在 x 轴上方（图 7.4），有

$$\int_a^b f(x)\mathrm{d}x=A$$

如果 $f(x)<0$，这时曲边梯形在 x 轴下方(图 7.5)，积分值为负，即 $\int_a^b f(x)\mathrm{d}x = -A$。

如果 $f(x)$ 在 $[a,b]$ 上有正有负时，则积分值就等于曲线 $y=f(x)$ 在 x 轴上方部分与下方部分面积的代数和，如图 7.6 所示，有

$$A = \int_a^b f(x)\mathrm{d}x = A_1 - A_2 + A_3$$

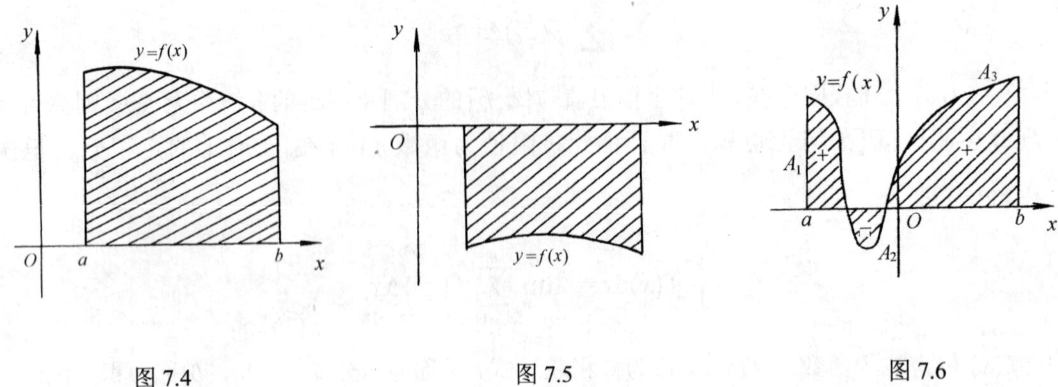

图 7.4　　图 7.5　　图 7.6

7.1.4　定积分的性质

为了实际应用的需要，我们介绍定积分的基本性质，在下面论述中，假设函数都是可积的。

性质 7.1　积分对函数的可加性，即

$$\int_a^b [f(x) \pm g(x)]\mathrm{d}x = \int_a^b f(x)\mathrm{d}x \pm \int_a^b g(x)\mathrm{d}x$$

性质 7.1 可推广到有限项的情况，即

$$\int_a^b [f_1(x) \pm f_2(x) \pm \cdots \pm f_n(x)]\mathrm{d}x = \int_a^b f_1(x)\mathrm{d}x \pm \int_a^b f_2(x)\mathrm{d}x \pm \cdots \pm \int_a^b f_n(x)\mathrm{d}x$$

性质 7.2　积分对函数的齐次性，即

$$\int_a^b kf(x)\mathrm{d}x = k\int_a^b f(x)\mathrm{d}x \quad (k \text{ 为常数})$$

性质 7.3　如果在区间 $[a,b]$ 上 $f(x)=1$，则　$\int_a^b 1\,\mathrm{d}x = b-a$。

性质 7.4　（积分对区间的可加性）如果 $a<c<b$，则

$$\int_a^b f(x)\mathrm{d}x = \int_a^c f(x)\mathrm{d}x + \int_c^b f(x)\mathrm{d}x$$

注意：对于 a,b,c 三点的任何其他相对位置，上述性质仍成立，例如：$c<a<b$，则

$$\int_c^b f(x)\mathrm{d}x = \int_c^a f(x)\mathrm{d}x + \int_a^b f(x)\mathrm{d}x = -\int_a^c f(x)\mathrm{d}x + \int_a^b f(x)\mathrm{d}x$$

仍有

$$\int_a^b f(x)\mathrm{d}x = \int_a^c f(x)\mathrm{d}x + \int_c^b f(x)\mathrm{d}x$$

性质 7.5　（积分的比较性质）如果在区间 $[a,b]$ 上有 $f(x) \leqslant g(x)$，则

$$\int_a^b f(x)\mathrm{d}x \leqslant \int_a^b g(x)\mathrm{d}x$$

上述几条性质，都可以用定积分的定义来证明（从略）。

性质 7.6 （积分的估值性质） 设 M 与 m 分别是函数 $f(x)$ 在闭区间 $[a,b]$ 上的最大值与最小值，则

$$m(b-a) \leqslant \int_a^b f(x)\mathrm{d}x \leqslant M(b-a)$$

证 因为 $m \leqslant f(x) \leqslant M$，由性质 7.5 得 $\int_a^b m\mathrm{d}x \leqslant \int_a^b f(x)\mathrm{d}x \leqslant \int_a^b M\mathrm{d}x$，再利用性质 7.2 和性质 7.3，即可得证。

性质 7.7 （积分中值定理）如果函数 $f(x)$ 在闭区间 $[a,b]$ 上连续，则在区间 $[a,b]$ 上至少存在一点 ξ，使得

$$\int_a^b f(x)\mathrm{d}x = f(\xi)(b-a)$$

证 将性质 7.6 中不等式除以 $b-a$，得

$$m \leqslant \frac{1}{b-a}\int_a^b f(x)\mathrm{d}x \leqslant M$$

设 $\frac{1}{b-a}\int_a^b f(x)\mathrm{d}x = \mu$，即

$$m \leqslant \mu \leqslant M$$

由于 $f(x)$ 为闭区间 $[a,b]$ 上的连续函数，所以 $f(x)$ 能取到介于其最小值与最大值之间的任何一个数值。因此，在闭区间 $[a,b]$ 上至少有一点 ξ，使得 $f(\xi)=\mu$，有

$$\frac{1}{b-a}\int_a^b f(x)\mathrm{d}x = f(\xi)$$

即

$$\int_a^b f(x)\mathrm{d}x = f(\xi)(b-a)$$

积分中值定理的几何解释是：曲线 $y=f(x)$ 在 $[a,b]$ 底上所围成曲边梯形面积，等于以同一底边而高为 $f(\xi)$ 矩形的面积（如图 7.7）。

从平均值角度容易看出，数值 $\mu=\frac{1}{b-a}\int_a^b f(x)\mathrm{d}x$ 表示连续曲线 $y=f(x)$ 在 $[a,b]$ 上的平均高度，也就是函数 $f(x)$ 在 $[a,b]$ 上的平均值，这是有限个数的平均值概念的推广。

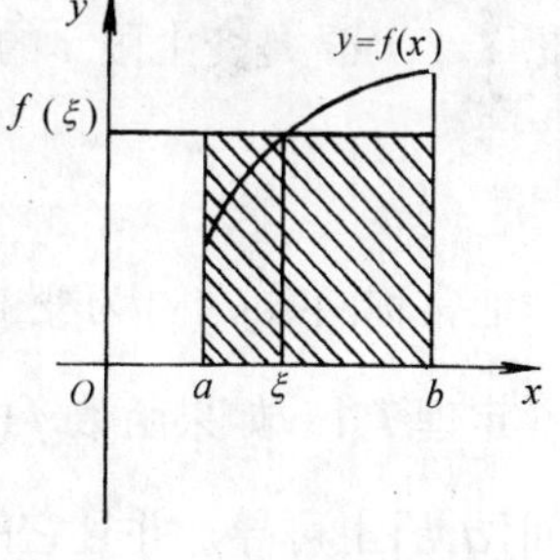

图 7.7

例 7.1 估计定积分 $\int_{\frac{\pi}{2}}^{\frac{3\pi}{2}}(1+\sin^2 x)\mathrm{d}x$ 的值。

解 被积函数 $f(x)=1+\sin^2 x$ 在区间 $\left[\frac{\pi}{2},\frac{3\pi}{2}\right]$ 上恒有 $1 \leqslant 1+\sin^2 x \leqslant 2$，由性质 7.6，得

$$1 \cdot \left(\frac{3\pi}{2}-\frac{\pi}{2}\right) \leqslant \int_{\frac{\pi}{2}}^{\frac{3\pi}{2}}(1+\sin^2 x)\mathrm{d}x \leqslant 2 \cdot \left(\frac{3\pi}{2}-\frac{\pi}{2}\right)$$

即
$$\pi \leqslant \int_{\frac{\pi}{2}}^{\frac{3\pi}{2}} (1+\sin^2 x)\mathrm{d}x \leqslant 2\pi$$

7.2 微积分基本公式

定积分作为一种特定和式的极限。如果按定义计算定积分是很复杂、很困难的，所以本节将通过对定积分与原函数的讨论，寻找一种计算定积分的简便而有效的方法。

在 7.1 节直线运动的路程问题中，设物体以速度 $v=v(t)$ 做直线运动，要求计算 $[a,b]$ 时间内的路程 s。

从定积分概念出发，由前面已讨论的结果知道 $[a,b]$ 所经过的路程为 $\int_a^b v(t)\mathrm{d}t$。

如果从不定积分概念出发，则为 $\int v(t)\mathrm{d}t = s(t)+C$，其中 $s'(t)=v(t)$。于是 $[a,b]$ 时间内所走路程就是 $s(b)-s(a)$。

综合上述两个方面，得到
$$\int_a^b v(t)\mathrm{d}t = s(b)-s(a)$$

这个等式表明速度函数 $v(t)$ 在 $[a,b]$ 上的定积分，等于其原函数 $s(t)$ 在区间 $[a,b]$ 上的改变量。那么，这一结论有没有普遍的意义呢？下面的回答是肯定的。

7.2.1 变上限的定积分

在回答上述问题之前，首先介绍一种新的函数——变上限的定积分。

设函数 $f(x)$ 在 $[a,b]$ 上连续，任意一个数 $x\in[a,b]$，积分 $\int_a^x f(x)\mathrm{d}x$ 是一个定数，这种写法有一个不方便之处，就是 x 既表示积分上限，又表示积分变量。为避免混淆，将积分变量改写成 t，于是这个积分就写成了 $\int_a^x f(t)\mathrm{d}t$。

显然，当 x 在 $[a,b]$ 上变动时，对应于每一个 x 值，积分 $\int_a^x f(t)\mathrm{d}t$ 就有一个确定的值，因此 $\int_a^x f(t)\mathrm{d}t$ 是变上限 x 的一个函数，记做 $\varPhi(x)$，即
$$\varPhi(x)=\int_a^x f(t)\mathrm{d}t \quad (a\leqslant x\leqslant b)$$

通常称函数 $\varPhi(x)$ 为变上限的定积分，其几何意义如图 7.8。

定理 7.1 如果函数 $f(x)$ 在闭区间 $[a,b]$ 上连续，则变上限定积分 $\varPhi(x)=\int_a^x f(t)\mathrm{d}t$ 在闭区间 $[a,b]$ 上可导，并且它的导数等于被积函数，即
$$\varPhi'(x)=\frac{\mathrm{d}}{\mathrm{d}x}\int_a^x f(t)\mathrm{d}t = f(x) \quad (a\leqslant x\leqslant b)$$

证 当上限 x 获得增量 Δx 时，函数 $\varPhi(x)$ 获得增量 $\Delta\varPhi$，利用性质 7.4 或从图 7.9，得
$$\Delta\varPhi=\varPhi(x+\Delta x)-\varPhi(x)=\int_a^{x+\Delta x} f(t)\mathrm{d}t - \int_a^x f(t)\mathrm{d}t$$

$$= \int_a^{x+\Delta x} f(t)\mathrm{d}t + \int_x^a f(t)\mathrm{d}t = \int_x^{x+\Delta x} f(t)\mathrm{d}t$$

由积分中值定理知，$\Delta\Phi = f(\xi)\Delta x$（$\xi$ 在 x 与 $x+\Delta x$ 之间），有 $\dfrac{\Delta\Phi}{\Delta x} = f(\xi)$，再令 $\Delta x \to 0$，从而 $\xi \to x$，由 $f(x)$ 的连续性，得 $\lim\limits_{\Delta x\to 0}\dfrac{\Delta\Phi}{\Delta x} = \lim\limits_{\xi\to x} f(\xi) = f(x)$，即 $\Phi'(x) = f(x)$。

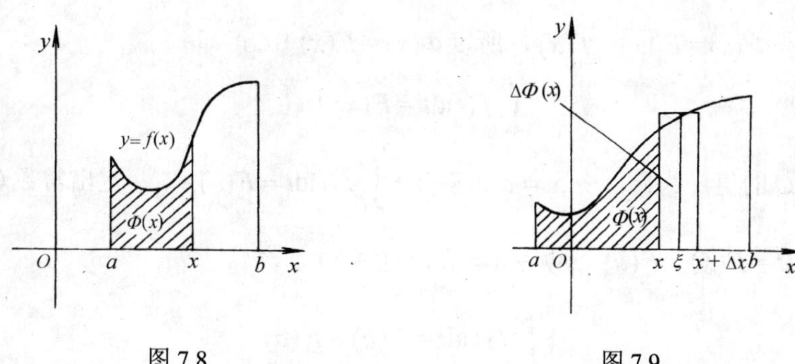

图 7.8　　　　图 7.9

定理 7.1 告诉我们，变上限的定积分 $\Phi(x) = \int_a^x f(t)\mathrm{d}t$ 是函数 $f(x)$ 在区间 $[a,b]$ 上的一个原函数，也就是连续函数的原函数一定存在，因此，定理 7.1 又称原函数存在定理，解决了上一章留下来的原函数的存在问题。

例 7.2　已知 $\Phi(x) = \int_0^x \cos t^2 \mathrm{d}t$，求 $\Phi(x)$ 在 $x = 0, \sqrt{\dfrac{\pi}{3}}$ 处的导数。

解　由定理 7.1 得，$\Phi'(x) = \dfrac{\mathrm{d}}{\mathrm{d}x}\int_0^x \cos t^2 \mathrm{d}t = \cos x^2$，所以

$$\Phi'(0) = \cos 0^2 = 1，\quad \Phi'\left(\sqrt{\frac{\pi}{3}}\right) = \cos\frac{\pi}{3} = \frac{1}{2}$$

例 7.3　已知 $\Phi(x) = \int_a^{x^2} \mathrm{e}^{-t^2}\mathrm{d}t$，求 $\Phi(x)$ 的导数。

解　这里 $\Phi(x)$ 是 x 的复合函数，其中中间变量 $u = x^2$，$\Phi(u) = \int_a^u \mathrm{e}^{-t^2}\mathrm{d}t$，按复合函数求导法则，故有

$$\frac{\mathrm{d}\Phi}{\mathrm{d}x} = \frac{\mathrm{d}}{\mathrm{d}u}\left(\int_a^u \mathrm{e}^{-t^2}\mathrm{d}t\right)\frac{\mathrm{d}u}{\mathrm{d}x} = \mathrm{e}^{-u^2}\cdot 2x = 2x\mathrm{e}^{-x^4}$$

例 7.4　已知 $\Phi(x) = \int_{-x^2}^1 \dfrac{\sin t^2}{t}\mathrm{d}t$，求 $\Phi(x)$ 的导数。

解　这里 $\Phi(x)$ 也是 x 的复合函数，其中中间变量 $u = -x^2$，$\Phi(u) = \int_u^1 \dfrac{\sin t^2}{t}\mathrm{d}t$，将定积分的下限化为变上限的定积分，按复合函数求导法则，故得

$$\frac{\mathrm{d}\Phi}{\mathrm{d}x} = -\frac{\mathrm{d}}{\mathrm{d}u}\left(\int_1^u \frac{\sin t^2}{t}\mathrm{d}t\right)\frac{\mathrm{d}u}{\mathrm{d}x} = -\frac{\sin u^2}{u}\cdot(-2x) = -\frac{2\sin x^4}{x}$$

7.2.2 微积分基本公式

定理 7.2 设函数 $f(x)$ 在闭区间 $[a,b]$ 上连续，如果 $F(x)$ 是 $f(x)$ 的任意一个原函数，则

$$\int_a^b f(x)\mathrm{d}x = F(b) - F(a)$$

证 已知 $F(x)$ 是 $f(x)$ 的一个原函数，由定理 7.1 知 $\Phi(x) = \int_a^x f(t)\mathrm{d}t$ 也是 $f(x)$ 的一个原函数，即有 $\Phi'(x) = F'(x) = f(x)$，所以 $\Phi(x) = F(x) + C$，即

$$\int_a^x f(t)\mathrm{d}t = F(x) + C$$

确定常数 C 的值，为此，令 $x = a$，有 $0 = \int_a^a f(t)\mathrm{d}t = F(a) + C$，定出常数 $C = -F(a)$，于是得 $\int_a^x f(t)\mathrm{d}t = F(x) - F(a)$。再令 $x = b$，有

$$\int_a^b f(t)\mathrm{d}t = F(b) - F(a)$$

由于积分值与积分变量的记号无关，仍用 x 表示积分变量，即得

$$\int_a^b f(x)\mathrm{d}x = F(b) - F(a)，其中 F'(x) = f(x)$$

上式称牛顿-莱布尼兹(Newton-Leibniz)公式，也称为微积分基本公式。该公式揭示了定积分和原函数之间的内在联系，即定积分的值等于其原函数在上限与下限处值的差。该公式把定积分的计算问题转化为求原函数问题，从而给定积分提供了简便而有效的计算方法，它是整个微积分学最重要的公式。

为计算方便，上述公式常用下面的记号：

$$\int_a^b f(x)\mathrm{d}x = F(x)\Big|_a^b = F(b) - F(a)$$

例 7.5 计算下列定积分：

（1）$\int_1^3 \left(x + \frac{1}{x}\right)^2 \mathrm{d}x$；（2）$\int_0^1 \frac{x^2}{1+x^2}\mathrm{d}x$；（3）$\int_0^{1/2} \frac{\mathrm{d}x}{\sqrt{1-x^2}}$。

解 （1）$\int_1^3 \left(x + \frac{1}{x}\right)^2 \mathrm{d}x = \int_1^3 \left(x^2 + 2 + \frac{1}{x^2}\right)\mathrm{d}x = \left(\frac{x^3}{3} + 2x - \frac{1}{x}\right)\Bigg|_1^3 = \frac{40}{3}$；

（2）$\int_0^1 \frac{x^2}{1+x^2}\mathrm{d}x = \int_0^1 \frac{x^2+1-1}{1+x^2}\mathrm{d}x = \int_0^1 \left(1 - \frac{1}{1+x^2}\right)\mathrm{d}x = x\Big|_0^1 - \arctan x\Big|_0^1 = 1 - \frac{\pi}{4}$；

（3）$\int_0^{1/2} \frac{\mathrm{d}x}{\sqrt{1-x^2}} = \arcsin x\Big|_0^{1/2} = \arcsin\frac{1}{2} = \frac{\pi}{6}$。

例 7.6 设函数 $f(x) = \begin{cases} x-1, & x<0 \\ x^2, & x \geqslant 0 \end{cases}$，计算 $\int_{-1}^2 f(x)\mathrm{d}x$。

解 由于函数 $f(x)$ 是分段函数，所以利用定积分对区间的可加性，将定积分 $\int_{-1}^2 f(x)\mathrm{d}x$ 写成在区间[－1，0]与[0，2]上两个定积分的和，即

$$\int_{-1}^{2} f(x)\,\mathrm{d}x = \int_{-1}^{0} f(x)\,\mathrm{d}x + \int_{0}^{2} f(x)\,\mathrm{d}x = \int_{-1}^{0}(x-1)\,\mathrm{d}x + \int_{0}^{2} x^2\,\mathrm{d}x$$

$$= \left(\frac{x^2}{2} - x\right)\Bigg|_{-1}^{0} + \frac{x^3}{3}\Bigg|_{0}^{2} = -\frac{3}{2} + \frac{8}{3} = \frac{7}{6}$$

7.3 定积分的计算方法

与不定积分的基本积分方法相对应，定积分也有换元积分法和分部积分法。重提这些方法的目的在于指出不定积分与定积分的计算方法不同之处，同时简化定积分的计算，当然最终的计算，都离不开牛顿-莱布尼兹公式。

7.3.1 定积分的换元法

1．定积分的第一换元法（凑微分法）

凑微分法也是计算定积分一种重要的方法，下面举例说明凑微分法的用法。

例 7.7 计算下列定积分：

（1）$\displaystyle\int_{1}^{\sqrt{\mathrm{e}}} \frac{\mathrm{d}x}{x\sqrt{1-(\ln x)^2}}$；（2）$\displaystyle\int_{\frac{\pi}{6}}^{\frac{\pi}{3}} \cos^2 x\mathrm{d}x$。

解 （1）$\displaystyle\int_{1}^{\sqrt{\mathrm{e}}} \frac{\mathrm{d}x}{x\sqrt{1-(\ln x)^2}} = \int_{1}^{\sqrt{\mathrm{e}}} \frac{\mathrm{d}(\ln x)}{\sqrt{1-(\ln x)^2}} = \arcsin \ln x\Big|_{1}^{\sqrt{\mathrm{e}}} = \arcsin\frac{1}{2} = \frac{\pi}{6}$；

（2）$\displaystyle\int_{\frac{\pi}{6}}^{\frac{\pi}{3}} \cos^2 x\mathrm{d}x = \frac{1}{2}\int_{\frac{\pi}{6}}^{\frac{\pi}{3}}(1+\cos 2x)\,\mathrm{d}x = \frac{1}{2}\int_{\frac{\pi}{6}}^{\frac{\pi}{3}} 1\,\mathrm{d}x + \frac{1}{2}\int_{\frac{\pi}{6}}^{\frac{\pi}{3}} \cos 2x\,\mathrm{d}x$

$$= \frac{1}{2}\int_{\frac{\pi}{6}}^{\frac{\pi}{3}} 1\,\mathrm{d}x + \frac{1}{4}\int_{\frac{\pi}{6}}^{\frac{\pi}{3}} \cos 2x\,\mathrm{d}(2x) = \frac{1}{2}x\Bigg|_{\frac{\pi}{6}}^{\frac{\pi}{3}} + \frac{1}{4}\sin 2x\Bigg|_{\frac{\pi}{6}}^{\frac{\pi}{3}} = \frac{\pi}{12}$$

例 7.8 计算 $\displaystyle\int_{0}^{\pi} \sqrt{\sin x - \sin^3 x}\mathrm{d}x$。

解 先把被积函数化简

$$\int_{0}^{\pi} \sqrt{\sin x - \sin^3 x}\mathrm{d}x = \int_{0}^{\pi} \sqrt{\sin x(1-\sin^2 x)}\mathrm{d}x = \int_{0}^{\pi} \sqrt{\sin x}|\cos x|\mathrm{d}x$$

然后把$|\cos x|$被积函数中的绝对值号去掉后再计算，由于在$\left[0,\dfrac{\pi}{2}\right]$上，$\cos x>0$，这时$|\cos x|=\cos x$；在$\left[\dfrac{\pi}{2},\pi\right]$上，$\cos x<0$，这时$|\cos x|=-\cos x$，利用区间可加性计算，即

$$\int_{0}^{\pi} \sqrt{\sin x - \sin^3 x}\mathrm{d}x = \int_{0}^{\pi} \sqrt{\sin x}|\cos x|\mathrm{d}x = \int_{0}^{\frac{\pi}{2}} \sqrt{\sin x}\cos x\mathrm{d}x - \int_{\frac{\pi}{2}}^{\pi} \sqrt{\sin x}\cos x\mathrm{d}x$$

$$= \int_{0}^{\frac{\pi}{2}} \sqrt{\sin x}\mathrm{d}(\sin x) - \int_{\frac{\pi}{2}}^{\pi} \sqrt{\sin x}\mathrm{d}(\sin x) = \frac{2}{3}(\sin x)^{\frac{3}{2}}\Bigg|_{0}^{\frac{\pi}{2}} - \frac{2}{3}(\sin x)^{\frac{3}{2}}\Bigg|_{\frac{\pi}{2}}^{\pi} = \frac{2}{3} - \left(-\frac{2}{3}\right) = \frac{4}{3}$$

注意：如果按$\sqrt{\sin x-\sin^3 x}=\cos x\sqrt{\sin x}$来计算，将导致错误。其原因是$\cos x$在$[0,\pi]$上不是恒正的，而$\cos x$在$\left[\dfrac{\pi}{2},\pi\right]$上是非正的。

2．定积分的第二换元法

设函数$f(x)$在$[a,b]$上连续，令$x=\varphi(t)$，则有

$$\int_a^b f(x)\mathrm{d}x \xlongequal{x=\varphi(t)} \int_\alpha^\beta f[\varphi(t)]\varphi'(t)\mathrm{d}t$$

其中函数$x=\varphi(t)$应满足以下三个条件：

（1）$\varphi(\alpha)=a,\varphi(\beta)=b$；

（2）$\varphi(t)$在$[\alpha,\beta]$上单值且有连续导数；

（3）当t在$[\alpha,\beta]$上变化时，对应$x=\varphi(t)$值在$[a,b]$上变化。

上述公式称定积分换元公式。在应用换元公式时要特别注意：用变换$x=\varphi(t)$把原来的积分变量x换为新变量t时，原积分限也要相应换成新变量t的积分限，也就是说，换元同时也要换限。原上限对应新上限，原下限对应新下限。

下面举例说明定积分的换元法的用法。

例 7.9 计算$\displaystyle\int_0^4\frac{\mathrm{d}x}{1+\sqrt{x}}$。

解 令$\sqrt{x}=t$，则$x=t^2$，$\mathrm{d}x=2t\mathrm{d}t$，且当$x=0$时，$t=0$；当$x=4$时，$t=2$。于是

$$\int_0^4\frac{\mathrm{d}x}{1+\sqrt{x}}=\int_0^2\frac{2t}{1+t}\mathrm{d}t=2\int_0^2\left(1-\frac{1}{1+t}\right)\mathrm{d}t=2\left(t-\ln|1+t|\right)\Big|_0^2=4-2\ln 3$$

例 7.10 计算$\displaystyle\int_0^2\sqrt{4-x^2}\,\mathrm{d}x$。

解 令$x=2\sin t$，则$\mathrm{d}x=2\cos t\mathrm{d}t$，且当$x=0$时，$t=0$；当$x=2$时，$t=\dfrac{\pi}{2}$。于是

$$\int_0^2\sqrt{4-x^2}\,\mathrm{d}x=\int_0^{\frac{\pi}{2}}2|\cos t|2\cos t\mathrm{d}t=4\int_0^{\frac{\pi}{2}}\cos^2 t\mathrm{d}t=2\int_0^{\frac{\pi}{2}}(1+\cos 2t)\mathrm{d}t$$

$$=2\left(\int_0^{\frac{\pi}{2}}1\mathrm{d}t+\frac{1}{2}\int_0^{\frac{\pi}{2}}\cos 2t\mathrm{d}(2t)\right)=2\left(t-\frac{1}{2}\sin 2t\right)\Bigg|_0^{\frac{\pi}{2}}=\pi$$

例 7.11 设函数$f(x)$在关于原点对称区间$[-a，a]$上连续，求证：

（1）当$f(x)$为偶函数时，$\displaystyle\int_{-a}^a f(x)\mathrm{d}x=2\int_0^a f(x)\mathrm{d}x$；

（2）当$f(x)$为奇函数时，$\displaystyle\int_{-a}^a f(x)\mathrm{d}x=0$。

证 因为$\displaystyle\int_{-a}^a f(x)\mathrm{d}x=\int_{-a}^0 f(x)\mathrm{d}x+\int_0^a f(x)\mathrm{d}x$，对$\displaystyle\int_{-a}^0 f(x)\mathrm{d}x$做代换$x=-t$，则有

$$\int_{-a}^0 f(x)\mathrm{d}x=\int_a^0 f(-t)(-\mathrm{d}t)=\int_0^a f(-t)\mathrm{d}t=\int_0^a f(-x)\mathrm{d}x$$

于是

$$\int_{-a}^{a} f(x)\mathrm{d}x = \int_0^a f(-x)\mathrm{d}x + \int_0^a f(x)\mathrm{d}x = \int_0^a [f(x)+f(-x)]\mathrm{d}x$$

（1）当 $f(x)$ 为偶函数，即 $f(-x)=f(x)$，则 $f(x)+f(-x)=2f(x)$，从而

$$\int_{-a}^{a} f(x)\mathrm{d}x = 2\int_0^a f(x)\mathrm{d}x$$

（2）当 $f(x)$ 为奇函数时，即 $f(-x)=-f(x)$，则 $f(x)+f(-x)=0$，从而

$$\int_{-a}^{a} f(x)\mathrm{d}x = 0$$

利用例 7.11 的结论，奇、偶函数在关于原点对称区间上的定积分计算可以得到简化，如计算 $\int_{-3}^{3}\frac{x^3\sin^2 x}{1+\cos x}\mathrm{d}x$，被积函数 $f(x)=\frac{x^3\sin^2 x}{1+\cos x}$ 是 $[-3,3]$ 上的奇函数，所以

$$\int_{-3}^{3}\frac{x^3\sin^2 x}{1+\cos x}\mathrm{d}x = 0$$

7.3.2 定积分的分部积分法

设函数 $u(x)$，$v(x)$ 在区间 $[a,b]$ 上均有连续导数，则

$$\int_a^b u\mathrm{d}v = (uv)\Big|_a^b - \int_a^b v\mathrm{d}u$$

以上公式称定积分的分部积分法，其方法与不定积分相类似，但其结果不相同，定积分是一个数值，而不定积分是一类函数。

例 7.12 计算 $\int_0^{\pi} x\cos x\mathrm{d}x$。

解 $\int_0^{\pi} x\cos x\mathrm{d}x = \int_0^{\pi} x\mathrm{d}(\sin x) = (x\sin x)\Big|_0^{\pi} - \int_0^{\pi}\sin x\mathrm{d}x = 0+\cos x\Big|_0^{\pi} = -2$。

例 7.13 计算 $\int_{\frac{1}{\mathrm{e}}}^{\mathrm{e}} x|\ln x|\mathrm{d}x$。

解 $\int_{\frac{1}{\mathrm{e}}}^{\mathrm{e}} x|\ln x|\mathrm{d}x = \int_{\frac{1}{\mathrm{e}}}^{1} x|\ln x|\mathrm{d}x + \int_1^{\mathrm{e}} x|\ln x|\mathrm{d}x$

因为当 $\frac{1}{\mathrm{e}}<x<1$ 时，$\ln x<0$，这时 $|\ln x|=-\ln x$；当 $x\geqslant 1$ 时，$\ln x\geqslant 0$，这时 $|\ln x|=\ln x$。于是

$$\int_{\frac{1}{\mathrm{e}}}^{\mathrm{e}} x|\ln x|\mathrm{d}x = -\int_{\frac{1}{\mathrm{e}}}^{1} x\ln x\mathrm{d}x + \int_1^{\mathrm{e}} x\ln x\mathrm{d}x$$

分别用分部积分求右端两个积分，有

$$-\int_{\frac{1}{\mathrm{e}}}^{1} x\ln x\mathrm{d}x = -\int_{\frac{1}{\mathrm{e}}}^{1}\ln x\mathrm{d}\left(\frac{x^2}{2}\right) = -\frac{1}{2}(x^2\ln x)\Big|_{\frac{1}{\mathrm{e}}}^{1} + \frac{1}{2}\int_{\frac{1}{\mathrm{e}}}^{1} x^2\cdot\frac{1}{x}\mathrm{d}x$$

$$=\frac{1}{2\mathrm{e}^2}\ln\frac{1}{\mathrm{e}} + \frac{1}{4}x^2\Big|_{\frac{1}{\mathrm{e}}}^{1} = \frac{1}{4} - \frac{3}{4\mathrm{e}^2}$$

$$\int_1^e x\ln x\mathrm{d}x=\int_1^e \ln x\mathrm{d}\left(\frac{x^2}{2}\right)=\frac{1}{2}(x^2\ln x)\Big|_1^e-\frac{1}{4}x^2\Big|_1^e=\frac{1}{4}+\frac{e^2}{4}$$

最后得

$$\int_{\frac{1}{e}}^{e} x|\ln x|\mathrm{d}x=\frac{1}{2}+\frac{e^2}{4}-\frac{3}{4e^2}$$

7.4 无限区间上的广义积分

前面讨论的定积分，是以有限积分区间与有界函数为前提的，而在实际问题中，往往需要突破这两个限制，这就要把定积分概念从这两个方面加以推广，从而形成了广义积分，相对地把前面讨论的定积分称为常义积分。本书只讨论无穷区间上的广义积分。

下面给出无限区间上的广义积分的定义：

定义 7.2 设函数 $f(x)$ 在 $[a,+\infty)$ 上连续，任取实数 $b>a$，把极限 $\lim\limits_{b\to+\infty}\int_a^b f(x)\mathrm{d}x$ 称为函数 $f(x)$ 在无穷区间 $[a,+\infty)$ 上的广义积分，即

$$\int_a^{+\infty} f(x)\mathrm{d}x=\lim_{b\to+\infty}\int_a^b f(x)\mathrm{d}x$$

若极限存在，称广义积分 $\int_a^{+\infty} f(x)\mathrm{d}x$ 收敛；若极限不存在，则称广义积分 $\int_a^{+\infty} f(x)\mathrm{d}x$ 发散。

类似地，可定义函数 $f(x)$ 在 $(-\infty,b]$ 上的广义积分为

$$\int_{-\infty}^b f(x)\mathrm{d}x=\lim_{a\to-\infty}\int_a^b f(x)\mathrm{d}x$$

函数 $f(x)$ 在区间（$-\infty$，$+\infty$）上的广义积分为

$$\int_{-\infty}^{+\infty} f(x)\mathrm{d}x=\int_{-\infty}^{c} f(x)\mathrm{d}x+\int_c^{+\infty} f(x)\mathrm{d}x$$

其中 c 为任意实数，当右端两个广义积分都收敛时，广义积分 $\int_{-\infty}^{+\infty} f(x)\mathrm{d}x$ 才是收敛的；否则广义积分 $\int_{-\infty}^{+\infty} f(x)\mathrm{d}x$ 是发散的。

例 7.14 计算 $\int_0^{+\infty}\frac{\mathrm{d}x}{1+x^2}$。

解 取实数 $b>0$，有 $\int_0^{+\infty}\frac{\mathrm{d}x}{1+x^2}=\lim\limits_{b\to+\infty}\int_a^b\frac{\mathrm{d}x}{1+x^2}=\lim\limits_{b\to+\infty}(\arctan x)\Big|_0^b=\lim\limits_{b\to+\infty}\arctan b=\frac{\pi}{2}$。

所以广义积分 $\int_0^{+\infty}\frac{\mathrm{d}x}{1+x^2}$ 是收敛的。

为了书写方便，实际运算过程中常常省去极限记号，而形式上把 ∞ 当一个“数”，直接利用牛顿-莱布尼兹公式的计算形式，即

$$\int_a^{+\infty} f(x)\mathrm{d}x=F(x)\Big|_a^{+\infty}=F(+\infty)-F(a)$$

$$\int_{-\infty}^{b} f(x)\mathrm{d}x = F(x)\Big|_{-\infty}^{b} = F(b) - F(-\infty)$$

$$\int_{-\infty}^{+\infty} f(x)\mathrm{d}x = F(x)\Big|_{-\infty}^{+\infty} = F(+\infty) - F(-\infty)$$

其中 $F(x)$ 为 $f(x)$ 的一个原函数，记号 $F(\pm\infty)$ 应理解为极限运算，即 $F(\pm\infty) = \lim\limits_{x\to\pm\infty} F(x)$。

例 7.15 计算 $\int_1^{+\infty} \frac{\ln x}{x}\mathrm{d}x$。

解 利用凑微分法，有

$$\int_1^{+\infty} \frac{\ln x}{x}\mathrm{d}x = \int_1^{+\infty} \ln x\mathrm{d}(\ln x) = \frac{1}{2}\ln^2 x\Big|_1^{+\infty} = \frac{1}{2}\lim_{x\to+\infty}\ln^2 x - \frac{1}{2}\ln^2 1 = +\infty$$

所以广义积分 $\int_1^{+\infty} \frac{\ln x}{x}\mathrm{d}x$ 发散。

例 7.16 计算 $\int_0^{+\infty} x^2\mathrm{e}^{-x}\mathrm{d}x$。

解 利用分部积分法，得

$$\int_0^{+\infty} x^2\mathrm{e}^{-x}\mathrm{d}x = \int_0^{+\infty} -x^2\mathrm{d}(\mathrm{e}^{-x}) = -x^2\mathrm{e}^{-x}\Big|_0^{+\infty} + \int_0^{+\infty} 2x\mathrm{e}^{-x}\mathrm{d}x = \int_0^{+\infty} 2x\mathrm{e}^{-x}\mathrm{d}x$$

$$= -2x\mathrm{e}^{-x}\Big|_0^{+\infty} + \int_0^{+\infty} 2\mathrm{e}^{-x}\mathrm{d}x = -2\mathrm{e}^{-x}\Big|_0^{+\infty} = 2$$

注意：在用 $+\infty$ 代入 $x^2\mathrm{e}^{-x}$，$x\mathrm{e}^{-x}$ 中，实际是计算极限

$$\lim_{x\to+\infty} x^2\mathrm{e}^{-x} = \lim_{x\to+\infty}\frac{x^2}{\mathrm{e}^x} = \lim_{x\to+\infty}\frac{2x}{\mathrm{e}^x} = \lim_{x\to+\infty}\frac{2}{\mathrm{e}^x} = 0,\quad \lim_{x\to+\infty} x\mathrm{e}^{-x} = 0$$

所以广义积分 $\int_0^{+\infty} x^2\mathrm{e}^{-x}\mathrm{d}x$ 收敛。

例 7.17 讨论 $\int_1^{+\infty} \frac{1}{x^p}\mathrm{d}x$ 的敛散性。

解 （1）当 $p>1$ 时，$\int_1^{+\infty} \frac{1}{x^p}\mathrm{d}x = \frac{x^{1-p}}{1-p}\Big|_1^{+\infty} = \frac{1}{p-1}$（收敛）；

（2）当 $p=1$ 时，$\int_1^{+\infty} \frac{1}{x^p}\mathrm{d}x = \int_1^{+\infty} \frac{1}{x}\mathrm{d}x = \ln x\Big|_1^{+\infty} = +\infty$（发散）；

（3）当 $p<1$ 时，$\int_1^{+\infty} \frac{1}{x^p}\mathrm{d}x = \frac{x^{1-p}}{1-p}\Big|_1^{+\infty} = +\infty$（发散）；

综合上述，得 $\int_1^{+\infty} \frac{1}{x^p}\mathrm{d}x = \begin{cases} \frac{1}{p-1}, & p>1\text{(收敛)} \\ +\infty, & p\leqslant 1\text{(发散)} \end{cases}$。

注意：例 7.17 的结论很重要，很有用。

7.5 本章小结

7.5.1 内容提要

1．基本概念

曲边梯形，定积分的概念 ，定积分的几何意义， 变上限的定积分 ，广义积分，无限区间上的广义积分。

2．基本定理

微积分基本定理（牛顿-莱布尼兹公式），定积分的性质定理，定积分的中值定理，原函数存在定理。

3．基本方法

变上限的定积分对上限的求导方法，直接应用牛顿-莱布尼兹公式计算定积分的方法，利用换元积分法与分部积分法计算定积分的方法，无限区间上的广义积分的计算方法。

7.5.2 疑点解析

问题 1 应用换元积分法计算定积分时应注意什么问题？

解析 换元积分法包括第一换元法与第二换元法，在应用时应注意以下 3 点：

（1）应用第一换元法（凑微分法）时，一般不需要引入新的积分变量，所以积分限不变；

（2）应用第二换元法时，因为引入新的积分变量，所以换元时必须换积分限；

（3）变量代换必须满足换元法中所限定的条件。

问题 2 当被积函数中含有绝对值符号时，定积分应如何计算？

解析 当被积函数中含有绝对值符号时，被积函数一般在积分区间上是分段函数，计算分段函数的定积分可以用区间可加性，进行分段积分后再相加。

问题 3 变上限的定积分对上限如何求导数？

解析 如果定积分的上限是 x 的函数，那么利用复合函数求导数公式来对上限求导；如果定积分的下限是 x 的函数，那么将定积分的下限变为变上限的定积分，利用复合函数求导数公式来对上限求导；如果定积分的上限、下限都是 x 的函数，那么利用区间可加性将定积分写成两个定积分的和，其中一个为定积分的上限是 x 的函数，另一个为定积分的下限是 x 的函数，都可以化为变上限的定积分来对上限求导。

例 7.18 已知 $F(x)=\int_{-x}^{x^2}\frac{1}{\sqrt{1+t^2}}\mathrm{d}t$，求 $F'(x)$。

解 将已知函数化为变上限的定积分，再求导，由于

$$F(x)=\int_{-x}^{x^2}\frac{1}{\sqrt{1+t^2}}\mathrm{d}t=\int_{-x}^{c}\frac{1}{\sqrt{1+t^2}}\mathrm{d}t+\int_{c}^{x^2}\frac{1}{\sqrt{1+t^2}}\mathrm{d}t=-\int_{c}^{-x}\frac{1}{\sqrt{1+t^2}}\mathrm{d}t+\int_{c}^{x^2}\frac{1}{\sqrt{1+t^2}}\mathrm{d}t$$

所以

$$F'(x)=-\frac{1}{\sqrt{1+x^2}}\cdot(-1)+\frac{1}{\sqrt{1+x^4}}\cdot(2x)=\frac{1}{\sqrt{1+x^2}}+\frac{2x}{\sqrt{1+x^4}}$$

习　题　7

1．利用定积分性质，比较各题中两个定积分值的大小：

（1）$\int_0^1 x\mathrm{d}x$ 和 $\int_0^1 x^2\mathrm{d}x$；　　（2）$\int_1^2 2^{-x}\mathrm{d}x$ 和 $\int_1^2 3^{-x}\mathrm{d}x$。

2．估计下面各定积分值的范围：

（1）$\int_0^1 \sqrt{1+x^4}\mathrm{d}x$；　　（2）$\int_0^{\frac{\pi}{2}} \mathrm{e}^{\sin x}\mathrm{d}x$。

3．求函数 $\varphi(x)=\int_1^x \mathrm{e}^{-t^2}\mathrm{d}t$ 在 $x=0,1,\sqrt{2}$ 处的导数。

4．计算极限（1）$\lim\limits_{x\to 0}\dfrac{\int_0^x \cos t^2\mathrm{d}t}{x}$；　　（2）$\lim\limits_{x\to 0}\dfrac{\int_1^{\cos x}\mathrm{e}^{-t^2}\mathrm{d}t}{x^2}$。

5．利用牛顿-莱布尼兹公式计算下列定积分：

（1）$\int_1^2 \left(x+\sqrt{x}\right)\mathrm{d}x$；　（2）$\int_0^3 |1-x|\mathrm{d}x$；　（3）$\int_1^{\sqrt{3}} \dfrac{1+2x^2}{x^2(1+x^2)}\mathrm{d}x$；

（4）$\int_0^1 \left(2^x-3^x\right)^2\mathrm{d}x$；　（5）$\int_{\frac{1}{\pi}}^{\frac{2}{\pi}} \dfrac{\cos\frac{1}{x}}{x^2}\mathrm{d}x$；　（6）$\int_1^4 \dfrac{\mathrm{e}^{\sqrt{x}}}{\sqrt{x}}\mathrm{d}x$；

（7）$\int_{-1}^1 \dfrac{\mathrm{e}^x}{1+\mathrm{e}^x}\mathrm{d}x$；　（8）$\int_0^{\pi} \sqrt{\sin^3 x-\sin^5 x}\mathrm{d}x$；　（9）$\int_0^{\pi} \sqrt{1+\cos 2x}\mathrm{d}x$。

6．设 $f(x)=\begin{cases} x^2-1, & x\leqslant 1 \\ \sqrt{x}, & x>1 \end{cases}$，求 $\int_0^2 f(x)\mathrm{d}x$。

7．设 $f(x)=\begin{cases} x+1, & 0\leqslant x\leqslant 2 \\ x^2-1, & 2<x\leqslant 4 \end{cases}$，求 $\int_3^5 f(x-2)\mathrm{d}x$。

8．计算下列定积分：

（1）$\int_0^4 \dfrac{\sqrt{x}}{\sqrt{x}+1}\mathrm{d}x$；　（2）$\int_0^1 x^2\sqrt{1-x^2}\mathrm{d}x$；　（3）$\int_1^2 \dfrac{\mathrm{e}^{\frac{1}{x}}}{x^2}\mathrm{d}x$；

（4）$\int_0^{\pi} \sin^3 x\mathrm{d}x$；　（5）$\int_0^1 \dfrac{\mathrm{d}x}{\mathrm{e}^x+\mathrm{e}^{-x}}$；　（6）$\int_0^1 \dfrac{\mathrm{d}x}{1+\mathrm{e}^x}$；

（7）$\int_1^{\sqrt{3}} \dfrac{1}{x\sqrt{x^2+1}}\mathrm{d}x$；（8）$\int_{-\frac{1}{2}}^{\frac{1}{2}} \dfrac{(\arcsin x)^2}{\sqrt{1-x^2}}\mathrm{d}x$。

9．设 $f(x)$ 是以 T 为周期的连续函数，证明

$$\int_a^{a+T} f(x)\mathrm{d}x=\int_0^T f(x)\mathrm{d}x \quad (a\text{ 为常数})$$

10．计算下列定积分：

（1）$\int_0^{\frac{\pi}{2}} x\cos x\mathrm{d}x$；　（2）$\int_0^1 x^3\mathrm{e}^{x^2}\mathrm{d}x$；　（3）$\int_0^{\sqrt{3}} \arctan x\mathrm{d}x$；

（4）$\int_{\frac{\pi}{4}}^{\frac{\pi}{3}}\frac{x}{\cos^2 x}\mathrm{d}x$；（5）$\int_{\frac{1}{\mathrm{e}}}^{\mathrm{e}}|\ln x|\mathrm{d}x$；（6）$\int_0^{\frac{\pi}{2}}\mathrm{e}^x\cos x\mathrm{d}x$。

11．计算下列广义积分：

（1）$\int_1^{+\infty}\frac{\mathrm{d}x}{x^3}$；（2）$\int_0^{+\infty}\frac{x}{1+x^2}\mathrm{d}x$；（3）$\int_{\frac{2}{\pi}}^{+\infty}\frac{1}{x^2}\sin\frac{1}{x}\mathrm{d}x$。

12．当 k 为何值时，$\int_2^{+\infty}\frac{1}{x(\ln x)^k}\mathrm{d}x$ 收敛？

第 8 章　定积分的应用

前一章我们讨论了定积分的概念及其计算方法，从引出定积分的概念的过程中可以看出，定积分是一种实用性很强的数学方法，在科学技术领域中有着广泛的应用。本章将研究定积分的应用，利用微元法的思想，主要介绍定积分在几何和物理方面的一些应用，重点掌握用微元法将实际问题表示成定积分的思维方法。

8.1　定积分的几何应用

8.1.1　定积分的微元法

在介绍微元法之前，我们先回顾一下前一章用定积分方法解决曲边梯形面积的过程：

（1）分割　任意取分点把区间$[a,b]$分为n个小区间$[x_{i-1},x_i]$（$i=1,2,\cdots,n$），它们把曲边梯形分成n个小曲边梯形ΔA_i，即$A=\sum\limits_{i=1}^{n}\Delta A_i$，其中$x_0=a,x_n=b$；

（2）取近似　在每个小区间$[x_{i-1},x_i]$上任取一点ξ_i，用小矩形面积作为ΔA_i的近似值为

$$\Delta A_i \approx f(\xi_i)\,\Delta x_i \quad (i=1,2,\cdots,n)$$

（3）求和　把n个小矩形面积相加, 就得到曲边梯形面积A的近似值

$$A=\sum_{i=1}^{n}\Delta A_i \approx \sum_{i=1}^{n} f(\xi_i)\Delta x_i$$

（4）取极限　当$\lambda=\max\limits_{1\leqslant i\leqslant n}\{\Delta x_i\}\to 0$时，上述和式的极限就是曲边梯形面积$A$的精确值，即

$$A=\lim_{\lambda\to 0}\sum_{i=1}^{n} f(\xi_i)\Delta x_i=\int_a^b f(x)\mathrm{d}x$$

从上可以看出，用定积分计算一个量Q一般有如下两个特点：

① 所求量Q与一个给定区间$[a,b]$有关，且在该区间上具有可加性。就是说，Q是确定在$[a,b]$上的整体量，当把$[a,b]$分为n个小区间时，整体量等于各部分量之和，即

$$Q=\sum_{i=1}^{n}\Delta Q_i$$

② 所求量Q在区间$[a,b]$上的分布是不均匀的，也就是说,Q的值与区间$[a,b]$的长度不成正比（否则的话，Q使用初等方法即可求得，而勿需用积分方法了。）

把用定积分方法解决曲边梯形面积的过程再进一步抽象化，一般地有以下四步：

第一步，将所求量Q分为部分量之和，即$Q=\sum\limits_{i=1}^{n}\Delta Q_i$；

第二步，求出每个部分量ΔQ_i的近似值，$\Delta Q_i \approx f(\xi_i)\,\Delta x_i$（$i=1,2,\cdots,n$）；

第三步，写出整体量Q的近似值，$Q=\sum_{i=1}^{n}\Delta Q_i \approx \sum_{i=1}^{n} f(\xi_i)\ \Delta x_i$；

第四步，取$\lambda=\max\limits_{1\leqslant i\leqslant n}\{\Delta x_i\}\to 0$时的极限，则得$Q=\lim\limits_{\lambda\to 0}\sum\limits_{i=1}^{n} f(\xi_i)\Delta x_i=\int_a^b f(x)\mathrm{d}x$。

观察上述四步我们发现，第二步是关键，因为最后的被积表达式的形式就是在这一步被确定的，只要把第二步近似式$f(\xi_i)\ \Delta x_i$中的变量记号改变一下即可（ξ_i换为x；Δx_i换为$\mathrm{d}x$）。而第三、第四两步可以合并成一步：在区间$[a,b]$上无限“累加”，即在$[a,b]$上积分。至于第一步，它只是要求所求量具有可加性，这是Q能用定积分计算的前提，于是，上述四步就简化成了以下的两步：

第一步，在区间$[a,b]$上任取一个微小区间$[x,x+\mathrm{d}x]$，然后写出在这个小区间上的部分量ΔQ的近似值，记为$\mathrm{d}Q=f(x)\mathrm{d}x$（称为$Q$的微元）；

第二步，将微元$\mathrm{d}Q$在$[a,b]$上无限“累加”，即在$[a,b]$上积分，得

$$Q=\int_a^b f(x)\mathrm{d}x$$

上述两步解决问题的方法称为微元法。

关于微元$\mathrm{d}Q=f(x)\mathrm{d}x$，我们有两点要说明：

（1）$f(x)\mathrm{d}x$作为ΔQ的近似表达式，应该足够准确，确切地说，就是要求其差是关于Δx的高阶无穷小，即$\Delta Q-f(x)\mathrm{d}x=o(\Delta x)$。这样我们就知道了，称做微元的量$f(x)\mathrm{d}x$，实际上就是所求量的微分$\mathrm{d}Q$；

（2）具体怎样求微元呢？这是问题的关键，这要分析问题的实际意义及数量关系，一般按在局部$[x,x+\mathrm{d}x]$上以“常代变”、“直代曲”的思路（局部线性化），写出局部上所求量的近似值，即为微元$\mathrm{d}Q=f(x)\mathrm{d}x$。

下面利用微元法来讨论定积分在几何、物理和经济方面的一些应用。

8.1.2　用定积分求平面图形的面积

根据平面曲线在不同坐标系下表示的方法，可把求平面图形面积的方法分为：在直角坐标系下的面积计算及在极坐标系下的面积计算。

1．在直角坐标系下的面积计算

利用微元法很容易将下列图形面积表示为定积分。

（1）由曲线$y=f(x)\geqslant 0,\ x=a,\ x=b$及$Ox$轴所围成的图形（图 8.1），其面积微元$\mathrm{d}A=f(x)\mathrm{d}x$，面积$A=\int_a^b f(x)\mathrm{d}x$；

（2）由上、下两条曲线$y=f_2(x),\ y=f_1(x)(f_2(x)\geqslant f_1(x))$及$x=a,\ x=b$所围成的图形（图 8.2），其面积微元$\mathrm{d}A=[f_2(x)-f_1(x)]\mathrm{d}x$，面积$A=\int_a^b[f_2(x)-f_1(x)]\mathrm{d}x$；

（3）由左右两条曲线$x=g_1(y),\ x=g_2(y)(g_2(y)\geqslant g_1(y))$及$y=c,\ y=d$所围成的图形（图 8.3），其面积微元$\mathrm{d}A=[g_2(y)-g_1(y)]\mathrm{d}y$，面积$A=\int_c^d[g_2(y)-g_1(y)]\mathrm{d}y$（注意，这时应取横条矩形为$\mathrm{d}A$，即取$y$为积分变量）。

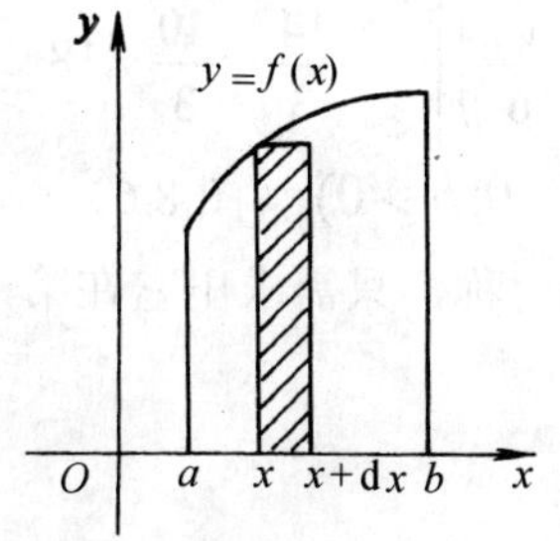

图 8.1

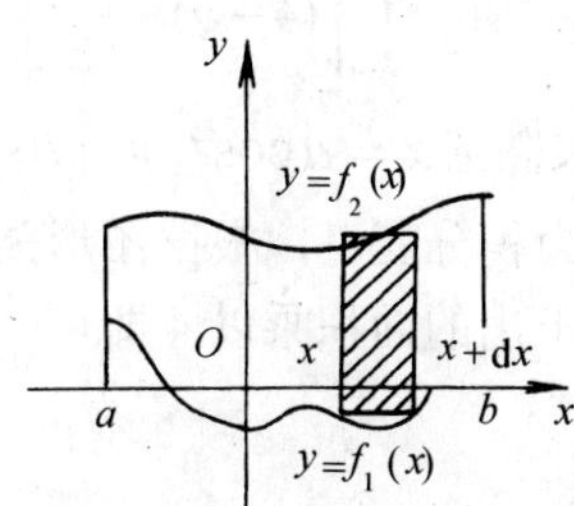

图 8.2

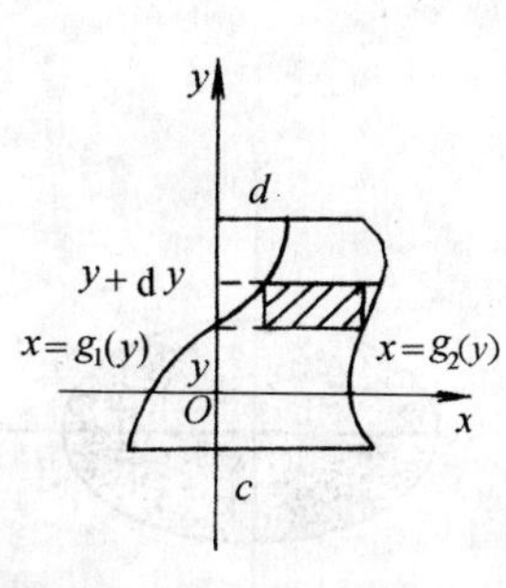

图 8.3

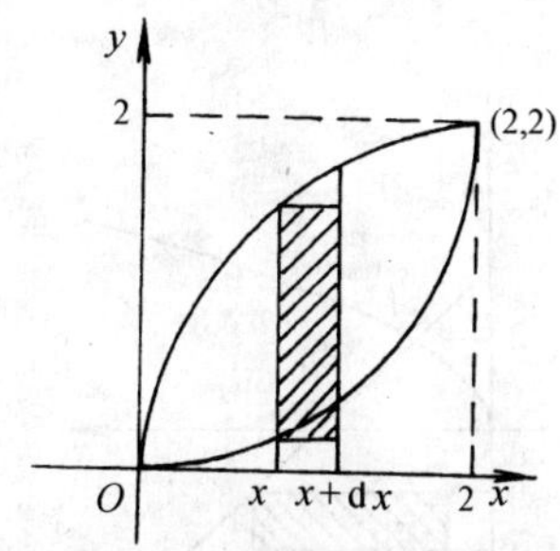

图 8.4

例 8.1 求抛物线 $y^2 = 2x$，$x^2 = 2y$ 所围平面图形的面积。

解 用定积分求平面图形的面积时，一般地有以下三步：

（1）作出图形（图 8.4），并求曲线交点以确定积分区间，

解方程组 $\begin{cases} y^2 = 2x \\ x^2 = 2y \end{cases}$ 得交点坐标为（0, 0）及（2, 2）；

（2）选择积分变量，写出面积微元。本题取竖条或横条作面积 dA 均可，取竖条，即取 x 为积分变量，x 变化范围为[0, 2]。于是

$$\mathrm{d}A = \left(\sqrt{2x} - \frac{x^2}{2}\right)\mathrm{d}x\text{；}$$

（3）将 A 表示成定积分，并计算，得

$$A = \int_0^2 \left(\sqrt{2x} - \frac{x^2}{2}\right)\mathrm{d}x = \left(\frac{2\sqrt{2}}{3}x^{\frac{3}{2}} - \frac{x^3}{6}\right)\Bigg|_0^2 = \frac{4}{3}$$

例 8.2 求抛物线 $y^2 = 2x$ 与直线 $y = 4 - x$ 所围平面图形面积。

解 与例 8.1 相类似，有

（1）作图（图 8.5）求出交点坐标为（2, 2）及（8, −4）；

（2）选择积分变量，写出面积微元。观察图得知，取 y 作为积分变量为好，y 变化范围为[−4, 2]（读者可以考虑一下，为什么不取 x 为积分变量），于是

$$\mathrm{d}A = \left[(4 - y) - \frac{y^2}{2}\right]\mathrm{d}y$$

（3）将 A 表示成定积分，并计算，得

$$A=\int_{-4}^{2}\left[(4-y)-\frac{y^2}{2}\right]\mathrm{d}y=\left(4y-\frac{y^2}{2}-\frac{y^3}{6}\right)\Bigg|_{-4}^{2}=\frac{14}{3}+\frac{40}{3}=18$$

例 8.3 求椭圆 $x=a\cos t, y=b\sin t$ 的面积 $(a>0,b>0)$（图 8.6）。

解 取 x 为积分变量，根据图形关于 x 轴，y 轴对称，只需求出它在第一象限部分的面积，然后将所求出的面积乘以 4 即可，于是

$$A=4\int_0^a y\mathrm{d}x$$

利用定积分的换元法，有

$$A=4\int_0^a y\mathrm{d}x=4\int_{\frac{\pi}{2}}^{0} b\sin t\cdot(-a\sin t)\,\mathrm{d}t=4ab\int_0^{\frac{\pi}{2}}\sin^2 t\mathrm{d}t=2ab\int_0^{\frac{\pi}{2}}(1-\cos 2t)\mathrm{d}t=\pi ab$$

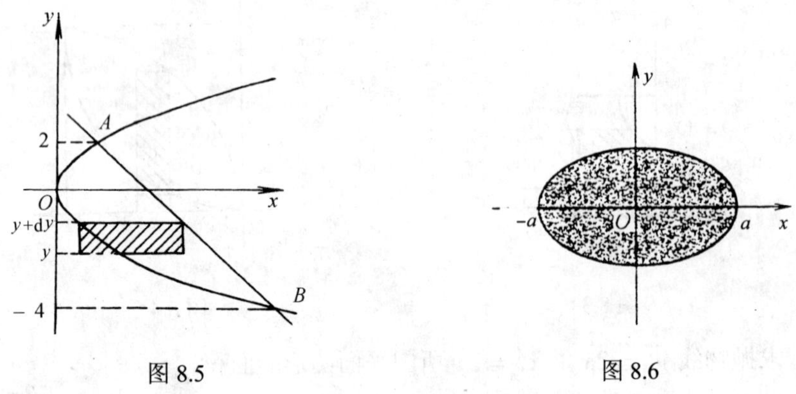

图 8.5　　　　图 8.6

一般地，当曲边梯形的曲边由参数方程 $\begin{cases}x=x(t)\\ y=y(t)\end{cases}$ $(\alpha\leqslant t\leqslant\beta)$ 给出时，则曲边梯形面积为

$$A=\int_{\alpha}^{\beta} y(t)x'(t)\mathrm{d}t$$

其中 $y(t)\geqslant 0$，α 与 β 分别是曲边的左、右端点所对应的参数值。

2. 在极坐标系下的面积计算

有些图形，用极坐标来表示比较方便。下面用微元法来推导在极坐标系下“曲边扇形”的面积公式。所谓“曲边扇形”是指由曲线 $\rho=\rho(\theta)$ 及两条射线 $\theta=\alpha,\ \theta=\beta$ 所围成的图形（图 8.7）。

第一步，取 θ 为积分变量，其变化范围为 $[\alpha,\beta]$，任取微小区间 $[\theta,\theta+\mathrm{d}\theta]$，在 $[\theta,\theta+\mathrm{d}\theta]$ 上“常代变”，即以 $\rho(\theta)$ 为半径，$\mathrm{d}\theta$ 为圆心角的扇形的面积 $\mathrm{d}A$ 作为小曲边扇形面积的近似值，则面积微分为

$$\mathrm{d}A=\frac{1}{2}\rho^2(\theta)\mathrm{d}\theta$$

第二步，将面积元素 $\mathrm{d}A$ 从 α 无限“累加”到 β，即在 $[\alpha,\beta]$ 上积分，便得所求曲边扇形面积为

$$A=\frac{1}{2}\int_{\alpha}^{\beta}\rho^2(\theta)\mathrm{d}\theta$$

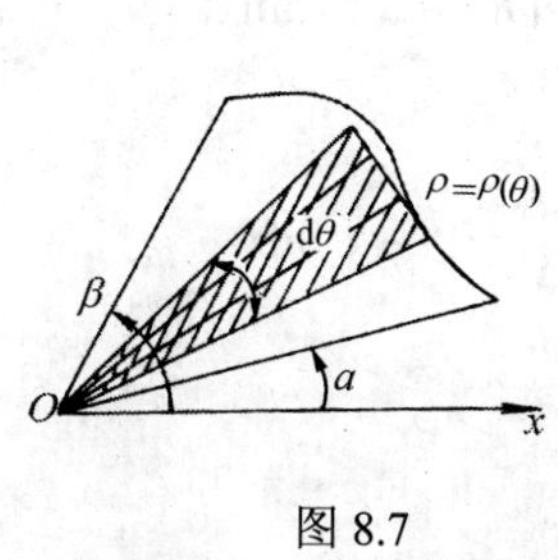

图 8.7

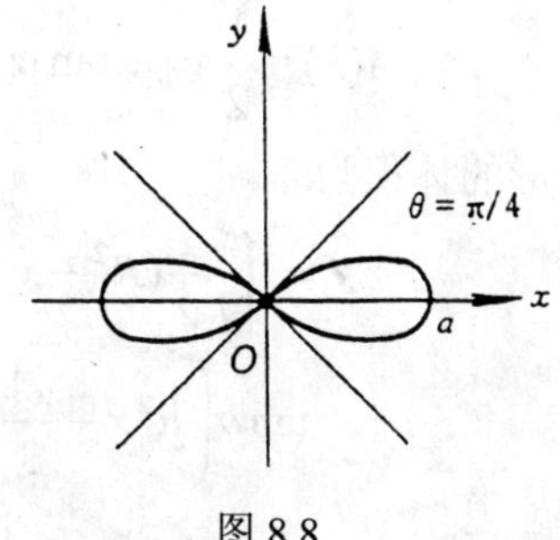

图 8.8

例 8.4 求双纽线$\rho^2 = a^2\cos 2\theta$所围图形的面积。

解 作出双纽线的图（图 8.8）。由于图形的对称性，只需求第一象限部分面积，再用求出的面积乘以 4 即可，在第一象限θ的变化范围为$\left[0,\dfrac{\pi}{4}\right]$，于是

$$A=4\times\frac{1}{2}\int_0^{\frac{\pi}{4}}\rho^2\mathrm{d}\theta=2\int_0^{\frac{\pi}{4}}a^2\cos 2\theta\mathrm{d}\theta=a^2\sin 2\theta\Big|_0^{\frac{\pi}{4}}=a^2$$

8.1.3 用定积分求体积

1. 平行截面面积为已知的立体的体积

若一物体被垂直于某一直线的平面所截的面积可求，则该物体可用定积分求其体积。

不妨设上述直线为x轴，则在x处的截面面积$A(x)$是x的已知连续函数，求该物体介于$x=a$和$x=b(a<b)$之间的体积（图 8.9）。

用“微元法”。为求出体积微元$\mathrm{d}V$，在微小区间$[x,x+\mathrm{d}x]$上视$A(x)$不变，即把$[x,x+\mathrm{d}x]$上的立体薄片近似看做$A(x)$为底，$\mathrm{d}x$为高的柱片，于是

$$\mathrm{d}V=A(x)\ \mathrm{d}x$$

再在x的变化区间$[a,b]$上积分，则有

$$V=\int_a^b A(x)\mathrm{d}x$$

例 8.5 设有底圆半径为R的圆柱，被一与圆柱面交成α角且过底圆直径的平面所截，求截下的楔形的体积（图 8.10）。

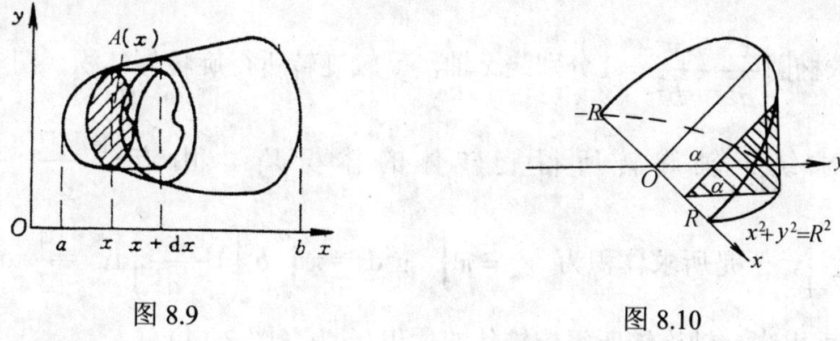

图 8.9

图 8.10

解 取坐标如图，则底圆方程为$x^2+y^2=R^2$，在x处垂直于x轴作立体的截面，得一个直角三角形，两条直角边分别为y及$y\tan\alpha$其面积为

$$A(x)=\frac{1}{2}y\cdot y\tan\alpha=\frac{1}{2}y^2\tan\alpha=\frac{1}{2}(R^2-x^2)\tan\alpha$$

从而得楔形的体积为

$$V=\int_{-R}^{R}\frac{1}{2}(R^2-x^2)\tan\alpha\mathrm{d}x=\tan\alpha\int_0^R(R^2-x^2)\mathrm{d}x$$

$$=\tan\alpha\left(R^2x-\frac{x^3}{3}\right)\Bigg|_0^R=\frac{2}{3}R^3\tan\alpha$$

2．旋转体的体积

一平面图形绕这个平面内的一条直线旋转一周所得的立体称为旋转体，该直线称旋转体的旋转轴。

设旋转体是由曲线 $y=f(x)$ 与直线 $x=a$，$x=b(a<b)$ 及 x 轴围成的曲边梯形绕 x 轴旋转而成，求其体积 V（图 8.11）。

这是平行截面面积为已知求立体的体积的特殊情况，这时截面面积 $A(x)$ 是圆的面积。

在区间 $[a,b]$ 上点 x 处垂直 x 轴的截面面积为 $A(x)=\pi y^2=\pi f^2(x)$，在 x 的变化区间 $[a,b]$ 上积分，得旋转体的体积为 $V=\pi\int_a^b y^2\mathrm{d}x=\pi\int_a^b f^2(x)\mathrm{d}x$。

类似地，可求得，由曲线 $x=\varphi(y)$ 与直线 $y=c, y=d$ 及 y 轴所围成的曲边梯形绕 y 轴旋转，所得旋转体的体积（图 8.12）为 $V=\pi\int_c^d x^2\mathrm{d}y=\pi\int_c^d\varphi^2(y)\mathrm{d}y$。

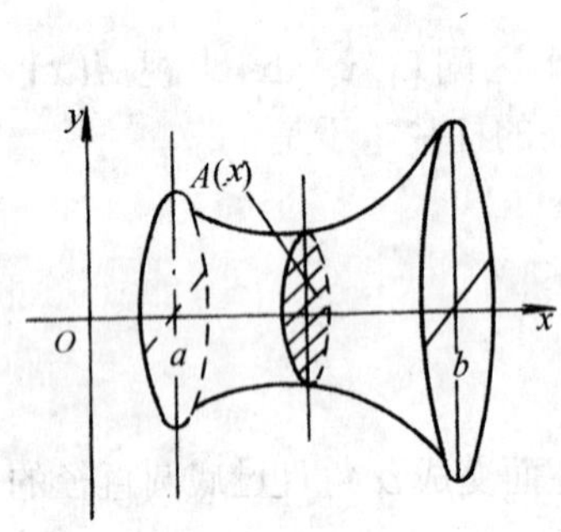

图 8.11

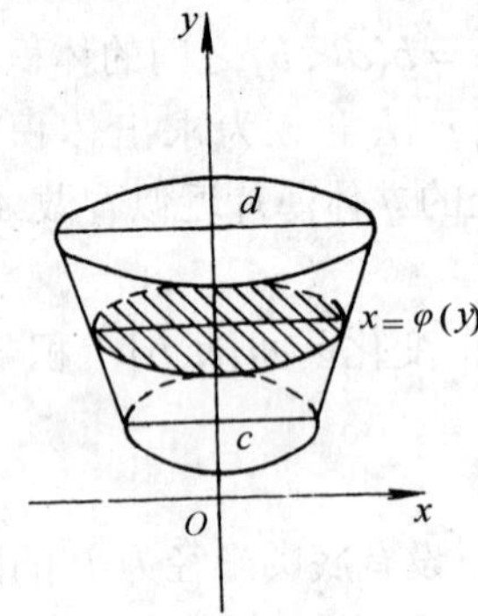

图 8.12

例 8.6 求椭圆 $\frac{x^2}{a^2}+\frac{y^2}{b^2}=1$ 分别绕 x 轴，y 轴旋转所得旋转体体积（图 8.13）。

解 先求绕 x 轴旋转所得旋转体的体积 V_x，由方程 $\frac{x^2}{a^2}+\frac{y^2}{b^2}=1$，解得 $y^2=b^2\left(1-\frac{x^2}{a^2}\right)$，于是所求体积为 $V_x=\pi\int_{-a}^{a}y^2\mathrm{d}x=\pi\int_{-a}^{a}b^2\left(1-\frac{x^2}{a^2}\right)\mathrm{d}x=\frac{4}{3}\pi ab^2$。

类似地，再求绕 y 轴旋转所得旋转体的体积 V_y 为（图 8.14）

$$V_y=\pi\int_{-b}^{b}x^2\mathrm{d}y=\pi\int_{-b}^{b}a^2\left(1-\frac{y^2}{b^2}\right)\mathrm{d}y=\frac{4}{3}\pi a^2b\text{。}$$

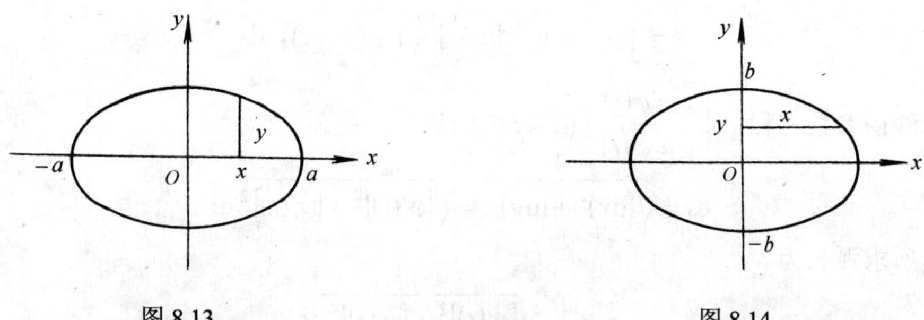

图 8.13　　　　图 8.14

例 8.7　求抛物线 $y=x^2$ 和 $y^2=x$ 所围成的平面图形绕 x 轴旋转所得旋转体的体积（图 8.15）。

解　先求出两条曲线的交点坐标为（0,0）及（1,1）,下抛物线方程为 $y=y_1(x)=x^2$，上抛物线为 $y=y_2(x)=\sqrt{x}$，所求体积是这两个抛物线在 x 轴上的[0，1]所围成的曲边梯形绕 x 轴旋转所得体积之差，于是得体积微元为

$$dV=\pi[y_2(x)]^2dx-\pi[y_1(x)]^2dx=\pi(y_2^2-y_1^2)dx$$

（注意：不要错误地写成 $dV=\pi(y_2-y_1)^2dx$ ）

所求体积为

$$V=\pi\int_0^1(y_2^2-y_1^2)dx=\pi\int_0^1[(\sqrt{x})^2-(x^2)^2]dx=\pi\int_0^1(x-x^4)dx=\frac{3}{10}\pi$$

8.1.4　平面曲线的弧长

设有曲线 $y=f(x)$ 在 $[a,b]$ 上有一阶连续的导数，求此曲线在 $[a,b]$ 上的弧长 s（图 8.16）。

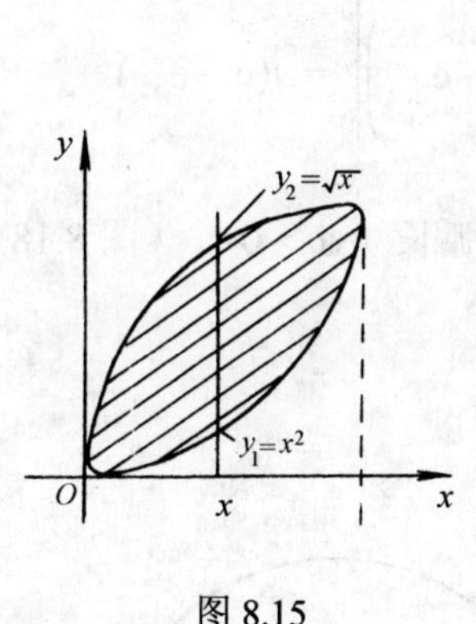

图 8.15　　　　图 8.16

仍用微元法，取 x 为积分变量，在 $[a,b]$ 上任取小区间 $[x,x+dx]$，切线上相应小区间的线段 MT 的长度近似代替一段小弧 MN 的长度，得弧长微元为

$$ds=MT=\sqrt{MP^2+PT^2}=\sqrt{(dx)^2+(dy)^2}=\sqrt{1+y'^2}\,dx$$

这里 $ds=\sqrt{1+y'^2}\,dx$ 称为弧微分公式。

在 x 的变化区间 $[a,b]$ 上积分，就得所求弧长为

$$s=\int_a^b \sqrt{1+y'^2}\,\mathrm{d}x=\int_a^b \sqrt{1+[f'(x)]^2}\,\mathrm{d}x$$

若曲线由参数方程 $\begin{cases}x=\varphi(t)\\ y=\psi(t)\end{cases}$ $(\alpha\leqslant t\leqslant\beta)$表示，则弧长微元为

$$\mathrm{d}s=\sqrt{(\mathrm{d}x)^2+(\mathrm{d}y)^2}=\sqrt{[\varphi'(t)]^2+[\psi'(t)]^2}\,\mathrm{d}t$$

于是所求弧长为

$$s=\int_\alpha^\beta \sqrt{[\varphi'(t)]^2+[\psi'(t)]^2}\,\mathrm{d}t$$

若曲线由极坐标方程 $\rho=\rho(\theta)$ $(\theta_1\leqslant\theta\leqslant\theta_2)$表示，不难写出弧长微元为

$$\mathrm{d}s=\sqrt{[\rho(\theta)]^2+[\rho'(\theta)]^2}\,\mathrm{d}\theta$$

则所求弧长为

$$s=\int_{\theta_1}^{\theta_2} \sqrt{[\rho(\theta)]^2+[\rho'(\theta)]^2}\,\mathrm{d}\theta$$

注意：计算弧长时，为使弧长为正，由于被积函数是正的，所以定积分的下限必须小于上限。

例 8.8 求悬链线 $y=\frac{a}{2}(\mathrm{e}^{\frac{x}{a}}+\mathrm{e}^{-\frac{x}{a}})$ 在［$-a,a$］$(a>0)$ 上弧长（图 8.17）。

解 由于 $y'=\frac{1}{2}(\mathrm{e}^{\frac{x}{a}}-\mathrm{e}^{-\frac{x}{a}})$，于是弧长微元为

$$\mathrm{d}s=\sqrt{1+y'^2}\,\mathrm{d}x=\sqrt{1+\frac{1}{4}\left(\mathrm{e}^{\frac{x}{a}}-\mathrm{e}^{-\frac{x}{a}}\right)^2}\,\mathrm{d}x=\frac{1}{2}\left(\mathrm{e}^{\frac{x}{a}}+\mathrm{e}^{-\frac{x}{a}}\right)\mathrm{d}x$$

所以悬链线这段弧长为

$$s=\int_{-a}^a \sqrt{1+y'^2}\,\mathrm{d}x=\int_0^a\left(\mathrm{e}^{\frac{x}{a}}+\mathrm{e}^{-\frac{x}{a}}\right)\mathrm{d}x=a\left(\mathrm{e}^{\frac{x}{a}}-\mathrm{e}^{-\frac{x}{a}}\right)\Bigg|_0^a=a(\mathrm{e}-\mathrm{e}^{-1})$$

例 8.9 求摆线 $\begin{cases}x=a(t-\sin t)\\ y=a(1-\cos t)\end{cases}$ 在 $0\leqslant t\leqslant 2\pi$ 的一段弧长（$a>0$）（图 8.18）。

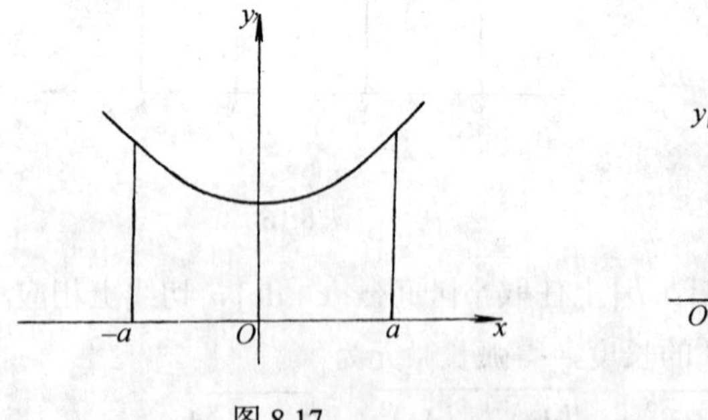

图 8.17

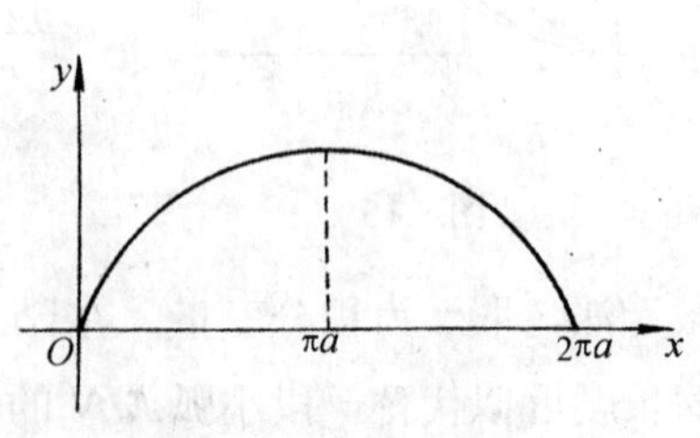

图 8.18

解 由于 $x'(t)=a(1-\cos t)$，$y'(t)=a\sin t$，于是弧长微元为

$$\mathrm{d}s=\sqrt{[x'(t)]^2+[y'(t)]^2}\,\mathrm{d}t=a\sqrt{2(1-\cos t)}\,\mathrm{d}t=2a\left|\sin\frac{t}{2}\right|\mathrm{d}t$$

由于 $t\in[0,2\pi]$，所以 $\sin\frac{t}{2}\geqslant 0$，于是这段摆线长为

$$s=\int_0^{2\pi}2a\sin\frac{t}{2}\mathrm{d}t=4a\left(-\cos\frac{t}{2}\right)\Bigg|_0^{2\pi}=8a$$

例 8.10 求心形线 $\rho=2(1+\cos\theta)$ 的全长（图 8.19）。

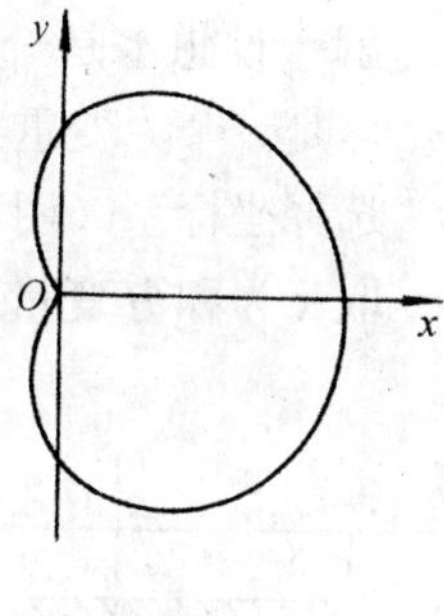

图 8.19

解 由于 $\rho'(\theta)=-2\sin\theta$，于是弧长微元为

$$\mathrm{d}s=\sqrt{[\rho(\theta)]^2+[\rho'(\theta)]^2}\,\mathrm{d}\theta=\sqrt{4(1+\cos\theta)^2+4\sin^2\theta}\,\mathrm{d}\theta$$

$$=2\sqrt{2(1+\cos\theta)}\,\mathrm{d}\theta=4\left|\cos\frac{\theta}{2}\right|\mathrm{d}\theta$$

由于 $-\pi\leqslant\theta\leqslant\pi$，所以 $\cos\frac{\theta}{2}\geqslant 0$，于是心形线的全长为

$$s=\int_{-\pi}^{\pi}4\cos\frac{\theta}{2}\mathrm{d}\theta=\int_0^{\pi}8\cos\frac{\theta}{2}\mathrm{d}\theta=16\left(\sin\frac{\theta}{2}\right)\Bigg|_0^{\pi}=16$$

8.2 定积分在物理学上的应用举例

定积分的应用非常广泛，在自然科学、工程技术中许多问题都可以化为定积分这种数学模型来解决。下面我们列举一些较简单物理学方面的应用实例，以说明微元法在实际中的应用。

1. 变力做功

如果物体受到常力作用沿力的方向移动一段距离 s，则力 F 所做的功 $W=F\cdot s$，如果物体在变力 $F(x)$ 作用下沿 x 轴由 a 处移到 b 处，求变力 $F(x)$ 所做的功。

由于力 $F(x)$ 是变力（图 8.20），所求功是区间 $[a,b]$ 上非均匀分布的整体量，故可以用定积分来解决。

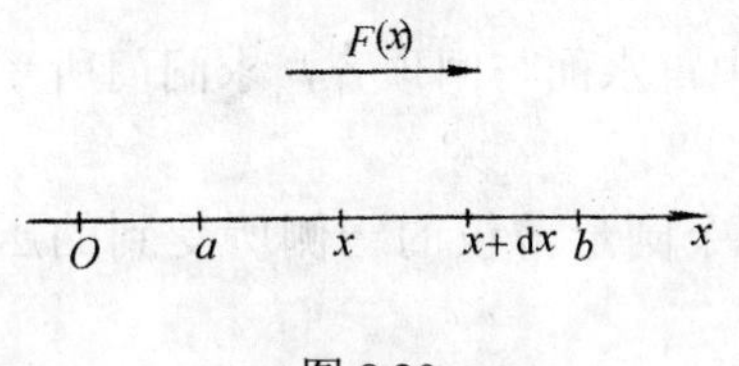

图 8.20

利用微元法，由于变力 $F(x)$ 是连续变化的，故可以设想在微小区间 $[x,x+\mathrm{d}x]$ 上作用力 $F(x)$ 是保持不变的，即“常代变”，按常力做功公式得这一段上变力做功的近似值，也就是功的微元为

$$\mathrm{d}W=F(x)\mathrm{d}x$$

将微元 $\mathrm{d}W$ 从 a 到 b 求定积分，就得到整个区间上所做的功为

$$W=\int_a^b F(x)\mathrm{d}x$$

例 8.11 已知把弹簧拉长所需力与弹簧的伸长成正比，又 1N 的力能使弹簧伸长 0.01m，求把弹簧拉长 0.1m 所做的功。

解 设伸长为 x m，由虎克定律知，$F(x)=kx$，其中 k 是比例常数。

已知当 $x=0.01$ m 时，$F(x)=1$ N，于是有 $k=\frac{1}{0.01}=100$ N/m，即

$$F(x)=100x$$

在微小区间 $[x,x+\mathrm{d}x]$ 上，以“常代变”得功微元为 $\mathrm{d}W=100x\mathrm{d}x$。

于是弹簧拉长 0.1m 所做的功为

$$W=\int_0^{0.1}100x\mathrm{d}x=50x^2\Big|_0^{0.1}=0.5\ (\mathrm{J})$$

例 8.12 半径为 R 的半球形水池充满了水，要把池内的水全部吸尽，需做多少功？

解 设想水是一层一层被吸出来的，由于水位不断下降，使得水层的提升高度连续增加，这是一个“变重力”做的功问题，可用定积分解决。

选择坐标系（图 8.21），半圆方程为 $x^2+y^2=R^2\ (x\geqslant 0)$。

取 x 为积分变量，在 x 的变化区间 $[0,R]$ 内取微小区间 $[x,x+\mathrm{d}x]$，则吸出这厚为 $\mathrm{d}x$ 的一薄层水所需做功的近似值，即功微元为

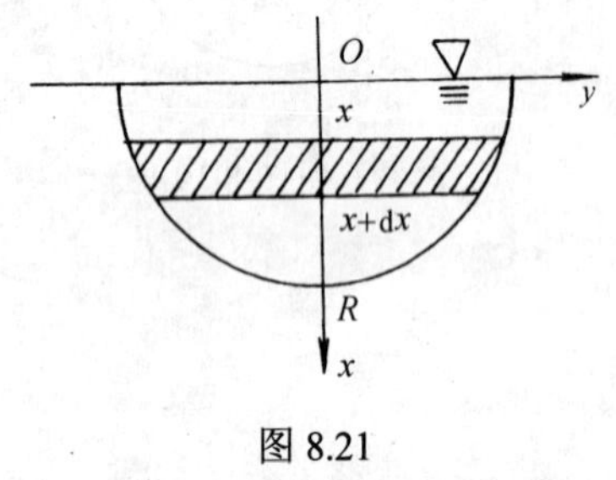

图 8.21

$$\mathrm{d}W=\gamma x\mathrm{d}V=\gamma x\cdot\pi y^2\mathrm{d}x$$
$$=\gamma\pi x(R^2-x^2)\mathrm{d}x\quad(\gamma\ \text{为水的密度})$$

于是所做功为

$$W=\int_0^R\gamma\pi x(R^2-x^2)\mathrm{d}x=\gamma\pi\left(\frac{R^2x^2}{2}-\frac{x^4}{4}\right)\Bigg|_0^R$$
$$=9.8\times\frac{R^4}{4}\pi\times10^3\ (\mathrm{J})\quad(\gamma=10^3\times9.8\,\mathrm{N/m^3})$$

2．液体对平面薄板的侧压力

设有一平面薄板，垂直放在密度为 γ 的液体中，求液体对平面薄板的侧压力。

根据物理学可知，在液面下深度为 h 处，由液体重量所产生的压强为 $p=\gamma h$，若有面积为 A 的薄板水平放置在深度为 h 处，这时薄板各处受力均匀，所受压力为 $F=pA=\gamma hA$，现在薄板是垂直放置在液体中，薄板上在不同深度处的压强是不同的，因此，整个薄板所受的压力是非均匀分布的整体量。下面结合具体例子来说明如何利用定积分来计算。

例 8.13 设半径为 R 的圆形水闸门垂直于水面置于水中，水面与闸顶齐，求闸门所受的总压力，又如果水位下落 R 时，闸门所受压力又是多少？

解 闸门是圆形的，现在要计算在水中垂直放置的一个圆形薄板的一侧所受到的压力。

选择坐标系（图 8.22），圆方程为 $(x-R)^2+y^2=R^2$，取 x 为积分变量，在 x 的变化区间 $[0,2R]$ 内取微小区间 $[x,x+\mathrm{d}x]$，视这细条上压强不变，所受的压力的近似值，即压力微元为

$$\mathrm{d}F=\gamma x\mathrm{d}A=\gamma x\cdot2y\mathrm{d}x=2\gamma x\sqrt{R^2-(x-R)^2}\,\mathrm{d}x$$

圆形闸门所受的总压力为

$$F=\int_0^{2R}2\gamma x\sqrt{R^2-(x-R)^2}\,\mathrm{d}x=2\gamma\int_0^{2R}(x-R+R)\sqrt{R^2-(x-R)^2}\,\mathrm{d}x$$
$$=2\gamma\int_0^{2R}(x-R)\sqrt{R^2-(x-R)^2}\,\mathrm{d}x+2\gamma R\int_0^{2R}\sqrt{R^2-(x-R)^2}\,\mathrm{d}x$$
$$=-\gamma\int_0^{2R}\sqrt{R^2-(x-R)^2}\,\mathrm{d}(R^2-(x-R)^2)+2\gamma R\int_0^{2R}\sqrt{R^2-(x-R)^2}\,\mathrm{d}x$$

上式第二个定积分就是半径为 R 的半圆的面积，于是

$$F=-\gamma\left[\frac{2}{3}\left(R^2-(x-R)^2\right)^{\frac{3}{2}}\right]_0^{2R}+2\gamma R\cdot\frac{1}{2}\pi R^2=\gamma\pi R^3$$

当水位下落 R 时，这细条位于水深 $x-R$ 如图 8.23 所示，因此，所受的压力的近似值，即压力微元为

$$\mathrm{d}F=2\gamma(x-R)\sqrt{R^2-(x-R)^2}\,\mathrm{d}x$$

这时圆形闸门所受的压力为

$$F=\int_R^{2R}2\gamma(x-R)\sqrt{R^2-(x-R)^2}\,\mathrm{d}x=-\gamma\left[\frac{2}{3}\left(R^2-(x-R)^2\right)^{\frac{3}{2}}\right]_R^{2R}=\frac{2}{3}\gamma R^3$$

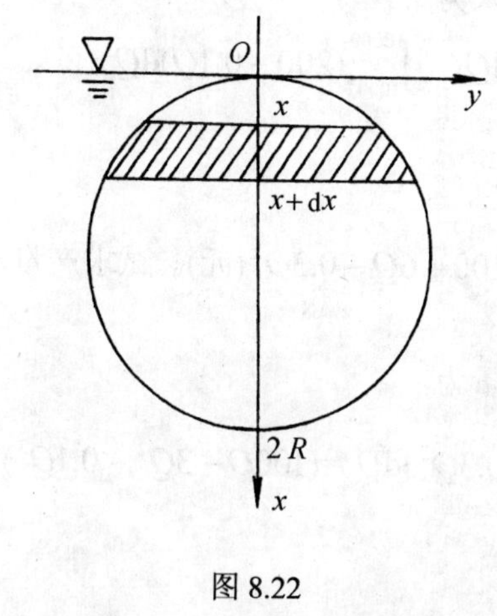

图 8.22

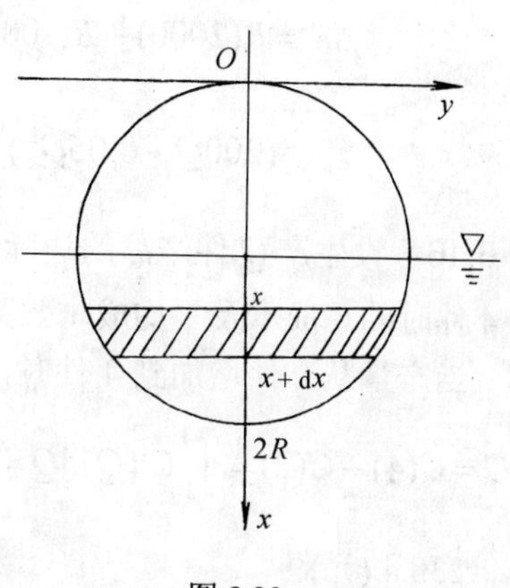

图 8.23

8.3　定积分在经济中的应用举例

1. 求经济函数或其改变量

在经济问题中，诸如产量、销量、需求、成本、收入、利润等相互之间在数量上成函数关系，如总成本是产量的函数，总收入是销售量的函数等，故把这一类函数称为经济函数。某经济函数的导数，称为该经济现象的边际函数。例如，边际成本就是成本函数的导数，边际收入就是收入函数的导数，等等。

若已知一个经济现象的边际函数，求这个经济函数，显然它是边际函数的一个原函数，因此可以通过变上限的定积分求得。如果要求这个经济函数在某个范围的改变量，可以用边际函数在此范围的定积分来解决。

例 8.14　已知生产 x 件产品的总成本为 $C(x)=200+2x$（元），边际收入为 $R'(x)=10-0.1x$(元)。问生产多少件产品时，才能获得最大利润？

解　生产 x 件产品的总收入，可以使用边际收入的变上限的定积分计算。

$$R(x)=\int_0^x R'(t)\mathrm{d}t=\int_0^x(10-0.01t)\mathrm{d}t=(10t-0.005t^2)\Big|_0^x=10x-0.005x^2$$

因此，生产 x 件产品的利润为

$$L(x)=R(x)-C(x)=10x-0.005x^2-200-2x=8x-0.005x^2-200$$

由 $L'(x)=8-0.01x=0$，得 $x=800$，且由 $L''(800)=-0.01<0$。已知 $x=800$ 是 $L(x)$ 的极大值点，也是最大值点，因此，生产 800 件产品时可得到最大利润，最大利润为 $L(800)=3000$ (元)。

例 8.15 设生产 Q 件产品的边际收入为 $R'(Q)=200-0.1Q$ (元)。求：

（1）生产 1000 件产品时的总收入；

（2）从生产 1000 件产品增加到 2000 件时的总收入。

解 （1）生产 1000 件产品时的总收入为

$$R(1000)=\int_0^{1000}R'(Q)\mathrm{d}Q=\int_0^{1000}(200-0.1Q)\mathrm{d}Q=(200Q-0.05Q^2)\Big|_0^{1000}=150000\,(\text{元})$$

（2）当生产 1000 件产品增加到 2000 件时的总收入为

$$\Delta R=R(2000)-R(1000)=\int_{1000}^{2000}R'(Q)\mathrm{d}Q=\int_{1000}^{2000}(200-0.1Q)\mathrm{d}Q$$

$$=(200Q-0.05Q^2)\Big|_{1000}^{2000}=50000\ (\text{元})$$

例 8.16 设生产 Q 件产品的边际成本为 $C'(Q)=100+6Q-0.3Q^2$ (元)。试求产量从 2 件增加到 4 件时的总成本及平均成本。

解 当产量从 2 件增加到 4 件时，总成本的改变量为

$$\Delta C=C(4)-C(2)=\int_2^4 C'(Q)\mathrm{d}Q=\int_2^4(100+6Q-0.3Q^2)\mathrm{d}Q=(100Q+3Q^2-0.1Q^3)\Big|_2^4$$

$$=230.4\,(\text{元})$$

在此产量段，生产一件产品的平均成本为

$$\overline{\Delta C}=\frac{\Delta C}{\Delta Q}=\frac{230.4}{4-2}=115.2\,(\text{元})$$

2. 资金流量的现值

设第 i 期末的收入(资金)流量为 $R_i(i=1,2,\cdots,n)$，利率为 r，在离散的情况下，第 i 期末的收入流量 R_i 的现值为 $P_0(i)=R_i(1+r)^{-i}$，于是全部 n 期收入流量现值应为

$$P_0=\sum_{i=1}^{n}R_i(1+r)^{-i}$$

在连续复利时，资金流量是随时间 t 变化的函数，在此用 $R(t)$ 表示时间为 t 时的收入流量，则在很短的时间段 $[t,t+\mathrm{d}t]$ 内收入流量的近似值为 $R(t)\mathrm{d}t$，则当利率为 r 时，其现值为 $R(t)\mathrm{e}^{-rt}\mathrm{d}t$，这样，到第 n 期末收入流量总和的现值为

$$P_0=\int_0^n R(t)\mathrm{e}^{-rt}\mathrm{d}t$$

下面利用导出的公式计算一个实际问题。

例 8.17 假设连续收入流量每年为 7500 元，持续 3 年，年利率为 7.5%，问 3 年后其现值是多少？

解 $R(t)=7500$，$n=3$，$r=0.075$，于是得现值

$$P_0=\int_0^n R(t)\mathrm{e}^{-rt}\mathrm{d}t=\int_0^3 7500\mathrm{e}^{-0.075t}\mathrm{d}t=\left(-\frac{7500}{0.075}\mathrm{e}^{-0.075t}\right)\Bigg|_0^3=100000(1-\mathrm{e}^{-0.075\times 3})=20150$$

8.4 本章小结

8.4.1 内容提要

1．基本概念

微元法，面积微元，体积微元，弧微元，功微元，压力微元。

2．基本公式

平面曲线弧微元公式。

3．基本方法

用定积分的微元法求平面图形的面积，求平行截面面积为已知的立体的体积，求旋转体的体积，求曲线的弧长，求变力所做的功，求液体的侧压力。

8.4.2 疑点解析

问题 1 什么样的量可以用定积分求解？

解析 具有可加性的几何量或物理量一般可以用定积分求解，即所求量Q必须满足下列条件：

（1）Q与变量x与x的变化区间$[a,b]$以及定义在区间$[a,b]$上的某一函数$f(x)$有关；

（2）Q在$[a,b]$上具有可加性。

问题 2 用定积分的微元法解决问题时，具体步骤如何？

解析 定积分的微元法是从“分割取近似，求和取极限”的定积分基本思想方法中总结出来的，具体步骤如下：

（1）选变量，定区间：根据实际问题的具体情况先作图，然后选取适当的坐标系及适当变量（如x），并确定积分变量和它的变化区间$[a,b]$；

（2）取近似，找微分：在$[a,b]$内任取一微小区间$[x,x+\mathrm{d}x]$，当$\mathrm{d}x$很小时，以“直代曲”、“常代变”的思想，取得微元表达式$\mathrm{d}Q=f(x)\mathrm{d}x\approx\Delta Q$（$\mathrm{d}Q$为量$\Delta Q$在微小区间$[x,x+\mathrm{d}x]$上所分布的部分量的近似值）；

（3）找整量，求积分：对微元进行积分，得$Q=\int_a^b \mathrm{d}Q=\int_a^b f(x)\mathrm{d}x$。

例 8.18 求由曲线$y=\frac{1}{x}$，$y^2=x$与直线$y=2$所围成图形的面积。

解 用定积分的微元法，有

（1）选变量，定区间：作出图（图 8.24），求出曲线$y=\frac{1}{x}$，$y^2=x$的交点为（1，1），取y为积分变量，y的变化区间为[1，2]；

（2）取近似，找微分：取左曲线$x=x_1(y)=\frac{1}{y}$，取右曲线$x=x_2(y)=y^2$，任取一微小

区间 $[y, y+\mathrm{d}y]$，则面积微元为 $\mathrm{d}A=[x_2(y)-x_1(y)]\mathrm{d}y=\left(y^2-\dfrac{1}{y}\right)\mathrm{d}y$；

（3）找整量，求积分：对微元进行积分，得

$$A=\int_1^2 \mathrm{d}A=\int_1^2\left(y^2-\frac{1}{y}\right)\mathrm{d}y=\left[\frac{1}{3}y^3-\ln y\right]_1^2=\frac{7}{3}-\ln 2$$

例 8.19 求圆 $(x-6)^2+y^2=16$ 绕 y 轴旋转一周所成的旋转体（环体）的体积（图 8.25）。

解 用定积分的微元法，得

（1）选变量，定区间：制作图（图 8.25），将圆方程改写为 $x=6\pm\sqrt{16-y^2}$，左半圆弧 CAD 方程为 $x=x_1(y)=6-\sqrt{16-y^2}$，右半圆弧 CBD 方程为 $x=x_2(y)=6+\sqrt{16-y^2}$，取 y 为积分变量，y 的变化区间为 $[-4, 4]$；

（2）取近似，找微分：环体是这两个半圆在 y 轴上的 $[-4, 4]$ 所围成的曲边梯形绕 y 轴旋转所得体积之差，任取一微小区间 $[y, y+\mathrm{d}y]$，于是得体积微元为

$$\begin{aligned}\mathrm{d}V&=\pi[x_2(y)]^2\mathrm{d}y-\pi[x_1(y)]^2\mathrm{d}y=\pi(x_2^2(y)-x_1^2(y))\mathrm{d}y\\&=\pi\left[(6+\sqrt{16-y^2})^2-(6-\sqrt{16-y^2})^2\right]\mathrm{d}y=24\pi\sqrt{16-y^2}\,\mathrm{d}y\end{aligned}$$

（3）找整量，求积分：对微元进行积分，得

$$V=\int_{-4}^4\mathrm{d}V=\int_{-4}^4 24\pi\sqrt{16-y^2}\,\mathrm{d}y=48\pi\int_0^4\sqrt{16-y^2}\,\mathrm{d}y=192\pi^2$$

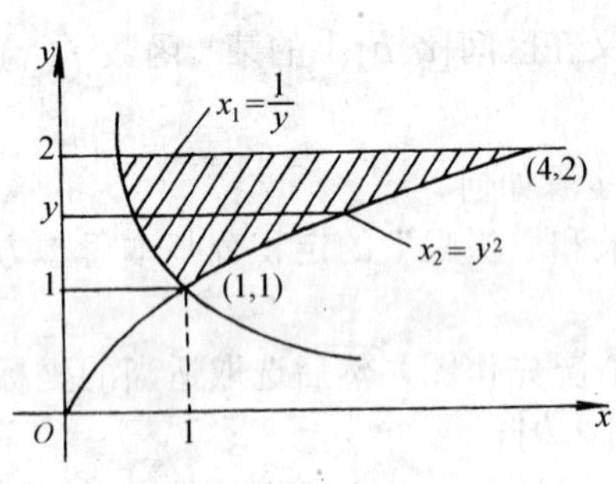

图 8.24

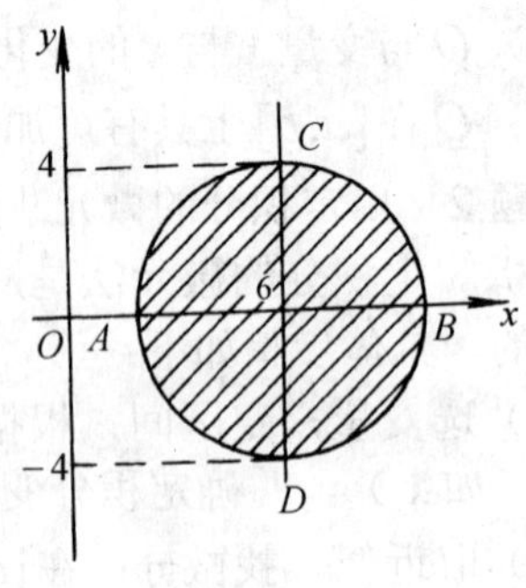

图 8.25

习 题 8

1. 求下列曲线所围成的平面图形的面积：

（1）$xy=2$，$y=x$，$x=4$；

（2）$y=x$，$y=x-4$，$y=1$，$y=2$；

（3）$y=4-x^2$，$y=x^2-2x$；

（4）$y=3+2x-x^2$，$x=1$，$x=4$，$y=0$。

2. 求由曲线 $xy=2$, $y=2x$, $2y=x$ 所围成的图形的面积。

3．求抛物线 $y=\frac{1}{4}x^2$ 与在点（2，1）处的法线所围成的图形的面积。

4．设曲线 $y=\mathrm{e}^{\frac{x}{2}}$，试在原点 O 与 x 点 $(x>0)$ 之间找一点 ξ，使该点左右两边的阴影部分的图形面积相等（图 8.26）。

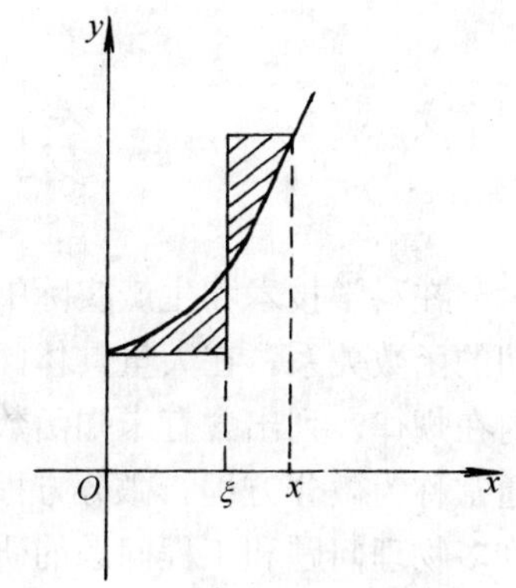

图 8.26

5．求摆线一拱 $\begin{cases} x=a(t-\sin t) \\ y=a(1-\cos t) \end{cases}$ $(0\leqslant t\leqslant 2\pi)$ 与 x 轴所围成的图形的面积。

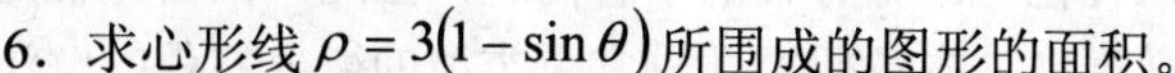

6．求心形线 $\rho=3(1-\sin\theta)$ 所围成的图形的面积。

7．求三叶玫瑰线 $\rho=a\sin 3\theta$ 所围成的图形的面积。

8．求 $\rho=2$ 与 $\rho=4\cos\theta$ 公共部分所围成的图形的面积。

9．求下列曲线围成的图形绕 x 轴旋转所得的旋转体体积：

（1）$\frac{x^2}{a^2}+\frac{y^2}{b^2}=1\,(a>b>0)$；　　（2）$y=x^2$ 与 $y=1$；

（3）$\begin{cases} x=a(t-\sin t) \\ y=a(1-\cos t) \end{cases}$ 的一拱与 x 轴。

10．求曲线 $y=\mathrm{e}^x(x\leqslant 0),\ x=0,\ y=0$ 所围成的图形绕 x 轴与绕 y 轴旋转所得的立体体积。

11．计算曲线 $y^2=x^3$ 上相应于 $x=0$ 到 $x=1$ 的一段弧长。

12．计算 $\begin{cases} x=\mathrm{e}^t\cos t \\ y=\mathrm{e}^t\sin t \end{cases}$ 由 $t=0$ 到 $t=\pi$ 的一段弧长。

13．有一质点按规律 $x=t^4$ 做直线运动，介质阻力与速度成正比，求质点从 $x=0$ 移到 $x=1$ 时，克服介质阻力所做的功。

14．弹簧压缩所受到的力与压缩距离成正比，现在弹簧由原长压缩了 6cm，问需要做多少功？

15．半径为 6m 的半球形水池盛满了水，若把其中的水全部抽尽问需要做多少功？

16．有一形如圆台的水桶盛满了水，如果桶高 3m，上下底的半径分别为 1m 和 2m，试计算将桶中水吸尽所做的功。

17．一矩形水闸门，宽为 20m，高为 16m，闸门在水面下 2m，闸门的宽与水面平行，求闸门上所受到的水压力。

18．一底为 8m，高为 6m 的等腰三角形薄片，铅直沉在水中，顶在上，底在下且与水面平行，而顶离水面 3m，试求它侧面所受的压力。

19．某厂生产某大型设备，已知其产品的边际成本为 $C'(x)=4+\frac{x}{4}$(单位：万元/台)，边际收入为 $R'(x)=8-x$，其中 x 为产量，并设固定成本为 1 万元。求

（1）产量由 1 台增加到 5 台时，总成本和总收入各增加多少？

（2）产量为多少时，利润最大？是多少？

20．设某设备售价 5000 元，分期付款购买，10 年付清，每年付款数相同，若以年利率 3%贴现，连续复利的情况下，每年应付款多少元？

第 9 章　常微分方程

在科学技术和生产实际中，研究的许多现象和运动问题，经常要寻找出所研究的变量之间的函数关系。在大量具体问题中，往往这些函数关系是未知的，但有时可根据具体问题的内在规律，列出含有未知函数导数或微分的关系式，并反过来求出原来的函数，这种关系式通常称为微分方程。微分方程是高等数学的进一步拓展，也是研究自然科学的有力工具，有许多物理问题和工程问题的研究都可以转化为微分方程的求解问题，因此，微分方程是描述客观事物的数量关系的一种重要的数学模型。本章研究几种常见类型的微分方程的解法，并介绍它们在实际问题中的一些简单应用。

9.1　常微分方程的基本概念

凡是含有未知函数导数（或微分）的方程，称为微分方程。未知函数是一元函数的微分方程称做常微分方程；未知函数是多元函数的微分方程称做偏微分方程。本书只讨论常微分方程，简称微分方程。

例如　下列方程都是微分方程（其中 y,v 都是未知函数）：

（1）$y' = 2x$；　　（2）$(x-2xy)\mathrm{d}y + y\mathrm{d}x = 0$　；

（3）$mv'(t) = mg - kv(t)$；　　（4）$y'' + 2y' + y = \mathrm{e}^x$。

微分方程中出现未知函数最高阶导数的阶数，称为微分方程的阶，例如（1）、（2）与（3）是一阶微分方程，（4）是二阶微分方程。通常 n 阶微分方程的一般形式为

$$F\left(x, y, y', \cdots, y^{(n)}\right) = 0$$

其中 x 是自变量，y 是未知函数；$F\left(x, y, y', \cdots, y^{(n)}\right) = 0$ 是已知函数，一定含有 $y^{(n)}$。特别：一阶微分方程的一般形式为 $F(x, y, y') = 0$；二阶微分方程的一般形式为 $F(x, y, y', y'') = 0$。本章主要研究几种常见类型的一阶和二阶微分方程。

如果把函数 $y = f(x)$ 代入微分方程后，能使方程成为恒等式，这个函数称为该微分方程的解。

例如，函数 $y = x^2$，$y = x^2 + 1$ 及 $y = x^2 + C$（C 为任意常数）都是方程 $y' = 2x$ 的解。

微分方程的解有两种形式：一种不含任意常数；一种含任意常数。若微分方程的解中含有任意常数，且独立的任意常数的个数与方程的阶数相同，则称这样的解为微分方程的通解。不含任意常数的解，称为微分方程的特解。

一般地说，用未知函数及其各阶导数在某个特定点的值作为确定通解中任意常数的条件，称为初始条件。例如：设函数 $y = x^2 + C$ 为微分方程 $y' = 2x$ 的通解；如果求满足初始条件 $y(0) = 0$ 的解，只需把 $y(0) = 0$ 代入通解 $y = x^2 + C$ 中，得 $C = 0$，则函数 $y = x^2$ 就是微分方程 $y' = 2x$ 的特解。通常一阶微分方程的初始条件为

$$y\big|_{x=x_0} = y_0 \quad \text{或} \quad y(x_0) = y_0$$

其中 x_0, y_0 是两个已知数；二阶微分方程的初始条件为

$$y|_{x=x_0}=y_0 \quad , \quad y'|_{x=x_0}=y_0' \text{或} y(x_0)=y_0 \quad , \quad y'(x_0)=y_0'$$

其中x_0,y_0,y_0'是三个已知数。

求微分方程满足初始条件的解的问题，称为初值问题。求解初值问题就是求微分方程的特解。

例 9.1 验证函数$y=C_1\cos 3x+C_2\sin 3x$（C_1,C_2为任意常数）为二阶微分方程$y''+9y=0$的通解，并求微分方程满足初始条件$y(0)=1, y'(0)=6$的特解。

解 对$y=C_1\cos 3x+C_2\sin 3x$分别求一阶、二阶导数，得

$$y'=-3C_1\sin 3x+3C_2\cos 3x\text{，}\quad y''=-9C_1\cos 3x-9C_2\sin 3x$$

将y,y''代入微分方程$y''+9y=0$的左端，得

$$-9C_1\cos 3x-9C_2\sin 3x+9(C_1\cos 3x+C_2\sin 3x)=0$$

所以，函数$y=C_1\cos 3x+C_2\sin 3x$是微分方程$y''+9y=0$的解。又因为，这个解中有两个独立的任意常数，与微分方程的阶数相同，于是它是微分方程$y''+9y=0$的通解。

由初始条件$y(0)=1$，得$C_1=1$，由初始条件$y'(0)=6$，得$3C_2=6$，即$C_2=2$，所以，满足所给初始条件的特解为$y=\cos 3x+2\sin 3x$。

什么是独立的任意常数呢？函数$y=C_1\cos 3x+2C_2\cos 3x$显然也是微分方程$y''+9y=0$的解。这时C_1，C_2就不是两个独立的任意常数，因为这个函数能写成$y=(C_1+2C_2)\cos 3x=C\cos 3x$，这种能合并成一个的任意常数，只能算一个独立的任意常数。为了准确地描述这一个概念，我们引入下面的定义。

定义 9.1 设$y_1(x), y_2(x)$是定义在区间(a,b)内的函数，若存在两个不全为零的数k_1, k_2，使得对于区间(a,b)内的任一x恒有

$$k_1y_1(x)+k_2y_2(x)=0$$

成立，则称函数$y_1(x), y_2(x)$在区间(a,b)内线性相关，否则称为线性无关。

显然，函数$y_1(x), y_2(x)$线性相关的充分必要条件是$\dfrac{y_1(x)}{y_2(x)}$在区间(a,b)内恒为常数。

如果$\dfrac{y_1(x)}{y_2(x)}$不恒为常数，则$y_1(x), y_2(x)$在区间(a,b)内线性无关。

例如：$y_1(x)=\cos 3x$与$y_2(x)=\sin 3x$线性无关；$y_1(x)=\cos 3x$与$y_2(x)=2\cos 3x$线性相关。

因此，当$y_1(x)$与$y_2(x)$线性无关，函数$y=C_1y_1(x)+C_2y_2(x)$中含有两个独立的任意常数C_1和C_2。

9.2 一阶微分方程与可降阶的高阶微分方程

9.2.1 可分离变量的微分方程

定义 9.2 形如

$$\frac{\mathrm{d}y}{\mathrm{d}x}=f(x)g(y) \tag{9.1}$$

的微分方程，称为可分离变量的方程。该微分方程的特点：等式右边可以分解成两个函数之积，其中一个仅是x的函数，另一个仅是y的函数，即$f(x)$，$g(y)$分别是变量x，y的已

知连续函数。

其解法如下：

第 1 步，分离变量，即将上述微分方程化为等式一边仅含变量 y，而另一边仅含变量 x 的形式，得

$$\frac{dy}{g(y)}=f(x)dx$$

其中 $g(y)\neq 0$。

第 2 步，两边同时分别积分，即对上式两边同时分别积分，得

$$\int\frac{dy}{g(y)}=\int f(x)dx \tag{9.2}$$

（9.2）式是（9.1）式的通解。称以上两步的求解过程为分离变量法，分离变量法是求解微分方程的一种基本方法，也是很有用的方法，在后面将会看到这个方法的应用。

例 9.2 求微分方程 $y'-2xy=0$ 的通解。

解 把微分方程变形为
$$\frac{dy}{dx}=2xy$$

分离变量，得
$$\frac{dy}{y}=2xdx$$

两边积分，有
$$\int\frac{dy}{y}=2\int xdx$$

求不定积分，得
$$\ln|y|=x^2+C_1$$

变形为
$$y=\pm e^{C_1}e^{x^2}$$

令 $C=\pm e^{C_1}$，则微分方程通解为 $y=Ce^{x^2}$（C 为任意常数）。

注意： $C=\pm e^{C_1}$，$C\neq 0$，但 $C=0$ 时，$y=0$ 是原方程的解，因此，C 可以为 0，所以 C 为任意常数。

例 9.3 曲线上任意点 $M(x,y)$ 处的切线垂直于该点与原点的连线，求此曲线方程。

解 设曲线方程为 $y=f(x)$（图 9.1），点 $M(x,y)$ 处的切线 MT 的斜率为 y'，OM 连线斜率为 $\frac{y}{x}$，由切线与 OM 连线相互垂直的条件，得

$$y'\cdot\frac{y}{x}=-1，即\quad \frac{dy}{dx}=-\frac{x}{y}$$

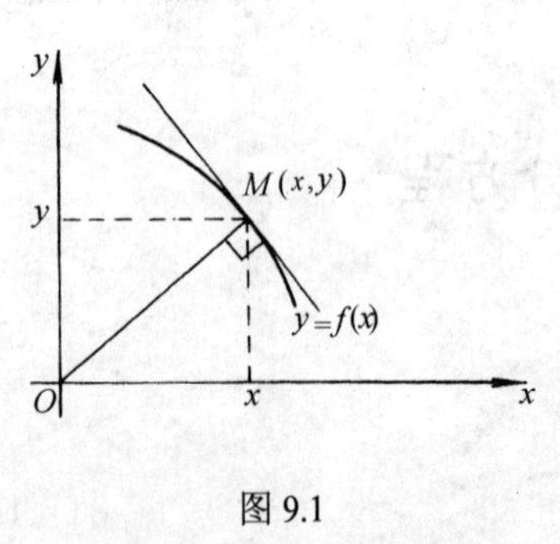

图 9.1

这是一阶可分离变量微分方程。用分离变量，变形后得
$$ydy=-xdx$$

两边同时积分，得
$$\int ydy=-\int xdx$$

求不定积分，有
$$\frac{y^2}{2}=-\frac{x^2}{2}+C_1$$

化简得出通解为 $x^2+y^2=C$（$C=2C_1$ 为任意常数）

于是，所求的曲线方程为 $x^2+y^2=C$（C 为任意常数）。

9.2.2 齐次型微分方程

定义 9.3 形如

$$\frac{\mathrm{d}y}{\mathrm{d}x}=f\left(\frac{y}{x}\right) \tag{9.3}$$

的微分方程，称为齐次型微分方程。利用变换，可以把齐次型微分方程化为可分离变量的微分方程。

具体解法如下：

第 1 步，做变换，即设 $u=\frac{y}{x}$，则 $y=xu$，两边对 x 求导数，得 $\frac{\mathrm{d}y}{\mathrm{d}x}=u+x\frac{\mathrm{d}u}{\mathrm{d}x}$；

第 2 步，分离变量，即将 $y,\frac{\mathrm{d}y}{\mathrm{d}x}$ 的表达式代入原方程，得 $u+x\frac{\mathrm{d}u}{\mathrm{d}x}=f(u)$，即 $x\frac{\mathrm{d}u}{\mathrm{d}x}=f(u)-u$，这是一个关于 u 一阶可分离变量的微分方程；

第 3 步，利用分离变量法，求出第 2 步中的微分方程的解，然后再用 $u=\frac{y}{x}$ 代入所求出的解，即可得所给齐次型微分方程的通解。

例 9.4 求微分方程 $y^2\mathrm{d}x+\left(x^2-xy\right)\mathrm{d}y=0$ 的通解。

解 将微分方程变形为
$$\frac{\mathrm{d}y}{\mathrm{d}x}=\frac{y^2}{xy-x^2}=\frac{\left(\frac{y}{x}\right)^2}{\frac{y}{x}-1}$$

这是一个齐次型微分方程。令 $u=\frac{y}{x}$，则 $y=xu$，$\frac{\mathrm{d}y}{\mathrm{d}x}=u+x\frac{\mathrm{d}u}{\mathrm{d}x}$，代入上式，得

$$u+x\frac{\mathrm{d}u}{\mathrm{d}x}=\frac{u^2}{u-1}$$

分离变量，有
$$\frac{\mathrm{d}x}{x}=\frac{u-1}{u}\mathrm{d}u$$

两边积分，得
$$\int\frac{\mathrm{d}x}{x}=\int\frac{u-1}{u}\mathrm{d}u$$

求不定积分，有
$$\ln|x|=u-\ln|u|+\ln|C|$$

化简，得
$$xu=C\mathrm{e}^u$$

将 $u=\frac{y}{x}$ 代入上式，得到原方程的通解为 $y=C\mathrm{e}^{\frac{y}{x}}$（$C$ 为任意常数）。

9.2.3 一阶线性微分方程

定义 9.4 形如

$$\frac{\mathrm{d}y}{\mathrm{d}x}+P(x)y=Q(x) \tag{9.4}$$

的微分方程，称为一阶线性微分方程，其中 $P(x)$，$Q(x)$ 都是 x 的已知连续函数，“线性”是指未知函数 y 和它的导数 y' 都是一次的。

若$Q(x)\equiv 0$，有

$$\frac{\mathrm{d}y}{\mathrm{d}x}+P(x)y=0 \tag{9.5}$$

称（9.5）式为一阶齐次线性微分方程，若$Q(x)\neq 0$，则称 （9.4）式为一阶非齐次线性微分方程。通常称（9.5）式为 （9.4）式所对应的齐次线性微分方程。

下面我们研究一阶线性微分方程的解法。

先求一阶齐次线性微分方程（9.5）的解，将（9.5）式分离变量化为

$$\frac{\mathrm{d}y}{y}=-P(x)\mathrm{d}x$$

两边积分，得

$$\ln|y|=-\int P(x)\mathrm{d}x+\ln|C|$$

化简为

$$y=C\mathrm{e}^{-\int P(x)\mathrm{d}x}\text{（}C\text{为任意常数）} \tag{9.6}$$

（9.6）式就是微分方程（9.5）的通解。显然，当C为任意常数时，（9.6）式不是微分方程（9.4）的通解，由于非齐次线性微分方程（9.4） 右端是x的非零函数$Q(x)$，因此，可猜想将（9.6）式中常数C换成待定函数$u(x)$后，（9.6）式有可能成为（9.4）式的解。

设$y=u(x)\mathrm{e}^{-\int P(x)\mathrm{d}x}$为一阶非齐次线性微分方程（9.4）的解，并对其求导数，有

$$y'=u'(x)\mathrm{e}^{-\int P(x)\mathrm{d}x}+u(x)\mathrm{e}^{-\int P(x)\mathrm{d}x}\cdot(-P(x))$$

将y和y'代入（9.4）式后，得

$$u'(x)\mathrm{e}^{-\int P(x)\mathrm{d}x}-u(x)P(x)\mathrm{e}^{-\int P(x)\mathrm{d}x}+P(x)u(x)\mathrm{e}^{-\int P(x)\mathrm{d}x}=Q(x)$$

化简，有 $u'(x)\mathrm{e}^{-\int P(x)\mathrm{d}x}=Q(x)$，即 $u'(x)=Q(x)\mathrm{e}^{\int P(x)\mathrm{d}x}$

两边积分，得

$$u(x)=\int Q(x)\mathrm{e}^{\int P(x)\mathrm{d}x}\mathrm{d}x+C$$

将$u(x)$代入$y=u(x)\mathrm{e}^{-\int P(x)\mathrm{d}x}$，得到（9.4）式的通解为

$$y=\mathrm{e}^{-\int P(x)\mathrm{d}x}\left[\int Q(x)\mathrm{e}^{\int P(x)\mathrm{d}x}\mathrm{d}x+C\right]\text{（}C\text{为任意常数）} \tag{9.7}$$

（9.7）式称为一阶非齐次线性微分方程（9.4）的通解公式。

以上求解的方法称为常数变易法。用常数变易法求一阶非齐次线性微分方程的通解的步骤为：

第 1 步，利用分离变量法，先求出非齐次线性微分方程所对应的齐次微分方程的通解；

第 2 步，再设一阶非齐次线性微分方程的解，即将所求出的齐次微分方程的通解中的任意常数C改为待定函数$u(x)$；

第 3 步，将所设解代入非齐次线性微分方程后，解出$u(x)$，可求得非齐次线性微分方程的通解。

例 9.5 求方程$y'-y\cot x=2x\sin x$的通解。

解 利用分离变量法，先求原微分方程所对应的齐次微分方程的解，即

$$\frac{\mathrm{d}y}{\mathrm{d}x}-y\cot x=0 \tag{9.8}$$

对（9.8）式利用分离变量，得 $\frac{dy}{y}=\cot x dx$

两边积分，得 $\int\frac{dy}{y}=\int\cot x dx$

求不定积分，有 $\ln|y|=\ln|\sin x|+\ln|C|$

即齐次微分方程（9.8）式的通解为 $y=C\sin x$ （9.9）

将（9.9）式中的任意常数C换成待定函数$u(x)$，设$y=u(x)\sin x$代入原微分方程，得

$$u'(x)\sin x+u(x)\cos x-u(x)\sin x\cot x=2x\sin x$$

化简，有 $u'(x)\sin x=2x\sin x$，即$u'(x)=2x$

解得 $u(x)=x^2+C$

将$u(x)$代入$y=u(x)\sin x$，得到原微分方程的通解为

$$y=(x^2+C)\sin x\text{（}C\text{为任意常数）}$$

例 9.6 求微分方程$y'\cos^2 x+y-\tan x=0$满足初始条件$y(0)=0$的特解。

解 将原微分方程化为标准形式为

$$\frac{dy}{dx}+y\sec^2 x=\tan x\sec^2 x \tag{9.10}$$

此方程为一阶非齐次线性微分方程。

利用分离变量法，先求（9.10）式所对应的齐次线性微分方程的解，即

$$\frac{dy}{dx}+y\sec^2 x=0 \tag{9.11}$$

对（9.11）式利用分离变量，得 $\frac{dy}{y}=-\sec^2 x dx$

两边积分，得 $\int\frac{dy}{y}=-\int\sec^2 x dx$

求不定积分，有 $\ln|y|=-\tan x+\ln|C|$

即齐次微分方程（9.11）式的通解为 $y=Ce^{-\tan x}$ （9.12）

将（9.12）式中的任意常数C换成待定函数$u(x)$，设$y=u(x)e^{-\tan x}$代入（9.10）式，得

$$u'(x)e^{-\tan x}+u(x)e^{-\tan x}\cdot(-\sec^2 x)+u(x)e^{-\tan x}\sec^2 x=\tan x\sec^2 x$$

化简，得 $u'(x)e^{-\tan x}=\tan x\sec^2 x$，即$u'(x)=\tan x\sec^2 xe^{\tan x}$

解得

$$u(x)=\int\tan x\sec^2 xe^{\tan x}dx=\int\tan xe^{\tan x}d(\tan x)=\int\tan xd(e^{\tan x})$$

$$=\tan xe^{\tan x}-\int e^{\tan x}d(\tan x)=\tan xe^{\tan x}-e^{\tan x}+C$$

将$u(x)$代入$y=u(x)e^{-\tan x}$，得到原微分方程的通解为

$$y=e^{-\tan x}(\tan xe^{\tan x}-e^{\tan x}+C)=\tan x-1+Ce^{-\tan x}\text{（}C\text{为任意常数）}$$

再求特解。把条件$y(0)=0$代入通解，得 $C=1$。

于是，满足初始条件的特解为 $y=\tan x-1+e^{-\tan x}$。

9.2.4 可降阶的高阶微分方程

这里简单介绍三种类型的高阶微分方程，解法的基本思想是所谓“降阶”法。

1. $y^{(n)}=f(x)$ 型的微分方程

对这类方程的解法是逐次积分法，即只需通过n次积分就可得到方程的通解。

例 9.7 求微分方程 $y'''=\mathrm{e}^{2x}+\sin x$ 的通解。

解 对所给方程接连积分三次，得

$$y''=\int(\mathrm{e}^{2x}+\sin x)\mathrm{d}x=\frac{1}{2}\mathrm{e}^{2x}-\cos x+C_1$$

$$y'=\int\left(\frac{1}{2}\mathrm{e}^{2x}-\cos x+C_1\right)\mathrm{d}x=\frac{1}{4}\mathrm{e}^{2x}-\sin x+C_1x+C_2$$

$$y=\int\left(\frac{1}{4}\mathrm{e}^{2x}-\sin x+C_1x+C_2\right)\mathrm{d}x=\frac{1}{8}\mathrm{e}^{2x}+\cos x+\frac{1}{2}C_1x^2+C_2x+C_3$$

这就是所求的通解。

2. $y''=f(x,y')$ 型的微分方程

此类方程的特点是：方程右端不显含未知函数y。利用降阶法求解，其具体解法如下：

设 $y'=p(x)$，则 $y''=p'(x)$，代入方程 $y''=f(x,y')$，得 $p'(x)=f(x,p(x))$。这时可降为关于自变量x和未知函数$p(x)$的一阶微分方程，若可以求出其通解 $p=\varphi(x,C_1)$，则 $y'=\varphi(x,C_1)$ 再积分一次就能得到原方程的通解。

例 9.8 求微分方程 $(1+x^2)y''=2xy'$ 的通解。

解 由于方程 $(1+x^2)y''=2xy'$ 不显含未知函数y，所以设 $y'=p(x)$，则 $y''=p'(x)$，将其代入所给方程，得

$$(1+x^2)\frac{\mathrm{d}p}{\mathrm{d}x}=2xp$$

分离变量，有

$$\frac{\mathrm{d}p}{p}=\frac{2x}{1+x^2}\mathrm{d}x$$

两边积分，得

$$\int\frac{\mathrm{d}p}{p}=\int\frac{2x}{1+x^2}\mathrm{d}x$$

求不定积分，有

$$\ln|p|=\ln|1+x^2|+\ln|C_1|$$

即

$$p=C_1(1+x^2)$$

$$y'=C_1(1+x^2)$$

所以其方程的通解为

$$y=\int C_1(1+x^2)\mathrm{d}x=C_1x+\frac{1}{3}C_1x^3+C_2$$

3. $y''=f(y,y')$ 型的微分方程

此类方程的特点是：方程右端不显含未知函数x。利用降阶法求解，可把y暂时看做自变量，做变换，其具体解法如下：

设 $y'=p(y)$，则 $y''=\dfrac{\mathrm{d}y'}{\mathrm{d}x}=\dfrac{\mathrm{d}p(y)}{\mathrm{d}y}\cdot\dfrac{\mathrm{d}y}{\mathrm{d}x}=p\dfrac{\mathrm{d}p}{\mathrm{d}y}$，代入方程 $y''=f(y,y')$，得

$$p\frac{\mathrm{d}p}{\mathrm{d}x}=f(x,p)$$

这时可降为关于未知函数 y 和 p 的一阶微分方程，如果能求出其解 $p=\varphi(y,C_1)$，则由 $\dfrac{\mathrm{d}y}{\mathrm{d}x}=\varphi(y,C_1)$ 可求出原方程的通解。

例 9.9 求微分方程 $yy''=(y')^2$ 的通解。

解 这个方程不显含 x。设 $y'=p(y)$，则 $y''=p\dfrac{\mathrm{d}p}{\mathrm{d}y}$，代入方程得 $p^2-yp\dfrac{\mathrm{d}p}{\mathrm{d}y}=0$，即

$$p\left(p-y\frac{\mathrm{d}p}{\mathrm{d}y}\right)=0$$

由此有 $p=0$ 或 $p-y\dfrac{\mathrm{d}p}{\mathrm{d}y}=0$，由 $p=0$，即 $y'=0$，得 $y=C$；而由 $p-y\dfrac{\mathrm{d}p}{\mathrm{d}y}=0$，可分离变量为 $\dfrac{\mathrm{d}p}{p}=\dfrac{\mathrm{d}y}{y}$，积分得 $\ln|p|=\ln|y|+\ln|C_1|$，即 $p=C_1y$，有 $\dfrac{\mathrm{d}y}{\mathrm{d}x}=C_1y$，可分离变量为 $\dfrac{\mathrm{d}y}{y}=C_1\mathrm{d}x$，两边积分，得 $\ln|y|=C_1x+\ln|C_2|$，化简，得 $y=C_2\mathrm{e}^{C_1x}$。在通解中令 $C_1=0$，得 $y=C$。因此，当 $p=0$ 时的解（$y=C$）已包含在 $y=C_2\mathrm{e}^{C_1x}$ 中，所以，$y=C_2\mathrm{e}^{C_1x}$ 即为所求方程的通解。

9.3 二阶常系数线性微分方程

9.3.1 二阶线性微分方程解的结构

定义 9.5 形如

$$y''+p(x)y'+q(x)y=f(x) \tag{9.13}$$

的微分方程，其中 $p(x)$，$q(x)$，$f(x)$ 都是自变量 x 的已知连续函数，称（9.13）式为二阶线性微分方程，称 $f(x)$ 为自由项。当 $f(x)\neq 0$ 时，称为二阶非齐次线性微分方程；当 $f(x)=0$ 时，称为二阶齐次线性微分方程，即

$$y''+p(x)y'+q(x)y=0 \tag{9.14}$$

这类方程的特点是：方程左端各项只含 y''，y' 或 y，且每项均为 y''，y' 或 y 的一次项，方程右端是已知函数或零。例如 $y''+\sin x\cdot y'+4y=\tan x$ 是二阶非齐次线性微分方程，而 $y''+xy'+4xy^2=x$ 就不是二阶线性微分方程，因为方程左端含 y^2 项。

为了寻找二阶线性微分方程的解法，需要先研究二阶齐次线性微方程解的结构。有如下定理：

定理 9.1（齐次线性微分方程解的叠加原理）如果函数 y_1 和 y_2 是齐次线性微分方程（9.14）式的两个解，则函数 $y=C_1y_1+C_2y_2$ 也是方程（9.14）式的解；且当 y_1 与 y_2 线性无关时，$y=C_1y_1+C_2y_2$ 就是方程（9.14）式的通解（其中 C_1，C_2 是任意常数）。

证 因为 y_1，y_2 为方程 $y''+p(x)y'+q(x)y=0$ 的两个解，所以有

$$y_1''+p(x)y_1'+q(x)y_1=0\,,\qquad y_2''+p(x)y_2'+q(x)y_2=0$$

将 $y=C_1y_1+C_2y_2$ 直接代入方程（9.14）式的左端，得

$$\begin{aligned}y''+p(x)y'+q(x)y&=(C_1y_1''+C_2y_2'')+p(x)(C_1y_1'+C_2y_2')+q(x)(C_1y_1+C_2y_2)\\&=C_1(y_1''+p(x)y_1'+q(x)y_1)+C_2(y_2''+p(x)y_2'+q(x)y_2)\\&=C_1\cdot 0+C_2\cdot 0=0\end{aligned}$$

所以，$y=C_1y_1+C_2y_2$ 是方程（9.14）式的解。

因为 y_1 与 y_2 线性无关，所以任意常数 C_1 和 C_2 是两个独立的任意常数，即解 $y=C_1y_1+C_2y_2$ 中所含独立的任意常数的个数与方程（9.14）式的阶数相同，所以它又是方程（9.14）式的通解。

定理 9.2 （非齐次线性微分方程解的结构）如果函数 y^* 为非齐次线性微分方程（9.13）式的一个特解，Y 为齐次线性微分方程（9.14）式的通解，则 $y=Y+y^*$ 为非齐次线性微分方程（9.13）式的通解。

证 因为 y^* 是方程（9.13）的解，Y 是方程（9.14）的解，所以有

$$(y^*)''+p(x)(y^*)'+q(x)y^*=f(x)\quad,\quad Y''+p(x)Y'+q(x)Y=0$$

利用 $y=Y+y^*$ 代入方程（9.13）式的左端，得

$$\begin{aligned}y''+p(x)y'+q(x)y&=(Y+y^*)''+p(x)(Y+y^*)'+q(x)(Y+y^*)\\&=\left(Y''+p(x)Y'+q(x)Y\right)+((y^*)''+p(x)(y^*)'+q(x)y^*)=0+f(x)=f(x)\end{aligned}$$

于是函数 $y=Y+y^*$ 是方程（9.13）式的解，又因为 Y 是方程（9.14）式的通解，也就是说 Y 含有两个独立的任意常数，所以 $y=Y+y^*$ 是方程（9.13）式的通解。

9.3.2 二阶常系数齐次线性微分方程的解法

定义 9.6 形如

$$y''+py'+qy=0 \tag{9.15}$$

的微分方程，其中 p,q 均为已知常数，称（9.15）式为二阶常系数齐次线性微分方程。

由定理 9.1 告诉我们，欲求常系数齐次线性微分方程（9.15）式的通解，只须求出它的两个线性无关的特解即可。根据求导数的经验，知道指数函数 $\mathrm{e}^{\lambda x}$（其中 λ 为常数）对它的各阶导数都只差一个常数因子，所以猜想函数 $y=\mathrm{e}^{\lambda x}$ 有可能是方程（9.15）式的解。

将 $y=\mathrm{e}^{\lambda x}$，$y'=\lambda\mathrm{e}^{\lambda x}$ 及 $y''=\lambda^2\mathrm{e}^{\lambda x}$ 都代入方程（9.15）式，得 $\lambda^2\mathrm{e}^{\lambda x}+p\lambda\mathrm{e}^{\lambda x}+q\mathrm{e}^{\lambda x}=0$，因为 $\mathrm{e}^{\lambda x}\neq 0$，所以有

$$\lambda^2+p\lambda+q=0 \tag{9.16}$$

由此可见，只要 λ 满足代数方程（9.16）式，函数 $y=\mathrm{e}^{\lambda x}$ 就是微分方程（9.15）式的解。把代数方程（9.16）式称为微分方程（9.15）式的特征方程。特征方程（9.16）式的根称为特征根。这样，求微分方程（9.15）式的特解的问题，可以通过求代数方程（9.16）式的根而得到。

特征方程（9.16）式是一个一元二次代数方程，其中 λ^2、λ 的系数及常数项恰好是微分方程（9.15）式中 y''、y' 及 y 的系数。由于 p,q 的不同，特征根有三种不同的情况，微分方程（9.15）式的解也有以下三种不同的情况。

（1）当特征方程（9.16）有两个不相等的实根 λ_1 和 λ_2 时，即 $\lambda_1\neq\lambda_2$。那么 $y_1=\mathrm{e}^{\lambda_1 x}$，

$y_2 = \mathrm{e}^{\lambda_2 x}$ 就是微分方程（9.15）的两个特解，由于 $\dfrac{y_1}{y_2} = \mathrm{e}^{(\lambda_1 - \lambda_2)x} \neq$ 常数，所以 y_1 与 y_2 线性无关。根据定理 9.1 知，微分方程（9.15）通解为 $y = C_1\mathrm{e}^{\lambda_1 x} + C_2\mathrm{e}^{\lambda_2 x}$；

（2）当特征方程（9.16）有两个相等的实根时，即 $\lambda_1 = \lambda_2 = \lambda$，微分方程（9.15）只有一个解 $y_1 = \mathrm{e}^{\lambda x}$，这时直接验证可知 $y_2 = x\mathrm{e}^{\lambda x}$ 是微分方程（9.15）的另一个解，且 y_1 与 y_2 线性无关，所以方程（9.15）的通解为 $y = C_1\mathrm{e}^{\lambda x} + C_2 x\mathrm{e}^{\lambda x} = (C_1 + C_2 x)\mathrm{e}^{\lambda x}$；

（3）当特征方程（9.16）有一对共轭复根时，即 $\lambda_1 = \alpha + \mathrm{i}\beta$ 与 $\lambda_2 = \alpha - \mathrm{i}\beta$（其中 α, β 均为实常数且 $\beta \neq 0$），此时，微分方程（9.15）有两个线性无关的特解 $y_1 = \mathrm{e}^{(\alpha+\mathrm{i}\beta)x}$ 与 $y_2 = \mathrm{e}^{(\alpha-\mathrm{i}\beta)x}$，所以微分方程（9.15）的通解为

$$y = A\mathrm{e}^{(\alpha+\mathrm{i}\beta)x} + B\mathrm{e}^{(\alpha-\mathrm{i}\beta)x} = \mathrm{e}^{\alpha x}(A\mathrm{e}^{\mathrm{i}\beta x} + B\mathrm{e}^{-\mathrm{i}\beta x})$$

利用欧拉公式 $\mathrm{e}^{\mathrm{i}\theta} = \cos\theta + \mathrm{i}\sin\theta$，还可以得到实数形式的通解

$$y = \mathrm{e}^{\alpha x}(C_1 \cos\beta x + C_2 \sin\beta x)$$

其中 $C_1 = A + B,\ C_2 = (A - B)\mathrm{i}$（读者自己完成）。在一般情况下，如无特别声明，要求写出实数形式的解。

由上所述，求二阶常系数齐次线性微分方程的通解的步骤如下：

第 1 步，写出微分方程的特征方程 $\lambda^2 + p\lambda + q = 0$；

第 2 步，求出特征根；

第 3 步，根据特征根的情况按下表写出所给微分方程的通解。

特征方程 $\lambda^2 + p\lambda + q = 0$ 的根	微分方程 $y'' + py' + qy = 0$ 的通解
有两个不相等的实根 λ_1，λ_2	$y = C_1\mathrm{e}^{\lambda_1 x} + C_2\mathrm{e}^{\lambda_2 x}$
有两个相等的实根 $\lambda_1 = \lambda_2 = \lambda$	$y = (C_1 + C_2 x)\mathrm{e}^{\lambda x}$
有一对共轭复根 $\lambda_1 = \alpha + \mathrm{i}\beta$，$\lambda_2 = \alpha - \mathrm{i}\beta$	$y = \mathrm{e}^{\alpha x}(C_1 \cos\beta x + C_2 \sin\beta x)$

例 9.10 求微分方程 $y'' + y' - 6y = 0$ 的通解。

解 微分方程 $y'' + y' - 6y = 0$ 的特征方程为 $\lambda^2 + \lambda - 6 = 0$，其特征根为 $\lambda_1 = -3$，$\lambda_2 = 2$，于是，所给微分方程的通解为 $y = C_1\mathrm{e}^{-3x} + C_2\mathrm{e}^{2x}$。

例 9.11 求微分方程 $y'' + 4y' + 4y = 0$ 满足初始条件 $y(0) = 1$，$y'(0) = 1$ 的特解。

解 微分方程的特征方程为 $\lambda^2 + 4\lambda + 4 = 0$，其特征根为 $\lambda = \lambda_1 = \lambda_2 = -2$（二重特征根）故所给微分方程的通解为 $y = (C_1 + C_2 x)\mathrm{e}^{-2x}$。由初始条件 $y(0) = 1$，得 $C_1 = 1$；又因为 $y' = (C_2 - 2C_1 - 2C_2 x)\mathrm{e}^{-2x}$，由 $y'(0) = 1$，得 $1 = (C_2 - 2C_1)$，从而有 $C_2 = 3$，于是所求的特解为 $y = (1 + 3x)\mathrm{e}^{-2x}$。

例 9.12 求微分方程 $y'' + y' + y = 0$ 的通解。

解 微分方程 $y'' + y' + y = 0$ 的特征方程为 $\lambda^2 + \lambda + 1 = 0$，其特征根为 $\lambda_1 = -\dfrac{1}{2} + \dfrac{\sqrt{3}}{2}\mathrm{i}$，$\lambda_2 = -\dfrac{1}{2} - \dfrac{\sqrt{3}}{2}\mathrm{i}$，于是，所给微分方程的通解为 $y = \mathrm{e}^{-\frac{1}{2}x}\left(C_1 \cos\dfrac{\sqrt{3}}{2}x + C_2 \sin\dfrac{\sqrt{3}}{2}x\right)$。

9.3.3 二阶常系数非齐次线性微分方程的解法

定义 9.7 形如

$$y''+py'+qy=f(x) \tag{9.17}$$

的微分方程，其中 p，q 均为已知常数，称（9.17）式为二阶常系数非齐次线性微分方程。

由定理 9.2 可知，求常系数非齐次线性微分方程（9.17）的通解，可先求出其对应的常系数齐次线性微分方程（9.15）的通解，再求出常系数非齐次线性微分方程（9.17）的一个特解，二者之和就是方程（9.17）的通解。虽然求常系数齐次线性微分方程（9.15）的通解已经解决，但是常系数非齐次线性微分方程（9.17）的特解应该怎样求呢？这里仅对 $f(x)$ 是多项式、三角函数、指数函数及其乘积几种情况进行讨论，利用待定系数法，求出它的一个特解。

1. $f(x)=P_m(x)e^{\mu x}$

其中 μ 是常数，$P_m(x)$ 是关于 x 的 m 次多项式，即

$$P_m(x)=a_m x^m+a_{m-1}x^{m-1}+\cdots+a_0$$

方程（9.17）变为

$$y''+py'+qy=P_m(x)e^{\mu x} \tag{9.18}$$

由于方程（9.18）右端自由项 $P_m(x)e^{\mu x}$ 的导数仍是多项式与指数函数 $e^{\mu x}$ 的乘积，因此，猜想方程（9.18）的特解也是多项式与指数函数 $e^{\mu x}$ 的乘积，可设

$$y^*=Q(x)e^{\mu x}$$

其中 $Q(x)$ 是多项式，我们将 $y^*=Q(x)e^{\mu x}$ 代入方程（9.18），整理后得到

$$Q''(x)+(2\mu+p)Q'(x)+(\mu^2+p\mu+q)Q(x)=P_m(x) \tag{9.19}$$

（9.19）式右端是一个 m 次多项式，所以，左端也应该是 m 次多项式，由于多项式每求一次导数，其次数就要降低一次，因此有以下三种情形：

（1）当 μ 不是特征方程 $\lambda^2+p\lambda+q=0$ 的根时，即当 $\mu^2+p\mu+q\neq 0$ 时，（9.19）式左边 $Q(x)$ 与 m 次多项式 $P_m(x)$ 的次数相同，所以 $Q(x)$ 是一个 m 次待定多项式，设

$$Q(x)=Q_m(x)=b_m x^m+b_{m-1}x^{m-1}+\cdots+b_0 \tag{9.20}$$

其中 $b_m,b_{m-1},\cdots,b_0$ 是 $m+1$ 个待定系数，把（9.20）式代入（9.19）式，比较等式两边同次幂的系数，就可得到以 $b_m,b_{m-1},\cdots,b_0$ 为未知数的 $m+1$ 个线性方程组，从而解 $b_m,b_{m-1},\cdots,b_0$，即确定 $Q_m(x)$，于是得到方程（9.18）的一个特解为 $y^*=Q_m(x)e^{\mu x}$；

（2）当 μ 是特征方程 $\lambda^2+p\lambda+q=0$ 的单根时，即当 $\mu^2+p\mu+q=0$，而 $2\mu+p\neq 0$ 时，则（9.19）式变为 $Q''(x)+(2\mu+p)Q'(x)=P_m(x)$。由此可见，$Q'(x)$ 与 $P_m(x)$ 同幂次，所以应设 $Q(x)=xQ_m(x)$。把它代入（9.19）式，可求出 $Q_m(x)$ 的 $m+1$ 个系数，从而得到方程（9.18）的一个特解为 $y^*=xQ_m(x)e^{\mu x}$；

（3）当 μ 是特征方程 $\lambda^2+p\lambda+q=0$ 的重根时，即当 $\mu^2+p\mu+q=0$，且 $2\mu+p=0$ 时，则(9.19)式变为 $Q''(x)=P_m(x)$。由此可见，$Q''(x)$ 与 $P_m(x)$ 同幂次，所以应设 $Q(x)=x^2Q_m(x)$。把它代入（9.19）式，可求出 $Q_m(x)$ 的系数，从而得到方程（9.18）的一个特解为

$$y^*=x^2Q_m(x)e^{\mu x}$$

综上所述，我们得到如下结论：

二阶常系数非齐次线性微分方程

$$y'' + py' + qy = P_m(x)e^{\mu x}$$

具有如下形式的特解

$$y^* = x^k Q_m(x)e^{\mu x} \tag{9.21}$$

其中$Q_m(x)$是一个m次多项式，它的系数由（9.21）式中的$Q(x)=x^k Q_m(x)$代入（9.19）式，利用待定系数法而确定，（9.21）式中的k确定如下：

$$k=\begin{cases}0, & \mu\text{不是特征方程的根}\\ 1, & \mu\text{是特征方程的单根}\\ 2, & \mu\text{是特征方程的重根}\end{cases}$$

2．$f(x)=P_m(x)e^{\alpha x}\cos\beta x$ 或 $f(x)=P_m(x)e^{\alpha x}\sin\beta x$

其中α, β是实数，$P_m(x)$是一个m次多项式。

方程（9.17）变为

$$y'' + py' + qy = P_m(x)e^{\alpha x}\cos\beta x \tag{9.22}$$

或

$$y'' + py' + qy = P_m(x)e^{\alpha x}\sin\beta x \tag{9.23}$$

在这里，利用欧拉公式$e^{i\theta}=\cos\theta+i\sin\theta$，我们可先令$\mu=\alpha+i\beta$，运用第1种类型中所述的方法来确定辅助方程

$$y'' + py' + qy = P_m(x)e^{\mu x}$$

的特解。则上述方程中的特解可写成$y^* = y_1^* + iy_2^*$的复数的代数形式。并且利用下面定理 9.3 可以证明：y^*的实部y_1^*是方程（9.22）的特解；y^*的虚部y_2^*是方程（9.23）的特解。

定理 9.3 （非齐次线性微分方程解的分离定理） 如果y_1是方程$y''+py'+qy=f_1(x)$的解，y_2是方程$y''+py'+qy=f_2(x)$的解，则$y=y_1+y_2$是方程

$$y'' + py' + qy = f_1(x)+f_2(x) \tag{9.24}$$

的解。

证 把$y=y_1+y_2$代入方程（9.24）的左端，有

$$\begin{aligned}y''+py'+qy &= (y_1+y_2)''+p(y_1+y_2)'+q(y_1+y_2)\\ &= (y_1''+py_1'+qy_1)+(y_2''+py_2'+qy_2)=f_1(x)+f_2(x)\end{aligned}$$

例 9.13 求微分方程$y''-2y'+y=x^2$的一个特解。

解 因为微分方程$y''-2y'+y=x^2$的自由项$f(x)=x^2e^{0x}$中的$\mu=0$不是特征方程$\lambda^2-2\lambda+1=0$的根，$P_2(x)=x^2$是x的二次多项式，所以，可设一个特解为

$$y^*=(Ax^2+Bx+C)e^{0x}=Ax^2+Bx+C$$

代入所给方程，得

$$2A-2(2Ax+B)+Ax^2+Bx+C=x^2$$

比较系数，得

$$\begin{cases}A=1\\ -4A+B=0\\ 2A-2B+C=0\end{cases}$$

解得

$$A=1,\ B=4,\ C=6$$

故所求特解为 $y^* = x^2 + 4x + 6$。

例 9.14 求微分方程 $y'' - 2y' - 3y = xe^{-x}$ 的通解。

解 微分方程
$$y'' - 2y' - 3y = xe^{-x} \tag{9.25}$$
所对应的齐次方程为
$$y'' - 2y' - 3y = 0 \tag{9.26}$$
其特征方程为
$$\lambda^2 - 2\lambda - 3 = 0$$
其特征根为
$$\lambda_1 = 3, \quad \lambda_2 = -1$$
所以齐次方程（9.26）的通解为
$$Y = C_1e^{3x} + C_2e^{-x}$$

又因为非齐次方程(9.25)的自由项 $f(x) = xe^{-x}$ 中的 $\mu = -1$ 是特征方程 $\lambda^2 - 2\lambda - 3 = 0$ 的单根，所以可设方程（9.25）的一个特解为 $y^* = x(Ax + B)e^{-x}$ 从而把 $Q(x) = x(Ax + B)$ 代入（9.19）式，得
$$2A - 4(2Ax + B) = x$$
比较系数，得
$$\begin{cases} -8A = 1 \\ 2A - 4B = 0 \end{cases}$$
解得
$$A = -\frac{1}{8}, B = -\frac{1}{16}$$
于是
$$y^* = -\frac{1}{16}x(2x + 1)e^{-x}$$

所以，所求的通解为 $y = Y + y^* = C_1e^{3x} + C_2e^{-x} - \frac{1}{16}x(2x + 1)e^{-x}$。

例 9.15 求微分方程 $y'' - 4y' + 4y = e^{2x}$ 的通解。

解 微分方程
$$y'' - 4y' + 4y = e^{2x} \tag{9.27}$$
所对应的齐次方程为
$$y'' - 4y' + 4y = 0 \tag{9.28}$$
其特征方程为
$$\lambda^2 - 4\lambda + 4 = 0$$
其特征根为
$$\lambda_1 = \lambda_2 = 2$$
所以齐次方程（9.28）的通解为
$$Y = (C_1 + C_2x)e^{2x}$$

又因为非齐次方程（9.27）的自由项 $f(x) = e^{2x}$ 中的 $\mu = 2$ 是特征方程 $\lambda^2 - 4\lambda + 4 = 0$ 的重根，所以可设方程（9.27）的一个特解为 $y^* = Ax^2e^{2x}$，从而把 $Q(x) = Ax^2$ 代入（9.19）式，得 $2A = 1$，即 $A = \frac{1}{2}$，于是 $y^* = \frac{1}{2}x^2e^{2x}$ 是方程（9.27）的一个特解。因此

$y = Y + y^* = Y = (C_1 + C_2x)e^{2x} + \frac{1}{2}x^2e^{2x}$ 是所给方程的通解。

例 9.16 求微分方程 $y'' - y' - 2y = e^x \sin x$ 的一个特解。

解 因为微分方程
$$y'' - y' - 2y = e^x \sin x \tag{9.29}$$
的自由项 $f(x) = e^x \sin x$ 是 $e^{(1+i)x}$ 的虚部，所以先求辅助方程
$$y'' - y' - 2y = e^{(1+i)x} \tag{9.30}$$
的特解。

由于 $\mu = 1 + i$ 不是特征方程 $\lambda^2 - \lambda - 2 = 0$ 的根，因此可设 $y^* = Ae^{(1+i)x}$ 是（9.30）式的一

个特解，把$Q(x)=A$代入（9.19）式得 $[(1+\mathrm{i})^2-(1+\mathrm{i})-2]A=1$，即$(\mathrm{i}-3)A=1$，得

$$A=\frac{1}{\mathrm{i}-3}=\frac{-3-\mathrm{i}}{10}=-\frac{3}{10}-\frac{\mathrm{i}}{10}$$

所以方程（9.30）的特解为

$$y^*=\left(-\frac{3}{10}-\frac{\mathrm{i}}{10}\right)\mathrm{e}^{(1+\mathrm{i})x}=\left(-\frac{3}{10}-\frac{\mathrm{i}}{10}\right)\mathrm{e}^x(\cos x+\mathrm{i}\sin x)$$
$$=\mathrm{e}^x\left(-\frac{3}{10}\cos x+\frac{1}{10}\sin x\right)+\mathrm{i}\mathrm{e}^x\left(-\frac{1}{10}\cos x-\frac{3}{10}\sin x\right)$$

于是，y^*的虚部$y_2^*=-\dfrac{1}{10}\mathrm{e}^x(\cos x+3\sin x)$是所给方程的一个特解。

例 9.17 求微分方程$y''-y'-2y=\mathrm{e}^x\sin x+\cos x$的通解。

解 微分方程$y''-y'-2y=\mathrm{e}^x\sin x+\cos x$所对应的齐次方程为$y''-y'-2y=0$，其特征方程为 $\lambda^2-\lambda-2=0$，解得特征根为 $\lambda_1=-1$，$\lambda_2=2$，于是，所对应的齐次方程的通解为 $Y=C_1\mathrm{e}^{-x}+C_2\mathrm{e}^{2x}$。

为了求原方程的一个特解，把所给的方程分解成为如下两个方程：

$$y''-y'-2y=\mathrm{e}^x\sin x \tag{9.31}$$
$$y''-y'-2y=\cos x \tag{9.32}$$

（9.31）式的特解在例 9.16 中已经求出，为$y_{12}^*=-\dfrac{1}{10}\mathrm{e}^x(\cos x+3\sin x)$。

下面再求（9.32）式的特解，由于（9.32）式的自由项$\cos x$为函数$\mathrm{e}^{\mathrm{i}x}$的实部，且$\mu=\mathrm{i}$不是特征方程$\lambda^2-\lambda-2=0$的根，所以可设$y_2^*=A\mathrm{e}^{\mathrm{i}x}$为

$$y''-y'-2y=\mathrm{e}^{\mathrm{i}x} \tag{9.33}$$

的一个特解，把$Q(x)=A$代入（9.19）式，得$(\mathrm{i}^2-\mathrm{i}-2)A=1$，即

$$A=\frac{-1}{3+\mathrm{i}}=\frac{-3+\mathrm{i}}{10}=-\frac{3}{10}+\frac{1}{10}\mathrm{i}$$

所以$y_2^*=\left(-\dfrac{3}{10}+\dfrac{1}{10}\mathrm{i}\right)\mathrm{e}^{\mathrm{i}x}$是（9.33）式的一个特解。由于

$$y_2^*=\left(-\frac{3}{10}+\frac{1}{10}\mathrm{i}\right)\mathrm{e}^{\mathrm{i}x}=\left(-\frac{3}{10}+\frac{1}{10}\mathrm{i}\right)(\cos x+\mathrm{i}\sin x)$$
$$=-\frac{3}{10}\cos x-\frac{1}{10}\sin x+\mathrm{i}\left(\frac{1}{10}\cos x-\frac{3}{10}\sin x\right)$$

于是，其实部$y_{21}^*=-\dfrac{3}{10}\cos x-\dfrac{1}{10}\sin x$是方程（9.32）的一个特解。

因此，原微分方程的通解为

$$y=Y+y_{12}^*+y_{21}^*$$
$$=C_1\mathrm{e}^{-x}+C_2\mathrm{e}^{2x}-\frac{1}{10}\mathrm{e}^x(\cos x+3\sin x)-\frac{3}{10}\cos x-\frac{1}{10}\sin x$$

9.4 微分方程在数学建模中的应用

前面几节主要研究几类常见的微分方程的解法，本节将介绍几个典型例子，以说明常微分方程在数学建模中的一些应用。

1. 人口预测模型

由于资源的局限性，当今大家都注意有计划地控制人口的增长，为了得到人口预测模型，必须先搞清影响人口增长的因素，而影响人口增长的因素很多，如人口的自然出生率，人口的自然死亡率，人口的迁移、战争等诸多因素。如果一开始就把所有因素都考虑进去，则无从下手。于是，先把问题简化，建立比较简单的模型，再逐步修改，得到较完善的模型。

例 9.18 （马尔萨斯（Malthus）模型）英国人口统计学马尔萨斯在 1798 年提出了闻名于世的马尔萨斯人口模型。他的基本假设是：在人自然增长过程中，净相对增长率（出生率与死亡率之差）是常数，即单位时间内人口的增长量与人口成正比，比例系数设为γ。在此假设下，推导并求解人口随时间变化的数学模型。

解 设时刻t的人口为$N(t)$，把$N(t)$当做连续、可微函数处理（因人口总数很大，可近似地这样处理，此乃离散变量连续化处理），据马尔萨斯的假设，在t到$t+\Delta t$时间段内，人口的增长量为

$$N(t+\Delta t)-N(t)=\gamma N(t)\Delta t$$

并设$t=t_0$时刻的人口为N_0，于是

$$\begin{cases}\dfrac{\mathrm{d}N}{\mathrm{d}t}=\gamma N\\ N(t_0)=N_0\end{cases}$$

这就是马尔萨斯人口模型，用分离变量法，可求出其解为

$$N(t)=N_0\mathrm{e}^{\gamma(t-t_0)}$$

此式表明人口以指数规律随时间无限增长。

模型检验：据估计 1961 年地球上人口总数为3.06×10^9，而在以后 7 年中人口总数以每年 2%的速度增长。这样t_0=1961，N_0=3.06×10^9，γ=0.02，于是

$$N(t)=3.06\times10^9\ \mathrm{e}^{0.02(t-1961)}$$

这个公式非常准确地反映了在 1700 年~1961 年间世界人口总数。但是，后来人们用马尔萨斯模型计算结果与人口资料比较，却发现有很大的差异。尤其是在用此模型预测较遥远的未来地球人口总数时，发现问题更大。因此，1838 年荷兰生物学家韦尔侯特（Verhulst）把马尔萨斯模型进行了修改，提出了如下的逻辑（Logistic）模型。

例 9.19 （逻辑（Logistic）模型）马尔萨斯模型为什么不能预测未来的人口呢？这主要是地球上的各种资源只能供一定数量的人生活，随着人口的增加，自然资源环境条件等因素对人口增长的限制作用越来越显著。如果当人口较少时，人口的自然增长率可以看做常数的话，那么当人口增加到一定数量以后，这个增长率就要随人口的增加而减少。因此，应对马尔萨斯模型中关于净增长率为常数的假设进行修改。荷兰生物学家韦尔侯特引入常数N_m，用来表示自然环境条件所能容许的最大人口数（一般说来，一个国家工业化程度越高，它的生活空间就越大，食物就越多，从而N_m就越大），并假设净增长率等于$\gamma\left(1-\dfrac{N(t)}{N_m}\right)$，即净

增长率随着 $N(t)$ 的增加而减少，当 $N(t)\to N_m$ 时，净增长率趋于零。按此假定建立人口预测模型。

解 由韦尔侯特假定，马尔萨斯模型应改为

$$\begin{cases}\dfrac{\mathrm{d}N}{\mathrm{d}t}=\gamma\left(1-\dfrac{N}{N_m}\right)N\\ N(t_0)=N_0\end{cases}$$

上式就是逻辑模型。该方程用分离变量法，得到其解为

$$N(t)=\frac{N_m}{1+\left(\dfrac{N_m}{N_0}-1\right)\mathrm{e}^{-\gamma(t-t_0)}}$$

下面，对该模型做一简要分析：

（1）当 $t\to+\infty$ 时，$N(t)\to N_m$，即无论人口初值如何，人口总数趋向于极限 N_m；

（2）当 $0<N<N_m$ 时，$N(t)$ 是时间 t 的单调增函数；

（3）计算二阶导数可知，人口增长率 $\dfrac{\mathrm{d}N}{\mathrm{d}t}$ 在 $\dfrac{N_m}{2}$ 处最大，当 $N<\dfrac{N_m}{2}$ 时，$\dfrac{\mathrm{d}N}{\mathrm{d}t}$ 是单调增加的；当 $N>\dfrac{N_m}{2}$ 时，$\dfrac{\mathrm{d}N}{\mathrm{d}t}$ 是单调减少的。也就是说在人口总数达到极限值一半以前是加速生长期，过这一点后，生长的速率逐渐变小，并且迟早会达到零，这是减速生长期；

（4）用该模型检验美国从 1790 年到 1950 年的人口，发现模型计算的结果与实际人口在 1930 年以前都非常吻合。自从 1930 年以后，误差越来越大，一个明显的原因是在 20 世纪 60 年代美国的实际人口数已经突破了 20 世纪初所设的极限人口，由此可见该模型的缺点之一是 N_m 不易确定，事实上，随着一个国家经济的腾飞，它所拥有的食物就越丰富，N_m 的值就越大；

（5）用逻辑模型来预测世界未来人口总数。某生物学家估计，$\gamma=0.029$，又当人口总数为 3.06×10^9 时，人口每年以 2%的速率增长。由逻辑模型得

$$\frac{1}{N}\frac{\mathrm{d}N}{\mathrm{d}t}=\gamma\left(1-\frac{N}{N_m}\right)，\text{即}\ \ 0.02=0.029\left(1-\frac{3.06\times10^9}{N_m}\right)$$

从而有 $N_m=9.86\times10^9$，即世界人口总数极限值近 100 亿。

需要说明的是：人也是一种生物。因此，上面关于人口模型的讨论，原则上也可以用于在自然环境下单一的物种生存的其他生物，如森林的树木、池塘中的鱼等，逻辑模型有着广泛的应用。

2．混合气体的数学模型

例 9.20 设一容器内原有气体 a 升，内含有氧气 b 升，现以 v_1 升/分的速度注入含氧浓度为 γ 的混合气体，同时以 v_2 升/分的速度抽出混合均匀的气体，求容器内含氧变化的数学模型（不妨设 $v_1\neq v_2$）。

解 设时刻 t 容器内的含氧量为 $x(t)$，考虑在 t 到 $t+\mathrm{d}t$ 时间段内容器中氧的变化情况，在 $\mathrm{d}t$ 时间内

容器中氧的改变量 = 注入的混合气体中所含氧量－抽出的混合气体中所含氧量

容器中氧的改变量$\mathrm{d}x$，注入的混合气体中所含氧量为$\gamma\ v_1\mathrm{d}t$，t时刻容器内气体的含氧浓度为$\dfrac{x(t)}{a+(v_1-v_2)t}$，假设在$t$到$t+\mathrm{d}t$时间段内容器中气体的含氧浓度不变（事实上，容器内气体的含氧浓度时刻在变，由于$\mathrm{d}t$时间很短，可以这样认为）。于是抽出的混合气体中所含氧量为$\dfrac{x(t)}{a+(v_1-v_2)t}v_2\mathrm{d}t$，这样可列出方程为

$$\mathrm{d}x=\gamma\ v_1\mathrm{d}t-\frac{v_2x}{a+(v_1-v_2)t}\mathrm{d}t$$

即
$$\frac{\mathrm{d}x}{\mathrm{d}t}=\gamma\ v_1-\frac{v_2x}{a+(v_1-v_2)t}$$

又因为$t=0$时，容器内含有氧气b升，于是得到该问题的数学模型为

$$\begin{cases}\dfrac{\mathrm{d}x}{\mathrm{d}t}+\dfrac{v_2x}{a+(v_1-v_2)t}=\gamma v_1\\ x(0)=b\end{cases}$$

这是一阶非齐次线性微分方程的初值问题，其解为

$$x(t)=\gamma[a+(v_1-v_2)t]+(b-\gamma a)\left(\frac{a}{a+(v_1-v_2)t}\right)^{\frac{v_2}{v_1-v_2}}$$

下面对该问题进行一下简单的讨论，由上式不难发现：t时刻容器中气体的含氧浓度为

$$p(t)=\frac{x(t)}{a+(v_1-v_2)t}=\gamma+\left(\frac{b-\gamma a}{a}\right)\cdot\left(\frac{a}{a+(v_1-v_2)t}\right)^{\frac{v_2}{v_1-v_2}+1}$$

当$v_2<v_1$时，且当$t\to+\infty$时，$p(t)\to\gamma$，即长时间地进行上述过程，容器中气体的含氧浓度将趋向于注入含氧浓度γ。可以看到，该模型不仅适用于气体的混合，而且还适用于讨论液体的混合。

3．振动模型

振动是生活与工程中的常见现象，研究振动规律有着极其重要的意义。在自然界中，许多振动现象都可以抽象为下述振动问题。

例 9.21 设有一个弹簧，它的上端固定，下端挂一个质量为m的物体，试研究其振动规律。

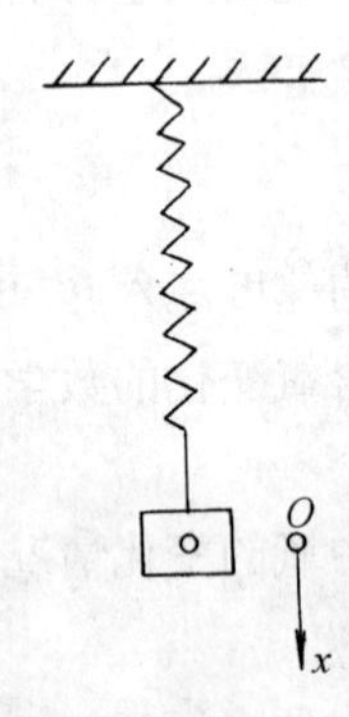

图 9.2

解 假设（1）物体的平衡位置位于坐标原点，并取x轴的正向铅直向下（见图 9.2）。物体的平衡位置是指物体处于静止状态时的位置。此时，作用在物体上的重力与弹性力大小相等，方向相反；（2）在一定的初始位移x_0及初始速度v_0下，物体离开平衡位置。并在平衡位置附近进行没有摇摆的上下振动；（3）物体在t时刻的位置坐标$x=x(t)$，即t时刻物体偏离平衡位置的位移；（4）在振动过程中，受阻力作用，阻力的大小与物体的速度成正比，阻力的方向总是与速度方向相反，因此阻力为$-h\dfrac{\mathrm{d}x}{\mathrm{d}t}$，$h$为阻尼系数；（5）当质点有位移$x(t)$时，假设所受的弹簧恢复力是与位移成正比的，而恢复力的方向总是

指向平衡位置，也就是说总与偏离平衡位置的位移方向相反，因此所受弹簧恢复力为$-kx$，其中k为劲度系数；（6）在振动过程中受外力$f(t)$作用。

在上述假设下，根据牛顿第二定律得

$$m\frac{\mathrm{d}^2x}{\mathrm{d}t^2}=-h\frac{\mathrm{d}x}{\mathrm{d}t}-kx+f(t) \tag{9.34}$$

这就是该物体的强迫振动方程。

由于方程（9.34）中，$f(t)$的具体形式没有给出，所以，不能对方程（9.34）直接求解。下面分四种情形对其进行讨论。

（1）无阻尼自由振动

在这种情况下，假定物体在振动过程中，既无阻力，又不受外力作用。此时方程（9.34）变为

$$m\frac{\mathrm{d}^2x}{\mathrm{d}t^2}+kx=0$$

令$\frac{k}{m}=\omega^2$，方程（9.34）变为

$$\frac{\mathrm{d}^2x}{\mathrm{d}t^2}+\omega^2x=0$$

特征方程为$\lambda^2+\omega^2=0$，其特征根为$\lambda_1=\omega\mathrm{i}, \lambda_2=-\omega\mathrm{i}$，所以通解为

$$x=C_1\cos\omega t+C_2\sin\omega t$$

或将其写成

$$\begin{aligned}x&=\sqrt{C_1^2+C_2^2}\left(\frac{C_1}{\sqrt{C_1^2+C_2^2}}\cos\omega t+\frac{C_2}{\sqrt{C_1^2+C_2^2}}\sin\omega t\right)\\&=A(\sin\varphi\cos\omega t+\cos\varphi\sin\omega t)=A\sin(\omega t+\varphi)\end{aligned}$$

其中$A=\sqrt{C_1^2+C_2^2}$，$\sin\varphi=\frac{C_1}{\sqrt{C_1^2+C_2^2}}$，$\cos\varphi=\frac{C_2}{\sqrt{C_1^2+C_2^2}}$。

这就是说，无阻尼自由振动的振幅A，频率$\omega=\sqrt{\frac{k}{m}}$均为常数。

（2）有阻尼自由振动

在这种情况下，考虑物体所受到的阻力，不考虑物体所受的外力。此时方程（9.34）变为

$$m\frac{\mathrm{d}^2x}{\mathrm{d}t^2}+h\frac{\mathrm{d}x}{\mathrm{d}t}+kx=0$$

令$\frac{k}{m}=\omega^2$，$\frac{h}{m}=2\delta$，方程（9.34）变为

$$\frac{\mathrm{d}^2x}{\mathrm{d}t^2}+2\delta\frac{\mathrm{d}x}{\mathrm{d}t}+\omega^2x=0$$

特征方程为$\lambda^2+2\delta\lambda+\omega^2=0$，其特征根为$\lambda_1=-\delta+\sqrt{\delta^2-\omega^2}$，$\lambda_2=-\delta-\sqrt{\delta^2-\omega^2}$。

根据δ与ω的关系，又分为如下三种情形：

① 大阻尼情形，$\delta > \omega$。特征根为二个不相等的实根，通解为

$$x = C_1 e^{(-\delta+\sqrt{\delta^2-\omega^2})t} + C_2 e^{(-\delta-\sqrt{\delta^2-\omega^2})t}$$

② 临界阻尼情形，$\delta = \omega$，特征根为重根，通解为

$$x = (C_1 + C_2 t)e^{-\delta t}$$

这两种情形，由于阻尼比较大，都不发生振动。当有一初始扰动以后，质点慢慢回到平衡位置，位移随时间t的变化规律分别如图 9.3 和图 9.4 所示。

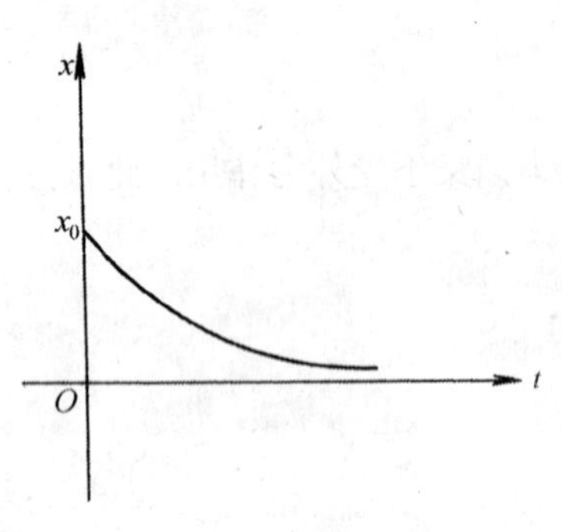

图 9.3

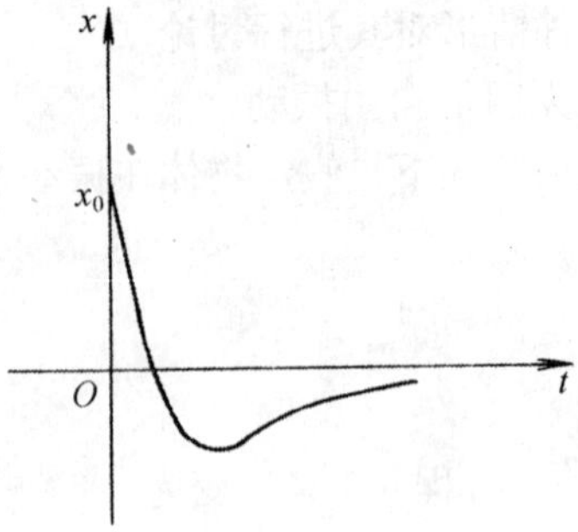

图 9.4

③ 小阻尼情形，$\delta < \omega$。特征根为共轭复数，通解为

$$x = e^{-\delta t}(C_1 \cos\sqrt{\omega^2 - \delta^2}\,t + C_2 \sin\sqrt{\omega^2 - \delta^2}\,t)$$

将其简化为

$$x = Ae^{-\delta t}\sin(\sqrt{\omega^2 - \delta^2}\,t + \varphi)$$

其中 $A = \sqrt{C_1^2 + C_2^2}$，$\sin\varphi = \dfrac{C_1}{\sqrt{C_1^2 + C_2^2}}$，$\cos\varphi = \dfrac{C_2}{\sqrt{C_1^2 + C_2^2}}$，振幅 $Ae^{-\delta t}$ 随时间t的增加而减少。因此，这是一种衰减振动。位移随时间t的变化规律分别如图 9.5。

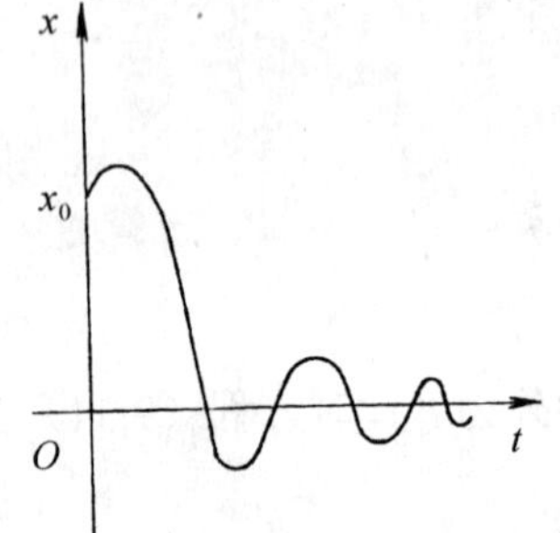

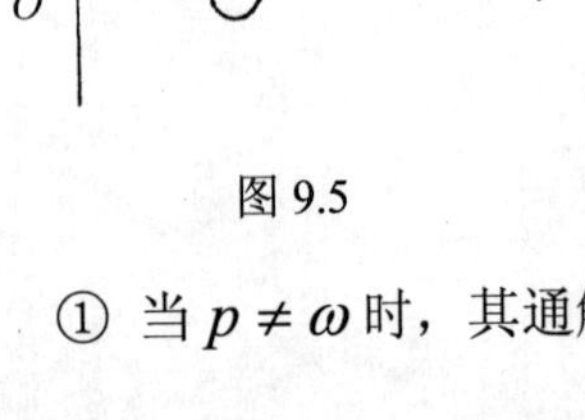

图 9.5

（3）无阻尼强迫振动

在这种情形下，设物体不受阻力作用，其所受外力为简谐力 $f(t) = m\sin pt$，此时方程（9.34）变为

$$m\frac{d^2x}{dt^2} + kx = m\sin pt$$

$$\frac{d^2x}{dt^2} + \omega^2 x = \sin pt$$

根据 $\mu = pi$ 是否等于特征根 ωi，其通解可分为如下两种情形：

① 当 $p \neq \omega$ 时，其通解为

$$x = \frac{1}{\omega^2 - p^2}\sin pt + C_1\cos\omega t + C_2\sin\omega t$$

此时，特解的振幅 $\dfrac{1}{\omega^2 - p^2}$ 为常数，但当 p 接近 ω 时，将会导致振幅增大，发生类似共振的现象；

② 当 $p=\omega$ 时，其通解为

$$x=-\frac{1}{2p}t\cos pt+C_1\cos\omega t+C_2\sin\omega t$$

此时，特解的振幅 $\frac{1}{2p}t$ 随时间 t 的增加而增大，这种现象称为共振。即当外力的频率 p 等于物体的固有频率 ω 时，将发生共振。

（4）阻尼强迫振动

在这种情形下，假定振动物体既受阻力作用，又受外力 $f(t)=m\sin pt$ 的作用，并设 $\delta<\omega$，方程（9.34）变为

$$\frac{\mathrm{d}^2x}{\mathrm{d}t^2}+2\delta\frac{\mathrm{d}x}{\mathrm{d}t}+\omega^2x=\sin pt$$

特征根 $\lambda_{1,2}=-\delta\pm\mathrm{i}\sqrt{\omega^2-\delta^2}$，$\delta\neq0$，则 $\mu=p\mathrm{i}$ 不可能为特征方程的根，特解为

$$x^*=\frac{1}{(\omega^2-p^2)^2+4\delta^2p^2}[(\omega^2-p^2)\sin pt-2\delta p\cos pt]$$

由此可见，在有阻尼的情况下，将不会发生共振现象。不过，当 $p=\omega$ 时

$$x^*=-\frac{1}{2\delta p}\cos pt$$

若 δ 很小，则仍会有较大的振幅；若 δ 比较大，则不会有较大的振幅。

下面，举一个在电学中的振动模型的具体例子，即电子振荡。

考察如图 9.6 所示的电路，它包括电阻 R，电容 C，电感 L 及电动势 $E=E_0\sin pt$，则根据电学知识可建立关于电容上存储的电量 $Q=Q(t)$ 的微分方程为

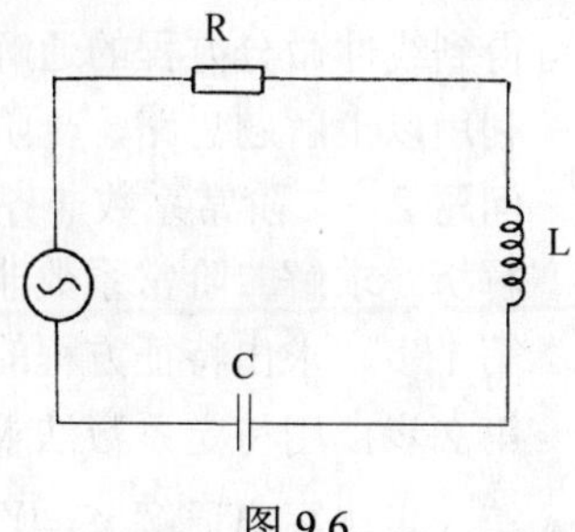

图 9.6

$$L\frac{\mathrm{d}^2Q}{\mathrm{d}t^2}+R\frac{\mathrm{d}Q}{\mathrm{d}t}+\frac{1}{C}Q=E_0\sin pt$$

它与阻尼强迫振动方程相类似。因此，振动模型与电子振荡模型的数学处理方法是完全相同的。这样可以把关于振动模型的结论用于电子振荡模型。例如共振现象，当电子振荡方程中电动势的频率 p 等于LRC回路的固有频率时，也会使电路出现共振现象，这种共振现象就是收音机电台调谐的依据。

9.5 本章小结

9.5.1 内容提要

1. 基本概念

微分方程，常微分方程，微分方程的阶数，通解，特解，初始条件，线性相关，线性无关，可分离变量的微分方程，线性微分方程，常系数线性微分方程，齐次线性微分方程，非齐次线性微分方程，特征方程，特征根。

2．基本定理

齐次线性微分方程解的叠加原理，非齐次线性微分方程解的结构定理，非齐次线性微分方程解的分离定理。

3．基本方法

可分离变量法，常数变易法，降阶法，特征方程法，待定系数法。

9.5.2 疑点解析

问题 1 一阶微分方程如何求解？

解析 一般地说，并不是每一个微分方程都能求出其解析解的，大多数微分方程求不出解析解，则可求其数值解。本章主要介绍了三种一阶微分方程的解法。对于求解一阶微分方程的基本思路是：

第 1 步，判断是否是可分离变量的微分方程。若是，用可分离变量法求解；若不是，进行下一步；

第 2 步，判断是否是齐次型微分方程。若是，用变换 $u=\dfrac{y}{x}$，将其方程化为关于 x 和 u 可分离变量的微分方程，用可分离变量法求解；若不是，进行下一步；

第 3 步，判断是否是线性微分方程。若是，用常数变易法求解，即先求齐次线性微分方程的通解，并将其通解中的任意常数设为函数，再代入非齐次线性微分方程求出所设的函数，就可得到线性微分方程的通解。

利用以上解题思路，一阶微分方程问题基本上可得到解决。

问题 2 二阶常系数非齐次线性微分方程如何求解？

解析 求解二阶常系数非齐次线性微分方程的具体步骤如下：

第 1 步，求出特征方程的特征根，并写出其对应的齐次方程的通解 Y；

第 2 步，用待定系数法求出微分方程的一个特解 y^*，特解 y^* 的具体求法见下表；

第 3 步，写出通解 $y=Y+y^*$；

第 4 步，如果题目还给出初始条件 $y(x_0)=y_0, y'(x_0)=y'_0$，则将此条件代入通解的表达式，确定出常数 C_1, C_2，从而求得满足初始条件的特解。

自由项 $f(x)$ 的形式	特　解　形　式
$f(x)=P_m(x)e^{\mu x}$	当 μ 不是特征方程的根时，$y^*=Q_m(x)e^{\mu x}$ 当 μ 是特征方程的单根时，$y^*=xQ_m(x)e^{\mu x}$ 当 μ 是特征方程的重根时，$y^*=x^2Q_m(x)e^{\mu x}$
$f(x)=P_m(x)e^{\alpha x}\cos\beta x$ 或 $f(x)=P_m(x)e^{\alpha x}\sin\beta x$	利用欧拉公式 $e^{i\beta x}=\cos\beta x+i\sin\beta x$，化为 $f(x)=P_m(x)e^{\mu x}$ 的形式求特解，其中 $\mu=\alpha+i\beta$，再分别取其实部或虚部。

例 9.22 求微分方程 $y''+y=\cos x$ 的通解。

解一 这是一道二阶常系数非齐次线性微分方程。

第 1 步，先求出方程 $y''+y=\cos x$ 所对应的齐次方程 $y''+y=0$ 的通解 Y。其特征方程为 $\lambda^2+1=0$，特征根为 $\lambda_1=i$，$\lambda_2=-i$，所以，对应的齐次方程的通解为

$$Y = C_1 \cos x + C_2 \sin x$$

第 2 步，再求 $y'' + y = \cos x$ 的一个特解 y^*。由于方程 $y'' + y = \cos x = e^0 \cos x$，$\mu = i$ 是特征方程的单根，所以可设特解为 $y^* = x(A\cos x + B\sin x)$ 代入原方程，可得 $A = 0,\ B = \frac{1}{2}$，于是，得到特解为 $y^* = \frac{1}{2} x \sin x$；

第 3 步，写出通解。因此，所求的通解为 $y = Y + y^* = C_1 \cos x + C_2 \sin x + \frac{1}{2} x \sin x$。

上述解法一般表达为：若二阶常系数非齐次线性微分方程 $y'' + py' + qy = f(x)$ 中的自由项 $f(x) = e^{\alpha x}[P_h(x)\cos\beta x + P_n(x)\sin\beta x]$，则该微分方程的特解可设为

$$y^* = x^k e^{\alpha x}[Q_m(x)\cos\beta x + R_m(x)\sin\beta x]$$

其中 $Q_m(x), R_m(x)$ 都是 m 次待定多项式，$m = \max\{h, n\}$，若自由项中的 α, β，设 $\mu = \alpha + i\beta$，μ 不是特征方程的根，则取 $k = 0$；若 μ 是特征方程的单根，则取 $k = 1$。

解二 第 1 步，方程 $y'' + y = \cos x$ 所对应的齐次方程 $y'' + y = 0$ 的通解为

$$Y = C_1 \cos x + C_2 \sin x$$

第 2 步，再求 $y'' + y = \cos x$ 的一个特解 y^*。先求辅助方程

$$y'' + y = e^{ix} \tag{9.35}$$

的特解，由于 $\mu = i$ 是特征方程的单根，所以可设 $y^* = Axe^{ix}$ 是（9.35）的一个特解。将 $Q(x) = Ax$ 代入（9.19）式，得 $2iA = 1$，即 $A = -\frac{1}{2}i$，于是

$$y^* = -\frac{1}{2}ixe^{ix} = -\frac{1}{2}ix(\cos x + i\sin x) = \frac{1}{2}x\sin x - i\left(\frac{1}{2}x\cos x\right)$$

因此，取 y^* 的实部 $y_1^* = \frac{1}{2}x\sin x$ 是方程 $y'' + y = \cos x$ 的一个特解；

第 3 步，写出通解。所以，所求的通解是 $y = Y + y^* = C_1 \cos x + C_2 \sin x + \frac{1}{2} x \sin x$。

此方法一般表达为：若二阶常系数非齐次线性微分方程 $y'' + py' + qy = f(x)$ 中的自由项 $f(x) = P_m(x)e^{\alpha x}\cos\beta x$ 或 $f(x) = P_m(x)e^{\alpha x}\sin\beta x$，可设 $f(x) = P_m(x)e^{\mu x}$，其中 $\mu = \alpha + i\beta$，先求辅助方程

$$y'' + py' + qy = P_m(x)e^{\mu x}$$

的一个特解。可设其方程的特解为 $y^* = x^k Q_m(x) e^{\mu x}$，其中 μ 不是特征方程的根，则取 $k = 0$；若 μ 是特征方程的单根，则取 $k = 1$，$Q_m(x)$ 都是 m 次待定多项式。再把特解写成复数的代数式，即 $y^* = y_1^* + iy_2^*$，则 y_1^* 是方程 $y'' + py' + qy = P_m(x)e^{\alpha x}\cos\beta x$ 的一个特解，y_2^* 是方程 $y'' + py' + qy = P_m(x)e^{\alpha x}\sin\beta x$ 的一个特解。

习　题　9

1．指出下列微分方程的阶数：

（1）$y'' - 8y = 6x + 2$；　　　（2）$y'y'' - (y''')^6 = \sin(x + y)$；

（3） $y^{(8)}+\sin y+6x=0$；　　（4） $(y'')^3+5(y')^4-y^5+x^7=0$。

2．验证下列题中各函数是否是所给微分方程的解？

（1） $yy'=x-2x^3, y=x\sqrt{1-x^2}$；　（2） $y''=x^2+y^2, y=\sin x$；

（3） $(x-y)\mathrm{d}x+x\mathrm{d}y=0,\ y=x(C-\ln x)$（$C$ 为常数）；

（4） $\begin{cases}\cos x\sin y\mathrm{d}y=\cos y\sin x\mathrm{d}x\\ y(0)=\dfrac{\pi}{4},\end{cases}$　　$\cos y-\dfrac{\sqrt{2}}{2}\cos x=0$

3．试求以原点为圆心，R 为半径的圆所满足的微分方程。

4．所有轴平行于 y 轴的抛物线组成的曲线族，求此曲线族的微分方程。

5．设曲线上任一点处 $P(x,y)$ 的法线与 x 轴的交点为 Q，且线段 PQ 被 y 轴平分，求所满足的微分方程。

6．求下列各微分方程的通解：

（1） $xy'-y\ln y=0$；　　（2） $3x^2+5x-5y'=0$；

（3） $x\sec y\mathrm{d}x+(x+1)\mathrm{d}y=0$；　　（4） $\cos y+x\sin y\cdot y'=0$；

（5） $\dfrac{\mathrm{d}y}{\mathrm{d}x}=\dfrac{y+x}{y-x}$；　　（6） $1+y'=\mathrm{e}^y$。

7．求下列微分方程满足初始条件的特解：

（1） $(1+\mathrm{e}^x)yy'=\mathrm{e}^x,\ y(1)=1$；　　（2） $(\ln y)^2y'=\dfrac{y}{x^2},\ y(2)=1$；

（3） $xy'+y=y^2,\ y(1)=0.5$；　　（4） $y'=y,\ y(0)=3$。

8．若曲线 $y=f(x)(f(x)\geqslant 0)$ 与以 $[0,\ x]$ 为底围成的曲边梯形的面积与纵坐标 y 轴的 $n+1$ 次幂成正比，已知 $f(0)=0,\ f(1)=1$，求此曲线方程。

9．求下列微分方程的通解：

（1） $y'=\dfrac{y}{x}+\mathrm{e}^{\frac{y}{x}}$；　（2） $y'=\dfrac{y}{y-x}$；　（3） $xy'-x\sin\dfrac{y}{x}-y=0$；

（4） $y'+\dfrac{y}{x}-\sin x=0$；（5） $y'+2y=\mathrm{e}^{3x}$。

10．求下列微分方程满足初始条件的特解：

（1） $y'-y=x\mathrm{e}^x,\ y(0)=1$；　　（2） $xy'+y=\sin x,\ y(\pi)=1$；

（3） $xy'-y+\ln x=0,\ y(1)=1$；　　（4） $y'+\dfrac{1-2x}{x^2}y=1,\ y(1)=0$。

11．下列函数组中哪些是线性相关的？哪些是线性无关的？

（1） x，x^2；　（2） e^x，e^{x+1}；　（3） e^x，e^{2x}；

（4） $\sin x$，$\cos x$　（5） $\ln x^2$，$\ln x^3$；　（6） e^x，$x\mathrm{e}^x$。

12．求下列微分方程的通解：

（1） $y''+y'-2y=0$；　　（2） $y''-4y'=0$；

（3） $y''-2y'+y=0$；　　（4） $y''-9y=0$；

（5） $y''+2y'-y=0$；　　（6） $3y''-2y'-8y=0$；

（7） $y''+4y'+13y=0$；　　（8） $y''+a^2y=0$（a 为常数）。

13．求下列微分方程的通解：

（1）$2y''+y'-y=2e^x$；（2）$y''+5y'+4y=3x^2+1$；

（3）$y''+4y'+4y=4$；（4）$y''+2y'=-x+3$ ；

（5）$y''+y'+y=x^2$；（6）$y''-2y'+5y=\cos 2x$；

（7）$y''+3y'+2y=3\sin x$ ；（8）$y''+4y'+13y=e^{-2x}\sin 2x$。

14．求下列微分方程满足初始条件的特解：

（1）$y''-4y'+3y=0,\quad y(0)=6,\quad y'(0)=10$；

（2）$y''-3y'-4y=0,\quad y(0)=0,\quad y'(0)=-5$；

（3）$y''+y=-\sin 2x,\quad y(\pi)=1,\quad y'(\pi)=1$。

15．若曲线过点（2,3），且曲线在两坐标轴间的任意切线段均被切点平分，求该曲线的方程。

16．设曲线上任一点 P 处的切线与 x 轴的交点为 A，原点与点 P 之间的距离等于点 A 到点 P 之间的距离，且曲线过点（1,2），求此曲线的方程。

17．跳伞员与降落伞共重 150kg，当伞张开时，他以 10m/s 的速度垂直下落，设空气阻力与速度成正比，且当速度为 5m/s 时，空气阻力为 60kg，试求跳伞员的下落速度与时间的关系。

18．设将质量为 m 的物体在空气中以初速度 v_0 垂直上抛，且空气阻力为 c^2v^2（c 为常数），求在上升过程中速度与时间的函数关系。

19．长为 6m 的链条自桌上无摩擦地向下滑动，假定在运动开始时链条自桌上垂下部分已有 1m，试问需多少时间链条才全部滑过桌子？

第 10 章 空间解析几何与向量

在自然科学和工程技术中，所遇到的几何图形经常是空间几何图形，用代数的方法研究空间几何图形的性质和规律的学科，称为空间解析几何。还经常要遇到一种既有大小又有方向的量即向量。在本章中将介绍向量的概念、向量的运算以及以向量作为工具来研究空间解析几何的有关内容。

10.1 空间直角坐标系与向量的概念

10.1.1 空间直角坐标系

在空间取三条相互垂直且相交于一点 O 的数轴，其交点 O 称为这些数轴的原点，并且它们的长度单位通常取相同的。这三条数轴分别称为 x 轴、y 轴和 z 轴，一般是把 x 轴和 y 轴放置在水平面上，那么 z 轴就垂直于水平面。z 轴的正向按下述法则规定如下：伸出右手，让四指与大拇指垂直，并使四指先指向 x 轴的正向，然后让四指沿握拳方向旋转 $90°$ 指向 y 轴的正向，这时大拇指所指的方向就是 z 轴的正向，这个法则称为右手法则（如图 10.1）。这样就组成了右手空间直角坐标系。在由此三条坐标轴组成的空间直角坐标系中，x 轴称为横轴，y 轴称为纵轴，z 轴称为竖轴，O 称为坐标原点，每两轴所确定的平面称为坐标平面，简称坐标面。x 轴与 y 轴所确定的坐标面称为 xOy 坐标面，类似地有 yOz 坐标面，zOx 坐标面。这些坐标面把空间分为八个部分，每一部分称为一个卦限。在 xOy 坐标面上方有四个卦限，下方有四个卦限。含 x 轴、y 轴和 z 轴的正向的卦限称为第 I 卦限，然后从 z 轴的正向向下看，按逆时针顺序依次为Ⅱ，Ⅲ，Ⅳ卦限，对于分别位于Ⅰ，Ⅱ，Ⅲ，Ⅳ卦限下面的四个卦限，依次为Ⅴ，Ⅵ，Ⅶ，Ⅷ（图 10.2）。

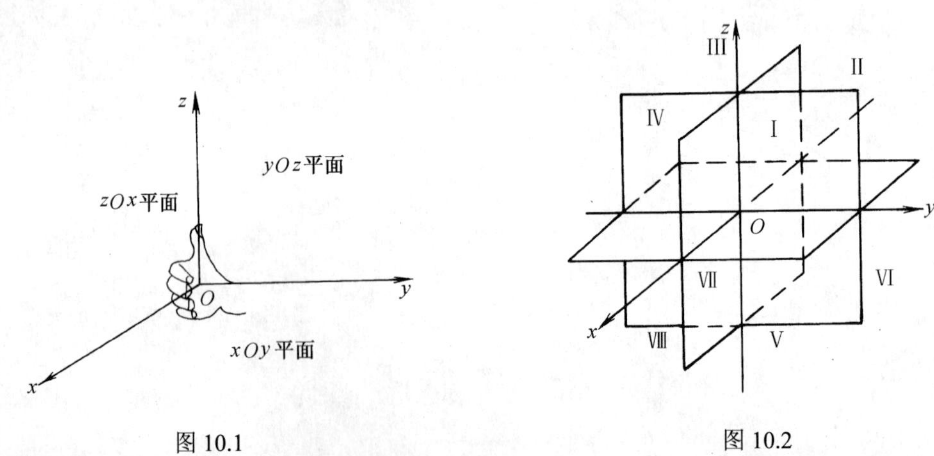

图 10.1　　　　图 10.2

下面，来建立空间点与有序数组的对应关系。

设 P 是空间直角坐标系中的任意一点，过点 P 作垂直于 xOy 坐标面的直线得垂足 P_1，过点 P_1 分别作与 x 轴，y 轴垂直且相交的直线，过点 P 作与 z 轴垂直且相交的直线，依次得到

x，y，z 轴上的三个垂足为 M，N，R。设 x，y，z 分别为点 M，N，R 在数轴上的坐标。这样空间直角坐标系内的任一点就确定了唯一的一组有序数组 x，y，z，用（x,y,z）表示。

反之，任给出一组有序数组 x，y 和 z，它们分别在 x 轴，y 轴和 z 轴上对应点 M，N，R，过点 M，N 并在 xOy 坐标面内分别作 x 轴和 y 轴的垂线，交于点 P_1。过点 P_1 作 xOy 坐标面的垂线 P_1P，过点 R 作 P_1P 的垂直相交的直线得交点 P。这样一组有序数组就确定了空间直角坐标系内唯一的一个点 P，而 x，y 和 z 恰好是点 P 的坐标。由此可见，建立了空间的一点与一组有序数（x,y,z）之间的一一对应关系。有序数组（x,y,z）称为点 P 的坐标（图 10.3），x，y，z 分别称为 x 坐标，y 坐标，z 坐标。

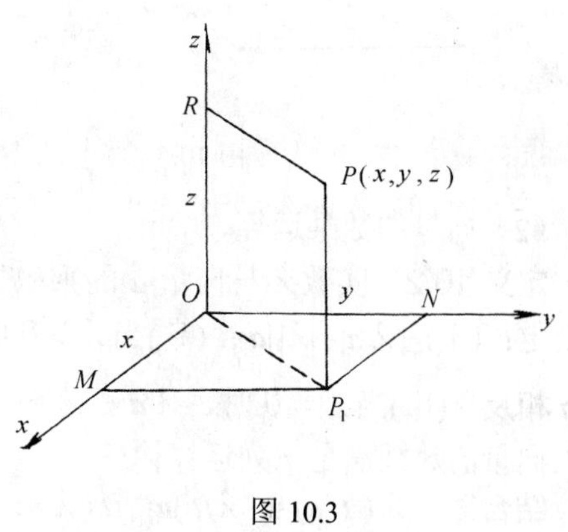

图 10.3

10.1.2 向量的概念及其线性运算

1. 向量的概念

在实际问题中，常见到有两类量: 一类是只有大小，没有方向的量，称为数量或标量，如长度，重量，温度等；还有一类是既有大小，又有方向的量，称为向量或矢量，如力，速度，加速度等。一般地，用黑体小写字母表示向量，如 $\boldsymbol{a}$，$\boldsymbol{b}$，$\boldsymbol{c}$ 等，有时为了书写方便也用 $\vec{a},\vec{b},\vec{c}$ 等表示向量。几何上，也常用有向线段来表示向量，起点为 A，终点为 B 的向量记为 $\overrightarrow{AB}$（图 10.4）。

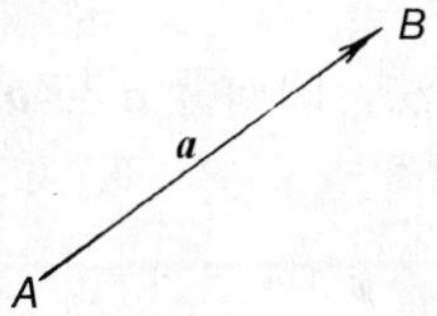

图 10.4

向量的大小称为向量的模。用$|\boldsymbol{a}|$，$|\boldsymbol{b}|$，$|\boldsymbol{c}|$，$|\overrightarrow{AB}|$，$|\overrightarrow{MN}|$表示向量的模。

模为 1 的向量称单位向量。模为 0 的向量称零向量，记为 $\boldsymbol{0}$。规定零向量的方向为任意方向。

在本书中，如果两个向量的方向相同，模也相同，则视为同一个向量，或称这两个向量相等，不关心向量的位置，由此，向量在空间任意地平行移动后不变，又称此向量为自由向量。

2. 向量的线性运算

（1）向量的加法

定义 10.1 若已知两个向量 $\boldsymbol{a}$ 和 $\boldsymbol{b}$，将向量 $\boldsymbol{b}$ 的起点与向量 $\boldsymbol{a}$ 的终点放在一起，则从向量 $\boldsymbol{a}$ 的起点到向量 $\boldsymbol{b}$ 的终点的向量称为向量 $\boldsymbol{a}$ 与 $\boldsymbol{b}$ 的和向量，记为 $\boldsymbol{a}+\boldsymbol{b}$，（图 10.5）。

这种求向量和的方法称为向量加法的三角形法则。由于向量可以平移，将两个向量 $\boldsymbol{a}$ 和 $\boldsymbol{b}$ 的起点放在一起，并以 $\boldsymbol{a}$ 和 $\boldsymbol{b}$ 为相邻两边作平行四边形，则从起点到对角顶点的向量亦为 $\boldsymbol{a}+\boldsymbol{b}$（图 10.6）。这种求向量和的方法称为向量加法的平行四边形法则。

由向量加法的定义可知，向量的加法满足下列运算律：

交换律 $\boldsymbol{a}+\boldsymbol{b}=\boldsymbol{b}+\boldsymbol{a}$

结合律 $(\boldsymbol{a}+\boldsymbol{b})+\boldsymbol{c}=\boldsymbol{a}+(\boldsymbol{b}+\boldsymbol{c})$

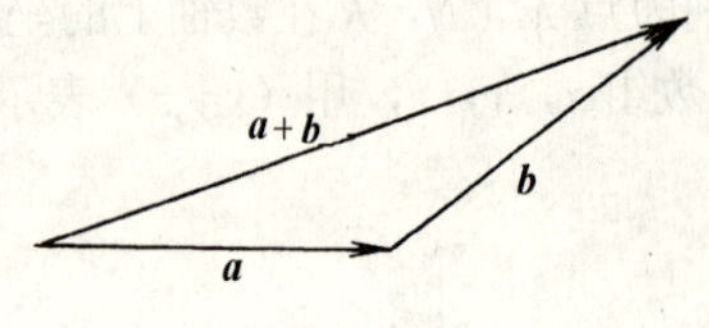

图 10.5

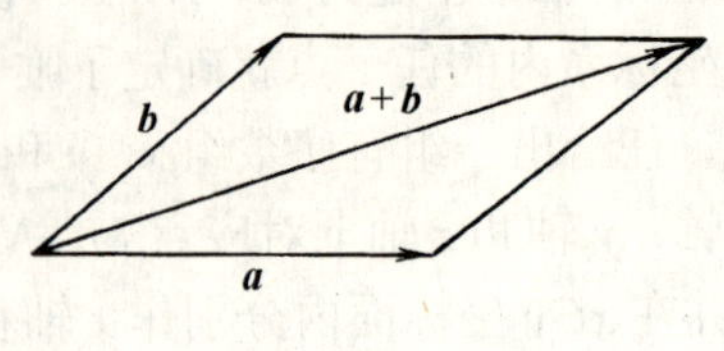

图 10.6

（2）向量的数乘运算

定义 10.2 实数λ与向量$\boldsymbol{a}$的乘积是一个向量，称为λ与向量$\boldsymbol{a}$的数乘，记做$\lambda\boldsymbol{a}$，并且规定：(ⅰ) $|\lambda\boldsymbol{a}|=|\lambda||\boldsymbol{a}|$；(ⅱ)当$\lambda>0$时，$\lambda\boldsymbol{a}$的方向与$\boldsymbol{a}$相同；当$\lambda<0$时，$\lambda\boldsymbol{a}$的方向与$\boldsymbol{a}$相反；(ⅲ)当$\lambda=0$时，$\lambda\boldsymbol{a}$是零向量。

向量的数乘满足下列运算律:

结合律 $\lambda(\mu\boldsymbol{a})=(\lambda\mu)\boldsymbol{a}=\mu(\lambda\boldsymbol{a})$

分配律 $(\lambda+\mu)\boldsymbol{a}=\lambda\boldsymbol{a}+\mu\boldsymbol{a}$ ，$\lambda(\boldsymbol{a}+\boldsymbol{b})=\lambda\boldsymbol{a}+\lambda\boldsymbol{b}$

向量的加法运算与向量的数乘运算统称为向量的线性运算。

设向量$\boldsymbol{a}$是一个非零向量，把与$\boldsymbol{a}$同向的单位向量记为$\boldsymbol{a}^0$，那么

$$\boldsymbol{a}^0=\frac{\boldsymbol{a}}{|\boldsymbol{a}|}$$

这是求与非零向量$\boldsymbol{a}$同向的单位向量的方法。

定义 10.3 当$\lambda=-1$时，记（-1）$\boldsymbol{a}=-\boldsymbol{a}$，则$-\boldsymbol{a}$与$\boldsymbol{a}$的方向相反，模相等，$-\boldsymbol{a}$称为向量$\boldsymbol{a}$的负向量。

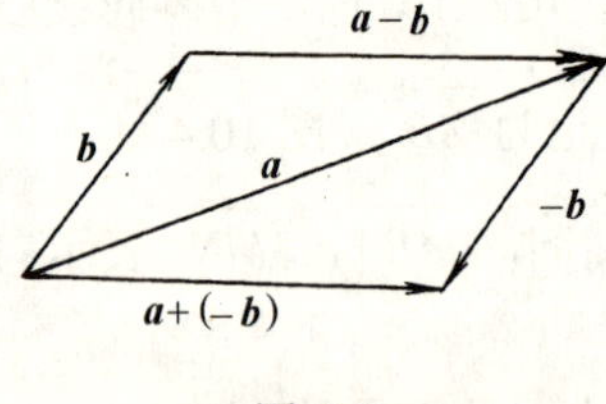

图 10.7

引入负向量后，可以规定两向量的减法，即向量$\boldsymbol{a}$与$\boldsymbol{b}$的差规定为

$$\boldsymbol{a}-\boldsymbol{b}=\boldsymbol{a}+(-1)\boldsymbol{b}$$

向量的减法也可按三角形法则进行，只要把$\boldsymbol{a}$与$\boldsymbol{b}$的起点放在一起，$\boldsymbol{a}-\boldsymbol{b}$即是以$\boldsymbol{b}$的终点为起点，以$\boldsymbol{a}$的终点为终点的向量（图 10.7）。

10.1.3 向量的坐标表示

1．向径及其坐标表示

定义 10.4 起点在坐标原点O，终点为P的向量$\overrightarrow{OP}$称为点P的向径，记为$\overrightarrow{OP}$（图 10.8）。

在空间直角坐标系中，在坐标轴分别与x轴，y轴和z轴方向相同的单位向量称为基本单位向量，分别记为$\boldsymbol{i}$，$\boldsymbol{j}$，$\boldsymbol{k}$。

若点P的坐标为(a_1,a_2,a_3)，则向量$\overrightarrow{OA}=a_1\boldsymbol{i}$，$\overrightarrow{OB}=a_2\boldsymbol{j}$，$\overrightarrow{OC}=a_3\boldsymbol{k}$，由向量的加法法则(如图 10.8)得

$$\overrightarrow{OP}=\overrightarrow{OP_1}+\overrightarrow{P_1P}=(\overrightarrow{OA}+\overrightarrow{OB})+\overrightarrow{OC}=a_1\boldsymbol{i}+a_2\boldsymbol{j}+a_3\boldsymbol{k}$$

即点$P(a_1,a_2,a_3)$的向径$\overrightarrow{OP}$的坐标表达式为

$$\overrightarrow{OP}=a_1\boldsymbol{i}+a_2\boldsymbol{j}+a_3\boldsymbol{k}$$

或简记为

$$\overrightarrow{OP}=\{a_1,a_2,a_3\}$$

2．向量 $\overrightarrow{P_1P_2}$ 的坐标表示

设 $P_1(x_1,y_1,z_1)$，$P_2(x_2,y_2,z_2)$，则以 P_1 为起点，以 P_2 为终点的向量是

$$\overrightarrow{P_1P_2}=\overrightarrow{OP_2}-\overrightarrow{OP_1}$$

如图 10.9 所示，O 为坐标原点。又因为 $\overrightarrow{OP_2}$，$\overrightarrow{OP_1}$ 都是向径，所以

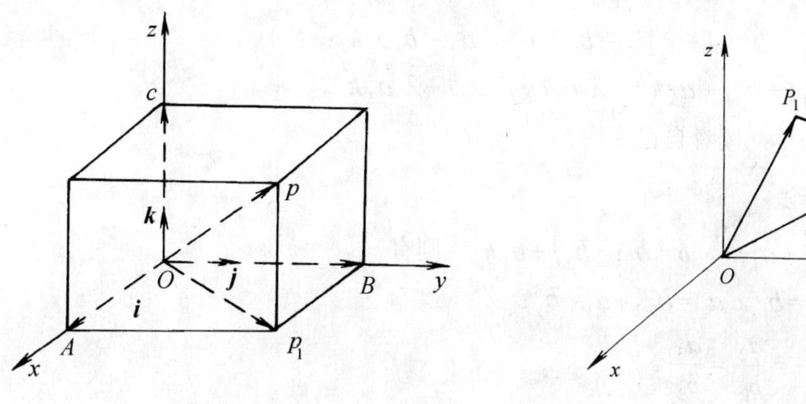

图 10.8　　　　图 10.9

$$\overrightarrow{OP_1}=x_1\boldsymbol{i}+y_1\boldsymbol{j}+z_1\boldsymbol{k}$$
$$\overrightarrow{OP_2}=x_2\boldsymbol{i}+y_2\boldsymbol{j}+z_2\boldsymbol{k}$$

于是

$$\begin{aligned}\overrightarrow{P_1P_2}&=(x_2\boldsymbol{i}+y_2\boldsymbol{j}+z_2\boldsymbol{k})-(x_1\boldsymbol{i}+y_1\boldsymbol{j}+z_1\boldsymbol{k})\\&=(x_2-x_1)\boldsymbol{i}+(y_2-y_1)\boldsymbol{j}+(z_2-z_1)\boldsymbol{k}\end{aligned}$$

这就是，以 P_1 为起点，以 P_2 为终点的向量 $\overrightarrow{P_1P_2}$ 的坐标表达式为

$$\overrightarrow{P_1P_2}=(x_2-x_1)\boldsymbol{i}+(y_2-y_1)\boldsymbol{j}+(z_2-z_1)\boldsymbol{k}$$

3．向量 $\boldsymbol{a}=a_1\boldsymbol{i}+a_2\boldsymbol{j}+a_3\boldsymbol{k}$ 模

任给一向量 $\boldsymbol{a}=a_1\boldsymbol{i}+a_2\boldsymbol{j}+a_3\boldsymbol{k}$，都可将其视为以点 $P(a_1,a_2,a_3)$ 为终点的向径 $\overrightarrow{OP}$，由图 10.8 易知，$|\overrightarrow{OP}|^2=|\overrightarrow{OA}|^2+|\overrightarrow{OB}|^2+|\overrightarrow{OC}|^2$，$|\boldsymbol{a}|^2=a_1^2+a_2^2+a_3^2$，即向量 $\boldsymbol{a}=a_1\boldsymbol{i}+a_2\boldsymbol{j}+a_3\boldsymbol{k}$ 的模为

$$|\boldsymbol{a}|=\sqrt{a_1^2+a_2^2+a_3^2}$$

4．空间两点间的距离公式

设$P_1(x_1,y_1,z_1)$，$P_2(x_2,y_2,z_2)$间的距离记为d，则$d=|\overrightarrow{P_1P_2}|$，而

$$\overrightarrow{P_1P_2}=(x_2-x_1)\boldsymbol{i}+(y_2-y_1)\boldsymbol{j}+(z_2-z_1)\boldsymbol{k}$$

所以
$$d=\sqrt{(x_2-x_1)^2+(y_2-y_1)^2+(z_2-z_1)^2}$$

显然，此公式是平面上两点间距离公式的推广。

5．坐标表示下的向量运算

设 $\boldsymbol{a}=a_1\boldsymbol{i}+a_2\boldsymbol{j}+a_3\boldsymbol{k}$，$\boldsymbol{b}=b_1\boldsymbol{i}+b_2\boldsymbol{j}+b_3\boldsymbol{k}$，则有

（1）$\boldsymbol{a}+\boldsymbol{b}=(a_1+b_1)\boldsymbol{i}+(a_2+b_2)\boldsymbol{j}+(a_3+b_3)\boldsymbol{k}$；

（2）$\boldsymbol{a}-\boldsymbol{b}=(a_1-b_1)\boldsymbol{i}+(a_2-b_2)\boldsymbol{j}+(a_3-b_3)\boldsymbol{k}$；

（3）$\lambda\boldsymbol{a}=\lambda(a_1\boldsymbol{i}+a_2\boldsymbol{j}+a_3\boldsymbol{k})=\lambda a_1\boldsymbol{i}+\lambda a_2\boldsymbol{j}+\lambda a_3\boldsymbol{k}$。

这些证明都很简单，读者自己完成。

6．两个重要结论

设 $\boldsymbol{a}=a_1\boldsymbol{i}+a_2\boldsymbol{j}+a_3\boldsymbol{k}$，$\boldsymbol{b}=b_1\boldsymbol{i}+b_2\boldsymbol{j}+b_3\boldsymbol{k}$，则有

（1）$\boldsymbol{a}=\boldsymbol{b}\Leftrightarrow a_1=b_1$，$a_2=b_2$，$a_3=b_3$；

（2）$\boldsymbol{a}/\!/\boldsymbol{b}\Leftrightarrow \dfrac{a_1}{b_1}=\dfrac{a_2}{b_2}=\dfrac{a_3}{b_3}$。

下面只就（2）给出证明。

证 若$\boldsymbol{a}/\!/\boldsymbol{b}$，则存在一个实数$\lambda$，使得$\boldsymbol{a}=\lambda\boldsymbol{b}$，即

$$a_1\boldsymbol{i}+a_2\boldsymbol{j}+a_3\boldsymbol{k}=\lambda b_1\boldsymbol{i}+\lambda b_2\boldsymbol{j}+\lambda b_3\boldsymbol{k}$$

所以
$$a_1=\lambda b_1,\quad a_2=\lambda b_2,\quad a_3=\lambda b_3$$

即
$$\frac{a_1}{b_1}=\frac{a_2}{b_2}=\frac{a_3}{b_3}=\lambda$$

（对于上式，若分母为零时，分子也必为零）。反之亦成立，所以结论（2）是成立的。

例 10.1 （1）写出点$A(1,2,2)$的向径；

（2）写出起点为$A(1,2,2)$，终点$B(6,0,3)$的向量的坐标表达式；

（3）计算A，B两点间的距离。

解 （1）利用向径的坐标表示，有$\overrightarrow{OA}=\boldsymbol{i}+2\boldsymbol{j}+2\boldsymbol{k}$；

（2）利用向量的坐标表示，得$\overrightarrow{AB}=(6-1)\boldsymbol{i}+(0-2)\boldsymbol{j}+(3-2)\boldsymbol{k}=5\boldsymbol{i}-2\boldsymbol{j}+\boldsymbol{k}$；

（3）利用空间两点间的距离公式，有$d=|\overrightarrow{AB}|=\sqrt{5^2+(-2)^2+1^2}=\sqrt{30}$。

例 10.2 设$\boldsymbol{a}=2\boldsymbol{i}-\boldsymbol{j}+3\boldsymbol{k}$，$\boldsymbol{b}=-\boldsymbol{i}-4\boldsymbol{j}-2\boldsymbol{k}$ 求$\boldsymbol{a}+\boldsymbol{b}$，$\boldsymbol{a}-\boldsymbol{b}$，$-3\boldsymbol{a}$及$|-3\boldsymbol{a}|$。

解 利用坐标表示下的向量运算，有

$$\boldsymbol{a}+\boldsymbol{b}=(2+(-1))\boldsymbol{i}+(-1+(-4))\boldsymbol{j}+(3+(-2))\boldsymbol{k}=\boldsymbol{i}-5\boldsymbol{j}+\boldsymbol{k}$$
$$\boldsymbol{a}-\boldsymbol{b}=(2-(-1))\boldsymbol{i}+(-1-(-4))\boldsymbol{j}+(3-(-2))\boldsymbol{k}=3\boldsymbol{i}+3\boldsymbol{j}+5\boldsymbol{k}$$
$$-3\boldsymbol{a}=-3(2\boldsymbol{i}-\boldsymbol{j}+3\boldsymbol{k})=-6\boldsymbol{i}+3\boldsymbol{j}-9\boldsymbol{k}$$

$$|-3\boldsymbol{a}|=\sqrt{(-6)^2+3^2+(-9)^2}=\sqrt{126}=3\sqrt{14}$$

10.2 向量的数量积与向量积

10.2.1 向量的数量积

设一物体在常力 $\boldsymbol{F}$ 作用下沿着直线从点 P_1 移动到点 P_2。以 $\boldsymbol{s}$ 表示位移向量 $\overrightarrow{P_1P_2}$。由物理学知道，力 $\boldsymbol{F}$ 所做的功为

$$W=|\boldsymbol{F}|\,|\boldsymbol{s}|\cos\theta$$

其中 θ 为 $\boldsymbol{F}$ 与 $\boldsymbol{s}$ 的夹角（图 10.10）。即 $\boldsymbol{F}$ 所做的功等于两个向量 $\boldsymbol{F}$，$\boldsymbol{s}$ 的模与其夹角余弦的积，这种运算在其他问题中也经常会遇到，为此，引出两个向量的数量积的概念。

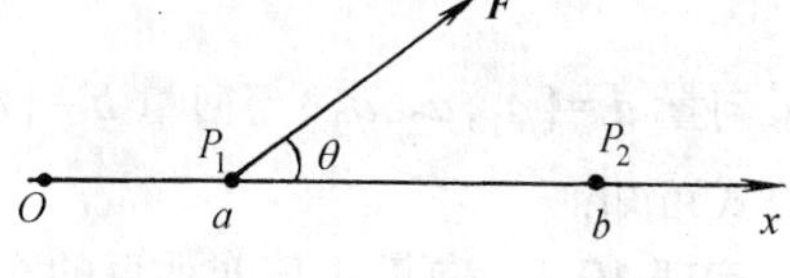

图 10.10

1．向量的数量积的定义

定义 10.5 设向量 $\boldsymbol{a}$，$\boldsymbol{b}$ 之间的夹角为 θ（$0\leqslant\theta\leqslant\pi$），则称

$$|\boldsymbol{a}|\,|\boldsymbol{b}|\cos\theta$$

为向量 $\boldsymbol{a}$ 与 $\boldsymbol{b}$ 的数量积，记做 $\boldsymbol{a}\cdot\boldsymbol{b}$，即

$$\boldsymbol{a}\cdot\boldsymbol{b}=|\boldsymbol{a}|\,|\boldsymbol{b}|\cos\theta$$

向量的数量积又称“点积”或“内积”。

按上述定义，常力 $\boldsymbol{F}$ 作用下沿着直线从点 P_1 移动到点 P_2 所做的功可表为

$$W=\boldsymbol{F}\cdot\boldsymbol{s}\quad(\boldsymbol{s}\text{ 表示位移 }\overrightarrow{P_1P_2})$$

例 10.3 已知向量 $\boldsymbol{i}$，$\boldsymbol{j}$，$\boldsymbol{k}$ 是三个基本单位向量，求证：

$$\boldsymbol{i}\cdot\boldsymbol{j}=\boldsymbol{j}\cdot\boldsymbol{k}=\boldsymbol{k}\cdot\boldsymbol{i}=0\ ,\ \boldsymbol{i}\cdot\boldsymbol{i}=\boldsymbol{j}\cdot\boldsymbol{j}=\boldsymbol{k}\cdot\boldsymbol{k}=1$$

证 因为向量 $\boldsymbol{i}$，$\boldsymbol{j}$，$\boldsymbol{k}$ 是三个相互垂直的，所以向量 $\boldsymbol{i}$，$\boldsymbol{j}$，$\boldsymbol{k}$ 之间的夹角都为 90°，于是

$$\boldsymbol{i}\cdot\boldsymbol{j}=|\boldsymbol{i}||\boldsymbol{j}|\cos 90°=1\cdot1\cdot0=0$$

同理可证，$\boldsymbol{j}\cdot\boldsymbol{k}=\boldsymbol{k}\cdot\boldsymbol{i}=0$。

又因为向量 $\boldsymbol{i}$，$\boldsymbol{j}$，$\boldsymbol{k}$ 都是单位向量，所以 $|\boldsymbol{i}|=|\boldsymbol{j}|=|\boldsymbol{k}|=1$，于是

$$\boldsymbol{i}\cdot\boldsymbol{i}=|\boldsymbol{i}||\boldsymbol{i}|\cos 0^{\circ}=1\cdot1\cdot1=1$$

同理可证，$\boldsymbol{j}\cdot\boldsymbol{j}=\boldsymbol{k}\cdot\boldsymbol{k}=1$。

由向量的数量积的定义可知，一般地有，$\boldsymbol{a}\cdot\boldsymbol{a}=|\boldsymbol{a}|^2$。

向量的数量积还满足下列运算律：

交换律 $\boldsymbol{a}\cdot\boldsymbol{b}=\boldsymbol{b}\cdot\boldsymbol{a}$；

分配律 $(\boldsymbol{a}+\boldsymbol{b})\cdot\boldsymbol{c}=\boldsymbol{a}\cdot\boldsymbol{c}+\boldsymbol{b}\cdot\boldsymbol{c}$；

结合律 $\lambda(\boldsymbol{a}\cdot\boldsymbol{b})=(\lambda\boldsymbol{a})\cdot\boldsymbol{b}$，（其中 λ 为常数）。

2．向量积的坐标表示

设 $\boldsymbol{a}=a_1\boldsymbol{i}+a_2\boldsymbol{j}+a_3\boldsymbol{k}$，$\boldsymbol{b}=b_1\boldsymbol{i}+b_2\boldsymbol{j}+b_3\boldsymbol{k}$，则

$\boldsymbol{a}\cdot\boldsymbol{b}=(a_1\boldsymbol{i}+a_2\boldsymbol{j}+a_3\boldsymbol{k})\cdot(b_1\boldsymbol{i}+b_2\boldsymbol{j}+b_3\boldsymbol{k})$

$=a_1\boldsymbol{i}\cdot(b_1\boldsymbol{i}+b_2\boldsymbol{j}+b_3\boldsymbol{k})+a_2\boldsymbol{j}\cdot(b_1\boldsymbol{i}+b_2\boldsymbol{j}+b_3\boldsymbol{k})+a_3\boldsymbol{k}\cdot(b_1\boldsymbol{i}+b_2\boldsymbol{j}+b_3\boldsymbol{k})$

$=a_1b_1\boldsymbol{i}\cdot\boldsymbol{i}+a_1b_2\boldsymbol{i}\cdot\boldsymbol{j}+a_1b_3\boldsymbol{i}\cdot\boldsymbol{k}+a_2b_1\boldsymbol{j}\cdot\boldsymbol{i}+a_2b_2\boldsymbol{j}\cdot\boldsymbol{j}+a_2b_3\boldsymbol{j}\cdot\boldsymbol{k}+$

$a_3b_1\boldsymbol{k}\cdot\boldsymbol{i}+a_3b_2\boldsymbol{k}\cdot\boldsymbol{j}+a_3b_3\boldsymbol{k}\cdot\boldsymbol{k}$

由例 10.3 和上述等式可知，$\boldsymbol{a}\cdot\boldsymbol{b}=a_1b_1+a_2b_2+a_3b_3$。即向量 $\boldsymbol{a}=\{a_1,a_2,a_3\}$与向量 $\boldsymbol{b}=\{b_1,b_2,b_3\}$的数量积等于其对应坐标乘积之和。

利用向量的数量积可得到两个向量的夹角及向量垂直的条件。

因为 $\boldsymbol{a}\cdot\boldsymbol{b}=|\boldsymbol{a}||\boldsymbol{b}|\cos\theta$，所以

$$\cos\theta=\frac{\boldsymbol{a}\cdot\boldsymbol{b}}{|\boldsymbol{a}||\boldsymbol{b}|}\ (0\leqslant\theta\leqslant\pi)$$

即为向量 $\boldsymbol{a}$ 与 $\boldsymbol{b}$ 的夹角余弦公式。如果已知 $\boldsymbol{a}=a_1\boldsymbol{i}+a_2\boldsymbol{j}+a_3\boldsymbol{k}$，$\boldsymbol{b}=b_1\boldsymbol{i}+b_2\boldsymbol{j}+b_3\boldsymbol{k}$，

则
$$\cos\theta=\frac{a_1b_1+a_2b_2+a_3b_3}{\sqrt{a_1^2+a_2^2+a_3^2}\sqrt{b_1^2+b_2^2+b_3^2}}$$

如果向量 $\boldsymbol{a}=\{a_1,a_2,a_3\}$与向量 $\boldsymbol{b}=\{b_1,b_2,b_3\}$的夹角为 90°，则称为向量 $\boldsymbol{a}$ 与 $\boldsymbol{b}$ 垂直。由上述公式可知：

定理 10.1 向量 $\boldsymbol{a}$ 与 $\boldsymbol{b}$ 垂直的充分必要条件是 $\boldsymbol{a}\cdot\boldsymbol{b}=0$ 或 $a_1b_1+a_2b_2+a_3b_3=0$。

例 10.4 试讨论下列向量 $\boldsymbol{a}$ 与 $\boldsymbol{b}$ 的位置关系：

（1）$\boldsymbol{a}=\{1,-1,3\}$，$\boldsymbol{b}=\{2,-2,6\}$；

（2）$\boldsymbol{a}=\{1,4,-1\}$，$\boldsymbol{b}=\{2,-1,-2\}$。

解 （1）因为 $\boldsymbol{b}=2\boldsymbol{a}$，所以利用两个重要结论(2)可知，向量 $\boldsymbol{a}$ 与 $\boldsymbol{b}$ 平行，即 $\boldsymbol{a}/\!/\boldsymbol{b}$。

（2）因为 $\boldsymbol{a}\cdot\boldsymbol{b}=1\times2+4\times(-1)+(-1)\times(-2)=0$，所以利用定理 10.1 可知，向量 $\boldsymbol{a}$ 与 $\boldsymbol{b}$ 垂直，即 $\boldsymbol{a}\perp\boldsymbol{b}$。

例 10.5 求向量 $\boldsymbol{a}=\{1,\sqrt{2},-1\}$，$\boldsymbol{b}=\{-1,0,1\}$的夹角。

解 因为 $\boldsymbol{a}\cdot\boldsymbol{b}=1\times(-1)+\sqrt{2}\times0+(-1)\times1=-2$，$|\boldsymbol{a}|=2$，$|\boldsymbol{b}|=\sqrt{2}$，

$$\cos\theta=\frac{\boldsymbol{a}\cdot\boldsymbol{b}}{|\boldsymbol{a}||\boldsymbol{b}|}=\frac{-2}{2\sqrt{2}}=-\frac{\sqrt{2}}{2}$$

所以向量 $\boldsymbol{a}$ 与 $\boldsymbol{b}$ 的夹角为 $\theta=\frac{3}{4}\pi$。

例 10.6 设向量 $\boldsymbol{a}=a_1\boldsymbol{i}+a_2\boldsymbol{j}+a_3\boldsymbol{k}$ 与 x 轴，y 轴，z 轴正向的夹角分别为 α，β，γ（$0\leqslant\alpha,\beta,\gamma\leqslant\pi$），称为向量 $\boldsymbol{a}$ 的三个方向角，并称 $\cos\alpha$，$\cos\beta$，$\cos\gamma$ 为 $\boldsymbol{a}$ 的方向余弦，试证：

（1）$\cos\alpha=\frac{a_1}{\sqrt{a_1^2+a_2^2+a_3^2}}$，$\cos\beta=\frac{a_2}{\sqrt{a_1^2+a_2^2+a_3^2}}$，$\cos\gamma=\frac{a_3}{\sqrt{a_1^2+a_2^2+a_3^2}}$；

（2）$\cos^2\alpha+\cos^2\beta+\cos^2\gamma=1$；

（3）向量 $\boldsymbol{a}^\circ=\{\cos\alpha，\cos\beta，\cos\gamma\}$是与向量 $\boldsymbol{a}$ 同方向的单位向量。

证 (1) 因为 α 是向量 $\boldsymbol{a}$ 与 $\boldsymbol{i}$ 的夹角，β 是向量 $\boldsymbol{a}$ 与 $\boldsymbol{j}$ 的夹角，γ 是向量 $\boldsymbol{a}$ 与 $\boldsymbol{k}$ 的夹角，而单位向量 $\boldsymbol{i}$，$\boldsymbol{j}$，$\boldsymbol{k}$ 的坐标表达式分别为 $\boldsymbol{i}=\{1,0,0\}$，$\boldsymbol{j}=\{0,1,0\}$，$\boldsymbol{k}=\{0,0,1\}$，所以有

$$\cos\alpha=\frac{\boldsymbol{a}\cdot\boldsymbol{i}}{|\boldsymbol{a}||\boldsymbol{i}|}=\frac{a_1}{\sqrt{a_1^2+a_2^2+a_3^2}},\quad \cos\beta=\frac{\boldsymbol{a}\cdot\boldsymbol{j}}{|\boldsymbol{a}||\boldsymbol{j}|}=\frac{a_2}{\sqrt{a_1^2+a_2^2+a_3^2}},$$

$$\cos\gamma = \frac{\boldsymbol{a}\cdot\boldsymbol{k}}{|\boldsymbol{a}||\boldsymbol{k}|} = \frac{a_3}{\sqrt{a_1^2+a_2^2+a_3^2}};$$

（2）利用（1）得 $\cos^2\alpha+\cos^2\beta+\cos^2\gamma = \dfrac{a_1^2+a_2^2+a_3^2}{(\sqrt{a_1^2+a_2^2+a_3^2})^2}=1$；

（3）利用（2）知 $\boldsymbol{a}^0$ 是单位向量，又知 $\boldsymbol{a} = |\boldsymbol{a}|\,\boldsymbol{a}^0$，于是 $\boldsymbol{a}^0$ 是与向量 $\boldsymbol{a}$ 同方向的单位向量。

例 10.7 设 $\boldsymbol{a}=2\boldsymbol{i}-\boldsymbol{j}+2\boldsymbol{k}$，求 $\boldsymbol{a}$ 的方向余弦及 $\boldsymbol{a}^0$。

解 $|\boldsymbol{a}|=\sqrt{2^2+(-1)^2+2^2}=3$，由例 10.6 的（1），得 $\cos\alpha=\dfrac{2}{3}$，$\cos\beta=-\dfrac{1}{3}$，$\cos\gamma=\dfrac{2}{3}$，于是 $\boldsymbol{a}^0=\dfrac{2}{3}\boldsymbol{i}-\dfrac{1}{3}\boldsymbol{j}+\dfrac{2}{3}\boldsymbol{k}$。

10.2.2 向量的向量积

在研究物体转动问题时，不但要考虑这物体所受的力，还要分析这些力所产生的力矩。

设点 O 为一杠杆 L 的支点，力 $\boldsymbol{F}$ 作用于杠杆上点 P 处（图 10.11）。根据物理学知识，力 $\boldsymbol{F}$ 对点 O 的力矩是向量 $\boldsymbol{M}$，其大小为

$$|\boldsymbol{M}|=|\overrightarrow{OR}||\boldsymbol{F}|=|\overrightarrow{OP}||\boldsymbol{F}|\sin\theta$$

其中 $|\overrightarrow{OR}|$ 是支点 O 到力 $\boldsymbol{F}$ 的作用线的距离，θ 是向量 $\boldsymbol{F}$ 与 $\overrightarrow{OP}$ 的夹角。

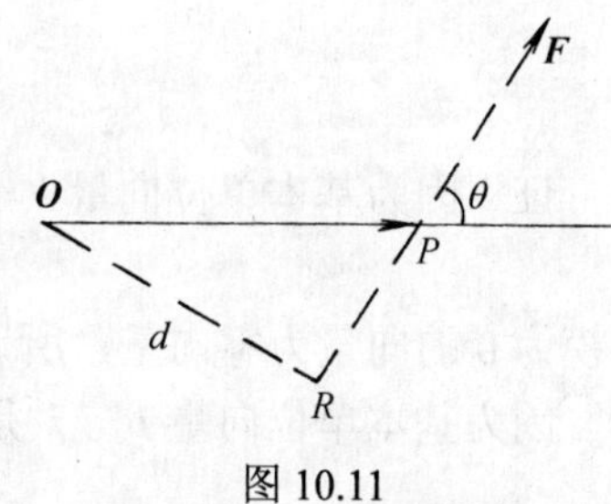

图 10.11

力矩 $\boldsymbol{M}$ 的方向规定为：伸出右手，让四指与大拇指垂直，并使四指先指向 $\overrightarrow{OP}$ 的方向，然后让四指沿小于 180° 方向握拳转 向 $\boldsymbol{F}$ 的方向，这时大拇指所指的方向就是力矩 $\boldsymbol{M}$ 的方向（即 $\overrightarrow{OP}$，$\boldsymbol{F}$，$\boldsymbol{M}$ 依次符合右手法则）。

因此，力矩 $\boldsymbol{M}$ 是一个与向量 $\overrightarrow{OP}$ 和向量 $\boldsymbol{F}$ 有关的向量。其大小为 $|\overrightarrow{OP}||\boldsymbol{F}|\sin\theta$，其方向满足：（1）$\boldsymbol{M}$ 既垂直于 $\overrightarrow{OP}$ 又垂直于 $\boldsymbol{F}$；（2）向量 $\overrightarrow{OP}$，$\boldsymbol{F}$，$\boldsymbol{M}$ 依次符合右手法则。

在实际问题中，有许多向量具有上述特征。

1. 向量的向量积的定义

定义 10.6 两个向量 $\boldsymbol{a}$ 与 $\boldsymbol{b}$ 的向量积是一个向量，记做 $\boldsymbol{a}\times\boldsymbol{b}$，它的模和方向分别规定如下：

（1）$|\boldsymbol{a}\times\boldsymbol{b}|=|\boldsymbol{a}||\boldsymbol{b}|\sin\theta$，其中 θ 是向量 $\boldsymbol{a}$ 与 $\boldsymbol{b}$ 的夹角；

（2）$\boldsymbol{a}\times\boldsymbol{b}$ 的方向规定为：$\boldsymbol{a}\times\boldsymbol{b}$ 既垂直于 $\boldsymbol{a}$ 又垂直于 $\boldsymbol{b}$，并且按顺序 $\boldsymbol{a}$，$\boldsymbol{b}$，$\boldsymbol{a}\times\boldsymbol{b}$ 符合右手法则（图 10.12）。

按上述定义，作用于杠杆上点 P 的力 $\boldsymbol{F}$ 关于点 O 的力矩 $\boldsymbol{M}$ 可表为

$$\boldsymbol{M}=\overrightarrow{OP}\times\boldsymbol{F}$$

向量的向量积又称“叉积”，“外积”。

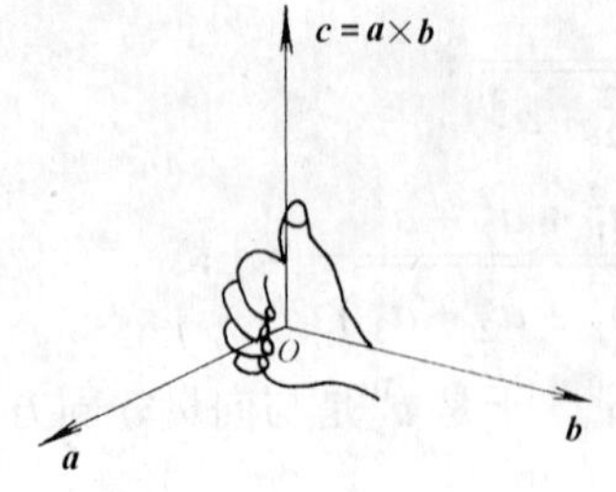

图 10.12

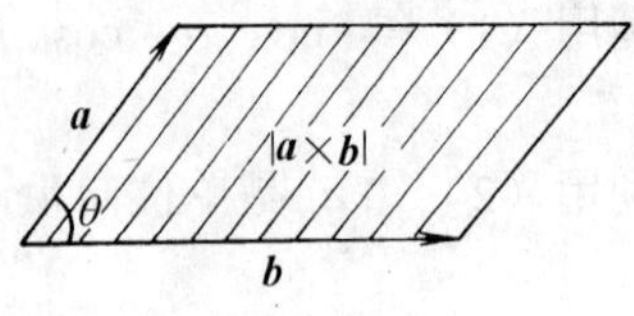

图 10.13

由图 10.13 可得，把向量 $\boldsymbol{a}$，$\boldsymbol{b}$ 的起点放在一起，并以 $\boldsymbol{a}$，$\boldsymbol{b}$ 为相邻边作一个平行四边形，则向量 $\boldsymbol{a}$ 与 $\boldsymbol{b}$ 的向量积的模 $|\boldsymbol{a}\times\boldsymbol{b}|=|\boldsymbol{a}||\boldsymbol{b}|\sin\theta$ 是该平行四边形的面积。

向量的向量积满足如下运算律:

反交换律　$\boldsymbol{a}\times\boldsymbol{b}=-\boldsymbol{b}\times\boldsymbol{a}$；

分配律　$(\boldsymbol{a}+\boldsymbol{b})\times\boldsymbol{c}=\boldsymbol{a}\times\boldsymbol{c}+\boldsymbol{b}\times\boldsymbol{c}$；

结合律　$\lambda(\boldsymbol{a}\times\boldsymbol{b})=(\lambda\boldsymbol{a})\times\boldsymbol{b}=\boldsymbol{a}\times(\lambda\boldsymbol{b})$，(其中 λ 为常数)。

例 10.8　已知向量 $\boldsymbol{i}$，$\boldsymbol{j}$，$\boldsymbol{k}$ 是三个基本单位向量，求证：

$$\boldsymbol{i}\times\boldsymbol{i}=\boldsymbol{0},\ \boldsymbol{j}\times\boldsymbol{j}=\boldsymbol{0},\ \boldsymbol{k}\times\boldsymbol{k}=\boldsymbol{0}$$

$$\boldsymbol{i}\times\boldsymbol{j}=\boldsymbol{k},\ \boldsymbol{j}\times\boldsymbol{k}=\boldsymbol{i},\ \boldsymbol{k}\times\boldsymbol{i}=\boldsymbol{j}$$

证　因为基本单位向量 $\boldsymbol{i}$ 与 $\boldsymbol{i}$ 是平行的，所以其夹角为 $\theta=0$，从而 $\sin\theta=0$，因此

$$|\boldsymbol{i}\times\boldsymbol{i}|=|\boldsymbol{i}||\boldsymbol{i}|\sin\theta=0$$

而模为 0 的向量为零向量，所以 $\boldsymbol{i}\times\boldsymbol{i}=\boldsymbol{0}$。同理可证，$\boldsymbol{j}\times\boldsymbol{j}=\boldsymbol{0}$，$\boldsymbol{k}\times\boldsymbol{k}=\boldsymbol{0}$。

因为基本单位向量 $\boldsymbol{i}$ 与 $\boldsymbol{j}$ 是垂直的，所以其夹角为 $\theta=90°$，从而 $\sin\theta=1$，因此

$$|\boldsymbol{i}\times\boldsymbol{j}|=|\boldsymbol{i}||\boldsymbol{j}|\sin\theta=1$$

又向量 $\boldsymbol{i}$，$\boldsymbol{j}$，$\boldsymbol{k}$ 依次符合右手法则，所以 $\boldsymbol{i}\times\boldsymbol{j}=\boldsymbol{k}$。同理可证，$\boldsymbol{j}\times\boldsymbol{k}=\boldsymbol{i}$，$\boldsymbol{k}\times\boldsymbol{i}=\boldsymbol{j}$。

由此可得：

定理 10.2　两个非零向量 $\boldsymbol{a}$ 与 $\boldsymbol{b}$ 平行的充分必要条件为 $\boldsymbol{a}\times\boldsymbol{b}=\boldsymbol{0}$。

2. 向量的向量积的坐标表示

设 $\boldsymbol{a}=a_1\boldsymbol{i}+a_2\boldsymbol{j}+a_3\boldsymbol{k}$，$\boldsymbol{b}=b_1\boldsymbol{i}+b_2\boldsymbol{j}+b_3\boldsymbol{k}$，则

$$\begin{aligned}\boldsymbol{a}\times\boldsymbol{b}&=(a_1\boldsymbol{i}+a_2\boldsymbol{j}+a_3\boldsymbol{k})\times(b_1\boldsymbol{i}+b_2\boldsymbol{j}+b_3\boldsymbol{k})\\&=a_1\boldsymbol{i}\times(b_1\boldsymbol{i}+b_2\boldsymbol{j}+b_3\boldsymbol{k})+a_2\boldsymbol{j}\times(b_1\boldsymbol{i}+b_2\boldsymbol{j}+b_3\boldsymbol{k})+a_3\boldsymbol{k}\times(b_1\boldsymbol{i}+b_2\boldsymbol{j}+b_3\boldsymbol{k})\\&=a_1b_1\boldsymbol{i}\times\boldsymbol{i}+a_1b_2\boldsymbol{i}\times\boldsymbol{j}+a_1b_3\boldsymbol{i}\times\boldsymbol{k}+a_2b_1\boldsymbol{j}\times\boldsymbol{i}+a_2b_2\boldsymbol{j}\times\boldsymbol{j}+a_2b_3\boldsymbol{j}\times\boldsymbol{k}\\&\quad+a_3b_1\boldsymbol{k}\times\boldsymbol{i}+a_3b_2\boldsymbol{k}\times\boldsymbol{j}+a_3b_3\boldsymbol{k}\times\boldsymbol{k}\end{aligned}$$

利用向量积的运算律和例 10.8 的结论，可得

$$\boldsymbol{a}\times\boldsymbol{b}=(a_2b_3-a_3b_2)\boldsymbol{i}-(a_1b_3-a_3b_1)\boldsymbol{j}+(a_1b_2-a_2b_1)\boldsymbol{k}$$

为了便于记忆，可将 $\boldsymbol{a}\times\boldsymbol{b}$ 表示成一个三阶行列式的形式，计算时，只需将其按第一行展开即可。即

$$\boldsymbol{a}\times\boldsymbol{b}=\begin{vmatrix}\boldsymbol{i}&\boldsymbol{j}&\boldsymbol{k}\\a_1&a_2&a_3\\b_1&b_2&b_3\end{vmatrix}$$

例 10.9 设 $\boldsymbol{a}=2\boldsymbol{i}+\boldsymbol{j}-\boldsymbol{k}$，$\boldsymbol{b}=\boldsymbol{i}-\boldsymbol{j}+2\boldsymbol{k}$，求 $\boldsymbol{a}\times\boldsymbol{b}$。

解 $$\boldsymbol{a}\times\boldsymbol{b}=\begin{vmatrix}\boldsymbol{i} & \boldsymbol{j} & \boldsymbol{k}\\ 2 & 1 & -1\\ 1 & -1 & 2\end{vmatrix}=(-1)^{1+1}\begin{vmatrix}1 & -1\\ -1 & 2\end{vmatrix}\boldsymbol{i}+(-1)^{1+2}\begin{vmatrix}2 & -1\\ 1 & 2\end{vmatrix}\boldsymbol{j}+(-1)^{1+3}\begin{vmatrix}2 & 1\\ 1 & -1\end{vmatrix}\boldsymbol{k}$$

$$=\boldsymbol{i}-5\boldsymbol{j}-3\boldsymbol{k}$$

例 10.10 求同时垂直于 $\boldsymbol{a}=\boldsymbol{i}-2\boldsymbol{j}+\boldsymbol{k}$ 和 $\boldsymbol{b}=2\boldsymbol{i}-\boldsymbol{j}+2\boldsymbol{k}$ 的单位向量。

解 设所求的同时垂直于 $\boldsymbol{a}$，$\boldsymbol{b}$ 的单位向量为 $\boldsymbol{c}$，则

$$\boldsymbol{c}=\pm\frac{\boldsymbol{a}\times\boldsymbol{b}}{|\boldsymbol{a}\times\boldsymbol{b}|}$$

计算得

$$\boldsymbol{a}\times\boldsymbol{b}=\begin{vmatrix}\boldsymbol{i} & \boldsymbol{j} & \boldsymbol{k}\\ 1 & -2 & 1\\ 2 & -1 & 2\end{vmatrix}=-3\boldsymbol{i}+3\boldsymbol{k}$$

于是所求的单位向量为

$$\boldsymbol{c}=\pm\frac{\boldsymbol{a}\times\boldsymbol{b}}{|\boldsymbol{a}\times\boldsymbol{b}|}=\pm\frac{1}{\sqrt{9+9}}(-3\boldsymbol{i}+3\boldsymbol{k})=\pm\frac{1}{3\sqrt{2}}(-3\boldsymbol{i}+3\boldsymbol{k})=\pm\left(-\frac{1}{\sqrt{2}}\boldsymbol{i}+\frac{1}{\sqrt{2}}\boldsymbol{k}\right)$$

10.3 平面与直线

在本节中，将以向量作为工具，在空间直角坐标系中讨论最简单的几何图形——空间平面和直线，并建立其相应的方程。

10.3.1 平面方程

1．平面的点法式方程

定义 10.7 如果一非零向量 $\boldsymbol{n}$ 垂直于平面 π，则称 $\boldsymbol{n}$ 为平面 π 的法向量。

设平面 π 过点 $M_0(x_0,y_0,z_0)$，$\boldsymbol{n}=\{A,B,C\}$ 为平面 π 的法向量，下面推导平面 π 的方程。

设点 $M(x,y,z)$ 是在平面 π 上任一点（图 10.14），则 $\overrightarrow{M_0M}$ 在平面 π 上，由于 $\boldsymbol{n}\perp\pi$，所以它们的数量积等于零，即

$$\boldsymbol{n}\cdot\overrightarrow{M_0M}=0$$

由于 $\boldsymbol{n}=\{A,B,C\}$，$\overrightarrow{M_0M}=\{x-x_0,y-y_0,z-z_0\}$，所以有

$$A(x-x_0)+B(y-y_0)+C(z-z_0)=0 \qquad (10.1)$$

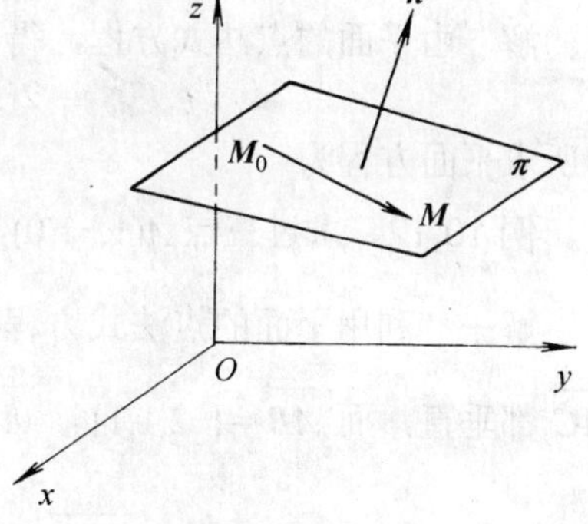

图 10.14

式(10.1)就是平面 π 上任一点 M 的坐标 x,y,z 所满足的方程。

反过来，如果 $M(x,y,z)$ 不在平面 π 上，那么向量 $\overrightarrow{M_0M}$ 与法向量 $\boldsymbol{n}$ 不垂直，从而

$\boldsymbol{n}\cdot\overrightarrow{M_0M}\neq 0$，即不在平面$\pi$上的点$M$的坐标$x,y,z$不满足的方程(10.1)。

由此可见，平面π上任一点M的坐标都满足方程(10.1)，而不在平面π上任一点M的坐标都不满足方程(10.1)。于是，方程(10.1)是所求的平面π的方程。

给定平面π上一点$M_0(x_0,y_0,z_0)$及平面π的一个法向量 $\boldsymbol{n}$，平面π可由方程(10.1)来确定，所以方程(10.1)称为平面的点法式方程。

2．平面的一般式方程

过点$M_0(x_0,y_0,z_0)$，以$\boldsymbol{n}=\{A,B,C\}$为法向量的点法式平面方程为

$$A(x-x_0)+B(y-y_0)+C(z-z_0)=0$$

整理得

$$Ax+By+Cz-(Ax_0+By_0+Cz_0)=0$$

令$D=-(Ax_0+By_0+Cz_0)$，则得方程为

$$Ax+By+Cz+D=0 \tag{10.2}$$

即平面π的方程(10.1)可以写成形如(10.2)的三元一次方程。反过来，任何一个三元一次方程

$$Ax+By+Cz+D=0$$

（A,B,C不同时为零）是否代表某一个平面方程呢？

设x_0,y_0,z_0是方程(10.2)的一组解，则有

$$Ax_0+By_0+Cz_0+D=0 \tag{10.3}$$

方程(10.2)减去方程(10.3)得

$$A(x-x_0)+B(y-y_0)+C(z-z_0)=0 \tag{10.4}$$

(10.4)式正是过点(x_0,y_0,z_0)且以$\boldsymbol{n}=\{A,B,C\}$为法向量的点法式平面方程。而(10.4)与(10.2)同解，所以(10.2)式代表某一个平面方程。

由此可见，在空间直角坐标系中，平面方程一定是一个三元一次方程，反之，任何一个三元一次方程所表示的图形一定是一个平面。并称方程(10.2)为平面的一般式方程，方程(10.2)的法向量为$\boldsymbol{n}=\{A,B,C\}$。

例 10.11 求过点(1,2,−1)且垂直于向量$\boldsymbol{n}=\{-2,3,1\}$的平面方程。

解 由平面的点法式方程，得

$$-2(x-1)+3(y-2)+(z+1)=0$$

即所求平面方程为

$$-2x+3y+z-3=0$$

例 10.12 求过三点$A(1,-1,0)$，$B(-1,0,1)$，$C(0,2,-1)$的平面方程。

解一 利用平面的点法式方程。先求出这个平面的法向量$\boldsymbol{n}$，由于法向量$\boldsymbol{n}$与向量$\overrightarrow{AB}$，$\overrightarrow{AC}$都垂直，而$\overrightarrow{AB}=\{-2,1,1\}$，$\overrightarrow{AC}=\{-1,3,-1\}$，所以有

$$\boldsymbol{n}=\overrightarrow{AB}\times\overrightarrow{AC}=\begin{vmatrix}\boldsymbol{i} & \boldsymbol{j} & \boldsymbol{k}\\ -2 & 1 & 1\\ -1 & 3 & -1\end{vmatrix}=-4\boldsymbol{i}-3\boldsymbol{j}-5\boldsymbol{k}$$

因此，过点$A(1,-1,0)$，且以$\boldsymbol{n}=-4\boldsymbol{i}-3\boldsymbol{j}-5\boldsymbol{k}$ 为法向量的平面方程为

$$-4(x-1)-3(y+1)-5z=0$$

即所求平面方程为

$$4x+3y+5z-1=0；$$

解二 利用平面的一般式方程。设所求的平面方程为

$$Ax + By + Cz + D = 0$$

把三点坐标分别代入上式，得

$$\begin{cases} A \cdot 1 + B \cdot (-1) + C \cdot 0 + D = 0 \\ A \cdot (-1) + B \cdot 0 + C \cdot 1 + D = 0 \\ A \cdot 0 + B \cdot 2 + C \cdot (-1) + D = 0 \end{cases}$$

求得方程组的解为 $A = 4, B = 3, C = 5, D = -1$，于是，所求的平面方程为

$$4x + 3y + 5z - 1 = 0$$

从这题可以看出，解二比解一繁些，还需要解线性方程组，希望以后读者尽可能地用向量观点来做题目。

一般地，用三角形或平行四边形表示平面的图形。

例 10.13 描绘出下列平面方程所表示平面的图形：

(1) $y = 2$；(2) $z = 1$；(3) $2x + y = 2$；(4) $\dfrac{x}{a} + \dfrac{y}{b} + \dfrac{z}{c} = 1$（$a, b, c$ 均不为 0）。

解 （1）方程 $y = 2$ 表示过点(0,2,0)且平行于 zOx 面的平面(图 10.15)；（2）方程 $z = 1$ 表示过点(0,0,1)且平行于 xOy 面的平面(图 10.16)；（3）方程 $2x + y = 2$ 表示过 xOy 面上的两点(1,0,0)与(0,2,0)且以$\{2,1,0\}$为法向量的平面，由于法向量$\{2,1,0\}$与 z 轴垂直，所以该平面与 z 轴平行 (图 10.17)；(4)方程 $\dfrac{x}{a} + \dfrac{y}{b} + \dfrac{z}{c} = 1$ 表示过坐标轴上的点 $A(a,0,0)$，$B(0,b,0)$，$C(0,0,c)$ 的平面(图 10.18)。

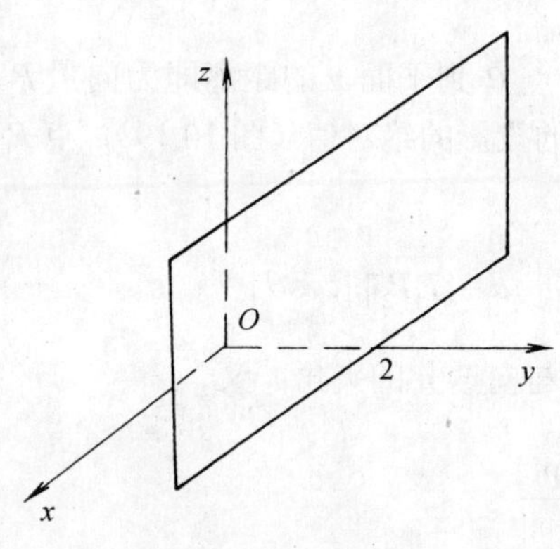

图 10.15

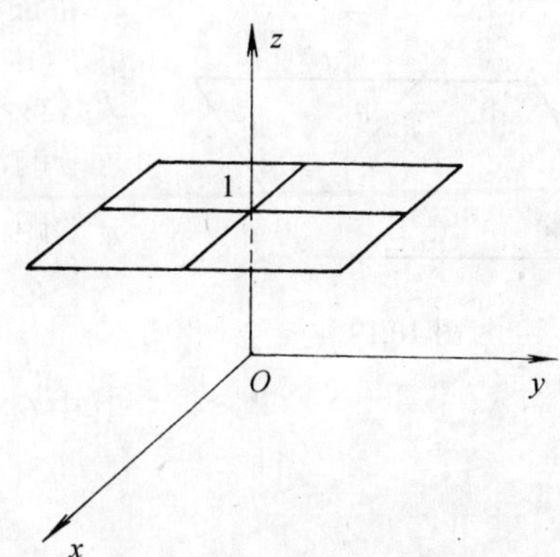

图 10.16

3．两个平面的位置关系

设两个平面 π_1 与 π_2 的方程分别为

$$\pi_1\text{：}\ A_1x + B_1y + C_1z + D_1 = 0$$

$$\pi_2\text{：}\ A_2x + B_2y + C_2z + D_2 = 0$$

其法向量分别为 $\boldsymbol{n}_1 = \{A_1, B_1, C_1\}$，$\boldsymbol{n}_2 = \{A_2, B_2, C_2\}$，有如下结论：

（1）若 $\pi_1 \perp \pi_2 \Leftrightarrow \boldsymbol{n}_1 \perp \boldsymbol{n}_2 \Leftrightarrow A_1A_2 + B_1B_2 + C_1C_2 = 0$；

（2）若 $\pi_1 // \pi_2 \Leftrightarrow \boldsymbol{n}_1 // \boldsymbol{n}_2 \Leftrightarrow \dfrac{A_1}{A_2} = \dfrac{B_1}{B_2} = \dfrac{C_1}{C_2} \neq \dfrac{D_1}{D_2}$；

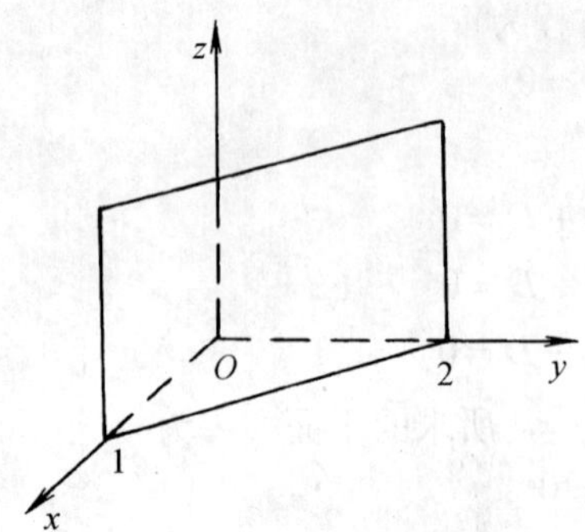

图 10.17

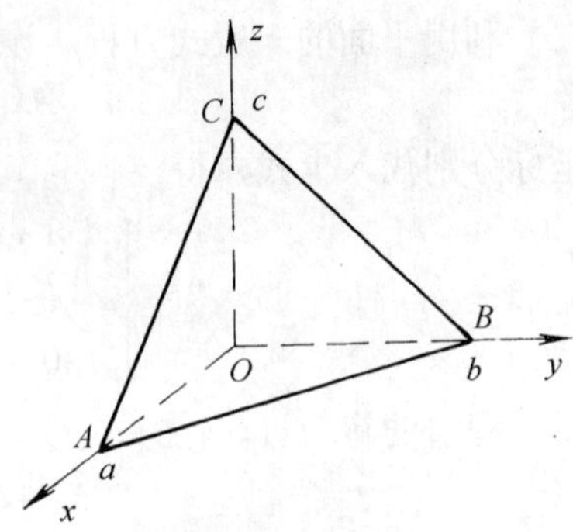

图 10.18

（3）若π_1与π_2重合$\Leftrightarrow \dfrac{A_1}{A_2}=\dfrac{B_1}{B_2}=\dfrac{C_1}{C_2}=\dfrac{D_1}{D_2}$；

（4）平面π_1与π_2的夹角θ，即为两个平面法向量夹角，其公式为

$$\cos\theta=\frac{|\boldsymbol{n}_1\cdot\boldsymbol{n}_2|}{|\boldsymbol{n}_1||\boldsymbol{n}_2|}=\frac{|A_1A_2+B_1B_2+C_1C_2|}{\sqrt{A_1^2+B_1^2+C_1^2}\sqrt{A_2^2+B_2^2+C_2^2}}\text{（}0\leqslant\theta\leqslant\frac{\pi}{2}\text{）；}$$

（5）点$P_1(x_1,y_1,z_1)$到平面π：$Ax+By+Cz+D=0$的距离公式为

$$d=\frac{|Ax_1+By_1+Cz_1+D|}{\sqrt{A^2+B^2+C^2}}.$$

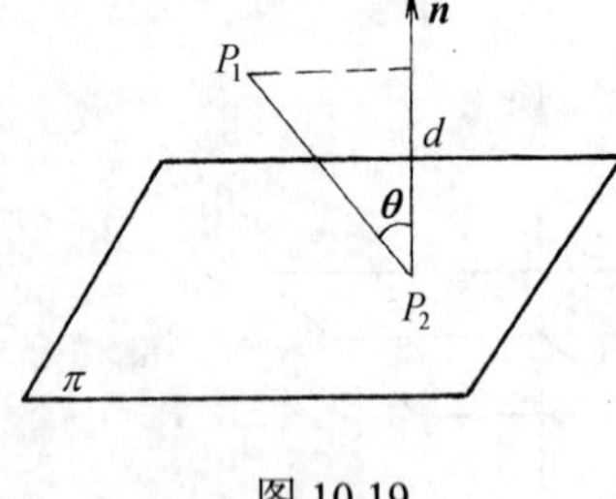

图 10.19

下面只就(5)给出证明。

证 为了求点P_1到平面π的距离，在平面π上取定一点$P_2(x_2,y_2,z_2)$，则点P_1到平面π的距离即为向量$\overrightarrow{P_1P_2}$在平面π的法向量$\boldsymbol{n}$上的投影的绝对值（图 10.19），点P_1到平面π的距离为

$$d=|\overrightarrow{P_1P_2}||\cos\theta|$$

其中θ为向量$\overrightarrow{P_1P_2}$与向量$\boldsymbol{n}$的夹角。又

$$\cos\theta=\frac{\overrightarrow{P_1P_2}\cdot\boldsymbol{n}}{|\overrightarrow{P_1P_2}||\boldsymbol{n}|}$$

则
$$d=|\overrightarrow{P_1P_2}||\cos\theta|=|\overrightarrow{P_1P_2}|\left|\frac{\overrightarrow{P_1P_2}\cdot\boldsymbol{n}}{|\overrightarrow{P_1P_2}||\boldsymbol{n}|}\right|=\left|\frac{\overrightarrow{P_1P_2}\cdot\boldsymbol{n}}{|\boldsymbol{n}|}\right|$$

其中 $\overrightarrow{P_1P_2}=(x_2-x_1)\boldsymbol{i}+(y_2-y_1)\boldsymbol{j}+(z_2-z_1)\boldsymbol{k}$

$$\frac{\boldsymbol{n}}{|\boldsymbol{n}|}=\frac{1}{\sqrt{A^2+B^2+C^2}}\{A\ \ \boldsymbol{i}+B\ \ \boldsymbol{j}+C\ \ \boldsymbol{k}\}$$

即 $d=\dfrac{|A(x_2-x_1)+B(y_2-y_1)+C(z_2-z_1)|}{\sqrt{A^2+B^2+C^2}}$，由于 $Ax_2+By_2+Cz_2+D=0$，所以

$$d=\frac{|Ax_1+By_1+Cz_1+D|}{\sqrt{A^2+B^2+C^2}}$$

例 10.14 试证平面π_1：$x+2y+3z+6=0$与平面π_2：$2x+5y-4z-8=0$垂直；而平面π_2与平面π_3：$6x+15y-12z-8=0$平行。

证 设π_1，π_2与π_3的法向量分别为$\boldsymbol{n}_1=\{1, 2, 3\}$，$\boldsymbol{n}_2=\{2, 5, -4\}$与$\boldsymbol{n}_3=\{6, 15, -12\}$，由于$\boldsymbol{n}_1\cdot\boldsymbol{n}_2=1\times2+2\times5+3\times(-4)=0$，所以$\boldsymbol{n}_1\perp\boldsymbol{n}_2$，即$\pi_1\perp\pi_2$；

由于$\boldsymbol{n}_3=3\boldsymbol{n}_2$，所以$\boldsymbol{n}_2/\!/\boldsymbol{n}_3$，即$\pi_2/\!/\pi_3$。

例 10.15 求两个平面$x-y+2z-6=0$，$2x+y+z-5=0$的夹角。

解 利用两个平面的夹角公式。这两个平面法向量分别为$\boldsymbol{n}_1=\{1,-1,2\}$，$\boldsymbol{n}_2=\{2,1,1\}$，得

$$\cos\theta=\frac{|\boldsymbol{n}_1\cdot\boldsymbol{n}_2|}{|\boldsymbol{n}_1||\boldsymbol{n}_2|}=\frac{|1\times2+(-1)\times1+2\times1|}{\sqrt{1^2+(-1)^2+2^2}\sqrt{2^2+1^2+1^2}}=\frac{3}{\sqrt{6}\sqrt{6}}=\frac{1}{2}$$

因此，两个平面的夹角$\theta=\frac{\pi}{3}$。

例 10.16 求点$(-2,1,1)$到平面$x-2y-2z-6=0$的距离。

解 利用点到平面的距离公式，得

$$d=\frac{|1\times(-2)+(-2)\times1+(-2)\times1-6|}{\sqrt{1^2+(-2)^2+(-2)^2}}=\frac{12}{\sqrt{9}}=4$$

例 10.17 一平面通过两点$A(1,1,1)$和$B(0,-1,1)$且垂直于平面$x-y+2z=0$，求平面方程。

解 利用平面的点法式方程。先求出所求平面的法向量$\boldsymbol{n}$。设已知平面的法向量为$\boldsymbol{n}_1$，由已知条件知，法向量$\boldsymbol{n}$与向量$\overrightarrow{AB}$，$\boldsymbol{n}_1$都垂直，而$\overrightarrow{AB}=\{-1, -2, 0\}$，$\boldsymbol{n}_1=\{1, -1, 2\}$，所以有

$$\boldsymbol{n}=\overrightarrow{AB}\times\boldsymbol{n}_1=\begin{vmatrix}\boldsymbol{i} & \boldsymbol{j} & \boldsymbol{k}\\ -1 & -2 & 0\\ 1 & -1 & 2\end{vmatrix}=-4\boldsymbol{i}+2\boldsymbol{j}+3\boldsymbol{k}$$

因此，过点$A(1, 1, 1)$，且以$\boldsymbol{n}=-4\boldsymbol{i}+2\boldsymbol{j}+3\boldsymbol{k}$为法向量的平面方程为

$$-4(x-1)+2(y-1)+3(z-1)=0$$

即所求平面方程为

$$-4x+2y+3z-1=0$$

10.3.2 直线方程

1. 直线的参数方程

定义 10.8 如果一个非零向量$\boldsymbol{s}$平行于直线L，则称$\boldsymbol{s}$为直线L的方向向量。

设直线L过点$M_0(x_0,y_0,z_0)$，$\boldsymbol{s}=\{a,b,c\}$为直线L的方向向量，下面推导直线L的方程。

设点$M(x,y,z)$是在直线L上任一点，由于$\overrightarrow{M_0M}$在直线L上，所以$\overrightarrow{M_0M}/\!/\boldsymbol{s}$，利用向量平行的结论，即

$$\overrightarrow{M_0M}=t\boldsymbol{s}\quad（t为实数）$$

由于$\boldsymbol{s}=\{a,b,c\}$，$\overrightarrow{M_0M}=\{x-x_0,y-y_0,z-z_0\}$，所以有

$$\begin{cases} x - x_0 = ta \\ y - y_0 = tb \\ z - z_0 = tc \end{cases}$$

于是，得

$$\begin{cases} x = x_0 + at \\ y = y_0 + bt \\ z = z_0 + ct \end{cases} \tag{10.5}$$

式(10.5)就是直线 L 上任一点 M 的坐标 x, y, z 所满足的方程。

反过来，如果点 $M(x, y, z)$ 不在直线 L 上，那么 $\overrightarrow{M_0M}$ 与 $\boldsymbol{s}$ 就不平行，从而 $\overrightarrow{M_0M} \neq t\boldsymbol{s}$ ，即不在直线 L 上点 M 的坐标 x, y, z 不满足的方程(10.5)。

由此可见，在直线 L 上任一点的坐标都满足(10.5)式，而不在直线 L 上点的坐标都不满足(10.5)式，所以(10.5)式是直线 L 的方程，并称(10.5)式为直线 L 的参数方程，其中 t 为参数。

2．直线的标准式方程

在直线 L 的参数方程(10.5)中，消去参数 t，得

$$\frac{x - x_0}{a} = \frac{y - y_0}{b} = \frac{z - z_0}{c} \tag{10.6}$$

其中 (x_0, y_0, z_0) 是直线 L 上的已知点，$\{a, b, c\}$ 为直线 L 的方向向量，称(10.6)式为直线的标准式方程。

因为 $\boldsymbol{s} \neq 0$，所以 a ，b ，c 不全为零，但当有一个为零时，例如 $c = 0$ ，(10.6)应理解为

$$\begin{cases} \dfrac{x - x_0}{a} = \dfrac{y - y_0}{b} \\ z - z_0 = 0 \end{cases}$$

当有两个为零时，例如 $a = c = 0$ ，(10.6)应理解为

$$\begin{cases} x - x_0 = 0 \\ z - z_0 = 0 \end{cases}$$

例 10.18 直线 L 过点 $M_0(1,2,-1)$ 且与平面 $2x + z + 3 = 0$ 垂直，求直线 L 的参数方程和标准式方程。

解 设所求直线 L 的方向向量为 $\boldsymbol{s}$ ，因为所求直线 L 垂直于已知平面，所以可以取已知平面的法向量 $\boldsymbol{n} = \{2,0,1\}$ 为所求直线 L 的方向向量 $\boldsymbol{s}$ ，即 $\boldsymbol{s} = \boldsymbol{n} = \{2,0,1\}$ 。由此可得，所求直线 L 的参数方程为

$$\begin{cases} x = 1 + 2t \\ y = 2 \\ z = -1 + t \end{cases}$$

直线 L 的标准方程为

$$\frac{x - 1}{2} = \frac{y - 2}{0} = \frac{z + 1}{1}$$

3．直线的一般式方程

空间直线也可以看成两个平面的交线，因此可以用两个平面方程的联立方程组来表示直线方程，即

$$\begin{cases} A_1x + B_1y + C_1z + D_1 = 0 \\ A_2x + B_2y + C_2z + D_2 = 0 \end{cases} \tag{10.7}$$

由于两个平面相交，所以方程组(10.7)中的 A_1, B_1, C_1 与 A_2, B_2, C_2 不成比例，即法向量 $\boldsymbol{n}_1=\{A_1, B_1, C_1\}$ 与 $\boldsymbol{n}_2=\{A_2, B_2, C_2\}$ 不平行，称式(10.7)是直线 L 的一般式方程。

直线的一般式方程与直线的标准式方程可以相互转化。

将直线的一般式方程 (10.7)式化为直线的标准式方程的具体步骤如下：

第 1 步，首先求出满足(10.7)式的任意一组解 x_0, y_0, z_0。点 $M_0(x_0, y_0, z_0)$ 即为直线 L 上的点；

第 2 步，再求直线 L 上的方向向量 $\boldsymbol{s}$ 。由于方向向量 $\boldsymbol{s}$ 与两个平面的法向量 $\boldsymbol{n}_1$、$\boldsymbol{n}_2$ 都垂直，所以可取 $\boldsymbol{s} = \boldsymbol{n}_1 \times \boldsymbol{n}_2$；

第 3 步，最后写出直线 L 的标准式方程。利用点 $M_0(x_0, y_0, z_0)$ 及方向向量 $\boldsymbol{s}$ 把直线的一般式方程化为直线的标准式方程。

将直线的标准式方程(10.6)式化为直线的一般式方程的方法比较简单，只需把直线的标准式方程(10.6)式的两个等号所连接的式子写成两个平面方程，再联立即可，得

$$\begin{cases} \dfrac{x-x_0}{a} = \dfrac{y-y_0}{b} \\ \dfrac{y-y_0}{b} = \dfrac{z-z_0}{c} \end{cases}$$

变形后，所求的直线的一般式方程为

$$\begin{cases} bx - ay - bx_0 + ay_0 = 0 \\ cy - bz - cy_0 + bz_0 = 0 \end{cases}$$

例 10.19　将直线 L：$\begin{cases} x + y - 2z - 1 = 0 \\ x + 2y - z + 1 = 0 \end{cases}$ 化为标准式方程及参数方程。

解　第 1 步，先在直线 L 上选取一个点，为此，令 $z = 0$，得

$$\begin{cases} x + y - 1 = 0 \\ x + 2y + 1 = 0 \end{cases}$$

解得 $x = 3$， $y = -2$，即点 $M_0(3, -2, 0)$为直线 L 上的一个点。

第 2 步，再求直线 L 上的方向向量 $\boldsymbol{s}$ 。由直线的一般式方程知，两个已知平面的法向量分别为 $\boldsymbol{n}_1=\{1, 1, -2\}$，$\boldsymbol{n}_2=\{1, 2, -1\}$，取 $\boldsymbol{s} = \boldsymbol{n}_1 \times \boldsymbol{n}_2$，得

$$\boldsymbol{s} = \boldsymbol{n}_1 \times \boldsymbol{n}_2 = \begin{vmatrix} \boldsymbol{i} & \boldsymbol{j} & \boldsymbol{k} \\ 1 & 1 & -2 \\ 1 & 2 & -1 \end{vmatrix} = 3\boldsymbol{i} - \boldsymbol{j} + \boldsymbol{k}$$

第 3 步，写出直线 L 的标准式方程，利用直线的标准式方程再化为直线的参数方程。于是，直线 L 的标准式方程为

$$\frac{x-3}{3} = \frac{y+2}{-1} = \frac{z}{1}$$

令
$$\frac{x-3}{3}=\frac{y+2}{-1}=\frac{z}{1}=t$$

所以，直线 L 的参数方程为

$$\begin{cases} x=3+3t \\ y=-2-t \\ z=t \end{cases}$$

4．两条直线的位置关系

设两条直线 L_1 与 L_2 的标准方程分别为

$$L_1:\quad \frac{x-x_1}{a_1}=\frac{y-y_1}{b_1}=\frac{z-z_1}{c_1}$$

$$L_2:\quad \frac{x-x_2}{a_2}=\frac{y-y_2}{b_2}=\frac{z-z_2}{c_2}$$

则其方向向量分别为 $\boldsymbol{s}_1=\{a_1,b_1,c_1\}$ ，$\boldsymbol{s}_2=\{a_2,b_2,c_2\}$，显然，有如下结论：

（1）$L_1 \perp L_2 \Leftrightarrow \boldsymbol{s}_1 \perp \boldsymbol{s}_2 \Leftrightarrow a_1a_2+b_1b_2+c_1c_2=0$；

（2）$L_1 // L_2 \Leftrightarrow \boldsymbol{s}_1 // \boldsymbol{s}_2 \Leftrightarrow \frac{a_1}{a_2}=\frac{b_1}{b_2}=\frac{c_1}{c_2}$。

例 10.20　求过点 $M_0(3，-2，0)$，且与两个平面 $x-5y+2z-1=0$ 和 $5y-z+2=0$ 的交线平行的直线方程。

解　设所求直线的方向向量为 $\boldsymbol{s}$ 。由直线的一般式方程知，两个已知平面的法向量分别为 $\boldsymbol{n}_1=\{1，-5，2\}$，$\boldsymbol{n}_2=\{0，5，-1\}$。因为所求直线与两平面的交线平行，也就是直线的方向向量为 $\boldsymbol{s}$ 一定同时与两平面的法向量 $\boldsymbol{n}_1$、$\boldsymbol{n}_2$ 都垂直，所以可取 $\boldsymbol{s}=\boldsymbol{n}_1\times\boldsymbol{n}_2$ ，即

$$\boldsymbol{s}=\boldsymbol{n}_1\times\boldsymbol{n}_2=\begin{vmatrix} \boldsymbol{i} & \boldsymbol{j} & \boldsymbol{k} \\ 1 & -5 & 2 \\ 0 & 5 & -1 \end{vmatrix}=-5\boldsymbol{i}+\boldsymbol{j}+5\boldsymbol{k}$$

于是，所求直线的方程为

$$\frac{x-3}{-5}=\frac{y+2}{1}=\frac{z}{5}$$

例 10.21　试证直线 L_1：$\frac{x-2}{2}=\frac{y+3_1}{5}=\frac{z-6}{4}$ 与直线 L_2：$\frac{x}{1}=\frac{y+2}{-2}=\frac{z-8}{2}$ 垂直。

证　设 L_1，L_2 的方向向量分别为 $\boldsymbol{s}_1=\{2，5，4\}$ ，$\boldsymbol{s}_2=\{1，-2，2\}$。

由于 $\boldsymbol{s}_1\cdot\boldsymbol{s}_2=2\times1+5\times(-2)+4\times(-4)=0$，所以 $\boldsymbol{s}_1 \perp \boldsymbol{s}_2$，即 $L_1 \perp L_2$。

5．直线与平面的位置关系

直线与它在平面上的投影线间的夹角 $\varphi\left(0\leqslant\varphi\leqslant\frac{\pi}{2}\right)$，称为直线与平面的夹角(图 10.20)。

设直线 L 和平面 π 方程分别为

$$L:\ \frac{x-x_0}{a}=\frac{y-y_0}{b}=\frac{z-z_0}{c}$$

$$\pi:\ Ax+By+Cz+D=0$$

直线L的方向向量为$\boldsymbol{s}=\{a,b,c\}$，平面π的法向量为$\boldsymbol{n}=\{A, B, C\}$，向量$\boldsymbol{s}$与向量$\boldsymbol{n}$间的夹角为$\theta$，则$\varphi=\dfrac{\pi}{2}-\theta$（或$\varphi=\theta-\dfrac{\pi}{2}$），所以

$$\sin\varphi=|\cos\theta|=\frac{|\boldsymbol{s}\cdot\boldsymbol{n}|}{|\boldsymbol{s}||\boldsymbol{n}|}=\frac{|aA+bB+cC|}{\sqrt{a^2+b^2+c^2}\sqrt{A^2+B^2+C^2}}$$

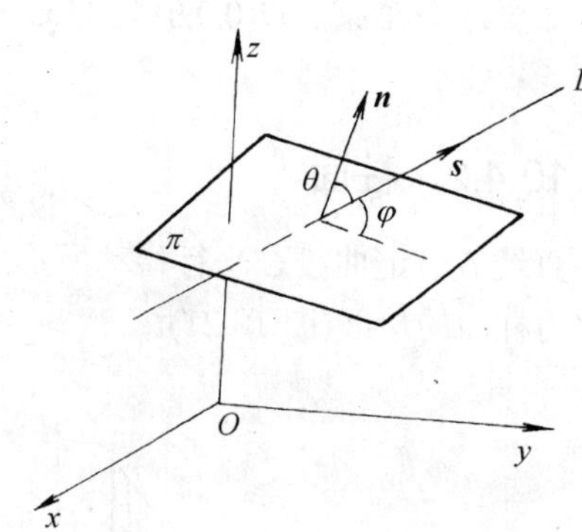

图 10.20

由此可知：

（1）$L\perp\pi \Leftrightarrow \boldsymbol{s}//\boldsymbol{n} \Leftrightarrow \dfrac{a}{A}=\dfrac{b}{B}=\dfrac{c}{C}$；

（2）$L//\pi \Leftrightarrow \boldsymbol{s}\perp\boldsymbol{n} \Leftrightarrow aA+bB+cC=0$且$M_0(x_0,y_0,z_0)$在$L$上，而不在$\pi$内；

（3）L在π内$\Leftrightarrow \boldsymbol{s}\perp\boldsymbol{n}$（或$aA+bB+cC=0$）且$M_0(x_0,y_0,z_0)$既在$L$上，又在$\boldsymbol{\pi}$内。

例 10.22 讨论直线L：$\dfrac{x-1}{3}=\dfrac{y-1}{4}=\dfrac{z+7}{-5}$和平面$\pi$：$3x-y+z+5=0$的位置关系。

解 设直线L的方向向量为$\boldsymbol{s}=\{3, 4, -5\}$，平面$\pi$的法向量为$\boldsymbol{n}=\{3, -1, 1\}$。

由于$\boldsymbol{s}\cdot\boldsymbol{n}=3\times3+4\times(-1)+(-5)\times1=0$，所以$\boldsymbol{s}\perp\boldsymbol{n}$，即$L//\pi$或$L$在平面$\pi$内；又因为在直线$L$上的点$M_0(1, 1, -7)$满足平面$\pi$，即 $3\times1-1\times1+1\times(-7)+5=0$，所以直线$L$在平面$\pi$内。

10.4 曲面与空间曲线

前面介绍了空间最简单的几何图形——平面和直线，并建立了它们的一些常见形式的方程。在本节中，将讨论较一般的曲面和空间曲面的方程，并介绍几种常见的曲面方程。

10.4.1 曲面方程的概念

在平面解析几何中，将平面曲线看成是在平面上按照一定规律运动的点的轨迹。同样地，在空间解析几何中，将曲面看成是在空间中按照一定规律运动的点的轨迹。空间中的点按一定规律运动，它的坐标(x,y,z)就要满足x，y，z的某一个关系式，这个关系式就是曲面方程，记做$F(x,y,z)=0$。因此有

定义 10.9 如果曲面Σ上每一点的坐标都满足方程$F(x,y,z)=0$；而不在曲面Σ上每一点的坐标都不满足方程$F(x,y,z)=0$，则称方程$F(x,y,z)=0$为曲面方程，称曲面Σ为$F(x,y,z)=0$的图形。

例 10.23 求球心在点$P_0(x_0,y_0,z_0)$，半径为R的球面方程。

解 设点$P(x,y,z)$在以$P_0(x_0,y_0,z_0)$为球心，R为球半径的球面上，则

$$|\overrightarrow{P_0P}|=R$$

即

$$\sqrt{(x-x_0)^2+(y-y_0)^2+(z-z_0)^2}=R$$

两边平方，有

$$(x-x_0)^2+(y-y_0)^2+(z-z_0)^2=R^2 \tag{10.8}$$

式(10.8)就是球面上的点的坐标所满足的方程，而不在球面上的点的坐标不满足的方程，所以方程(10.8)就是以$P_0(x_0,y_0,z_0)$为球心，R为球半径的球面方程。

如果球心在原点$O(0,0,0)$，即$x_0 = y_0 = z_0 = 0$，则球面方程为

$$x^2 + y^2 + z^2 = R^2$$

10.4.2 柱面

直线L沿定曲线C平行移动所形成的曲面称为柱面。定曲线C称为柱面的准线，动直线L称为柱面的母线(图 10.21)。

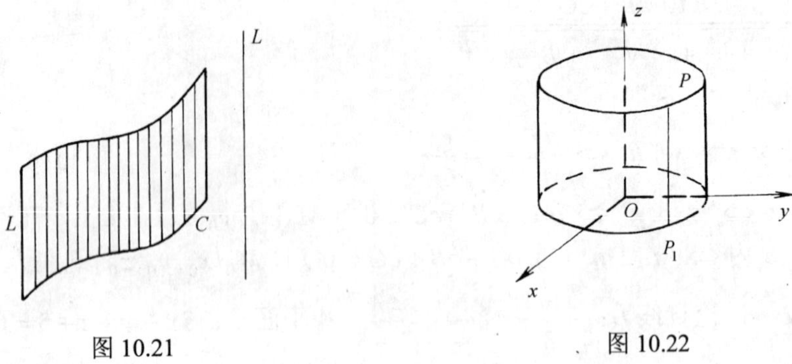

图 10.21　　　　图 10.22

下面，只讨论准线在坐标面上，而母线垂直于此坐标面的柱面。

例 10.24　设一个圆柱面的母线平行于z轴，准线C是在xOy坐标面上的以原点为圆心，R为半径的圆，即准线C在xOy坐标面上的方程为$x^2 + y^2 = R^2$，求此圆柱面方程。

解　在圆柱面上任取一点$P(x,y,z)$，过点$P(x,y,z)$的母线与xOy坐标面的交点$P_1(x,y,0)$一定在准线C上(图 10.22)，所以不论点$P(x,y,z)$的坐标中的z取什么值，它的横坐标x和纵坐标y都一定满足方程$x^2 + y^2 = R^2$；反过来，不在这个圆柱面上的点，点$P(x,y,z)$的坐标不满足方程$x^2 + y^2 = R^2$，所以所求的柱面方程为$x^2 + y^2 = R^2$。

注意：在平面直角坐标系中，方程$x^2 + y^2 = R^2$表示一个圆，而在空间直角坐标系中，方程$x^2 + y^2 = R^2$表示一个母线平行于z轴的圆柱面。

一般说来，如果柱面的准线是在xOy坐标面上的曲线C，准线C在xOy坐标面上的方程为$f(x,y)=0$。那么以C为准线，母线平行于z轴的柱面方程就是$f(x,y)=0$；同样地，方程$g(y,z)=0$表示母线平行于x轴的柱面方程；方程$h(x,z)=0$表示母线平行于y轴的柱面方程。由此可见，在空间直角坐标系中，含有两个变量的方程就是柱面方程，且在其方程中缺哪个变量，此柱面的母线平行于哪一个坐标轴。

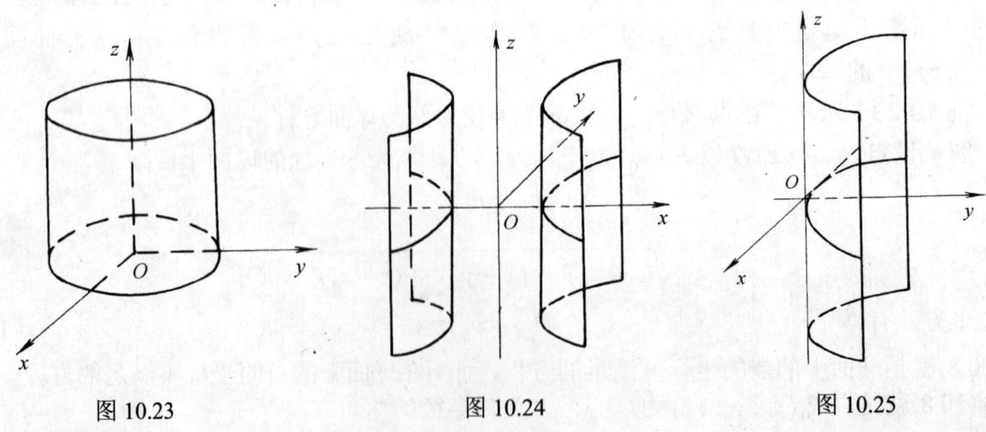

图 10.23　　　　图 10.24　　　　图 10.25

例如，方程 $\frac{x^2}{a^2}+\frac{y^2}{b^2}=1, \frac{x^2}{a^2}-\frac{y^2}{b^2}=1, x^2-2py=0$ 分别表示母线平行于 z 轴的椭圆柱面、双曲柱面和抛物柱面。如图 10.23、图 10.24、图 10.25 所示。由于这些方程都是二次的，所以称为二次曲面。

10.4.3 旋转曲面

一平面曲线 C 绕同一平面上的一条直线 L 旋转一周所形成的曲面称为旋转曲面。曲线 C 称为旋转曲面的母线，直线 L 称为旋转曲面的轴。

下面只讨论母线在某个坐标面上，它绕某个坐标轴旋转所形成的旋转曲面。

设在 yOz 坐标面上有一条已知曲线 C，它在 yOz 坐标面上的方程是 $f(y,z)=0$，求此曲线 C 绕 z 轴旋转一周所形成的旋转曲面的方程(图 10.26)。

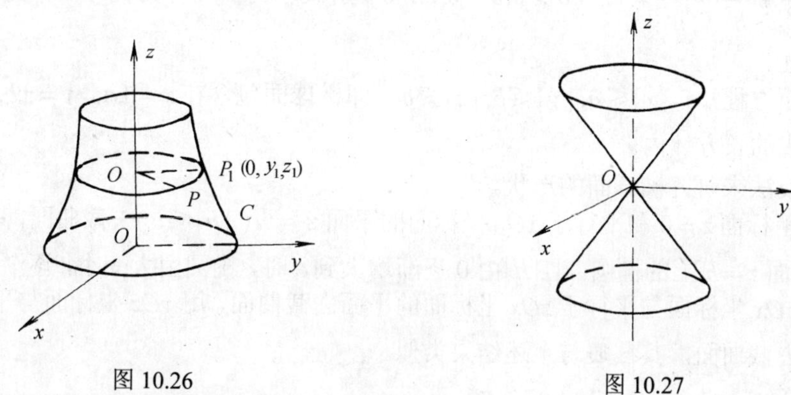

图 10.26　　图 10.27

在旋转曲面上任取一点 $P(x,y,z)$，设这点是由母线上的点 $P_1(0,y_1,z_1)$ 绕 z 轴旋转一定角度而得到。由图 10.26 可知，点 $P(x,y,z)$ 与 z 轴的距离等于点 $P_1(0,y_1,z_1)$ 与 z 轴的距离，且有同一纵坐标，即 $\sqrt{x^2+y^2}=|y_1|,\ z=z_1$，又因为点 $P_1(0,y_1,z_1)$ 在母线 C 上，所以 $f(y_1,z_1)=0$，于是有

$$f(\pm\sqrt{x^2+y^2},z)=0$$

在旋转曲面上的点都满足方程 $f(\pm\sqrt{x^2+y^2},z)=0$，而不在旋转曲面上的点都不满足方程 $f(\pm\sqrt{x^2+y^2},z)=0$，因此此方程是以 C 为母线，以 z 轴为旋转轴的旋转曲面方程。由此可见，只要在 yOz 坐标面上曲线 C 的方程 $f(y,z)=0$ 中把 y 换成 $\pm\sqrt{x^2+y^2}$，就可得到曲线 C 绕 z 轴旋转的旋转曲面方程。

同理，曲线 C 绕 y 轴旋转的旋转曲面方程为 $f(y,\pm\sqrt{x^2+z^2})=0$。

对于其他坐标面上的曲线，用上述方法可得到绕此坐标平面上任何一条坐标轴旋转所生成的旋转曲面。

例 10.25 求在 yOz 坐标面上的直线 $z=ky\,(k>0)$ 绕 z 轴旋转一周所形成的旋转曲面方程。

解 在 $z=ky$ 中，把 y 换成 $\pm\sqrt{x^2+y^2}$，得

$$z=\pm k\sqrt{x^2+y^2}$$

两边平方，有

$$z^2=k^2(x^2+y^2)$$

此曲面是顶点在原点，对称轴为 z 轴的圆锥面（图 10.27）。

10.4.4　二次曲面

在空间直角坐标系中，如果 $F(x,y,z)=0$ 是二次方程，则它的图形称为二次曲面。例如前面讲到的球面、柱面和旋转曲面都是二次曲面，这些曲面的形状较容易了解。对于一般的空间二次曲面方程的研究，一般地采用一系列平行于坐标面的平面去截曲面，求得一系列的交线，对这些交线进行分析，就可看出曲面形状的大致轮廓，这种方法称为截痕法。

下面用截痕法讨论几个常见的二次方程所表示的二次曲面的形状。

1．椭球面

方程 $\dfrac{x^2}{a^2}+\dfrac{y^2}{b^2}+\dfrac{z^2}{c^2}=1\quad (a>0,b>0,c>0)$ 所表示的曲面称为椭球面，其中 a,b,c 称为椭球面的半轴。

由椭球面方程知，$|x|\leqslant a,|y|\leqslant b,|z|\leqslant c$，即椭球面包含在 $x=\pm a,\ \ y=\pm b,\ \ z=\pm c$ 这六个平面所围成的长方体内。

现用截痕法来研究椭球面的形状。

用 xOy 坐标面 $z=0$ 和平行于 xOy 坐标面的平面 $z=h(\ |h|\leqslant c\ )$去截曲面，其截痕分别为在 $z=0$ 和平面 $z=h$ 上的椭圆，且 $|h|$ 由 0 逐渐增大到 c 时，椭圆由大变小，逐渐缩小成一点。

同样用 zOx 坐标面与平行于 zOx 坐标面的平面去截曲面，用 yOz 坐标面与平行于 yOz 坐标面的平面去截曲面，其截痕与上述结果类似。

综上所述，可知方程 $\dfrac{x^2}{a^2}+\dfrac{y^2}{b^2}+\dfrac{z^2}{c^2}=1$ 所表示的曲面形状如图 10.28 所示。

当 $a=b$ 时，原方程化为 $\dfrac{x^2+y^2}{a^2}+\dfrac{z^2}{c^2}=1$，它是一个椭圆绕 z 轴旋转成的旋转椭球面。

当 $a=b=c$ 时，原方程化为 $x^2+y^2+z^2=a^2$，它是一个球心在坐标原点，球半径为 a 的球面。

2．椭圆抛物面

方程 $\dfrac{x^2}{a^2}+\dfrac{y^2}{b^2}=2pz\ (a>0,b>0,p>0)$ 所表示的曲面称为椭圆抛物面。

由椭圆抛物面方程知，$z\geqslant 0$，所以曲面在 xOy 坐标面的下方无图形。

用 xOy 坐标面去截曲面，截痕是一点(0,0,0)，称为椭圆抛物面的顶点。

用平行于 xOy 坐标面的平面 $z=h(\,h>0\,)$去截曲面，其交线为在平面 $z=h$ 上的椭圆，且当 h 增大时，椭圆的半轴也随之增大。

如果用平面 $x=h$ 或 $y=h$ 去截曲面，其交线分别为抛物线。

综上所述，椭圆抛物面的形状如图 10.29 所示。

当 $a=b$ 时，原方程化为 $x^2+y^2=2qz$（$q>0$，其中 $q=a^2p$），它是由抛物线绕 z 轴旋转而成，称为旋转抛物面。

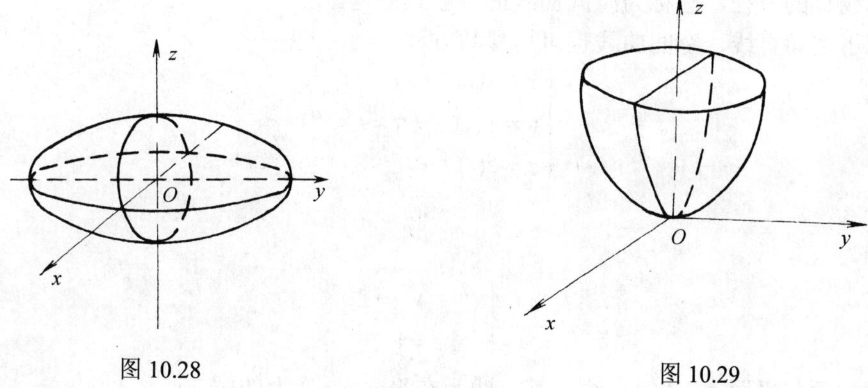

图 10.28

图 10.29

3．双曲面

方程 $\frac{x^2}{a^2}+\frac{y^2}{b^2}-\frac{z^2}{c^2}=1\ (a>0,b>0,c>0)$ 所表示的曲面称为单叶双曲面，其图形如图 10.30 所示。

方程 $-\frac{x^2}{a^2}-\frac{y^2}{b^2}+\frac{z^2}{c^2}=1\ (a>0,b>0,c>0)$ 所表示的曲面称为双叶双曲面，其图形如图 10.31 所示。

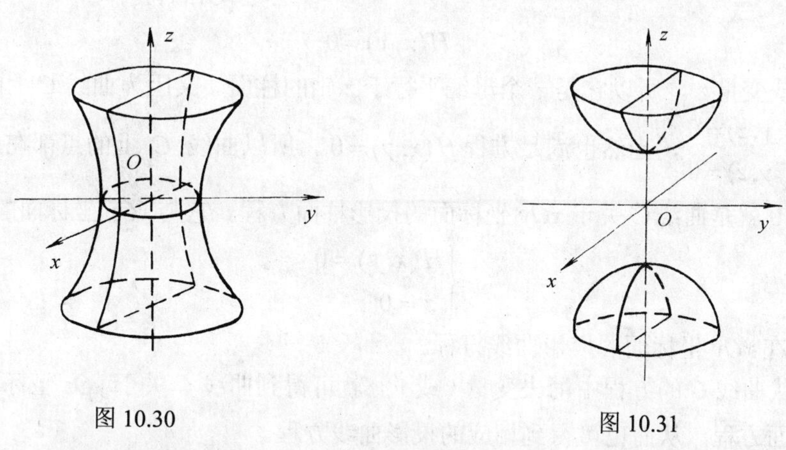

图 10.30

图 10.31

作为练习，读者自己用截痕法画出单叶双曲面和双叶双曲面的图形。

10.4.5 空间曲线及其在坐标面上的投影

1．空间曲线的表示方法

在前面把空间直线看成是两平面的交线，类似地，也可以把空间曲线看成是两曲面的交线。

设曲面 Σ_1 的方程是 $F(x,y,z)=0$，曲面 Σ_2 的方程是 $G(x,y,z)=0$，则交线 C 上的点必定同时满足 Σ_1，Σ_2 的方程，不在交线 C 上的点一定不能同时满足这两个方程。因此，联立方程组

$$\begin{cases}F(x,y,z)=0\\G(x,y,z)=0\end{cases}$$

是空间曲线C的方程，它称为空间曲线的一般式方程。

类似于空间直线，空间曲线也可用参数方程

$$\begin{cases} x = x(t) \\ y = y(t) \quad (\alpha \leqslant t \leqslant \beta) \\ z = z(t) \end{cases}$$

来表示。

例如

$$\begin{cases} x^2 + y^2 = 2 \\ z = 1 \end{cases}$$

表示由圆柱面与平面$z = 1$的交线，其交线为在平面$z = 1$上的圆。

2．空间曲线在坐标面上的投影

设空间曲线C的方程为$\begin{cases} F(x, y, z) = 0 \\ G(x, y, z) = 0 \end{cases}$，过曲线 C 上的每一点作xOy坐标面的垂线，这些垂线形成了一个母线平行于z轴的柱面，称为曲线C关于xOy坐标面的投影柱面。这个柱面与xOy坐标面的交线称为曲线C在xOy坐标面的投影曲线，简称为投影。

如何求曲线C在xOy坐标面的投影方程呢？在方程组$\begin{cases} F(x, y, z) = 0 \\ G(x, y, z) = 0 \end{cases}$中消去变量$z$，得

$$H(x, y) = 0$$

上述方程中缺变量z，所以它是一个母线平行于z轴的柱面。又因为曲线C上的点的坐标满足方程$\begin{cases} F(x, y, z) = 0 \\ G(x, y, z) = 0 \end{cases}$，当然也满足方程$H(x, y) = 0$，所以曲线 C 上的点都在此柱面上。方程$H(x, y) = 0$就是曲线C关于xOy坐标面的投影柱面方程。它与xOy坐标面的交线

$$\begin{cases} H(x, y) = 0 \\ z = 0 \end{cases}$$

就是曲线C在xOy坐标面的投影曲线方程。

同理，从曲线C的方程中消去变量x或y，就可得到曲线C关于yOz坐标面或zOx坐标面的投影柱面方程，从而也可得到相应的投影曲线方程。

例 10.26 求曲线C：$\begin{cases} x^2 + y^2 + z^2 = 2 \\ z = \sqrt{x^2 + y^2} \end{cases}$在$xOy$坐标面上的投影曲线的方程。

解 从曲线C的方程中消去z，得

$$x^2 + y^2 = 1$$

这是曲线 C 关于xOy坐标面的投影柱面方程，所以曲线C在xOy坐标面的投影曲线方程为

$$\begin{cases} x^2 + y^2 = 1 \\ z = 0 \end{cases}$$

它是在xOy坐标面上的一个圆（图 10.32）。

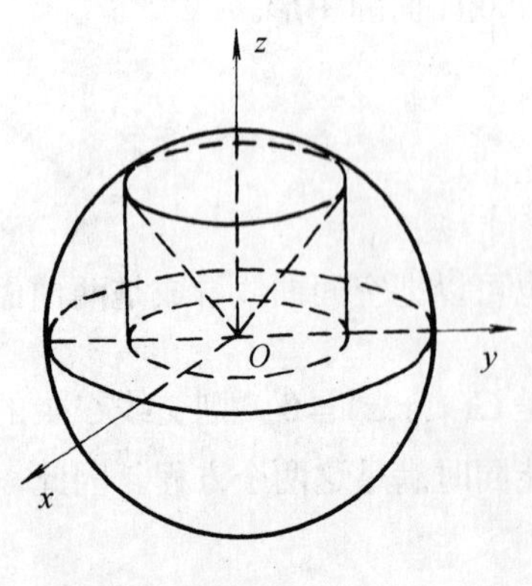

图 10.32

10.5 本章小结

10.5.1 内容提要

1．基本概念

空间直角坐标系，向量，向量的模，单位向量，自由向量，向径，向量的坐标，向量的方向余弦，向量的数量积与向量积，球面，柱面，旋转面，二次曲面，空间曲线在坐标面上的投影。

2．基本公式

两点间距离公式，向量的模与方向余弦公式，向量的数量积与向量积公式，点到平面的距离公式，平面与直线间的夹角公式。

3．基本方程

平面的点法式方程，平面的一般式方程，直线的参数方程，直线的标准式方程，直线的一般式方程，球面方程，圆柱面方程，圆锥面方程，旋转抛物面方程，椭球面方程。

10.5.2 疑点解析

问题 1 自由向量的基本特征是什么？如何描述其基本特征？

解析 向量有两个基本特征，一个是大小，另一个是方向。所谓自由向量是只考虑大小和方向，而不考虑它的起点和终点的位置，即一个向量可以在空间自由地平行移动。不论位置如何，只要其大小相等、方向相同，都认为是同一向量。本书讨论的向量均为自由向量。

向量特征的描述，从几何上是用有向线段的方向代表向量的方向，有向线段的长度代表向量的大小。从坐标表示上，以 $P_1(x_1,y_1,z_1)$ 为起点，$P_2(x_2,y_2,z_2)$ 为终点的向量为

$$\overrightarrow{P_1P_2}=\{x_2-x_1,y_2-y_1,z_2-z_1\}$$

其大小（模）为 $|\overrightarrow{P_1P_2}|=\sqrt{(x_2-x_1)^2+(y_2-y_1)^2+(z_2-z_1)^2}$，其方向由与坐标轴正向的夹角 α,β,γ 的余弦确定，即

$$\cos\alpha=\frac{x_2-x_1}{|\overrightarrow{P_1P_2}|},\quad \cos\beta=\frac{y_2-y_1}{|\overrightarrow{P_1P_2}|},\quad \cos\gamma=\frac{z_2-z_1}{|\overrightarrow{P_1P_2}|}$$

问题 2 向量的数量积与向量积如何计算？如何利用它们判断向量的位置关系？

解析 设向量 $\boldsymbol{a}$ 与 $\boldsymbol{b}$ 的夹角为 θ，则

$$\boldsymbol{a}\cdot\boldsymbol{b}=|\boldsymbol{a}||\boldsymbol{b}|\cos\theta,\qquad \boldsymbol{a}\times\boldsymbol{b}=|\boldsymbol{a}||\boldsymbol{b}|\sin\theta\cdot\boldsymbol{c}^{\mathrm{o}}$$

其中 $\boldsymbol{c}^{\mathrm{o}}$ 是与 $\boldsymbol{a}$，$\boldsymbol{b}$ 同时垂直，且方向由右手法则确定的单位向量。数量积是数量，向量积是向量。

如果 $\boldsymbol{a}=\{a_1,a_2,a_3\}$，$\boldsymbol{b}=\{b_1,b_2,b_3\}$，则

$$\boldsymbol{a}\cdot\boldsymbol{b}=a_1b_1+a_2b_2+a_3b_3$$

$$a\times b=\begin{vmatrix} i & j & k \\ a_1 & a_2 & a_3 \\ b_1 & b_2 & b_3 \end{vmatrix}$$

向量之间的位置关系：

（1）$\boldsymbol{a}\perp\boldsymbol{b} \Leftrightarrow \boldsymbol{a}\cdot\boldsymbol{b}=0 \Leftrightarrow a_1b_1+a_2b_2+a_3b_3=0$；

（2）$\boldsymbol{a}//\boldsymbol{b} \Leftrightarrow \boldsymbol{a}\times\boldsymbol{b}=\boldsymbol{0} \Leftrightarrow \dfrac{a_1}{b_1}=\dfrac{a_2}{b_2}=\dfrac{a_3}{b_3}$；

（3）$\boldsymbol{a}$ 与 $\boldsymbol{b}$ 的夹角为 θ，$\cos\theta=\dfrac{\boldsymbol{a}\cdot\boldsymbol{b}}{|\boldsymbol{a}||\boldsymbol{b}|}=\dfrac{a_1b_1+a_2b_2+a_3b_3}{\sqrt{a_1^2+a_2^2+a_3^2}\sqrt{b_1^2+b_2^2+b_3^2}}$。

经常利用向量之间的位置关系，来求平面方程与直线方程。

问题 3　确定一个平面有哪些条件？

解析　满足下列条件之一者可以确定一个平面：(1) 过空间中不共线的三点；(2) 过直线和直线外的一点；(3) 过两条平行或相交直线。利用向量的方法，根据已知条件，求出在平面上的一点坐标和法向量，就可以确定一个平面，这是建立平面方程常用的方法，即平面的点法式方程。

问题 4　确定一条直线有哪些条件？

解析　确定一条直线的条件有：过不同的两点，或者两平面的交线等。利用向量的方法，根据已知条件，求出在直线上的一点坐标和方向向量，就可以确定一条直线，这是建立直线方程常用的方法，即直线的标准式方程。

习　题　10

1．分别写出在各坐标轴、坐标平面上点的坐标。

2．证明 $A(4,3,1)$，$B(7,1,2)$，$C(5,2,3)$为三顶点的三角形是等腰三角形。

3．求点 $M(4,-3,8)$分别到坐标原点、各坐标轴与各坐标面的距离。

4．已知点 $A(2,1,0)$和 $B(3,-1,2)$，求（1）向量 $\overrightarrow{AB}$ 的坐标；（2）向量 $\overrightarrow{AB}$ 的模；（3）向量 $\overrightarrow{AB}$ 的方向余弦；（4）与向量 $\overrightarrow{AB}$ 同方向的单位向量。

5．已知 $\boldsymbol{a}=\{4,4,-2\}$，$\boldsymbol{b}=\{2,-6,3\}$，求(1) $\boldsymbol{a}$，$\boldsymbol{b}$ 的单位向量 $\boldsymbol{a}^{\circ}$，$\boldsymbol{b}^{\circ}$；(2) $\boldsymbol{a}\cdot\boldsymbol{b}$；(3) $\boldsymbol{a}$ 与 $\boldsymbol{b}$ 的夹角；(4) $(2\boldsymbol{a}-3\boldsymbol{b})\cdot(2\boldsymbol{a}+\boldsymbol{b})$。

6．求与向量 $\boldsymbol{a}=\{1,-2,2\}$平行，且满足 $\boldsymbol{a}\cdot\boldsymbol{b}=36$ 的向量 $\boldsymbol{b}$。

7．已知 $\boldsymbol{a}=\{2,-1,3\}$，$\boldsymbol{b}=\{4,-2,1\}$，求(1) $\boldsymbol{a}\times\boldsymbol{b}$；(2) $(\boldsymbol{a}+\boldsymbol{b})\times\boldsymbol{b}$；（3）同时垂直于 $\boldsymbol{a}$ 和 $\boldsymbol{b}$ 的单位向量。

8．已知两点 $A(2,1,-2)$，$B(3,5,-1)$，求过点 A 且与线段 AB 垂直的平面方程。

9．求过点 $A(2,1,-2)$，$B(3,5,-1)$且与平面 $x+2y-z-2=0$ 垂直的平面方程。

10．设平面方程为 $Ax+By+Cz+D=0$，问下列情形的平面位置有何特征：

(1) $D=0$；(2) $B=0$；(3) $B=0, D=0$；(4) $A=0, B=0, D=0$。

11．求下列各平面的方程。

（1）过三点 $A(0,1,2)$，$B(-1,0,3)$，$C(1,-1,2)$；

（2）过两点 $A(1,2,-1)$，$B(-1,4,2)$且平行于 x 轴；

（3）过点 $A\,(1,-3,2)$ 且平行于 yOz 平面；

（4）过点 $A\,(3,-4,-1)$ 且通过 y 轴。

12．判断下列各对平面的位置关系。

（1） $x-2y+7z+3=0$，$3x+5y+z-1=0$；

（2） $x+2y+z-3=0$，$2x+4y+2z-1=0$；

（3） $x+2y-3z-1=0$，$2x-3y+z-4=0$。

13．把下列直线的一般式方程化为标准式方程：

（1）$\begin{cases}3x-y+2z-1=0\\x+y-2z-3=0\end{cases}$；　　（2）$\begin{cases}-y+z-3=0\\x-2z-2=0\end{cases}$。

14．求下列各直线方程。

（1）通过点 $A(2,-1,3)$ 与 $B(0,2,5)$；

（2）通过点 $A\,(1,2,0)$ 且平行于直线 $\begin{cases}x-2y+z-1=0\\2x+y-3=0\end{cases}$；

（3）通过点 $A\,(1,-2,5)$ 且垂直于平面 $x-2y+3z-7=0$；

（4）通过直线 $\dfrac{x+1}{1}=\dfrac{y-1}{-2}=\dfrac{z+2}{-1}$ 与平面 $x+y-2z-2=0$ 的交点且垂直于该平面。

15．求过点 V(2,−1,3)且与直线 $x-1=\dfrac{y}{0}=\dfrac{z-2}{-2}$ 垂直相交的直线方程。

16．求过点 $A\,(0,2,0)$ 且既垂直于 y 轴，又垂直于直线 $\begin{cases}x=z\\y=2z\end{cases}$ 的直线方程。

17．求过直线 $\dfrac{x-1}{2}=\dfrac{y+1}{-4}=\dfrac{z+2}{3}$ 与 $\dfrac{x}{2}=\dfrac{y+3}{-4}=\dfrac{z}{3}$ 的平面方程。

18．判断下列各题中直线与平面的位置关系。

（1） $\dfrac{x+3}{-2}=\dfrac{y+4}{-7}=\dfrac{z}{3}$ 与 $4x-2y-2z-3=0$；

（2） $\dfrac{x-1}{3}=\dfrac{y+1}{-2}=\dfrac{z}{7}$ 与 $3x-2y+7z-5=0$；

（3） $\dfrac{x+2}{3}=\dfrac{y-3}{1}=\dfrac{z-4}{-4}$ 与 $x+y+z-5=0$。

19．求直线 $\dfrac{x-2}{2}=\dfrac{y+1}{-2}=\dfrac{z}{1}$ 与平面 $x-2y+3z-1=0$ 的交点坐标及夹角。

20．求满足下列条件的动点轨迹方程。

（1）到点 $A\,(1,3,2)$ 与到点 $B(2,1,5)$ 的距离分别等于 2 与 3；

（2）到点 $A\,(5,-4,1)$ 的距离等于到 yOz 平面的距离；

（3）动点 P 到 y 轴的距离是动点 P 到 z 轴的距离的 4 倍。

21．求下列曲面方程。

（1）中心在(2,1,−4)并与 xOy 相切的球面；

（2）曲线 $\begin{cases}z^2=6y\\x=0\end{cases}$ 绕 y 轴旋转形成的曲面方程；

（3）以 $y^2=5x$ 为准线，母线平行于 z 轴的柱面；

（4）顶点在原点，以 z 轴为对称轴，顶角为 $\frac{\pi}{3}$ 的圆锥面方程。

22．指出下列方程所表示的曲面名称。

（1）$x^2+y^2=2x$；　（2）$x^2+2y^2=z$；　（3）$x^2+y^2=z+2$；

（4）$4x^2+y^2=z^2$；　（5）$x^2-z^2=0$；　（6）$x^2+2y^2+4z^2=8$。

23．求出下列方程在 xOy 坐标面的投影曲线方程。

（1）$\begin{cases} z=x^2+y^2 \\ z=x+1 \end{cases}$；　（2）$\begin{cases} x^2+2y^2+z^2=16 \\ x^2+y^2-z^2=0 \end{cases}$；

（3）$\begin{cases} 4x^2+4y^2+z^2=48 \\ z^2=8y \end{cases}$；　（4）$\begin{cases} z=x^2+y^2 \\ x^2-2x+y^2=0 \end{cases}$。

第 11 章　多元函数微分学

在自然科学和工程技术中，许多问题不限于涉及到一个因素，往往会涉及到两个或更多因素，反映到数学上就是一个变量依赖多于一个变量的情形，这就导致出现含有多于一个自变量的函数，这种函数通常称为多元函数。多元函数的概念及其微分学是一元函数及其微分学的推广和发展，它们有着很多类似之处，但是有的地方也有着很大的差别。在从一元函数推广到二元函数的过程中，将会发现许多新的问题，但是从二元函数推广到三元函数或三元以上函数的过程中，将不会发生新的困难和问题，很容易把有关二元函数的一些结论推广到多元函数。因此，在本章中将重点讲述二元函数的极限、连续及微分学。

11.1　多元函数的概念、极限及连续

11.1.1　多元函数

1. 平面区域

为了把一元函数的概念推广到二元函数，首先介绍平面区域的概念。

由平面上一条或几条曲线所围成的具有连通性的部分平面称为平面区域，所谓的连通性是指如果一块部分平面内任意两点均可用完全属于此部分平面的折线连结起来。围成区域的曲线称为区域的边界，边界上的点称为边界点，包含边界在内的区域称闭区域，不包含边界在内的区域称为开区域。

如果一个区域 D 内任意两点之间的距离都不超过某一常数 M，则称 D 为有界区域，否则称 D 为无界区域。

常见的区域有矩形区域：$a<x<b$ 且 $c<y<d$；圆形区域：$(x-x_0)^2+(y-y_0)^2<R^2$。

圆形区域 $\{(x,y)\,|\,(x-x_0)^2+(y-y_0)^2<\delta^2\}(\delta>0)$ 又称为平面上点 $P_0(x_0,y_0)$ 的 δ 邻域。

在自然现象和实际问题中，经常会遇到多个变量之间的依赖关系，举例如下：

例 11.1　三角形的面积 A 和它的底边长 a，底边上高 h 之间具有如下关系

$$A=\frac{1}{2}ah$$

在这问题中有三个变量 A，a，h，当变量 a，h 每取定一组值时，就有一确定的面积值 A。即 A 依赖于 a 和 h 的变化而变化。

例 11.2　具有一定量的理想气体的压强 P、体积 V 与绝对温度 T 之间具有如下依赖关系

$$P=\frac{RT}{V}\ （R\text{是常数}）$$

在这问题中也有三个变量 V，T，P，当变量 T，V 每取定一组值时，由给定的关系，就有一确定的压强 P。

例 11.3　设 R 是电阻 R_1，R_2 并联后的总电阻，由电学知，它们之间具有如下关系

$$R = \frac{R_1 R_2}{R_1 + R_2}$$

这里 R 依赖于 R_1，R_2 的变化而变化。

上面三例虽然它们所含实际意义不同，但它们有共同的性质，抽出这些共性可得出以下二元函数的概念。

2．二元函数的定义

定义 11.1 设 D 是平面上的一个非空点集，如果有一个对应规律 f，使每一个点$(x, y)\in D$ 都对应于唯一确定的值 z，则称 z 为 D 上的二元函数。记做 $z = f(x,y)$，其中 x 与 y 称为自变量，函数 z 也称为因变量，D 称为该函数的定义域。

一元函数的定义域一般说来是一个或几个区间，二元函数的定义域通常是一个或几个区域。二元函数的定义域的求法与一元函数相类似，就是找出使函数有意义的自变量的范围。

例 11.4 求二元函数 $z = \sqrt{4 - x^2 - y^2}$ 的定义域。

解 由偶次根式函数的要求易知，该函数的定义域为 x，y 满足如下的不等式

$$x^2 + y^2 \leqslant 4$$

即定义域为 $D = \{(x,y) \mid x^2 + y^2 \leqslant 4\}$，它在 xOy 面上表示一个以原点为圆心，2 为半径的圆形区域，且是一个有界闭区域(图 11.1)。

例 11.5 求二元函数 $z = \ln(x+y) + \arcsin(x^2 + y^2)$ 的定义域。

解 这个函数是由 $\ln(x+y)$ 和 $\arcsin(x^2+y^2)$ 两部分构成，所以要使函数 z 有意义，x，y 必须同时满足

$$\begin{cases} x + y > 0 \\ x^2 + y^2 \leqslant 1 \end{cases}$$

所以函数的定义域为 $D = \{(x,y) \mid x^2 + y^2 \leqslant 1, x + y > 0\}$，如图 11.2。

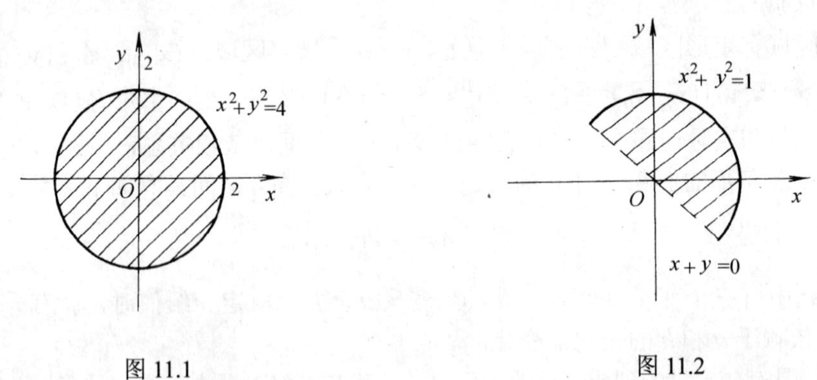

图 11.1　　　　图 11.2

3．二元函数的几何意义

设二元函数

$$z = f(x,y) \qquad (x,\ y) \in D$$

将自变量 x，y 及因变量 z 当做空间点的直角坐标，先在 xOy 坐标面内制作出函数 $z = f(x,y)$ 的定义域 D(图 11.3)，再过区域 D 中的任一点 $Q(x,y)$ 作垂直于 xOy 坐标面的有向

线段QP，使点P的竖坐标为与(x,y)对应的函数值z。当点Q在D中变动时，对应的点P的轨迹就是函数$z=f(x,y)$的几何图形。函数$z=f(x,y)$的几何图形一般在空间直角坐标系中表示一个曲面，而其定义域D就是此曲面在xOy坐标面上的投影。

如函数$z=\sqrt{R^2-x^2-y^2}$的图形是球心在原点，半径为R的上半球面（图 11.4）。

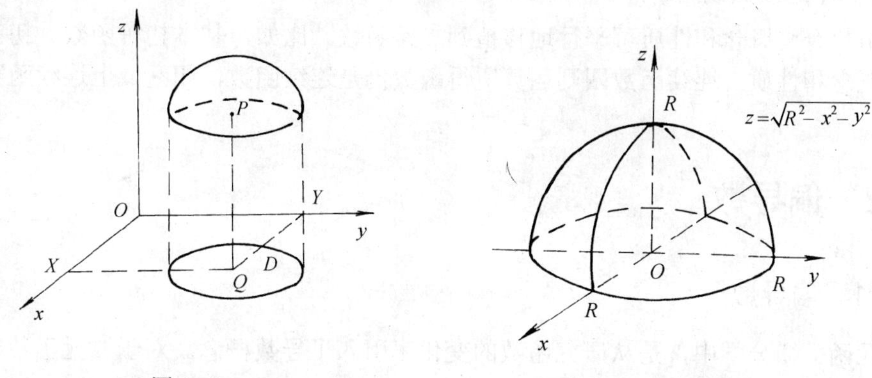

图 11.3　　　　图 11.4

上面关于二元函数及平面区域的概念可以类似地推广到三元函数及空间区域上去，有三个自变量的函数就是三元函数$u=f(x,y,z)$。三元函数的定义域通常是空间区域。一般地，还可以定义n元函数$u=f(x_1,x_2,\cdots,x_n)$，它的定义域是n维空间的区域。

11.1.2　二元函数的极限与连续

1. 二元函数的极限

类似于一元函数极限的定义，可给出二元函数极限的定义。

定义 11.2　设函数$z=f(x,y)$在点$P_0(x_0,y_0)$的某个邻域有定义（在点$P_0(x_0,y_0)$处可以无定义），如果当点$P(x,y)$以任意方式趋向于点$P_0(x_0,y_0)$时，相应的函数值$f(x,y)$总趋向于一个确定的常数A，则称A为二元函数$f(x,y)$当$x\to x_0$，$y\to y_0$时的极限，记做

$$\lim_{\substack{x\to x_0\\ y\to y_0}} f(x,y)=A \quad \text{或}\ f(x,y)\to A\ (x\to x_0,\ y\to y_0)$$

有了二元函数极限的概念，就可以得到二元函数连续的定义。

2. 二元函数的连续性

定义 11.3　设有二元函数$z=f(x,y)$，如果（1）函数$z=f(x,y)$在点$P_0(x_0,y_0)$的某个邻域内有定义；（2）$\lim\limits_{\substack{x\to x_0\\ y\to y_0}} f(x,y)$存在；（3）$\lim\limits_{\substack{x\to x_0\\ y\to y_0}} f(x,y)=f(x_0,y_0)$，则称二元函数$z=f(x,y)$在点$P_0(x_0,y_0)$处是连续的。如果$f(x,y)$在区域$D$内的每一点都连续，则称$f(x,y)$在区域$D$上连续。

下面介绍二元函数在一点连续的另一个定义。令$x=x_0+\Delta x$，$y=y_0+\Delta y$。把

$$\lim_{\substack{x\to x_0\\ y\to y_0}} f(x,y)=f(x_0,y_0)$$

可写成

$$\lim_{\substack{\Delta x\to 0\\ \Delta y\to 0}}\left[f(x_0+\Delta x,y_0+\Delta y)-f(x_0,y_0)\right]=0$$

即
$$\lim_{\substack{\Delta x \to 0 \\ \Delta y \to 0}} \Delta z = 0$$
其中$\Delta z = f(x_0 + \Delta x, y_0 + \Delta y) - f(x_0, y_0)$，称$\Delta z$为函数$f(x,y)$的全增量。

如果二元函数$z = f(x,y)$在点$P_0(x_0,y_0)$处不连续，则称点$P_0(x_0,y_0)$是二元函数$z = f(x,y)$的不连续点或间断点。

一元函数有些概念和性质可平行地移植到二元函数。比如，基本初等函数、初等函数及其连续的概念和性质。连续函数四则运算所得函数仍是连续函数，闭区域上连续函数的有关性质等等。

11.2　偏导数

11.2.1　偏导数

在一元函数微分学中，是从研究函数的变化率引入了导数概念。对于二元函数同样需要讨论它的变化率。但二元函数的自变量有两个，因变量与自变量的关系比一元函数复杂得多。在本节里，考虑当二元函数中的一个自变量固定不变时，求关于另一个自变量的变化率。此时的二元函数实际上转化为一元函数，因此，可以利用一元函数的导数概念，得到二元函数的偏导数的概念。

1．偏导数的定义

定义 11.4　设函数$z = f(x,y)$在点(x_0,y_0)的某个邻域内有定义，固定自变量$y = y_0$，而自变量x在x_0处有改变量Δx，函数相应的改变量为
$$f(x_0 + \Delta x, y_0) - f(x_0, y_0)$$
如果极限
$$\lim_{\Delta x \to 0} \frac{f(x_0 + \Delta x, y_0) - f(x_0, y_0)}{\Delta x}$$
存在，则称此极限值为函数$z = f(x,y)$在点(x_0,y_0)处关于x的偏导数，记做
$$\left.\frac{\partial z}{\partial x}\right|_{\substack{x=x_0 \\ y=y_0}}，\left.\frac{\partial f}{\partial x}\right|_{\substack{x=x_0 \\ y=y_0}}，z'_x(x_0,y_0) \text{或} f'_x(x_0,y_0)$$

类似地，固定自变量$x = x_0$，而自变量y在y_0处有改变量Δy，如果极限
$$\lim_{\Delta y \to 0} \frac{f(x_0, y_0 + \Delta y) - f(x_0, y_0)}{\Delta y}$$
存在，则称此极限值为函数$z = f(x,y)$在点(x_0,y_0)处关于y的偏导数，记做
$$\left.\frac{\partial z}{\partial y}\right|_{\substack{x=x_0 \\ y=y_0}}，\left.\frac{\partial f}{\partial y}\right|_{\substack{x=x_0 \\ y=y_0}}，z'_y(x_0,y_0) \text{或} f'_y(x_0,y_0)$$

如果函数$z = f(x,y)$在区域D内每一点(x,y)处，对x的偏导数$f'_x(x,y)$都存在，则对于区域D内的每一点(x,y)都有一个偏导数的值与之对应，这样就得到了一个新的二元函数，称为函数$z = f(x,y)$关于自变量x的偏导函数，简称偏导数，记做
$$\frac{\partial z}{\partial x}，\frac{\partial f}{\partial x}，z'_x，f'_x \text{或} f'_x(x,y)$$

类似地，函数$z=f(x,y)$关于自变量y的偏导数，记做

$$\frac{\partial z}{\partial y}，\frac{\partial f}{\partial y}，z'_y，f'_y 或 f'_y(x,y)$$

由偏导数的概念可知，函数$z=f(x,y)$在点(x_0,y_0)处关于x的偏导数$f'_x(x_0,y_0)$就是偏导函数$f'_x(x,y)$在点(x_0,y_0)的函数值，而$f'_y(x_0,y_0)$就是偏导数$f'_y(x,y)$在点(x_0,y_0)的函数值。

从偏导数的定义可以看出，求$z=f(x,y)$的偏导数并不需要用新的方法，因为这里只有一个自变量在变动，另一个自变量是看做固定的，所以仍旧可用一元函数的微分法。求$\frac{\partial f}{\partial x}$时，只要把$y$暂时看做常量而对求$x$导数；求$\frac{\partial f}{\partial y}$时，只要把$x$暂时看做常量而对$y$求导数。

例 11.6 求下列函数的偏导数：

（1）$z=2x^2-3xy+y^2$；（2）$z=\arctan\frac{y}{x}$；（3）$z=y^x$。

解 （1）把y看做常量，对x求导，得 $\frac{\partial z}{\partial x}=4x-3y$；

把x看成常量，对y求导，得$\frac{\partial z}{\partial y}=-3x+2y$。

（2）把y看成常量，对x求导，得$\frac{\partial z}{\partial x}=\frac{1}{1+\left(\frac{y}{x}\right)^2}\cdot\left(-\frac{y}{x^2}\right)=-\frac{y}{x^2+y^2}$；

把x看成常量，对y求导，得$\frac{\partial z}{\partial y}=\frac{1}{1+\left(\frac{y}{x}\right)^2}\cdot\left(\frac{1}{x}\right)=\frac{x}{x^2+y^2}$。

（3）把y看成常量，对x求导，得$\frac{\partial z}{\partial x}=y^x\ln y$；

把x看成常量，对y求导，得$\frac{\partial z}{\partial y}=xy^{x-1}$。

例 11.7 求$z=x^2\cos 2y$在点(1，0)处的偏导数。

解 先求偏导数，得

$$\frac{\partial z}{\partial x}=2x\cos 2y，\frac{\partial z}{\partial y}=-2x^2\sin 2y$$

在点(1,0)处的偏导数就是偏导数在(1,0)处的值，所以

$$\left.\frac{\partial z}{\partial x}\right|_{\substack{x=1\\y=0}}=2\times 1\times\cos 0=2，\left.\frac{\partial z}{\partial y}\right|_{\substack{x=1\\y=0}}=-2\times 1\times\sin 0=0$$

例 11.8 证明理想气体方程$PV=RT$（R为常数），满足 $\frac{\partial P}{\partial V}\cdot\frac{\partial V}{\partial T}\cdot\frac{\partial T}{\partial P}=-1$。

解 由$P=\frac{RT}{V}$，得$\frac{\partial P}{\partial V}=-\frac{RT}{V^2}$；由$V=\frac{RT}{P}$，得$\frac{\partial V}{\partial T}=\frac{R}{P}$；由$T=\frac{PV}{R}$，得$\frac{\partial T}{\partial P}=\frac{V}{R}$。

所以 $\frac{\partial P}{\partial V}\cdot\frac{\partial V}{\partial T}\cdot\frac{\partial T}{\partial P}=-\frac{RT}{V^2}\cdot\frac{R}{P}\cdot\frac{V}{R}=-\frac{RT}{VP}=-1$。

上式表明，偏导数的记号是一个整体记号，不能看做分子与分母之商。

2. 偏导数的几何意义

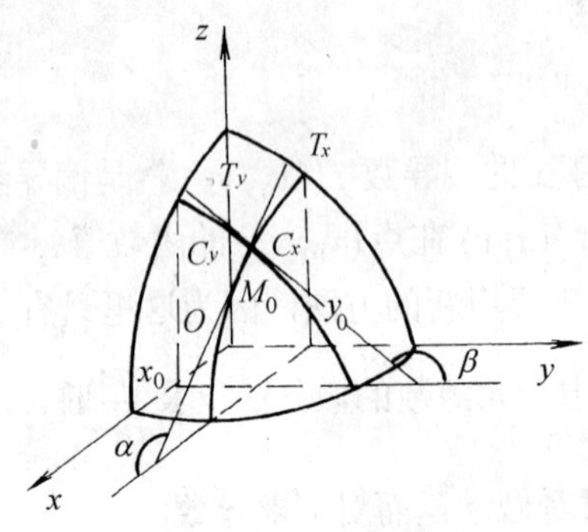

图 11.5

从偏导数的定义可知，二元函数 $z=f(x,y)$ 在点 (x_0,y_0) 处关于 x 的偏导数 $f'_x(x_0,y_0)$，就是一元函数 $z=f(x,y_0)$ 在 x_0 处的导数。设 $M_0(x_0,y_0,f(x_0,y_0))$ 是曲面 $z=f(x,y)$ 上的一点，M_0 作平面 $y=y_0$，这个平面在曲面上截得一曲线 $\begin{cases} z=f(x,y) \\ y=y_0 \end{cases}$。由一元函数 $z=f(x,y_0)$ 在 x_0 处的导数的几何意义可知 $f'_x(x_0,y_0)$ 就是这条曲线 C_x 在点 M_0 处的切线 M_0T_x 对 x 轴的斜率 $\tan\alpha$ (图 11.5)。

同理，$f'_y(x_0,y_0)$ 是曲面 $z=f(x,y)$ 与平面 $x=x_0$ 的交线 C_y 在点 M_0 处的切线 M_0T_y 对 y 轴的斜率 $\tan\beta$。

11.2.2 高阶偏导数

设函数 $z=f(x,y)$ 的两个偏导数 $\dfrac{\partial z}{\partial x}=f'_x(x,y)$，$\dfrac{\partial z}{\partial y}=f'_y(x,y)$，一般说来，仍然是 x，y 的函数，如果 $\dfrac{\partial z}{\partial x}$，$\dfrac{\partial z}{\partial y}$ 的偏导数仍然存在，则它们的偏导数称为函数 $z=f(x,y)$ 的二阶偏导数。根据对自变量的求导次序，二阶偏导数共有四个：

$$\frac{\partial}{\partial x}\left(\frac{\partial z}{\partial x}\right)=\frac{\partial^2 z}{\partial x^2}=f''_{xx}(x,y)，\quad \frac{\partial}{\partial y}\left(\frac{\partial z}{\partial x}\right)=\frac{\partial^2 z}{\partial x\partial y}=f''_{xy}(x,y)，$$

$$\frac{\partial}{\partial x}\left(\frac{\partial z}{\partial y}\right)=\frac{\partial^2 z}{\partial y\partial x}=f''_{yx}(x,y)，\quad \frac{\partial}{\partial y}\left(\frac{\partial z}{\partial y}\right)=\frac{\partial^2 z}{\partial y^2}=f''_{yy}(x,y)。$$

其中 $f''_{xy}(x,y)$ 和 $f''_{yx}(x,y)$ 称为二阶混合偏导数，前者表示先对 x 后对 y 求偏导数，后者表示先对 y 后对 x 求偏导数。类似地可以定义三阶，四阶以及 n 阶偏导数。二阶及二阶以上的偏导数统称高阶偏导数。

例 11.9 求函数 $z=\sin(x^2y)$ 的二阶偏导数。

解 $\dfrac{\partial z}{\partial x}=2xy\cos(x^2y)$，$\dfrac{\partial z}{\partial y}=x^2\cos(x^2y)$。二阶偏导数为

$$\frac{\partial^2 z}{\partial x^2}=\frac{\partial}{\partial x}(2xy\cos(x^2y))=2y\cos(x^2y)-4x^2y^2\sin(x^2y)$$

$$\frac{\partial^2 z}{\partial x\partial y}=\frac{\partial}{\partial y}(2xy\cos(x^2y))=2x\cos(x^2y)-2x^3y\sin(x^2y)$$

$$\frac{\partial^2 z}{\partial y\partial x}=\frac{\partial}{\partial x}(x^2\cos(x^2y))=2x\cos(x^2y)-2x^3y\sin(x^2y)$$

$$\frac{\partial^2 z}{\partial y^2}=\frac{\partial}{\partial y}(x^2\cos(x^2y))=-x^4\sin(x^2y)$$

在上述例子中看出，$z=\sin(x^2y)$ 的两个二阶混合偏导数是相等的，但这个结论并不是对所有可求二阶偏导数的二元函数都成立，不过当两个二阶混合偏导数满足下列条件时，结论就成立。

定理 11.1 如果函数 $z=f(x,y)$ 的两个混合偏导数在点 (x,y) 连续，则在点 (x,y) 有

$$\frac{\partial^2 z}{\partial x\partial y}=\frac{\partial^2 z}{\partial y\partial x}$$

例 11.10 设 $u=\frac{1}{\sqrt{x^2+y^2+z^2}}$，证明 $\frac{\partial^2 u}{\partial x^2}+\frac{\partial^2 u}{\partial y^2}+\frac{\partial^2 u}{\partial z^2}=0$。

解 $\frac{\partial u}{\partial x}=\frac{-x}{\sqrt{(x^2+y^2+z^2)^3}}$

$$\frac{\partial^2 u}{\partial x^2}=\frac{-1}{\sqrt{(x^2+y^2+z^2)^3}}+\frac{3x^2}{\sqrt{(x^2+y^2+z^2)^5}}=\frac{2x^2-y^2-z^2}{\sqrt{(x^2+y^2+z^2)^5}}$$

由函数的对称性可得

$$\frac{\partial^2 u}{\partial y^2}=\frac{2y^2-x^2-z^2}{\sqrt{(x^2+y^2+z^2)^5}},\quad \frac{\partial^2 u}{\partial z^2}=\frac{2z^2-x^2-y^2}{\sqrt{(x^2+y^2+z^2)^5}}$$

所以 $\frac{\partial^2 u}{\partial x^2}+\frac{\partial^2 u}{\partial y^2}+\frac{\partial^2 u}{\partial z^2}=\frac{2x^2-y^2-z^2}{\sqrt{(x^2+y^2+z^2)^5}}+\frac{2y^2-x^2-z^2}{\sqrt{(x^2+y^2+z^2)^5}}+\frac{2z^2-x^2-y^2}{\sqrt{(x^2+y^2+z^2)^5}}=0$。

11.3 全微分

11.3.1 全微分的定义

二元函数的全微分是一元函数微分的推广，回顾一元函数的微分概念，如果一元函数 $y=f(x)$ 在点 x_0 处可微是指：当自变量 x 在 x_0 处的改变量为 Δx 时，函数的改变量 Δy 可表示为

$$\Delta y=f(x_0+\Delta x)-f(x_0)=A\,\Delta x+o(\Delta x)$$

其中 A 与 Δx 无关，仅与 x_0 有关，$o(\Delta x)$ 是当 $\Delta x\to 0$ 时比 Δx 高阶的无穷小，并称 $A\,\Delta x$ 是 $y=f(x)$ 在 x_0 处的微分，记为 $\mathrm{d}y=A\Delta x$，且有 $A=f'(x_0)$。

类似地，可定义二元函数 $z=f(x,y)$ 在点 (x_0,y_0) 的全微分。

定义 11.5 若二元函数 $z=f(x,y)$ 在点 (x_0,y_0) 的全增量 $\Delta z=f(x_0+\Delta x,y_0+\Delta y)-f(x_0,y_0)$ 可表示为

$$\Delta z=A\Delta x+B\Delta y+o(\rho)$$

其中 A，B 与 Δx，Δy 无关，只与 x_0,y_0 有关，$\rho=\sqrt{(\Delta x)^2+(\Delta y)^2}$，$o(\rho)$ 是当 $\rho\to 0$ 比 ρ 高阶的无穷小量，即 $\lim\limits_{\rho\to 0}\frac{o(\rho)}{\rho}=0$，则称二元函数 $z=f(x,y)$ 在点 (x_0,y_0) 处可微，并称 $A\Delta x+B\Delta y$ 是 $z=f(x,y)$ 在点 (x_0,y_0) 处的全微分，记做

$$\mathrm{d}z=A\Delta x+B\Delta y \tag{11.1}$$

若 $z=f(x,y)$ 在区域 D 内每一点可微，则称 $z=f(x,y)$ 在 D 内可微。与一元函数相类似，二元函数 $z=f(x,y)$ 在点 (x_0,y_0) 处可微，则函数 $z=f(x,y)$ 在点 (x_0,y_0) 处一定连续。

定理 11.2 若函数 $z=f(x,y)$ 在点 (x_0,y_0) 可微，则函数 $z=f(x,y)$ 在点 (x_0,y_0) 连续。

证 因为 $z=f(x,y)$ 在点 (x_0,y_0) 可微，所以

$$\Delta z = A\Delta x + B\Delta y + o(\rho)$$

显然当$\Delta x \to 0$，$\Delta y \to 0$时，有$\rho \to 0$，于是有

$$\lim_{\substack{\Delta x\to 0\\ \Delta y\to 0}} \Delta z = \lim_{\substack{\Delta x\to 0\\ \Delta y\to 0}} \left(A\Delta x + B\Delta y + o(\rho)\right) = \lim_{\substack{\Delta x\to 0\\ \Delta y\to 0}} \left(A\Delta x + B\Delta y\right) + \lim_{\substack{\Delta x\to 0\\ \Delta y\to 0}} o(\rho) = 0$$

所以函数$z = f(x, y)$在点(x_0, y_0)连续。

对于一元函数，$y = f(x)$在点x_0处可微与在点x_0处可导是等价的，且$\mathrm{d}y = f'(x_0)\Delta x$，对于二元函数有

定理 11.3 （可微的必要条件）若函数$z = f(x, y)$在点(x_0, y_0)可微，则函数$z = f(x, y)$在点(x_0, y_0)处的两个偏导数存在，且$A = z'_x(x_0, y_0)$，$B = z'_y(x_0, y_0)$。

证 因为函数$z = f(x, y)$在点(x_0, y_0)可微，得

$$\Delta z = f(x_0 + \Delta x, y_0 + \Delta y) - f(x_0, y_0) = A\Delta x + B\Delta y + o(\rho)$$

若令上式中的$\Delta y = 0$时，则

$$\Delta z = f(x_0 + \Delta x, y_0) - f(x_0, y_0) = A\Delta x + o(|\Delta x|)$$

所以
$$\lim_{\Delta x\to 0} \frac{f(x_0 + \Delta x, y_0) - f(x_0, y_0)}{\Delta x} = \lim_{\Delta x\to 0} \frac{A\Delta x + o(|\Delta x|)}{\Delta x} = A$$

即$A = z'_x(x_0, y_0)$，同理可证$B = z'_y(x_0, y_0)$。

由定理 11.3 可得，当全微分存在时，$z = f(x, y)$在点(x, y)的全微分的计算公式为

$$\mathrm{d}z = \frac{\partial z}{\partial x}\Delta x + \frac{\partial z}{\partial y}\Delta y \tag{11.2}$$

在(11.2)中，记 $\Delta x = \mathrm{d}x$，$\Delta y = \mathrm{d}y$，于是二元函数的全微分就可以写成

$$\mathrm{d}z = \frac{\partial z}{\partial x}\mathrm{d}x + \frac{\partial z}{\partial y}\mathrm{d}y \tag{11.3}$$

下面给出可微的充分条件。

定理 11.4 （可微的充分条件）若函数$z = f(x, y)$的偏导数$\frac{\partial z}{\partial x}, \frac{\partial z}{\partial y}$在点$(x_0, y_0)$处连续，则函数$z = f(x, y)$在点$(x_0, y_0)$处可微。

证明从略。

例 11.11 计算$z = x^2 y - \frac{x}{y}$在点(1，−1)的全微分。

解 计算偏导数，得 $\frac{\partial z}{\partial x} = 2xy - \frac{1}{y}$，$\frac{\partial z}{\partial y} = x^2 + \frac{x}{y^2}$

将点(1，−1)代入上式，有 $\left.\frac{\partial z}{\partial x}\right|_{\substack{x=1\\ y=-1}} = -1$，$\left.\frac{\partial z}{\partial y}\right|_{\substack{x=1\\ y=-1}} = 2$

利用全微分公式，得 $\left.\mathrm{d}z\right|_{\substack{x=1\\ y=-1}} = -\mathrm{d}x + 2\mathrm{d}y$。

例 11.12 计算$z = \ln(x^2 - 2y)$的全微分。

解 因为 $\frac{\partial z}{\partial x} = \frac{2x}{x^2 - 2y}$，$\frac{\partial z}{\partial y} = \frac{-2}{x^2 - 2y}$

所以 $\mathrm{d}z = \frac{\partial z}{\partial x}\mathrm{d}x + \frac{\partial z}{\partial y}\mathrm{d}y = \frac{2x}{x^2 - 2y}\mathrm{d}x + \frac{-2}{x^2 - 2y}\mathrm{d}y$。

全微分的概念也可以推广到三元或 n 元的函数。例如若三元函数 $u=f(x,y,z)$ 具有连续偏导数，则其全微分的表达式为

$$du=\frac{\partial u}{\partial x}dx+\frac{\partial u}{\partial y}dy+\frac{\partial u}{\partial z}dz$$

11.3.2 全微分在近似计算中的应用

设函数 $z=f(x,y)$ 在点 (x_0,y_0) 可微，有

$$\Delta z=f_x'(x_0,y_0)\Delta x+f_y'(x_0,y_0)\Delta y+o(\rho)$$

如果当 $|\Delta x|$ 与 $|\Delta y|$ 都很小时，全增量可以近似地用全微分代替，即

$$\Delta z\approx dz=f_x'(x_0,y_0)\Delta x+f_y'(x_0,y_0)\Delta y$$

即

$$f(x_0+\Delta x,y_0+\Delta y)\approx f(x_0,y_0)+f_x'(x_0,y_0)\Delta x+f_y'(x_0,y_0)\Delta y \tag{11.4}$$

若令 $x=x_0+\Delta x$，$y=y_0+\Delta y$，则上式成为

$$f(x,y)\approx f(x_0,y_0)+f_x'(x_0,y_0)(x-x_0)+f_y'(x_0,y_0)(y-y_0) \tag{11.5}$$

例 11.13 求 $\sqrt[3]{(2.02)^2+(1.97)^2}$ 的近似值。

解 设函数 $z=f(x,y)=\sqrt[3]{x^2+y^2}$，则要计算的数值就是函数值 $f(2.02,1.97)$。取 $x_0=2$，$y_0=2$，$\Delta x=0.02$，$\Delta y=-0.03$，代入公式（11.4）便可得到

$$\begin{aligned}f(2.02,1.97)&\approx f(2,2)+f_x'(2,2)\Delta x+f_y'(2,2)\Delta y\\&=2+\frac{2\times 2}{3\left(\sqrt[3]{2^2+2^2}\right)^2}\times 0.02+\frac{2\times 2}{3\left(\sqrt[3]{2^2+2^2}\right)^2}\times(-0.03)\\&=2-0.00333=1.99667\end{aligned}$$

11.4 多元复合函数微分法及偏导数的几何应用

11.4.1 复合函数微分法

在一元函数中，一元复合函数的求导法则在求导法中起着重要的作用，现在把一元复合函数的求导法则推广到多元复合函数的情形。当然，多元复合函数的求导法则在多元微分学中也起着同样重要的作用，下面先就二元函数的复合函数进行研究。

设函数 $z=f(u,v)$，而 u，v 都是 x，y 的函数 $u=\varphi(x,y)$，$v=\psi(x,y)$，于是 $z=f[\varphi(x,y),\psi(x,y)]$ 是 x，y 的函数，称函数 $z=f[\varphi(x,y),\psi(x,y)]$ 是 $z=f(u,v)$ 与 $u=\varphi(x,y)$，$v=\psi(x,y)$ 的复合函数。

为了更清楚地表示这些变量之间的关系，可用图表示，见图 11.6，其中有向线段表示所连的两个变量关系。图中表示出 z 是 u，v 的函数，而 u 和 v 又都是 x，y 的函数，其中 x，y 是自变量，而 u，v 是中间变量。

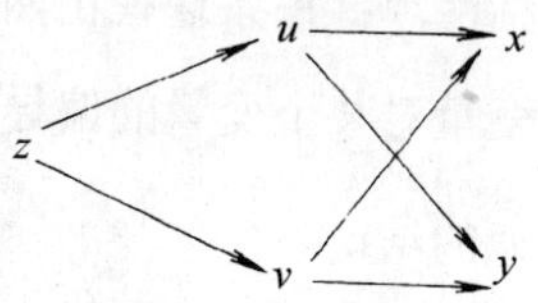

图 11.6

下面，可推导出二元复合函数的求导公式。

定理 11.5 设函数 $u=\varphi(x,y)$，$v=\psi(x,y)$ 在点 (x,y) 处有偏导数，函数 $z=f(u,v)$ 在相应点 (u,v) 处有连续偏导数，则复合函数 $z=f[\varphi(x,y),\psi(x,y)]$

在点(x,y)处有偏导数，且

$$\frac{\partial z}{\partial x}=\frac{\partial z}{\partial u}\frac{\partial u}{\partial x}+\frac{\partial z}{\partial v}\frac{\partial v}{\partial x}$$

$$\frac{\partial z}{\partial y}=\frac{\partial z}{\partial u}\frac{\partial u}{\partial y}+\frac{\partial z}{\partial v}\frac{\partial v}{\partial y} \tag{11.6}$$

证 先证式(11.6)中第一个等式。设自变量x有一个改变量Δx，则u，v有改变量为

$$\Delta u=\varphi(x+\Delta x,y)-\varphi(x,y)，\quad \Delta v=\psi(x+\Delta x,y)-\psi(x,y)$$

函数$z=f(u,v)$在相应点(u,v)处的全增量$\Delta z=f(u+\Delta u,v+\Delta v)-f(u,v)$。已知函数$z=f(u,v)$在点$(u,v)$处有连续偏导数，根据定理11.4得，$z=f(u,v)$在点$(u,v)$处可微，即

$$\Delta z=f(u+\Delta u,v+\Delta v)-f(u,v)=\frac{\partial z}{\partial u}\Delta u+\frac{\partial z}{\partial v}\Delta v+o(\rho)$$

其中$\rho=\sqrt{(\Delta u)^2+(\Delta v)^2}$，上式两边同除以$\Delta x$，得

$$\frac{\Delta z}{\Delta x}=\frac{\partial z}{\partial u}\frac{\Delta u}{\Delta x}+\frac{\partial z}{\partial v}\frac{\Delta v}{\Delta x}+\frac{o(\rho)}{\Delta x} \tag{11.7}$$

因为u，v在点(x,y)处有偏导数，所以，当$\Delta x\to 0$时，有$\frac{\Delta u}{\Delta x}\to\frac{\partial u}{\partial x},\frac{\Delta v}{\Delta x}\to\frac{\partial v}{\partial x}$，而

$$\frac{o(\rho)}{\Delta x}=\frac{o(\rho)}{\rho}\cdot\frac{\rho}{\Delta x}=\frac{o(\rho)}{\rho}\cdot\frac{\sqrt{(\Delta u)^2+(\Delta v)^2}}{\Delta x}$$

其中
$$\left|\frac{\sqrt{(\Delta u)^2+(\Delta v)^2}}{\Delta x}\right|\to\sqrt{\left(\frac{\partial u}{\partial x}\right)^2+\left(\frac{\partial v}{\partial x}\right)^2}\qquad(\Delta x\to 0)$$

于是
$$\left|\frac{o(\rho)}{\Delta x}\right|=\left|\frac{o(\rho)}{\rho}\right|\cdot\left|\frac{\sqrt{(\Delta u)^2+(\Delta v)^2}}{\Delta x}\right|\to 0\qquad(\Delta x\to 0)$$

所以，当$\Delta x\to 0$时，$\frac{o(\rho)}{\Delta x}\to 0$。

因此，当$\Delta x\to 0$时，在式(11.7)的两边同时取极限，得

$$\frac{\partial z}{\partial x}=\frac{\partial z}{\partial u}\frac{\partial u}{\partial x}+\frac{\partial z}{\partial v}\frac{\partial v}{\partial x}.$$

同理可证

$$\frac{\partial z}{\partial y}=\frac{\partial z}{\partial u}\frac{\partial u}{\partial y}+\frac{\partial z}{\partial v}\frac{\partial v}{\partial y}$$

运用公式(11.6)时，也可以从图11.6中看出。图11.6除了表示函数的复合关系，还表示对函数的求偏导数的运算途径。在图11.6看到，从z到x的途径有两条，表示z对x的偏导数包括两项；每条途径由两个箭头组成，表示每项由两个导数相乘而得，其中每个箭头表示一个变量对某个变量的偏导数，如，$z\to u,u\to x$分别表示$\frac{\partial z}{\partial u}$，$\frac{\partial u}{\partial x}$，同样$z$对$y$的偏导数也有类似的结论。

例 11.14 设$z=f\left(x^2+y^2,\frac{x}{y}\right)$，求$\frac{\partial z}{\partial x}$，$\frac{\partial z}{\partial y}$。

解 设中间变量$u=x^2+y^2$，$v=\frac{x}{y}$，于是$z=f(u,v)$，得

$$\frac{\partial u}{\partial x}=2x\,,\quad \frac{\partial v}{\partial x}=\frac{1}{y}\quad,\quad \frac{\partial u}{\partial y}=2y\quad,\quad \frac{\partial v}{\partial y}=-\frac{x}{y^2}$$

所以，代入公式(11.6)，有

$$\frac{\partial z}{\partial x}=\frac{\partial z}{\partial u}\frac{\partial u}{\partial x}+\frac{\partial z}{\partial v}\frac{\partial v}{\partial x}=2xf_u'+\frac{1}{y}f_v'$$

$$\frac{\partial z}{\partial y}=\frac{\partial z}{\partial u}\frac{\partial u}{\partial y}+\frac{\partial z}{\partial v}\frac{\partial v}{\partial y}=2yf_u'-\frac{x}{y^2}f_v'$$

其中 f_u' 和 f_v' 分别简化表示二元函数 $z=f(u,v)$ 关于变量 u 和 v 的偏导数，以后经常使用。

在定理 11.5 中，复合函数的求导法则(11.6)式是很重要的。虽然多元复合函数的复合关系是多种多样的，但是在函数对某个自变量求偏导时，只要把握住函数间的复合关系，通过一切有关的中间变量，用复合函数的求导法则求到该自变量，就能掌握好复合函数的求导法则。下面介绍几种常用的复合函数的求导公式。

（1）设 $u=u(x)$，$v=v(x)$ 在 x 处可导，$z=f(u,v)$ 在相应点 (u,v) 处有连续偏导数，则复合函数 $z=f(u(x),v(x))$ (图 11.7)在 x 处可导，且

$$\frac{\mathrm{d}z}{\mathrm{d}x}=\frac{\partial z}{\partial u}\frac{\mathrm{d}u}{\mathrm{d}x}+\frac{\partial z}{\partial v}\frac{\mathrm{d}v}{\mathrm{d}x} \tag{11.8}$$

（2）设 $u=u(x,y)$，$v=v(x,y)$，$w=w(x,y)$ 在点 (x,y) 处有偏导数，$z=f(u,v,w)$ 在相应点 (u,v,w) 处有连续偏导数，则复合函数 $z=f(u(x,y),v(x,y),w(x,y))$ (图 11.8)在点 (x,y) 处有偏导数，且

$$\frac{\partial z}{\partial x}=\frac{\partial z}{\partial u}\frac{\partial u}{\partial x}+\frac{\partial z}{\partial v}\frac{\partial v}{\partial x}+\frac{\partial z}{\partial w}\frac{\partial w}{\partial x}$$

$$\frac{\partial z}{\partial y}=\frac{\partial z}{\partial u}\frac{\partial u}{\partial y}+\frac{\partial z}{\partial v}\frac{\partial v}{\partial y}+\frac{\partial z}{\partial w}\frac{\partial w}{\partial y} \tag{11.9}$$

在图 11.8 中，因为从 z 到 x 的途径有三条，所以表示 z 对 x 的偏导数包括三项之和，对变量 y 也有同样的结论。

（3）设 $u=u(x,y)$ 在点 (x,y) 处有偏导数，$z=f(u,x)$ 在相应点 (u,x) 处有连续偏导数，则复合函数 $z=f(u(x,y),x)$ (图 11.9) 在点 (x,y) 处有偏导数，且

$$\frac{\partial z}{\partial x}=\frac{\partial f}{\partial u}\frac{\partial u}{\partial x}+\frac{\partial f}{\partial x}\,,\quad \frac{\partial z}{\partial y}=\frac{\partial f}{\partial u}\frac{\partial u}{\partial y} \tag{11.10}$$

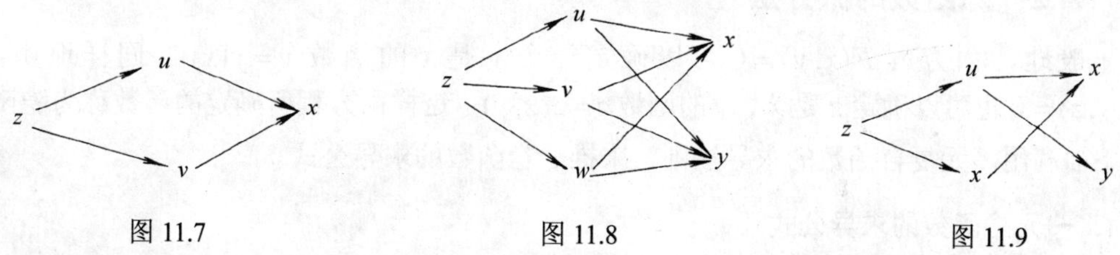

图 11.7　　图 11.8　　图 11.9

在图 11.9 中，因为从 z 到 x 的途径有两条，所以 z 对 x 的偏导数包括两项之和，而从 z 到 y 的途径只有一条，因此 z 对 y 的偏导数只有一项。

注意上面第一式，$\frac{\partial z}{\partial x}$ 表示在复合函数 $z=f(u(x,y),x)$ 中，把 y 看做常量求得 z 对 x 的偏导数；$\frac{\partial f}{\partial x}$ 表示在函数 $z=f(u,x)$ 中，把 u 看做常量（尽管它与 x 有关）求得 z 对 x 的偏导数，

所以$\frac{\partial z}{\partial x}$与$\frac{\partial f}{\partial x}$的意义是不同的，不可混淆。

例 11.15 设$z=u^2v$，$u=\cos x$，$v=\sin x$，求$\frac{\mathrm{d}z}{\mathrm{d}x}$。

解 利用公式(11.8)，见图 11.10，得

$$\frac{\mathrm{d}z}{\mathrm{d}x}=\frac{\partial z}{\partial u}\frac{\mathrm{d}u}{\mathrm{d}x}+\frac{\partial z}{\partial v}\frac{\mathrm{d}v}{\mathrm{d}x}=2uv(-\sin x)+u^2\cos x=\cos^3 x-2\sin^2 x\cos x$$

例 11.16 设$z=(x+y)^u, u=x^2+y^2$，求$\frac{\partial z}{\partial x}$，$\frac{\partial z}{\partial y}$。

解 设$z=f(x,y,u)$，其中$u=x^2+y^2$，见图 11.11。

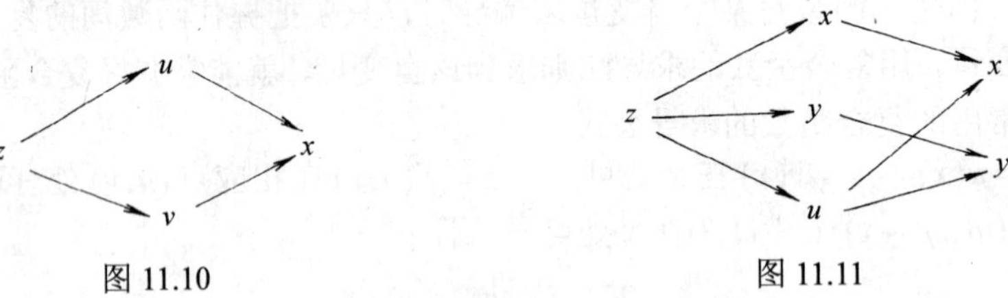

图 11.10　　　　图 11.11

则

$$\frac{\partial z}{\partial x}=\frac{\partial f}{\partial x}+\frac{\partial f}{\partial u}\frac{\partial u}{\partial x}=u(x+y)^{u-1}+2x(x+y)^u\ln(x+y)$$

$$\frac{\partial z}{\partial y}=\frac{\partial f}{\partial y}+\frac{\partial f}{\partial u}\frac{\partial u}{\partial y}=u(x+y)^{u-1}+2y(x+y)^u\ln(x+y)$$

例 11.17 设$z=f\left(xy,\frac{y}{x},x^2-2y\right)$，求$\frac{\partial z}{\partial x}$，$\frac{\partial z}{\partial y}$。

解 设中间变量$u=xy$，$v=\frac{y}{x}$，$w=x^2-2y$，于是$z=f(u,v,w)$，因为

$$\frac{\partial u}{\partial x}=y,\quad \frac{\partial v}{\partial x}=-\frac{y}{x^2},\quad \frac{\partial w}{\partial x}=2x,\quad \frac{\partial u}{\partial y}=x,\quad \frac{\partial v}{\partial y}=\frac{1}{x},\quad \frac{\partial w}{\partial y}=-2$$

所以由公式(11.9)，得

$$\frac{\partial z}{\partial x}=\frac{\partial z}{\partial u}\frac{\partial u}{\partial x}+\frac{\partial z}{\partial v}\frac{\partial v}{\partial x}+\frac{\partial z}{\partial w}\frac{\partial w}{\partial x}=yf'_u-\frac{y}{x^2}f'_v+2xf'_w$$

$$\frac{\partial z}{\partial y}=\frac{\partial z}{\partial u}\frac{\partial u}{\partial y}+\frac{\partial z}{\partial v}\frac{\partial v}{\partial y}+\frac{\partial z}{\partial w}\frac{\partial w}{\partial y}=xf'_u+\frac{1}{x}f'_v-2f'_w$$

11.4.2 隐函数的微分法

一般地，由方程$F(x,y)=0$可以确定一个y是x的函数$y=y(x)$。同样地由方程$F(x,y,z)=0$也可以确定z是x，y的函数$z=z(x,y)$，这样由方程所确定的函数称为隐函数。

下面利用多元复合函数的求导法则，来推导隐函数的求导公式。

1．一元隐函数的求导公式

设方程$F(x,y)=0$确定了y是x的函数$y=y(x)$，且$F'_x(x,y)$，$F'_y(x,y)$存在及$F'_y(x,y)\neq 0$，求函数$y=y(x)$的求导公式。

将$y=y(x)$代入方程$F(x,y)=0$，得

$$F(x,y(x))=0$$

上式两边同时对x求导，利用多元复合函数的求导法则，有

$$F'_x + F'_y \frac{\mathrm{d}y}{\mathrm{d}x} = 0$$

因为$F'_y \neq 0$，所以

$$\frac{\mathrm{d}y}{\mathrm{d}x} = -\frac{F'_x}{F'_y} \tag{11.11}$$

这就是一元隐函数的求导公式。

例 11.18 设方程$x^2 - 3xy + y^2 = 3$确定了隐函数$y = y(x)$，求$\frac{\mathrm{d}y}{\mathrm{d}x}$。

解 设$F(x,y) = x^2 - 3xy + y^2 - 3$，则 $F'_x = 2x - 3y$，$F'_y = -3x + 2y$

由公式(11.11)，得

$$\frac{\mathrm{d}y}{\mathrm{d}x} = -\frac{F'_x}{F'_y} = -\frac{2x-3y}{-3x+2y} = \frac{3y-2x}{2y-3x}$$

2．二元隐函数的求导公式

设方程$F(x,y,z) = 0$确定了z是x，y的函数$z = z(x,y)$，且$F'_x(x,y,z)$，$F'_y(x,y,z)$，$F'_z(x,y,z)$连续及$F'_z(x,y,z) \neq 0$，求函数$z = z(x,y)$的两个偏导数$\frac{\partial z}{\partial x}$和$\frac{\partial z}{\partial y}$。

将$z = z(x,y)$代入方程$F(x,y,z) = 0$，得

$$F(x,y,z(x,y)) = 0$$

上式两边同时对x求导，利用多元复合函数的求导法则，有

$$F'_x + F'_z \frac{\partial z}{\partial x} = 0$$

因为$F'_z \neq 0$，所以

$$\frac{\partial z}{\partial x} = -\frac{F'_x}{F'_z} \tag{11.12}$$

同理可得

$$\frac{\partial z}{\partial y} = -\frac{F'_y}{F'_z} \tag{11.13}$$

这就是二元隐函数的求导公式。

例 11.19 设方程$\mathrm{e}^{xyz} - xyz = 2$确定了隐函数$z = z(x,y)$，求$\frac{\partial z}{\partial x}$，$\frac{\partial z}{\partial y}$。

解 设$F(x,y,z) = \mathrm{e}^{xyz} - xyz - 2$。因为

$$F'_x = yz\mathrm{e}^{xyz} - yz\text{，}\quad F'_y = xz\mathrm{e}^{xyz} - xz\text{，}\quad F'_z = xy\mathrm{e}^{xyz} - xy$$

由公式(11.12)和(11.13)，得

$$\frac{\partial z}{\partial x} = -\frac{F'_x}{F'_z} = -\frac{yz\mathrm{e}^{xyz} - yz}{xy\mathrm{e}^{xyz} - xy} = \frac{z - z\mathrm{e}^{xyz}}{x\mathrm{e}^{xyz} - x}\text{，}\quad \frac{\partial z}{\partial y} = -\frac{F'_y}{F'_z} = -\frac{xz\mathrm{e}^{xyz} - xz}{xy\mathrm{e}^{xyz} - xy} = \frac{z - z\mathrm{e}^{xyz}}{y\mathrm{e}^{xyz} - y}$$

11.4.3 偏导数的几何应用

1．空间曲线的切线与法平面

定义 11.6 设M_0是空间曲线C上的一个定点，M是C上点M_0附近的一动点，当点M

沿曲线 C 趋向于点 M_0 时，割线 M_0M 的极限位置 M_0T（如果存在），称为曲线 C 在点 M_0 处的切线。

设空间曲线 C 的参数方程为：

$$\begin{cases} x = x(t) \\ y = y(t) \quad \alpha \leqslant t \leqslant \beta \\ z = z(t) \end{cases}$$

当 $t = t_0$ 时，曲线 C 上的对应点为 $M_0(x_0, y_0, z_0)$，并假定函数 $x = x(t)$，$y = y(t)$，$z = z(t)$ 可导，且 $x'(t_0)$、$y'(t_0)$、$z'(t_0)$ 不同时为零。

设曲线 C 上的动点 M 的坐标为 (x, y, z)，割线 M_0M 的方向向量为

$$\overrightarrow{M_0M} = \{x - x_0, y - y_0, z - z_0\}$$

割线 M_0M 的方程为

$$\frac{X - x_0}{x - x_0} = \frac{Y - y_0}{y - y_0} = \frac{Z - z_0}{z - z_0}$$

令 $x - x_0 = \Delta x, y - y_0 = \Delta y, z - z_0 = \Delta z$，$t - t_0 = \Delta t$

上式各式分母同除以 Δt 得

$$\frac{X - x_0}{\dfrac{\Delta x}{\Delta t}} = \frac{Y - y_0}{\dfrac{\Delta y}{\Delta t}} = \frac{Z - z_0}{\dfrac{\Delta z}{\Delta t}}$$

当点 M 沿曲线 C 趋向于点 M_0 时，即 $\Delta t \to 0$。由于上式分母当 $\Delta t \to 0$ 时各趋向于 $x'(t_0)$、$y'(t_0)$、$z'(t_0)$，且不同时为零，所以割线的极限位置存在，即

$$\frac{X - x_0}{x'(t_0)} = \frac{Y - y_0}{y'(t_0)} = \frac{Z - z_0}{z'(t_0)} \tag{11.14}$$

方程(11.14)就是曲线 C 在点 M_0 处的切线方程。可知曲线 C 在 t_0 的对应点处的切向量为

$$\boldsymbol{s}(t_0) = \{x'(t_0), y'(t_0), z'(t_0)\}$$

过切点 M_0 且垂直于切线 M_0T 的平面称为曲线 C 在点 M_0 的法平面。显然，法平面的方程为

$$x'(t_0)(X - x_0) + y'(t_0)(Y - y_0) + z'(t_0)(Z - z_0) = 0 \tag{11.15}$$

例 11.20 求曲线 $x = 2\sin t$，$y = 2\cos t$，$z = 3t$ 在点 $M_0\left(\sqrt{3}, 1, \pi\right)$ 处的切线与法平面的方程。

解 由于 $x' = 2\cos t$，$y' = -2\sin t$，$z' = 3$，所以曲线在 t 处的切向量为

$$\boldsymbol{s}(t) = \{2\cos t, -2\sin t, 3\}$$

又因为 $t = \pi/3$ 对应于曲线上的点 $M_0\left(\sqrt{3}, 1, \pi\right)$，所以

$$\boldsymbol{s}(\pi/3) = \{1, -\sqrt{3}, 3\}$$

因此，利用公式(11.14)，在点 $M_0\left(\sqrt{3}, 1, \pi\right)$ 处的切线方程为

$$\frac{x - \sqrt{3}}{1} = \frac{y - 1}{-\sqrt{3}} = \frac{z - \pi}{3}$$

利用公式(11.15)，在点 $M_0\left(\sqrt{3}, 1, \pi\right)$ 处的法平面方程为

$$x - \sqrt{3} - \sqrt{3}(y - 1) + 3(z - \pi) = 0$$

即 $$x-\sqrt{3}y+3z-3\pi=0$$

2．曲面的切平面与法线

定义 11.7 设点 M_0 是曲面 Σ 上的一点，通过点 M_0 且在曲面 Σ 上可以作无穷条曲线，如果每条曲线在点 M_0 处都有一条切线，且这些切线均在同一个平面上，称该平面称为曲面 Σ 在点 M_0 处的切平面，过点 M_0 且垂直切平面的直线，称为曲面 Σ 在点 M_0 处的法线。

设曲面 Σ 的方程为 $F(x,y,z)=0$，$M_0(x_0,y_0,z_0)$ 为 Σ 上的一点，F'_x、F'_y、F'_z 在点 M_0 处连续且不同时为零。则可以证明，曲面 Σ 上过点 M_0 的任何曲线的切线都在一个平面上。即该平面就是曲面 Σ 在点 M_0 处的切平面，并且其方程为

$$F'_x(x_0,y_0,z_0)(x-x_0)+F'_y(x_0,y_0,z_0)(y-y_0)+F'_z(x_0,y_0,z_0)(z-z_0)=0 \tag{11.16}$$

曲面在点 M_0 的法线方程为

$$\frac{x-x_0}{F'_x(x_0,y_0,z_0)}=\frac{y-y_0}{F'_y(x_0,y_0,z_0)}=\frac{z-z_0}{F'_z(x_0,y_0,z_0)} \tag{11.17}$$

若曲线方程由显函数 $z=f(x,y)$ 给出，只要令 $F(x,y,z)=f(x,y)-z$，可得

$$F'_x=f'_x，\ F'_y=f'_y，\ F'_z=-1，$$

于是曲面 Σ 在点 M_0 处的切平面方程为

$$z-z_0=f'_x(x_0,y_0)(x-x_0)+f'_y(x_0,y_0)(y-y_0) \tag{11.18}$$

法线方程为

$$\frac{x-x_0}{f'_x(x_0,y_0)}=\frac{y-y_0}{f'_y(x_0,y_0)}=\frac{z-z_0}{-1} \tag{11.19}$$

例 11.21 求曲面 $y+\ln(x+z)=1$ 在点(1,1,0)处的切平面及法线方程。

解 设 $F(x,y,z)=y+\ln(x+z)-1$，因为

$$F'_x=\frac{1}{x+z}，\ F'_y=1，\ F'_z=\frac{1}{x+z}，$$

所以点(1,1,0)处，有 $F'_x(1,1,0)=1$，$F'_y(1,1,0)=1$，$F'_z(1,1,0)=1$，

利用（11.16）式，故所求切平面方程为

$$(x-1)+(y-1)+z=0$$

即 $$x+y+z-2=0$$

利用（11.17）式，法线方程为 $$\frac{x-1}{1}=\frac{y-1}{1}=\frac{z}{1}$$

例 11.22 求旋转抛物面 $z=x^2+y^2$ 在点(0，1，1)处的切平面及法线的方程。

解 设 $F(x,y,z)=x^2+y^2-z$，因为 $F'_x=2x$，$F'_y=2y$，$F'_z=-1$，所以 $F'_x(0,1,1)=0$，$F'_y(0,1,1)=2$，$F'_z(0,1,1)=-1$，故所求切平面方程为

$$0(x-0)+2(y-1)-(z-1)=0$$

即 $$2y-z-1=0$$

法线方程为 $$\frac{x}{0}=\frac{y-1}{2}=\frac{z-1}{-1}$$

11.5 多元函数的极值

11.5.1 二元函数的极值

定义 11.8 设函数 $z=f(x,y)$ 在点 $P_0(x_0,y_0)$ 的某个邻域有定义，如果在此邻域内异于点 $P_0(x_0,y_0)$ 的任意点 $P(x,y)$，均有 $f(x,y)<f(x_0,y_0)$（或 $f(x,y)>f(x_0,y_0)$）则称点 $P_0(x_0,y_0)$ 为函数 $z=f(x,y)$ 的极大点（或极小点）。$f(x_0,y_0)$ 称为极大值（或极小值），极大点和极小点统称极值点，极大值和极小值统称极值。

与一元函数类似，二元函数也有极值存在的必要条件。

定理 11.6 （极值存在的必要条件）设函数 $z=f(x,y)$ 在点 $P_0(x_0,y_0)$ 的某个邻域内有定义，且存在一阶偏导数，如果 $P_0(x_0,y_0)$ 是极值点，则必有

$$f'_x(x_0,y_0)=0,\quad f'_y(x_0,y_0)=0$$

证 因为点 $P_0(x_0,y_0)$ 是 $z=f(x,y)$ 的极值点，所以，当取定 $y=y_0$ 时，二元函数极值问题就成为一元函数极值问题，对一元函数 $z=f(x,y_0)$ 来讲，在 x_0 处也取得极值。根据一元函数极值存在的必要条件，得 $f'_x(x_0,y_0)=0$，同理可证 $f'_y(x_0,y_0)=0$。

使 $f'_x(x,y)=0$，$f'_y(x,y)=0$ 同时成立的点 (x,y) 称为函数 $z=f(x,y)$ 的驻点。

由定理 11.6 知，可导函数的极值点必定为驻点，但是函数 $z=f(x,y)$ 的驻点却不一定是极值点。

与一元函数类似，驻点虽不一定是极值点，但是对于可导函数提供了寻找极值点的途径，下面，利用驻点给出了判别极值点的一个充分条件。

定理 11.7 （极值存在的充分条件）设函数 $z=f(x,y)$ 在点 $P_0(x_0,y_0)$ 的某个邻域内具有二阶连续偏导数，且 $P_0(x_0,y_0)$ 是驻点，即 $f'_x(x_0,y_0)=0$，$f'_y(x_0,y_0)=0$。设 $A=f''_{xx}(x_0,y_0)$，$B=f''_{xy}(x_0,y_0)$，$C=f''_{yy}(x_0,y_0)$，则

（1）当 $B^2-AC<0$ 时，点 $P_0(x_0,y_0)$ 是极值点，且若 $A<0$，点 $P_0(x_0,y_0)$ 是极大值点；若 $A>0$，点 $P_0(x_0,y_0)$ 是极小值点；

（2）$B^2-AC>0$ 点 $P_0(x_0,y_0)$ 不是极值点；

（3）$B^2-AC=0$ 点 $P_0(x_0,y_0)$ 有可能是极值点也可能不是极值点。

证略。

例 11.23 求函数 $f(x,y)=x^3-4x^2+2xy-y^2+1$ 的极值。

解 按以下三步来求二元函数的极值：

（1）先求函数一阶、二阶偏导数，即 $f'_x(x,y)=3x^2-8x+2y$，$f'_y(x,y)=2x-2y$，$f'_{xx}(x,y)=6x-8$，$f'_{xy}(x,y)=2$，$f'_{yy}(x,y)=-2$；

（2）解方程组 $\begin{cases} f'_x=3x^2-8x+2y=0 \\ f'_y=2x-2y=0 \end{cases}$，得驻点（0,0）及（2,2）；

（3）列表判定极值点

驻点 (x_0,y_0)	A	B	C	B^2-AC	结　论
（0，0）	-8<0	2	−2	−12<0	极大值为 $f(0,0)=1$
（2，2）	4>0	2	−2	12>0	$f(2,2)$ 不是极值

以上三步是求二元函数的极值的一般方法。

11.5.2 多元函数的最大值与最小值

与一元函数类似，由连续函数的性质可知，在有界闭区域上连续的二元函数一定能在该区域上取得最大值和最小值。对于二元可微函数，如果该函数的最大值（或最小值）在区域内部取得，则这个最大值（或最小值）点必定在函数的驻点之中；若函数的最大值（或最小值）在区域的边界上取得，那么它也一定是函数在边界上的最大值（或最小值）。因此，求函数的最大值（或最小值）的方法是：将函数在所讨论区域内的所有驻点处的函数值与函数在区域的边界上的最大值和最小值进行比较，其中最大者就是在闭区域上的最大值，最小者就是在闭区域上的最小值。

对于实际问题中的最大值和最小值问题，如同一元函数那样，往往从问题中就能断定它的最大值或最小值一定存在，且在定义区域内部只有唯一驻点，那么就可以肯定函数在该驻点取得的函数值就是所求的最大值或最小值。

例 11.24 求函数$z=(x^2+y^2+2y)^2$在闭区域D：$x^2+y^2+2y\leqslant 0$上的最大值与最小值。

解 函数在区域D内处处可导，且有

$$z'_x=4x(x^2+y^2+2y),\quad z'_y=2(x^2+y^2+2y)(2y+2)$$

解方程组$z'_x=0, z'_y=0$，得区域D内驻点是（0,−1），对应的值为$z(0,-1)=1$

再考察函数在区域D边界上的情况，在边界$x^2+y^2+2y=0$上函数z的值恒为零，所以函数在闭区域D上的最大值为$z=1$，它在点（0,−1）处取得；最小值为$z=0$，它在边界$x^2+y^2+2y=0$上取得。

例 11.25 用铁皮做一个体积为V的无盖长方体形箱子，箱子的尺寸是多少时，才能使铁皮最省？

解 从这个实际问题知，铁皮最省长方体形箱子一定存在。设箱子的长，宽，高分别为x，y，z，无盖长方体形箱子所需铁皮的面积为A，即

$$A=xy+2xz+2yz$$

又因为$xyz=V$，解得$z=\dfrac{V}{xy}$，代入A，得

$$A=xy+\frac{2V}{y}+\frac{2V}{x}\quad (x>0, y>0)$$

为求驻点，解方程组

$$\begin{cases} A'_x=y-\dfrac{2V}{x^2}=0 \\ A'_y=x-\dfrac{2V}{y^2}=0 \end{cases}$$

因为$x>0, y>0$，解得$x=y=\sqrt[3]{2V}$，代入$z=\dfrac{V}{xy}$中，得$z=\dfrac{\sqrt[3]{2V}}{2}$，于是，它是函数在区域$(x>0, y>0)$内的唯一驻点，所以当长、宽均为$\sqrt[3]{2V}$，高为$\dfrac{\sqrt[3]{2V}}{2}$时，所用铁皮最少。

11.5.3 条件极值

在许多实际问题中，求多元函数的极值问题或最值问题时，对自变量的取值往往要附加一定的约束条件，这类附有约束条件的极值问题，称为条件极值。而自变量在定义区域内可以任意取值，未受任何限制的极值问题，称为无条件极值。例 11.23 所讨论的极值问题就是无条件极值问题，例 11.25 所讨论的极值问题实际上是条件极值问题。如果当约束条件比较简单时，条件极值可以转化为无条件极值来处理，如例 11.25，但是一般的条件极值问题是很难化成无条件极值问题的。下面，将讨论条件极值问题。

求函数 $z = f(x,y)$ 在满足约束条件 $\varphi(x,y)=0$ 下的条件极值，求解此问题的常用方法是拉格朗日乘数法。

拉格朗日乘数法的具体步骤如下：

第 1 步，构造拉格朗日函数。确定问题的目标函数为 $z = f(x,y)$，问题的条件函数为 $\varphi(x,y)=0$，从而拉格朗日函数为

$$F(x,y,\lambda) = f(x,y) + \lambda\varphi(x,y)$$

其中 λ 为待定常数，称为拉格朗日乘数，将原条件极值问题化为求三元函数 $F(x,y,\lambda)$ 的无条件极值问题；

第 2 步，求三元函数 $F(x,y,\lambda)$ 的驻点，即

$$\begin{cases} F'_x = f'_x(x,y) + \lambda\varphi'_x(x,y) = 0 \\ F'_y = f'_y(x,y) + \lambda\varphi'_y(x,y) = 0 \\ F'_\lambda = \varphi(x,y) = 0 \end{cases}$$

求出上述方程组的解为 x，y，λ，那么驻点 (x,y) 有可能是极值点；

第 3 步，判别求出的驻点 (x,y) 是否是极值点，通常由实际问题的实际意义来确定。

对于多于两个自变量的函数或多于一个约束条件的情形也有类似的结果。

例 11.26 用拉格朗日乘数法解例 11.25。

解 第 1 步，构造拉格朗日函数。设问题的目标函数为

$$A = xy + 2xz + 2yz \qquad (x>0, y>0, z>0)$$

其问题的条件函数为 $xyz = V$，所构造的拉格朗日函数为

$$F(x,y,z,\lambda) = xy + 2xz + 2yz + \lambda(xyz - V)$$

第 2 步，求四元函数 $F(x,y,z,\lambda)$ 的驻点，即

$$\begin{cases} F'_x = y + 2z + \lambda yz = 0 \\ F'_y = x + 2z + \lambda xz = 0 \\ F'_z = 2x + 2y + \lambda xy = 0 \\ F'_\lambda = xyz - V = 0 \end{cases}$$

将上述方程组中的第一个方程乘以 x，第二个方程乘以 y，第三个方程乘以 z 后，再由第一式减去第二式，第二式减去第三式，得

$$\begin{cases} 2xz - 2yz = 0 \\ xy - 2xz = 0 \end{cases}$$

因为 $x>0, y>0, z>0$，所以有 $x = y = 2z$。代入第四个方程得唯一的驻点为

$$x = y = \sqrt[3]{2V}\text{，}\quad z = \frac{\sqrt[3]{2V}}{2}\text{；}$$

第 3 步，判别求出的驻点(x,y,z)是否是极值点。由本身问题知，最小值一定存在，又驻点唯一，所以当$x=y=\sqrt[3]{2V}$，$z=\dfrac{\sqrt[3]{2V}}{2}$时，问题有最小值。即当长、宽均为$\sqrt[3]{2V}$，高为$\dfrac{\sqrt[3]{2V}}{2}$时，所用铁皮最少。

例 11.27 求原点到曲面$(x-y)^2-z^2=1$的最短距离。

解 用拉格朗日乘数法。

第 1 步，构造拉格朗日函数。设原点到曲面上点(x,y,z)的最短距离为d，可得问题的目标函数为

$$d^2=x^2+y^2+z^2$$

又知问题的条件函数为$(x-y)^2-z^2=1$，所构造的拉格朗日函数为

$$F(x,y,z,\lambda)=x^2+y^2+z^2+\lambda\left((x-y)^2-z^2-1\right)$$

第 2 步，求四元函数$F(x,y,z,\lambda)$的驻点，即

$$\begin{cases} F'_x=2x+2\lambda(x-y)=0 \\ F'_y=2y-2\lambda(x-y)=0 \\ F'_z=2z-2\lambda z=0 \\ F'_\lambda=(x-y)^2-z^2-1=0 \end{cases}$$

从上述方程组中，求出第三个方程的解为 $z=0$或$\lambda=1$。

若当$\lambda=1$时，从第一个方程和第二个方程中，解得$x=0,\ y=0$，代入第四个方程中，有$-z^2-1=0$，因此有，z无实根，即在曲线上找不点到原点的距离最短，于是$\lambda\neq1$；

只有$z=0$，将方程组中第一个方程和第二个方程相加，得$y=-x$，代入第四个方程中，得$x=\pm\dfrac{1}{2}$，又有$y=\mp\dfrac{1}{2}$，故所求的驻点为$\left(\dfrac{1}{2},-\dfrac{1}{2},0\right)$或$\left(-\dfrac{1}{2},\dfrac{1}{2},0\right)$；

第 3 步，判别求出的驻点(x,y,z)是否是极值点。由本身问题知，最小值一定存在，虽然有两个驻点，但最小值是相同的，即函数在点$\left(\dfrac{1}{2},-\dfrac{1}{2},0\right)$或点$\left(-\dfrac{1}{2},\dfrac{1}{2},0\right)$取得最小值，其最短距离都是$\dfrac{\sqrt{2}}{2}$。

11.6 本章小结

11.6.1 内容提要

1．基本概念

多元函数，二元函数的定义域与几何意义，二元函数的极限与连续，偏导数的定义，二阶偏导数，混合偏导数，全微分，切平面，二元函数的极值，驻点，条件极值。

2．基本定理

混合偏导数与次序无关的定理，可微的必要条件，可微的充分条件，复合函数求偏导数

的定理，极值的必要条件，极值的充分条件。

3．基本方法

利用一元函数的微分法求偏导数的方法，利用多元复合函数的求导法则求偏导数的方法，利用公式求隐函数的导数或偏导数的方法，利用拉格朗日乘数法求条件极值的方法。

11.6.2 疑点解析

问题 1 简述一元函数微分学与二元函数微分学的基本概念的异同。

解析 （1）二元函数微分学的内容与一元函数微分学的内容是相互对应的。在一点处的极限、连续、可微等概念，在定义的方式上是完全相同的，只要把区间上的点换成平面区域上的点，就可把一元函数微分学的一些基本概念推广到二元函数微分学；

（2）从极限的定义来看，虽然两者定义相同，但是在求极限的方法上出现了新的问题，即点的变化从区间发展成平面区域，在区间上点的变化只能有两个方向，即左极限与右极限；而对平面区域来说，点的变化可以有无穷多个方向，给极限的计算带来了困难，这就是研究二元函数所出现的新问题的根源。详细情况请看有关参考书；

（3）从可导与连续的关系来看，一元函数与二元函数有着很大的差异：一元函数在一点处可导，那么函数必在该点处连续，但是二元函数在一点处可导，并不能保证函数在该点处连续；

（4）从可导与可微的关系来看，一元函数与二元函数也有着很大的差异：一元函数的可导与可微是两个等价的概念，而二元函数的可导与可微是不等价的。即二元函数在一点处可微，那么函数必在该点处可导；反之，二元函数在一点处可导，并不能保证函数在该点处可微，可见，可微性要比可导性强。 如果二元函数在一点处不仅可导且偏导数都连续，那么函数必在该点处可微。二元函数在一点处可微，可推出函数在该点处连续。但二元函数在一点处可导，并不能推出函数在该点处连续。

问题 2 如何求多元函数的偏导数？

解析 求多元函数的偏导数的方法，实质上就是一元函数的求导法。例如，多元函数对 x 求偏导，就是把多元函数的其余自变量都暂时看成常量，从而多元函数就变成关于 x 的一元函数，一元函数的求导公式和法则都可以使用。

对于多元复合函数求偏导，特别对于复合关系中含有抽象函数，应利用复合函数的求导法则。由于复合关系可以多种多样，在使用求导法则时应仔细分析，灵活运用，同时画一张图为好。

问题 3 二元函数的极值是否一定在驻点取得？

解析 与一元函数同样，不一定。二元函数的极值可能在偏导数不存在的点取得。

问题 4 如何用拉格朗日乘数法求极值？

解析 用拉格朗日乘数法是求条件极值。在实际问题中，首先寻找出所要求的极值的目标函数，其次再找到条件函数，最后构造拉格朗日函数，求出其函数的驻点，判断其驻点是否是极值点。如果在实际问题中确有极值，且驻点只有一个，那么此驻点就是极值点。下面举一个求三元函数的条件极值的例子来加以具体说明。

问题： 求函数 $u=f(x,y,z)$ 在满足约束条件 $\varphi(x,y,z)=0$ 下的条件极值。

解 用拉格朗日乘数法求极值的具体方法有以下三步组成：

第 1 步，构造拉格朗日函数。确定问题的目标函数为 $u=f(x,y,z)$，问题的条件函数为

$\varphi(x,y,z)=0$，从而拉格朗日函数为

$$F(x,y,z,\lambda)=f(x,y,z)+\lambda\varphi(x,y,z)$$

第 2 步，求四元函数 $F(x,y,z,\lambda)$ 的驻点，即

$$\begin{cases} F'_x=f'_x(x,y,z)+\lambda\varphi'_x(x,y,z)=0 \\ F'_y=f'_y(x,y,z)+\lambda\varphi'_y(x,y,z)=0 \\ F'_z=f'_z(x,y,z)+\lambda\varphi'_z(x,y,z)=0 \\ F'_\lambda=\varphi(x,y,z)=0 \end{cases}$$

求出上述方程组的解为 x，y，z，λ，那么驻点 (x,y,z) 有可能是极值点；

第 3 步，判别求出的驻点 (x,y,z) 是否是极值点，通常由实际问题的实际意义来确定。

习 题 11

1．求下列函数的定义域，并作出定义域的图形。

（1）$z=\sqrt{x-y^2}$；（2）$z=\dfrac{xy}{\ln(4-x^2-y^2)}$；

（3）$z=\sqrt{y-x}+\ln(y-x^2)$；（4）$z=\arcsin\dfrac{x^2+y^2}{4}+\dfrac{y}{\sqrt{x^2+y^2-1}}$。

2．设函数 $z=f(x,y)=\dfrac{x^2-y^2}{xy}$，求 $f(1,2)$，$f\left(xy,\dfrac{x}{y}\right)$。

3．设函数 $f(x+y,x-y)=\sqrt{xy-y^2}$，求 $f(x,y)$。

4．求下列函数的偏导数。

（1）$z=xy-\sqrt{x^2+y^2}$；（2）$z=\arcsin\dfrac{y}{x}$；（3）$z=\ln\left(\sqrt{x}-\sqrt{y}\right)$；

（4）$z=\dfrac{\mathrm{e}^{xy}}{\mathrm{e}^x+\mathrm{e}^y}$；（5）$z=(xy-2)^x$；（6）$u=\arctan(x-y)^z$。

5．求下列函数在给定点的偏导数。

（1）$z=\ln\left(y+\dfrac{x}{y}\right)$，求 $z'_x(0,1)$，$z'_y(0,1)$；

（2）$z=\mathrm{e}^{-\sin x}\cos(x+2y)$，求 $z'_x\left(0,\dfrac{\pi}{4}\right)$，$z'_y\left(0,\dfrac{\pi}{4}\right)$。

6．求下列函数的二阶偏导数。

（1）$z=x^4-2x^2y^2+y^4$；（2）$z=\sin^2(2x+3y)$；

（3）$z=x\ln(xy)$；（4）$z=\arctan\dfrac{x}{y}$。

7．证明函数 $z=\mathrm{e}^{\frac{x}{y^2}}$，满足方程 $2x\dfrac{\partial z}{\partial x}+y\dfrac{\partial z}{\partial y}=0$。

8．证明函数 $z=\ln\left(\mathrm{e}^x+\mathrm{e}^y\right)$，满足方程 $z''_{xx}z''_{yy}-\left(z''_{xy}\right)^2=0$。

9．证明函数 $u(x,t)=\mathrm{e}^{-ab^2t}\sin bx$ 满足热传导方程 $\dfrac{\partial u}{\partial t}=a\dfrac{\partial^2 u}{\partial x^2}$，其中 a 是正常数，b 是任

意常数。

10．证明函数$z=\ln(x^2+y^2)$满足拉普拉斯方程$\dfrac{\partial^2 z}{\partial x^2}+\dfrac{\partial^2 z}{\partial y^2}=0$。

11．求下列函数的全微分。

（1）$z=xy+\dfrac{x}{y}$；（2）$z=\dfrac{x+y}{\sqrt{x^2+y^2}}$；（3）$z=\arctan\dfrac{y}{x}$；(4) $u=y^{xz}$。

12．利用全微分计算近似值。

（1）$(10.01)^{2.03}$；　　（2）$\sin 29°\tan 46°$。

13．设有一无盖圆柱形容器，容器的壁与底的厚度均为 0.1 cm，内高为 20 cm，半径为 4 cm，求容器外壳体积的近似值。

14．有一批半径为 5 cm，高为 20 cm 的金属圆柱体 100 个，现要在圆柱体的表面镀一层厚度为 0.05 cm 的镍，试估计大约需要多少千克的镍（镍的密度为 8.8 g/cm^3）？

15．求下列复合函数的偏导数或导数。

（1）设$z=u^2v+uv^2$，而$u=\ln x$，$v=\mathrm{e}^x$，求$\dfrac{\mathrm{d}z}{\mathrm{d}x}$；

（2）设$z=\arctan(xy)$，而$y=\ln x$，求$\dfrac{\mathrm{d}z}{\mathrm{d}x}$；

（3）设$z=u^2v-uv^2$，而$u=x\cos y$，$v=x\sin y$，求$\dfrac{\partial z}{\partial x}$，$\dfrac{\partial z}{\partial y}$；

（4）设$z=\mathrm{e}^{u\cos v}$，而$u=xy$，$v=\ln(x^2-y)$，求$\dfrac{\partial z}{\partial x}$，$\dfrac{\partial z}{\partial y}$。

16．求下列函数的一阶偏导数。

（1）$z=f(xy,x^2-2y)$；（2）$z=f\left(\dfrac{y}{x},\dfrac{x}{y}\right)$；　（3）$u=f(x^2,xy,xyz)$；

（4）$z=\sqrt{xy}\,f(x,xy)$；（5）$u=f(x^2-y^2+xyz)$；（6）$z=\mathrm{e}^{xy}+y^2f\left(\dfrac{y}{x}\right)$。

17．求下列方程所确定的隐函数的导数$\dfrac{\mathrm{d}y}{\mathrm{d}x}$。

（1）$x^3-x^2y^2+y^3=2$；　　（2）$\ln\sqrt{x^2+y^2}=\arctan\dfrac{y}{x}$。

18．求下列方程所确定的隐函数的偏导数$\dfrac{\partial z}{\partial x}$与$\dfrac{\partial z}{\partial y}$：

（1）$xyz+\ln(2x-3y+4z)=3$　　（2）$3x-y^2z^2=\sin(xy-z)$。

19．求曲线$x=2t^2$，$y=1-t$，$z=t^3$在$t=1$处的切线与法平面方程。

20．求曲面$x^2+2y^2+3z^2=21$上平行于平面$x+4y+6z=0$的切平面方程。

21．在曲面$z=xy$上求一点，使该点处的切平面平行于平面$x+3y+z+9=0$。

22．求函数$z=x^3+y^3-3(x^2+y^2)$的极值。

23．已知长方体的表面积为a，问其尺寸是多少时，长方体的体积最大？

24．求内接于半径为a的半球面且具有最大体积的长方体。

25．在平面$3x-2z=0$上求一点，使它与点$A(1,1,1)$和$B(2,3,4)$的距离平方和为最短。

26．某工厂要建造一座长方体形状的厂房，其体积为 1,500,000 m^3，已知前墙和屋顶的每单位面积的造价分别是其他墙身造价的 3 倍和 1.5 倍，问厂房前墙的长度和厂房的高度为多少时，厂房的造价最小？

27. 某工厂在生产某种产品中要使用甲、乙两种原料，已知甲和乙两种原料分别使用 x 单位和 y 单位可生产 u 单位的产品，$u = 32x + 40y + 8xy - 4x^2 - 6y^2$，且甲种原料单价为 10 元，乙种原料单价为 4 元，单位产品的售价为 40 元，求该工厂在生产这个产品上的最大利润。

第 12 章 多元函数的积分学

在上一章中，将一元函数微分学推广到多元函数微分学。在本章中，将一元函数积分学推广到多元函数积分学，利用一元函数定积分的微元法的思想，建立重积分、曲线积分的概念，重点介绍重积分与曲线积分的性质、计算方法和一些应用。这两种积分解决问题的基本思想方法与定积分是一致的，而重积分与曲线积分的计算最终都归结于定积分。

12.1 二重积分的概念与计算

12.1.1 二重积分的概念与性质

1. 二重积分的概念

为了引入二重积分的概念，先考察一个例子。

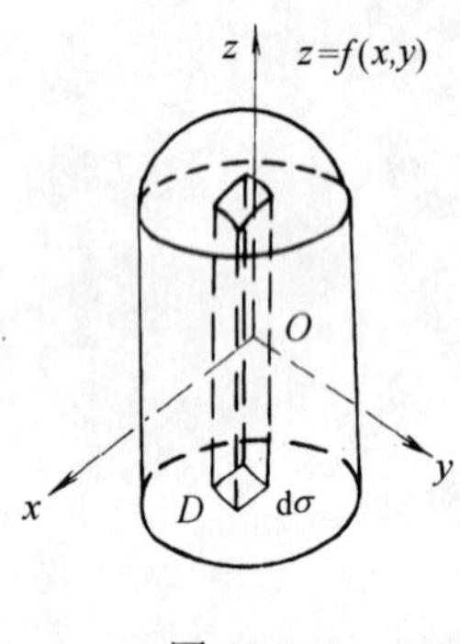

图 12.1

例 12.1 曲顶柱体的体积

设区域 D 为 xOy 平面上的有界闭区域，二元函数 $z=f(x,y)$ 为定义在 D 上的连续非负函数。则我们把以曲面 $z=f(x,y)$ 为顶、以区域 D 为底，其侧面（准线是区域的边界，母线平行于 z 轴）为一柱面的立体称为曲顶柱体（图 12.1）。

下面将讨论如何计算这个曲顶柱体的体积问题。

把在定积分中求曲边梯形面积的思想方法，推广用到求曲顶柱体的体积中去，即分割取近似，求和取极限，具体的步骤如下：

第 1 步，分割 将区域 D 任意分割成个 n 小区域为 $\Delta\sigma_1$，$\Delta\sigma_2$，…，$\Delta\sigma_n$，并以 $\Delta\sigma_i\ (i=1,2,\cdots,n)$ 表示第 i 个小区域的面积。每个小区域 $\Delta\sigma_i$ 对应一个小曲顶柱体，用 ΔV_i 表示第 i 个小曲顶柱体的体积；

第 2 步，取近似 在每个小曲顶柱体的底 $\Delta\sigma_i$ 上任取一点 (ξ_i,η_i)，用高为 $f(\xi_i,\eta_i)$ 底为 $\Delta\sigma_i$ 的平顶柱体体积 $f(\xi_i,\eta_i)\ \Delta\sigma_i$ 来近似代替 ΔV_i，即“以平代曲”，有

$$\Delta V_i \approx f(\xi_i,\eta_i)\ \Delta\sigma_i \qquad (i=1,2,\cdots,n)$$

第 3 步，求和 将这 n 个小平顶柱体体积相加，得到原曲顶柱体体积近似值，即

$$V=\sum_{i=1}^{n}\Delta V_i \approx \sum_{i=1}^{n} f(\xi_i,\eta_i)\Delta\sigma_i$$

第 4 步，取极限 将区域 D 无限细分，这个近似值就无限趋向于原曲顶柱体体积，即

$$V=\lim_{\lambda\to 0}\sum_{i=1}^{n} f(\xi_i,\eta_i)\Delta\sigma_i$$

其中 $\lambda=\max\limits_{1\leqslant i\leqslant n} \mathrm{d}(\Delta\sigma_i)$，$\mathrm{d}(\Delta\sigma_i)$ 表示小区域 $\Delta\sigma_i$ 的直径（一个有界闭区域的直径是指其上任意两点的最大距离）。

与一元函数定积分的概念一样，可以将以上四步计算曲顶柱体的体积的问题变为两步，

即用微元法的思想：先用局部线性化来找出体积微元，再无限累加求出总体，具体步骤如下：

第 1 步，找出体积微元。将区域 D 无限细分，在微小区域 $\mathrm{d}\sigma$ 上任取一点 (x,y)，用以 $f(x,y)$ 为高，$\mathrm{d}\sigma$ 为底的平顶柱体体积 $f(x,y)\mathrm{d}\sigma$ 近似代替 $\mathrm{d}\sigma$ 上小曲顶柱体体积，即得体积微元

$$\mathrm{d}V = f(x,y)\mathrm{d}\sigma$$

第 2 步，累加求出总体。将体积微元 $\mathrm{d}V = f(x,y)\mathrm{d}x$ 在区域 D 上“无限累加”，则得所求曲顶柱体的体积为

$$V = \iint_D f(x,y)\mathrm{d}\sigma$$

说明：所谓“无限累加”与定积分在理解上是一样的，就是对体积微元求积分，记号为 $\iint_D$。

由以上例子就可抽象出二重积分的概念。

设二元函数 $z = f(x,y)$ 是定义在有界闭区域 D 上的连续函数，用微元法先找出体积微元，再累加求出总体，由这两步所得的表达式，即 $\iint_D f(x,y)\mathrm{d}\sigma$ 称为函数 $z = f(x,y)$ 在闭区域 D 上的二重积分。其中 $f(x,y)$ 称为被积函数，$f(x,y)\mathrm{d}\sigma$ 称为被积表达式，D 称为积分区域，$\mathrm{d}\sigma$ 称为面积元素，x 与 y 称为积分变量。

显然，二重积分的几何意义是：在区域 D 上当 $f(x,y) \geqslant 0$ 时，$\iint_D f(x,y)\mathrm{d}\sigma$ 表示曲面 $z = f(x,y)$ 在区域 D 上所对应的曲顶柱体的体积。在区域 D 上当 $f(x,y)$ 有正有负时，$\iint_D f(x,y)\mathrm{d}\sigma$ 表示曲面 $z = f(x,y)$ 在区域 D 上所对应的曲顶柱体的体积的代数和。

2. 二重积分的性质

二重积分的性质与定积分的性质完全类似，现表述如下：

性质 12.1 积分的函数可加性，即

$$\iint_D [f(x,y) \pm g(x,y)]\mathrm{d}\sigma = \iint_D f(x,y)\mathrm{d}\sigma \pm \iint_D g(x,y)\mathrm{d}\sigma$$

性质 12.2 积分的齐次性，即

$$\iint_D kf(x,y)\mathrm{d}\sigma = k\iint_D f(x,y)\mathrm{d}\sigma \quad （k \text{ 为常数}）$$

性质 12.3 积分的区域可加性，设积分区域 D 可分割成为 D_1、D_2 两部分，则有

$$\iint_D f(x,y)\mathrm{d}\sigma = \iint_{D_1} f(x,y)\mathrm{d}\sigma + \iint_{D_2} f(x,y)\mathrm{d}\sigma$$

性质 12.4 （积分的比较性质）若 $f(x,y) \geqslant g(x,y)$，其中 $(x,y) \in D$，则

$$\iint_D f(x,y)\mathrm{d}\sigma \geqslant \iint_D g(x,y)\mathrm{d}\sigma$$

性质 12.5 （积分的估值性质）设 $m \leqslant f(x,y) \leqslant M$，其中 $(x,y) \in D$，而 m，M 为常数，则

$$m\sigma \leqslant \iint_D f(x,y)\mathrm{d}\sigma \leqslant M\sigma$$

其中σ表示区域D的面积。

性质 12.6（积分中值定理）若$f(x,y)$在有界闭区域D上连续，则在D上至少存在一点$(\xi,\eta)\in D$，使得

$$\iint_D f(x,y)\mathrm{d}\sigma=f(\xi,\eta)\sigma$$

12.1.2 在直角坐标系下计算二重积分

在直角坐标系中采用平行于x轴和y轴的直线把区域D分成许多小矩形，于是面积元$\mathrm{d}\sigma=\mathrm{d}x\mathrm{d}y$，二重积分可以写成为

$$\iint_D f(x,y)\mathrm{d}x\mathrm{d}y$$

下面利用二重积分的几何意义来推导出化二重积分为二次积分的方法。

将区域D向x轴投影，则区域D就可以表示为下列不等式组(图 12.2)

$$y_1(x)\leqslant y\leqslant y_2(x)，\ a\leqslant x\leqslant b$$

下面用“切片法”来求这个曲顶柱体的体积。

在区间$[a,b]$上任取一点x，过x作垂直于x轴的平面与柱体相交，截得的面积设为$S(x)$，由定积分可知

$$S(x)=\int_{y_1(x)}^{y_2(x)}f(x,y)\mathrm{d}y$$

由图 12.3 可知，利用定积分中的“平行截面面积为已知，求立体体积”的方法，可得所求曲顶柱体的体积为

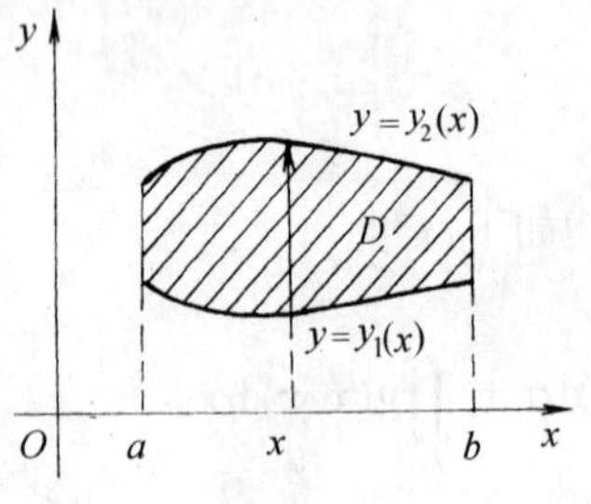

图 12.2

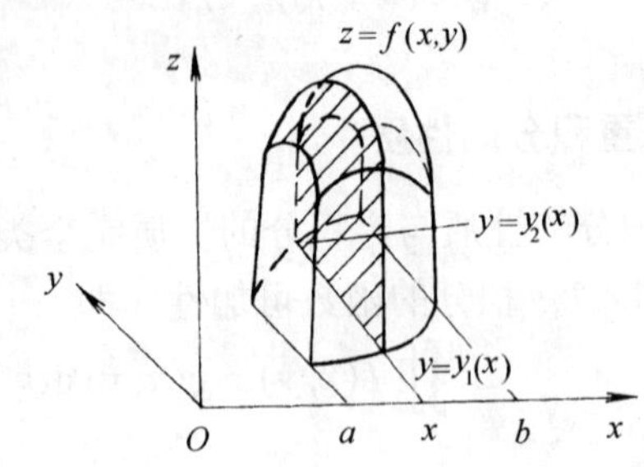

图 12.3

$$V=\int_a^b S(x)\mathrm{d}x=\int_a^b\left[\int_{y_1(x)}^{y_2(x)}f(x,y)\mathrm{d}y\right]\mathrm{d}x$$

因此
$$\iint_D f(x,y)\mathrm{d}x\mathrm{d}y=\int_a^b\left[\int_{y_1(x)}^{y_2(x)}f(x,y)\mathrm{d}y\right]\mathrm{d}x$$

上式也可简记为

$$\iint_D f(x,y)\mathrm{d}x\mathrm{d}y=\int_a^b\mathrm{d}x\int_{y_1(x)}^{y_2(x)}f(x,y)\mathrm{d}y \tag{12.1}$$

公式(12.1)就是二重积分化为二次积分的计算方法，该方法也称为累次积分法。在计算第一次积分时，视x为常量，对变量y由下限$y_1(x)$积到上限$y_2(x)$，这时计算结果是一个关于x的函数；在计算第二次积分时，x是积分变量，积分限是常数，计算结果是一个数值。

若将区域D向y轴投影，则区域D就可以表示为下列不等式组(图 12.4)

$$x_1(y) \leqslant x \leqslant x_2(y),\quad c \leqslant y \leqslant d$$

类似地可得

$$\iint\limits_D f(x,y)\mathrm{d}x\mathrm{d}y = \int_c^d \mathrm{d}y \int_{x_1(y)}^{x_2(y)} f(x,y)\mathrm{d}x \tag{12.2}$$

在化二重积分为累次积分时，应该注意以下几点：

（1）累次积分的下限必须小于上限；

（2）在用公式(12.1)时，区域 D 要满足平行于 y 轴的直线与 D 的边界相交不多于两点；在用公式(12.2)时，区域 D 要满足平行于 x 轴的直线与 D 的边界相交不多于两点。如果 D 不满足这个条件，则必须把 D 分割成几块(图 12.5)，然后利用区域可加性来计算。

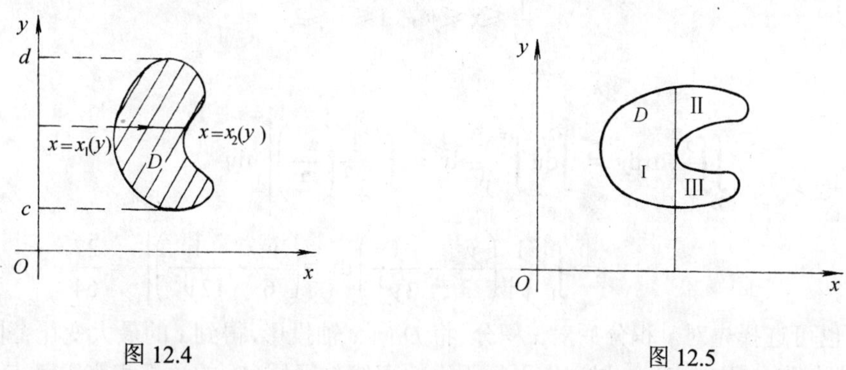

图 12.4　　图 12.5

（3）适当选择积分次序，是先对 y 积分后对 x 积分，还是先对 x 积分后对 y 积分，要看具体问题来确定。

例 12.2　计算 $\iint\limits_D xy\mathrm{d}x\mathrm{d}y$，其中 D 由直线 $y=x$ 和抛物线 $y=x^2$ 围成。

解　作出区域 D 的图形 12.6，选择先对 y 积分后对 x 积分。将 D 向 x 轴投影，得到 x 的最大变化范围为[0,1]，在[0,1]上任取一固定点 x，过 x 作平行于 y 的直线与区域 D 的边界相交于两点，就得到 y 的变化范围从 x^2 到 x，积分区域 D 可写成为

$$x^2 \leqslant y \leqslant x,\quad 0 \leqslant x \leqslant 1$$

所以

$$\iint\limits_D xy\mathrm{d}x\mathrm{d}y = \int_0^1 \mathrm{d}x \int_{x^2}^{x} xy\mathrm{d}y = \int_0^1 x\left(\frac{y^2}{2}\right)\Bigg|_{x^2}^{x}\mathrm{d}x$$

$$= \frac{1}{2}\int_0^1 x(x^2 - x^4)\mathrm{d}x = \frac{1}{2}\left(\frac{x^4}{4} - \frac{x^6}{6}\right)\Bigg|_0^1 = \frac{1}{24}$$

本题若先对 x 积分后对 y 积分，解法类似。

例 12.3　计算 $\iint\limits_D \frac{x^2}{y^2}\mathrm{d}x\mathrm{d}y$，其中 D 由 $y=2$，$y=x$，$xy=1$ 围成。

解　作出区域 D 的图形 12.7，选择先对 x 积分后对 y 积分。将 D 向 y 轴投影，得到 y 的最大变化范围为[1,2]，在[1,2]上任取一固定点 y，过 y 作平行于 x 直线与区域 D 的边界相交于两点，就得到 x 的变化范围从 $\frac{1}{y}$ 到 y，积分区域 D 可写成为

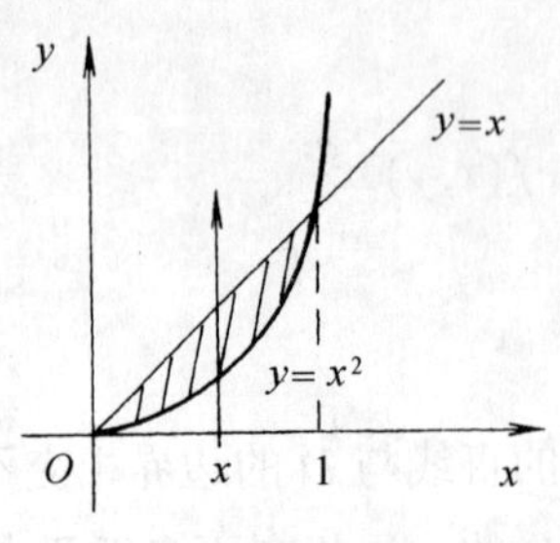

图 12.6

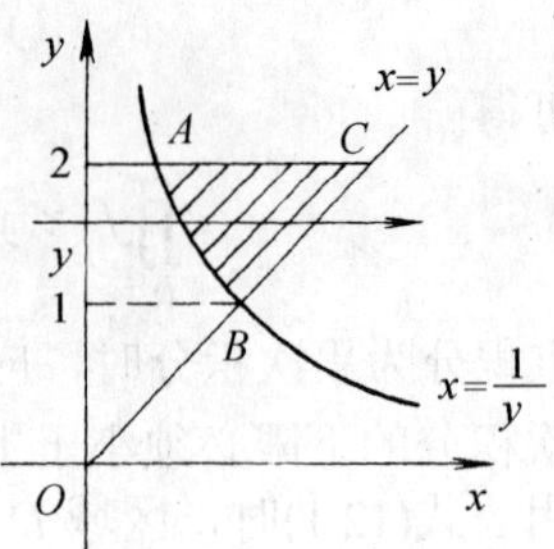

图 12.7

$$\frac{1}{y}\leqslant x\leqslant y，\ 1\leqslant y\leqslant 2$$

所以

$$\iint_D \frac{x^2}{y^2}\mathrm{d}x\mathrm{d}y = \int_1^2 \mathrm{d}y\int_{\frac{1}{y}}^{y}\frac{x^2}{y^2}\mathrm{d}x = \int_1^2 \frac{1}{y^2}\left(\frac{x^3}{3}\right)\Bigg|_{\frac{1}{y}}^{y}\mathrm{d}y$$

$$= \int_1^2 \frac{1}{y^2}\left(\frac{y^3}{3}-\frac{1}{3y^3}\right)\mathrm{d}y = \left(\frac{y^2}{6}+\frac{1}{12y^4}\right)\Bigg|_1^2 = \frac{27}{64}$$

本题也可选择先对 y 积分后对 x 积分。将 D 向 x 轴投影，得到 x 的最大变化范围为[0.5,2]，在[0.5,2]上任取一固定点 x，过 x 作平行于 y 的直线与区域 D 的边界相交于两点，但是交点表达式分别在[0.5,1]与 [1,2]是不同的，所以必须用直线 $x=1$ 将 D 分成 D_1 和 D_2 两块（图形 12.8），其中

$$D_1：\begin{cases}\frac{1}{x}\leqslant y\leqslant 2\\ 0.5\leqslant x\leqslant 1\end{cases}，\quad D_2：\begin{cases}x\leqslant y\leqslant 2\\ 1\leqslant x\leqslant 2\end{cases}$$

利用区域可加性，得

$$\iint_D \frac{x^2}{y^2}\mathrm{d}x\mathrm{d}y = \int_{0.5}^1 \mathrm{d}x\int_{\frac{1}{x}}^{2}\frac{x^2}{y^2}\mathrm{d}y + \int_1^2 \mathrm{d}x\int_x^2 \frac{x^2}{y^2}\mathrm{d}y$$

$$= \int_{0.5}^1 -x^2\left(\frac{1}{2}-x\right)\mathrm{d}x + \int_1^2 -x^2\left(\frac{1}{2}-\frac{1}{x}\right)\mathrm{d}x = \frac{27}{64}$$

显然，计算起来要比先对 x 积分后对 y 积分麻烦得多，所以恰当地选择积分次序是很重要的。

例 12.4 计算 $\iint_D xy\mathrm{d}x\mathrm{d}y$，其中 D 由抛物线 $x=y^2$ 和直线 $y=x-2$ 围成。

解 作出区域 D 的图形，见图 12.9，从图可以看出，选择先对 x 积分后对 y 积分计算比较方便。将 D 向 y 轴投影，得到 y 的最大变化范围为[−1,2]，在[−1,2]上任取一固定点 y，过 y 作平行于 x 的直线与区域 D 的边界相交于两点，就得到 x 的变化范围从 y^2 到 $y+2$，积分区域 D 可写成为

$$y^2\leqslant x\leqslant y+2，\ -1\leq\ y\leq\ 2$$

所以

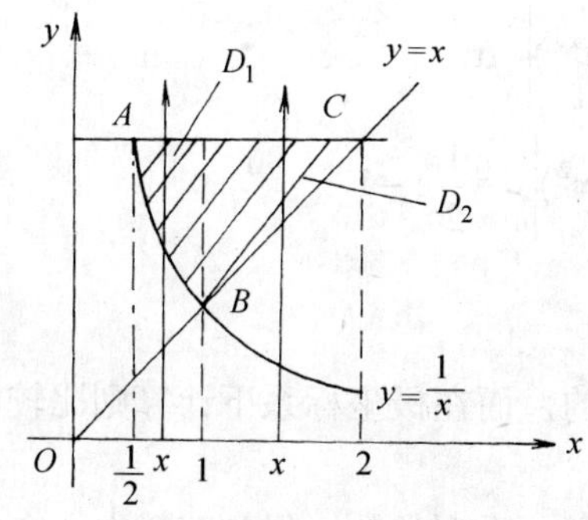

图 12.8

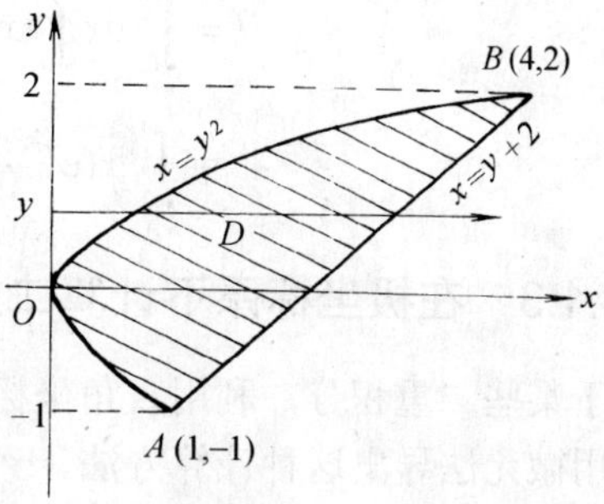

图 12.9

$$\iint\limits_D xy\mathrm{d}x\mathrm{d}y = \int_{-1}^{2}\mathrm{d}y\int_{y^2}^{y+2}xy\mathrm{d}x = \int_{-1}^{2}y\left(\frac{x^2}{2}\right)\Bigg|_{y^2}^{y+2}\mathrm{d}y = \frac{1}{2}\int_{-1}^{2}y[(y+2)^2-y^4]\mathrm{d}y$$

$$=\frac{1}{2}\left(-\frac{y^6}{6}+\frac{y^4}{4}+\frac{4y^3}{3}+2y^2\right)\Bigg|_{-1}^{2}=\frac{45}{8}$$

若选择先对 y 积分后对 x 积分，计算起来要比先对 x 积分后对 y 积分麻烦得多，读者不妨试试。

例 12.5 更换 $I=\int_0^1\mathrm{d}y\int_y^1 x^2\mathrm{e}^{xy}\mathrm{d}x$ 的积分次序，并计算积分值。

解 这是一个先对 x 积分后对 y 积分的累次积分，如果直接计算，需要进行两次分部积分，计算工作量比较大。若交换一下积分次序，先对 y 积分后对 x 积分，这时因子 x^2 则可移出，求积分就简单多了。由于积分 I 是先对 x 积分后对 y 积分，则区域 D 是向 y 轴作投影的，根据已知的累次积分可知变量 x 与 y 的变化范围，先将积分区域 D 用不等式表示为

$$D：\begin{cases} y\leqslant x\leqslant 1 \\ 0\leqslant y\leqslant 1 \end{cases}$$

并作出 D 的图形(图 12.10)。再交换积分次序，先对 y 积分后对 x 积分，那么区域 D 向 x 轴投影，重新将 D (图 12.11) 用不等式表示为

$$D:\begin{cases} 0\leqslant y\leqslant x \\ 0\leqslant x\leqslant 1 \end{cases}$$

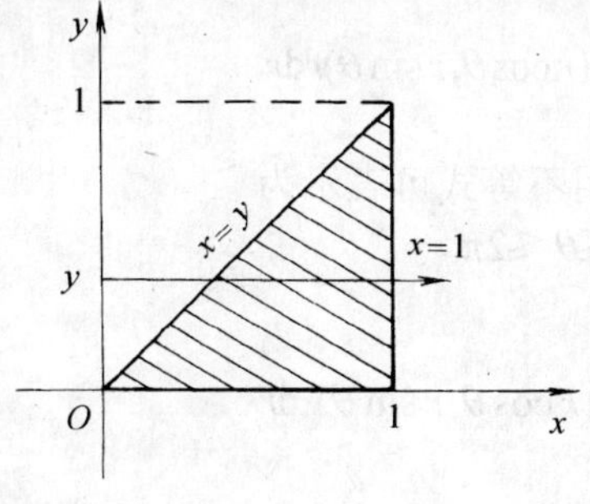

图 12.10

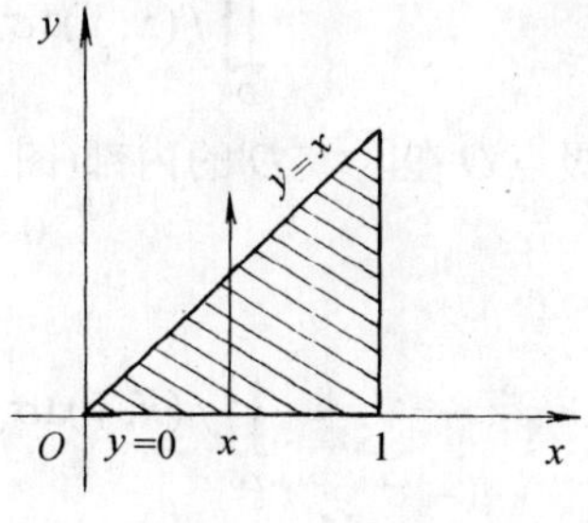

图 12.11

因此，I 的积分次序可以交换为

$$I=\int_0^1 \mathrm{d}x\int_0^x x^2\mathrm{e}^{xy}\mathrm{d}y=\int_0^1 x(\mathrm{e}^{xy})\Big|_0^x\mathrm{d}x$$

$$=\int_0^1 x(\mathrm{e}^{x^2}-1)\mathrm{d}x=\frac{1}{2}(\mathrm{e}^{x^2}-x^2)\Big|_0^1=\frac{1}{2}\mathrm{e}-1$$

12.1.3 在极坐标系下计算二重积分

对于某些二重积分，利用直角坐标计算是很困难的，而在极坐标系下计算则比较简单。下面利用微元法导出这种计算方法。

首先，找出面积微元。分割积分区域 D，利用 r 取一系列常数（得到一簇中心在极点的同心圆）和 θ 取一系列常数（得到一簇过极点的射线）的两组曲线，将 D 分成许多小区域(图 12.12)，因此得到了极坐标系下的面积微元为

$$\mathrm{d}\sigma=r\mathrm{d}r\mathrm{d}\theta$$

其次，分别用 $x=r\cos\theta$，$y=r\sin\theta$ 代替被积函数 $f(x,y)$ 中的 x，y。

最后，得到二重积分在极坐标系下表达式为

$$\iint\limits_D f(x,y)\mathrm{d}\sigma=\iint\limits_D f(r\cos\theta,r\sin\theta)r\mathrm{d}r\mathrm{d}\theta$$

在极坐标系下实际计算二重积分时，与直角坐标情况类似，也是化为累次积分来进行。

设积分区域 D (图 12.13)位于两条射线 $\theta=\alpha$ 和 $\theta=\beta$ 之间，D 的两段边界曲线方程分别为 $r=r_1(\theta)$，$r=r_2(\theta)$，一般是选择先积分 r 后积分 θ 的次序，D 用不等式可表示为

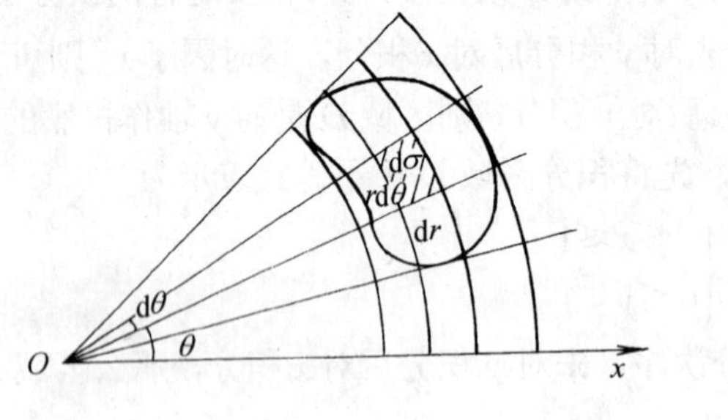

图 12.12

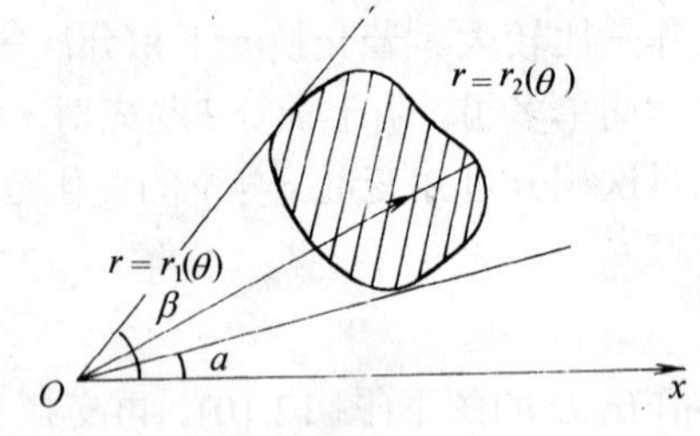

图 12.13

$$r_1(\theta)\leqslant r\leqslant r_2(\theta),\quad \alpha\leqslant\theta\leqslant\beta$$

则二重积分化为累次积分为

$$\iint\limits_D f(x,y)\mathrm{d}\sigma=\int_\alpha^\beta \mathrm{d}\theta\int_{r_1(\theta)}^{r_2(\theta)} f(r\cos\theta,r\sin\theta)r\mathrm{d}r$$

如果极点 O 在区域 D 的内部(图 12.14)，则 D 用不等式可表示为

$$0\leqslant r\leqslant r(\theta),\quad 0\leqslant\theta\leqslant 2\pi$$

那么

$$\iint\limits_D f(x,y)\mathrm{d}\sigma=\int_0^{2\pi}\mathrm{d}\theta\int_0^{r(\theta)} f(r\cos\theta,r\sin\theta)r\mathrm{d}r$$

例 12.6 计算 $\iint\limits_D xy^2\mathrm{d}\sigma$，其中 D 为圆 $x^2+y^2=1$ 和圆 $x^2+y^2=4$ 之间的第一象限部分。

解 因为 D 是圆形区域，所以选择极坐标。作出 D 的图形(图 12.15)，D 在极坐标下可表示为

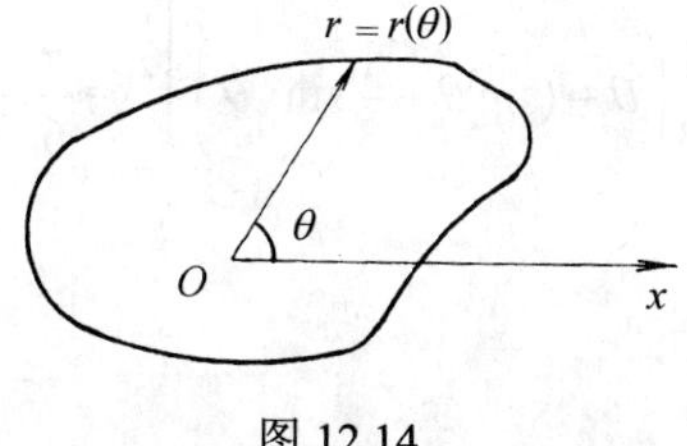

图 12.14

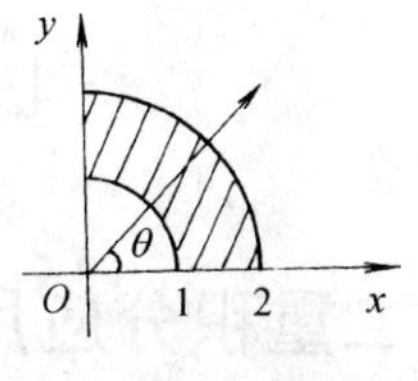

图 12.15

$$1\leqslant r\leqslant 2,\quad 0\leqslant\theta\leqslant\frac{\pi}{2}$$

于是原积分可化为如下的累次积分，并计算得

$$\iint\limits_D xy^2\mathrm{d}\sigma=\iint\limits_D r\cos\theta\cdot r^2\sin^2\theta\, r\mathrm{d}r\mathrm{d}\theta=\int_0^{\frac{\pi}{2}}\mathrm{d}\theta\int_1^2\cos\theta\cdot\sin^2\theta\, r^4\mathrm{d}r$$

$$=\int_0^{\frac{\pi}{2}}\sin^2\theta\cos\theta\,\mathrm{d}\theta\int_1^2 r^4\mathrm{d}r=\frac{31}{15}$$

例 12.7 计算 $\iint\limits_D \mathrm{e}^{-x^2-y^2}\mathrm{d}\sigma$，其中 D 为圆域 $x^2+y^2\leqslant a^2$ 的上半平面部分。

解 因为 D 是圆形区域，所以选择极坐标。作出 D 的图形(图 12.16)，D 在极坐标下可表示为

$$0\leqslant r\leqslant a,\quad 0\leqslant\theta\leqslant\pi$$

于是

$$\iint\limits_D \mathrm{e}^{-x^2-y^2}\mathrm{d}\sigma=\iint\limits_D \mathrm{e}^{-r^2}r\mathrm{d}r\mathrm{d}\theta=\int_0^{\pi}\mathrm{d}\theta\int_0^a\mathrm{e}^{-r^2}r\mathrm{d}r=\int_0^{\pi}\left(-\frac{1}{2}\mathrm{e}^{-r^2}\right)\Bigg|_0^a\mathrm{d}\theta=\frac{\pi}{2}\left(1-\mathrm{e}^{-a^2}\right)$$

例 12.8 计算 $\iint\limits_D\sqrt{1-x^2-y^2}\mathrm{d}\sigma$，其中 D 为圆 $x^2+\left(y-\frac{1}{2}\right)^2=\frac{1}{4}$ 和 y 轴所围的右半部分。

解 因为 D 是圆形区域，所以选择极坐标。作出 D 的图形(图 12.17)，D 在极坐标下可表示为

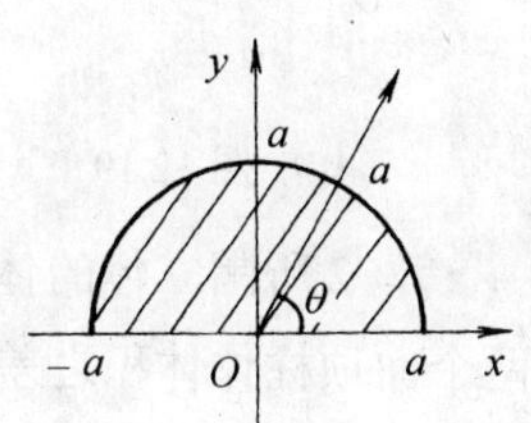

图 12.16

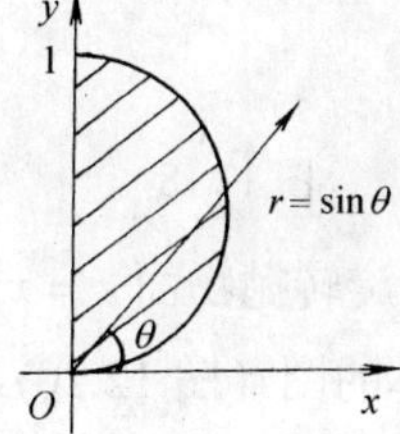

图 12.17

$$0\leqslant r\leqslant\sin\theta,\quad 0\leqslant\theta\leqslant\frac{\pi}{2}$$

于是得到

$$\iint\limits_D\sqrt{1-x^2-y^2}\mathrm{d}\sigma=\int_0^{\frac{\pi}{2}}\mathrm{d}\theta\int_0^{\sin\theta}\sqrt{1-r^2}\,r\mathrm{d}r=\int_0^{\frac{\pi}{2}}\left(-\frac{(1-r^2)^{\frac{3}{2}}}{3}\right)\Bigg|_0^{\sin\theta}\mathrm{d}\theta$$

$$=\int_0^{\frac{\pi}{2}}\frac{1}{3}(1-\cos^3\theta)\mathrm{d}\theta=\frac{1}{3}\left(\theta-(\sin\theta-\frac{1}{3}\sin^3\theta)\right)\Bigg|_0^{\frac{\pi}{2}}=\frac{\pi}{6}-\frac{2}{9}$$

12.2 二重积分应用举例

1. 空间立体的体积

根据二重积分的几何意义，二重积分可直接用于求空间立体的体积。

例 12.9 求平面 $x+2y+z=4$ 和三个坐标面所围的四面体的体积。

解 作出平面 $x+2y+z=4$ 和三个坐标面所围的四面体的图形（图 12.18）。四面体可看成以平面 $z=4-x-2y$ 为顶，其在 xOy 平面的投影 D 为底的曲顶柱体，其中区域 D 由 $x+2y=4$ 及 x 轴，y 轴围成（图 12.19）。所以四面体体积 V 为

$$V=\iint\limits_D(4-x-2y)\,\mathrm{d}\sigma=\int_0^2\mathrm{d}y\int_0^{4-2y}(4-x-2y)\,\mathrm{d}x=\int_0^2\left(4x-\frac{x^2}{2}-2yx\right)\Bigg|_0^{4-2y}\mathrm{d}y$$

$$=\int_0^2\left(4(4-2y)-\frac{1}{2}(4-2y)^2-2y(4-2y)\right)\mathrm{d}y$$

$$=\int_0^2\frac{1}{2}(4-2y)^2\,\mathrm{d}y=-\frac{1}{12}(4-2y)^3\Bigg|_0^2=\frac{16}{3}$$

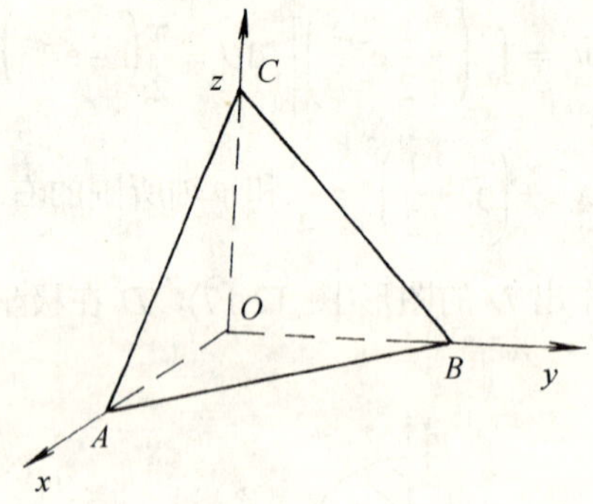

图 12.18

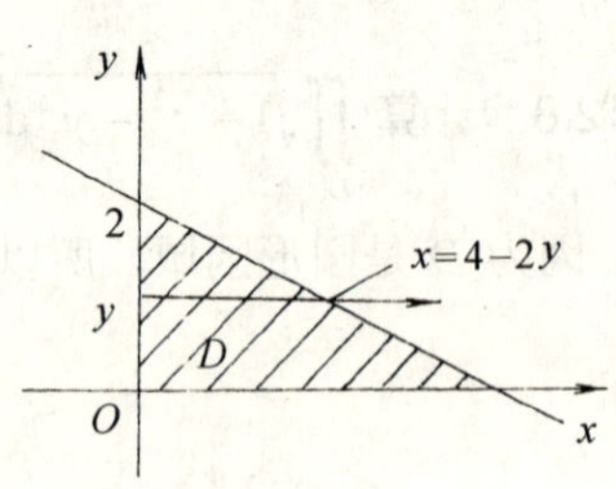

图 12.19

例 12.10 求旋转抛物面 $z=x^2+y^2$ 和球面 $x^2+y^2+z^2=2$ 所围立体的体积。

解 画出立体的图（图 12.20）。所求体积可看成是两个曲顶柱体体积之差，即

$$V=\iint\limits_D\sqrt{2-x^2-y^2}\,\mathrm{d}\sigma-\iint\limits_D(x^2+y^2)\,\mathrm{d}\sigma$$

其中 D 是所求立体在 xOy 平面的投影区域。在下列联立方程中消去 z，即

$$\begin{cases}x^2+y^2+z^2=2\\ z=x^2+y^2\end{cases}$$

为了消去 z，从上述方程组中先消去 x，y 得

$$z^2+z-2=0$$

解得 $z=1$ 或 $z=-2$，因为 $z=-2$ 不合题意，故舍去，取 $z=1$。于是 D 由 $x^2+y^2=1$ 所围成（图 12.21）。由于 D 是圆形区域，所以选择极坐标，D 在极坐标下用不等式表示为

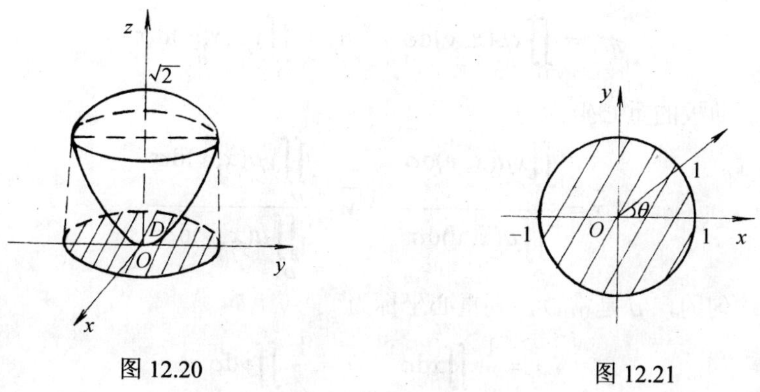

图 12.20　　　　　　　　　　图 12.21

$$0\leqslant r\leqslant 1,\ 0\leqslant\theta\leqslant 2\pi$$

于是所求的立体的体积为

$$V=\iint\limits_D\left(\sqrt{2-x^2-y^2}-(x^2+y^2)\right)\mathrm{d}\sigma=\int_0^{2\pi}\mathrm{d}\theta\int_0^1\left(\sqrt{2-r^2}-r^2\right)r\mathrm{d}r$$

$$=2\pi\left(-\frac{1}{3}(2-r^2)^{\frac{3}{2}}-\frac{r^4}{4}\right)\Bigg|_0^1=\frac{1}{6}\left(8\sqrt{2}-7\right)\pi$$

2．平面薄板的质量

例 12.11　设以原点为圆心，a 为半径的平面薄板的面密度是 $\mu=x^2+y^2$，求薄板的质量。

解　用微元法。在圆形区域 D 上任取一个微小区域 $\mathrm{d}\sigma$，视面密度不变，则得质量微元为

$$\mathrm{d}m=\mu(x,y)\mathrm{d}\sigma=(x^2+y^2)\mathrm{d}\sigma$$

将上述微元“累加”起来，即在区域 D 上积分，得

$$m=\iint\limits_D\mu(x,y)\mathrm{d}\sigma=\iint\limits_D\left(x^2+y^2\right)\mathrm{d}\sigma，\text{其中 } D:\ x^2+y^2\leqslant a^2$$

利用极坐标计算得

$$m=\iint\limits_D\left(x^2+y^2\right)\mathrm{d}\sigma=\int_0^{2\pi}\mathrm{d}\theta\int_0^a r^2\cdot r\mathrm{d}r=\frac{\pi}{2}a^4$$

一般地，面密度是 $\mu(x,y)$ 的平面薄板 D 的质量为

$$m=\iint\limits_D\mu(x,y)\mathrm{d}\sigma$$

3．平面薄板的重心

由物理学知道，质点系的重心坐标为 $\bar{x}=\dfrac{m_y}{m}$，$\bar{y}=\dfrac{m_x}{m}$，其中 m 为质点系的质量，m_y，m_x 分别是质点系对 y 轴和 x 轴的静力矩。设有平面薄板，所占有区域为 D，在点 (x,y) 的面密度是 $\mu(x,y)$，求平面薄板的重心坐标。

利用微元法，在区域 D 上任取一个微小区域 $\mathrm{d}\sigma$，则有 $\mathrm{d}m=\mu(x,y)\mathrm{d}\sigma$，设想这部分质量集中在点 (x,y) 处（图 12.22)，因此得到平面薄板对坐标轴的静力矩微元为

$$\mathrm{d}m_y=x\mu(x,y)\mathrm{d}\sigma，\ \mathrm{d}m_x=y\mu(x,y)\mathrm{d}\sigma$$

将上述微元“累加”起来，即在区域 D 上积分，得

$$m_y = \iint_D x\mu(x,y)\mathrm{d}\sigma, \quad m_x = \iint_D y\mu(x,y)\mathrm{d}\sigma$$

因此，平面薄板的重心坐标为

$$\bar{x} = \frac{\iint_D x\mu(x,y)\mathrm{d}\sigma}{\iint_D \mu(x,y)\mathrm{d}\sigma}, \quad \bar{y} = \frac{\iint_D y\mu(x,y)\mathrm{d}\sigma}{\iint_D \mu(x,y)\mathrm{d}\sigma}$$

若薄板是均匀的，μ 是常数，则重心坐标为

$$\bar{x} = \frac{1}{A}\iint_D x\mathrm{d}\sigma, \quad \bar{y} = \frac{1}{A}\iint_D y\mathrm{d}\sigma$$

其中 A 为区域 D 的面积。

例 12.12 求位于两圆周 $x^2+(y-2)^2=4$ 和 $x^2+(y-1)^2=1$ 之间的均匀薄板的重心。

解 薄板的形状如图 12.23 所示。由于图形关于 y 轴对称，所以薄板的重心在 y 轴上，只须求 $\bar{y}$ 即可，μ 又是常数。

显然，$A=4\pi-\pi=3\pi$，利用极坐标计算，从图 12.23 知，区域 D 可用不等式表示为

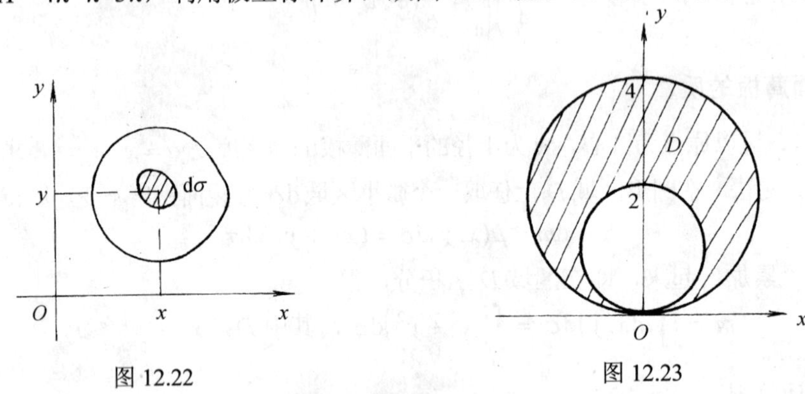

图 12.22　　　图 12.23

$$2\sin\theta \leqslant r \leqslant 4\sin\theta, \quad 0 \leqslant \theta \leqslant \pi$$

于是

$$\iint_D y\mathrm{d}\sigma = \int_0^{\pi}\mathrm{d}\theta\int_{2\sin\theta}^{4\sin\theta} r\sin\theta\cdot r\mathrm{d}r = \int_0^{\pi}\frac{56}{3}\sin^4\theta\mathrm{d}\theta = \frac{7}{3}\int_0^{\pi}(3-4\cos 2\theta+\cos 4\theta)\mathrm{d}\theta$$

$$= \frac{7}{3}\left(3\theta - 2\sin 2\theta + \frac{1}{4}\sin 4\theta\right)\Bigg|_0^{\pi} = 7\pi$$

所以 $\bar{y} = \frac{7\pi}{3\pi} = \frac{7}{3}$。因此，均匀薄板的重心坐标为 $\left(0, \frac{7}{3}\right)$。

12.3 对坐标的曲线积分

12.3.1 对坐标的曲线积分的概念与性质

1. 对坐标的曲线积分的概念

先看一个例子——变力沿曲线做功。

设质点在 xOy 平面内，受到变力 $\boldsymbol{F}$，即

$$\boldsymbol{F}(x,y)=P(x,y)\boldsymbol{i}+Q(x,y)\boldsymbol{j}$$

的作用，由点 A 沿有向曲线 L 运动到点 B（图 12.24），求力 $\boldsymbol{F}$ 所做的功。

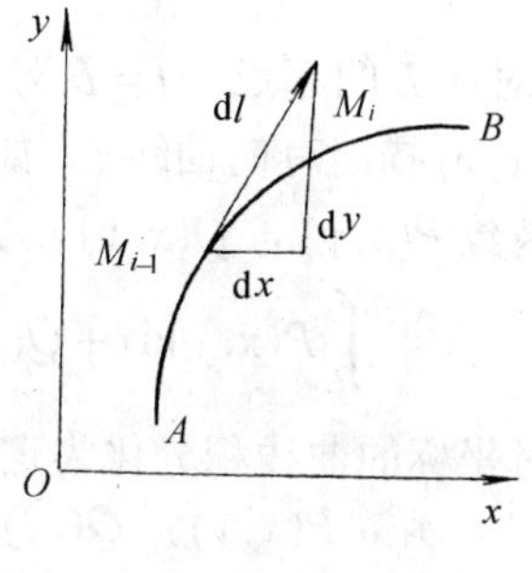

图 12.24

由物理学知道，如果是 $\boldsymbol{F}$ 常力，质点作直线运动，且它移动的位移向量为 $\boldsymbol{s}$，则力 $\boldsymbol{F}$ 所做的功为 $\boldsymbol{W}=\boldsymbol{F}\cdot\boldsymbol{s}$，现在因为 $\boldsymbol{F}(x,y)$ 是变力，且质点沿有向曲线 L 移动，所以不能用以上公式直接计算所求的功，下面用微元法思想来解决这个问题。

第 1 步，求功的微元，在 L 上任取一微小弧段 $M_{i-1}M_i$，在这小弧段上，设想力 $\boldsymbol{F}$ 保持不变，并用有向线段 $\mathrm{d}\boldsymbol{s}=\mathrm{d}x\,\boldsymbol{i}+\mathrm{d}y\,\boldsymbol{j}$ 来代替弧 $M_{i-1}M_i$，即"以直代曲"，因此功的微元为

$$\mathrm{d}W=\boldsymbol{F}\cdot\mathrm{d}\boldsymbol{s}=P(x,y)\mathrm{d}x+Q(x,y)\mathrm{d}y$$

第 2 步，将上述微元沿有向曲线 L "无限累加"，则所求的功为

$$W=\int_L P(x,y)\mathrm{d}x+Q(x,y)\mathrm{d}y$$

说明：所谓"无限累加"是与定积分在理解上是一样的，即就是对功的微元求积分，记号为 $\int_L$。

把上述问题抽去力学的意义，抽象化，就可得出对坐标的曲线积分的概念。

设 L 是有向光滑曲线，$\boldsymbol{F}(x,y)=P(x,y)\boldsymbol{i}+Q(x,y)\boldsymbol{j}$ 是定义在 L 上的向量函数，且 $P(x,y)$，$Q(x,y)$ 在 L 上连续，利用微元法，先求出功的微元，再无限累加，则由这两步所得的表达式，即 $\int_L P(x,y)\mathrm{d}x+Q(x,y)\mathrm{d}y$ 称为函数 $\boldsymbol{F}(x,y)$ 在有向曲线 L 上对坐标的曲线积分，其中有向曲线 L 称为积分路径。

如果 $P(x,y)$，$Q(x,y)$ 中有一个为零，则这时曲线积分的形式为

$$\int_L P(x,y)\mathrm{d}x \quad 或 \quad \int_L Q(x,y)\mathrm{d}y$$

如果曲线 L 是封闭曲线，记为 $\oint_L P(x,y)\mathrm{d}x+Q(x,y)\mathrm{d}y$。

2．对坐标的曲线积分的性质

对坐标的曲线积分当然也有函数可加性和齐次性，下面重点介绍另外两条性质。

性质 12.7 对坐标的曲线积分的方向性。设改变积分路径 L 的方向的有向曲线为 L^-，则沿有向曲线 L^- 的积分改变符号，即

$$\int_{L^-} P(x,y)\mathrm{d}x+Q(x,y)\mathrm{d}y=-\int_L P(x,y)\mathrm{d}x+Q(x,y)\mathrm{d}y$$

性质 12.8 对坐标的曲线积分的曲线可加性。如果 $L=L_1+L_2$，则有

$$\int_L P(x,y)\mathrm{d}x+Q(x,y)\mathrm{d}y=\int_{L_1} P(x,y)\mathrm{d}x+Q(x,y)\mathrm{d}y+\int_{L_2} P(x,y)\mathrm{d}x+Q(x,y)\mathrm{d}y$$

12.3.2 对坐标的曲线积分的计算

设有向曲线 L 的参数方程为

$$\begin{cases} x = x(t) \\ y = y(t) \end{cases}$$

$t=\alpha$ 对应 L 的起点，$t=\beta$ 对应 L 的终点（这里 α 不一定小于 β）。当参数 t 由 α 变到 β 时，点 $M(x,y)$ 描出有向曲线 L。如果 $x(t)$，$y(t)$ 在以 α，β 为端点的闭区间上具有一阶连续的导数，函数 $P(x,y)$，$Q(x,y)$ 在 L 上连续，则

$$\int_L P(x,y)\mathrm{d}x + Q(x,y)\mathrm{d}y = \int_\alpha^\beta [P(x(t),y(t))x'(t) + Q(x(t),y(t))y'(t)]\mathrm{d}t$$

即把对坐标的曲线积分化为定积分计算，其中利用了三个替代：

（1）函数 $P(x,y)$，$Q(x,y)$ 中的 x，y 分别用 $x(t)$，$y(t)$ 来替代；

（2）$\mathrm{d}x$，$\mathrm{d}y$ 分别用 $x'(t)\mathrm{d}t$，$y'(t)\mathrm{d}t$ 来替代；

（3）积分路径 L 的起点和终点分别用参数值 α，β 来替代。

设有向曲线 L 的方程为 $y=f(x)$，则可以将 x 看做参数，同样有

$$\int_L P(x,y)\mathrm{d}x + Q(x,y)\mathrm{d}y = \int_a^b [P(x,f(x)) + Q(x,f(x))f'(x)]\mathrm{d}x$$

其中下限 a 对应 L 起点，上限 b 对应 L 的终点。

类似地，若 L 的方程为 $x=g(y)$，则有

$$\int_L P(x,y)\mathrm{d}x + Q(x,y)\mathrm{d}y = \int_c^d [P(g(y),y)g'(y) + Q(g(y),y)]\mathrm{d}y$$

其中下限 c 对应 L 起点，上限 d 对应 L 的终点。

例 12.13 计算 $\int_L (x-y)\mathrm{d}x - (x+y)\mathrm{d}y$，其中积分路径 L 为圆 $x^2+y^2=1$ 上的从点 A(1，0)到点 B(0，1)的一段弧（图 12.25）。

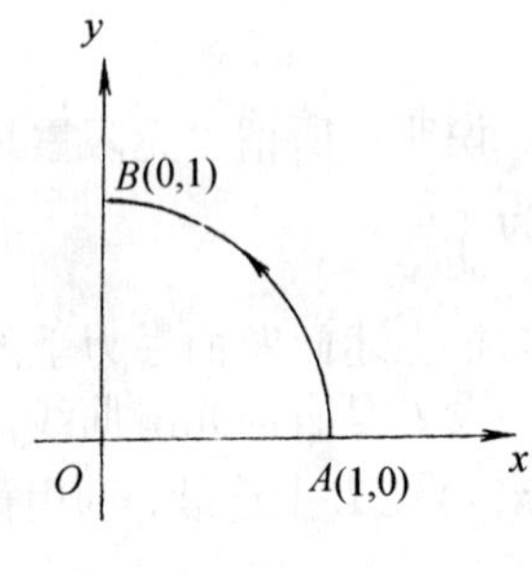

图 12.25

解 圆的参数方程为

$$\begin{cases} x = \cos t \\ y = \sin t \end{cases}$$

起点 A 对应于 $t=0$，终点 B 对应于 $t=\dfrac{\pi}{2}$，化定积分为

$$\int_L (x-y)\mathrm{d}x - (x+y)\mathrm{d}y = \int_0^{\frac{\pi}{2}} [(\cos t - \sin t)(-\sin t) - (\cos t + \sin t)\cos t]\mathrm{d}t$$

$$= -\int_0^{\frac{\pi}{2}} (\sin 2t + \cos 2t)\,\mathrm{d}t = \frac{1}{2}(\cos 2t - \sin 2t)\Big|_0^{\frac{\pi}{2}} = -1$$

例 12.14 计算 $\int_L (x-y)\mathrm{d}x - xy\mathrm{d}y$，其中积分路径 L 为

（1）抛物线 $y=x^2$ 从点 O(0，0)到点 B(1,1)的一段弧；

（2）有向折线 OAB（图 12.26）。

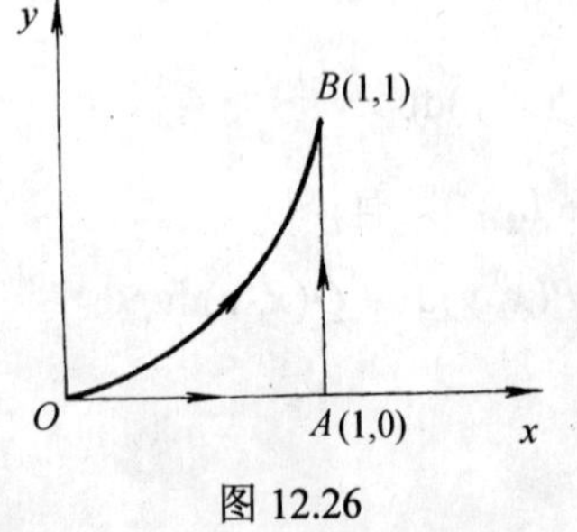

图 12.26

解 （1）化为对 x 的定积分。L：$y=x^2$，x 从 0 变到 1，所以

$$\int_L (x-y)\mathrm{d}x - xy\mathrm{d}y = \int_0^1 (x - x^2 - x\cdot x^2\cdot 2x)\mathrm{d}x$$

$$= \int_0^1 (x - x^2 - 2x^4)\mathrm{d}x = -\frac{7}{30};$$

（2）利用曲线的可加性，得

$$\int_{OAB} (x-y)\mathrm{d}x - xy\mathrm{d}y = \int_{OA} (x-y)\mathrm{d}x - xy\mathrm{d}y + \int_{AB} (x-y)\mathrm{d}x - xy\mathrm{d}y$$

在线段 OA 上的方程为 $y = 0$，$\mathrm{d}y = 0$，x 从 0 变到 1，所以

$$\int_{OA} (x-y)\mathrm{d}x - xy\mathrm{d}y = \int_0^1 x\mathrm{d}x = \frac{1}{2}$$

在线段 AB 上的方程为 $x = 1$，$\mathrm{d}x = 0$，y 从 0 变到 1，所以

$$\int_{AB} (x-y)\mathrm{d}x - xy\mathrm{d}y = \int_0^1 (-y)\,\mathrm{d}y = -\frac{1}{2}$$

从而

$$\int_{OAB} (x-y)\mathrm{d}x - xy\mathrm{d}y = \frac{1}{2} - \frac{1}{2} = 0$$

例 12.15 计算 $\int_L y^2\mathrm{d}x + 2xy\mathrm{d}y$，其中积分路径 L 为

（1）抛物线 $x = y^2$ 从点 $O(0,0)$ 到点 $B(1,1)$ 的一段弧；

（2）曲线 $x = t^2, y = t^3$ 从点 $O(0,0)$ 到点 $B(1,1)$ 的一段弧；

（3）有向折线 OAB（图 12.27）。

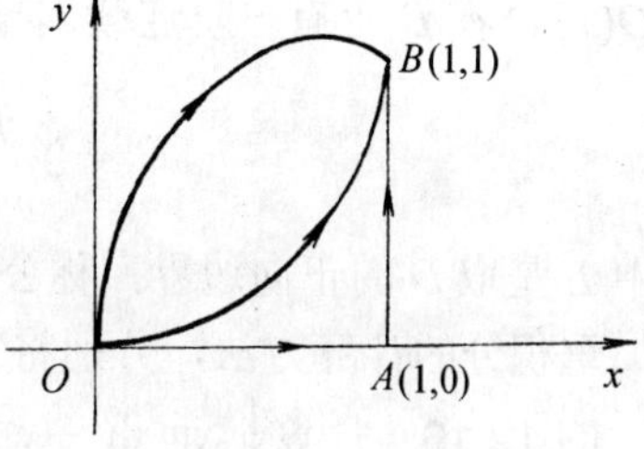

图 12.27

解 （1）化为对 y 的定积分。L：$x = y^2$，y 从 0 变到 1，所以

$$\int_L y^2\mathrm{d}x + 2xy\mathrm{d}y = \int_0^1 (y^2 \cdot 2y + 2y^2 \cdot y)\,\mathrm{d}y = 4\int_0^1 y^3\,\mathrm{d}y = 1;$$

（2）化为对 t 的定积分。L：$x = t^2, y = t^3$，t 从 0 变到 1，所以

$$\int_L y^2\mathrm{d}x + 2xy\mathrm{d}y = \int_0^1 (t^6 \cdot 2t + 2t^2 \cdot t^3 \cdot 3t^2)\,\mathrm{d}t = 8\int_0^1 t^7\,\mathrm{d}t = 1;$$

（3）利用曲线的可加性，得

$$\int_{OAB} y^2\mathrm{d}x + 2xy\mathrm{d}y = \int_{OA} y^2\mathrm{d}x + 2xy\mathrm{d}y + \int_{AB} y^2\mathrm{d}x + 2xy\mathrm{d}y$$

在线段 OA 上的方程为 $y = 0$，$\mathrm{d}y = 0$，x 从 0 变到 1，所以

$$\int_{OA} y^2\mathrm{d}x + 2xy\mathrm{d}y = \int_0^1 0\mathrm{d}x = 0$$

在线段 AB 上的方程为 $x = 1$，$\mathrm{d}x = 0$，y 从 0 变到 1，所以

$$\int_{AB} y^2\mathrm{d}x + 2xy\mathrm{d}y = \int_0^1 2y\,\mathrm{d}y = 1$$

从而

$$\int_{OAB} y^2\mathrm{d}x + 2xy\mathrm{d}y = 0 + 1 = 1$$

可以发现，在例 12.15 中三条积分路径具有相同的起点和终点，相应的曲线积分值都相等，尽管积分路径不同，也就是说，该曲线积分与这三条积分路径无关，仅依赖于积分路径

的起点和终点。而在例 12.14 中的曲线积分却不具有这种性质。这是为什么呢？这个问题将在下一节中专门讨论。

12.4 格林公式

牛顿-莱布尼兹公式确立了函数在闭区间上的定积分与它的原函数在这个区间的端点上的值之间的关系。类似地，可以进行推广，即把在平面闭区域D上的二重积分与沿区域D边界曲线上的曲线积分之间也建立类似的关系。格林(Green)公式就是阐明它们之间关系的一个重要公式。格林公式无论在理论上还是在实际计算中，对曲线积分都有着重要的作用。

12.4.1 格林公式

首先规定区域D的边界曲线L的正方向：当观察者沿L的某个方向行走时，区域D总在其左侧，则该方向即为L的正向。

定理 12.1（格林公式）设D是以分段光滑曲线L为边界的有界平面闭区域，函数$P(x,y)$及$Q(x,y)$在D上有一阶连续偏导数，则

$$\oint_L P\mathrm{d}x+Q\mathrm{d}y=\iint_D\left(\frac{\partial Q}{\partial x}-\frac{\partial P}{\partial y}\right)\mathrm{d}\sigma \tag{12.3}$$

其中L是取D的正向边界，称公式（12.3）为格林公式。在证明此公式时，只要按曲线积分和二重积分的计算方法，分别将它们化为定积分即可得证，这里从略。

例 12.16 计算$\oint_L xy^2\mathrm{d}y-x^2y\mathrm{d}x$，其中$L$是圆周$x^2+y^2=4$的正向。

解 因为此曲线积分是闭回路的，所以可用格林公式。设$P=-x^2y$，$Q=xy^2$，则

$$\frac{\partial Q}{\partial x}-\frac{\partial P}{\partial y}=y^2+x^2$$

所以，由格林公式，选用极坐标，得

$$\oint_L xy\mathrm{d}y-xy\mathrm{d}x=\iint_D(y^2+x^2)\mathrm{d}\sigma=\int_0^{2\pi}\mathrm{d}\theta\int_0^2 r^3\mathrm{d}r=8\pi$$

12.4.2 平面上曲线积分与路径无关的条件

在物理学中，常遇到保守力场，即场力对物体所做的功与物体移动的路径无关，而仅与物体的起始位置和终结位置有关，这个问题反映在数学上就是曲线积分

$$\int_L P\mathrm{d}x+Q\mathrm{d}y$$

的值与路径L的形状无关，而仅与L的起点和终点的位置有关。

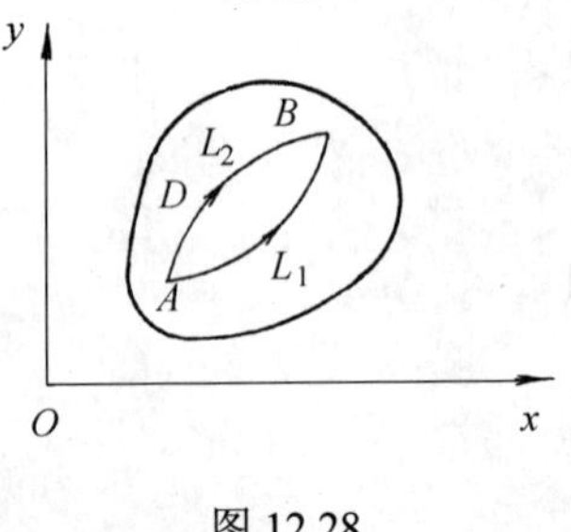

图 12.28

下面给出曲线积分与路径无关的概念。

设D是一个开区域，如果对D内任意指定两点A与B，以及D内从A点到B点的任意两条不相同的曲线L_1，L_2（图 12.28)，若有

$$\int_{L_1}P\mathrm{d}x+Q\mathrm{d}y=\int_{L_2}P\mathrm{d}x+Q\mathrm{d}y \tag{12.4}$$

则称曲线积分 $\int_L P\mathrm{d}x+Q\mathrm{d}y$ 在 D 内与路径无关。

这时，可将曲线积分记为 $\int_A^B P\mathrm{d}x+Q\mathrm{d}y$ 。

那么，函数 P ，Q 满足什么条件曲线积分与路径无关呢？在回答这个问题之前，先介绍单连通域的概念。如果区域 D 内任意一条闭曲线所围成的部分完全属于 D，则称 D 为单连通域。直观地说，单连通域就是不含有“空洞”的区域。

从式(12.4)可知，$\int_{L_1} P\mathrm{d}x+Q\mathrm{d}y-\int_{L_2} P\mathrm{d}x+Q\mathrm{d}y=0$，再推出 $0=\int_{L_1} P\mathrm{d}x+Q\mathrm{d}y+\int_{L_2^-} P\mathrm{d}x+Q\mathrm{d}y$，即 $\oint_{L_1+L_2^-} P\mathrm{d}x+Q\mathrm{d}y=0$，这个推理过程，反过来同样成立。所以可得以下两个重要结论。

定理 12.2 在单连通域 D 内，曲线积分 $\int_L P\mathrm{d}x+Q\mathrm{d}y$ 与路径无关的充分必要条件是：对 D 内任意一条闭曲线 L，均有

$$\oint_{L_1+L_2^-} P\mathrm{d}x+Q\mathrm{d}y$$

定理 12.3 设函数 $P(x,y)$ 和 $Q(x,y)$ 在单连通域 D 内有一阶连续偏导数，则曲线积分 $\int_L P\mathrm{d}x+Q\mathrm{d}y$ 与路径无关的充分必要条件是

$$\frac{\partial Q}{\partial x}=\frac{\partial P}{\partial y}$$

在 D 内恒成立。

在证明定理 12.3 时，利用格林公式、定理 12.2 与 $P(x,y)$ 和 $Q(x,y)$ 在 D 内的一阶偏导数的连续性即可证得，这里从略。

在例 12.15 中的曲线积分 $\int_L y^2\mathrm{d}x+2xy\mathrm{d}y$ 沿着三条不同的路径的积分值相等，运用定理 12.3 来看，因为这时满足条件 $\frac{\partial Q}{\partial x}=\frac{\partial P}{\partial y}=2y$，所以此曲线积分与路径无关。

定理 12.3 解决了刚才提出的问题，并且给出了一种判断曲线积分与路径无关的重要方法。在求曲线积分时，首先应该用定理 12.3 判断曲线积分是否与路径无关，如果曲线积分与路径无关，再取与积分路径有相同起点和终点的简单路径来计算。一般地，采用一段平行于 x 轴，另一段平行于 y 轴具有相同起点和终点的折线来替代原来的曲线进行计算。

例 12.17 计算 $\int_L (2xy+x)\mathrm{d}x+x^2\mathrm{d}y$，其中 L 是从点 $A(1,\ 0)$沿曲线 $x^{\frac{2}{3}}+y^{\frac{2}{3}}=1$ 的第一象限部分到点 $B(0,\ 1)$。

解 由于积分路径比较复杂，考虑能否换一条简单路径。首先用定理 12.3 判断曲线积分是否与路径无关，设 $P(x,y)=2xy+x$ ，$Q(x,y)=x^2$，由于

$$\frac{\partial Q}{\partial x}=2x=\frac{\partial P}{\partial y}$$

所以曲线积分与路径无关，可以选择一条如下的简单路径：从点 $A(1,\ 0)$沿 x 轴到原点 $O(0,\ 0)$，再沿 y 轴到点 $B(0,\ 1)$（图 12.29）。于是

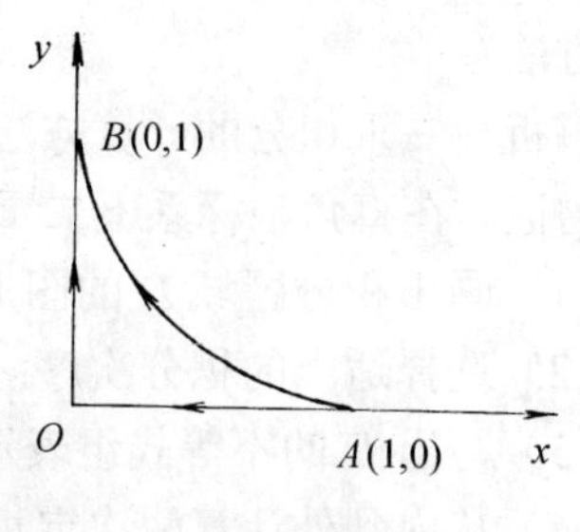

图 12.29

$$\int_L (2xy+x)\mathrm{d}x + x^2\mathrm{d}y = \int_{AO}(2xy+x)\mathrm{d}x + x^2\mathrm{d}y + \int_{OB}(2xy+x)\mathrm{d}x + x^2\mathrm{d}y$$

在线段 AO 上的方程为 $y=0$，$\mathrm{d}y=0$，x 从 1 变到 0，所以

$$\int_{AO}(2xy+x)\mathrm{d}x + x^2\mathrm{d}y = \int_1^0 x\mathrm{d}x = -\frac{1}{2}$$

在线段 OB 上的方程为 $x=0$，$\mathrm{d}x=0$，y 从 0 变到 1，所以

$$\int_{OB}(2xy+x)\mathrm{d}x + x^2\mathrm{d}y = \int_0^1 0\,\mathrm{d}y = 0$$

从而

$$\int_L (2xy+x)\mathrm{d}x + x^2\mathrm{d}y = -\frac{1}{2} + 0 = -\frac{1}{2}$$

12.5 本章小结

12.5.1 内容提要

1．基本概念

二重积分，对坐标的曲线积分，曲线积分与路径无关。

2．基本定理

格林定理，曲线积分与路径无关的定理。

3．基本方法

在直角坐标系下二重积分的计算方法，在极坐标系下二重积分的计算方法，曲线积分用参数方程的计算方法，曲线积分用格林公式的计算方法，曲线积分用与路径无关的计算方法。

12.5.2 疑点解析

问题 1 二重积分与定积分有什么关系？

解析 二重积分是定积分概念的推广，两者的定义都表示为特定和式的极限，其极限都是通过“分割取近似，求和取极限”而得到的。其结果都是一个数，还有相似的几何意义与性质。只是定积分的被积函数是一元函数，积分区域是区间；而二重积分的被积函数是二元函数，积分区域是平面区域。二重积分的计算是通过两次定积分的计算得到的。

问题 2 在直角坐标系下二重积分如何计算？二重积分在什么情况下用在极坐标系下的计算方法？

解析 二重积分的计算方法是化二重积分为累次积分，通过两次定积分的计算得到二重积分的值。在直角坐标系下二重积分的计算步骤如下：

（1）画出积分区域 D 的图形；

（2）选择适当的积分次序；

（3）写出 D 的不等式组表示，从而确定累次积分的上、下限；

（4）从内到外计算两次定积分。

写出积分区域 D 的不等式组，并确定累次积分的上、下限是计算二重积分的关键，具体

做法如下：

如果先对 y 积分后对 x 积分，将积分区域 D 投影到 x 轴上(图 12.30)，得到投影闭区间 $a\leqslant x\leqslant b$，那么 a，b 就是对 x 积分的下限和上限，在 (a, b) 上任取一个值 x，过 x 作平行于 y 轴的直线，自下而上穿过 D，交积分区域 D 的边界曲线于两点，穿入点与穿出点的坐标分别为 $(x, y_1(x))$，$(x, y_2(x))$，那么 $y_1(x)$，$y_2(x)$ 就是对 y 积分的下限和上限，这样积分区域 D 表示为

$$D:\begin{cases} y_1(x)\leqslant y\leqslant y_2(x) \\ a\leqslant x\leqslant b \end{cases}$$

于是二重积分化为累次积分为

$$\iint_D f(x,y)\mathrm{d}\sigma=\int_a^b \mathrm{d}x\int_{y_1(x)}^{y_2(x)} f(x,y)\mathrm{d}y$$

如果先对 x 积分后对 y 积分，做法同前面的相类似(图 12.31)。将积分区域 D 投影到 y 轴上，得到投影闭区间 $c\leqslant y\leqslant d$，那么 c，d 就是对 y 积分的下限和上限，在 (c, d) 上任取一个值 y，过 y 作平行于 x 轴的直线，自左到右穿过 D，交区域 D 的边界曲线于两点，穿入点与穿出点的坐标分别为 $(x_1(y), y)$，$(x_2(y), y)$，那么 $x_1(y)$，$x_2(y)$ 就是对 x 积分的下限和上限，这样积分区域 D 表示为

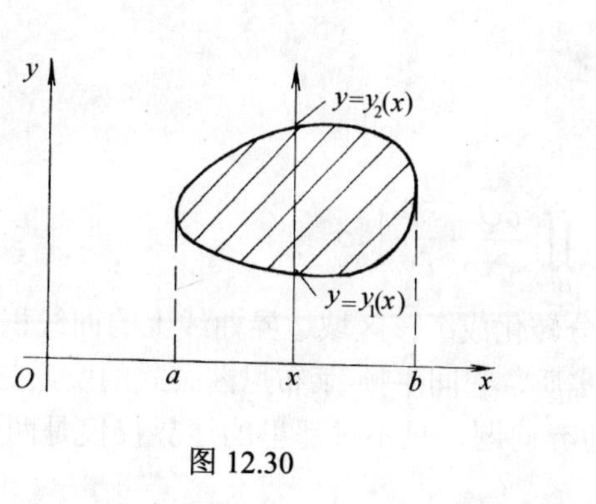

图 12.30

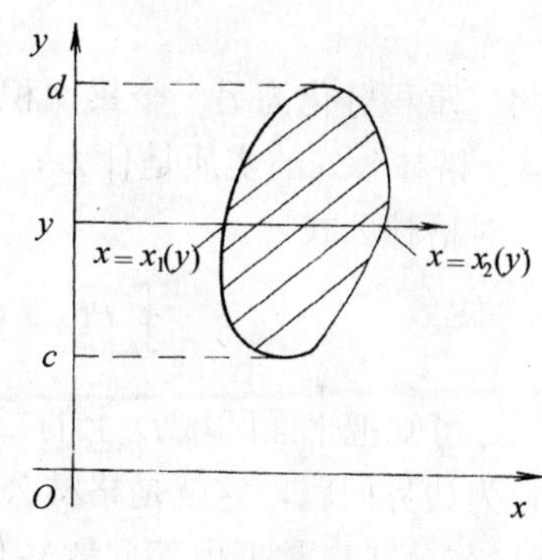

图 12.31

$$D:\begin{cases} x_1(y)\leqslant x\leqslant x_2(y) \\ c\leqslant y\leqslant d \end{cases}$$

二重积分化为累次积分为

$$\iint_D f(x,y)\mathrm{d}\sigma=\int_c^d \mathrm{d}y\int_{x_1(y)}^{x_2(y)} f(x,y)\mathrm{d}x$$

注意：在确定累次积分的上、下限时，要保证每个定积分的下限必须小于上限。

二重积分在下列情况下用在极坐标系下的计算方法：一般说来，当积分区域为圆形区域、圆环区域或扇形区域时，选择用极坐标为好，其他情况用直角坐标为宜。在极坐标系下确定累次积分的上、下限时的方法类似于直角坐标系。其具体做法如下：

一般是先对 r 积分后对 θ 积分，过极点作两条射线 $\theta=\alpha$，$\theta=\beta$ 与区域 D 的边界最接近，且包含区域 D (图 12.32)，得到闭区间 $\alpha\leqslant\theta\leqslant\beta$，$\alpha$，$\beta$ 就是对 θ 积分的下限和上限，在 (α, β) 上任取一个值 θ，过极点作一条与极轴夹角为 θ 的射线穿过 D，交区域 D 的边界曲线于两点，穿入点与穿出点的坐标分别为 $(r_1(\theta),\theta)$，$(r_2(\theta),\theta)$，那么 $r_1(\theta)$，$r_2(\theta)$ 就是对 r 积分的下限和上限，这样积分区域 D 表示为

$$D: \begin{cases} r_1(\theta) \leqslant r \leqslant r_2(\theta) \\ \alpha \leqslant \theta \leqslant \beta \end{cases}$$

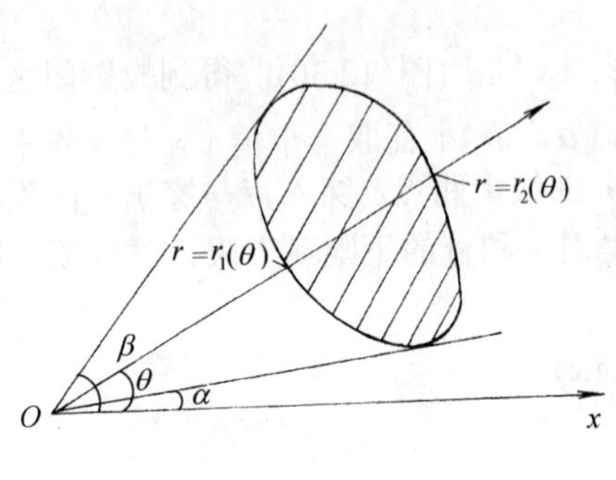

图 12.32

于是二重积分化为累次积分为

$$\iint_D f(x,y)\mathrm{d}\sigma = \int_\alpha^\beta \mathrm{d}\theta \int_{r_1(\theta)}^{r_2(\theta)} f(r\cos\theta, r\sin\theta) r\mathrm{d}r$$

特殊地，当边界曲线经过或包围极点时，对 r 积分的下限和上限分别为 0 与 $r(\theta)$，当边界曲线包围极点时，又可取 θ 积分的下限和上限分别为 0 与 2π。

问题 3 如何交换二重积分的积分次序？

解析 交换二重积分的积分次序不是简单的积分限的交换，而是要重新配置。具体步骤如下：

（1）根据所给累次积分的上、下限列出积分区域 D 的联立不等式，利用联立不等式的"等号"部分画出区域 D 的边界曲线，就作出了 D 的图形；

（2）将所给累次积分写成二重积分；

（3）将积分区域 D 向另一个轴投影，并写出与另一个积分次序相应的 D 的联立不等式；

（4）将二重积分化为另一个累次积分。

问题 4 格林公式的实质是什么？

解析 对格林公式

$$\oint_L P\mathrm{d}x + Q\mathrm{d}y = \iint_D \left(\frac{\partial Q}{\partial x} - \frac{\partial P}{\partial y} \right) \mathrm{d}\sigma$$

从右往左看，可知把平面区域 D 上的二重积分转化成了该区域边界曲线上的曲线积分。把内部问题转化为边界问题，这就是格林公式的实质，它同牛顿-莱布尼兹公式的实质是一致的，牛顿-莱布尼兹公式也是把内部问题转化为边界问题，只不过那里的边界仅仅是两个端点而已。

问题 5 如何计算对坐标的曲线积分？

解析 对坐标的曲线积分的计算步骤如下：

（1）判断对坐标的曲线积分的积分路径是否封闭。若是，用格林公式化成二重积分；若不是，进行下一步；

（2）判断对坐标的曲线积分与路径是否无关。若是，选取简单路径化成定积分；若不是，按所给路径用参数方程代入化成定积分。

习 题 12

1．写出在下列区域内的二重积分 $\iint_D f(x,y)\mathrm{d}\sigma$ 的累次积分。

（1）D 由 $y=x$，$y=-x+3$，x 轴围成的区域；

（2）D 由 $y=-x^2+2$，$y=x$ 围成的区域；

（3）D 由 $xy=1$，$y=x$，$x=4$ 围成的区域。

2．交换积分次序。

（1）$\int_{-a}^{a}\mathrm{d}y\int_{0}^{\sqrt{a^2-y^2}}f(x,y)\mathrm{d}x$；　　（2）$\int_{0}^{4}\mathrm{d}x\int_{-\sqrt{4-x}}^{\frac{1}{2}(x-4)}f(x,y)\mathrm{d}y$　；

（3）$\int_{0}^{\frac{1}{2}}\mathrm{d}y\int_{y}^{1-y}f(x,y)\mathrm{d}x$；　　（4）$\int_{0}^{1}\mathrm{d}x\int_{0}^{2x}f(x,y)\mathrm{d}y+\int_{1}^{3}\mathrm{d}x\int_{0}^{3-x}f(x,y)\mathrm{d}y$。

3．计算下列二重积分。

（1）$\iint\limits_{D}xy\mathrm{d}\sigma$，$D$：$|x|\leqslant 1$，$|y|\leqslant 1$；

（2）$\iint\limits_{D}\frac{x^2}{y^2}\mathrm{d}\sigma$，$D$ 由 $xy=1$，$y=x$，$x=4$ 所围成的区域；

（3）$\iint\limits_{D}(x+y)\mathrm{d}\sigma$，$D$ 由 $y=0$，$y=3$，$y=x-1$，$y=x+1$ 所围成的区域；

（4）$\iint\limits_{D}xy\mathrm{d}\sigma$，$D$ 由 $x=-y^2+1$，$y=-x-1$ 所围成的区域；

（5）$\iint\limits_{D}(x^2-y^2)\mathrm{d}\sigma$，$D$ 由 $y=0$，$y=\sin x$，$x=0$，$x=\pi$ 所围成的区域；

（6）$\iint\limits_{D}\cos(x+y)\mathrm{d}\sigma$，$D$ 由 $y=x$，$y=\pi$，$x=0$ 所围成的区域。

4．利用极坐标计算下列积分。

（1）$\iint\limits_{D}x\,\mathrm{d}\sigma$，$D$：$x^2+y^2\leq a^2$，$x\geqslant 0$，$y\geqslant 0$；

（2）$\iint\limits_{D}\ln(1+x^2+y^2)\mathrm{d}\sigma$，$D$：$x^2+y^2\leqslant 4$，$y\geqslant 0$；

（3）$\iint\limits_{D}\sqrt{1-x^2-y^2}\,\mathrm{d}\sigma$，$D$：$x^2+y^2\leqslant y$。

5．选择适当的坐标系计算下列二重积分。

（1）$\iint\limits_{D}\mathrm{e}^{x+y}\,\mathrm{d}\sigma$，$D$：$|x|+|y|\leqslant 1$；　（2）$\iint\limits_{D}\mathrm{e}^{x^2+y^2}\,\mathrm{d}\sigma$，$D$：$x^2+y^2\leqslant 9$。

6．求由平面 $x+y+z=2$，$x=0$，$y=0$，$z=0$ 所围成的立体体积。

7．求由曲面 $z=6-x^2-y^2$，$x=0$，$y=0$，$x+y=1$，$z=0$ 所围成的立体体积。

8．求由曲面 $z=\sqrt{x^2+y^2}$，$x^2+y^2+z^2=8$ 所围成的立体体积。

9．设平面薄片所占的区域 D 是由螺线 $r=2\theta$ 上一段弧 $\left(0\leqslant\theta\leqslant\frac{\pi}{2}\right)$ 与直线 $\theta=\frac{\pi}{2}$ 所围成，它的面密度为 $\mu(x,y)=x^2+y^2$，求薄片的质量。

10．求半径为 R，中心角为 2α 的均匀扇形的重心。

11．设平面薄片所占的区域 D 是由抛物线 $y=x^2$ 与直线 $y=x$ 所围成，它的面密度为 $\mu(x,y)=x^2y$，求该薄片的重心。

12．计算 $\int_{L}(2a-y)\mathrm{d}x+x\mathrm{d}y$，其中 L 为摆线 $x=a(t-\sin t)$，$y=a(1-\cos t)$，t 由 0 到 2π 的一段弧。

13．计算 $\int_L (x^2-y^2)\mathrm{d}x+xy\mathrm{d}y$，设 $O(0,0)$，$A(1,1)$，其中 L 为

（1）抛物线 $y=x^2$ 从点 $O(0,0)$ 到点 $A(1,1)$ 的一段弧；

（2）抛物线 $x=y^2$ 从点 $O(0,0)$ 到点 $A(1,1)$ 的一段弧；

（3）直线 $y=x$ 从点 $O(0,0)$ 到点 $A(1,1)$ 的线段；；

（4）折线段 OBA，其中三点的坐标为 $O(0,0)$，$B(1,0)$，$A(1,1)$。

14．利用格林公式计算曲线积分。

（1）$\oint_L (x^2+y^2)\mathrm{d}x-(x^2-y^2)\mathrm{d}y$，$L$ 为直线 $x=1$，$y=x$，$y=2x$ 所围成的三角形的正向边界。

（2）$\oint_L xy^2\mathrm{d}x-x^2y\mathrm{d}y$，$L$ 是圆周 $x^2+y^2=4$ 的正向。

（3）$\oint_L \mathrm{e}^x[(1-\cos y)\mathrm{d}x-(y-\sin y)]\mathrm{d}y$，$L$ 为区域 $0\leqslant x\leqslant\pi$，$0\leqslant y\leqslant\sin x$ 的正向边界。

15．证明下列曲线积分在平面内与路径无关，并计算其积分值。

（1）$\int_{(1,1)}^{(2,4)}(x-y)\mathrm{d}x-(x+y)\mathrm{d}y$；（2）$\int_{(1,0)}^{(2,1)}(2xy-y^4+3)\mathrm{d}x+(x^2-4xy^3)\mathrm{d}y$。

16．计算 $\int_L (2xy^3-y^2\cos x)\mathrm{d}x+(1-2y\sin x+3x^2y^2)\mathrm{d}y$，其中 L 为在抛物线 $2x=\pi y^2$ 上由点(0，0)到点 $\left(\dfrac{\pi}{2},1\right)$ 的一段弧。

第 13 章　无 穷 级 数

无穷级数是研究无限个离散量的和的数学模型，它在函数的研究、近似计算等方面有着广泛的应用。本章利用极限的方法，研究数项级数与函数项级数的基本理论。函数项级数是表示一个函数，尤其是表示非初等函数的一个重要工具，又是研究函数性质的一个重要手段，数项级数是函数项级数的最简单形式，它又是函数项级数的基础。因此，首先研究数项级数的基本理论，再给出幂级数的一些基本结论，最后研究在电工电子学等学科中经常用到的傅里叶级数。

13.1　数项级数

13.1.1　数项级数的概念与性质

1. 数项级数的基本概念

定义 13.1　设给定一个无穷数列 $u_1, u_2, \cdots, u_n, \cdots$，则

$$\sum_{n=1}^{\infty} u_n = u_1 + u_2 + \cdots + u_n + \cdots \tag{13.1}$$

称为数项级数，简称级数。其中第 n 项 u_n 称为级数的通项或一般项。

下面举三个级数的例子：

$$\sum_{n=1}^{\infty} \frac{1}{n} = 1 + \frac{1}{2} + \frac{1}{3} + \cdots + \frac{1}{n} + \cdots$$

称为调和级数。

$$\sum_{n=0}^{\infty} aq^n = a + aq + aq^2 + \cdots + aq^{n-1} + \cdots$$

称为几何级数。

$$\sum_{n=1}^{\infty} \frac{1}{n^p} = 1 + \frac{1}{2^p} + \frac{1}{3^p} + \cdots + \frac{1}{n^p} + \cdots$$

称为 p 级数。

下面的问题是：如何来处理无限个数的和呢？可以用极限的方法，把无限个数的求和问题转化为求有限个数的和来解决，这样就要引入前 n 项部分和的概念。

定义 13.2　设级数(13.1)的前 n 项的和

$$S_n = u_1 + u_2 + \cdots + u_n = \sum_{k=1}^{n} u_k$$

称 S_n 为级数 $\sum\limits_{n=1}^{\infty} u_n$ 的前 n 项部分和。当 n 依次取 1，2，3，…时，得到无穷数列

$$S_1 = u_1,\ S_2 = u_1 + u_2, \cdots,\ S_n = u_1 + u_2 + \cdots + u_n, \cdots$$

称$\{S_n\}$为级数$\sum\limits_{n=1}^{\infty}u_n$的部分和数列。下面给出级数和的定义。

定义 13.3 若级数$\sum\limits_{n=1}^{\infty}u_n$的部分和数列$\{S_n\}$的极限存在，即$\lim\limits_{n\to\infty}S_n=S$，则称级数$\sum\limits_{n=1}^{\infty}u_n$收敛，若部分和数列的极限不存在，则称级数$\sum\limits_{n=1}^{\infty}u_n$发散。

当级数$\sum\limits_{n=1}^{\infty}u_n$收敛时，称其部分和数列的极限$S$为级数$\sum\limits_{n=1}^{\infty}u_n$的和，记为$\sum\limits_{n=1}^{\infty}u_n=S$。

当级数$\sum\limits_{n=1}^{\infty}u_n$收敛时，其部分和$S_n$是$S$的近似值，称$S-S_n$为级数$\sum\limits_{n=1}^{\infty}u_n$余项，记为$r_n$，即

$$r_n=S-S_n=u_{n+1}+u_{n+2}+\cdots=\sum_{k=n+1}^{\infty}u_k$$

例 13.1 判别几何级数$\sum\limits_{n=0}^{\infty}aq^n$的敛散性$(a\neq 0)$。

解 先考虑公比$|q|\neq 1$时，由等比数列的求和公式，得

$$S_n=a+aq+\cdots+aq^{n-1}=\frac{a(1-q^n)}{1-q}$$

若$|q|<1$，则$\lim\limits_{n\to\infty}S_n=\dfrac{a}{1-q}$，由定义知级数$\sum\limits_{n=0}^{\infty}aq^n$收敛，且$\sum\limits_{n=0}^{\infty}aq^n=\dfrac{a}{1-q}$；

若$|q|>1$，则$\lim\limits_{n\to\infty}S_n=\infty$，由定义知级数$\sum\limits_{n=0}^{\infty}aq^n$发散；

再考虑$|q|=1$，当$q=1$时，$\lim\limits_{n\to\infty}S_n=\lim\limits_{n\to\infty}na=\infty$，由定义知级数$\sum\limits_{n=0}^{+\infty}aq^n$发散；

当$q=-1$时，$S_n=a-a+a-\cdots+(-1)^{n-1}a=\begin{cases}a & n\text{为奇数}\\0 & n\text{为偶数}\end{cases}$，可以看出$S_n$的极限不存在，由定义知级数$\sum\limits_{n=0}^{\infty}aq^n$发散。

综上所述可知：几何级数$\sum\limits_{n=0}^{\infty}aq^n$当$|q|<1$时收敛，当$|q|\geqslant 1$时发散。

例 13.2 判别级数$\sum\limits_{n=1}^{\infty}\ln\left(1+\dfrac{1}{n}\right)$的敛散性。

解 级数的部分和为

$$\begin{aligned}S_n&=\ln 2+\ln\frac{3}{2}+\ln\frac{4}{3}+\cdots+\ln\frac{n+1}{n}\\&=\ln 2+(\ln 3-\ln 2)+(\ln 4-\ln 3)+\cdots+(\ln(n+1)-\ln n)\\&=\ln(n+1)\end{aligned}$$

因为 $\lim_{n\to\infty} S_n = \lim_{n\to\infty} \ln(n+1) = +\infty$，由定义知级数 $\sum_{n=1}^{\infty} \ln\left(1+\frac{1}{n}\right)$ 发散。

例 13.3 判别级数 $\sum_{n=1}^{\infty} \frac{1}{n(n+1)}$ 的敛散性。

解 级数的部分和为

$$S_n = \frac{1}{1\cdot 2} + \frac{1}{2\cdot 3} + \cdots + \frac{1}{n(n+1)}$$

$$= \left(\frac{1}{1} - \frac{1}{2}\right) + \left(\frac{1}{2} - \frac{1}{3}\right) + \cdots + \left(\frac{1}{n} - \frac{1}{n+1}\right) = 1 - \frac{1}{n+1}$$

因为 $\lim_{n\to\infty} S_n = \lim_{n\to\infty}\left(1 - \frac{1}{n+1}\right) = 1$，由定义知级数 $\sum_{n=1}^{\infty} \frac{1}{n(n+1)}$ 收敛。

从以上几个例子，可以看到，用定义直接判断级数的敛散性需要求出部分和，对于一般的级数来说，求部分和往往是很困难的。因此需要找出一些较简单的判断方法。应用数列极限的有关性质可推得级数的一些重要性质。

2. 数项级数的性质

性质 13.1 若级数 $\sum_{n=1}^{\infty} u_n$ 和 $\sum_{n=1}^{\infty} v_n$ 分别收敛于 S 与 T，则级数 $\sum_{n=1}^{\infty} (u_n + v_n)$ 收敛于 $S+T$，即 $\sum_{n=1}^{\infty} (u_n + v_n) = \sum_{n=1}^{\infty} u_n + \sum_{n=1}^{\infty} v_n$。

性质 13.2 级数 $\sum_{n=1}^{\infty} u_n$ 和 $\sum_{n=1}^{\infty} cu_n$（c 为任一常数，$c \neq 0$）有相同的敛散性。且若 $\sum_{n=1}^{\infty} u_n$ 收敛于 S，则 $\sum_{n=1}^{\infty} cu_n$ 收敛于 cS，即 $\sum_{n=1}^{\infty} cu_n = c\sum_{n=1}^{\infty} u_n$。

性质 13.3 添加、去掉或改变级数的有限项，所得级数的敛散性不变。

性质 13.4（级数收敛的必要条件）若级数 $\sum_{n=1}^{\infty} u_n$ 收敛，则 $\lim_{n\to\infty} u_n = 0$。

证 设 $\sum_{n=1}^{\infty} u_n = S$，由于 $u_n = S_n - S_{n-1}$，于是

$$\lim_{n\to\infty} u_n = \lim_{n\to\infty}(S_n - S_{n-1}) = \lim_{n\to\infty} S_n - \lim_{n\to\infty} S_{n-1} = S - S = 0$$

例 13.4 判别级数 $\sum_{n=1}^{\infty} \frac{2n-1}{6n+1}$ 的敛散性。

解 由于 $\lim_{n\to\infty} \frac{2n-1}{6n+1} = \frac{1}{3} \neq 0$，所以，利用性质 13.4 可知此级数是发散的。

13.1.2 正项级数及其敛散性

若 $u_n \geqslant 0$（$n = 1,2,\cdots$），则称级数 $\sum_{n=1}^{\infty} u_n$ 为正项级数。正项级数是比较简单的重要的一种级数，在级数的研究中，常常要用到正项级数的有关结果。

对于正项级数，由于 $u_n \geqslant 0$，所以 $S_{n+1} = S_n + u_{n+1} \geqslant S_n$。于是正项级数 $\sum_{n=1}^{\infty} u_n$ 收敛的充分必要条件是，若它的部分和数列 $\{S_n\}$ 有上界，则 $\lim_{n\to\infty} S_n$ 存在，从而级数 $\sum_{n=1}^{\infty} u_n$ 收敛；若数列 $\{S_n\}$ 无上界，则 $\lim_{n\to\infty} S_n = +\infty$，从而级数 $\sum_{n=1}^{\infty} u_n$ 发散。因此有

定理 13.1 正项级数 $\sum_{n=1}^{\infty} u_n$ 收敛的充分必要条件是它的部分和数列 $\{S_n\}$ 有上界。

利用定理 13.1，可以得到一个判断正项级数敛散性的法则——比较判别法。

定理 13.2 （比较判别法）设 $\sum_{n=1}^{\infty} u_n$ 和 $\sum_{n=1}^{\infty} v_n$ 是两个正项级数，且 $u_n \leqslant v_n (n = 1,2,\cdots)$。

（1）若级数 $\sum_{n=1}^{\infty} v_n$ 收敛，则级数 $\sum_{n=1}^{\infty} u_n$ 也收敛；

（2）若级数 $\sum_{n=1}^{\infty} u_n$ 发散，则级数 $\sum_{n=1}^{\infty} v_n$ 也发散。

例 13.5 判别调和级数 $\sum_{n=1}^{\infty} \frac{1}{n}$ 的敛散性。

解 由于级数 $\sum_{n=1}^{\infty} \frac{1}{n}$ 是正项级数，所以可用比较判别法来判断其敛散性。利用如下不等式

$$当 x > 0 时，\ln(1+x) < x$$

令 $x = \frac{1}{n}$，则有 $\ln\left(1+\frac{1}{n}\right) < \frac{1}{n}$，利用例 13.2 的结果，可知正项级数 $\sum_{n=1}^{\infty} \ln\left(1+\frac{1}{n}\right)$ 发散，利用比较判别法知调和级数 $\sum_{n=1}^{\infty} \frac{1}{n}$ 发散。

例 13.6 讨论 p 级数 $\sum_{n=1}^{\infty} \frac{1}{n^p}$ 的敛散性。

解 当 $p = 1$ 时，由例 13.5 知，它是发散的。当 $p < 1$ 时，$\frac{1}{n^p} \geqslant \frac{1}{n}$，因为 $\sum_{n=1}^{\infty} \frac{1}{n}$ 发散，所以由比较判别法知，当 $p < 1$ 时，$\sum_{n=1}^{\infty} \frac{1}{n^p}$ 发散。

当 $p > 1$ 时，先将通项 $\frac{1}{n^p}$ 中的 n 换成连续变量 x，成为函数 $\frac{1}{x^p}$，它在 $[1,+\infty]$ 上的图形如图 13.1 所示。图中还表示出了 p 级数从第二项起到第 n 项的和

$$\frac{1}{2^p} + \frac{1}{3^p} + \cdots + \frac{1}{n^p}$$

恰为有斜划线的阶梯形面积，该阶梯形面积小于在区间$[1,n]$上曲线$y=\dfrac{1}{x^p}$所对应的曲边梯形面积，因此，级数$\sum\limits_{n=1}^{\infty}\dfrac{1}{n^p}$的部分和为

$$S_n=1+\left(\frac{1}{2^p}+\frac{1}{3^p}+\cdots+\frac{1}{n^p}\right)<1+\int_1^n\frac{1}{x^p}\mathrm{d}x$$

$$=1+\frac{1}{1-p}x^{1-p}\Big|_1^n$$

$$=1+\frac{1}{p-1}\left[1-\frac{1}{n^{p-1}}\right]<1+\frac{1}{p-1}$$

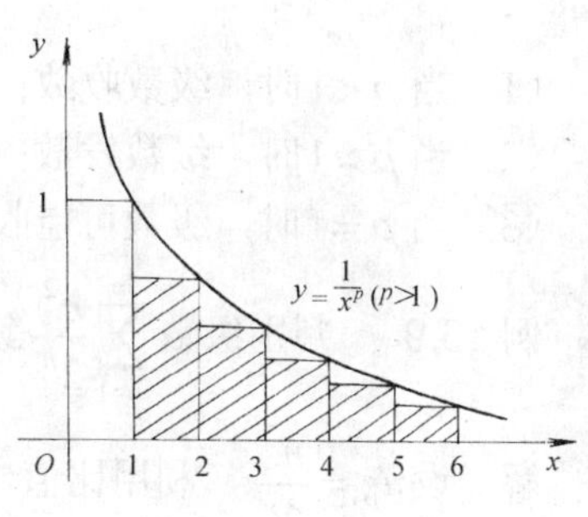

图 13.1

即S_n有上界，利用定理 13.1，可知级数$\sum\limits_{n=1}^{\infty}\dfrac{1}{n^p}$收敛。

综上所述，当$p>1$时，p级数$\sum\limits_{n=1}^{\infty}\dfrac{1}{n^p}$收敛，当$p\leqslant 1$时，$p$级数$\sum\limits_{n=1}^{\infty}\dfrac{1}{n^p}$发散。

例 13.7 判别级数$\sum\limits_{n=1}^{\infty}\dfrac{1}{(n+1)(n+3)}$的敛散性。

解 由于级数的通项$u_n=\dfrac{1}{(n+1)(n+3)}$满足下列不等式

$$0<\frac{1}{(n+1)(n+3)}<\frac{1}{n\cdot n}=\frac{1}{n^2}$$

由于正项级数$\sum\limits_{n=1}^{\infty}\dfrac{1}{n^2}$是$p=2>1$的$p$级数，所以它是收敛的，可由比较判别法知级数$\sum\limits_{n=1}^{\infty}\dfrac{1}{(n+1)(n+3)}$也是收敛的。

例 13.8 判别级数$\sum\limits_{n=1}^{\infty}\dfrac{1}{\sqrt{n(n+1)}}$的敛散性。

解 由于级数的通项$u_n=\dfrac{1}{\sqrt{n(n+1)}}$满足下列不等式

$$\frac{1}{\sqrt{n(n+1)}}>\frac{1}{\sqrt{(n+1)(n+1)}}=\frac{1}{n+1}$$

由于正项级数$\sum\limits_{n=1}^{\infty}\dfrac{1}{n+1}$是$p=1$的$p$级数，所以它是发散的，可由比较判别法知级数$\sum\limits_{n=1}^{\infty}\dfrac{1}{\sqrt{n(n+1)}}$是发散的。

上面介绍了比较判别法，它的基本思想是通常把p级数或已知敛散性的级数作为比较对象，通过比较对应项的大小，来判断给定级数的敛散性，但有时不易找到做比较的p级数或其他已知敛散性的级数，这样就提出一个问题，能否从级数本身就能判断级数的敛散性呢？达朗贝尔找到了比值判别法，柯西找到了根值判别法，现在只介绍达朗贝尔比值判

别法。

定理 13.3 （达朗贝尔比值判别法）设$\sum_{n=1}^{\infty}u_n$是正项级数，且$\lim_{n\to\infty}\frac{u_{n+1}}{u_n}=\rho$，则

（1）当$\rho<1$时，级数收敛；

（2）当$\rho>1$时，级数发散；

（3）当$\rho=1$时，级数可能收敛，也可能发散。

例 13.9 判别级数$\sum_{n=1}^{\infty}\frac{n^2}{2^n}$敛散性。

解 设$u_n=\frac{n^2}{2^n}$，利用比值判别法，由于

$$\lim_{n\to\infty}\frac{u_{n+1}}{u_n}=\lim_{n\to\infty}\frac{(n+1)^2}{2^{n+1}}\div\frac{n^2}{2^n}=\lim_{n\to\infty}\frac{(n+1)^2}{2^{n+1}}\cdot\frac{2^n}{n^2}=\lim_{n\to\infty}\frac{1}{2}\left(\frac{n}{n+1}\right)^2=\frac{1}{2}<1$$

所以级数$\sum_{n=1}^{\infty}\frac{n^2}{2^n}$是收敛的。

例 13.10 判别级数$\sum_{n=1}^{\infty}\frac{n!}{n^n}$的敛散性。

解 设$u_n=\frac{n!}{n^n}$，利用比值判别法，由于

$$\lim_{n\to\infty}\frac{u_{n+1}}{u_n}=\lim_{n\to\infty}\frac{(n+1)!}{n^n}\div\frac{n!}{n^n}=\lim_{n\to\infty}\frac{(n+1)!}{(n+1)^{n+1}}\cdot\frac{n^n}{n!}=\lim_{n\to\infty}\left(\frac{n}{n+1}\right)^n=\lim_{n\to\infty}\left[\left(1+\frac{1}{n}\right)^n\right]^{-1}=\mathrm{e}^{-1}<1$$

所以级数$\sum_{n=1}^{\infty}\frac{n!}{n^n}$收敛。

例 13.11 判别级数$\sum_{n=1}^{\infty}\frac{3^n n!}{n^n}$的敛散性。

解 设$u_n=\frac{3^n n!}{n^n}$，利用比值判别法，由于

$$\begin{aligned}\lim_{n\to\infty}\frac{u_{n+1}}{u_n}&=\lim_{n\to\infty}\frac{3^{n+1}(n+1)!}{(n+1)^{n+1}}\div\frac{3^n n!}{n^n}=\lim_{n\to\infty}\frac{3^{n+1}(n+1)!}{(n+1)^{n+1}}\cdot\frac{n^n}{3^n n!}\\&=\lim_{n\to\infty}3\left(\frac{n}{n+1}\right)^n=\lim_{n\to\infty}3\left[\left(1+\frac{1}{n}\right)^n\right]^{-1}=3\mathrm{e}^{-1}>1\end{aligned}$$

所以级数$\sum_{n=1}^{\infty}\frac{3^n n!}{n^n}$发散。

例 13.12 判别级数$\sum_{n=1}^{\infty}\frac{n!}{6^n}$的敛散性。

解 设$u_n=\frac{n!}{6^n}$，利用比值判别法，由于

$$\lim_{n\to\infty}\frac{u_{n+1}}{u_n}=\lim_{n\to\infty}\frac{(n+1)!}{6^{n+1}}\div\frac{n!}{6^n}=\lim_{n\to\infty}\frac{(n+1)!}{6^{n+1}}\cdot\frac{6^n}{n!}=\lim_{n\to\infty}\frac{n+1}{6}=+\infty$$

所以级数$\sum\limits_{n=1}^{\infty}\frac{n!}{6^n}$发散。

13.1.3 交错级数及其敛散性

设$u_n>0\ (n=1,2,\cdots)$，级数$\sum\limits_{n=1}^{\infty}(-1)^{n-1}u_n$称为交错级数。关于交错级数敛散性有下列判别法。

定理 13.4 （莱布尼茨判别法）如果交错级数$\sum\limits_{n=1}^{\infty}(-1)^{n-1}u_n$（$u_n>0,n=1,2,\cdots$）满足莱布尼茨(Leibniz)条件：

（1）$u_n\geqslant u_{n+1}\ (n=1,2,\cdots)$；（2）$\lim\limits_{n\to\infty}u_n=0$。

则交错级数$\sum\limits_{n=1}^{\infty}(-1)^{n-1}u_n$收敛。

例 13.13 判别级数$\sum\limits_{n=1}^{\infty}(-1)^{n-1}\frac{1}{n}$的敛散性。

解 交错级数的 $u_n=\frac{1}{n}$，$u_{n+1}=\frac{1}{n+1}$，满足：

（1）$u_n=\frac{1}{n}>\frac{1}{n+1}=u_{n+1},(n=1,2,\cdots)$；（2）$\lim\limits_{n\to\infty}u_n=\lim\limits_{n\to\infty}\frac{1}{n}=0$。

故由定理 13.4 知级数$\sum\limits_{n=1}^{\infty}(-1)^{n-1}\frac{1}{n}$收敛。

13.1.4 绝对收敛与条件收敛

对于任意项级数$\sum\limits_{n=1}^{\infty}u_n$，还可以考虑其各项的绝对值组成的正项级数$\sum\limits_{n=1}^{\infty}|u_n|$，有下列的概念。

定义 13.4 如果级数$\sum\limits_{n=1}^{\infty}|u_n|$收敛，则称级数$\sum\limits_{n=1}^{\infty}u_n$是绝对收敛的；如果级数$\sum\limits_{n=1}^{\infty}u_n$收敛而级数$\sum\limits_{n=1}^{\infty}|u_n|$发散，则称级数$\sum\limits_{n=1}^{\infty}u_n$是条件收敛的。

对于绝对收敛的级数$\sum\limits_{n=1}^{\infty}u_n$有如下定理。

定理 13.5 如果级数$\sum\limits_{n=1}^{\infty}u_n$是绝对收敛的，则级数$\sum\limits_{n=1}^{\infty}u_n$也收敛。

证 构造一个级数$\sum\limits_{n=1}^{\infty}v_n$，它的通项为$v_n=\frac{|u_n|+u_n}{2}$，显然$\sum\limits_{n=1}^{\infty}v_n$是正项级数，且

$$v_n\leqslant|u_n|\quad n=1,2,\cdots$$

由于级数 $\sum_{n=1}^{\infty} u_n$ 是绝对收敛的，所以级数 $\sum_{n=1}^{\infty} |u_n|$ 收敛，由比较判别法知 $\sum_{n=1}^{\infty} v_n$ 收敛。而 $u_n = 2v_n - |u_n|$，由级数的性质 13.1 可知此等式右端是一个收敛级数的通项，所以 $\sum_{n=1}^{\infty} u_n$ 收敛。

利用定理 13.5 可以判断某些任意项级数的敛散性。

例 13.14 判别级数 $\sum_{n=1}^{\infty} \frac{\cos 2n}{n^2}$ 的敛散性。

解 考虑级数 $\sum_{n=1}^{\infty} \frac{|\cos 2n|}{n^2}$，由于

$$\frac{|\cos 2n|}{n^2} \leqslant \frac{1}{n^2}$$

而级数 $\sum_{n=1}^{\infty} \frac{1}{n^2}$ 收敛，由比较判别法知 $\sum_{n=1}^{\infty} \frac{|\cos 2n|}{n^2}$ 收敛。根据定义 13.4，$\sum_{n=1}^{\infty} \frac{\cos 2n}{n^2}$ 是绝对收敛的，由定理 13.5 知 $\sum_{n=1}^{\infty} \frac{\cos 2n}{n^2}$ 也是收敛的。

从例 13.13 亦知，其级数是条件收敛的。

13.2 幂级数

13.2.1 幂级数的概念

1. 函数项级数

如果级数

$$f_1(x) + f_2(x) + \cdots + f_n(x) + \cdots \tag{13.2}$$

的各项都是定义在某个区间 I 上的函数，则称级数(13.2)为函数项级数，$f_n(x)$ 称为通项或一般项。

当 x 在区间 I 中取定某个常数 x_0 时，级数(13.2)就是数项级数。如果数项级数 $\sum_{n=1}^{\infty} f_n(x_0)$ 收敛，则称 x_0 为函数项级数(13.2)的一个收敛点；如果发散，则称 x_0 为函数项级数(13.2)的一个发散点，函数项级数(13.2)的所有收敛点组成的集合称为它的收敛域。

对于收敛域内的任意一个数 x，函数项级数(13.2)成为一个收敛域内的数项级数，于是有一个确定的和 S。这样，在收敛域上，函数项级数(13.2)的和是 x 的函数 $S(x)$，通常称 $S(x)$ 为函数项级数(13.2)的和函数，即

$$S(x) = f_1(x) + f_2(x) + \cdots + f_n(x) + \cdots$$

其中 x 是收敛域内的任意一个点。

将函数项级数的前 n 项和记做 $S_n(x)$，则在收敛域上有 $\lim_{n\to\infty} S_n(x) = S(x)$。

在这里主要研究一类形式上很简单，应用又很广泛的函数项级数，即各项都是幂函数

的函数项级数——幂级数。

2．幂级数的定义

形如

$$\sum_{n=0}^{\infty} a_n (x-x_0)^n = a_0 + a_1(x-x_0) + a_2(x-x_0)^2 + \cdots + a_n(x-x_0)^n + \cdots \qquad (13.3)$$

的函数项级数称为 $x-x_0$ 的幂级数，其中 $a_n (n=0,1,2,\cdots)$ 称为该幂级数的第 n 项系数。

当 $x_0=0$ 时，式(13.3)变为

$$\sum_{n=0}^{\infty} a_n x^n = a_0 + a_1 x + a_2 x^2 + \cdots + a_n x^n + \cdots \qquad (13.4)$$

称为 x 的幂级数，如果进行变换 $y=x-x_0$，则级数(13.3)就变为级数(13.4)。因此，下面只研究形如式(13.4)的幂级数。

3．幂级数的收敛半径

收敛域内的任意一个数 $x\neq 0$，幂级数(13.4)成为一个收敛域内的数项级数，并将级数(13.4)的各项取绝对值，则得到正项级数

$$\sum_{n=0}^{\infty} |a_n x^n| = |a_0| + |a_1 x| + |a_2 x^2| + \cdots + |a_n x^n| + \cdots$$

设当 n 充分大时，$a_n \neq 0$，且

$$\lim_{n\to\infty}\left|\frac{a_{n+1}}{a_n}\right| = \lambda$$

则

$$\lim_{n\to\infty}\left|\frac{u_{n+1}}{u_n}\right| = \lim_{n\to\infty}\frac{|a_{n+1}x^{n+1}|}{|a_n x^n|} = \lim_{n\to\infty}\left|\frac{a_{n+1}}{a_n}\right||x| = \lambda|x|$$

利用正项级数的比值判别法，从上式可以看出：当 $\lambda\neq 0$ 时，如果 $\lambda|x|<1$，即 $|x|<\frac{1}{\lambda}=R$，则级数(13.4)收敛；如果 $\lambda|x|>1$，即 $|x|>\frac{1}{\lambda}=R$，则级数(13.4)发散。

这个结论表明，只要 $0<\lambda<+\infty$，就存在一个开区间 $(-R,R)$，在区间 $(-R,R)$ 内幂级数绝对收敛，在区间 $(-R,R)$ 外幂级数发散，当 $x=\pm R$ 时，级数可能收敛也可能发散。

称 $R=\frac{1}{\lambda}$ 为幂级数(13.4)的收敛半径。

当 $\lambda=0$ 时，$\lambda|x|=0<1$，级数(13.4)对一切实数 x 都绝对收敛，这时规定收敛半径 $R=+\infty$。若幂级数只在 $x=0$ 一点处收敛，则规定收敛半径 $R=0$，于是可得下面定理。

定理 13.6 如果幂级数(13.4)的系数满足

$$\lim_{n\to\infty}\left|\frac{a_{n+1}}{a_n}\right| = \lambda$$

则（1）当 $0<\lambda<+\infty$ 时，$R=\frac{1}{\lambda}$；（2）当 $\lambda=0$ 时，$R=+\infty$；（3）当 $\lambda=+\infty$ 时，$R=0$。

例 13.15 求幂级数 $\sum_{n=1}^{\infty}\frac{(-1)^n}{n\cdot 2^n}x^n$ 的收敛半径。

解 由于

$$\lambda=\lim_{n\to\infty}\left|\frac{a_{n+1}}{a_n}\right|=\lim_{n\to\infty}\frac{1}{2^{n+1}(n+1)}\div\frac{1}{2^n n}=\lim_{n\to\infty}\frac{2^n n}{2^{n+1}(n+1)}=\lim_{n\to\infty}\frac{1}{2}\frac{n}{n+1}=\frac{1}{2}$$

所以所给幂级数的收敛半径 $R=\frac{1}{\lambda}=2$ 。

例 13.16 求幂级数 $\sum_{n=0}^{\infty}\frac{x^n}{n!}$ 的收敛半径。

解 由于

$$\lambda=\lim_{n\to\infty}\left|\frac{a_{n+1}}{a_n}\right|=\lim_{n\to\infty}\frac{1}{(n+1)!}\div\frac{1}{n!}=\lim_{n\to\infty}\frac{n!}{(n+1)!}=\lim_{n\to\infty}\frac{1}{n+1}=0$$

所以所给幂级数的收敛半径 $R=+\infty$ 。

例 13.17 求幂级数 $\sum_{n=1}^{\infty}n^n x^n$ 的收敛半径。

解 由于

$$\lambda=\lim_{n\to\infty}\left|\frac{a_{n+1}}{a_n}\right|=\lim_{n\to\infty}\frac{(n+1)^{n+1}}{n^n}=\lim_{n\to\infty}\left(1+\frac{1}{n}\right)^n(n+1)=+\infty$$

所以所给幂级数的收敛半径 $R=0$。

4．幂级数的收敛区间与收敛域

如果幂级数(13.4)的收敛半径为 R ，则称区间 $(-R,R)$ 为幂级数(13.4)的收敛区间，幂级数在收敛区间内绝对收敛。再把收敛区间的端点 $x=\pm R$ 代入幂级数中，判断数项级数的敛散性后，就可得到幂级数的收敛域。

例 13.18 求下列幂级数的收敛域：

（1） $\sum_{n=1}^{\infty}\frac{(-1)^n}{2^n n}x^n$； （2） $\sum_{n=0}^{\infty}\frac{x^n}{n!}$； （3） $\sum_{n=1}^{\infty}n^n x^n$ 。

解 （1）由例 13.14 知，收敛半径 R=2，所以该级数的收敛区间为(−2，2)；

当 $x=2$ 时，级数为交错级数 $\sum_{n=1}^{\infty}\frac{(-1)^n}{n}$，利用莱布尼茨判别法，易知其收敛；

当 $x=-2$ 时，级数为调和级数 $\sum_{n=1}^{\infty}\frac{1}{n}$，易知其发散；

所以该级数的收敛域为（−2，2]；

（2）由例 13.15 知，收敛半径 $R=+\infty$，所以该级数的收敛域为（$-\infty$，$+\infty$）；

（3）由例 13.16 知，收敛半径 $R=0$，所以该级数的收敛域为 $\{x\,|\,x=0\}$，即只在 $x=0$ 处收敛。

例 13.19 求幂级数 $\sum_{n=1}^{\infty}\frac{4^n}{n^2}x^{2n}$ 的收敛半径。

解 由于所给幂级数的奇次幂项的系数全为零，不属于级数(13.4)的标准形式，所以不能直接用定理 13.6 求收敛半径，这时可以根据比值法求其收敛半径。即

$$\lim_{n\to\infty}\left|\frac{u_{n+1}}{u_n}\right| = \lim_{n\to\infty}\left|\frac{4^{n+1}x^{2n+2}}{(n+1)^2} \div \frac{4^n x^{2n}}{n^2}\right| = \lim_{n\to\infty}\frac{4n^2}{(n+1)^2}|x|^2 = 4|x|^2 \lim_{n\to\infty}\frac{n^2}{(n+1)^2} = 4|x|^2$$

当 $4|x|^2<1$，即 $|x|<\frac{1}{2}$ 时，所给级数绝对收敛；当 $4|x|^2>1$，即 $|x|>\frac{1}{2}$ 时，所给级数发散。

因此所给幂级数的收敛半径 $R=\frac{1}{2}$。

例 13.20 求幂级数 $\sum_{n=1}^{\infty}\frac{1}{\sqrt{n}}(x-2)^n$ 的收敛区间。

解 由于所给幂级数不属于级数(13.4)的标准形式，所以不能直接用定理 13.6 求收敛半径，这时可以把所给幂级数化为级数(13.4)的标准形式，令 $y=x-2$，得

$$\sum_{n=1}^{\infty}\frac{1}{\sqrt{n}}(x-2)^n = \sum_{n=1}^{\infty}\frac{1}{\sqrt{n}}y^n$$

因为

$$\lambda = \lim_{n\to\infty}\left|\frac{a_{n+1}}{a_n}\right| = \lim_{n\to\infty}\frac{\sqrt{n}}{\sqrt{n+1}} = 1$$

所以级数 $\sum_{n=1}^{\infty}\frac{1}{\sqrt{n}}y^n$ 的收敛半径 $R=\frac{1}{\lambda}=1$。由于 $y=x-2$，故 $|x-2|<1$，即 $1<x<3$。

因此所给幂级数的收敛区间为（1, 3）。

13.2.2 幂级数的性质

在解决实际问题时，要对幂级数进行加、减、乘以及求导数和积分的运算，这就需要了解幂级数的运算法则和一些基本性质。现已发现在收敛区间内幂级数的运算法则和某些性质与多项式很相似，这些结果将不加以证明给出。

设 $\sum_{n=0}^{\infty}a_n x^n = S(x)$，$x\in(-R_1,R_1)$，$\sum_{n=0}^{\infty}b_n x^n = T(x)$，$x\in(-R_2,R_2)$，$R=\min(R_1,R_2)$。

性质 13.5 幂级数的和函数在收敛区间内连续。

性质 13.6 （加法运算）当 $x\in(-R,R)$ 时，有

$$\sum_{n=0}^{\infty}a_n x^n \pm \sum_{n=0}^{\infty}b_n x^n = \sum_{n=0}^{\infty}(a_n \pm b_n)x^n = S(x) \pm T(x)$$

性质 13.7 （乘法运算）当 $x\in(-R,R)$ 时，有

$$\left(\sum_{n=0}^{\infty}a_n x^n\right)\cdot\left(\sum_{n=0}^{\infty}b_n x^n\right) = a_0b_0 + (a_0b_1+a_1b_0)x + (a_0b_2+a_1b_1+a_2b_0)x^2 + \cdots + (a_0b_n + a_1b_{n-1} + \cdots + a_nb_0)x^n + \cdots$$

性质 13.8 （逐项微分运算）当 $x\in(-R,R)$ 时，有

$$S'(x) = \left(\sum_{n=0}^{\infty}a_n x^n\right)' = \sum_{n=0}^{\infty}\left(a_n x^n\right)' = \sum_{n=1}^{\infty}na_n x^{n-1}$$

且收敛半径仍为 R。

性质 13.9 （逐项积分运算）当 $x\in(-R,R)$ 时，有

$$\int_0^x S(x)\,\mathrm{d}x = \int_0^x \left(\sum_{n=0}^{\infty} a_n x^n\right)\mathrm{d}x = \sum_{n=0}^{\infty}\int_0^x a_n x^n \mathrm{d}x = \sum_{n=0}^{\infty}\frac{a_n}{n+1}x^{n+1}$$

且收敛半径仍为 R。

例 13.21 求幂级数 $\sum\limits_{n=1}^{\infty}\frac{(-1)^{n-1}}{2n-1}x^{2n-1}$ 的和函数。

解 采用“先微后积”的方法。设 $S(x)=\sum\limits_{n=1}^{\infty}\frac{(-1)^{n-1}}{2n-1}x^{2n-1}$，两边对 x 求导，并利用性质 13.8 得

$$S'(x)=\sum_{n=1}^{\infty}\left(\frac{(-1)^{n-1}}{2n-1}x^{2n-1}\right)'=\sum_{n=1}^{\infty}(-1)^{n-1}x^{2n-2}=\sum_{n=0}^{\infty}(-x^2)^n=\frac{1}{1+x^2}，\quad x\in(-1,1)$$

对上式两边从 0 到 x 积分得 $\quad S(x)-S(0)=\int_0^x \frac{1}{1+x^2}\mathrm{d}x=\arctan x，\quad x\in(-1,1)$

由于 $S(0)=0$，从而有 $S(x)=\arctan x$，$x\in(-1,1)$，即 $\sum\limits_{n=1}^{\infty}\frac{(-1)^{n-1}}{2n-1}x^{2n-1}=\arctan x$，$x\in(-1,1)$。

当 $x=1$ 时，$\sum\limits_{n=1}^{\infty}\frac{(-1)^{n-1}}{2n-1}$ 收敛；当 $x=-1$ 时，$\sum\limits_{n=1}^{\infty}\frac{(-1)^{n-1}\cdot(-1)}{2n-1}$ 收敛，所以

$$\sum_{n=1}^{\infty}\frac{(-1)^{n-1}}{2n-1}x^{2n-1}=\arctan x，\quad x\in[-1,1]$$

例 13.22 求幂级数 $\sum\limits_{n=0}^{\infty}(n+1)x^n$ 的和函数。

解 采用“先积后微”的方法。设 $S(x)=\sum\limits_{n=0}^{\infty}(n+1)x^n$，两边从 0 到 x 积分，并利用性质 13.9 得

$$\int_0^x S(x)\mathrm{d}x=\sum_{n=0}^{\infty}\int_0^x (n+1)x^n\mathrm{d}x=\sum_{n=0}^{\infty}x^{n+1}=\frac{x}{1-x}，\quad x\in(-1,1)$$

再两边对 x 求导得 $\quad S(x)=\left(\int_0^x S(x)\mathrm{d}x\right)'=\left(\frac{x}{1-x}\right)'=\frac{1}{(1-x)^2}，\quad x\in(-1,1)$

即

$$\sum_{n=0}^{\infty}(n+1)x^n=\frac{1}{(1-x)^2}，\quad x\in(-1,1)$$

当 $x=1$ 时，$\sum\limits_{n=0}^{\infty}(n+1)$ 发散；当 $x=-1$ 时，$\sum\limits_{n=0}^{\infty}(-1)^n(n+1)$ 发散，所以

$$\sum_{n=0}^{\infty}(n+1)x^n=\frac{1}{(1-x)^2}，\quad x\in(-1,1)$$

13.2.3 将函数展开成幂级数

在前面讨论了幂级数的和函数。现在考虑相反的问题：对于一个给定的函数，可否把它表示成一个幂级数呢？如果能够做到这一点，那么就给我们进一步研究函数带来了方便，

因为无论给定的函数怎样复杂，若能表示成幂级数，那么由于它的每一项都是幂函数，而幂函数是数学中最简单的一类函数，因此，将函数用幂级数来表示，即将函数展成幂级数，体现了一种用简单表示复杂的思想。在进行代数运算、解析运算时，都会变得容易，本节正是所要研究的“函数的幂级数展开”问题。

1．泰勒(Taylor)公式与麦克劳林(Maclaurin)公式

在弄清楚如何将函数 $f(x)$ 展开成幂级数之前，下面先介绍两个用多项式来表示函数的公式——泰勒公式与麦克劳林公式。

（1）泰勒公式

定理 13.7 (泰勒中值定理)如果函数 $f(x)$ 在开区间 (a,b) 内具有直至 $n+1$ 阶导数，且 $x_0\in(a,b)$，则对任意点 $x\in(a,b)$，有 $f(x)$ 在 $x=x_0$ 处的 n 阶泰勒公式

$$f(x)=f(x_0)+f'(x_0)(x-x_0)+\frac{f''(x_0)}{2!}(x-x_0)^2+\cdots+\frac{f^{(n)}(x_0)}{n!}(x-x_0)^n+R_n(x) \tag{13.5}$$

其中 $R_n(x)$ 为 n 阶泰勒公式(13.5)的余项，当 $x\to x_0$ 时，它是比 $(x-x_0)^n$ 高阶的无穷小，故一般可写成为 $R_n(x)=o(|x-x_0|^n)$。余项 $R_n(x)$ 有多种形式，一种常用的形式为拉格朗日型余项，其表达式为

$$R_n(x)=\frac{f^{(n+1)}(\xi)}{(n+1)!}(x-x_0)^{n+1}\quad（\xi 在 x_0 与 x 之间） \tag{13.6}$$

（2）麦克劳林公式

在泰勒公式(13.5)中，当 $x_0=0$ 时，则有麦克劳林公式

$$f(x)=f(0)+f'(0)x+\frac{f''(0)}{2!}x^2+\cdots+\frac{f^{(n)}(0)}{n!}x^n+R_n(x) \tag{13.7}$$

其中余项 $R_n(x)=o(|x|^n)$ 或 $R_n(x)=\dfrac{f^{(n+1)}(\xi)}{(n+1)!}x^{n+1}$（$\xi$ 在 0 与 x 之间）。

2．泰勒级数与麦克劳林级数

设 $S_{n+1}(x)=f(x_0)+f'(x_0)(x-x_0)+\dfrac{f''(x_0)}{2!}(x-x_0)^2+\cdots+\dfrac{f^{(n)}(x_0)}{n!}(x-x_0)^n$

并且把

$$f(x_0)+f'(x_0)(x-x_0)+\frac{f''(x_0)}{2!}(x-x_0)^2+\cdots+\frac{f^{(n)}(x_0)}{n!}(x-x_0)^n+\cdots \tag{13.8}$$

称为 $f(x)$ 在 $x=x_0$ 处的泰勒级数。下面将研究 $f(x)$ 的泰勒级数在什么样的条件下收敛于 $f(x)$。

由泰勒中值定理知，若函数 $f(x)$ 在 $x=x_0$ 的某一邻域内具有直至 $n+1$ 阶导数，则 $f(x)$ 在 $x=x_0$ 处的 n 阶泰勒公式可写为

$$f(x)=S_{n+1}(x)+R_n(x) \tag{13.9}$$

如果当 $n\to\infty$ 时，有 $R_n(x)\to 0$，则对式(13.9)令 $n\to\infty$ 取极限，得

$$\lim_{n\to\infty}S_{n+1}(x)=f(x)$$

即

$$f(x)=f(x_0)+f'(x_0)(x-x_0)+\frac{f''(x_0)}{2!}(x-x_0)^2+\cdots+\frac{f^{(n)}(x_0)}{n!}(x-x_0)^n+\cdots \tag{13.10}$$

反之，若式(13.10)成立，则必有$\lim\limits_{n\to\infty}R_n(x)=0$。显然，为使式(13.10)成立，$f(x)$在$x=x_0$的某一邻域内必须有任意阶导数。从而有如下定理。

定理 13.8 设函数$f(x)$在$x=x_0$的某个邻域内有任意阶导数，则函数$f(x)$的泰勒级数(13.8)在该邻域内收敛于$f(x)$的充要条件是：$\lim\limits_{n\to\infty}R_n(x)=0$(其中$R_n(x)$是泰勒余项)。

如果$f(x)$在$x=x_0$处的泰勒级数收敛于$f(x)$，就说$f(x)$在$x=x_0$处可展开成泰勒级数，则称式(13.10)为$f(x)$在$x=x_0$处的泰勒展开式，也称为$f(x)$关于$x-x_0$的幂级数，记为

$$f(x)=\sum_{n=0}^{\infty}\frac{f^{(n)}(x_0)}{n!}(x-x_0)^n \tag{13.11}$$

当$x_0=0$时，式(13.10)成为

$$f(x)=f(0)+f'(0)x+\frac{f''(0)}{2!}x^2+\cdots+\frac{f^{(n)}(0)}{n!}x^n+\cdots \tag{13.12}$$

称为函数$f(x)$的麦克劳林展开式，即

$$f(x)=\sum_{n=0}^{\infty}\frac{f^{(n+1)}(0)}{n!}x^n$$

如果函数$f(x)$能展开成关于x的幂级数，则这个幂级数一定就是函数$f(x)$的麦克劳林级数，即函数的幂级数展开式是唯一的。现在证明如下：

如果函数$f(x)$能展开成关于x的幂级数，即

$$f(x)=a_0+a_1x+a_2x^2+\cdots+a_nx^n+\cdots \tag{13.13}$$

将其在收敛区间内逐项求导，得

$$f'(x)=a_1+2a_2x+\cdots+na_nx^{n-1}+\cdots$$

$$f''(x)=2\cdot 1a_2+3\cdot 2a_3x\cdots+n\cdot(n-1)a_nx^{n-2}+\cdots$$

$$\cdots\cdots$$

$$f^{(n)}(x)=n!a_n+(n+1)n\cdot(n-1)\cdots 2a_{n+1}x+\cdots$$

把$x=0$代入以上各式，得

$$a_0=f(0),\ a_1=f'(0),\ a_2=\frac{f''(0)}{2!},\ \cdots,\ a_n=\frac{f^{(n)}(0)}{n!}。$$

这就是说式(13.13)中幂级数的系数恰是$f(x)$的麦克劳林级数的系数，这就证明了函数$f(x)$关于x的幂级数展开式的唯一性。

下面结合例子研究如何将函数展开成幂级数。

3．将函数展开成幂级数的方法

（1）直接展开法

将函数$f(x)$展开成x的幂级数，直接展开法主要有以下四步组成：

第1步，求出$f(x)$的各阶导数$f'(x), f''(x), \cdots, f^{(n)}(x), \cdots$；

第2步，求出函数及其各阶导数在$x=0$处的值：$f'(0), f''(0),\cdots, f^{(n)}(0),\cdots$；

第3步，写出幂级数

$$f(0)+f'(0)x+\frac{f''(0)}{2!}x^2+\cdots+\frac{f^{(n)}(0)}{n!}x^n+\cdots$$

并求出收敛半径 R；

第 4 步，判断是否有 $\lim\limits_{n\to\infty}R_n(x)=0$，若 $\lim\limits_{n\to\infty}R_n(x)=0$，第 3 步写出的幂级数就是函数 $f(x)$ 的幂级数展开式。

例 13.23 用直接展开法求 $f(x)=\mathrm{e}^x$ 的幂级数展开式。

解 第 1 步，求出 $f(x)$ 的各阶导数。$f^{(n)}(x)=\mathrm{e}^x$（$n=1,2,\cdots$）；

第 2 步，求出函数及其各阶导数在 $x=0$ 处的值。得 $f^{(n)}(0)=1$（$n=0,1,2,\cdots$）；

第 3 步，写出幂级数

$$1+x+\frac{x^2}{2!}+\cdots+\frac{x^n}{n!}+\cdots$$

它的收敛半径 $R=+\infty$；

第 4 步，判断是否有 $\lim\limits_{n\to\infty}R_n(x)=0$。对于任意有限的数 x，ξ（ξ 在 0 与 x 之间），余项的绝对值为

$$|R_n(x)|=\left|\mathrm{e}^{\xi}\right|\frac{|x|^{n+1}}{(n+1)!}\leqslant \mathrm{e}^{|x|}\frac{|x|^{n+1}}{(n+1)!}\to 0 \ (\text{当 } n\to\infty \text{ 时})$$

得展开式

$$\mathrm{e}^x=1+x+\frac{x^2}{2!}+\cdots+\frac{x^n}{n!}+\cdots \quad (-\infty<x<+\infty) \qquad (13.14)$$

用同样的方法可以推出函数 $\sin x$ 的展开式为

$$\sin x=x-\frac{x^3}{3!}+\frac{x^5}{5!}+\cdots+(-1)^n\frac{x^{2n+1}}{(2n+1)!}+\cdots \quad (-\infty<x<+\infty) \qquad (13.15)$$

牛顿二项展开式为

$$(1+x)^{\alpha}=1+\alpha x+\frac{\alpha(\alpha-1)}{2!}x^2+\cdots+\frac{\alpha(\alpha-1)\cdots(\alpha-n+1)}{n!}x^n+\cdots \quad (-1<x<1) \qquad (13.16)$$

这里 α 为任意实常数。当 α 是正整数时，即牛顿二项定理。

（2）间接展开法

将函数 $f(x)$ 展开成 x 的幂级数，间接展开法主要有以下两步组成：

第 1 步，根据函数 $f(x)$，选择适当的已知函数展开式；

第 2 步，利用幂级数的性质和运算，与函数 $f(x)$ 建立某种联系，便可得到所求函数的展开式，并写出其收敛区间。

例 13.24 用间接展开法求 $f(x)=\cos x$ 的幂级数展开式。

解 第 1 步，由于 $(\sin x)'=\cos x$，所以选择展开式(13.15)；

第 2 步，对式(13.15)逐项微分，可得

$$\cos x=1-\frac{x^2}{2!}+\frac{x^4}{4!}+\cdots+(-1)^n\frac{x^{2n}}{(2n)!}+\cdots \quad (-\infty<x<+\infty) \qquad (13.17)$$

例 13.25 用间接展开法求 $f(x)=\ln(1+x)$ 的幂级数展开式。

解 第 1 步，选择展开式(13.16)，取 $\alpha=-1$；有

$$\frac{1}{1+x}=1-x+x^2-x^3+\cdots+(-1)^n x^n+\cdots \quad (-1<x<1) \qquad (13.18)$$

第 2 步，对式(13.18)逐项积分，可得

$$\ln(1+x)=x-\frac{x^2}{2}+\frac{x^3}{3}-\frac{x^4}{4}+\cdots+(-1)^{n-1}\frac{x^n}{n}+\cdots \quad (-1<x\leqslant 1) \qquad (13.19)$$

利用公式(13.14) ~ 公式(13.19)和幂级数的运算，还可以将某些初等函数展开成 x 的幂级数，下面举例说明。

例 13.26 将函数 $f(x)=\dfrac{1}{x-2}$ 展开成 x 的幂级数。

解 利用公式(13.18)，可得

$$\frac{1}{x-2}=-\frac{1}{2-x}=-\frac{1}{2}\cdot\left(1+\left(-\frac{x}{2}\right)\right)^{-1}=-\frac{1}{2}\left(1+\frac{x}{2}+\left(\frac{x}{2}\right)^2+\cdots+\left(\frac{x}{2}\right)^n+\cdots\right)$$

$$=-\frac{1}{2}-\frac{x}{2^2}-\frac{x^2}{2^3}-\cdots-\frac{x^n}{2^{n+1}}-\cdots=-\sum_{n=0}^{\infty}\frac{x^n}{2^{n+1}}$$

它的收敛区间为（−2，2）。

例 13.27 将函数 $f(x)=(1+x)\mathrm{e}^x$ 的展开成 x 的幂级数。

解 因为 $(1+x)\mathrm{e}^x=(x\mathrm{e}^x)'$，所以先把函数 $x\mathrm{e}^x$ 展开成 x 的幂级数，利用公式(13.14)得

$$x\mathrm{e}^x=x+x^2+\frac{x^3}{2!}+\cdots+\frac{x^{n+1}}{n!}+\cdots \quad (-\infty<x<+\infty)$$

再对上式逐项微分，有

$$(1+x)\mathrm{e}^x=(x\mathrm{e}^x)'=1+2x+\frac{3x^2}{2!}+\cdots+\frac{(n+1)x^n}{n!}+\cdots=\sum_{n=0}^{\infty}\frac{n+1}{n!}x^n \quad (-\infty<x<+\infty)$$

13.2.4 幂级数的应用

前面介绍了把函数展开成幂级数的方法。由于幂级数的部分和是个多项式，它在进行数值计算时比较简便，所以经常用这个多项式来近似表达复杂的函数，所产生的误差可以用余项来估计。因此，幂级数可用于解决近似计算问题，同时还可以解决计算不定积分和递推公式等问题。

1．函数值的近似计算

例 13.28 计算 e 的近似值。

解 e 的值就是函数 e^x 的展开式在 $x=1$ 时的函数值，即

$$\mathrm{e}=\sum_{n=0}^{\infty}\frac{1}{n!}=1+1+\frac{1}{2!}+\cdots+\frac{1}{n!}+\cdots$$

取

$$\mathrm{e}=\sum_{n=0}^{\infty}\frac{1}{n!}\approx 1+1+\frac{1}{2!}+\cdots+\frac{1}{n!}$$

则误差

$$|R_n|=\frac{1}{(n+1)!}+\frac{1}{(n+2)!}+\cdots+\frac{1}{(n+m)!}+\cdots$$

$$<\frac{1}{(n+1)!}+\frac{1}{(n+1)!(n+1)}+\cdots+\frac{1}{(n+1)!(n+1)^{m-1}}+\cdots$$

$$=\frac{1}{(n+1)!}\left[1+\frac{1}{(n+1)}+\frac{1}{(n+1)^2}+\cdots+\frac{1}{(n+1)^{m-1}}+\cdots\right]=\frac{1}{(n+1)!}\frac{1}{1-\frac{1}{n+1}}=\frac{1}{n!n}$$

若要求精确到10^{-k}，则只需取$\frac{1}{n!n}<10^{-k}$，即$n!n>10^k$。例如要精确到10^{-12}，由于$14!\cdot 14\approx 1.2\times 10^{12}>10^{12}$，所以取$n=14$，即

$$e\approx 1+1+\frac{1}{2!}+\frac{1}{3!}+\cdots+\frac{1}{14!}\approx 2.718\ 281\ 828\ 459$$

2．计算不定积分

在不定积分的计算中，有大量的被积函数的原函数不是初等函数，但是如果用幂级数来表示函数，不定积分就能用幂级数表示，即所谓的“积出来”。

例 13.29 求$\int e^{-x^2}dx$。

解 由于e^{-x^2}的原函数不是初等函数，所以“积不出来”。把e^{-x^2}的幂级数展开式代入到不定积分中，得

$$\int e^{-x^2}dx=\int\left(1-x^2+\frac{x^4}{2!}+\cdots+(-1)^n\frac{x^{2n}}{n!}+\cdots\right)dx$$
$$=C+x-\frac{x^3}{3}+\frac{x^5}{5\cdot 2!}+\cdots+(-1)^n\frac{x^{2n+1}}{(2n+1)\cdot n!}+\cdots$$，其中C积分常数。

例 13.30 求$\int\frac{\sin x}{x}dx$。

解 由于$\frac{\sin x}{x}$的原函数不是初等函数，所以“积不出来”。把$\frac{\sin x}{x}$的幂级数展开式代入到不定积分中，得

$$\int\frac{\sin x}{x}dx=\int\left(1-\frac{x^2}{3!}+\frac{x^4}{5!}+\cdots+(-1)^n\frac{x^{2n}}{(2n+1)!}+\cdots\right)dx$$
$$=C+x-\frac{x^3}{3\cdot 3!}+\frac{x^5}{5\cdot 5!}+\cdots+(-1)^n\frac{x^{2n+1}}{(2n+1)\cdot(2n+1)!}+\cdots$$，其中C积分常数。

3．解递推公式

例 13.31 设$a_{n+1}=a_n+a_{n-1}\ (n\geqslant 1)$，且满足$a_0=a_1=1$，求通项$a_n\ (n=0,1,2,\cdots)$。

解 利用a_n构造一个幂级数，设

$$f(x)=a_0+a_1x+a_2x^2+\cdots+a_nx^n+\cdots \tag{13.20}$$

在式(13.20)两边同时乘以x，得

$$xf(x)=a_0x+a_1x^2+a_2x^3+\cdots+a_nx^{n+1}+\cdots \tag{13.21}$$

将式(13.20)与式(13.21)相加，且利用$a_{n+1}=a_n+a_{n-1}$，有

$$f(x)+xf(x)=a_0+(a_0+a_1)x+(a_1+a_2)x^2+\cdots+(a_{n-1}+a_n)x^n+\cdots$$
$$=a_0+a_2x+a_3x^2+\cdots+a_{n+1}x^n+\cdots$$
$$=a_0+\frac{1}{x}(f(x)-a_0-a_1x) \tag{13.22}$$

用已知条件 $a_0 = a_1 = 1$ 代入式(13.22)，得

$$f(x) = \frac{1}{1-x-x^2} \tag{13.23}$$

把 $f(x)$ 的分母进行因式分解，从式(13.23)有

$$f(x) = \frac{1}{\left(\frac{\sqrt{5}-1}{2}-x\right)\left(\frac{\sqrt{5}+1}{2}+x\right)} = \frac{1}{\sqrt{5}}\left(\frac{1}{\left(\frac{\sqrt{5}-1}{2}-x\right)} + \frac{1}{\left(\frac{\sqrt{5}+1}{2}+x\right)}\right)$$

$$= \frac{1}{\sqrt{5}}\left(\frac{\sqrt{5}+1}{2}\left(1-\left(\frac{\sqrt{5}+1}{2}\right)x\right)^{-1} + \frac{\sqrt{5}-1}{2}\left(1+\left(\frac{\sqrt{5}-1}{2}\right)x\right)^{-1}\right) \tag{13.24}$$

利用公式(13.18)，将式(13.24)展开成 x 的幂级数，得

$$f(x) = \sum_{n=0}^{\infty}\frac{1}{\sqrt{5}}\left(\left(\frac{\sqrt{5}+1}{2}\right)^{n+1} + (-1)^n\left(\frac{\sqrt{5}-1}{2}\right)^{n+1}\right)x^n$$

所以得

$$a_n = \frac{1}{\sqrt{5}}\left(\left(\frac{\sqrt{5}+1}{2}\right)^{n+1} + (-1)^n\left(\frac{\sqrt{5}-1}{2}\right)^{n+1}\right) \quad (n = 0,1,2,\cdots)$$

这就是著名的 Fibonacci 数列的通项公式。Fibonacci 数列的前 15 项分别为 1，1，2，3，5，8，13，21，34，55，89，144，233，377，610，在其数列中的每一项（从第三项开始）都是紧接着前面两项的和。

13.3 傅里叶级数

在上一节中研究了幂级数，在物理学和电子工程技术中，经常还要用到另一类重要的函数项级数，就是三角级数。三角级数也称为傅里叶(Fourier)级数。三角级数的一般形式是

$$\frac{a_0}{2} + \sum_{n=1}^{\infty}(a_n \cos nx + b_n \sin nx)$$

其中 a_0，a_n，b_n $(n = 1,2,\cdots)$ 都是常数，称为系数。特别当 $a_n = 0$ $(n = 0,1,2,\cdots)$ 时，级数只含正弦项，称为正弦级数。当 $b_n = 0$ $(n = 1,2,\cdots)$ 时，级数只含常数项和余弦项，称为余弦级数。在本节中主要研究三角级数的收敛性以及如何把一个函数展开成为三角级数的问题。

13.3.1 以 2π为周期的函数展开成傅里叶级数

由于正弦函数和余弦函数都是周期函数，因此，先考虑周期函数展开成为三角级数的问题。设 $f(x)$ 是以 2π 为周期的函数，所谓 $f(x)$ 能展开成为三角级数，也就是说能把 $f(x)$ 表示为

$$f(x) = \frac{a_0}{2} + \sum_{n=1}^{\infty}(a_n \cos nx + b_n \sin nx) \tag{13.25}$$

求 $f(x)$ 的三角级数展开式，也就是求式(13.25)中的系数 a_0，a_n，b_n $(n = 1,2,\cdots)$。为了求出这些系数，先介绍三角函数系的正交性的概念。

1．三角函数系的正交性

三角级数(13.25)可看做是三角函数系

$$\{1, \sin x, \cos x, \sin 2x, \cos 2x, \cdots, \sin nx, \cos nx, \cdots\} \tag{13.26}$$

的线性组合。

三角函数系(13.26)具有如下重要的正交性质。

定理 13.9 （三角函数系的正交性）三角函数系(13.26)中任意两个不同函数的乘积在$[-\pi, \pi]$上的积分等于 0，即有

$$\int_{-\pi}^{\pi} 1 \cdot \cos nx\mathrm{d}x = 0，\quad \int_{-\pi}^{\pi} 1 \cdot \sin nx\mathrm{d}x = 0 \qquad (n = 1,2,3,\cdots)$$

$$\int_{-\pi}^{\pi} \cos kx \sin nx\mathrm{d}x = 0 \qquad (k, n = 1,2,3,\cdots)$$

$$\int_{-\pi}^{\pi} \cos kx \cos nx\mathrm{d}x = 0 \qquad (k, n = 1,2,3,\cdots, k \neq n)$$

$$\int_{-\pi}^{\pi} \sin kx \sin nx\mathrm{d}x = 0 \qquad (k, n = 1,2,3,\cdots, k \neq n)$$

这个定理的证明的方法是：只要把以上五个积分求出来验证即可，请读者自己完成。

2．$f(x)$的傅里叶级数

为了求出式(13.25)中的系数，利用三角函数系的正交性，假设式(13.25)是可以逐项积分的。首先求出a_0，为此将式(13.25)两边同时在$[-\pi, \pi]$上逐项积分，有

$$\int_{-\pi}^{\pi} f(x)\mathrm{d}x = \int_{-\pi}^{\pi} \frac{a_0}{2}\mathrm{d}x + \sum_{n=1}^{\infty}\left(a_n \int_{-\pi}^{\pi} \cos nx\mathrm{d}x + b_n \int_{-\pi}^{\pi} \sin nx\mathrm{d}x\right)$$

利用定理 13.9，右端除第一项外均为 0，所以

$$\int_{-\pi}^{\pi} f(x)\mathrm{d}x = \int_{-\pi}^{\pi} \frac{a_0}{2}\mathrm{d}x = \pi a_0$$

即

$$a_0 = \frac{1}{\pi}\int_{-\pi}^{\pi} f(x)\mathrm{d}x$$

再求出a_n，将式(13.25)中的n改为k，即

$$f(x) = \frac{a_0}{2} + \sum_{k=1}^{\infty}(a_k \cos kx + b_k \sin kx) \tag{13.27}$$

将式(13.27)两边同时乘以$\cos nx$，并在$[-\pi, \pi]$上逐项积分，有

$$\int_{-\pi}^{\pi} f(x)\cos nx\mathrm{d}x = \int_{-\pi}^{\pi} \frac{a_0}{2}\cos nx\mathrm{d}x + \sum_{k=1}^{\infty}\left(a_k \int_{-\pi}^{\pi} \cos kx \cos nx\,\mathrm{d}x + b_k \int_{-\pi}^{\pi} \sin kx \cos nx\,\mathrm{d}x\right)$$

利用定理 13.9，右端除$k = n$的一项不为零，其余各项均为零，所以

$$\int_{-\pi}^{\pi} f(x)\cos nx\mathrm{d}x = a_n \int_{-\pi}^{\pi} \cos^2 nx\,\mathrm{d}x = \pi a_n$$

于是得

$$a_n = \frac{1}{\pi}\int_{-\pi}^{\pi} f(x)\cos nx\mathrm{d}x$$

最后求出b_n，只须将式(13.27)两边同时乘以$\sin nx$，并在$[-\pi, \pi]$上逐项积分，可得

$$b_n = \frac{1}{\pi}\int_{-\pi}^{\pi} f(x)\sin nx\,\mathrm{d}x$$

用上述方法求得的系数 a_0，a_n，b_n 称为 $f(x)$ 的傅里叶系数。

综上所述，得到如下定理。

定理 13.10 设 $f(x)$ 是周期为 2π 的函数，则 $f(x)$ 的傅里叶系数的公式为

$$a_n = \frac{1}{\pi}\int_{-\pi}^{\pi} f(x)\cos nx\mathrm{d}x \quad (n = 0,1,2,\cdots) \tag{13.28}$$

$$b_n = \frac{1}{\pi}\int_{-\pi}^{\pi} f(x)\sin nx\,\mathrm{d}x \quad (n = 1,2,3,\cdots) \tag{13.29}$$

由 $f(x)$ 的傅里叶系数所确定的三角级数

$$\frac{a_0}{2} + \sum_{n=1}^{\infty}(a_n \cos nx + b_n \sin nx)$$

称为 $f(x)$ 的傅里叶级数。

易知，当 $f(x)$ 为奇函数时，利用公式(13.28)，可得 $a_n = 0\ (n = 0,1,2,\cdots)$；当 $f(x)$ 为偶函数时，利用公式(13.29)，可得 $b_n = 0\ (n = 1,2,\cdots)$，因此，有如下推论。

推论 当 $f(x)$ 是周期为 2π 的奇函数时，则 $f(x)$ 的傅里叶级数是正弦级数 $\sum\limits_{n=1}^{\infty} b_n \sin nx$，其中系数

$$b_n = \frac{2}{\pi}\int_{0}^{\pi} f(x)\sin nx\,\mathrm{d}x \quad (n = 1,2,3,\cdots)$$

当 $f(x)$ 是周期为 2π 的偶函数时，则 $f(x)$ 的傅里叶级数是余弦级数 $\frac{a_0}{2} + \sum\limits_{n=1}^{\infty} a_n \cos nx$，其中系数

$$a_n = \frac{2}{\pi}\int_{0}^{\pi} f(x)\cos nx\mathrm{d}x \quad (n = 0,1,2,\cdots)$$

3．傅里叶级数的收敛性

对于给定的 $f(x)$，只要 $f(x)$ 能使公式(13.28)和(13.29)的积分可积，就可计算出 $f(x)$ 的傅里叶系数，从而得到 $f(x)$ 的傅里叶级数。但是这个傅里叶级数不一定收敛，即使收敛也不一定收敛于 $f(x)$。那么 $f(x)$ 还需要附加什么条件，才能确保 $f(x)$ 的傅里叶级数收敛且收敛于 $f(x)$ 呢？下面的定理就回答了这个问题。

定理 13.11 （狄利克雷(Dirichlet)收敛定理）

设以 2π 为周期的函数 $f(x)$ 在 $[-\pi,\pi]$ 上满足狄利克雷条件：

（1）仅有有限个第一类间断点，或连续；

（2）至多只有有限个极值点。

则 $f(x)$ 的傅里叶级数在 $[-\pi,\pi]$ 上收敛，且有：

（i）当 x 是 $f(x)$ 的连续点时，$f(x)$ 的傅里叶级数收敛于 $f(x)$；

（ii）当 x 是 $f(x)$ 的间断点时，$f(x)$ 的傅里叶级数收敛于这一点左、右极限的算术平均数 $\frac{1}{2}[f(x-0) + f(x+0)]$。

例 13.32 设以 2π 为周期的函数 $f(x)$ 在 $[-\pi,\pi)$ 上的表达式为

$$f(x)=\begin{cases}-1, & -\pi\leqslant x<0\\ 1, & 0\leqslant x<\pi\end{cases}$$

求函数 $f(x)$ 的傅里叶级数展开式。

解 作出函数 $f(x)$ 的图形，见图 13.2，它表示了一个矩形波。

由狄利克雷收敛定理，当 $x\neq k\pi$（k 为整数)时，$f(x)$ 的傅里叶级数收敛于 $f(x)$；当 $x=k\pi$ 时，$f(x)$ 的傅里叶级数收敛于 $\frac{1}{2}(1+(-1))=0$。又因 $f(x)$ 是奇函数，由定理 13.10 的推论可知展开式必为正弦级数，即 $a_n=0\ (n=0,1,2,\cdots)$，只需求出 b_n 即可。计算傅里叶系数，当 $n\geqslant 1$ 时

$$b_n=\frac{2}{\pi}\int_0^{\pi}f(x)\sin nx\,\mathrm{d}x=\frac{2}{\pi}\int_0^{\pi}1\cdot\sin nx\,\mathrm{d}x=\frac{2}{n\pi}(1-(-1)^n)$$

$$=\begin{cases}0, & n=2k\\ \dfrac{4}{(2k-1)\pi}, & n=2k-1\end{cases}\quad(k=1,2,3\cdots)$$

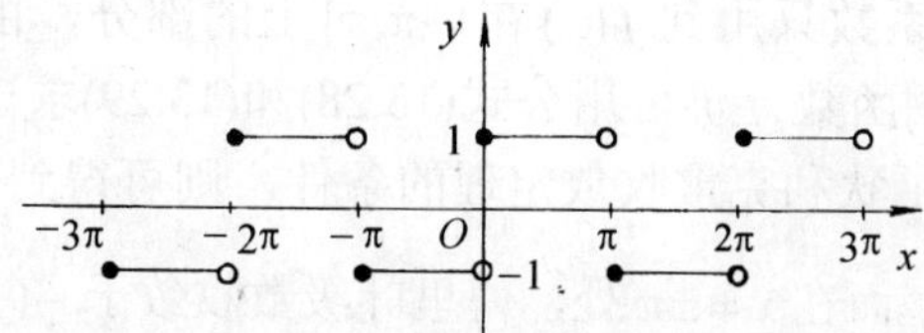

图 13.2

所以，$f(x)$ 的傅里叶级数展开式为

$$f(x)=\frac{4}{\pi}\left(\sin x+\frac{\sin 3x}{3}+\frac{\sin 5x}{5}+\cdots+\frac{\sin(2k-1)x}{2k-1}+\cdots\right)\ (x\neq m\pi，m \text{ 为整数})$$

在本例中 $f(x)$ 的展开式表明：如果把 $f(x)$ 理解为矩形波的波函数，则矩形波是由一系列的不同频率、不同振幅的正弦波叠加而成的。在电学中，这种展开式称为谐波分析。

例 13.33 设以 2π 为周期的函数 $f(x)$ 在 $[-\pi,\pi)$ 上的表达式为

$$f(x)=\begin{cases}x, & -\pi\leqslant x<0\\ 0, & 0\leqslant x<\pi\end{cases}$$

求函数 $f(x)$ 的傅里叶级数展开式。

解 作出函数 $f(x)$ 的图形，见图 13.3。由狄利克雷收敛定理，当 $x\neq(2k+1)\pi$（k 为整数)时，$f(x)$ 的傅里叶级数收敛于 $f(x)$；当 $x=(2k+1)\pi$ 时，$f(x)$ 的傅里叶级数收敛于 $\frac{1}{2}(0+(-\pi))=-\frac{\pi}{2}$。计算傅里叶系数：

$$a_0=\frac{1}{\pi}\int_{-\pi}^{\pi}f(x)\,\mathrm{d}x=\frac{1}{\pi}\int_{-\pi}^{0}x\,\mathrm{d}x=-\frac{\pi}{2}$$

当 $n\geqslant 1$ 时，有

$$a_n=\frac{1}{\pi}\int_{-\pi}^{\pi}f(x)\cos nx\mathrm{d}x=\frac{1}{\pi}\int_{-\pi}^{0}x\cos nx\,\mathrm{d}x=\frac{1-(-1)^n}{\pi n^2}==\begin{cases}0, & n=2k\\ \dfrac{2}{(2k-1)^2\pi}, & n=2k-1\end{cases}$$

$$b_n = \frac{1}{\pi}\int_{-\pi}^{\pi} f(x)\sin nx\,\mathrm{d}x = \frac{1}{\pi}\int_{-\pi}^{0} x\sin nx\,\mathrm{d}x = \frac{(-1)^{n+1}}{n}$$

所以，$f(x)$的傅里叶级数展开式为

$$f(x) = -\frac{\pi}{4} + \sum_{k=1}^{\infty}\left(\frac{2}{\pi}\cdot\frac{\cos(2k-1)x}{(2k-1)^2} + \frac{(-1)^{k+1}}{k}\sin kx\right)\quad (x \neq (2m+1)\pi,\ m\text{ 为整数})$$

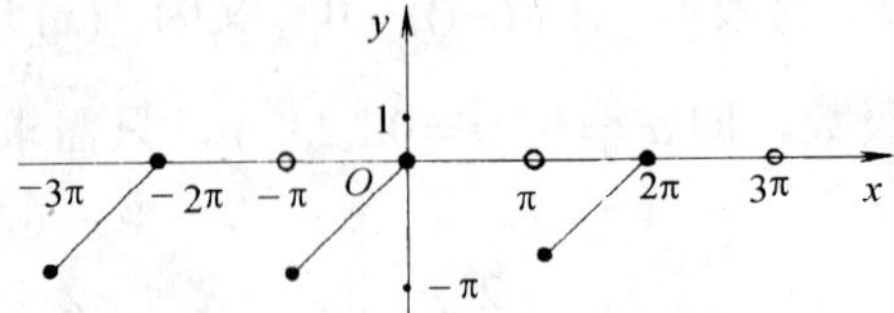

图 13.3

4．$[-\pi,\pi]$或$[0,\pi]$上的函数展开成傅里叶级数

由于求$f(x)$的傅里叶系数只用到$f(x)$在$[-\pi,\pi]$上的部分，由此可见，即使$f(x)$只在$[-\pi,\pi]$上有定义或不是周期函数，仍可用公式(13.28)和(13.29)求出$f(x)$的傅里叶系数，而且如果$f(x)$在$[-\pi,\pi]$上满足狄利克雷收敛定理的条件，则可得到在$(-\pi,\pi)$内的连续点上傅里叶级数是收敛于$f(x)$的，而在$x=\pm\pi$处，傅里叶级数收敛于$\frac{1}{2}(f(\pi-0)+f(-\pi+0))$。

类似地，如果$f(x)$只在$[0,\pi]$上有定义且满足狄利克雷收敛定理的条件，要得到$f(x)$在$[0,\pi]$上的傅里叶级数展开式，可以任意补充$f(x)$在$[-\pi,0]$上的定义，称为函数的延拓，便可得到相应的傅里叶级数展开式。这一展开式可在$(0,\pi)$内的连续点上是收敛于$f(x)$的。常用的两种延拓方法是把$f(x)$延拓成为偶函数或奇函数。这样做的目的是可以利用推论的傅里叶系数公式把$f(x)$展开成为正弦级数或余弦级数。

例 13.34 将函数$f(x)=x^2$，$x\in[-\pi,\pi]$展成傅里叶级数。

解 作函数$f(x)$的图形，见图 13.4。

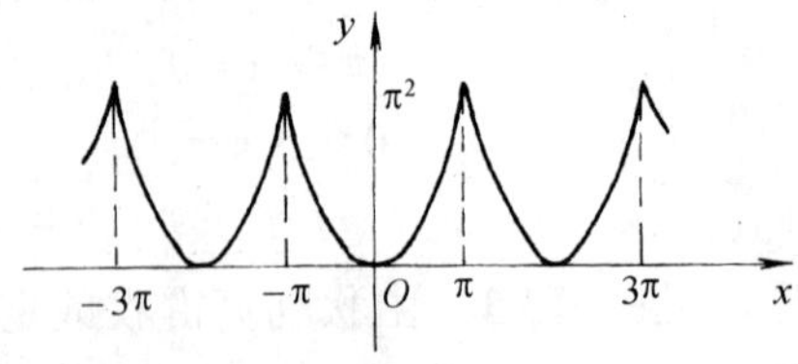

图 13.4

由狄利克雷收敛定理知，$f(x)$的傅里叶级数在$[-\pi,\pi]$上处处收敛于$f(x)$。又因$f(x)$为偶函数，由定理 13.10 的推论可知展开式必为余弦级数，即 $b_n=0\quad(n=1,2,\cdots)$，只需求出a_n即可。计算傅里叶系数：

$$a_0 = \frac{2}{\pi}\int_0^{\pi} f(x)\mathrm{d}x = \frac{2}{\pi}\int_0^{\pi} x^2\mathrm{d}x = \frac{2}{3}\pi^2$$

当$n\geqslant 1$时，$a_n = \dfrac{2}{\pi}\displaystyle\int_0^{\pi} f(x)\cos nx\mathrm{d}x = \dfrac{2}{\pi}\displaystyle\int_0^{\pi} x^2\cos nx\mathrm{d}x$

$$=\frac{2}{\pi}\left[\frac{x^2}{n}\sin nx+\frac{2x}{n^2}\cos nx-\frac{2}{n^3}\sin nx\right]_0^{\pi}=(-1)^n\frac{4}{n^2}$$

所以，$f(x)$的傅里叶级数展开式为

$$x^2=\frac{\pi^2}{3}+4\left(-\cos x+\frac{1}{2^2}\cos 2x-\frac{1}{3^2}\cos 3x+\cdots+\frac{(-1)^n}{n^2}\cos nx+\cdots\right)\quad x\in[-\pi,\pi]$$

例 13.35 将函数 $f(x)=x$， $x\in[0,\pi]$分别展开成正弦级数与余弦级数。

解 为把$f(x)$展开成正弦级数，可将$f(x)$延拓成为奇函数$g(x)=x$， $x\in[-\pi,\pi]$，再利用推论的公式求出

$$b_n=\frac{2}{\pi}\int_0^{\pi}f(x)\sin nx\,\mathrm{d}x=\frac{2}{\pi}\int_0^{\pi}x\sin nx\,\mathrm{d}x=(-1)^{n+1}\frac{2}{n}$$

由此得$g(x)$在$(-\pi,\pi)$上的展开式，即$f(x)$在$[0,\pi)$上的展开式为

$$x=2\left(\sin x-\frac{\sin 2x}{2}+\frac{\sin 3x}{3}-\cdots+(-1)^{n+1}\frac{\sin nx}{n}+\cdots\right)\quad (0\leqslant x<\pi)$$

在$x=\pi$处，上述正弦级数收敛于$\frac{1}{2}(f(\pi-0)+f(-\pi+0))=\frac{1}{2}(\pi+(-\pi))=0$。

为把$f(x)$展开成余弦级数，可将$f(x)$延拓成为偶函数$g(x)=|x|$，$x\in[-\pi,\pi]$，再利用推论的公式计算

$$a_0=\frac{2}{\pi}\int_0^{\pi}f(x)\,\mathrm{d}x=\frac{2}{\pi}\int_0^{\pi}x\mathrm{d}x=\pi$$

当$n\geqslant 1$时，有

$$a_n=\frac{2}{\pi}\int_0^{\pi}f(x)\cos nx\mathrm{d}x=\frac{2}{\pi}\int_0^{\pi}x\cos nx\mathrm{d}x==\frac{2((-1)^n-1)}{\pi n^2}=\begin{cases}0, & n=2k\\ \dfrac{-4}{(2k-1)^2\pi}, & n=2k-1\end{cases}$$

所以得到$f(x)$在$[0,\pi]$上的余弦级数展开式为

$$x=\frac{\pi}{2}-\frac{4}{\pi}\left(\cos x+\frac{\cos 3x}{3^2}+\frac{\cos 5x}{5^2}+\cdots+\frac{\cos(2k-1)x}{(2k-1)^2}+\cdots\right)\quad (0\leqslant x\leqslant\pi)$$

13.3.2 以 $2l$ 为周期的函数展开成傅里叶级数

设$f(x)$是以$2l$为周期的函数，且在$[-l,l]$上满足狄利克雷收敛定理的条件，进行代换$x=\frac{l}{\pi}t$，即$t=\frac{\pi}{l}x$，$f(x)=f\left(\frac{l}{\pi}t\right)=F(t)$，则$F(t)$是以$2\pi$为周期的函数，且在$[-\pi,\pi]$上满足狄利克雷收敛定理的条件。因此可用前面的方法得到$F(t)$的傅里叶级数展开式为

$$F(t)=\frac{a_0}{2}+\sum_{n=1}^{\infty}(a_n\cos nt+b_n\sin nt)$$

然后再用$t=\frac{\pi}{l}x$，代入上式，就得到$f(x)$的傅里叶级数展开式为

$$f(x)=\frac{a_0}{2}+\sum_{n=1}^{\infty}(a_n\cos\frac{n\pi}{l}x+b_n\sin\frac{n\pi}{l}x)$$

例 13.36 设以 2 为周期的函数$f(x)$，$f(x)$在$[-1,1]$上的表达式是$f(x)=x$，$x\in[-1,1]$，求$f(x)$的傅里叶级数展开式。

解 作出函数 $f(x)$ 的图形，见图 13.5。

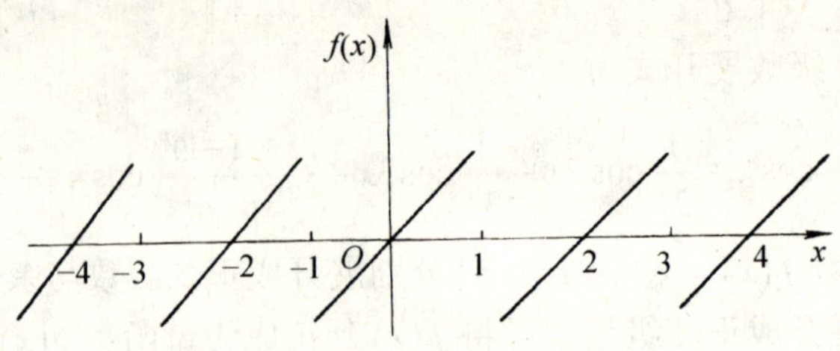

图 13.5

做变换 $x=\frac{1}{\pi}t$，则得 $F(t)$ 在 $[-\pi,\pi]$ 上的表达式为

$$F(t)=\frac{1}{\pi}t，\quad t\in[-\pi,\pi]$$

利用例 13.35 的前半部分可直接写出系数

$$b_n=(-1)^{n+1}\frac{2}{n\pi}$$

因此得 $F(t)$ 的展开式为

$$F(t)=\frac{2}{\pi}\left(\sin t-\frac{\sin 2t}{2}+\frac{\sin 3t}{3}-\cdots+(-1)^{n+1}\frac{\sin nt}{n}+\cdots\right)\quad（t\neq(2k+1)\pi，\ k\text{ 为整数}）$$

把 t 换回 x，令 $t=\pi x$，即得

$$f(x)=\frac{2}{\pi}\left(\sin \pi x-\frac{\sin 2\pi x}{2}+\frac{\sin 3\pi x}{3}-\cdots+(-1)^{n+1}\frac{\sin n\pi x}{n}+\cdots\right)\quad（x\neq(2k+1)，\ k\text{ 为整数}）$$

依照例 13.35 的做法，也可把 $[0,l]$ 上的函数 $f(x)$ 展开成为正弦级数或余弦级数。

13.4 本章小结

13.4.1 内容提要

1. 基本概念

数项级数，函数项级数，正项级数，交错级数，幂级数，泰勒级数，麦克劳林级数，傅里叶级数，前 n 项部分和，级数和，级数的收敛，级数的发散，绝对收敛，条件收敛，和函数，收敛半径，收敛区间，收敛域。

2. 基本定理

比较判别定理，比值判别定理，交错级数判别定理，求收敛半径定理，幂级数展开定理，傅里叶级数展开定理。

3. 基本方法

正项级数的比较判别法，正项级数的比值判别法，交错级数的莱布尼茨判别法，幂级数的直接展开法，幂级数的间接展开法，傅里叶级数的展开法。

13.4.2 疑点解析

问题 1 有限个数相加与无穷个数相加有什么区别和联系？

解析 有限个数相加与无穷个数相加有本质区别的。有限个数相加是一个确定的数值，而无穷个数相加只是一种写法符号，不可能用有限个数相加来完成，无穷个数相加未必是一个确定的数值。在有限个数相加中的结合律和交换律在无穷个数相加中也不一定成立。

但是，无穷个数相加与有限个数相加又是紧密联系的。在研究无穷个数相加时，是以有限个数相加为基础的，即从部分和出发，研究其极限是否存在。若极限存在，则无穷个数相加有和，也就是无穷级数有和，其和等于这个极限值；否则，无穷个数相加无和。

问题 2 判别级数 $\sum_{n=1}^{\infty} a_n$ 的收敛性的一般步骤是什么？

解析 对于任意项级数，判别其敛散性有以下几步：

第 1 步，若能明显求出 $\lim_{n\to\infty} a_n \neq 0$，则级数发散；否则，进行下一步；

第 2 步，考虑级数 $\sum_{n=1}^{\infty} |a_n|$，这是一个正项级数，采用比值判别法，设 $\lim_{n\to\infty}\left|\frac{a_{n+1}}{a_n}\right| = \rho$，若 $\rho < 1$，则原级数绝对收敛；若 $\rho > 1$，则原级数发散；$\rho = 1$，进行下一步；

第 3 步，考虑级数 $\sum_{n=1}^{\infty} |a_n|$，采用比较判别法，寻找适当的 p 级数或几何级数进行比较，判别原级数是否绝对收敛；若级数 $\sum_{n=1}^{\infty} |a_n|$ 发散，又 $\sum_{n=1}^{\infty} a_n$ 是交错级数，再用莱布尼茨判别法，判别原级数是否条件收敛，否则，进行下一步；

第 4 步，直接用 $\lim_{n\to\infty} S_n$ 是否存在来判别，或用级数的性质来判别。

例 13.37 判别下列级数的敛散性：

（1）$\sum_{n=1}^{\infty} (-1)^n \frac{1}{n}(\sqrt{n+1} - \sqrt{n})$；（2）$\sum_{n=1}^{\infty} (-1)^n (\sqrt{n+1} - \sqrt{n})$。

解 （1）先考虑正项级数 $\sum_{n=1}^{\infty} \left|(-1)^n \frac{1}{n}(\sqrt{n+1} - \sqrt{n})\right|$，若用比值判别法，可得 $\rho = 1$(由读者自己完成)，进行下一步；考虑用比较判别法，由于

$$\frac{1}{n}\left(\sqrt{n+1} - \sqrt{n}\right) = \frac{1}{n(\sqrt{n+1} + \sqrt{n})} < \frac{1}{n\sqrt{n}}$$

且 $\sum_{n=1}^{\infty} \frac{1}{n\sqrt{n}}$ 收敛，于是级数 $\sum_{n=1}^{\infty} \left|(-1)^n \frac{1}{n}(\sqrt{n+1} - \sqrt{n})\right|$ 收敛，所以 $\sum_{n=1}^{\infty} (-1)^n \frac{1}{n}(\sqrt{n+1} - \sqrt{n})$ 是绝对收敛的级数；

（2）先考虑正项级数 $\sum_{n=1}^{\infty} \left|(-1)^n (\sqrt{n+1} - \sqrt{n})\right|$，若用比值判别法，可得 $\rho = 1$（由读者自己完成），进行下一步；考虑用比较判别法，由于

$$(\sqrt{n+1} - \sqrt{n}) = \frac{1}{(\sqrt{n+1} + \sqrt{n})} > \frac{1}{2\sqrt{n+1}}$$

且 $\sum_{n=1}^{\infty}\frac{1}{2\sqrt{n+1}}$ 发散，于是级数 $\sum_{n=1}^{\infty}\left|(-1)^n(\sqrt{n+1}-\sqrt{n})\right|$ 发散，再进行下一步；又因级数 $\sum_{n=1}^{\infty}(-1)^n(\sqrt{n+1}-\sqrt{n})$ 是交错级数，又 $\lim_{n\to\infty}a_n=\lim_{n\to\infty}(\sqrt{n+1}-\sqrt{n})=\lim_{n\to\infty}\frac{1}{(\sqrt{n+1}+\sqrt{n})}=0$，设 $f(x)=\sqrt{x+1}-\sqrt{x}$，求导数，当 $x>0$ 时，有 $f'(x)=\frac{1}{2\sqrt{x+1}}-\frac{1}{2\sqrt{x}}<0$，所以 $a_n=\sqrt{n+1}-\sqrt{n}$ 是单调下降的。即满足莱布尼茨判别法的条件，所以 $\sum_{n=1}^{\infty}(-1)^n(\sqrt{n+1}-\sqrt{n})$ 是条件收敛的级数。

问题 3 求幂级数的收敛区间或收敛域时应注意些什么？

解析 若标准的幂级数 $\sum_{n=0}^{\infty}a_nx^n$，且 $\lim_{n\to\infty}\left|\frac{a_{n+1}}{a_n}\right|$ 存在或为 $+\infty$，可先按公式求出收敛半径 R 或 $R=0$，并写出收敛区间 $(-R,R)$ 或只在 $x=0$ 处收敛；再判别 $x=\pm R$ 处的收敛性，以确定其收敛域。若 $\lim_{n\to\infty}\left|\frac{a_{n+1}}{a_n}\right|$ 不存在且不为 $+\infty$，或不是标准的幂级数（比如缺奇次幂项或缺偶次幂项，或含 $x-x_0$ 的幂等），则采取变量替代等方法化为标准的幂级数，求出新级数的收敛区间后，再回代求出原级数的收敛区间或收敛域，也可直接用比值法求出后项比前项的极限，再求出级数的收敛区间或收敛域。

问题 4 将函数 $f(x)$ 展开为幂级数有哪些方法？

解析 一般说来，将函数 $f(x)$ 展开为幂级数有两种方法，一种是直接展开法：分四步完成，第 1 步求出 $f(x)$ 的各阶导数；第 2 步求出 $f(x)$ 的各阶导数在 $x=0$ 处的值；第 3 步写出泰勒级数，并求收敛区间；第 4 步证明其余项的极限为 0，即 $\lim_{n\to\infty}R_n(x)=0$。另一种是间接展开法，分两步完成，第 1 步根据函数 $f(x)$ 做适当恒等变形，选择适当的已知函数展开式，即公式(13.14) ~ 公式(13.19)；第 2 步利用幂级数的性质和运算，与函数 $f(x)$ 建立某种联系，便可得到所求函数的展开式。在这里主要指利用幂级数的加法和乘法等运算以及幂级数的逐项微分与逐项积分的性质。

例 13.38 将 $f(x)=\frac{x}{1+x-2x^2}$ 展开成 x 的幂级数。

解 利用间接展开法。由于 $f(x)=\frac{x}{1+x-2x^2}=\frac{x}{(1-x)(1+2x)}=\frac{1}{3}\left(\frac{1}{1-x}-\frac{1}{1+2x}\right)$，而

$$\frac{1}{1-x}=1+x+x^2+x^3+\cdots+x^n+\cdots \quad (-1<x<1)$$

$$\frac{1}{1+2x}=1-2x+4x^2-8x^3+\cdots+(-2)^nx^n+\cdots \quad \left(-\frac{1}{2}<x<\frac{1}{2}\right)$$

所以

$$f(x)=\frac{x}{1+x-2x^2}=\frac{1}{3}\sum_{n=0}^{\infty}(1-(-1)^n2^n)x^n \quad \left(-\frac{1}{2}<x<\frac{1}{2}\right)$$

注意：一个函数展开成几个幂级数的和，其收敛区间是几个幂级数收敛区间的交集。

例 13.39 将 $f(x)=\ln x$ 展开成含 $x-2$ 的幂级数。

解 利用间接展开法。由于 $f(x)=\ln x=\ln[2+(x-2)]=\ln 2+\ln\left(1+\frac{x-2}{2}\right)$。

令 $u=\frac{x-2}{2}$，则

$$\ln\left(1+\frac{x-2}{2}\right)=\ln(1+u)=u-\frac{u^2}{2}+\frac{u^3}{3}-\frac{u^4}{4}+\cdots+(-1)^{n-1}\frac{u^n}{n}+\cdots \quad (\ 1<u\leqslant 1)$$

因此有

$$\ln\left(1+\frac{x-2}{2}\right)=\frac{x-2}{2}-\frac{(x-2)^2}{2\cdot 2^2}+\frac{(x-2)^3}{3\cdot 2^3}-\frac{(x-2)^4}{4\cdot 2^4}+\cdots+(-1)^{n-1}\frac{(x-2)^n}{n\cdot 2^n}+\cdots$$

$$(0<x\leqslant 4)$$

所以得

$$\ln x=\ln 2+\frac{x-2}{2}-\frac{(x-2)^2}{2\cdot 2^2}+\frac{(x-2)^3}{3\cdot 2^3}-\frac{(x-2)^4}{4\cdot 2^4}+\cdots+(-1)^{n-1}\frac{(x-2)^n}{n\cdot 2^n}+\cdots$$

$$(0<x\leqslant 4)$$

问题 5 傅里叶级数与幂级数有何不同?

解析 傅里叶级数的结构与幂级数不同。傅里叶级数的各项均是正弦函数或余弦函数，且都是周期函数，因此，傅里叶级数能呈现出函数的周期性，而幂级数没有。一个函数的傅里叶级数展开的条件要比幂级数展开的条件低得多，它不仅不需要函数具有任意阶导数，而且函数的连续性也不要求，只须满足狄利克雷收敛定理 13.11 的条件即可。这样就可以使得一般的函数均能展开成傅里叶级数，但它的收敛域比较复杂，系数计算也比较复杂，逐项微分与逐项积分还需附加很强的条件。而幂级数的收敛域是区间，系数计算也比较简单，在收敛区间内可进行逐项微分与逐项积分，而不需要附加任何条件。

习　题　13

1．根据级数收敛的定义，判定下列级数的敛散性，对收敛者求出其和。

（1）$\sum\limits_{n=1}^{\infty}\frac{1}{(3n-2)(3n+1)}$；　（2）$\sum\limits_{n=1}^{\infty}\frac{1}{\sqrt{n+1}+\sqrt{n}}$；

（3）$\sum\limits_{n=1}^{\infty}\left(\frac{1}{2^n}-\frac{1}{3^n}\right)$；　（4）$\sum\limits_{n=1}^{\infty}\frac{2^n-1}{2^n}$。

2．判别下列级数的敛散性。

（1）$\sum\limits_{n=1}^{\infty}\frac{3+(-1)^n}{2^n}$；　（2）$\sum\limits_{n=1}^{\infty}n\ln\left(1+\frac{1}{n}\right)$；

（3）$\sum\limits_{n=1}^{\infty}\frac{n}{6n+5}$；　（4）$\sum\limits_{n=1}^{\infty}(-1)^n$。

3．用比较判别法判定下列级数的敛散性。

（1）$\sum\limits_{n=1}^{\infty}\frac{1}{(n+1)(n+2)}$；　（2）$\sum\limits_{n=1}^{\infty}\frac{n}{\sqrt{n^3+1}}$；

（3）$\sum\limits_{n=1}^{\infty}\tan\frac{\pi}{4n}$；　（4）$\sum\limits_{n=1}^{\infty}\frac{1}{\sqrt{n(n^2+1)}}$。

4．用比值判别法判定下列级数的敛散性。

（1）$\sum_{n=1}^{\infty}\frac{3}{2^n}$；（2）$\sum_{n=1}^{\infty}\frac{3^n}{n\cdot 2^n}$；（3）$\sum_{n=1}^{\infty}\frac{(n!)^2}{(2n)!}$；（4）$\sum_{n=1}^{\infty}\frac{n!}{2^n+1}$。

5．判别下列交错级数是否收敛；如果收敛，指出是绝对收敛还是条件收敛。

（1）$\sum_{n=1}^{\infty}\frac{(-1)^{n-1}}{\sqrt{n}}$；（2）$\sum_{n=1}^{\infty}(-1)^{n-1}\frac{n^3}{2^n}$；（3）$\sum_{n=1}^{\infty}(-1)^{n-1}\frac{n}{2n-1}$。

6．求下列幂级数的收敛半径和收敛区间。

（1）$\sum_{n=1}^{\infty}\frac{x^n}{n^2\cdot 2^n}$；（2）$\sum_{n=1}^{\infty}\frac{n!}{n^n}x^n$；（3）$\sum_{n=1}^{\infty}\frac{2n-1}{2^n}x^{2n}$；

（4）$\sum_{n=1}^{\infty}\frac{(2x+1)^n}{n}$；（5）$\sum_{n=1}^{\infty}\frac{(x-1)^n}{n\cdot 3^n}$。

7．利用幂级数的性质，求下列幂级数的和函数。

（1）$\sum_{n=1}^{\infty}\frac{x^n}{n+1}$；（2）$\sum_{n=1}^{\infty}(n+1)x^n$；（3）$\sum_{n=1}^{\infty}2nx^{2n-1}$。

8．把下列函数展开为麦克劳林级数，并写出收敛区间。

（1）$y=\frac{1}{x+2}$；（2）$y=\ln(3-x)$；（3）$y=\sin^2 x$；（4）$y=\frac{1}{x^2-2x-3}$。

9．利用函数的幂级数展开式，求$\sqrt[5]{245}$的近似值，精确到10^{-4}。

10．利用函数的幂级数展开式，求$\int_0^{\frac{1}{2}}e^{-x^2}dx$的近似值，精确到$10^{-4}$。

11．设$a_{n+1}=a_n+2a_{n-1}\ (n\geqslant 1)$，且满足$a_0=a_1=1$，利用幂级数的方法，求通项$a_n\ (n=0,1,2,\cdots)$。

12．设$f(x)=\frac{\pi-x}{2}$（$-\pi\leqslant x\leqslant\pi$），把$f(x)$展开成傅里叶级数。

13．设$f(x)=\cos\frac{x}{2}$（$-\pi\leqslant x\leqslant\pi$），把$f(x)$展开成傅里叶级数。

14．设$f(x)=\begin{cases}\pi, & -\pi\leqslant x<0\\ x, & 0\leqslant x\leqslant\pi\end{cases}$，把$f(x)$展开成傅里叶级数。

15．设$f(x)=e^x$（$-\pi\leqslant x\leqslant\pi$），把$f(x)$展开成傅里叶级数，并问此级数当$x=-\pi$及$x=\pi$时收敛于何值。

16．设$f(x)=\begin{cases}x, & 0\leqslant x\leqslant\frac{\pi}{2}\\ \frac{\pi}{2}, & \frac{\pi}{2}<x\leqslant\pi\end{cases}$，把$f(x)$分别展开成余弦级数和正弦级数。

第 14 章 矩　　阵

矩阵是线性代数的组成部分，几乎贯穿线性代数的各个方面。矩阵还是数学许多分支研究和应用的一个重要工具，矩阵论的方法在处理许多实际问题上也是非常有力的。本章介绍的矩阵是一种新的研究对象，其运算方法也是线性代数中颇具特色的；矩阵的初等行变换是很有用的工具；矩阵的秩是矩阵的一个重要特征；矩阵的行列式和矩阵求逆也很重要。最后，在讨论了矩阵的初等行变换和矩阵的秩之后，进一步介绍矩阵在求解一般的线性方程组方面的应用。

14.1 矩阵及其运算

14.1.1 矩阵的概念

矩阵这一概念是从研究线性方程组的问题中引出来的。线性方程组的一般形式为：

$$\begin{cases} a_{11}x_1 + a_{12}x_2 + \cdots + a_{1n}x_n = b_1 \\ a_{21}x_1 + a_{22}x_2 + \cdots + a_{2n}x_n = b_2 \\ \cdots \quad \cdots \quad \cdots \\ a_{m1}x_1 + a_{m2}x_2 + \cdots + a_{mn}x_n = b_m \end{cases} \tag{14.1}$$

其中未知数的个数 n 与方程的个数 m 未必相同。

线性方程组是完全由未知数前面的系数及其常数项所决定，未知数的记号在线性方程组中是不起什么作用的。因此，为方便起见，从每一个线性方程中把未知数分离出来，剩下的系数及其常数项按它们在（14.1）式中原有的相对位置排成矩形形状的数表，即

$$\begin{bmatrix} a_{11} & a_{12} & \cdots & a_{1n} & b_1 \\ a_{21} & a_{22} & \cdots & a_{2n} & b_2 \\ \vdots & \vdots & & \vdots & \vdots \\ a_{m1} & a_{m2} & \cdots & a_{mn} & b_m \end{bmatrix} \tag{14.2}$$

从而，可把对线性方程组（14.1）式的研究转化为对矩形数表（14.2）式的研究。这个矩形数表可以简洁且明确地把线性方程组的特征表示出来，（14.2）式矩形数表中的每一个元素不能随意变动，它们都有各自的意义。

这种矩形数表在实际问题中应用非常广泛，如商店中的商品价目表；工厂中产品原材料的消耗表；物资调运方案等等。一般地说，可把类似于（14.2）式这种矩形数表作为一个研究对象，这就是矩阵的概念。

定义 14.1 由 $m\times n$ 个数 a_{ij}（i=1,2,⋯,m；j=1,2,⋯,n）排成的 m 行 n 列，并用方括弧（或圆括弧）括起来的矩形数表，称为 $m\times n$ **矩阵**，记做

$$\begin{bmatrix} a_{11} & a_{12} & \cdots & a_{1n} \\ a_{21} & a_{22} & \cdots & a_{2n} \\ \vdots & \vdots & & \vdots \\ a_{m1} & a_{m2} & \cdots & a_{mn} \end{bmatrix}$$

横的各排称为矩阵的行，纵的各排称为矩阵的列，a_{ij} 称为此矩阵的第 i 行第 j 列的元素。通常用大写字母 $\boldsymbol{A}$，$\boldsymbol{B}$，$\boldsymbol{C}$ 等表示矩阵，有时为了标明一个矩阵的行数和列数，用 $\boldsymbol{A}_{m\times n}$ 或 $\boldsymbol{A}=[a_{ij}]_{m\times n}$ 表示一个 m 行 n 列的矩阵。其中有以下 4 种特例：

（1）当 $m=n$ 时，矩阵 $\boldsymbol{A}$ 称为 **n 阶方阵**；

（2）当 $m=1$ 时，矩阵 $\boldsymbol{A}$ 称为**行矩阵**，此时

$$\boldsymbol{A}=[a_{11} \quad a_{12} \cdots \quad a_{1n}]；$$

（3）当 $n=1$ 时，矩阵 $\boldsymbol{A}$ 称为**列矩阵**，此时

$$\boldsymbol{A}=\begin{bmatrix} a_{11} \\ a_{12} \\ \vdots \\ a_{m1} \end{bmatrix}；$$

（4）当 $a_{ij}=0$（$i=1,2,\cdots,m$；$j=1,2,\cdots,n$）时，称 $\boldsymbol{A}$ 为**零矩阵**，一般记为 $\boldsymbol{O}_{m\times n}$ 或 $\boldsymbol{O}$。

定义 14.2 若矩阵 $\boldsymbol{A}$ 和矩阵 $\boldsymbol{B}$ 的行数、列数分别相等，则称 $\boldsymbol{A}$，$\boldsymbol{B}$ 为**同型矩阵**。

定义 14.3 若矩阵 $\boldsymbol{A}=[a_{ij}]$和矩阵 $\boldsymbol{B}=[b_{ij}]$为同型矩阵，并且对应的元素相等，即 $a_{ij}=b_{ij}$（$i=1,2,\ldots,m$；$j=1,2,\ldots,n$），则称矩阵 $\boldsymbol{A}$ 与矩阵 $\boldsymbol{B}$ **相等**，记为 $\boldsymbol{A}=\boldsymbol{B}$。

14.1.2 矩阵的加法

定义 14.4 设 $\boldsymbol{A}=[a_{ij}]_{m\times n}$，$\boldsymbol{B}=[b_{ij}]_{m\times n}$ 为同型矩阵，把矩阵 $\boldsymbol{A}$，$\boldsymbol{B}$ 的对应元素相加得到新矩阵 $\boldsymbol{C}$，则称矩阵 $\boldsymbol{C}$ 为矩阵 $\boldsymbol{A}$ 与矩阵 $\boldsymbol{B}$ 的**和**，记为 $\boldsymbol{C}=\boldsymbol{A}+\boldsymbol{B}$，即

$$\boldsymbol{C}=\boldsymbol{A}+\boldsymbol{B}=[a_{ij}+b_{ij}]_{m\times n}$$

这样就引进了矩阵的加法运算。由定义可知，只有同型矩阵才可以相加，且不难验证，矩阵加法具有和实数加法相同的性质。

矩阵的加法具有以下运算律(设 $\boldsymbol{A}$、$\boldsymbol{B}$、$\boldsymbol{C}$ 都是 $m\times n$ 矩阵)：

（1）**交换律**：$\boldsymbol{A}+\boldsymbol{B}=\boldsymbol{B}+\boldsymbol{A}$；（2）**结合律**：$\boldsymbol{A}+(\boldsymbol{B}+\boldsymbol{C})=(\boldsymbol{A}+\boldsymbol{B})+\boldsymbol{C}$；

其特例为：$\boldsymbol{O}+\boldsymbol{A}=\boldsymbol{A}+\boldsymbol{O}=\boldsymbol{A}$

定义 14.5 设 $\boldsymbol{A}=[a_{ij}]$，则$[-a_{ij}]$称为 $\boldsymbol{A}$ 的**负矩阵**。记为$-\boldsymbol{A}$。

定义 14.6 设 $\boldsymbol{A}=[a_{ij}]$、$\boldsymbol{B}=[b_{ij}]$，且 $\boldsymbol{A}$，$\boldsymbol{B}$ 为同型矩阵，则

$$\boldsymbol{A}-\boldsymbol{B}=\boldsymbol{A}+(-\boldsymbol{B})=[a_{ij}-b_{ij}]_{m\times n}$$

显然 $\boldsymbol{A}-\boldsymbol{A}=\boldsymbol{A}+(-\boldsymbol{A})=\boldsymbol{O}$。

例 14.1 设

$$\boldsymbol{A}=\begin{bmatrix} 3 & 2 & 4 \\ 5 & 1 & -2 \end{bmatrix} \qquad \boldsymbol{B}=\begin{bmatrix} 0 & -1 & 2 \\ -5 & 1 & 3 \end{bmatrix}$$

求 $\boldsymbol{A}+\boldsymbol{B}$。

解

$$A+B=\begin{bmatrix}3+0 & 2+(-1) & 4+2\\ 5+(-5) & 1+1 & (-2)+3\end{bmatrix}=\begin{bmatrix}3 & 1 & 6\\ 0 & 2 & 1\end{bmatrix}$$

14.1.3 数与矩阵的乘法（数乘矩阵）

定义 14.7 设数 k 乘矩阵 $A=[a_{ij}]_{m\times n}$ 是一个矩阵 $C_{m\times n}$，其定义为 $C=kA=[ka_{ij}]_{m\times n}$，它是用数 k 乘矩阵 A 的每一个元素所得，称为数 k 与矩阵 A 的**乘法**，简称**数乘**。

数乘矩阵具有以下运算律(设 A、B 都是 $m\times n$ 矩阵，k、l 是任意常数):

（1）**分配律**：$k(A+B)=kA+kB$，$(k+l)A=kA+lA$；

（2）**结合律**：$(kl)A=k(lA)=l(kA)$；

（3）$1A=A$，$(-1)A=-A$。

例 14.2 设 $A=\begin{bmatrix}1 & 4 & 3\\ -2 & 5 & 7\end{bmatrix}$，求 $3A$。

解

$$3A=\begin{bmatrix}3\times 1 & 3\times 4 & 3\times 3\\ 3\times(-2) & 3\times 5 & 3\times 7\end{bmatrix}=\begin{bmatrix}3 & 12 & 9\\ -6 & 15 & 21\end{bmatrix}$$

14.1.4 矩阵的乘法

例 14.3 设某商场有三个分场，用矩阵 A 表示三个分场一天两类商品的销售数量，矩阵 B 表示彩电和冰箱的单价和销售利润，求该商场三个分场一天两类商品的总营业额和总利润。

$$\begin{matrix} & \text{彩电} & \text{冰箱} & \\ A= & \begin{bmatrix}100 & 120\\ 150 & 180\\ 120 & 160\end{bmatrix} & & \begin{matrix}\text{1分场}\\ \text{2分场}\\ \text{3分场}\end{matrix}\end{matrix},\qquad \begin{matrix} & \text{单价（元）} & \text{单位利润（元）} & \\ B= & \begin{bmatrix}3000 & 150\\ 2600 & 200\end{bmatrix} & & \begin{matrix}\text{彩电}\\ \text{冰箱}\end{matrix}\end{matrix}$$

解

$$\begin{matrix} & \text{总营业额（元）} & \text{总利润（元）} \\ C= & \begin{bmatrix}100\times 3000+120\times 2600 & 100\times 150+120\times 200\\ 150\times 3000+180\times 2600 & 150\times 150+180\times 200\\ 120\times 3000+160\times 2600 & 120\times 150+160\times 200\end{bmatrix} & \begin{matrix}\text{1分场}\\ \text{2分场}\\ \text{3分场}\end{matrix}\end{matrix}$$

$$=\begin{bmatrix}612000 & 39000\\ 918000 & 58500\\ 776000 & 50000\end{bmatrix}$$

矩阵 C 的第 1 行的两个元素分别表示了 1 分场的总营业额和销售总利润；第 2 行的两个元素分别表示了 2 分场的总营业额和销售总利润；第 3 行的两个元素分别表示了 3 分场的总营业额和销售总利润。从这个矩形阵表上很清楚看到所求的结果，下面循此引入矩阵乘法的概念。

定义 14.8 设矩阵 $A=[a_{ij}]_{m\times s}$，$B=[b_{ij}]_{s\times n}$，由元素

$$c_{ij}=a_{i1}b_{1j}+a_{i2}b_{2j}+\cdots+a_{is}b_{sj}=\sum_{k=1}^{s}a_{ik}b_{kj}\qquad(i=1,2,\cdots,m;\ j=1,2,\cdots,n)$$

构成的 m 行 n 列矩阵 $\boldsymbol{C}$，则称矩阵 $\boldsymbol{C}$ 为矩阵 $\boldsymbol{A}$ 与矩阵 $\boldsymbol{B}$ 的**乘积**，记为 $\boldsymbol{C}=\boldsymbol{AB}$。其中

$$\boldsymbol{C}=[c_{ij}]_{m\times n}=\left[\sum_{k=1}^{s}a_{ik}b_{kj}\right]_{m\times n}$$

注意：

（1）只有当左边矩阵 $\boldsymbol{A}$ 的列数与右边矩阵 $\boldsymbol{B}$ 的行数相等时 $\boldsymbol{A}$ 与 $\boldsymbol{B}$ 才能相乘，简称为**行乘列的规则**；

（2）矩阵 $\boldsymbol{C}$ 中第 i 行 j 列的元素等于左矩阵 $\boldsymbol{A}$ 的第 i 行元素与右矩阵 $\boldsymbol{B}$ 的第 j 列对应元素乘积之和；

（3）$\boldsymbol{AB}$ 仍为矩阵，它的行数等于 $\boldsymbol{A}$ 的行数，它的列数等于 $\boldsymbol{B}$ 的列数。

例 14.4　设 $\boldsymbol{A}=\begin{bmatrix}1 & 0\\ 2 & -1\\ 4 & 3\end{bmatrix}$，$\boldsymbol{B}=\begin{bmatrix}1 & 2\\ -3 & 4\end{bmatrix}$，求 $\boldsymbol{AB}$。

解　因为 $\boldsymbol{A}$ 的列数等于 $\boldsymbol{B}$ 的行数，所以可以相乘

$$\boldsymbol{AB}=\begin{bmatrix}1 & 0\\ 2 & -1\\ 4 & 3\end{bmatrix}\begin{bmatrix}1 & 2\\ -3 & 4\end{bmatrix}=\begin{bmatrix}1\times1+0\times(-3) & 1\times2+0\times4\\ 2\times1+(-1)\times(-3) & 2\times2+(-1)\times4\\ 4\times1+3\times(-3) & 4\times2+3\times4\end{bmatrix}=\begin{bmatrix}1 & 2\\ 5 & 0\\ -5 & 20\end{bmatrix}$$

例 14.5　设 $\boldsymbol{A}$ 是一个行矩阵，$\boldsymbol{B}$ 是一个列矩阵，且

$$\boldsymbol{A}=[a_1\quad a_2\cdots\quad a_n]，\boldsymbol{B}=\begin{bmatrix}b_1\\ b_2\\ \vdots\\ b_n\end{bmatrix}$$

求 $\boldsymbol{AB}$ 和 $\boldsymbol{BA}$。

解

$$\boldsymbol{AB}=[a_1\quad a_2\cdots\quad a_n]\begin{bmatrix}b_1\\ b_2\\ \vdots\\ b_n\end{bmatrix}=a_1b_1+a_2b_2+\cdots+a_nb_n$$

$$\boldsymbol{BA}=\begin{bmatrix}b_1\\ b_2\\ \vdots\\ b_n\end{bmatrix}[a_1\quad a_2\cdots\quad a_n]=\begin{bmatrix}a_1b_1 & a_2b_1 & \cdots & a_nb_1\\ a_1b_2 & a_2b_2 & \cdots & a_nb_2\\ \vdots & \vdots & & \vdots\\ a_1b_n & a_2b_n & \cdots & a_nb_n\end{bmatrix}$$

矩阵的乘法满足以下运算律(假设 $\boldsymbol{A}$，$\boldsymbol{B}$，$\boldsymbol{C}$ 均是可以相乘的)：

（1）**结合律**：$(\boldsymbol{AB})\boldsymbol{C}=\boldsymbol{A}(\boldsymbol{BC})$；

（2）**数乘结合律**：$k(\boldsymbol{AB})=(k\boldsymbol{A})\boldsymbol{B}=\boldsymbol{A}(k\boldsymbol{B})$；

（3）**左乘分配律**：$\boldsymbol{A}(\boldsymbol{B}+\boldsymbol{C})=\boldsymbol{AB}+\boldsymbol{AC}$；**右乘分配律**：$(\boldsymbol{B}+\boldsymbol{C})\boldsymbol{A}=\boldsymbol{BA}+\boldsymbol{CA}$。

例 14.6　计算 $[x_1\quad x_2\quad x_3]\begin{bmatrix}1 & -2 & 3\\ 1 & 4 & -1\\ 5 & -3 & 2\end{bmatrix}\begin{bmatrix}x_1\\ x_2\\ x_3\end{bmatrix}$。

解 首先计算 $\begin{bmatrix}1 & -2 & 3\\ 1 & 4 & -1\\ 5 & -3 & 2\end{bmatrix}\begin{bmatrix}x_1\\ x_2\\ x_3\end{bmatrix}=\begin{bmatrix}x_1-2x_2+3x_3\\ x_1+4x_2-x_3\\ 5x_1-3x_2+2x_3\end{bmatrix}$，然后，得

$$[x_1 \quad x_2 \quad x_3]\begin{bmatrix}1 & -2 & 3\\ 1 & 4 & -1\\ 5 & -3 & 2\end{bmatrix}\begin{bmatrix}x_1\\ x_2\\ x_3\end{bmatrix}=[x_1 \quad x_2 \quad x_3]\begin{bmatrix}x_1-2x_2+3x_3\\ x_1+4x_2-x_3\\ 5x_1-3x_2+2x_3\end{bmatrix}$$

$$=x_1(x_1-2x_2+3x_3)+x_2(x_1+4x_2-x_3)+x_3(5x_1-3x_2+2x_3)$$

$$=x_1{}^2+4x_2^2+2x_3^2-x_1x_2+8x_1x_3-4x_2x_3\text{。}$$

定义 14.9 设有 n 阶方阵 $\boldsymbol{A}$，若它的主对角线上元素全为 1，其余元素全部为零，则称 $\boldsymbol{A}$ 为 **n 阶单位矩阵**，记为 $\boldsymbol{E}_n$ 或 $\boldsymbol{E}$，即

$$\boldsymbol{E}_n=\begin{bmatrix}1 & 0 & 0 & \cdots & 0\\ 0 & 1 & 0 & \cdots & 0\\ \vdots & \vdots & \vdots & & \vdots\\ 0 & 0 & 0 & \cdots & 1\end{bmatrix}$$

当 $n=2$，3 时 $\boldsymbol{E}_2=\begin{bmatrix}1 & 0\\ 0 & 1\end{bmatrix}$，$\boldsymbol{E}_3=\begin{bmatrix}1 & 0 & 0\\ 0 & 1 & 0\\ 0 & 0 & 1\end{bmatrix}$，就是 2 阶、3 阶单位矩阵。

单位矩阵满足：

（1）$\boldsymbol{E}_m\ \boldsymbol{A}_{m\times n}=\boldsymbol{A}_{m\times n}\boldsymbol{E}_n=\boldsymbol{A}_{m\times n}$；（2）当 $\boldsymbol{A}$ 是 n 阶方阵时，$\boldsymbol{E}_n\boldsymbol{A}=\boldsymbol{A}\boldsymbol{E}_n=\boldsymbol{A}$ 。

显然，单位矩阵 $\boldsymbol{E}$ 在矩阵乘法中的作用类似于数 1 在数的乘法中的作用。

另外，要特别注意矩阵乘法运算律和数的乘法运算律的区别，矩阵乘法不满足交换律，即 $\boldsymbol{AB}$ 和 $\boldsymbol{BA}$ 不一定相等。

定义 14.10 设 $\boldsymbol{A}$ 为 n 阶方阵，m 为正整数，则规定

$$\boldsymbol{A}^m=\overbrace{\boldsymbol{A}\cdot\boldsymbol{A}\cdots\cdot\boldsymbol{A}}^{m}$$

称 $\boldsymbol{A}^m$ 为方阵 $\boldsymbol{A}$ 的 **m 次幂**。

并规定，n 阶矩阵 $\boldsymbol{A}$ 的零次幂为单位矩阵 $\boldsymbol{E}$，即 $\boldsymbol{A}^0=\boldsymbol{E}$。显然有，

$$\boldsymbol{A}^k\boldsymbol{A}^l=\boldsymbol{A}^{k+l} \qquad (\boldsymbol{A}^k)^l=\boldsymbol{A}^{kl}$$

其中 k，l 为任意非负整数。

由于矩阵乘法不满足交换律，因此一般地有 $(\boldsymbol{AB})^k\neq\boldsymbol{A}^k\boldsymbol{B}^k$（$k$ 为正整数）。

例 14.7 试证：设方阵 $\boldsymbol{A}$ 满足 $\boldsymbol{A}^3=\boldsymbol{O}$，则 $(\boldsymbol{E}+\boldsymbol{A}+\boldsymbol{A}^2)(\boldsymbol{E}-\boldsymbol{A})=\boldsymbol{E}$ 。

证 由矩阵乘法和运算律，有

$$\begin{aligned}(\boldsymbol{E}+\boldsymbol{A}+\boldsymbol{A}^2)(\boldsymbol{E}-\boldsymbol{A})&=\boldsymbol{E}(\boldsymbol{E}-\boldsymbol{A})+\boldsymbol{A}(\boldsymbol{E}-\boldsymbol{A})+\boldsymbol{A}^2(\boldsymbol{E}-\boldsymbol{A})\\ &=(\boldsymbol{E}-\boldsymbol{A})+\boldsymbol{A}\boldsymbol{E}-\boldsymbol{A}^2+\boldsymbol{A}^2\boldsymbol{E}-\boldsymbol{A}^3\\ &=\boldsymbol{E}-\boldsymbol{A}^3=\boldsymbol{E}-\boldsymbol{O}=\boldsymbol{E}\end{aligned}$$

本例可以推广为：若方阵 $\boldsymbol{A}$ 满足 $\boldsymbol{A}^s=\boldsymbol{O}$（$s$ 为正整数)，则

$$(\boldsymbol{E}+\boldsymbol{A}+\cdots+\boldsymbol{A}^{s-1})(\boldsymbol{E}-\boldsymbol{A})=\boldsymbol{E}\text{。}$$

14.1.5 矩阵的转置

定义 14.11 把 $m\times n$ 矩阵 $\boldsymbol{A}$ 的行、列互换得到的 $n\times m$ 矩阵，称为 $\boldsymbol{A}$ 的**转置矩阵**，记为 $\boldsymbol{A}^{\mathrm{T}}$。即设

$$\boldsymbol{A}=\begin{bmatrix} a_{11} & a_{12} & \cdots & a_{1n} \\ a_{21} & a_{22} & \cdots & a_{2n} \\ \vdots & \vdots & & \vdots \\ a_{m1} & a_{m2} & \cdots & a_{mn} \end{bmatrix}，则 \boldsymbol{A}^{\mathrm{T}}=\begin{bmatrix} a_{11} & a_{21} & \cdots & a_{m1} \\ a_{12} & a_{22} & \cdots & a_{m2} \\ \vdots & \vdots & & \vdots \\ a_{1n} & a_{2n} & \cdots & a_{mn} \end{bmatrix}$$

其中 $\boldsymbol{A}^{\mathrm{T}}$ 的第 i 行第 j 列的元素等于 $\boldsymbol{A}$ 的第 j 行第 i 列的元素。

矩阵的转置满足下列运算律：

（1）$(\boldsymbol{A}^{\mathrm{T}})^{\mathrm{T}}=\boldsymbol{A}$；（2）$(\boldsymbol{A}+\boldsymbol{B})^{\mathrm{T}}=\boldsymbol{A}^{\mathrm{T}}+\boldsymbol{B}^{\mathrm{T}}$；

（3）$(k\boldsymbol{A})^{\mathrm{T}}=k\boldsymbol{A}^{\mathrm{T}}$；（4）$(\boldsymbol{AB})^{\mathrm{T}}=\boldsymbol{B}^{\mathrm{T}}\boldsymbol{A}^{\mathrm{T}}$。

例 14.8 设 $\boldsymbol{A}=\begin{bmatrix} 2 & 0 & -1 \\ 1 & 3 & 2 \end{bmatrix}$，$\boldsymbol{B}=\begin{bmatrix} 1 & 7 & -1 \\ 4 & 2 & 3 \\ 2 & 0 & 1 \end{bmatrix}$，计算 $(\boldsymbol{AB})^{\mathrm{T}}$，$\boldsymbol{B}^{\mathrm{T}}\boldsymbol{A}^{\mathrm{T}}$。

解 由于 $\boldsymbol{AB}=\begin{bmatrix} 2 & 0 & -1 \\ 1 & 3 & 2 \end{bmatrix}\begin{bmatrix} 1 & 7 & -1 \\ 4 & 2 & 3 \\ 2 & 0 & 1 \end{bmatrix}=\begin{bmatrix} 0 & 14 & -3 \\ 17 & 13 & 10 \end{bmatrix}$，所以

$(\boldsymbol{AB})^{\mathrm{T}}=\begin{bmatrix} 0 & 17 \\ 14 & 13 \\ -3 & 10 \end{bmatrix}$。又 $\boldsymbol{B}^{\mathrm{T}}=\begin{bmatrix} 1 & 4 & 2 \\ 7 & 2 & 0 \\ -1 & 3 & 1 \end{bmatrix}$，$\boldsymbol{A}^{\mathrm{T}}=\begin{bmatrix} 2 & 1 \\ 0 & 3 \\ -1 & 2 \end{bmatrix}$，所以

$$\boldsymbol{B}^{\mathrm{T}}\boldsymbol{A}^{\mathrm{T}}=\begin{bmatrix} 1 & 4 & 2 \\ 7 & 2 & 0 \\ -1 & 3 & 1 \end{bmatrix}\begin{bmatrix} 2 & 1 \\ 0 & 3 \\ -1 & 2 \end{bmatrix}=\begin{bmatrix} 0 & 17 \\ 14 & 13 \\ -3 & 10 \end{bmatrix}$$

从而有，$(\boldsymbol{AB})^{\mathrm{T}}=\boldsymbol{B}^{\mathrm{T}}\boldsymbol{A}^{\mathrm{T}}$。

14.2 矩阵的初等行变换与矩阵的秩

在这一节中引进矩阵的另一个重要概念：矩阵的初等变换。它有很多用处，例如可以利用它来化简矩阵和求矩阵的秩，在研究线性方程组问题上它也起着重要的作用。

14.2.1 矩阵的初等行变换

用高斯消元法解线性方程组时，经常要反复进行以下 3 种运算：

（1）将一个方程遍乘一个非零常数 k；

（2）将两个方程位置互换；

（3）将一个方程遍乘一个非零常数 k 加至另一个方程上去。

这 3 种变换称为方程组的初等变换，而且线性方程组经过初等变换后其解不变。如果从矩阵的角度来看方程组的初等变换，就有矩阵的初等行变换的概念。

定义 14.12 矩阵的**初等行变换**是指：

（1）用一个非零常数 k 遍乘矩阵的某一行；

（2）互换矩阵任意两行的位置；

（3）将矩阵某一行遍乘一个常数 k 加到另一行对应元素上。

如果把定义 14.12 中对矩阵进行“行”的变换，改为对“列”的这三种变换，称为矩阵的**初等列变换**。矩阵的初等行变换和初等列变换统称为**初等变换**。这几种初等变换按其功能又分别称为矩阵的**倍乘变换、互换变换和倍加变换**。下面主要运用矩阵的初等行变换。

矩阵的初等变换不仅可用语言来表达，它也可以用矩阵的乘法运算来表示，为此引进初等矩阵的概念。

14.2.2 初等矩阵

定义 14.13 对单位矩阵 $\boldsymbol{E}$ 施行一次初等变换，所得到的矩阵称为**初等矩阵**。对应于 3 种初等变换，有下列 3 种类型的初等矩阵。

（1）**初等倍乘矩阵** $\boldsymbol{E}_{i(k)}$ 是由单位矩阵 $\boldsymbol{E}$ 第 i 行乘 k 而得到的，其中 $k\neq 0$；

（2）**初等互换矩阵** $\boldsymbol{E}_{i,j}$ 是由单位矩阵 $\boldsymbol{E}$ 第 i，j 行互换而得到的；

（3）**初等倍加矩阵** $\boldsymbol{E}_{i,j(k)}$ 是由单位矩阵第 j 行乘 k 加到第 i 行而得到的。

可以证明，对 $m\times n$ 矩阵 $\boldsymbol{A}$ 进行一次初等行变换相当于在 $\boldsymbol{A}$ 左乘相应的 m 阶初等矩阵。

注意：在这里，不讨论对矩阵进行初等列变换。在对矩阵进行初等行变换时，为了看清每一步的作用，每一次初等行变换都标明是哪种变换，且写在箭头上方，记法如下：

（1）用ⓘ k 表示第 i 行乘以公因子 k；

（2）用（ⓘ,ⓙ）表示第 i 行与第 j 行互换；

（3）用ⓘ+ k ⓙ表示第 j 行的 k 倍加到第 i 行。

利用初等行变换可以把任意矩阵化为比较简单的矩阵，其矩阵称为阶梯形矩阵，下面给出如下的定义。

定义 14.14 满足下列两个条件的矩阵称为**阶梯形矩阵**：

（1）首非零元（即非零行的第 1 个不为零的元素）的列标随着行标的递增而严格增大；

（2）矩阵的零行位于矩阵的最下方（或无零行）。

例如 矩阵 $\boldsymbol{A}=\begin{bmatrix}6&1&0&-1&5\\0&5&2&0&2\\0&0&0&0&-1\\0&0&0&0&0\end{bmatrix}$，$\boldsymbol{B}=\begin{bmatrix}4&7&8&0\\0&-3&-5&9\\0&0&2&0\end{bmatrix}$都是阶梯形矩阵；

而矩阵 $\boldsymbol{C}=\begin{bmatrix}-1&2&6&0\\0&5&-4&8\\0&-4&3&0\\0&0&0&0\end{bmatrix}$，$\boldsymbol{D}=\begin{bmatrix}1&2&0\\0&0&0\\0&-3&0\end{bmatrix}$都不是阶梯形矩阵。

例 14.9 用初等行变换将矩阵 $A=\begin{bmatrix}1 & 0 & 3 & -2 & 1\\ 0 & 1 & 2 & 0 & -1\\ 2 & -3 & 1 & -5 & -2\\ 3 & 1 & 11 & -6 & 4\end{bmatrix}$ 化为阶梯形矩阵。

解 利用初等行变换，有

$$A\xrightarrow[\text{④}+\text{①}\cdot(-3)]{\text{③}+\text{①}\cdot(-2)}\begin{bmatrix}1 & 0 & 3 & -2 & 1\\ 0 & 1 & 2 & 0 & -1\\ 0 & -3 & -5 & -1 & -4\\ 0 & 1 & 2 & 0 & 1\end{bmatrix}\xrightarrow[\text{④}+\text{②}\cdot(-1)]{\text{③}+\text{②}\cdot 3}\begin{bmatrix}1 & 0 & 3 & -2 & 1\\ 0 & 1 & 2 & 0 & -1\\ 0 & 0 & 1 & -1 & -7\\ 0 & 0 & 0 & 0 & 2\end{bmatrix}=A_1$$

即 A_1 是阶梯形矩阵。

由上例可知，利用初等行变换可以把任意矩阵化为阶梯形矩阵，因此，有如下的定理：

定理 14.1 任意一个矩阵 $A=[a_{ij}]_{m\times n}$，经过若干次初等行变换可以化成阶梯形矩阵。

对一个矩阵做初等行变换可以得到多种阶梯形矩阵，但是，可以发现这些阶梯形矩阵有一个不变量，对同一个矩阵来说，利用初等行变换把其矩阵化为阶梯形矩阵后，在其阶梯形矩阵中的非零行个数都是相同的，即不变的。这个不变量是矩阵的一个重要特征，即称为矩阵的秩。

14.2.3 矩阵的秩

定义 14.15 设 A 是一个 $m\times n$ 矩阵，利用初等行变换把矩阵 A 化为阶梯形矩阵后，在其阶梯形矩阵中的非零行个数为 r，称 r 为矩阵 A 的秩。记做**秩**(A)或 $r(A)$，并规定 $A=O$ 时，$r(A)=0$。

易证 $0\leqslant r(A)\leqslant\min\{m,n\}$，$r(A)=r(A^{\mathrm{T}})$。当 $r(A)=\min\{m,n\}$时，称矩阵 A 为满秩矩阵。

例 14.10 求矩阵 $A=\begin{bmatrix}2 & -1 & 3 & -2 & 4\\ 4 & -2 & 5 & 1 & 7\\ 2 & -1 & 1 & 8 & 2\end{bmatrix}$ 的秩。

解 利用初等行变换把矩阵 A 化为阶梯形矩阵，得

$$A\xrightarrow[\text{③}+\text{①}\cdot(-1)]{\text{②}+\text{①}\cdot(-2)}\begin{bmatrix}2 & -1 & 3 & -2 & 4\\ 0 & 0 & -1 & 5 & -1\\ 0 & 0 & -2 & 10 & -2\end{bmatrix}\xrightarrow{\text{③}+\text{②}\cdot(-2)}\begin{bmatrix}2 & -1 & 3 & -2 & 4\\ 0 & 0 & -1 & 5 & -1\\ 0 & 0 & 0 & 0 & 0\end{bmatrix}=A_1$$

A_1 是阶梯形矩阵，有两行非零行，因此 $r(A)=2$。

例 14.11 求矩阵 $A=\begin{bmatrix}1 & 2 & 0 & 0 & 1 & 2 & 0 & 0\\ 1 & 8 & 2 & 4 & 11 & 2 & 6 & 8\\ 2 & 13 & 3 & 6 & 17 & 4 & 9 & 15\\ 3 & -15 & -7 & -14 & -32 & 6 & -21 & -28\end{bmatrix}$ 的秩。

解 利用初等行变换把矩阵 A 化为阶梯形矩阵，得

$$A\xrightarrow[\text{④ + ①·(−3)}]{\text{② + ①·(−1)}\atop\text{③ + ①·(−2)}}\begin{bmatrix}1&2&0&0&1&2&0&0\\0&6&2&4&10&0&6&8\\0&9&3&6&15&0&9&15\\0&-21&-7&-14&-35&0&-21&-28\end{bmatrix}$$

$$\xrightarrow[\text{④·(−1/7)}]{\text{②·(1/2)}\atop\text{③·(1/3)}}\begin{bmatrix}1&2&0&0&1&2&0&0\\0&3&1&2&5&0&3&4\\0&3&1&2&5&0&3&5\\0&3&1&2&5&0&3&4\end{bmatrix}$$

$$\xrightarrow[\text{④ + ②·(−1)}]{\text{③ + ②·(−1)}}\begin{bmatrix}1&2&0&0&1&2&0&0\\0&3&1&2&5&0&3&4\\0&0&0&0&0&0&0&1\\0&0&0&0&0&0&0&0\end{bmatrix}=A_1$$

矩阵 A_1 是有三个非零行的阶梯形矩阵，故 $r(A)=3$。

14.3 方阵的行列式

14.3.1 方阵行列式的定义

设矩阵 $A=\begin{bmatrix}a_{11}&a_{12}\\a_{21}&a_{22}\end{bmatrix}$ 是二阶方阵，称 $a_{11}a_{22}-a_{12}a_{21}$ 为矩阵 A 的二阶行列式，并记为 $\det A$ 或 $\begin{vmatrix}a_{11}&a_{12}\\a_{21}&a_{22}\end{vmatrix}$，即

$$\det A=\begin{vmatrix}a_{11}&a_{12}\\a_{21}&a_{22}\end{vmatrix}=a_{11}a_{22}-a_{12}a_{21}$$

可见二阶行列式表示一个算式，即它是一个数。下面，定义方阵的 n 阶行列式。

定义 14.16 设 n 阶方阵

$$A=\begin{bmatrix}a_{11}&a_{12}&\cdots&a_{1n}\\a_{21}&a_{22}&\cdots&a_{2n}\\\vdots&\vdots&&\vdots\\a_{n1}&a_{n2}&\cdots&a_{nn}\end{bmatrix}，称 \det A=\begin{vmatrix}a_{11}&a_{12}&\cdots&a_{1n}\\a_{21}&a_{22}&\cdots&a_{2n}\\\vdots&\vdots&&\vdots\\a_{n1}&a_{n2}&\cdots&a_{nn}\end{vmatrix} 为 n 阶方阵 A 的行列式，$$

$\det A$ 表示一个由确定的运算关系所得到的数值。例如，当 $n=2$ 时

$$\det A=\begin{vmatrix}a_{11}&a_{12}\\a_{21}&a_{22}\end{vmatrix}=a_{11}a_{22}-a_{12}a_{21}$$

当 $n>2$ 时，定义为

$$\det A=a_{11}A_{11}+a_{12}A_{12}+\cdots+a_{1n}A_{1n}=\sum_{j=1}^{n}a_{1j}A_{1j}$$

其中数 a_{1j} 称为第 1 行第 j 列的元素，$A_{1j}=(-1)^{1+j}M_{1j}$，M_{1j} 为由 $\det A$ 划去第 1 行和第 j 列后余下元素构成的 $n-1$ 阶行列式。即

$$M_{1j}=\begin{vmatrix} a_{21} & \cdots & a_{2,j-1} & a_{2,j+1} & \cdots & a_{2n} \\ a_{31} & \cdots & a_{3,j-1} & a_{3,j+1} & \cdots & a_{3n} \\ \vdots & & \vdots & \vdots & & \vdots \\ a_{n1} & \cdots & a_{n,j-1} & a_{n,j+1} & \cdots & a_{nn} \end{vmatrix} \quad (j=1,2,\cdots,n)$$

n 阶方阵的行列式也称为 n 阶行列式。

例 14.12 计算方阵 $\boldsymbol{A}=\begin{bmatrix} 1 & -6 & 2 \\ 3 & 0 & -3 \\ -2 & 6 & 5 \end{bmatrix}$ 的行列式。

解 由定义得

$$\det \boldsymbol{A}=1\times(-1)^{1+1}\begin{vmatrix} 0 & -3 \\ 6 & 5 \end{vmatrix}+(-6)\times(-1)^{1+2}\begin{vmatrix} 3 & -3 \\ -2 & 5 \end{vmatrix}+2\times(-1)^{1+3}\begin{vmatrix} 3 & 0 \\ -2 & 6 \end{vmatrix}$$

$$=18+54+36=108$$

例 14.13 计算下列方阵的行列式

$$\boldsymbol{A}=\begin{bmatrix} 2 & 0 & 0 & -4 \\ 9 & -1 & 0 & 1 \\ -2 & 6 & 1 & 0 \\ 6 & 10 & -2 & -5 \end{bmatrix}$$

解 由定义得

$$\det \boldsymbol{A}=2\times(-1)^{1+1}\begin{vmatrix} -1 & 0 & 1 \\ 6 & 1 & 0 \\ 10 & -2 & -5 \end{vmatrix}+(-4)\times(-1)^{1+4}\begin{vmatrix} 9 & -1 & 0 \\ -2 & 6 & 1 \\ 6 & 10 & -2 \end{vmatrix}$$

$$=2\times\left[(-1)\times(-1)^{1+1}\begin{vmatrix} 1 & 0 \\ -2 & -5 \end{vmatrix}+1\times(-1)^{1+3}\begin{vmatrix} 6 & 1 \\ 10 & -2 \end{vmatrix}\right]+$$

$$4\times\left[9\times(-1)^{1+1}\begin{vmatrix} 6 & 1 \\ 10 & -2 \end{vmatrix}+(-1)\times(-1)^{1+2}\begin{vmatrix} -2 & 1 \\ 6 & -2 \end{vmatrix}\right]$$

$$=2\times[5-22]+4\times[9\times(-22)-2]=-834。$$

14.3.2 行列式的性质

从行列式的定义出发直接计算行列式是比较麻烦的。为了进一步讨论 n 阶行列式，简化 n 阶行列式的计算，下面介绍 n 阶行列式的一些基本性质。

性质 14.1 方阵行列式与方阵转置的行列式相等，即 $\det \boldsymbol{A}=\det \boldsymbol{A}^{\mathrm{T}}$。

例如，$\begin{vmatrix} a_{11} & a_{12} \\ a_{21} & a_{22} \end{vmatrix}=\begin{vmatrix} a_{11} & a_{21} \\ a_{12} & a_{22} \end{vmatrix}=a_{11}a_{22}-a_{12}a_{21}$。

这个性质说明了**行列式中行、列地位的对称性，凡是对行成立的性质对列也成立**。

性质 14.2 互换方阵行列式的两行，方阵行列式的值改变符号。

例如，$\begin{vmatrix} a_{11} & a_{12} \\ a_{21} & a_{22} \end{vmatrix}=-\begin{vmatrix} a_{21} & a_{22} \\ a_{11} & a_{12} \end{vmatrix}=-(a_{12}a_{21}-a_{11}a_{22})$。

推论 14.1 如果行列式有两行的对应元素相同，则这个行列式等于零。

性质 14.3 方阵行列式某一行的公因子可以提出来。

例如，$\begin{vmatrix} a_{11} & a_{12} \\ ka_{21} & ka_{22} \end{vmatrix} = k\begin{vmatrix} a_{11} & a_{12} \\ a_{21} & a_{22} \end{vmatrix}$。

推论 14.2 用一个数来乘方阵行列式的某一行就等于用这个数乘其行列式。

推论 14.3 方阵行列式中如果有两行元素对应成比例，则其行列式为零。

性质 14.4 如果方阵行列式中某一行的元素都是两数之和，则这个行列式等于两个行列式的和，而且这两个行列式除了这一行以外，其余的元素与原来行列式的对应元素相同。

性质 14.5 将方阵行列式的某一行的各元素都乘以同一常数后，再加到另一行的对应元素上，则其行列式的值不变。

以上性质对方阵行列式中列变换也成立。

性质 14.6 设 $\boldsymbol{A}$，$\boldsymbol{B}$ 是任意两个 n 阶方阵，则 $\det(\boldsymbol{AB}) = \det \boldsymbol{A} \det \boldsymbol{B}$，$\det(k\boldsymbol{A}) = k^n \det \boldsymbol{A}$。

下面利用行列式的性质来计算行列式。

例 14.14 计算行列式

$$D = \begin{vmatrix} 1 & 2 & 3 \\ 99 & 201 & 298 \\ 4 & 5 & 6 \end{vmatrix}。$$

解 由于 D 中第二行元素较大，故将第二行元素进行拆分，把 99 写成 100-1，201 写成 200+1，298 写成 300-2，利用性质 14.4 得

$$D = \begin{vmatrix} 1 & 2 & 3 \\ 100-1 & 200+1 & 300-2 \\ 4 & 5 & 6 \end{vmatrix} = \begin{vmatrix} 1 & 2 & 3 \\ 100 & 200 & 300 \\ 4 & 5 & 6 \end{vmatrix} + \begin{vmatrix} 1 & 2 & 3 \\ -1 & 1 & -2 \\ 4 & 5 & 6 \end{vmatrix} = D_1 + D_2$$

由推论 14.3 知，$D_1 = 0$，利用性质 14.5，计算 D_2 得

$$D = 0 + D_2 = D_2 = \begin{vmatrix} 1 & 2 & 3 \\ -1 & 1 & -2 \\ 4 & 5 & 6 \end{vmatrix} \xlongequal[③ + ①\cdot(-4)]{② + ①} \begin{vmatrix} 1 & 2 & 3 \\ 0 & 3 & 1 \\ 0 & -3 & -6 \end{vmatrix} = -15。$$

例 14.15 计算上三角形行列式 S（当 $i > j$ 时，$a_{ij} = 0$）与下三角形行列式 T（当 $i < j$ 时，$a_{ij} = 0$）的值，其中

$$S = \begin{vmatrix} a_{11} & a_{12} & \cdots & a_{1n} \\ 0 & a_{22} & \cdots & a_{2n} \\ \vdots & \vdots & & \vdots \\ 0 & 0 & \cdots & a_{nn} \end{vmatrix}，T = \begin{vmatrix} a_{11} & 0 & \cdots & 0 \\ a_{21} & a_{22} & \cdots & 0 \\ \vdots & \vdots & & \vdots \\ a_{n1} & a_{n2} & \cdots & a_{nn} \end{vmatrix}。$$

解 先计算下三角行列式 T。连续用定义对第一行展开，得

$$T = \begin{vmatrix} a_{11} & 0 & \cdots & 0 \\ a_{21} & a_{22} & \cdots & 0 \\ \vdots & \vdots & & \vdots \\ a_{n1} & a_{n2} & \cdots & a_{nn} \end{vmatrix} = a_{11}\begin{vmatrix} a_{22} & 0 & \cdots & 0 \\ a_{32} & a_{33} & \cdots & 0 \\ \vdots & \vdots & & \vdots \\ a_{n2} & a_{n3} & \cdots & a_{nn} \end{vmatrix} = a_{11}a_{22}\begin{vmatrix} a_{33} & 0 & \cdots & 0 \\ a_{43} & a_{44} & \cdots & 0 \\ \vdots & \vdots & & \vdots \\ a_{n3} & a_{n4} & \cdots & a_{nn} \end{vmatrix} = a_{11}a_{22}\cdots a_{nn}$$

再由方阵行列式的性质 14.1 可知，$S = T = a_{11}a_{22}\cdots a_{nn}$。

例 14.16 计算行列式

$$D=\begin{vmatrix} 3 & 1 & -1 & 2 \\ -5 & 1 & 3 & -4 \\ 2 & 0 & 1 & -1 \\ 1 & -5 & 3 & -3 \end{vmatrix}。$$

解 利用性质 14.5 和例 14.15 的结果，有

$$D \xlongequal{①+③\cdot(-1)} \begin{vmatrix} 1 & 1 & -2 & 3 \\ -5 & 1 & 3 & -4 \\ 2 & 0 & 1 & -1 \\ 1 & -5 & 3 & -3 \end{vmatrix} \xlongequal[\substack{②+①\cdot(-2)\\③+①\cdot(-1)}]{②+①\cdot 5} \begin{vmatrix} 1 & 1 & -2 & 3 \\ 0 & 6 & -7 & 11 \\ 0 & -2 & 5 & -7 \\ 0 & -6 & 5 & -6 \end{vmatrix}$$

$$\xlongequal{(②,③)} -\begin{vmatrix} 1 & 1 & -2 & 3 \\ 0 & -2 & 5 & -7 \\ 0 & 6 & -7 & 11 \\ 0 & -6 & 5 & -6 \end{vmatrix} \xlongequal[④+②\cdot(-3)]{③+②\cdot 3} -\begin{vmatrix} 1 & 1 & -2 & 3 \\ 0 & -2 & 5 & -7 \\ 0 & 0 & 8 & -10 \\ 0 & 0 & -10 & 15 \end{vmatrix}$$

$$\xlongequal{(③,④)} -10\begin{vmatrix} 1 & 1 & -2 & 3 \\ 0 & -2 & 5 & -7 \\ 0 & 0 & 2 & -3 \\ 0 & 0 & 4 & -5 \end{vmatrix} \xlongequal{④+③\cdot(-2)} -10\begin{vmatrix} 1 & 1 & -2 & 3 \\ 0 & -2 & 5 & -7 \\ 0 & 0 & 2 & -3 \\ 0 & 0 & 0 & 1 \end{vmatrix}$$

$$=-10\times 1\times(-2)\times 2\times 1=40。$$

例 14.16 是计算行列式的一种基本方法，通过这个方法可以编制程序，利用计算机来计算行列式的值。

14.3.3 克拉默法则

考虑由 n 个未知数 n 个方程构成的线性方程组：

$$\begin{cases} a_{11}x_1 + a_{12}x_2 + \cdots + a_{1n}x_n = b_1 \\ a_{21}x_1 + a_{22}x_2 + \cdots + a_{2n}x_n = b_2 \\ \cdots \quad \cdots \quad \cdots \quad \cdots \quad \cdots \\ a_{n1}x_1 + a_{n2}x_2 + \cdots + a_{nn}x_n = b_n \end{cases} \tag{14.3}$$

定理 14.2 （克拉默（Cramer）法则）如果线性方程组（14.3）的系数行列式

$$\Delta = \begin{vmatrix} a_{11} & a_{12} & \cdots & a_{1n} \\ a_{21} & a_{22} & \cdots & a_{2n} \\ \vdots & \vdots & & \vdots \\ a_{n1} & a_{n2} & \cdots & a_{nn} \end{vmatrix} \neq 0 \tag{14.4}$$

那么，线性方程组（14.3）一定有唯一解，其解为

$$x_1 = \frac{\Delta_1}{\Delta} \quad x_2 = \frac{\Delta_2}{\Delta} \quad \ldots, \quad x_n = \frac{\Delta_n}{\Delta} \tag{14.5}$$

其中 $\Delta_j\,(j=1,2,\cdots,n)$ 是把系数行列式 Δ 中第 j 列的元素 $a_{1j},a_{2j},\cdots,a_{nj}$ 换成方程组右端的常数列 $b_1,b_2,\cdots,b_n$，而其余各列不变所得到的 n 阶行列式。即

$$\Delta_j = \begin{vmatrix} a_{11} & \cdots & a_{1,j-1} & b_1 & a_{1,j+1} & \cdots & a_{1n} \\ a_{21} & \cdots & a_{2,j-1} & b_2 & a_{2,j+1} & \cdots & a_{2n} \\ \vdots & \vdots & \vdots & \vdots & \vdots & \vdots & \vdots \\ a_{n1} & \cdots & a_{n,j-1} & b_n & a_{n,j+1} & \cdots & a_{nn} \end{vmatrix} \quad (j=1,2,\cdots,n)$$

例 14.17 解线性方程组

$$\begin{cases} 2x_1 + x_2 - 5x_3 + x_4 = 8 \\ x_1 - 3x_2 \quad - 6x_4 = 9 \\ 2x_2 - x_3 + 2x_4 = -5 \\ x_1 + 4x_2 - 7x_3 + 6x_4 = 0 \end{cases}$$

解 由于线性方程组有四个方程、四个未知数，又

$$\Delta = \begin{vmatrix} 2 & 1 & -5 & 1 \\ 1 & -3 & 0 & -6 \\ 0 & 2 & -1 & 2 \\ 1 & 4 & -7 & 6 \end{vmatrix} = 27 \neq 0$$

根据克拉默法则，此线性方程组有唯一解。

类似地可以计算得

$$\Delta_1 = \begin{vmatrix} 8 & 1 & -5 & 1 \\ 9 & -3 & 0 & -6 \\ -5 & 2 & -1 & 2 \\ 0 & 4 & -7 & 6 \end{vmatrix} = 81 \text{，} \Delta_2 = \begin{vmatrix} 2 & 8 & -5 & 1 \\ 1 & 9 & 0 & -6 \\ 0 & -5 & -1 & 2 \\ 1 & 0 & -7 & 6 \end{vmatrix} = -108$$

$$\Delta_3 = \begin{vmatrix} 2 & 1 & 8 & 1 \\ 1 & -3 & 9 & -6 \\ 0 & 2 & -5 & 2 \\ 1 & 4 & 0 & 6 \end{vmatrix} = -27 \text{，} \Delta_4 = \begin{vmatrix} 2 & 1 & -5 & 8 \\ 1 & -3 & 0 & 9 \\ 0 & 2 & -1 & -5 \\ 1 & 4 & -7 & 0 \end{vmatrix} = 27$$

于是此方程组的解是

$$x_1 = \frac{\Delta_1}{\Delta} = 3 \text{，} x_2 = \frac{\Delta_2}{\Delta} = -4 \text{，} x_3 = \frac{\Delta_3}{\Delta} = -1 \text{，} x_4 = \frac{\Delta_4}{\Delta} = 1$$

当线性方程组（14.3）的常数项 $b_1, b_2, \cdots, b_n$ 全为零时，即

$$\begin{cases} a_{11}x_1 + a_{12}x_2 + \cdots + a_{1n}x_n = 0 \\ a_{21}x_1 + a_{22}x_2 + \cdots + a_{2n}x_n = 0 \\ \cdots \quad \cdots \quad \cdots \quad \cdots \quad \cdots \\ a_{n1}x_1 + a_{n2}x_2 + \cdots + a_{nn}x_n = 0 \end{cases} \quad (14.6)$$

线性方程组（14.6）称为齐次线性方程组。

对齐次线性方程组（14.6），由于行列式 Δ_j 中第 j 列的元素都是零，所以 $\Delta_j = 0(j=1,2,\cdots,n)$。当齐次线性方程组（14.6）的系数行列式 $\Delta \neq 0$ 时，根据克拉默法则，方程组（14.6）的唯一解是

$$x_j = 0 \quad (j=1,2,\cdots,n)$$

全部由零组成的解叫做零解。

于是，得到一个结论：齐次线性方程组（14.6），当它的系数行列式$\Delta\neq0$时，则它只有唯一零解。另外，当齐次线性方程组有非零解时，必定有它的系数行列式$\Delta=0$。这是齐次线性方程组有非零解的必要条件。因此，得到以下两个推论。

推论 14.4 如果含有 n 个未知数、n 个方程的齐次线性方程组（14.6）的系数行列式$\Delta\neq0$，则齐次线性方程组（14.6）只有唯一零解。

推论 14.5 如果含有 n 个未知数、n 个方程的齐次线性方程组（14.6）有非零解，则齐次线性方程组（14.6）的系数行列式$\Delta=0$。

关于齐次线性方程组有非零解的充分条件（系数行列式等于零），将在以后讨论。

例 14.18 已知齐次线性方程组$\begin{cases}(5-\lambda)x+2y+2z=0\\2x+(6-\lambda)y\qquad=0\\2x+\qquad(4-\lambda)z=0\end{cases}$有非零解，问$\lambda$应取何值？

解 由推论 14.4 知，若齐次线性方程组有非零解，则系数行列式Δ一定等于零。而

$$\Delta=\begin{vmatrix}5-\lambda & 2 & 2\\2 & 6-\lambda & 0\\2 & 0 & 4-\lambda\end{vmatrix}=(5-\lambda)(2-\lambda)(8-\lambda)$$

由$\Delta\ =0$知，则λ应取 5 或 2 或 8。

14.4 逆矩阵

14.4.1 逆矩阵的概念

先看看数的除法。设 a，b 为两个数，当 $a\neq0$ 时，有 $b\div a=b\cdot\dfrac{1}{a}$，$\dfrac{1}{a}$就是$a$的倒数，也称之为$a$的逆。而当$a\neq0$，$a$是可逆的，$a$的逆一定存在，记$a$的逆为$a^{-1}$，此时有

$$a\cdot a^{-1}=a^{-1}\cdot a=1$$

在矩阵运算中对任意n阶方阵$\boldsymbol{A}$，存在n阶单位矩阵$\boldsymbol{E}$，使得$\boldsymbol{AE}=\boldsymbol{EA}=\boldsymbol{A}$，$\boldsymbol{E}$在矩阵乘法中的作用如同于数 1 在数乘中的作用。试问对任意方阵$\boldsymbol{A}$，是否存在同阶方阵$\boldsymbol{B}$，使得$\boldsymbol{AB}=\boldsymbol{BA}=\boldsymbol{E}$成立呢？于是引出如下定义。

定义 14.17 设$\boldsymbol{A}$为n阶方阵，如果存在n阶方阵$\boldsymbol{B}$，使得$\boldsymbol{AB}=\boldsymbol{BA}=\boldsymbol{E}$，则称$\boldsymbol{B}$为$\boldsymbol{A}$的逆矩阵，此时称$\boldsymbol{A}$是可逆的。一般地，$\boldsymbol{A}$的逆矩阵$\boldsymbol{B}$记为$\boldsymbol{A}^{-1}$（读做“$\boldsymbol{A}$逆”），即$\boldsymbol{B}=\boldsymbol{A}^{-1}$。

于是，若矩阵$\boldsymbol{A}$是可逆矩阵，则存在矩阵$\boldsymbol{A}^{-1}$，满足$\boldsymbol{AA}^{-1}=\boldsymbol{A}^{-1}\boldsymbol{A}=\boldsymbol{E}$。

例 14.19 设矩阵$\boldsymbol{A}=\begin{bmatrix}7 & 4\\2 & 1\end{bmatrix}$，$\boldsymbol{B}=\begin{bmatrix}-1 & 4\\2 & -7\end{bmatrix}$，验证$\boldsymbol{B}$是否为$\boldsymbol{A}$的逆矩阵。

解 因为$\boldsymbol{AB}=\begin{bmatrix}1 & 0\\0 & 1\end{bmatrix}$，$\boldsymbol{BA}=\begin{bmatrix}1 & 0\\0 & 1\end{bmatrix}$，所以$\boldsymbol{AB}=\boldsymbol{BA}=\boldsymbol{E}$，故$\boldsymbol{A}$可逆，且$\boldsymbol{A}^{-1}=\boldsymbol{B}$。

14.4.2 逆矩阵的性质

由定义可直接证明可逆矩阵具有下列结论（假设$\boldsymbol{A}$和$\boldsymbol{B}$均可逆，且$k\neq0$）：

（1）$(\boldsymbol{A}^{-1})^{-1}=\boldsymbol{A}$；　　（2）$(\boldsymbol{AB})^{-1}=\boldsymbol{B}^{-1}\boldsymbol{A}^{-1}$；

（3）$(\boldsymbol{A}^{\mathrm{T}})^{-1}=(\boldsymbol{A}^{-1})^{\mathrm{T}}$；　　（4）$(k\boldsymbol{A})^{-1}=k^{-1}\boldsymbol{A}^{-1}$；

（5）初等矩阵都是可逆的，且它们的逆矩阵仍是初等矩阵；

（6）n阶方阵 $\boldsymbol{A}$ 可逆 $\Leftrightarrow$ 用若干次初等行变换将 $\boldsymbol{A}$ 化为单位矩阵 $\Leftrightarrow$ $\boldsymbol{A}$ 可表示为若干个初等矩阵的乘积 $\Leftrightarrow \det \boldsymbol{A} \neq 0 \Leftrightarrow$ $\boldsymbol{A}$ 的秩为 n。

由（6）可知，若 $\boldsymbol{A}$ 可逆，则存在初等矩阵 $\boldsymbol{P}_i$（$i=1,2,\cdots,s$），对可逆矩阵 $\boldsymbol{A}$ 有

$$\boldsymbol{P}_s\boldsymbol{P}_{s-1}\cdots\boldsymbol{P}_2\boldsymbol{P}_1\boldsymbol{A}=\boldsymbol{E} \tag{14.7}$$

对（14.7）两边同右乘 $\boldsymbol{A}^{-1}$，得

$$\boldsymbol{E}\boldsymbol{A}^{-1}=\boldsymbol{P}_s\boldsymbol{P}_{s-1}\cdots\boldsymbol{P}_2\boldsymbol{P}_1\boldsymbol{A}\boldsymbol{A}^{-1}$$

即

$$\boldsymbol{A}^{-1}=\boldsymbol{P}_s\boldsymbol{P}_{s-1}\cdots\boldsymbol{P}_2\boldsymbol{P}_1\boldsymbol{E} \tag{14.8}$$

比较式（14.7）与式（14.8）发现，对 $\boldsymbol{A}$ 进行一系列初等行变换化成 $\boldsymbol{E}$，对 $\boldsymbol{E}$ 进行同样的这一系列初等行变换得到 $\boldsymbol{A}^{-1}$。由此得到求逆矩阵的一种方法：

$$[A\ \vdots\ E]\xrightarrow{\text{初等行变换}}[E\ \vdots\ A^{-1}]$$

即在矩阵 $\boldsymbol{A}$ 的右边同时写出与 $\boldsymbol{A}$ 同阶的单位矩阵 $\boldsymbol{E}$，构成一个 $n\times 2n$ 矩阵 $[A\ \vdots\ E]$，然后对 $[A\ \vdots\ E]$ 进行初等行变换，当它的左矩阵化成单位矩阵时，它的右矩阵就是 $\boldsymbol{A}^{-1}$，这种方法称为求逆矩阵的初等行变换法。

例 14.20 利用初等行变换，求矩阵 $\boldsymbol{A}=\begin{bmatrix}2&1&0\\1&0&4\\0&3&1\end{bmatrix}$ 的逆矩阵。

解 在矩阵 $\boldsymbol{A}$ 的右边同时写出与 $\boldsymbol{A}$ 同阶的单位矩阵 $\boldsymbol{E}$，构成一个 $n\times 2n$ 矩阵 $[A\ \vdots\ E]$，并利用初等行变换，得

$$[A\ \vdots\ E]=\left[\begin{array}{ccc:ccc}2&1&0&1&0&0\\1&0&4&0&1&0\\0&3&1&0&0&1\end{array}\right]$$

$$\xrightarrow{①+②\cdot(-1)}\left[\begin{array}{ccc:ccc}1&1&-4&1&-1&0\\1&0&4&0&1&0\\0&3&1&0&0&1\end{array}\right]$$

$$\xrightarrow{②+①\cdot(-1)}\left[\begin{array}{ccc:ccc}1&1&-4&1&-1&0\\0&-1&8&-1&2&0\\0&3&1&0&0&1\end{array}\right]$$

$$\xrightarrow[③+②\cdot 3]{①+②}\left[\begin{array}{ccc:ccc}1&0&4&0&1&0\\0&-1&8&-1&2&0\\0&0&25&-3&6&1\end{array}\right]$$

$$\xrightarrow[③\cdot(1/25)]{②\cdot(-1)}\left[\begin{array}{ccc:ccc}1&0&4&0&1&0\\0&1&-8&1&-2&0\\0&0&1&-3/25&6/25&1/25\end{array}\right]$$

$$\xrightarrow[②+③\cdot 8]{①+③\cdot(-4)}\left[\begin{array}{ccc:ccc}1&0&0&12/25&1/25&-4/25\\0&1&0&1/25&-2/25&8/25\\0&0&1&-3/25&6/25&1/25\end{array}\right]$$

$$=[E\ \vdots\ A^{-1}]$$

所以 $$A^{-1}=\begin{bmatrix}12/25 & 1/25 & -4/25\\ 1/25 & -2/25 & 8/25\\ -3/25 & 6/25 & 1/25\end{bmatrix}$$

有了逆矩阵的概念，可以用来求解矩阵方程。例如，矩阵方程

$$AX=B$$

其中 A 是 $n\times n$ 矩阵，X、B 都是 $n\times m$ 矩阵。若 A 可逆，则可用 A^{-1} 同时左乘等式 $AX=B$ 的两端，得

$$A^{-1}AX=A^{-1}B$$

即该矩阵方程的解为

$$X=EX=A^{-1}B。$$

类似地，对于矩阵方程 $XA=B$，则需两边同时右乘 A^{-1}，才能解得 $X=BA^{-1}$。

例 14.21 已知矩阵 $A=\begin{bmatrix}3 & 0 & 1\\ 1 & 1 & 0\\ 0 & 1 & 4\end{bmatrix}$，且满足 $AX=A+2X$，求矩阵 X。

解 这是一个矩阵方程求解问题。一般先将关系式变形，解出 X 的表达式，然后再代入具体矩阵进行计算。

由 $AX=A+2X$，得 $(A-2E)X=A$。因

$$\det(A-2E)=\begin{vmatrix}1 & 0 & 1\\ 1 & -1 & 0\\ 0 & 1 & 2\end{vmatrix}=-1\neq 0$$

故 $A-2E$ 可逆，在等式$(A-2E)X=A$ 两端同时左乘$(A-2E)^{-1}$，即得 $X=(A-2E)^{-1}A$，再用初等行变换法，求得

$$(A-2E)^{-1}=\begin{bmatrix}2 & -1 & -1\\ 2 & -2 & -1\\ -1 & 1 & 1\end{bmatrix}$$

所以 $$X=(A-2E)^{-1}A=\begin{bmatrix}2 & -1 & -1\\ 2 & -2 & -1\\ -1 & 1 & 1\end{bmatrix}\begin{bmatrix}3 & 0 & 1\\ 1 & 1 & 0\\ 0 & 1 & 4\end{bmatrix}=\begin{bmatrix}5 & -2 & -2\\ 4 & -3 & -2\\ -2 & 2 & 3\end{bmatrix}。$$

例 14.22 用逆矩阵求线性方程组的解。

$$\begin{cases}x_1+x_2-x_3=1\\ x_1+2x_2-x_3=-2\\ -2x_1-3x_2-x_3=1\end{cases}$$

解 此线性方程组可写为矩阵方程 为 $AX=B$，其中

$$A=\begin{bmatrix}1 & 1 & -1\\ 1 & 2 & -1\\ -2 & -3 & -1\end{bmatrix},\ X=\begin{bmatrix}x_1\\ x_2\\ x_3\end{bmatrix},\ B=\begin{bmatrix}1\\ -2\\ 1\end{bmatrix}$$

因为 $\det A=-3\neq 0$，所以方阵 A 可逆，有

$$A^{-1}=\begin{bmatrix} 5/3 & -4/3 & -1/3 \\ -1 & 1 & 0 \\ -1/3 & -1/3 & -1/3 \end{bmatrix}$$

故
$$X=A^{-1}B=\begin{bmatrix} 5/3 & -4/3 & -1/3 \\ -1 & 1 & 0 \\ -1/3 & -1/3 & -1/3 \end{bmatrix}\begin{bmatrix} 1 \\ -2 \\ 1 \end{bmatrix}=\begin{bmatrix} 4 \\ -3 \\ 0 \end{bmatrix}$$

即得 $x_1=4$，$x_2=-3$，$x_3=0$。

14.5 矩阵的应用

14.5.1 解线性方程组

许多科学技术领域中的实际问题往往涉及到求解未知数达成百上千个的线性方程组。因而，对于一般的线性方程组的研究，在理论和实际上都是具有十分重要的意义，其本身也是线性代数的主要内容之一。前面已经对未知数个数等于方程个数的线性方程组的解，得到了重要结论，即克拉默法则。本节主要利用矩阵的方法，讨论了一般的线性方程组的解的存在性及求解方法。考虑线性方程组的一般形式为

$$\begin{cases} a_{11}x_1+a_{12}x_2+\cdots+a_{1n}x_n=b_1 \\ a_{21}x_1+a_{22}x_2+\cdots+a_{2n}x_n=b_2 \\ \cdots \quad \cdots \quad \cdots \quad \cdots \quad \cdots \\ a_{m1}x_1+a_{m1}x_2+\cdots+a_{mn}x_n=b_m \end{cases} \tag{14.9}$$

当 $b_i(i=1,2,\cdots,m)$ 不全为零时，称方程组（14.9）为非齐次线性方程组；当 $b_i(i=1,2,\cdots,m)$ 全为零时，称为齐次线性方程组。线性方程组（14.9）的矩阵表达式为

$$AX=B$$

其中

$$A=\begin{bmatrix} a_{11} & a_{12} & \cdots & a_{1n} \\ a_{21} & a_{22} & \cdots & a_{2n} \\ \vdots & \vdots & & \vdots \\ a_{m1} & a_{m2} & \cdots & a_{mn} \end{bmatrix}, \quad X=\begin{bmatrix} x_1 \\ x_2 \\ \vdots \\ x_n \end{bmatrix}, \quad B=\begin{bmatrix} b_1 \\ b_2 \\ \vdots \\ b_m \end{bmatrix}$$

矩阵 A 称为线性方程组 $AX=B$ 的系数矩阵，X 称为未知数矩阵，B 称为常数项矩阵。

将矩阵 $[A \vdots B]$，即

$$[A \vdots B]=\begin{bmatrix} a_{11} & a_{12} & \cdots & a_{1n} & \vdots & b_1 \\ a_{21} & a_{22} & \cdots & a_{2n} & \vdots & b_2 \\ \vdots & \vdots & & \vdots & \vdots & \vdots \\ a_{m1} & a_{m2} & \cdots & a_{mn} & \vdots & b_m \end{bmatrix}$$

称为线性方程组（14.9）的增广矩阵。显然，增广矩阵包含了线性方程组（14.9）全部信息。一般的线性方程组的求解都是从增广矩阵入手。

前面曾提及，线性方程组经过对方程进行初等行变换是不会改变解的。为了求方程组（14.9）的解，用初等行变换把增广矩阵 $[A \vdots B]$ 化简。通过初等行变换总能把 $[A \vdots B]$ 化为阶梯

形矩阵。因此，给出解线性方程组（14.9）的一般方法，就是用初等行变换把增广矩阵$[\boldsymbol{A}\vdots\boldsymbol{B}]$化为阶梯形矩阵，再利用阶梯形矩阵所表达的方程组求出解。也就得到原方程（14.9）的解。这个方法称为高斯（Gauss）消元法。下面举例说明利用高斯消元法来求解一般的线性方程组。

例 14.23 解线性方程组

$$\begin{cases} x_1 - x_2 - 3x_3 + x_4 = 1 \\ x_1 - x_2 + 2x_3 - x_4 = 3 \\ 4x_1 - 4x_2 + 3x_3 - 2x_4 = 10 \\ 2x_1 - 2x_2 - 11x_3 + 4x_4 = 0 \end{cases} \tag{14.10}$$

解 首先写出增广矩阵，然后做初等行变换将增广矩阵化为阶梯形矩阵，有

$$[\boldsymbol{A}\vdots\boldsymbol{B}] = \begin{bmatrix} 1 & -1 & -3 & 1 & \vdots & 1 \\ 1 & -1 & 2 & -1 & \vdots & 3 \\ 4 & -4 & 3 & -2 & \vdots & 10 \\ 2 & -2 & -11 & 4 & \vdots & 0 \end{bmatrix}$$

$$\xrightarrow[\text{④}+\text{①}\cdot(-2)]{\substack{\text{②}+\text{①}\cdot(-1)\\ \text{③}+\text{①}\cdot(-4)}} \begin{bmatrix} 1 & -1 & -3 & 1 & \vdots & 1 \\ 0 & 0 & 5 & -2 & \vdots & 2 \\ 0 & 0 & 15 & -6 & \vdots & 6 \\ 0 & 0 & -5 & 2 & \vdots & -2 \end{bmatrix}$$

$$\xrightarrow[\text{④}+\text{②}]{\text{③}+\text{②}\cdot(-3)} \begin{bmatrix} 1 & -1 & -3 & 1 & \vdots & 1 \\ 0 & 0 & 5 & -2 & \vdots & 2 \\ 0 & 0 & 0 & 0 & \vdots & 0 \\ 0 & 0 & 0 & 0 & \vdots & 0 \end{bmatrix}$$

阶梯形矩阵所对应的线性方程组为

$$\begin{cases} x_1 - x_2 - 3x_3 + x_4 = 1 \\ \qquad\qquad 5x_3 - 2x_4 = 2 \end{cases} \tag{14.11}$$

从式（14.11）解得

$$\begin{cases} x_1 = x_2 + (1/5)x_4 + 11/5 \\ x_3 = \qquad (2/5)x_4 + 2/5 \end{cases} \tag{14.12}$$

在（14.12）中，取$x_2 = k_1$，$x_4 = k_2$，得到方程组（14.10）的所有解为

$$\begin{bmatrix} x_1 \\ x_2 \\ x_3 \\ x_4 \end{bmatrix} = \begin{bmatrix} 11/5 + k_1 + (1/5)k_2 \\ 0 + k_1 + 0k_2 \\ 2/5 + 0k_1 + (2/5)k_2 \\ 0 + 0k_1 + k_2 \end{bmatrix} = \begin{bmatrix} 11/5 \\ 0 \\ 2/5 \\ 0 \end{bmatrix} + k_1 \begin{bmatrix} 1 \\ 1 \\ 0 \\ 0 \end{bmatrix} + k_2 \begin{bmatrix} 1/5 \\ 0 \\ 2/5 \\ 1 \end{bmatrix}$$

式中k_1，k_2为任意常数。

例 14.24 解线性方程组

$$\begin{cases} 2x_1 - x_2 + 3x_3 = 2 \\ x_1 - 3x_2 + 4x_3 = 1 \\ -x_1 + 2x_2 - 3x_3 = -3 \end{cases} \tag{14.13}$$

解 将式（14.13）的增广矩阵通过初等行变换化为阶梯形矩阵，有

$$[\boldsymbol{A}\vdots\boldsymbol{B}]=\begin{bmatrix}2 & -1 & 3 & \vdots & 2\\1 & -3 & 4 & \vdots & 1\\-1 & 2 & -3 & \vdots & -3\end{bmatrix}\xrightarrow{(①,②)}\begin{bmatrix}1 & -3 & 4 & \vdots & 1\\2 & -1 & 3 & \vdots & 2\\-1 & 2 & -3 & \vdots & -3\end{bmatrix}$$

$$\xrightarrow[③+①]{②+①\cdot(-2)}\begin{bmatrix}1 & -3 & 4 & \vdots & 1\\0 & 5 & -5 & \vdots & 0\\0 & -1 & 1 & \vdots & -2\end{bmatrix}\xrightarrow[②\cdot(1/5)]{③+②\cdot(1/5)}\begin{bmatrix}1 & -3 & 4 & \vdots & 1\\0 & 1 & -1 & \vdots & 0\\0 & 0 & 0 & \vdots & -2\end{bmatrix}$$

阶梯形矩阵所对应的方程组为

$$\begin{cases}x_1-3x_2+4x_3=1\\ \qquad x_2-\ x_3=0\\ \qquad\quad 0x_3=-2\end{cases}\tag{14.14}$$

显然，不可能有 x_1，x_2，x_3，的值满足第三个方程，因此方程组（14.14）无解，也即方程组（14.13）无解。

从例 14.23 中可以看到，当 $r(\boldsymbol{A})=r([\boldsymbol{A}\vdots\boldsymbol{B}])=2$ 时，线性方程组有解，且有无穷多解；从例 14.24 中可以看到，当 $2=r(\boldsymbol{A})\neq r([\boldsymbol{A}\vdots\boldsymbol{B}])=3$ 时，线性方程组无解。于是得到如下结论：

定理 14.3 线性方程组（14.9）有解的充分必要条件是 $r(\boldsymbol{A})=r([\boldsymbol{A}\vdots\boldsymbol{B}])$。

定理 14.4 设对于线性方程组（14.9）有 $r(\boldsymbol{A})=r([\boldsymbol{A}\vdots\boldsymbol{B}])=r$，则当 $r=n$ 时，线性方程组（14.9）有唯一解（n 是未知数的个数）。

定理 14.5 设对于线性方程组（14.9）有 $r(\boldsymbol{A})=r([\boldsymbol{A}\vdots\boldsymbol{B}])=r$，则当 $r<n$ 时，线性方程组（14.9）有无穷多组解（n 是未知数的个数）。

由这些结论易知，齐次线性方程组有非零解的充分必要条件是 $r(\boldsymbol{A})<n$ 。

14.5.2 流动问题

流动问题主要有人口流动和物资流动问题。本例是人口流动问题，物资流动问题参阅习题。

设某中小城市及郊区乡镇共有 30 万人从事农、工、商工作，假定这个总人数在若干年内保持不变，而社会调查表明：

（1）在这 30 万就业人员中，目前约有 15 万人从事农业，9 万人从事工业，6 万从事商业；

（2）在务农人员中，每年约有 20%改为务工，10%改为经商；

（3）在务工人员中，每年约有 20%改为务农，10%改为经商；

（4）在经商人员中，每年约有 10%改为务农，10%改为务工；

现想预测 1，2 年后从事各业人员的人数，以及经过多年之后，从事各业人员总数之间的发展趋势。

解 设 x_i, y_i, z_i 表示第 i 年后分别从事农、工、商的人员总数。则 $x_0=15, y_0=9, z_0=6$，现要求 x_1, y_1, z_1 和 x_2, y_2, z_2，并考察当 n 年后 x_n, y_n, z_n 的发展趋势。

根据题意，一年后从事农、工、商的人员总数应为

$$\begin{cases} x_1 = 0.7x_0 + 0.2y_0 + 0.1z_0 \\ y_1 = 0.2x_0 + 0.7y_0 + 0.1z_0 \\ z_1 = 0.1x_0 + 0.1y_0 + 0.8z_0 \end{cases}$$

即

$$\begin{bmatrix} x_1 \\ y_1 \\ z_1 \end{bmatrix} = \begin{bmatrix} 0.7 & 0.2 & 0.1 \\ 0.2 & 0.7 & 0.1 \\ 0.1 & 0.1 & 0.8 \end{bmatrix} \begin{bmatrix} x_0 \\ y_0 \\ z_0 \end{bmatrix} = \boldsymbol{A} \begin{bmatrix} x_0 \\ y_0 \\ z_0 \end{bmatrix}$$

其中 $\boldsymbol{A} = \begin{bmatrix} 0.7 & 0.2 & 0.1 \\ 0.2 & 0.7 & 0.1 \\ 0.1 & 0.1 & 0.8 \end{bmatrix}$。将 $x_0 = 15, y_0 = 9, z_0 = 6$ 代入上式，得

$$\begin{bmatrix} x_1 \\ y_1 \\ z_1 \end{bmatrix} = \boldsymbol{A} \begin{bmatrix} 15 \\ 9 \\ 6 \end{bmatrix} = \begin{bmatrix} 0.7 & 0.2 & 0.1 \\ 0.2 & 0.7 & 0.1 \\ 0.1 & 0.1 & 0.8 \end{bmatrix} \begin{bmatrix} 15 \\ 9 \\ 6 \end{bmatrix} = \begin{bmatrix} 12.9 \\ 9.9 \\ 7.2 \end{bmatrix}$$

即一年后从事农、工、商人员的人数分别为 12.9、9.9、7.2 万人。当 $n=2$ 时，有

$$\begin{bmatrix} x_2 \\ y_2 \\ z_2 \end{bmatrix} = \boldsymbol{A} \begin{bmatrix} x_1 \\ y_1 \\ z_1 \end{bmatrix} = \boldsymbol{A}^2 \begin{bmatrix} x_0 \\ y_0 \\ z_0 \end{bmatrix} = \begin{bmatrix} 0.7 & 0.2 & 0.1 \\ 0.2 & 0.7 & 0.1 \\ 0.1 & 0.1 & 0.8 \end{bmatrix}^2 \begin{bmatrix} 15 \\ 9 \\ 6 \end{bmatrix} = \begin{bmatrix} 11.73 \\ 10.23 \\ 8.04 \end{bmatrix}$$

即两年后从事农、工、商人员的人数分别为 11.73、10.23、8.04 万人。进而推得

$$\begin{bmatrix} x_n \\ y_n \\ z_n \end{bmatrix} = \boldsymbol{A} \begin{bmatrix} x_{n-1} \\ y_{n-1} \\ z_{n-1} \end{bmatrix} = \boldsymbol{A}^n \begin{bmatrix} x_0 \\ y_0 \\ z_0 \end{bmatrix} = \begin{bmatrix} 0.7 & 0.2 & 0.1 \\ 0.2 & 0.7 & 0.1 \\ 0.1 & 0.1 & 0.8 \end{bmatrix}^n \begin{bmatrix} 15 \\ 9 \\ 6 \end{bmatrix}$$

即 n 年后从事农、工、商人员的人数完全由 $\boldsymbol{A}^n$ 决定。

14.5.3 交通流量问题

某城市部分单行街道的交通流量（每小时通过车数）如图 14-1 所示，假设

（1）全部流入网络的流量等于全部流出网络的流量；

（2）全部流入 1 个节点的流量等于全部流出此节点的流量。

建立数学模型确定图 14-1 所示交通网络未知部分的具体流量。

解 设流入为正，流出为负，由网络流量假设（1），从 x_3 开始，计算得

$$-x_3 - 300 + 300 + 300 + 600 - 700 + 500 - x_8 + 200 - x_6 + 100 = 0$$

整理有

$$x_3 + x_6 + x_8 = 1000$$

利用网络流量假设（2），计算节点①，得

$$-x_3 - 300 + x_2 + x_4 = 0$$

即

$$x_2 - x_3 + x_4 = 300$$

类似地，计算节点②～⑨，得 $x_1 + x_2 = 800$，$x_9 = 400$，$x_4 + x_5 = 500$，$x_1 + x_5 = 800$，$x_9 - x_{10} = -200$，$-x_6 + x_7 = 200$，$x_7 + x_8 = 1000$，$x_{10} = 600$

得到所给问题满足如下线性方程组

$$\begin{cases} x_3 + x_6 + x_8 = 1000 \\ x_2 - x_3 + x_4 = 300 \\ x_1 + x_2 \qquad = 800 \\ x_9 = 400 \\ x_4 + x_5 = 500 \\ x_1 + x_5 = 800 \\ x_9 - x_{10} = -200 \\ -x_6 + x_7 = 200 \\ x_7 + x_8 = 1000 \\ x_{10} = 600 \end{cases}$$

利用齐次线性方程组的解法，得到此方程组的通解为

$$\boldsymbol{X} = \alpha_0 + k_1\alpha_1 + k_2\alpha_2$$

其中 k_1, k_2 为任意常数，且

$$\alpha_0 = (800,0,200,500,0,800,1000,0,400,600)^{\mathrm{T}}$$
$$\alpha_1 = (-1,1,0,-1,1,0,0,0,0,0)^{\mathrm{T}}$$
$$\alpha_2 = (0,0,0,0,0,-1,-1,1,0,0)^{\mathrm{T}}$$

$\boldsymbol{X}$ 的每 1 个分量即为交通网络未知部分的具体流量，它有无穷多解。

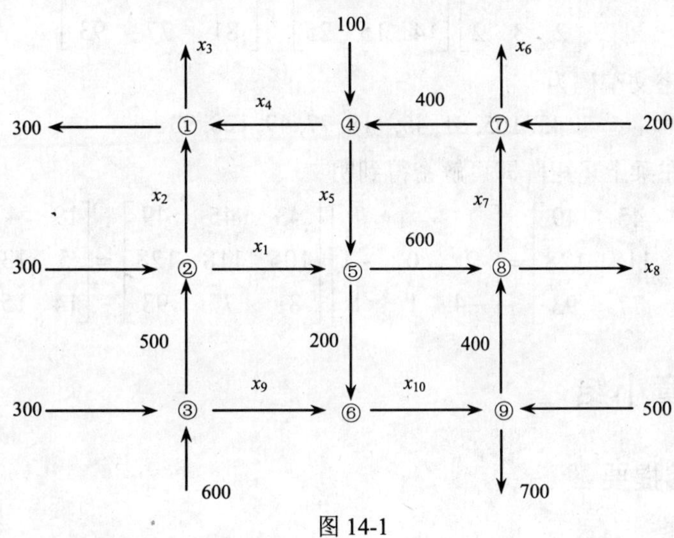

图 14-1

14.5.4 矩阵在密码编制中的应用

矩阵密码法是信息编码与解码的技巧，其中有一种就是利用可逆矩阵的方法。先在 26 个英文字母与数字之间建立起一一对应，例如

A	B	C	…	Y	Z
↕	↕	↕		↕	↕
1	2	3	…	25	26

若要发出信息“SEND MONEY”，使用上述代码，则此信息的编码是 19, 5, 14, 4, 13, 15, 14, 5, 25, 其中 5 表示字母 E，但是这种编码很容易被别人破译。在一个较长的信息编码中，人们会根据那个出现频率最高的数值而猜出它代表的是哪个字母，比如上述编码中出现最多的数值是 5，人们会猜出它代表的是字母 E，因为统计规律告诉我们，字母 E 是英文单词中出现频率最高的字母。

我们可以利用矩阵乘法来对“明文”SEND MONEY 进行加密，让其变成“密文”后再进行传送，以增加非法用户破译的难度，而让合法用户轻松解密。如果一个矩阵 $\boldsymbol{A}$ 和其逆矩阵 $\boldsymbol{A}^{-1}$ 中的元素均为整数，则可以利用这样的矩阵 $\boldsymbol{A}$ 来对明文加密，使加密以后的密文很难破译。例如取

$$\boldsymbol{A}=\begin{bmatrix}1 & 2 & 1\\ 2 & 5 & 3\\ 2 & 3 & 2\end{bmatrix}$$

明文“SEND MONEY”对应的 9 个数值按 3 列排成以下矩阵

$$\boldsymbol{B}=\begin{bmatrix}19 & 4 & 14\\ 5 & 13 & 5\\ 14 & 15 & 25\end{bmatrix}$$

矩阵乘积

$$\boldsymbol{A}\boldsymbol{B}=\begin{bmatrix}1 & 2 & 1\\ 2 & 5 & 3\\ 2 & 3 & 2\end{bmatrix}\begin{bmatrix}19 & 4 & 14\\ 5 & 13 & 5\\ 14 & 15 & 25\end{bmatrix}=\begin{bmatrix}43 & 45 & 49\\ 105 & 118 & 128\\ 81 & 77 & 93\end{bmatrix}$$

对应着将发出去的密文编码为

43, 105, 81, 45, 118, 77, 49, 128, 93。

合法用户用 $\boldsymbol{A}^{-1}$ 去左乘上述矩阵即可解密得到明文

$$\boldsymbol{A}^{-1}\begin{bmatrix}43 & 45 & 49\\ 105 & 118 & 128\\ 81 & 77 & 93\end{bmatrix}=\begin{bmatrix}1 & -1 & 1\\ 2 & 0 & -1\\ -4 & 1 & 1\end{bmatrix}\begin{bmatrix}43 & 45 & 49\\ 105 & 118 & 128\\ 81 & 77 & 93\end{bmatrix}=\begin{bmatrix}19 & 4 & 14\\ 5 & 13 & 5\\ 14 & 15 & 25\end{bmatrix}$$

14.6 本章小结

14.6.1 内容提要

1. 基本概念

矩阵的概念，矩阵的加法、乘法、数乘的定义，同型矩阵，转置矩阵，单位矩阵，可逆矩阵，逆矩阵，初等变换，初等行变换，初等矩阵，矩阵的秩，阶梯形矩阵，满秩矩阵，方阵的行列式的定义，上（下）三角形行列式，线性方程组，增广矩阵。

2. 基本定理

矩阵的加法、乘法、数乘的性质，转置矩阵的性质，逆矩阵的性质，行列式的六条性质，克拉默法则，判定线性方程组是否有解的定理。

3．基本方法

矩阵的加法、乘法和数乘运算，运用初等行变换求逆矩阵的方法，运用逆矩阵解矩阵方程的方法，运用初等行变换求矩阵的秩的方法，化上（下）三角形行列式法，高斯消元法。

14.6.2 疑点解析

问题 1 矩阵相乘的条件是什么？矩阵乘法与数的乘法有什么不同？

解析 只有当左面矩阵 $\boldsymbol{A}$ 的列数与右面矩阵 $\boldsymbol{B}$ 的行数相等时 $\boldsymbol{A}$ 与 $\boldsymbol{B}$ 才能相乘，其乘积为 $\boldsymbol{AB}$。数的乘法满足交换律和消去律，而矩阵乘法不满足交换律和消去律以及两个非零矩阵相乘有可能是零矩阵。这些是矩阵乘法与数的乘法不同的地方，在做矩阵乘法运算时，应引起重视。

问题 2 设 $\boldsymbol{A}$、$\boldsymbol{B}$ 为 $n(n>1)$阶方阵，下列等式成立吗？

(1) $\det(\boldsymbol{A}+\boldsymbol{B})=\det\boldsymbol{A}+\det\boldsymbol{B}$； (2) $\det(k\boldsymbol{A})=k(\det\boldsymbol{A})$。

解析 不成立。一般地讲，$\det(\boldsymbol{A}+\boldsymbol{B})\neq\det\boldsymbol{A}+\det\boldsymbol{B}$，而 $\det(k\boldsymbol{A})=k^n(\det\boldsymbol{A})$。

问题 3 对于 n 阶可逆方阵 $\boldsymbol{C}$，若 $\boldsymbol{AC}=\boldsymbol{BC}$，可以有 $\boldsymbol{A}=\boldsymbol{B}$ 吗?为什么?

解析 可以有 $\boldsymbol{A}=\boldsymbol{B}$。因为 $\boldsymbol{C}$ 是可逆方阵，所以在等式 $\boldsymbol{AC}=\boldsymbol{BC}$ 两端同时右乘 $\boldsymbol{C}^{-1}$，得 $\boldsymbol{ACC}^{-1}=\boldsymbol{BCC}^{-1}$，即 $\boldsymbol{A}=\boldsymbol{B}$。

问题 4 在对矩阵 $\boldsymbol{A}$ 做初等行变换时，我们总是以箭头“$\rightarrow$”相连，即：$\boldsymbol{A}\xrightarrow{\text{初等行变换}}\boldsymbol{B}$，为什么不能用等号“=”连接呢？

解析 因为在对矩阵 $\boldsymbol{A}$ 做初等行变换后，得到的矩阵 $\boldsymbol{B}$，实际上是有多个初等矩阵左乘以 $\boldsymbol{A}$ 而得到矩阵 $\boldsymbol{B}$ 的，初等矩阵在中间运算过程中没有必要写出来，所以在对矩阵 $\boldsymbol{A}$ 进行初等行变换时，我们总是以箭头“$\rightarrow$”相连，不能用等号“=”连接。如果初等行变换的初等矩阵乘积为矩阵 $\boldsymbol{P}$，那么可写成 $\boldsymbol{PA}=\boldsymbol{B}$。

问题 5 到目前为止，初等行变换法都用在了什么地方？

解析 初等行变换法可求逆矩阵，求解矩阵方程，判定线性方程组是否有解以及求解线性方程组。

问题 6 当线性方程组的方程个数少于等于未知量个数时，线性方程组一定有解吗？

解析 不一定。根据线性方程组是否有解的定理知，当 $r(\boldsymbol{A})=r([\boldsymbol{A}\,\vdots\,\boldsymbol{B}])$时，线性方程组有解；当 $r(\boldsymbol{A})\neq r([\boldsymbol{A}\,\vdots\,\boldsymbol{B}])$时，线性方程组无解；当 $r(\boldsymbol{A})=r([\boldsymbol{A}\,\vdots\,\boldsymbol{B}])=n$($n$ 是未知量个数)时，线性方程组有唯一解；当 $r(\boldsymbol{A})=r([\boldsymbol{A}\,\vdots\,\boldsymbol{B}])<n$($n$ 是未知量个数)时，线性方程组有无穷多解。

高斯消元法的具体步骤如下：

对于线性方程组 $\boldsymbol{AX}=\boldsymbol{B}$，即

$$\begin{cases}a_{11}x_1+a_{12}x_2+\cdots+a_{1n}x_n=b_1\\a_{21}x_1+a_{22}x_2+\cdots+a_{2n}x_n=b_2\\\cdots\quad\cdots\quad\cdots\quad\cdots\quad\cdots\\a_{m1}x_1+a_{m1}x_2+\cdots+a_{mn}x_n=b_m\end{cases}$$

第 1 步，写出线性方程组的增广矩阵$[\boldsymbol{A}\,\vdots\,\boldsymbol{B}]$，并利用初等行变换，将增广矩阵$[\boldsymbol{A}\,\vdots\,\boldsymbol{B}]$化为阶梯形矩阵；

第 2 步，设阶梯形矩阵首非零元所在列的个数为 r，其余的个数为 $n-r$；

第 3 步，利用判别线性方程组是否有解的定理。若方程组有解，写出阶梯形矩阵所对应的线性方程组。把此方程组含有 $n-r$ 个的项移至方程右端，并用最后一个方程逐个向前回代的方法得到方程组的所有解；

第 4 步，为得到所有解的矩阵形式，可以把 $n-r$ 个元依次令为（任意）常数 $k_1,k_2,\cdots,k_{n-r}$，对应地解出未知元，即可写出此方程的所有解的矩阵形式。

例 14.25 当λ为何值时，下列方程组有解？有解时，求出解。

$$\begin{cases} 2x_1+3x_2-4x_3+x_4-x_5=-3 \\ 3x_1+4x_2-2x_3-3x_4+x_5=2 \\ 4x_1+7x_2-16x_3+11x_4-7x_5=-19 \\ 5x_1+7x_2-6x_3-2x_4=\lambda+1 \end{cases}$$

解 第 1 步，写出线性方程组的增广矩阵，并利用初等行变换，将$[\boldsymbol{A} \vdots \boldsymbol{B}]$化为阶梯形矩阵。为了避免分数运算，总是把第一行第一列元素变为 1 或（-1），为此将第二行乘以（-1）加到第一行，即

$$[\boldsymbol{A} \vdots \boldsymbol{B}]=\begin{bmatrix} 2 & 3 & -4 & 1 & -1 & \vdots & -3 \\ 3 & 4 & -2 & -3 & 1 & \vdots & 2 \\ 4 & 7 & -16 & 11 & -7 & \vdots & -19 \\ 5 & 7 & -6 & -2 & 0 & \vdots & \lambda+1 \end{bmatrix}$$

$$\xrightarrow{①+②\cdot(-1)}\begin{bmatrix} -1 & -1 & -2 & 4 & -2 & \vdots & -5 \\ 3 & 4 & -2 & -3 & 1 & \vdots & 2 \\ 4 & 7 & -16 & 11 & -7 & \vdots & -19 \\ 5 & 7 & -6 & -2 & 0 & \vdots & \lambda+1 \end{bmatrix}$$

$$\xrightarrow[\substack{③+①\cdot 4 \\ ④+①\cdot 5}]{②+①\cdot 3}\begin{bmatrix} -1 & -1 & -2 & 4 & -2 & \vdots & -5 \\ 0 & 1 & -8 & 9 & -5 & \vdots & -13 \\ 0 & 3 & -24 & 27 & -15 & \vdots & -39 \\ 0 & 2 & -16 & 18 & -10 & \vdots & \lambda-24 \end{bmatrix}$$

$$\xrightarrow[④+②\cdot(-2)]{③+②\cdot(-3)}\begin{bmatrix} -1 & -1 & -2 & 4 & -2 & \vdots & -5 \\ 0 & 1 & -8 & 9 & -5 & \vdots & -13 \\ 0 & 0 & 0 & 0 & 0 & \vdots & 0 \\ 0 & 0 & 0 & 0 & 0 & \vdots & \lambda+2 \end{bmatrix}$$

$$\xrightarrow[(③,④)]{①\cdot(-1)}\begin{bmatrix} 1 & 1 & 2 & -4 & 2 & \vdots & 5 \\ 0 & 1 & -8 & 9 & -5 & \vdots & -13 \\ 0 & 0 & 0 & 0 & 0 & \vdots & \lambda+2 \\ 0 & 0 & 0 & 0 & 0 & \vdots & 0 \end{bmatrix};$$

第 2 步，利用定理知，只有 $r(\boldsymbol{A}) = r([\boldsymbol{A} \vdots \boldsymbol{B}])= 2$，方程组才有解，故有$\lambda$ =-2，从方程组知，$n-r= 5 -2 = 3$；

第 3 步，当λ=-2 时，写出阶梯形矩阵对应的方程组为

$$\begin{cases} x_1+x_2+2x_3-4x_4+2x_5=5 \\ \qquad x_2-8x_3+9x_4-5x_5=-13 \end{cases} \tag{14.15}$$

从式（14.15），得到所有解为

$$\begin{cases} x_1 = 18 - 10x_3 + 13x_4 - 7x_5 \\ x_2 = -13 + 8x_3 - 9x_4 + 5x_5 \end{cases} \tag{14.16}$$

其中 x_3, x_4, x_5 可取任意实数。

第 4 步，在（14.16）中，令 $x_3 = k_1$，$x_4 = k_2$，$x_5 = k_3$，可得原线性方程组的所有解为

$$\boldsymbol{X} = \begin{bmatrix} x_1 \\ x_2 \\ x_3 \\ x_4 \\ x_5 \end{bmatrix} = \begin{bmatrix} 18 \\ -13 \\ 0 \\ 0 \\ 0 \end{bmatrix} + k_1 \begin{bmatrix} -10 \\ 8 \\ 1 \\ 0 \\ 0 \end{bmatrix} + k_2 \begin{bmatrix} 13 \\ -9 \\ 0 \\ 1 \\ 0 \end{bmatrix} + k_3 \begin{bmatrix} -7 \\ 5 \\ 0 \\ 0 \\ 1 \end{bmatrix}$$

其中 k_1, k_2, k_3 为任意常数。

对于用高斯消元法解线性方程组，需要注意以下几点：

（1）对增广矩阵$[\boldsymbol{A} \vdots \boldsymbol{B}]$（而不是用系数矩阵 $\boldsymbol{A}$）进行初等行变换后矩阵不能与前面的矩阵写等号“＝”，而只能写等价的箭头“→”；

（2）最后的矩阵一定要化为阶梯形矩阵；

（3）不能认为方程个数大于（或小于）未知量个数的线性方程组一定无解（或有解）。

习 题 14

1．设

$$\boldsymbol{A} = \begin{bmatrix} 4 & 3 & 2 & 1 \\ 0 & -1 & 5 & 2 \\ 2 & 3 & 1 & 0 \end{bmatrix} \quad \boldsymbol{B} = \begin{bmatrix} 8 & 7 & 6 & 5 \\ 4 & 1 & 0 & 2 \\ 0 & -3 & 2 & 5 \end{bmatrix}$$

求 $\boldsymbol{A}+\boldsymbol{B}$，$2\boldsymbol{A}+3\boldsymbol{B}$。

2．计算下列矩阵

（1）$\begin{bmatrix} 4 \\ 3 \\ 6 \end{bmatrix} \begin{bmatrix} -2 & 3 \end{bmatrix}$；　　（2）$\begin{bmatrix} 6 & 2 & 3 \end{bmatrix} \begin{bmatrix} 3 \\ 6 \\ 2 \end{bmatrix}$；

（3）$\begin{bmatrix} 1 & 0 & 0 \\ 0 & 0 & 1 \\ 0 & 1 & 0 \end{bmatrix} \begin{bmatrix} 2 & 7 \\ 3 & 8 \\ 4 & 9 \end{bmatrix}$；　　（4）$\begin{bmatrix} 0 & 0 \\ 1 & 1 \end{bmatrix} \begin{bmatrix} -2 & 1 \\ 2 & -1 \end{bmatrix}$。

3．设

$$\boldsymbol{A} = \begin{bmatrix} 2 & 3 & 0 \\ 1 & 2 & 0 \end{bmatrix}，\boldsymbol{B} = \begin{bmatrix} -1 & 4 & 6 \\ 3 & -1 & 2 \end{bmatrix}，\boldsymbol{C} = \begin{bmatrix} -1 & 1 & 2 \\ 2 & 3 & -1 \\ 1 & 0 & 2 \end{bmatrix}$$

求 $\boldsymbol{AC} - \boldsymbol{BC}$。

4．已知

$$\boldsymbol{A} = \begin{bmatrix} 3 & -2 \\ 0 & 1 \end{bmatrix}，\boldsymbol{B} = \begin{bmatrix} 5 & 0 \\ 3 & -2 \end{bmatrix}$$

求满足方程 $2\boldsymbol{A} - 6\boldsymbol{X} = 3\boldsymbol{B}$ 中的 $\boldsymbol{X}$。

5．计算

（1）$\begin{bmatrix} 0 & 2 \\ 3 & 0 \end{bmatrix}^2$；　　（2）$\begin{bmatrix} x_1 & x_2 & x_3 \end{bmatrix}\begin{bmatrix} 2 & 5 & 0 \\ -4 & 3 & -2 \\ 3 & -1 & 1 \end{bmatrix}\begin{bmatrix} x_1 \\ x_2 \\ x_3 \end{bmatrix}$；

（3）$\begin{bmatrix} 1 & 1 & 1 & 1 \\ 1 & 1 & -1 & -1 \\ 1 & -1 & 1 & -1 \\ 1 & -1 & -1 & 1 \end{bmatrix}^4$；　　（4）$\begin{bmatrix} \lambda & 2 & 0 \\ 0 & \lambda & 2 \\ 0 & 0 & \lambda \end{bmatrix}^n$ (n 是正整数)。

6．求下列矩阵的秩

（1）$\begin{bmatrix} 1 & 1 & 1 & -1 \\ -1 & -1 & 2 & 3 \\ 2 & 2 & 5 & 0 \end{bmatrix}$；　　（2）$\begin{bmatrix} 1 & 3 & 5 & -1 \\ 2 & -1 & -3 & 4 \\ 5 & 1 & -1 & 7 \\ 7 & 7 & 9 & 1 \end{bmatrix}$；

（3）$\begin{bmatrix} 3 & 2 & -1 & 2 & 0 & 1 \\ 4 & 1 & 0 & -3 & 0 & 2 \\ 2 & -1 & -2 & 1 & 1 & -3 \\ 3 & 1 & 3 & -9 & -1 & 6 \\ 3 & -1 & 5 & 7 & 2 & -7 \end{bmatrix}$；　　（4）$\begin{bmatrix} 1 & 2 & 0 & 0 & 1 \\ 0 & 6 & 2 & 4 & 10 \\ 1 & 11 & 3 & 6 & 16 \\ 1 & -19 & -7 & -14 & -34 \end{bmatrix}$。

7．设矩阵

$$\boldsymbol{A}=\begin{bmatrix} -1 & 6 & 9 \\ 0 & 5 & 2 \\ 0 & 0 & 3 \end{bmatrix}，\boldsymbol{B}=\begin{bmatrix} 4 & 2 & 7 \\ 0 & 2 & 8 \\ 0 & 0 & 5 \end{bmatrix}$$

求：$\det(\boldsymbol{A}\boldsymbol{B}^{\mathrm{T}})$，$\det\boldsymbol{A}+\det\boldsymbol{B}$，$\det(-3\boldsymbol{A})$。

8．计算下列行列式

（1）$\begin{vmatrix} 1 & 2 & 3 \\ 99 & 201 & 298 \\ 4 & 5 & 6 \end{vmatrix}$；（2）$\begin{vmatrix} 234 & 420 & 186 \\ 97 & 220 & 104 \\ -40 & 20 & 21 \end{vmatrix}$；（3）$\begin{vmatrix} 0 & 1 & 1 & 1 \\ 1 & 0 & 1 & 1 \\ 1 & 1 & 0 & 1 \\ 1 & 1 & 1 & 0 \end{vmatrix}$。

9．证明下列等式

（1）$\begin{vmatrix} a_1 & b_1 & a_1x+b_1y+c_1 \\ a_2 & b_2 & a_2x+b_2y+c_2 \\ a_3 & b_3 & a_3x+b_3y+c_3 \end{vmatrix}=\begin{vmatrix} a_1 & b_1 & c_1 \\ a_2 & b_2 & c_2 \\ a_3 & b_3 & c_3 \end{vmatrix}$；

（2）$\begin{vmatrix} a^2 & ab & b^2 \\ 1 & 1 & 1 \\ 2a & a+b & 2b \end{vmatrix}=-(a-b)^3$。

10．计算下列行列式 $\begin{vmatrix} 1/3 & -5/2 & 2/5 & 3/2 \\ 3 & -12 & 21/5 & 15 \\ 2/3 & -9/2 & 4/5 & 5/2 \\ -1/7 & 2/7 & -1/7 & 3/7 \end{vmatrix}$。

11．用克拉默法则解下列方程组

（1）$\begin{cases} x+2y+2z=3 \\ -x-4y+z=7 \\ 3x+7y+4z=3 \end{cases}$；（2）$\begin{cases} x_1-2x_2+3x_3-4x_4=4 \\ x_2-x_3+x_4=-3 \\ x_1+3x_2+2x_4=1 \\ -7x_2+3x_3+x_4=-3 \end{cases}$。

12．用初等行变换求下列矩阵的逆矩阵

（1）$\begin{bmatrix} -2 & -5 & 2 \\ 3 & 7 & -3 \\ -4 & -10 & 3 \end{bmatrix}$；（2）$\begin{bmatrix} 0 & 0 & 1 & -1 \\ 0 & 3 & 1 & 4 \\ 2 & 7 & 6 & -1 \\ 1 & 2 & 2 & -1 \end{bmatrix}$；（3）$\begin{bmatrix} 1 & 1 & 1 & 1 \\ 1 & 1 & -1 & -1 \\ 1 & -1 & 1 & -1 \\ 1 & -1 & -1 & 1 \end{bmatrix}$。

13．试用初等行变换解矩阵方程

$$\begin{bmatrix} 1 & 1 & 3 \\ -1 & 1 & 2 \\ 1 & 0 & 1 \end{bmatrix}\boldsymbol{X}=\begin{bmatrix} 4 & 0 & 2 \\ 2 & -1 & 1 \\ 3 & 5 & 1 \end{bmatrix}。$$

14．解下列线性方程组

（1）$\begin{cases} 2x_1-3x_2+x_3=-3 \\ 5x_1-2x_2+7x_3=7 \\ 13x_1+8x_2=-5 \end{cases}$；（2）$\begin{cases} 4x_1+3x_2-2x_3=-5 \\ 5x_1-4x_2+6x_3=10 \\ 17x_1+5x_2=6 \end{cases}$；

（3）$\begin{cases} 2x_1-3x_2+x_3+5x_4=6 \\ -3x_1+x_2+2x_3-4x_4=5 \\ -x_1-2x_2+3x_3+x_4=11 \end{cases}$；（4）$\begin{cases} x_1+2x_2+x_3-x_4=0 \\ 3x_1+6x_2-x_3-3x_4=0 \\ 5x_1+10x_2+x_3-5x_4=0 \end{cases}$。

15．设非齐次线性方程组

$$\begin{cases} ax_1+x_2+x_3=4 \\ x_1+bx_2+x_3=3 \\ x_1+2bx_2+x_3=4 \end{cases}$$

试就 a，b 讨论方程组解的情况，若有解时，求出其解。

16．某企业在一个百万人口的城市对其产品销售情况进行市场调研发现，该城市大概有20%的人在使用该类产品，但自己的品牌市场占有率仅为 30%，为了提高市场占有率，就到该城市进行大规模的市场促销。假设每月使用该企业品牌产品的人中有 20%将改用其他品牌产品，而原来使用其他品牌产品的人中有 50%将改用该企业品牌产品，若该市的产品使用人数保持不变，问 3 个月后该企业的产品市场占有率是多少？

17．在对信息加密时，除了用 1, 2, …, 25, 26 分别代表 A, B, …, Y, Z，还可用 0 代表空格，现有一段明码是由下列矩阵 $\boldsymbol{A}$ 加密的，其中

$$A=\begin{bmatrix}-1 & -1 & 2 & 0\\ 1 & 1 & -1 & 0\\ 0 & 0 & -1 & 1\\ 1 & 0 & 0 & -1\end{bmatrix}$$

而且发出去的密文是

$$-19, 19, 25,\ -21, 0, 18,\ -18, 15, 3, 10,\ -8, 3,\ -2, 20,\ -7, 12$$

试问这段密文对应的明文信息是什么？

第 15 章　数 学 实 验

Mathematica 是处理数学问题的一种通用软件。Mathematica 最大的特点是不但可以进行数值的运算，还可以进行符号的运算。Mathematica 的功能非常强大，几乎可以解决所有初等数学、高等数学中的数学问题。本章对 Mathematica 系统进行简单介绍，使读者对 Mathematica 系统有一个初步的认识，并且运用 Mathematica 系统进行数学实验，对于在高等数学中比较难理解的问题加深理解，对于比较烦琐的问题得到顺利地解决，同时还可以利用 Mathematica 系统去解决在工程技术中的数学问题。

15.1　作函数图形、求数列或函数的极限的演示与实验

15.1.1　实验目的

1. 学习在 Windows 下 Mathematica 4.0 软件的启动，并熟悉其界面；
2. 学习用绘图语句作函数图形；
3. 用图形和数值观察数列极限与函数极限；
4. 学习用求极限语句求数列或函数极限。

15.1.2　原理与方法

1. 函数作图的基本原理

用 Mathematica 4.0 数学软件作函数图形非常简单，只需输入特定的命令和函数的表达式及作图区域即可。但是，若不了解软件的作图原理，命令参数设置不当，作出的图形可能面目全非。因此，只有了解了软件作图的原理，才能灵活使用，得到理想的函数图形。

由于计算机显示设备的限制，计算机只能显示函数图形在某个矩形区域内的部分。计算机画函数图形的方法实际就是“描点法”。计算机首先在给定的区间$[a,b]$上取一定数量的点（通常取一些均分点），计算出这些点的函数值，并画出平面上的点$(x,f(x))$，然后依 x 的大小从小到大把对应的点用直线段连接起来成为一条曲线，把它作为函数在观察区域内的图形。

2. 数列极限与函数极限

数列是整变量函数，在平面直角坐标系中，数列表现为离散的点，函数表现为曲线。它们的极限都可以通过几何图形来观察。

15.1.3　内容与步骤

1. Mathematica 4.0 的进入

启动计算机，屏幕上显示 Windows 界面，单击“开始”进入主菜单中，将鼠标移向“程序”，找到包含 Mathematica 的程序组，单击可执行程序 Mathematica 4 就进入了该系统，此时系统已进入交互状态，在等待用户输入命令。

例如，输入 3 + 5 后，按 Enter + Shift 组合键，屏幕上就显示

In[1]:= 3 + 5

Out[1]= 8

其中 In[1]:= 表示第 1 个输入，Out[1]= 表示第 1 个输出。

此时即调入了核心程序 Mathematica Kernel，随后即可进行各种运算、画图或其他操作了。

注意：若直接按键盘左边的 Enter 键，只是在输入的组合命令中起换行的作用。

2. 利用 Mathematica 作图

可以利用 Mathematica 系统里的绘图语句(Plot)画出函数的图形，结合条件语句可画出分段函数的图形。

(1) 基本作图命令格式

(a) 只规定自变量范围的作图命令：

Plot[f [x],{x,x1,x2}]

(b) 不仅规定自变量范围，还规定因变量范围的作图命令：

Plot[f [x],{x,x1,x2},PlotRange ->{y1,y2}]

例 15.1 用以上两种格式画出函数 $f(x)=x^2+x-3\sin x$ 在 $[-2,2]$ 上的图形。

输入命令：

Plot[x^2+x−3Sin[x],{x, −2,2}]

按 Enter + Shift 组合键，即可在输出区间 $[-2,2]$ 上得到函数的图形。

输入命令：

Plot[x^2+x-3Sin[x],{x, −1,1},PlotRange ->{0,4}]

按 Enter + Shift 组合键，即可在输出区域 $[-2,2]\times[0,4]$ 上得到函数的图形。

(2) 观察函数图形叠加情况

例 15.2 在同一个观察区域内画出函数。

$y=\ln x$，$y=x$，$y=\sqrt{x}$，$y=x^2$，$y=\sqrt[3]{x}$，$y=x^3$ 的图形。

输入命令：

Plot[Log[x],{x,0,2}]　　(注：Mathematica 中的函数 Log[　]就是自然对数函数)

Plot[x,{x,0,2}]

Plot[Sqrt[x],{x,0,2}]

Plot[x^2,{x,0,2}]

Plot[x^(1/3),{x,0,2}]

Plot[x^3,{x,0,2}]

按 Enter + Shift 组合键，将显示出 6 个图形。

输入如下命令：

Plot[{Log[x], x, Sqrt[x], x^2, x^(1/3),x^3}],{x,0,2}]

按 Enter + Shift 组合键，将显示出叠加的 6 个图形。

(3) 分段函数的作图

先利用条件语句自定义分段函数，然后用 Plot 画出分段函数的图形。

自定义分段函数常用以下两种方法：

方法 1　当只分两段时可用 if 语句定义，格式如下：

f [x_]：= If [条件 1, 表达式 1, 表达式 2]

例如，输入以下语句：

f [x_]：= If [x<0, x^3*sin[1/x], x^2]

即定义了如下分段函数：

$$f(x)=\begin{cases} x^3\sin\dfrac{1}{x}, & x<0 \\ x^2, & x\geq 0 \end{cases}$$

方法 2　当分段函数的定义域多于两段时可以用 Which 语句定义，格式如下：

f [x_]：= Which [条件 1, 表达式 1, 条件 1, 表达式 2, True, 表达式 3]

例如，输入以下语句：

f [x_]：= Which [x <0, x + 1, 0<= x <3, x^2, True, Cos [x]]

即定义了如下分段函数：

$$f(x)=\begin{cases} x+1, & x<0 \\ x^2, & 0\leq x<3 \\ \cos x, & x\geq 3 \end{cases}$$

自定义的函数与系统内的函数一样使用，例如输入以下命令：

Plot[f [x],{x,-6,6}]

按 Enter + Shift 组合键，即可得到自定义的分段函数 $f(x)$ 的图形。

(3) 用图形和数值观察数列或函数极限

例 15.3　用观察法验证数列极限 $\lim\limits_{n\to\infty}\left(1+\dfrac{1}{n}\right)^n=e\approx 2.171828$

首先生成数值点列，可以从数值上观察数列的趋向；再画出数列的散点图，从图形上观察数列的趋向。

(a) 生成数值型点列

fnt = Table[(1+1/n)^n,{n,100}]//N　　　(生成 100 个数值，并赋给变量 fnt)

其中“//N”表示将数值计算函数 N 作用于//前面的表达式，这是 Mathematica 数学软件中函数的一种用法。如“x//sin”即表示对 x 求正弦。

(b) 画散点图

ListPlot[fnt, PlotStyle ->{RGBColor[1,0,1], PointSize[0.01]}]

其中 RGBColor[1,0,1]定义了点的颜色是粉红色，PointSize[0.01]定义了点的大小。

执行上述两条命令后，不仅可以从图形上看出数列的变化趋向，也可以从数值上看出数列的变化趋向。

例 15.4　用观察法验证函数极限 $\lim\limits_{x\to 0}\dfrac{\sin x}{x}=1$。

与上例类似，执行下面两条命令，即可从数值和图形两个方面观察函数的变化趋向。

gnt = Table[Sin[1/n]*n,{n,100}]//N　　　(生成数列 $x_n=n\sin(1/n)$ 的前 100 项)

ListPlot[gnt, PlotStyle ->{RGBColor[1,0,1], PointSize[0.01]}]

容易看出，当 n 越大时，x_n 越接近于 1，即 $x=\dfrac{1}{n}$ 越接近于 0，$\dfrac{\sin x}{x}$ 越接近于 1。

4. 用 Mathematica 求极限

用 Mathematica 求极限的命令格式如下：

Limit [f [x], x ->a]

Limit [f [x], x ->Infinily]　　　(其中 Infinily 表示∞)

例 15.5　求极限 $\lim\limits_{n\to\infty}(\sqrt{n+2}-2\sqrt{n+1}+\sqrt{n})$ 。

执行下面命令即可得结果 0。

Limit [Sqrt[n+2]−2Sqrt[n+1]+Sqrt[n], n->Infinily]

例 15.6　求极限 $\lim\limits_{x\to 0}\dfrac{\mathrm{e}^{x}-\mathrm{e}^{-x}-2x}{x-\sin x}$ 。

执行下面命令即可得结果 2。

Limit [(E^x −E^(−x) −2x)/(x −Sin[x]), x −> 0]

15.2　函数的导数的演示与实验

15.2.1　实验目的

1. 学习用 Mathematica 辅助理解导数概念；
2. 学习用 Mathematica 求函数的导数。

15.2.2　原理与方法

由导数的定义知

$$f'(x_0)=\lim_{x\to x_0}\frac{f(x)-f(x_0)}{x-x_0}$$

其几何意义是切线的斜率，即割线斜率的极限。利用 Mathematica 可以通过数值演示、图形演示和动画演示等方式观察割线斜率的变化过程，或割线的运动过程。

15.2.3　内容与步骤

1. 用 Mathematica 辅助理解导数概念

(1) 数值演示

曲线 $y=f(x)$ 上割线 M_0M 的斜率是 $\dfrac{f(x)-f(x_0)}{x-x_0}$ ，以 x_0 为起点，按一定步长均匀地取一些数值 x，计算割线斜率，观察其变化趋势。

例 15.7　对函数 $f(x)=\mathrm{e}^{-\frac{(x-1)^2}{2}}$ 观察 $x\to 0.5$ 时割线斜率的变化趋势。

实验程序：

f [x_]: = Exp[− (x −1)^2/2]　　　　(自定义函数 f(x))

h[x_]: = (f [x]–f [0.5]])/(x −0.5)　　　　(自定义割线斜率函数 h(x))

hnt = Table[h[x],{x, 0.501, 0.5001, −0.0001}]　　　　(生成 h(x)的数值表)

Out[6] =

{0.440917,0.44095,0.440984,0.441017,0.44105,0.441083,0.441116,

0.441149,0.441182,0.441215}

从以上结果可以看出，当 x 趋近于 0.5 时割线斜率的变化趋向。

(2) 图形演示

将曲线 $y=f(x)$ 及其在 x_0 处与过 $(x_0,f(x_0))$ 的若干条割线合并显示在一张图上，即可直观地看出割线的变化趋向。

例 15.8 对例 15.7 中的函数，将曲线及其在 0.5 处的切线和过(0.5, f (0.5))的若干条割线合并显示。

实验程序：

```
f [x_]: = Exp[- (x -1)^2/2]
h[x_]: = (f [x] -f [0.5])/(x -0.5)
g0[x_]: = f′[0.5](x-0.5)+f [0.5]            (自定义切线函数 g0(x))
m = Table[h[x],[x, 1.5, 0.51, -0.1]          (生成一个割线斜率数值表)
g = m(x-0.5)+f [0.5]                         (生成一个割线方程表，即一组割线方程)
Plot[{f [x],g0[x],g[[1]], g[[2]], g[[3]], g[[4]], g[[5]], g[[6]], g[[7]],
    g[[8]], g[[9]], g[[10]]},{x,0,2}]   (合并显示)
```

执行，即得含有曲线、切线和一组割线的图形。

(3) 动画演示

下面的实验程序可以将各条割线和切线依次显示，从而取得动画效果，可以直观观察割线的运动过程和变化趋向（运行后，双击其中任一幅图形即可看到动画效果）。

实验程序：

```
f [x_]: = Exp[- (x -1)^2/2]
h[x_]: = (f [x] -f [0.5])/(x -0.5)
g0[x_]: = f′[0.5](x-0.5)+f [0.5]
m = Table[h[x],[x,1.5,0.51, -0.1]
g = m(x-0.5)+f [0.5]
DoPlot[{f [x],g0[x],g[[i]] }, {x,0,2},PlotRange ->{0.6,1.4},{i,1,10,1}]
```

2. 用 Mathematica 求函数的导数和微分

(1) 用 D[f [x],x]语句求函数 f 的一阶导数

例 15.9 求 $y=\sqrt{x\cos x\sqrt{1-\mathrm{e}^x}}$ 的导数。

执行命令

```
D[Sqrt[x*cos[x]*Sqrt[1-E^x]],x]
```

即可。

例 15.10 求函数 $y=\dfrac{\sqrt{x+3}(2-x)^5}{(x+2)^6}$ 在 $x=\dfrac{1}{2}$ 处的导数值。

方法 1 执行命令

```
dif [x_]= D[(2-x)^5*Sqrt[x+3]/(x+2)^6,x]
                   (自定义导函数 dif [x]，注意：等号前没有冒号)
dif [1/2]          (求一点处的导数值)
```

即可。

方法 2 执行下面命令亦可：

```
D[(2-x)^5*Sqrt[x+3]/(x+2)^6,x]/.x ->1/2
```

（其中，/.x ->1/2 表示将前面表达式中的 x 替换成 1/2，并求值）

(2) 用 D[f [x],{x,n}]语句求函数 f 的 n 阶导数

例 15.11 求函数 $y=\sqrt{x\cos x\sqrt{1-\mathrm{e}^x}}$ 的二阶导数。

执行命令

```
D[Sqrt[x*cos[x]*Sqrt[1-E^x]],{x,2}]
```

即可。

当结果很复杂时可以用 Simplify 命令化简。

在上面命令之后加上下面命令即可：

Simplify[%]　　（其中%表示在此之前刚刚运行的结果）

(3) 若已经定义了函数 $f(x)$，则用 $f'[x]$ 也可以求出其导数，其中的求导符号“′”用单引号键输入，这也符合我们的手写习惯。

例 15.12 已知 $y=\dfrac{\sqrt{1+x}-\sqrt{2-x}}{\sqrt{2+x}+\sqrt{1+x}}$ 求 $y', y'', y''(2)$。

实验程序如下：

```
y[x_]:=(Sqrt[1+x]-Sqrt[2-x])/(Sqrt[2+x]+Sqrt[1+x])    （自定义函数）
y'[x]                                                  （求一阶导数）
Simplify[%]                                            （化简一阶导数）
y''[x]                                                 （求二阶导数）
Simplify[%]                                            （化简二阶导数）
y''[2]                                                 （求一点处的二阶导数）
```

(4) 利用 Dt 命令求函数的微分

例 15.13 求函数 $y=\sqrt{\dfrac{(x+1)(x+2)}{(x+3)(x+4)}}$ 的微分，并求 $\mathrm{d}y|_{x=2}$。

实验步骤：

(a) 求微分，执行下面命令即可：

```
Dt[Sqrt[(x+1)*(x+2)/((x+3)*(x+4))]]
Simplify[%]
```

(b) 求一点处的微分，要先求一点处的导数，再写出微分，执行下面命令即可：

```
(D[Sqrt[(x+1)*(x+2)/((x+3)*(x+4))],x]/.x -> 2)Dt[x]
```

(5) 求由参数方程所确定的函数的导数

直接利用由参数方程所确定的函数的求导公式：$y'_x=\dfrac{\mathrm{d}y/\mathrm{d}t}{\mathrm{d}x/\mathrm{d}t}$，用定义求导函数如下：

```
qcfd[y_,x_,t_]: = D[y,t]/D[x,t]
```

然后将 y，x 代入即可。

例 15.14 求由参数方程 $\begin{cases}x=\ln(1+t^2)\\ y=t-\arctan t\end{cases}$ 所确定的函数的导数。

实验程序如下：

```
qcfd[y_,x_,t_ ]: = D[y,t]/D[x,t]
qcfd[t-arctan[t], log[1+t^2],t]
Simplify [%]
```

执行即得结果。

15.3 导数应用的演示与实验

15.3.1 实验目的

1. 学习用 Mathematica 分析函数的单调性、极值、凸向、拐点；
2. 学习用 Mathematica 直接求函数的极值，解简单最优化问题。

15.3.2 原理与方法

只要画出了函数图形，函数的几何形态就一目了然，但仅凭观察几何图形不能准确地找出极值点、拐点等，况且计算机绘图有时也会有一点偏差，因此，只有将数值计算与几何图形结合起来综合分析才能准确地求出函数的单调区间、极值点、凸向区间和拐点。

在 Mathematica 系统中，有求函数极小值的命令 FindMinimum，应用它可以直接求函数在某点附近的极小值。若求极大值，只需将目标函数乘以-1，再求极小值即可。

15.3.3 内容与步骤

1. 函数的单调性、极值、凸向、拐点分析

例 15.15 分析函数 $f(x)=3\cos x+\sin 3x$ 在区间 $[0,2\pi]$ 上的单调性极值、凸向、拐点。

实验步骤：

(1) 自定义函数 $f(x)$；

(2) 画出 $f(x)$、$f'(x)$、$f''(x)$ 的图形，通过分析图形可以看出，$f(x)$ 在 0.5，2.0，2.5，3.5，5.0 附近各有一个极值点，在 1.0，2.0，3.0，4.0 附近各有一个拐点；

(3) 用求根命令 FindRoot 可以准确地求出各极值点和拐点。

实验程序如下：

```
f [x_ ]: = 3cos[x]+sin[3x]
Plot[f [x],{x,0,2*Pi}];
Plot[f '[x],{x,0,2*Pi}];
Plot[f ''[x],{x,0,2*Pi}];
FindRoot[f '[x]= = 0,{x,0.5}]      （求f'(x)=0在0.5附近的根，得最大值点）
FindRoot[f '[x]= = 0,{x,2.0}]      （求f'(x)=0在2.0附近的根，得最小值点）
FindRoot[f '[x]= = 0,{x,2.5}]      （求f'(x)=0在2.5附近的根，得最大值点）
FindRoot[f '[x]= = 0,{x,3.5}]      （求f'(x)=0在3.5附近的根，得最小值点）
FindRoot[f '[x]= = 0,{x,5.0}]      （求f'(x)=0在5.0附近的根，得最大值点）
FindRoot[f ''[x]= = 0,{x,1.0}]     （求f''(x)=0在1.0附近的根，得拐点）
FindRoot[f ''[x]= = 0,{x,2.0}]     （求f''(x)=0在2.0附近的根，得拐点）
FindRoot[f ''[x]= = 0,{x,3.0}]     （求f''(x)=0在3.0附近的根，得拐点）
FindRoot[f ''[x]= = 0,{x,4.0}]     （求f''(x)=0在4.0附近的根，得拐点）
```

2. 用 Mathematica 直接求函数的极值，解简单最优化问题

例 15.16 求函数 $f(x)=3\cos x+\sin 3x$ 在区间 $[0,2\pi]$ 上的极值。

实验步骤：

(1) 作图，初步判断极大值点和极小值点的个数和大体位置。

(2) 用 FindMinimum 命令求极值。

实验程序如下：

f [x_]：= 3cos[x]+sin[3x]

Plot[f [x],{x,0,2*Pi}];

FindMinimum[f [x],{x,3.5}] （求 $f(x)$ 在 3.5 附近的极小值与极小值点）

FindMinimum[-f [x],{x,0.5}]（求 $-f(x)$ 在 0.5 附近的极小值与极小值点，实际求的是在 0.5 附近的极大值的相反数与极大值点）

执行即得图形与下面结果：

{-3.69552,{x ->3.53429}}

{-3.69552,{x ->0.392699}

结果中，左边是所求极小值，右边是极小值点。

例 15.17 已知三角形 ABC，$AD\perp BC$，D 在边 BC 上，$BD=3$, $DC=4$，$AD=7$。在 AD 上找一点 P，使到 A，B，C 的距离之和最小(记距离之和为 S，$AP=x$)。

实验步骤：

(1) 建立目标函数

$$S=x+BP+CP=x+\sqrt{9+(7-x)^2}+\sqrt{16+(7-x)^2}$$
$$=x+\sqrt{x^2-17x+58}+\sqrt{x^2-14x+65}\quad (0\le x\le 7)$$

(2) 用 Mathematica 求解

输入命令：

s[x_]：= x+Sqrt[x^2-14x+58]+Sqrt[x^2-14x+65]

Plot[s [x],{x,0,7}]

FindMinimum[s[x],{x,5.0}]

执行即得图形和下面结果：

Out[6]= {13.0777,{x ->5.00515}}

即当 $x=5.00515$ 时，P 到 A，B，C 的距离之和最小，最小值是 13.0777。

15.4 函数积分的演示与实验

15.4.1 实验目的

1. 加深对微积分基本定理的理解；
2. 验证牛顿—莱布尼茨公式；
3. 学用 Mathematica 求积分。

15.4.2 原理与方法

由微积分基本定理知，变上限的定积分 $S(x)=\int_a^x f(t)\mathrm{d}t$ 对上限 x 的导数就是被积函数 $f(x)$，即当 $\Delta x\to 0$ 时函数 $f(x)$ 在区间 $[x,x+\Delta x]$ 的平均值 $\frac{\Delta S(x)}{\Delta x}=\frac{1}{\Delta x}\int_x^{x+\Delta x} f(t)\mathrm{d}t$ 趋向于 $f(x)$。

可以从数值上或图形上来观察这种变化趋向。

用 Mathematica 系统可以求不定积分（原函数）和定积分，从而可以验证牛顿—莱布尼茨公式。

15.4.3 内容与步骤

1. 用 Mathematica 求不定积分

命令格式 Integrate[f,x] 或直接从模板上选取相应模块。

例 15.18 求不定积分 $\int\frac{1}{x\sqrt{9x^2+4}}\mathrm{d}x$。

方法 1 输入命令：

```
Integrate[1/(x*Sqrt[9x^2+4]),x]
Simplify [%]
```

执行即可。

方法 2 直接从模板上选取相应模块，则可以按下面标准形式输入：

$$\int\frac{1}{x\sqrt{9x^2+4}}\mathrm{d}x$$

执行即可。

注意：结果中不含常数，这是系统本身的问题，并无大碍。

例 15.19 不定积分 $\int\sin^5 x\mathrm{d}x$。

输入命令：

```
t = (sin[x])^5
Integrate[t,x]
Simplify [%]
```

执行即可。

2. 用 Mathematica 求定积分

命令格式：Integrate[f,{x,a,b}]或直接从模板上选取相应模块。

例 15.20 求定积分 $\int_1^2\frac{1}{x+x^4}\mathrm{d}x$。

方法 1 输入命令：

```
t = 1/(x+x^4)
Integrate[t,{x,1,2}]
Simplify [%]
```

执行即得下面结果：

$$\frac{2}{3}\log\left[\frac{4}{3}\right]$$

方法 2 若要进行数值计算，只需将 Integrate 改为 NIntegrate 即可。

输入下面命令：

```
t = 1/(x+x^4)
NIntegrate[t,{x,1,2}]
```

执行即可。

3. 用 Mathematica 演示微积分基本定理

(1) 数值演示

以函数 $f(x)=x^2$ 为例，令 $g(t)=\dfrac{1}{t-2}\int_2^t x^2\mathrm{d}x$ 。

$g(t)$ 是 $f(x)$ 在区间 $[2,t]$ 上的平均值，用 Mathematica 生成数值表，可以从数值上观察在 t 趋向于 2 时 $g(t)$ 的变化趋向，即趋向于 $f(2)=4$ 。

实验程序如下：

```
g[t_ ]: = 1/(t-2) Integrate[x^2,{x,2,t}]
Table[g[t],{t,2.30,2.001,-0.001}]
```

(2) 图形演示

画出函数 $g(t)$ 的图形，从图形上观察 t 趋向于 2 时函数 $g(t)$ 的变化趋向，即趋向于 $f(2)$ 。

输入命令：

```
Plot[g[t],{t, -1,3}]
```

执行即可。

4. 用 Mathematica 验证牛顿—莱布尼茨公式

例 15.21 用定积分 $\int_0^{\frac{\pi}{2}}\cos^6 x\mathrm{d}x$ 验证牛顿—莱布尼茨公式。

实验步骤：

(1) 求原函数；

(2) 求上下限处原函数之差 $S\left(\dfrac{\pi}{2}\right)-S(0)$ ；

(3) 用 NIntegrate 求定积分。

实验程序如下：

```
t = (cos[x])^6
s[x_ ] = Integrate[t,x]
s[Pi/2.] -s[0]  （数字后加小数点可以使输出的结果是数值型的）
NIntegrate[t,{x,0,Pi/2}]
```

执行，对比结果。

15.5 微分方程的解的演示与实验

15.5.1 实验目的

1. 学习用 Mathematica 求微分方程的解析解；
2. 学习用 Mathematica 求微分方程的数值解。

15.5.2 原理与方法

在常微分方程一章中已经介绍了几种典型的微分方程的求解方法，求出的解都可由初等函数表示，这样的解称为微分方程的解析解。然而，在生产实际与科学研究中遇到的微分方程往往比较复杂，很难甚至不能求出解析解。因而还需要研究微分方程的数值解法。

所谓初值问题的数值解法就是求微分方程的初值问题

$$\begin{cases} y' = f(x,y) \\ y(x_0) = y_0 \end{cases}$$

的解 $y(x)$ 在一系列点

$$x_0 < x_1 < x_2 < \cdots < x_n < \cdots$$

上的函数值 $y_i (i=1,2,\cdots,n,\cdots)$ 的近似值。数列 $\{y_i\}$ 称为初值问题的数值解。数值解也叫近似解。数值解以插值函数(Interpolating Function)的形式给出，不能由初等函数表示，但可以画出函数的图形。

15.5.3 内容与步骤

1. 微分方程的解析解

(1) 求通解

命令格式：DSolve[f = = 0,y,x]

(2) 求初值问题的解

命令格式：DSolve[{f = = 0,y[x0]=y0},y[x],x]

（注意：方程的等号要输入双等号= =）

例 15.22 求微分方程 $xy' + y = xe^x$ 的通解及满足初值条件 $y(1) = 0$ 的特解。

（1）求通解

输入命令：DSolve[x* y′[x]+y –x*E^x = = 0,y[x],x]

输出结果：

$$\left\{\left\{\mathrm{y[x]} \to \frac{\mathrm{e^x(-1+x)}}{\mathrm{x}} + \frac{\mathrm{C[1]}}{\mathrm{x}}\right\}\right\}$$

(2) 求初值问题的解

输入命令：Clear[y]（清除内存中变量 y 的值）

DSolve[{x* y′[x]+y –x*E^x = = 0,y[1]= = 0},y[x],x]

输出结果：

$$\left\{\left\{\mathrm{y[x]} \to \frac{\mathrm{e^x(-1+x)}}{\mathrm{x}}\right\}\right\}$$

例 15.23 求微分方程 $y''-2y'+5y=e^{-x}\sin 2x$ 的通解。

输入命令：Clear[y]

```
DSolve[ y″[x]  −2 y′[x]+5y[x] = = E^(−x)*sin[2x] ,y[x],x]
```

Simplify [%]

执行，即可输出结果。

2. 求微分方程的数值解

命令格式：NDSolve[{方程, 初始条件},y,{x, min, max}]

作图命令格式：Plot[Evaluate[y[x]/.%],{x, min, max}]

例 15.24 求微分方程 $y''+y'\sin^2 x+y=\cos^2 x$ 满足初值条件 $y(0)=1$, $y'(0)=0$ 的在区间[0, 20]上的数值解，并画出解曲线的图形。

输入命令：

```
Clear[y]
NDSolve[{ y″[x]+cos[x] ^2* y′[x]+y[x] = =sin[x]y^2, y[0]= = 1,y′[0]= = 0},y,{x,0,20}]
Plot[Evaluate[y[x]/.%],{x, 0, 20}]
```

执行，即得结果。

15.6 多元函数的偏导数和重积分的演示与实验

15.6.1 实验目的

1. 学习用 Mathematica 画二元函数的图形；
2. 学习用 Mathematica 求多元函数的偏导数及全微分；
3. 学习用 Mathematica 求隐函数的导数及偏导数；
4. 学习用 Mathematica 求多元函数的极值；
5. 学习用 Mathematica 求重积分。

15.6.2 内容与步骤

1. Mathematica 画二元函数的图形

命令格式：Plot3D[f, {x, xmin, xmax},{y, ymin, ymax}]

例 15.25 画出函数 $z=\sin(xy)$ 的图形。

输入命令：Plot3D[Sin[x*y], {x, 0, 3},{y, 0, 3}]

执行，即可得到平面区域 $D=\{(x,y)\,|\,0\le x\le 3, 0\le y\le 3\}$ 上对应的函数图形，另外，通过添加、设置一些参数修改图形的外观，有兴趣的读者可以参阅[8]。

2. 用 Mathematica 求多元函数的偏导数及全微分

求多元函数的偏导数或全微分的命令与一元函数完全相同，只要注明对哪个变量求偏导数即可。

(1) 求一阶偏导数

命令格式：D[函数, 自变量]

(2) 求高阶偏导数

命令格式：D[函数, {自变量, 阶数}]（求函数对一个自变量的高阶导数）

函数，D[函数, 自变量 1, 自变量 2]（求函数对两个自变量的混合二阶导数）

(3) 求全微分

命令格式：Dt[函数]

例 15.26 已知 $f(x,y)=x^2y\dfrac{x^3-y^3}{x^3+y^3}$，求 $\dfrac{\partial f}{\partial x},\dfrac{\partial f}{\partial y},\dfrac{\partial^2 f}{\partial x\partial y},\dfrac{\partial^3 f}{\partial x^3}$。

实验程序如下：

```
f [x_,y_ ]：= x^2*y*(x^3-y^3)/(x^3+y^3)        (自定义二元函数 f(x,y))
D[f [x,y], x]// Simplify                      (求 ∂f/∂x ,并化简)
D[f [x,y], y]// Simplify                      (求 ∂f/∂y 并化简)
D[f [x,y], x,y]// Simplify                    (求 ∂²f/∂x∂y 并化简)
D[f [x,y], {x,3}]// Simplify                  (求 ∂³f/∂x³ 并化简)
```

例 15.27 求函数 $z=(x^2+y^2)\cos\sqrt{x^4+y^4}$ 的全微分。

输入命令：

```
z [x_,y_ ]：= (x^2+y^2)*cos[Sqrt [x^4+y^4]]
Dt[z [x,y]]// Simplify
```

执行，即得结果。

3. 用 Mathematica 求隐函数的导数及偏导数

利用隐函数的求导数或偏导数公式，分两种情况，计算隐函数的导数及偏导数。

(a) 若求由方程 $F(x,y)=0$ 所确定的隐函数的导数 $y'(x)$。

可直接用公式 $y'(x)=-\dfrac{F'_x(x,y)}{F'_y(x,y)}$ 求由方程 $F(x,y)=0$ 所确定的隐函数的导数。求导数的命令格式如下：

```
y' [x] = − D[f [x, y],x]/D[f [x, y],y]
```

将函数代入即可。

(b) 若求由方程 $F(x,y,z)=0$ 所确定的隐函数的偏导数 $\dfrac{\partial z}{\partial x}$ 和 $\dfrac{\partial z}{\partial y}$。

可直接用公式 $\dfrac{\partial z}{\partial x}=-\dfrac{F'_x(x,y,z)}{F'_z(x,y,z)}$ 和 $\dfrac{\partial z}{\partial x}=-\dfrac{F'_y(x,y,z)}{F'_z(x,y,z)}$ 求由方程 $F(x,y,z)=0$ 所确定的隐函数的偏导数。求偏导数的命令格式如下：

```
z' [x] = − D[f [x, y, z],x]/D[f [x, y, z],z]
z' [y] = − D[f [x, y, z],y]/D[f [x, y, z],z]
```

将函数代入即可。

例 15.28 求由方程 $e^{xy}+2x-xy^2=0$ 所确定的隐函数的导数 $y'(x)$。

实验程序如下：

```
f [x_ ,y_ ]:=E^(x*y)+2x –x*y^2
D[f [x, y],x]
D[f [x, y],y]
y' [x]= – D[f [x, y],x]/D[f [x, y],y]
```

执行即得隐函数的导数。

例 15.29 求由方程 $3x-y^2z^2=\sin(xy-z)$ 所确定的隐函数的偏导数 $\frac{\partial z}{\partial x}$ 和 $\frac{\partial z}{\partial y}$。

实验程序如下：

```
f [x_ ,y_, z_ ]:= 3x - y^2*z^2 – sin[x*y - z]
D[f [x, y, z],x]
D[f [x, y, z],y]
D[f [x, y, z],z]
z' [x]= - D[f [x, y, z],x]/D[f [x, y, z],z]
z' [y]= - D[f [x, y, z],y]/D[f [x, y, z],z]
```

执行即得隐函数的偏导数。

4. 用 Mathematica 求多元函数的极值

求 $f(x,y)$ 在点 (x_0,y_0) 附近的极小值用下面的命令：

```
FindMinimum[f,{x, x0},{y, y0}]
```

例 15.30 求函数 $z=x^4+3x^2y+5y^2+x+y$ 在点(0.1, 0.2)附近的极小值。

输入命令：

```
FindMinimum[x^4+3x^2*y+5y^2+x+y,{x, 0.1},{y, 0.2}]
```

执行，即得结果：

{−0.832579, x -> −0.886324, y -> −0.335671}

例 15.31 一个长方体的三个面在坐标面上，与原点相对的顶点在平面 $x+\frac{y}{2}+\frac{z}{3}=1$ 上，求长方体的最大体积。这是一个条件极值问题，可用方程组的命令求解。

实验步骤：

(1) 建立数学模型

设长方体的长宽高分别是 x,y,z，则建立拉格朗日函数如下：

$$L(x,y,z,\lambda)=xyz+\lambda\left(x+\frac{y}{2}+\frac{z}{3}-1\right)$$

(2) 用 Mathematica 求解

求解程序如下：

```
L[x_,y_,z_,t_ ]: = x*y*z+t*(x+y/2+z/3−1)
Solve[{D[L[x, y, z, t ], x] = = 0, D[L[x, y, z, t ], y] = = 0,
        D[L[x, y, z, t ], z] = = 0, D[L[x, y, z, t ], t] = = 0}, {x, y, z, t}]
x*y*z/.%[[1]]
```

结果如下：

$$\left\{\left\{t\to -\frac{2}{3},x\to \frac{1}{3},y\to \frac{2}{3},z\to 1\right\},\{t\to 0,x\to 0,y\to 0,z\to 3\},\right.$$

$$\left.\{t\to 0,x\to 0,y\to 2,z\to 0\},\{t\to 0,x\to 0,y\to 0,z\to 0\}\right\}$$

$$\frac{2}{9}$$

5. 用 Mathematica 求重积分

求积分区域 $D=\{(x,y)\,|\,a\le x\le b, y_1(x)\le y\le y_2(x)\}$ 上函数 $f(x,y)$ 的二重积分用下面命令：

Integrate[f,{x, a, b}, {y, y1[x], y2[x]}]

例 15.32 求 $\iint\limits_D (x^2+y^2)\mathrm{d}\sigma$，其中 D 是由 $y=0$ 、$x=1$ 及 $y=x^2$ 围成的平面区域。

要用 Mathematica 求二重积分必须先将 D 用不等式表示出来。由题意，

$$D=\{(x,y)\,|\,0\le x\le 1, 0\le y\le x^2\}$$

输入下面命令：

Integrate[x^2+y^2,{x, 0, 1}, {y, 0, x^2}]

即得结果。

或者直接从模板上选择相应模块，然后填入积分限和被积表达式即可。

15.7 级数的和、函数展开成幂级数的演示与实验

15.7.1 实验目的

1. 学习用 Mathematica 求级数的和；
2. 学习用 Mathematica 将函数展开成幂级数；
3. 学习用 Mathematica 演示函数逼近过程；
4. 学习用 Mathematica 演示周期函数的傅里叶级数展开。

15.7.2 内容与步骤

1. 用 Mathematica 求级数的和

命令格式：Sun[f(n),{n, n1, n2}]

NSun[f(n),{n, n1, n2}]

例 15.33 求级数 $1+1+\frac{1}{2!}+\frac{1}{3!}+\frac{1}{4!}+\cdots$ 的前 101 项和，并求级数和。

(1) 求前 101 项和，输入以下命令：

Sun[1/n!,{n, 0, 100}] (结果是分数形式)

N[%] (结果是 6 位有效数字的小数形式)

N[%%, 20] (结果是 20 位有效数字的小数形式)

(2) 求无穷级数的和，输入如下命令：

Sun[1/n!,{n, 0, Infinity}]

N[%]

N[%%, 30]

2. 用 Mathematica 将函数展开成幂级数

将 $f(x)$ 展开成 $x-x_0$ 的 n 阶泰勒公式，用下面的命令：

```
Series[f [x],{x, x0, n}]
```

用下面的命令去掉余项，可得 $f(x)$ 的近似表达式（多项式函数形式）：

```
Normal[   ]
```

例 15.34 将函数 $f(x)=\dfrac{x}{x^2-3x+2}$ 分别在 x=0 和 x=1 处展开成 6 阶泰勒公式。

输入命令：

```
s1 = Series[x/(x^2-3x+2),{x, 0, 6}]
s2 = Series[x/(x^2-3x+2),{x, 1, 6}]
Normal[ s1 ]
Normal[ s2 ]
```

执行，即得结果。

3. 用 Mathematica 演示函数逼近过程

例 15.35 用动画演示 $\cos x$ 的近似多项式

$$f_n(x)=\sum_{m=0}^{n}(-1)^m\frac{x^{2m}}{(2m)!}$$

随着 n 从 0 到 40 的变化，$f_n(x)$ 是怎样逼近 $\cos x$ 的。

对于 n 从 0 到 40 每隔 3 做一幅的图形，并以蓝色显示，$\cos x$ 的图形以红色显示，输入如下实验程序：

```
For[i = 0, i <= 40, i+ = 3, fn[x_ ]: = Sun[(−1)^n/(2n)!*x^(2n), {n, 0, i}];
Plot[{Cos[x], fn[x]},{x, 0, 14Pi}, PlotRange ->{{0, 10Pi},{−1.5, 1.5}},
    PlotStyle->{RGBColor[1, 0, 0], RGBColor[0, 0, 1]}]]
```

执行，即得一系列图形双击其中任意一幅，就会看到动画效果。

4. 用 Mathematica 演示周期函数的傅里叶级数展开

例 15.36 设 $f(x)$ 是以 2π 为周期的函数(矩形波)，它在 $[-\pi,\pi)$ 中的表达式为

$$f(x)=\begin{cases}-1, & -\pi\le x<0,\\ 1, & 0\le x<\pi\end{cases}$$

用动画演示矩形波 $f(x)$ 是由一系列不同频率的正弦波叠加而成的。

实验步骤：

(1) 计算傅里叶系数：

$$a_n=0, n=0,1,2,3,\cdots$$

$$b_n=\frac{1}{\pi}\int_{-\pi}^{\pi}f(x)\sin nx\mathrm{d}x=\frac{2}{n\pi}(1-(-1)^n), n=1,2,3,\cdots$$

(2) 做出 $f(x)$ 的图形，再展示 $f(x)$ 的傅里叶级数（有限项），最后做出动画。

实验程序如下：

```
f [x_ ]: = Which[x < -2Pi, -1, -2Pi <= x < -Pi, 1, -Pi <= x < 0, -1,
            0 <= x < Pi, 1, Pi <= x < 2Pi, -1, x >= 2 Pi, 1]
Plot[f [x],{x, -3Pi, 3Pi}, PlotStyle->{RGBColor[0, 1, 0] }]
For[i = 1, i <= 40, i+ = 5,
bn = (1-(-1)^n)*2/n/Pi,
fn[x_ ]: = Sun[bn*sin[n*x],{n, 1, i}];
Plot[fn [x],{x, -3Pi, 3Pi}, PlotStyle->{RGBColor[1, 0, 0] }]]
```

执行，即得一系列图形，双击其中任一幅，就会看到动画效果。

15.8 矩阵的基本运算的演示与实验

15.8.1 实验目的

1. 掌握 Mathematica 中矩阵的输入方法；
2. 学习用 Mathematica 计算行列式；
3. 学习用 Mathematica 进行矩阵的基本运算；
4. 学习用 Mathematica 求逆矩阵及矩阵的秩。

15.8.2 内容与步骤

1. Mathematica 中矩阵的输入方法

线性代数中的大量计算都是针对矩阵的，在 Mathematica 中矩阵的输入方法有以下几种：

(1) 按表的形式输入矩阵

A = {{a11,a12,⋯,a1n},{a21,a22,⋯,a2n},⋯,{am1,am2,⋯,amn}}

还可以用函数 a(i, j)生成一个矩阵，也是表的形式，格式如下：

B = Table[a(i, j), {i, 1, m}, {j, 1, n}]

(2) 由模板输入矩阵

步骤如下：

(a) 在基本输入模板中单击二阶方阵模块，输入一个空白的二阶方阵；

(b) 按 Ctrl +，使矩阵增加一列；

(c) 按 Ctrl + Enter，使矩阵增加一行。

如果矩阵不大，此法较方便。

(3) 由菜单输入矩阵

如果输入行列数较多的矩阵，打开主菜单的 Input 项，单击 Create Table/Matrix/Palette 项，即可打开一个创建矩阵的对话框，输入行数、列数，单击即可得到一个空白矩阵，填入数据即可。

对于存入系统中的矩阵可以直接调用，并进行各种运算。

2. 计算行列式的值

命令格式：Det[A]

例 15.37 计算行列式$\begin{vmatrix} 3 & 1 & -1 & 2 \\ -5 & 1 & 3 & -4 \\ 2 & 0 & 1 & -1 \\ 1 & -5 & 3 & -3 \end{vmatrix}$的值。

首先以表的形式输入矩阵，然后计算矩阵的行列式，输入如下命令：

A = {{3, 1, −1, 2},{−5, 1, 3, −4},{2, 0, 1, −1},{1, −5, 3, −3}}

Det[A]

执行，得结果 40。

例 15.38 计算行列式$\begin{vmatrix} 1 & 1 & 1 & 1 \\ a & b & c & d \\ a^2 & b^2 & c^2 & d^2 \\ a^4 & b^4 & c^4 & d^4 \end{vmatrix}$。

输入命令如下：

Det [{{1, 1, 1, 1},{a, b, c, d},{a^2, b^2, c^2, d^2},{a^4, b^4, c^4, d^4}}]

Factor[%]　(将上条命令的结果分解因式)

执行，即得结果。前一个结果是 24 项和，很复杂；后一个结果经分解因式变简洁了。

3. 矩阵的基本运算

命令格式：

A + B	矩阵 ***A*** 和 ***B*** 相加
k*A	*k* 常数和矩阵 ***A*** 相乘
Transpose[M]	矩阵 ***M*** 的转置
A . B	矩阵 ***A*** 和 ***B*** 相乘
MatrixForm[M]	用标准形式表示矩阵
M//MatrixForm	直接将矩阵 ***M*** 以标准形式输出

例 15.39 已知$A=\begin{bmatrix} 1 & 1 & 1 \\ 1 & 1 & -1 \\ 1 & -1 & 1 \end{bmatrix}$，$B=\begin{bmatrix} 1 & 2 & 3 \\ -1 & -2 & 4 \\ 0 & 5 & 1 \end{bmatrix}$

求 $3AB-2A$ 及 $A^{\mathrm{T}}B$。

输入命令如下：

A = {{ 1, 1, 1},{1, 1, -1},{1, -1, 1}}

B = {{1, 2, 3},{-1, -2, 4},{0, 5, 1}}

3*A . B −2*A

MatrixForm[%]　　(将上面矩阵形式上标准化)

M = Transpose[A]

P = M . B// MatrixForm　　(直接将矩阵以标准形式输出)

执行，即得结果。

{{ −2, 13, 22},{−2, −17, 20},{4, 29, −2}}

$$\begin{bmatrix} -2 & 13 & 22 \\ -2 & -17 & 20 \\ 4 & 29 & -2 \end{bmatrix}$$

{{ 1, 1, 1},{1, 1, −1},{1, −1, 1}}

$$\begin{bmatrix} 0 & 5 & 8 \\ 0 & -5 & 6 \\ 2 & 9 & 0 \end{bmatrix}$$

4. 矩阵求逆

命令格式：

Inverse[A]　　求方阵 A 的逆矩阵。

Inverse[A] // MatrixForm　　求方阵 A 的逆矩阵，并以标准形式输出。

例 15.40　求方阵 $A=\begin{bmatrix} 3 & -2 & 0 & -1 \\ 0 & 2 & 2 & 1 \\ 1 & -2 & -3 & -2 \\ 0 & 1 & 2 & 1 \end{bmatrix}$的逆矩阵。

输入命令如下：

Det[{{3, −2, 0, −1},{0, 2, 2, 1},{1, −2, −3, −2},{0, 1, 2, 1}}]

先计算行列式，判断可逆性。若可逆，则执行下面命令：

Inverse[{{3, −2, 0, −1},{0, 2, 2, 1},{1, −2, −3, −2},{0, 1, 2, 1}}] // MatrixForm

执行，即得逆矩阵，并且是标准形式的。

5. 求矩阵的秩

方法：用初等变换将矩阵化为行最简形，数一数非零行数即可。

命令格式：RowReduce[M]

例 15.41　求矩阵 $\boldsymbol{B}=\begin{bmatrix} 3 & 2 & -1 & -3 & -2 \\ 2 & -1 & 3 & 1 & -3 \\ 7 & 0 & 5 & -1 & -8 \end{bmatrix}$的秩。

输入命令：

RowReduce[{{3, 2, −1, −3, −2},{2, −1, 3, 1, −3},{7, 0, 5, −1, −8}}] // MatrixForm

输出结果：

$$\begin{bmatrix} 1 & 0 & \frac{5}{7} & -\frac{1}{7} & -\frac{8}{7} \\ 0 & 1 & -\frac{11}{7} & -\frac{9}{7} & \frac{5}{7} \\ 0 & 0 & 0 & 0 & 0 \end{bmatrix}$$

从结果可以看出矩阵 $\boldsymbol{B}$ 的秩是 2。

6. 注意事项

(1) 定义矩阵时可使用 A, B, M, P 等符号，但不能使用 C, D, E，因为在 Mathematica 中 C, D, E 有各自的意义，代表固定的参数；

(2) 以上例题中的矩阵都是以表的形式输入的，大家可以尝试用其他两种方式输入矩阵。

15.9 线性方程组的解的演示与实验

15.9.1 实验目的

1. 学习用 Mathematica 判定非齐次线性方程组解的存在性；
2. 学习用 Mathematica 求齐次线性方程组解的基础解系和通解；
3. 学习用 Mathematica 求非齐次线性方程组解的通解和特解。

15.9.2 内容与步骤

1. 用 Mathematica 判定非齐次线性方程组解的存在性

根据线性方程组解的存在性定理，只要求出系数矩阵和增广矩阵的秩，即可判定方程组的解是否存在。

求矩阵的秩，除可以用 15.8 中的方法外，还可以用下面的命令：

n - Length[NullSpace [A]]

其中，n 是矩阵 $\boldsymbol{A}$ 的列数，Length[NullSpace [A]]是齐次线性方程组 $\boldsymbol{AX}=\boldsymbol{O}$ 的基础解系所含解的个数。

例 15.42 判别方程组 $\begin{cases} x_1-2x_2+3x_3-x_4=1 \\ 3x_1-x_2+5x_3-3x_4=2 \\ 2x_1+x_2+2x_3-2x_4=3 \end{cases}$ 是否有解。

输入命令如下：

A = {{ 1, −2, 3, −1},{3, −1, 5, −3},{2, 1, 2, −2}}； (系数矩阵)

B = {{ 1, −2, 3, −1, 1},{3, −1, 5, −3, 2},{2, 1, 2, −2, 3}}； (增广矩阵)

4 - Length[NullSpace [A]] (求系数矩阵的秩)

5 - Length[NullSpace [B]] (求增广矩阵的秩)

输出结果

Out[3] =2

Out[4] =3

结论：因为 $2\neq3$，所以方程组无解。

2. 用 Mathematica 求齐次线性方程组解的基础解系和通解

(1) 求 $\boldsymbol{AX}=\boldsymbol{O}$ 的基础解系用下面的命令：

NullSpace [A]

(2) $\boldsymbol{AX}=\boldsymbol{O}$ 的通解用下面的命令：

Solve [{方程组}]

例 15.43 求齐次线性方程组解$\begin{cases}3x_1+4x_2-5x_3+7x_4=0\\2x_1-3x_2+3x_3-2x_4=0\\4x_1+11x_2-13x_3+16x_4=0\\7x_1-2x_2+x_3+3x_4=0\end{cases}$的基础解系，并求通解。

方法 1

输入命令：

A = {{ 3, 4, -5, 7},{2, -3, 3, -2},{4, 11, -13, 16}, { 7, -2, 1, 3}};

NullSpace [A]

输出结果：

Out[5] ={{-13, -20, 0, 17},{3, 19, 17,0}}

这样，有了基础解系即可写出如下通解：

$\boldsymbol{X}=C_1(-13,-20,0,17)+C_2(3,19,17,0)$ (其中 C_1, C_2 是任意常数)

方法 2

用下面的命令也可求出齐次线性方程组解的通解（最简通解方程组的形式，与上面形式不同）。

输入：

Solve [{3x1+4x2-5x3+7x4= = 0, 2x1-3x2+3x3-2x4= = 0,
 4x1+11x2-13x3+16x4= = 0，7x1-2x2+x3+3x4= = 0}]

输出结果：

$$\left\{\left\{\mathrm{x1}\to\frac{3\mathrm{x3}}{17}-\frac{13\mathrm{x4}}{17},\mathrm{x2}\to\frac{19\mathrm{x3}}{17}-\frac{20\mathrm{x4}}{17}\right\}\right\}$$

由此结果也很容易写出基础解系。

3. 用 Mathematica 求非齐次线性方程组解的通解和特解

(1) 求非齐次线性方程组解的通解可直接用 Solve 命令，格式如下：

Solve [{方程组}]

(2) 求非齐次线性方程组解的特解或唯一解可以用下面命令：

LinearSolve [系数矩阵，常数项矩阵]

例 15.44 求解方程组$\begin{cases}\frac{1}{2}x_1+\frac{1}{3}x_2+x_3=1\\x_1+\frac{5}{3}x_2+3x_3=3\\2x_1+\frac{4}{3}x_2+5x_3=2\end{cases}$

方法 1

输入命令：

Solve [{1/2x1+1/3x2+x3= = 1, x1+5/3x2+3x3= = 3, 2x1+4/3x2+5x3= = 2}]

输出结果：

{{x1-> 4, x2 -> 3, x3 -> -2}}

结果得到了方程组的唯一解。

下面方法也能得到唯一解，但输入的不是方程组，而是矩阵。

方法 2

输入命令：

A = {{1/2, 1/3, 1}, {1, 5/3, 3}, {2, 4/3, 5}};

b ={1, 3, 2}(注意：在后面的运算中，计算机会自动识别 b 是行矩阵还是列矩阵)

LinearSolve[A, b]

输出结果：

{4, 3, −2}

例 15.45 求$\begin{cases} x_1 + 3x_2 + 4x_3 = 1 \\ 2x_1 + x_2 + 3x_3 = 1 \end{cases}$的特解及通解。

实验步骤：

(1) 求非齐次线性方程组的特解；

(2) 求相应齐次线性方程组的基础解系；

(3) 写出通解。

输入命令：

A = {{1, 3, 4}, {2, 1, 3}};

b ={1, 1}

LinearSolve[A, b]

NullSpace [A]

输出结果：

$$\left\{\frac{2}{5},\frac{1}{5},0\right\}$$

{{−1, −1, 1}}

结果中前者是特解，后者是基础解系，因而方程组的通解是：

$$X = \begin{bmatrix} 2/5 \\ 1/5 \\ 0 \end{bmatrix} + C \begin{bmatrix} -1 \\ -1 \\ 1 \end{bmatrix}$$

附录A 初等数学公式

（一）代数

1．绝对值

（1）定义：$|a|=\begin{cases}a, & a\geqslant 0,\\ -a, & a<0;\end{cases}$

（2）性质：（1）$|a|=|-a|$； （2）$|ab|=|a||b|$； （3）$\left|\dfrac{a}{b}\right|=\dfrac{|a|}{|b|}(b\neq 0)$；

（4）$|a|\leqslant A\Leftrightarrow -A\leqslant a\leqslant A$； （5）$|a\pm b|\leqslant|a|+|b|$； （6）$|a\pm b|\geqslant|a|-|b|$.

2．指数

（1）$a^m\cdot a^n=a^{m+n}$； （2）$\dfrac{a^m}{a^n}=a^{m-n}$； （3）$(ab)^m=a^m\cdot b^n$；

（4）$a^{\frac{m}{n}}=\sqrt[n]{a^m}$； （5）$\dfrac{1}{a^m}=a^{-m}$； （6）$a^0=1\quad(a\neq 0)$.

3．对数

设$a>0,a\neq 1$，则

（1）$\log_a(xy)=\log_a x+\log_a y$； （2）$\log_a\dfrac{x}{y}=\log_a x-\log_a y$；

（3）$\log_a x^b=b\log_a x$； （4）$\log_a x=\dfrac{\log_b x}{\log_b a}$；

（5）$a^{\log_a x}=x,\log_a 1=0,\log_a a=1$.

4．二项式定理

$$(a+b)^n=a^n+na^{n-1}b+\cdots+\frac{n(n-1)\cdots(n-k+1)}{k!}a^{n-k}b^k+\cdots+b^n.$$

5．两数n次方的和与差

（1）无论n为奇数或偶数，$a^n-b^n=(a-b)(a^{n-1}+a^{n-2}b+\cdots+ab^{n-2}+b^{n-1})$；

（2）当n为奇数时，$a^n+b^n=(a+b)(a^{n-1}-a^{n-2}b+\cdots-ab^{n-2}+b^{n-1})$.

6．数列的和

（1）$a+aq+aq^2+\cdots+aq^{n-1}=\dfrac{a(1-q^n)}{1-q},|q|\neq 1$； （2）$1+2+3+\cdots+n=\dfrac{1}{2}n(n+1)$；

（3）$1^2+2^2+3^2+\cdots+n^2=\dfrac{1}{6}n(n+1)(2n+1)$； （4）$1+3+5+\cdots+(2n-1)=n^2$；

（5）$1^3+2^3+3^3+\cdots+n^3=\left[\dfrac{n(n+1)}{2}\right]^2$.

（二）几何

1．圆　周长$C=2\pi r$，面积$S=\pi r^2$，r为半径.

2．扇形　面积$S=\frac{1}{2}r^2\alpha$，α为扇形的圆心角，以弧度为单位，r为半径.

3．平行四边形　面积$S=bh$，b为底长，h为高.

4．梯形　面积$S=\frac{1}{2}(a+b)h$，a,b分别为上底与下底的长，h为高.

5．棱柱体　体积$V=Sh$，S为下底面积，h为高.

6．圆柱体　体积$V=\pi r^2h$，侧面积$S=2\pi rh$，r为底面半径，h为高.

7．棱锥体　体积$V=\frac{1}{3}Sh$，S为下底面积，h为高.

8．圆锥体　体积$V=\frac{1}{3}\pi r^2h$，侧面积$S=\pi rl$，r为底面半径，h为高，l为斜高.

9．棱台　体积$V=\frac{1}{3}h(S_1+\sqrt{S_1S_2}+S_2)$，$S_1,S_2$分别为上下底的面积，$h$为高.

10．圆台　体积$V=\frac{1}{3}\pi h(R^2+Rr+r^2)$，侧面积$S=\pi l(R+r)$，$R$，$r$为分别为上下底面半径，$h$为高，$l$为斜高.

11．球　体积$V=\frac{4}{3}\pi r^3$，侧面积$S=4\pi r^2$，r为球的半径.

（三）三角

1．度与弧度(rad)关系　$1^\circ=\frac{\pi}{180}\text{rad}$，$1\text{ rad}=\frac{180^\circ}{\pi}$

2．平方关系

（1）$\sin^2x+\cos^2x=1$，（2）$\tan^2x+1=\sec^2x$，（3）$1+\cot^2x=\csc^2x$

3．两角和与差的三角函数

（1）$\sin(x+y)=\sin x\cos y+\cos x\sin y$；（2）$\sin(x-y)=\sin x\cos y-\cos x\sin y$；

（3）$\cos(x+y)=\cos x\cos y-\sin x\sin y$；（4）$\cos(x-y)=\cos x\cos y+\sin x\sin y$.

4．和差化积公式

（1）$\sin x+\sin y=2\sin\frac{x+y}{2}\cos\frac{x-y}{2}$；（2）$\sin x-\sin y=2\cos\frac{x+y}{2}\sin\frac{x-y}{2}$；

（3）$\cos x+\cos y=2\cos\frac{x+y}{2}\cos\frac{x-y}{2}$；（4）$\cos x-\cos y=-2\sin\frac{x+y}{2}\sin\frac{x-y}{2}$.

5．积化和差公式

（1）$\sin x\cos y=\frac{1}{2}[\sin(x+y)+\sin(x-y)]$；

（2）$\cos x\sin y=\frac{1}{2}[\sin(x+y)-\sin(x-y)]$；

（3）$\cos x\cos y=\frac{1}{2}[\cos(x+y)+\cos(x-y)]$；

（4）$\sin x \sin y = -\frac{1}{2}[\cos(x+y) - \cos(x-y)]$.

6．倍角公式

（1）$\sin 2x = 2\sin x \cos x$；　（2）$\cos 2x = \cos^2 x - \sin^2 x = 2\cos^2 x - 1 = 1 - 2\sin^2 x$；

7．半角公式

（1）$\sin^2 \frac{x}{2} = \frac{1}{2}(1-\cos x)$；　（2）$\cos^2 \frac{x}{2} = \frac{1}{2}(1+\cos x)$；

8．三角形边角关系

（1）正弦定理　$\frac{a}{\sin A} = \frac{b}{\sin B} = \frac{c}{\sin C}$

（2）余弦定理　$a^2 = b^2 + c^2 - 2bc\cos A$，$b^2 = c^2 + a^2 - 2ca\cos B$，

$c^2 = a^2 + b^2 - 2ab\cos C$.

9．三角形面积

（1）$S = \frac{1}{2}bc\sin A$，$S = \frac{1}{2}ca\sin B$，$S = \frac{1}{2}ab\sin C$.

（2）$S = \sqrt{p(p-a)(p-b)(p-c)}$，其中 $p = \frac{1}{2}(a+b+c)$.

（四）平面解析几何

1．距离与斜率

（1）两点 $P_1(x_1, y_1)$ 与 $P_2(x_2, y_2)$ 之间的距离 $d = \sqrt{(x_2 - x_1)^2 + (y_2 - y_1)^2}$；

（2）线段 P_1P_2 的斜率 $k = \frac{y_2 - y_1}{x_2 - x_1}$

2．直线的方程

（1）点斜式　$y - y_1 = k(x - x_1)$；　（2）斜截式　$y = kx + b$；

（3）两点式　$\frac{y - y_1}{y_2 - y_1} = \frac{x - x_1}{x_2 - x_1}$；　（4）截矩式　$\frac{x}{a} + \frac{y}{b} = 1$.

3．两直线的夹角

设两直线的斜率分别为 k_1 和 k_2，夹角为 θ，则 $\tan\theta = \frac{k_2 - k_1}{1 + k_2 k_1}$

4．点到直线的距离

点 $P(x_1, y_1)$ 到直线 $Ax + By + C = 0$ 的距离 $d = \frac{|Ax + By + C|}{\sqrt{A^2 + B^2}}$.

5．直角坐标与极坐标之间的关系

$x = \rho\cos\theta$，$y = \rho\sin\theta$，$\rho = \sqrt{x^2 + y^2}$，$\tan\theta = \frac{y}{x}$

6．圆　方程：$(x-a)^2 + (y-b)^2 = R^2$，圆心为 (a,b)，半径为 R.

7．抛物线

（1）方程：$y^2 = 2px$，焦点为 $\left(\frac{p}{2}, 0\right)$，准线为 $x = -\frac{p}{2}$；

（2）方程：$x^2 = 2py$，焦点为$\left(0, \frac{p}{2}\right)$，准线为$y = -\frac{p}{2}$；

（3）方程：$y = ax^2 + bx + c$，顶点坐标为$\left(-\frac{b}{2a}, \frac{4ac - b^2}{4a}\right)$，对称轴方程为$x = -\frac{b}{2a}$.

8．椭圆　　方程：$\frac{x^2}{a^2} + \frac{y^2}{b^2} = 1 \quad (a > b)$，焦点在$x$轴上.

9．双曲线　　方程：$\frac{x^2}{a^2} - \frac{y^2}{b^2} = 1$，焦点在$x$轴上.

10．等轴双曲线　　方程：$xy = k$

附录B　习题参考答案

习　题　2

1．（1）$(-\infty,-2)\cup(-2,1)\cup(1,+\infty)$；（2）$[-2,2]$；（3）$(-1,+\infty)$；
（4）$(-\infty,-3]\cup[3,4)\cup(4,+\infty)$；（5）$(1,2)\cup(2,+\infty)$。

2．6；6；a^2+5；$\dfrac{1}{x^2}+5$；x^4+10x^2+30；$\dfrac{1}{x^2+5}$。

3．（1）不相同，（2）相同。

4．$\dfrac{1}{x+\Delta x}$；$\dfrac{-\Delta x}{x(x+\Delta x)}$。

5．$x(x^2-1)$。

6．（1）偶函数；（2）奇函数；（3）非奇非偶函数；（4）偶函数。

7．（1）$y=\mathrm{e}^u,\ u=-v,\ v=\sqrt{w},\ w=1+t,\ t=\sin x$；

（2）$y=\ln u,\ u=\tan v,\ v=\dfrac{x^2+1}{2}$

（3）$y=u^3,\ u=\arcsin v,\ v=1-v^2$；

（4）$y=2^u,\ u=-v,\ v=\cos w,\ w=\sqrt{t},\ t=x+1$；

（5）$y=\sqrt[3]{u},\ u=1+v,\ v=\cos w,\ w=2x$；

（6）$y=u^2,\ u=\cos v,\ v=\sin w,\ w=x^2-1$。

8．$S=\dfrac{V}{h}+2\sqrt{V\pi h}$。

9．$P=2k\left(x^2+\dfrac{2V}{x}\right)$，定义域为$(0,+\infty)$，其中$P$为总造价，$x$为底面边长，$k$为单位造价。

习　题　3

1．（1）0,0；（2）极限存在且为0。

2．14，极限不存在，2，4。

3．（1）、（2）、（3）、（4）、（6）为无穷小量；（5）为无穷大量。

4．（1）0；（2）0；（3）0。

5．（1）3；（2）$\dfrac{1}{2}$；（3）2；（4）−1；（5）$\dfrac{3}{2}$；

（6）2；（7）6；（8）$-\dfrac{1}{32}$。

6. $\frac{1}{2}$。

7. （1）$\frac{3}{2}$； （2）1；（3）$\frac{1}{5}$；（4）$\frac{2}{\pi}$； （5）$e^{-\frac{1}{2}}$； （6）e^{-1}。

8. 同阶。

9. （1）2； （2）$2\sqrt{2}$。

10. （1） $x=1$为第 1 类间断点， $x=3$为第 2 类间断点；
（2） $x=0$为第 1 类间断点；
（3） $x=0$为第 1 类间断点；
（4） $x=0$为第 1 类间断点。

11. $a=0$， $b=18$。

12. $a=1$， $b=-2$。

13. $\frac{1}{4}$。

14. −2，0，不存在。

15. (1) $a=-1$； （2） $b=-2$。

16. $p=2$， $q=1$。

17. $c=\ln 2$。

习 题 4

1. （1） $\frac{1}{4}$； （2） $2\cos 2x$。

2. （1） $-2f'(x_0)$； （2） $(a-b)f'(x_0)$。

3. $y=x-1$。

4. $(1,2)$。

5. 切线方程为 $y=-4x+4$，法线方程为 $y=\frac{1}{4}x+\frac{15}{8}$。

6. 略。

7. $a=2$， $b=-1$。

8. $a=1$， $b=c=0$， $d=1$。

9. $x=0,2,-8$。

10. （1） πr^2； （2） 25π。

11. （1） $-\frac{2}{x^3}-\sin x$； （2） $2x\ln x+\frac{5}{2}x\sqrt{x}+x$； （3） $2x\tan x+x^2\sec^2 x$；
（4） $2x\sec x+x^2\tan x\sec x$； （5） $-\frac{1+\cos x}{(x+\sin x)^2}$； （6） $\frac{2(1+x^2)}{(1-x^2)^2}$；
（7） $2e^x\sin x$； （8） $\frac{x(\ln x+1)\sec^2 x-\tan x}{x(\ln x+1)^2}$； （9） $\frac{1}{\cos x-1}$；
（10） $\frac{-2}{x(1+\ln x)^2}$。

12. （1）$96x^3(3x^4-1)^7$；（2）$-\dfrac{e^{\frac{1}{x}}}{x^2}+\dfrac{3}{2}\sqrt{x}$；（3）$2(1-x)e^{-x^2+2x-1}$；

（4）$\dfrac{\ln x}{x\sqrt{\ln^2 x+1}}$；（5）$2x\sin\dfrac{1}{x}-\cos\dfrac{1}{x}$；（6）$\dfrac{4\sqrt{x}\sqrt{x+\sqrt{x}}+2\sqrt{x}+1}{8\sqrt{x}\sqrt{x+\sqrt{x}}\sqrt{x+\sqrt{x+\sqrt{x}}}}$；

（7）$\dfrac{1}{x\ln x\ln(\ln x)}$；（8）$2^{\sin x}\ln 2\cos x-\dfrac{\sin\sqrt{x}}{2\sqrt{x}}$；（9）$\dfrac{1}{\sqrt{a^2+x^2}}$；

（10）$\dfrac{(x^2-1)\csc^2 x+2x\cot x}{(1-x^2)^2}$；（11）$-3\cos 3x\sin(2\sin 3x)$；

（12）$\dfrac{(\sin x+x\cos x)(1+\tan x)-x\sin x\sec^2 x}{(1+\tan x)^2}$；（13）$\dfrac{2xe^{\arcsin x^2}}{\sqrt{1-x^4}}$；

（14）$\dfrac{1}{x(1+\ln^2 x)}$。

13. （1）$\dfrac{8}{(\pi+2)^2}$；（2）$\dfrac{1}{3}$；（3）16；（4）$\dfrac{-24\pi^2}{(\pi^3+12)^2}$。

14. （1）$\dfrac{e^x f'(e^x)}{f(e^x)}$；（2）$e^x(\sin x+\cos x)f'(e^x\sin x)$。

15. $x=\mu$。

16. （1）$\dfrac{-16x}{(1+4x^2)^2}$；（2）$\dfrac{4}{(1+x^2)^2}$。

17. （1）$2^{n-1}\cos\left(2x+n\cdot\dfrac{\pi}{2}\right)$；（2）$(n+x)e^x$；（3）$n!$。

18. （1）$y'=\dfrac{y^2-4xy}{2x^2-2xy+3y^2}$；（2）$\dfrac{e^{x+y}-y}{x-e^{x+y}}$；

（3）$\dfrac{ay-x^2}{y^2-ax}$；（4）$\dfrac{-(1+xy)e^{xy}}{1+x^2e^{xy}}$。

19. （1）$y'=\dfrac{\sqrt{x+1}}{\sqrt[3]{2x-1}(x+3)^2}\left(\dfrac{1}{2(x+1)}-\dfrac{2}{3(2x-1)}-\dfrac{2}{x+3}\right)$；

（2）$(\cos x)^{\tan x}(\sec^2 x\ln\cos x-\tan^2 x)$。

20. （1）$-\dfrac{\sqrt{1+t}}{\sqrt{1-t}}$；（2）$\dfrac{2\sin^2 t+\sin 2t}{2\cos^2 t-\sin 2t}$；（3）$\dfrac{1}{2}$。

21. 切线方程为 $x=0$，法线方程为 $y=0$。

22. （1）$dy=\dfrac{1}{1+x^2}dx$；（2）$dy=-\dfrac{1}{2}\tan\dfrac{x}{2}dx$；（3）$dy=e^{\sqrt{x+1}}\left(\dfrac{\sin x}{2\sqrt{x+1}}+\cos x\right)dx$；

（4）$dy=\dfrac{ye^{\frac{x}{y}}-y^3}{xe^{\frac{x}{y}}+xy^2}dx$；（5）$dy=8x\tan(1+2x^2)\sec^2(1+2x^2)dx$；

（6）$dy=\dfrac{2\ln(1-x)}{x-1}dx$.

23．（1）0.5075；（2）0.8004；（3）0.02；（4）2.0051。

24．$2\pi R_0 h$。

25．565.5cm^3。

习 题 5

1．（1）$\frac{9}{4}$；（2）$\frac{1}{\ln 2}$；（3）$\sqrt{\frac{4}{\pi}-1}$。

2．略。

3．（1）$\frac{m}{n}a^{m-n}$；（2）$\frac{1}{2}$；（3）$-\frac{3}{5}$；（4）2；（5）$-\frac{1}{8}$；（6）0；

（7）0；（8）0；（9）$\frac{2}{\pi}$；（10）$\frac{1}{2}$；（11）$\frac{1}{2}$；（12）1。

4．（1）$(-\infty,-2)$ 及 $(1,+\infty)$ 为单增区间，$(-2,1)$ 为单减区间；（2）$\left(-\infty,\frac{3}{4}\right)$ 为单增区间，$\left(\frac{3}{4},1\right)$ 为单减区间；（3）$(-1,0)$ 为单减区间，$(0,+\infty)$ 为单增区间；（4）$(-\infty,0)$ 为单减区间，$(0,+\infty)$ 为单增区间；（5）$(-\infty,-1)$ 及（0,1）为单减区间，$(-1,0)$ 及 $(1,+\infty)$ 为单增区间；（6）$\left(0,\frac{3}{2}\right)$ 为单增区间，$\left(\frac{3}{2},2\right)$ 为单减区间。

5．略。

6．（1）极大值 $y\left(\frac{3}{4}\right)=\frac{5}{4}$；（2）极大值 $y\left(\pm\frac{1}{2}\right)=\frac{1}{4}$，极小值 $y(0)=0$；

（3）极小值 $y(1)=0$，极大值 $y\left(\frac{1}{3}\right)=\frac{1}{3}\sqrt[3]{4}$；（4）极大值 $y(0)=1$；

（5）极小值 $y\left(-\frac{1}{2}\ln 2\right)=2\sqrt{2}$；（6）极小值 $y\left(e^{-\frac{1}{2}}\right)=-\frac{1}{2e}$。

7．（1）最大值 $y\left(\frac{1}{2}\right)=\frac{9}{4}$，最小值 $y(5)=-18$；

（2）最大值 $y(4)=80$，最小值 $y(-1)=-5$；

（3）最大值 $y(5)=32$，最小值 $y(1)=2$；

（4）最大值 $y(-1)=3$，最小值 $y(1)=1$。

8．边长为 $\sqrt{S}$ 的正方形。

9．边长为 $\frac{c}{2}$ 的正方形。

10．$r=\sqrt[3]{\frac{V}{2\pi}}$，$h=\sqrt[3]{\frac{4V}{\pi}}$，1:2。

11．$b=\frac{d}{\sqrt{3}}$，$h=\frac{\sqrt{2}d}{\sqrt{3}}$。

12．$r=h=\sqrt[3]{\dfrac{3V}{5\pi}}$。

13．（1）$\left(-\infty,\dfrac{5}{3}\right)$为上凸区间，$\left(\dfrac{5}{3},+\infty\right)$为下凸区间，拐点坐标为$\left(\dfrac{5}{3},-\dfrac{250}{27}\right)$；

（2）$\left(0,\mathrm{e}^{-\frac{3}{2}}\right)$为上凸区间，$\left(\mathrm{e}^{-\frac{3}{2}},+\infty\right)$为下凸区间，拐点坐标为$\left(\mathrm{e}^{-\frac{3}{2}},-\dfrac{3}{2\mathrm{e}^{3}}\right)$；

（3）$(-\infty,0)$为上凸区间，$(0,+\infty)$为下凸区间；

14．（1）水平渐近线$y=1$，垂直渐近线$x=1$；（2）水平渐近线$y=0$，垂直渐近线$x=-2$；（3）水平渐近线$y=0$，垂直渐近线$x=0$。

15．略。

16．（1）略；（2）0个；（3）4个；（4）4个；（5）偶次；

（6）最少是4次；（7）略。

17．600，10万元/件，6000万元。

18．250元。

习　题　6

1．略

2．（1）$\dfrac{2}{7}x^{3}\sqrt{x}+\dfrac{4}{5}x^{2}\sqrt{x}-\dfrac{2}{3}x\sqrt{x}-4\sqrt{x}+C$；（2）$\dfrac{2}{3}x\sqrt{x}-2x+C$；（3）$\sqrt{\dfrac{2s}{g}}+C$；

（4）$\dfrac{1}{2\ln 2-\ln 5}\cdot\left(\dfrac{4}{5}\right)^{x}+\dfrac{2}{\ln 6-\ln 5}\cdot\left(\dfrac{6}{5}\right)^{x}+\dfrac{1}{2\ln 3-\ln 5}\cdot\left(\dfrac{9}{5}\right)^{x}+C$；

（5）$-\dfrac{1}{x}+\arctan x+C$；　（6）$\dfrac{x^{3}}{3}-x+\arctan x+C$；

（7）$\dfrac{\mathrm{e}^{2x}}{2}-\mathrm{e}^{x}+x+C$；　（8）$\dfrac{1}{2}(x-\sin x)+C$；

（9）$-\cot x-x+C$；　（10）$\dfrac{1}{2}(\tan x+x)+C$；

（11）$-\cot x-\csc x+C$。

3．$y=x^{2}-1$。

4．（1）125m；（2）10s。

5．（1）$-\dfrac{2}{9}(2-3x)\sqrt{2-3x}+C$；　（2）$\dfrac{3}{10}\sqrt[3]{(3+5x)^{2}}+C$；

（3）$\dfrac{1}{4}\ln|4x-3|+C$；　（4）$-\dfrac{1}{2}\mathrm{e}^{1-2x}+C$；

（5）$\dfrac{1}{2}\tan 2x+C$；　（6）$\dfrac{1}{3}\ln|\sin(3x+2)|+C$；

（7）$\dfrac{1}{2}\sqrt{2x^{2}+1}+C$；　（8）$\dfrac{1}{6}\ln(2+3x^{2})+C$；

（9）$-\dfrac{1}{2}\mathrm{e}^{2-x^{2}}+C$；　（10）$\mathrm{e}^{\mathrm{e}^{x}}+C$；

（11）$\frac{\ln^2(\ln x)}{2}+C$；（12）$2\arctan\sqrt{x}+C$；

（13）$\frac{2}{3}(\arcsin x)\sqrt{\arcsin x}+C$；（14）$2\sqrt{1+\tan x}+C$；

（15）$-\cot x+\frac{1}{\sin x}+C$；（16）$-\frac{1}{10}\cos 5x-\frac{1}{2}\cos x+C$；

（17）$\frac{3}{8}x+\frac{1}{4}\sin 2x+\frac{1}{32}\sin 4x+C$；（18）$\frac{\sin^3 x}{3}-\frac{\sin^5 x}{5}+C$；

（19）$\ln|\cos x+\sin x|+C$；（20）$\frac{2}{\sqrt{\cos x}}+C$；

（21）$\frac{(\ln\tan x)^2}{2}+C$；（22）$\frac{1}{3}\arcsin\frac{3}{2}x+C$；

（23）$\frac{1}{10}\arctan\frac{5}{2}x+C$；（24）$\frac{1}{2}\arctan\left(\frac{\tan x}{2}\right)+C$。

6. （1）$\frac{3}{2}\sqrt[3]{x^2}-3\sqrt[3]{x}+3\ln\left|1+\sqrt[3]{x}\right|+C$；（2）$x-2\sqrt{1+x}+2\ln(1+\sqrt{1+x})+C$；

（3）$\frac{1}{3}\ln\frac{3-\sqrt{9-x^2}}{|x|}+C$；（4）$-\frac{\sqrt{x^2+4}}{4x}+C$；

（5）$\sqrt{x^2-2}-\sqrt{2}\arccos\frac{\sqrt{2}}{x}+C$。

7. （1）$\frac{x\sin 2x}{2}+\frac{\cos 2x}{4}+C$；（2）$-x^2\cos x+2x\sin x+2\cos x+C$；

（3）$(x-1)\ln(1+\sqrt{x})-\frac{1}{2}x+\sqrt{x}+C$；（4）$x\arctan x-\frac{1}{2}\ln(1+x^2)+C$；

（5）$\frac{1}{4}(2x^2-1)\arcsin x+\frac{x}{4}\sqrt{1-x^2}+C$；（6）$\frac{1}{4}e^{2x}(2x^2-2x+1)+C$；

（7）$\frac{1}{13}e^{2x}(2\cos 3x+3\sin 3x)+C$；（8）$2\sqrt{x}(\ln x-2)+C$

（9）$\frac{2}{9}(3\sqrt{x}-1)e^{3\sqrt{x}}+C$；（10）$-\sqrt{1-x^2}\arcsin x+x+C$；

（11）$\frac{1}{4}(2x+2\sqrt{x}\sin 2\sqrt{x}+\cos 2\sqrt{x})+C$。

8. （1）$\ln\left|\frac{x+2}{x+3}\right|+C$；（2）$\frac{1}{2}\ln\left|\frac{x-1}{x+1}\right|-\frac{1}{x+1}+C$；

（3）$-\frac{1}{97(x+1)^{97}}+\frac{1}{49(x+1)^{98}}-\frac{1}{99(x+1)^{99}}+C$；

（4）$\frac{1}{2}\ln\left|\frac{x^2+x+1}{x^2+1}\right|+\frac{1}{\sqrt{3}}\arctan\frac{2x+1}{\sqrt{3}}+C$。

9. （1）$(-6\cos t+12,3\sin t)$；（2）$(x-12)^2+4y^2=36$。

10. $y=x^3-3x+2$。

习 题 7

1．（1）$\int_0^1 x\mathrm{d}x \geqslant \int_0^1 x^2\mathrm{d}x$；（2）$\int_1^2 2^{-x}\mathrm{d}x \geqslant \int_1^2 3^{-x}\mathrm{d}x$。

2．（1）$1\leqslant \int_0^1 \sqrt{1+x^4}\mathrm{d}x \leqslant \sqrt{2}$；（2）$\frac{\pi}{2} \leqslant \int_0^{\frac{\pi}{2}} \mathrm{e}^{\sin x}\mathrm{d}x \leqslant \frac{\pi}{2}\mathrm{e}$。

3．1, e^{-1}, e^{-2}。

4．（1）1；（2）$-\frac{1}{2\mathrm{e}}$。

5．（1）$\frac{5}{6}+\frac{4\sqrt{2}}{3}$；（2）$\frac{5}{2}$；（3）$1-\frac{1}{\sqrt{3}}+\frac{\pi}{12}$；（4）$\frac{3}{2\ln 2}-\frac{10}{\ln 6}+\frac{4}{\ln 3}$；

（5）-1；（6）$2\mathrm{e}(\mathrm{e}-1)$；（7）1；（8）$\frac{4}{5}$；（9）$2\sqrt{2}$。

6．$\frac{4}{3}\sqrt{2}-\frac{4}{3}$。

7．$\frac{47}{6}$。

8．（1）$2\ln 3$；（2）$\frac{\pi}{16}$；（3）$\mathrm{e}-\sqrt{\mathrm{e}}$；（4）$\frac{4}{3}$；（5）$\arctan\mathrm{e}-\frac{\pi}{4}$；

（6）$1+\ln 2-\ln(1+\mathrm{e})$；（7）$\ln(1+\sqrt{2})-\frac{1}{2}\ln 3$；（8）$\frac{\pi^3}{324}$。

9．略。

10．（1）$\frac{\pi}{2}-1$；（2）$\frac{1}{2}$；（3）$\frac{\pi}{\sqrt{3}}-\ln 2$；（4）$\frac{4\sqrt{3}-3}{12}\pi-\frac{1}{2}\ln 2$；

（5）$2-\frac{2}{\mathrm{e}}$；（6）$\frac{1}{2}\mathrm{e}^{\frac{\pi}{2}}-\frac{1}{2}$。

11．（1）$\frac{1}{2}$；（2）发散；（3）1。

12．$k>1$。

习 题 8

1．（1）$7-3\ln 2$；（2）4；（3）9；（4）3。

2．$4\ln 2$。

3．$\frac{64}{3}$。

4．$\xi=\frac{x\mathrm{e}^{\frac{x}{2}}-2\mathrm{e}^{\frac{x}{2}}+2}{\mathrm{e}^{\frac{x}{2}}-1}$。

5．$3\pi a^2$。

6．$\frac{27\pi}{2}$。

7. $\dfrac{\pi a^2}{4}$。

8. $\dfrac{8\pi}{3}-2\sqrt{3}$。

9. （1）$\dfrac{4}{3}\pi ab^2$；（2）$\dfrac{8\pi}{5}$；（3）$5\pi^2 a^3$。

10. $\dfrac{\pi}{2}$，2π。

11. $\dfrac{13\sqrt{13}-8}{27}$。

12. $\sqrt{2}(\mathrm{e}^{\pi}-1)$。

13. $\dfrac{16k}{7}$（k 为比例常数）。

14. $0.0018k$ J（k 为比例常数）。

15. 9.975×10^6 J。

16. 3.925×10^5 J。

17. 3.136×10^7 N。

18. 1.646×10^6 N。

19. （1）19；20。（2）3.2；5.4（万元）。

20. $5000=\int_0^{10} R\,\mathrm{e}^{-0.03t}\,\mathrm{d}t$，得 $R=579$ 元。

习 题 9

1. （1）二阶；（2）三阶；（3）八阶；（4）二阶。

2. （1）是；（2）不是；（3）是；（4）是。

3. $x+yy'=0$。

4. $y'''=0$。

5. $yy'+2x=0$。

6. （1）$y=\mathrm{e}^{Cx}$；（2）$y=\dfrac{x^3}{5}+\dfrac{x^2}{2}+C$；（3）$x+1=C\mathrm{e}^{x+\sin y}$；

（4）$\cos y=Cx$；（5）$y^2-2xy-x^2=C$；（6）$\mathrm{e}^y-1=C\mathrm{e}^{x+y}$。

7. （1）$y^2=2\ln(1+\mathrm{e}^x)+1-2\ln(1+\mathrm{e})$；（2）$2x\ln^3 y-3x+6=0$；

（3）$xy+y-1=0$；（4）$y=3\mathrm{e}^x$。

8. $y^n=x$。

9. （1）$\mathrm{e}^{-\frac{y}{x}}+\ln x+C=0$；（2）$y^2-2xy=C$；（3）$\tan\dfrac{y}{2x}=Cx$；

（4）$y=-\cos x+\dfrac{1}{x}\sin x+\dfrac{C}{x}$；（5）$y=\dfrac{1}{5}\mathrm{e}^{3x}+C\mathrm{e}^{-2x}$。

10. （1）$y=\left(\dfrac{1}{2}x^2+1\right)\mathrm{e}^x$；（2）$y=\dfrac{\pi-1-\cos x}{x}$；（3）$y=\ln x+1$；

（4）$y=x^2-x^2e^{\frac{1}{x}-1}$ 。

11．（1） 线性无关；（2） 线性相关；（3） 线性无关；（4） 线性无关；
（5） 线性相关；（6） 线性无关 。

12．（1） $y=C_1e^x+C_2e^{-2x}$； （2）$y=C_1+C_2e^{4x}$； （3）$y=(C_1+C_2x)e^x$；
（4）$y=C_1e^{3x}+C_2e^{-3x}$； （5） $y=C_1e^{-(1+\sqrt{2})x}+C_2e^{-(1-\sqrt{2})x}$；
（6）$y=C_1e^{2x}+C_2e^{-\frac{4}{3}x}$； （7）$y=e^{-2x}(C_1\cos 3x+C_2\sin 3x)$；
（8） $y=C_1\cos ax+C_2\sin ax$ 。

13．（1） $y=C_1e^{\frac{x}{2}}+C_2e^{-x}+e^x$；（2） $y=C_1e^{-x}+C_2e^{-4x}+\frac{3}{4}x^2-\frac{15}{8}x+\frac{71}{32}$；
（3）$y=(C_1+C_2x)e^{-2x}+1$； （4） $y=C_1+C_2e^{-2x}-\frac{1}{4}x^2+\frac{7}{4}x$;
（5） $y=e^{-\frac{1}{2}x}\left(C_1\cos\frac{\sqrt{3}}{2}x+C_2\sin\frac{\sqrt{3}}{2}x\right)+x^2-2x$；
（6） $y=e^x(C_1\cos 2x+C_2\sin 2x)+\frac{1}{17}\cos 2x-\frac{4}{17}\sin 2x$ ；
（7） $y=C_1e^{-x}+C_2e^{-2x}-\frac{9}{10}\cos x+\frac{3}{10}\sin x$；
（8） $y=e^{-2x}(C_1\cos 3x+C_2\sin 3x)+\frac{1}{5}e^{-2x}\sin 2x$ 。

14．（1）$y=4e^x+2e^{3x}$；（2）$y=e^{-x}-e^{4x}$ （3）$y=-\cos x-\frac{1}{3}\sin x+\frac{1}{3}\sin 2x$ 。

15．$xy=6$ 。

16．$xy=2$ 。

17．$m\frac{dv}{dt}=mg-12v$，$v(0)=10$，$v=122.5-112.5e^{-\frac{2t}{25}}$ 。

18．$m\frac{dv}{dt}=-mg-c^2v^2$，$v(0)=v_0$，$v=\frac{\sqrt{mg}}{c}\tan\left(\arctan\frac{cv_0}{\sqrt{mg}}-c\sqrt{\frac{g}{m}}t\right)$ 。

19．$6\frac{d^2s}{dt^2}=gs$，$s(0)=1$，$s'(0)=0$，$t=\ln(6+\sqrt{35})\sqrt{\frac{6}{g}}$ 。

习 题 10

1．略。

2．略。

3．到原点距离为$\sqrt{89}$；到x轴，y轴，z轴的距离分别为$\sqrt{73}$，$4\sqrt{5}$，5；到xOy坐标面，yOz坐标面，zOx坐标面的距离分别为8，4，3。

4．（1）$\{1,-2,2\}$；（2）3 ；（3）$\cos\alpha=\frac{1}{3}$，$\cos\beta=-\frac{2}{3}$，$\cos\gamma=\frac{2}{3}$；

(4) $\left\{\frac{1}{3},-\frac{2}{3},\frac{2}{3}\right\}$。

5. (1) $\left\{\frac{2}{3},\frac{2}{3},-\frac{1}{3}\right\}$，$\left\{\frac{2}{7},-\frac{6}{7},\frac{3}{7}\right\}$； (2) -22； (3) $\arccos\left(-\frac{11}{21}\right)$； (4) 85。

6. $\{4,-8,8\}$。

7. (1) $\{5,10,0\}$； (2) $\{5,10,0\}$； (3) $\frac{\pm 1}{\sqrt{5}}\{1,2,0\}$。

8. $x+4y+z-4=0$。

9. $3x-y+z-3=0$。

10. (1) 过原点； (2) 平行 y 轴； (3) 过 y 轴； (4) xOy 坐标面。

11. (1) $2x+y+3z-7=0$； (2) $3y-2z-8=0$； (3) $x=1$；
(4) $x+3z=0$。

12. (1) 垂直； (2) 平行； (3) 斜交。

13. (1) $\frac{x-1}{0}=\frac{y}{2}=\frac{z+1}{1}$； (2) $\frac{x-2}{2}=\frac{y+3}{1}=\frac{z}{1}$。

14. (1) $\frac{x}{-2}=\frac{y-2}{3}=\frac{z-5}{2}$； (2) $\frac{x-1}{-1}=\frac{y-2}{2}=\frac{z}{5}$；
(3) $\frac{x-1}{1}=\frac{y+2}{-2}=\frac{z-5}{3}$； (4) $\frac{x+3}{1}=\frac{y-5}{1}=\frac{z}{-2}$。

15. $\frac{x-2}{6}=\frac{y+1}{-5}=\frac{z-3}{3}$。

16. $\frac{x}{1}=\frac{y-2}{0}=\frac{z}{-1}$。

17. $2x+7y+8z+21=0$。

18. (1) 平行； (2) 垂直； (3) 直线在平面内。

19. $\left(\frac{4}{3},-\frac{1}{3},-\frac{1}{3}\right)$，$\theta=\arcsin\frac{3}{\sqrt{14}}$。

20. (1) $\begin{cases}(x-1)^2+(y-3)^2+(z-2)^2=4\\(x-2)^2+(y-1)^2+(z-5)^2=9\end{cases}$；
(2) $(x-5)^2+(y+4)^2+(z-1)^2=x^2$； (3) $15x^2+16y^2-z^2=0$。

21. (1) $(x-2)^2+(y-1)^2+(z+4)^2=16$； (2) $x^2+z^2=6y$；
(3) $y^2=5x$； (4) $x^2+y^2=3z^2$。

22. (1) 旋转抛物面； (2) 椭圆抛物面； (3) 旋转抛物面；
(4) 椭圆锥面； (5) 两个相交平面； (6) 椭球面。

23. (1) $\begin{cases}x^2+y^2-x-1=0\\z=0\end{cases}$； (2) $\begin{cases}2x^2+3y^2=16\\z=0\end{cases}$；
(3) $\begin{cases}x^2+y^2+2y-12=0\\z=0\end{cases}$； (4) $\begin{cases}x^2+y^2-2x=0\\z=0\end{cases}$。

习　题　11

1．（1）$y^2 \leqslant x$；（2）$x^2+y^2<4$ 且 $x^2+y^2 \neq 3$；（3）$y \geqslant x$ 且 $y>x^2$；
（4）$1<x^2+y^2 \leqslant 4$。

2．$-\dfrac{3}{2}$，$\dfrac{y^4-1}{y^2}$。

3．$\dfrac{\sqrt{2xy-2y^2}}{2}$。

4．（1）$\dfrac{\partial z}{\partial x}=y-\dfrac{x}{\sqrt{x^2+y^2}}$，$\dfrac{\partial z}{\partial y}=x-\dfrac{y}{\sqrt{x^2+y^2}}$；

（2）$\dfrac{\partial z}{\partial x}=\dfrac{-y}{|x|\sqrt{x^2-y^2}}$，$\dfrac{\partial z}{\partial y}=\dfrac{|x|}{x\sqrt{x^2-y^2}}$；

（3）$\dfrac{\partial z}{\partial x}=\dfrac{1}{2(x-\sqrt{xy})}$，$\dfrac{\partial z}{\partial y}=\dfrac{-1}{2(y-\sqrt{xy})}$；

（4）$\dfrac{\partial z}{\partial x}=\dfrac{\mathrm{e}^{xy}((y-1)\mathrm{e}^x+y\mathrm{e}^y)}{(\mathrm{e}^x+\mathrm{e}^y)^2}$，$\dfrac{\partial z}{\partial y}=\dfrac{\mathrm{e}^{xy}(x\mathrm{e}^x+(x-1)\mathrm{e}^y)}{(\mathrm{e}^x+\mathrm{e}^y)^2}$；

（5）$\dfrac{\partial z}{\partial x}=(xy-2)^x\left(\ln(xy-2)+\dfrac{xy}{xy-2}\right)$，$\dfrac{\partial z}{\partial y}=x^2(xy-2)^{x-1}$；

（6）$\dfrac{\partial u}{\partial x}=\dfrac{z(x-y)^{z-1}}{1+(x-y)^{2z}}$，$\dfrac{\partial u}{\partial y}=\dfrac{-z(x-y)^{z-1}}{1+(x-y)^{2z}}$，$\dfrac{\partial u}{\partial z}=\dfrac{(x-y)^z\ln(x-y)}{1+(x-y)^{2z}}$。

5．（1）$z'_x(0,1)=1$，$z'_y(0,1)=1$；（2）$z'_x\left(0,\dfrac{\pi}{4}\right)=-1$，$z'_y\left(0,\dfrac{\pi}{4}\right)=-2$。

6．（1）$z''_{xx}=12x^2-4y^2$，$z''_{xy}=z''_{yx}=-8xy$，$z''_{yy}=12y^2-4x^2$；

（2）$z''_{xx}=8\cos(4x+6y)$，$z''_{xy}=z''_{yx}=12\cos(4x+6y)$，$z''_{yy}=18\cos(4x+6y)$；

（3）$z''_{xx}=\dfrac{1}{x}$，$z''_{xy}=z''_{yx}=\dfrac{1}{y}$，$z''_{yy}=-\dfrac{x}{y^2}$；

（4）$z''_{xx}=\dfrac{-2xy}{(x^2+y^2)^2}$，$z''_{xy}=z''_{yx}=\dfrac{x^2-y^2}{(x^2+y^2)^2}$，$z''_{yy}=\dfrac{2xy}{(x^2+y^2)^2}$。

7 题～10 题略。

11．（1）$\mathrm{d}z=\dfrac{y(y^2+1)\mathrm{d}x+x(y^2-1)\mathrm{d}y}{y^2}$；（2）$\mathrm{d}z=\dfrac{(y^2-xy)\mathrm{d}x+(x^2-xy)\mathrm{d}y}{(x^2+y^2)\sqrt{x^2+y^2}}$；

（3）$\mathrm{d}z=\dfrac{-y}{x^2+y^2}\mathrm{d}x+\dfrac{x}{x^2+y^2}\mathrm{d}y$；

（4）$\mathrm{d}u=zy^{xz}\ln y\mathrm{d}x+xzy^{xz-1}\mathrm{d}y+xy^{xz}\ln y\mathrm{d}z$。

12．（1）107.10；（2）0.5023。

13．55.3。

14. 34.54

15. （1）$e^x\dfrac{2\ln x}{x}+e^x\ln^2 x+\dfrac{e^{2x}}{x}+2e^{2x}\ln x$ ；　（2）$\dfrac{1+\ln x}{1+x^2\ln^2 x}$；

（3）$\dfrac{\partial z}{\partial x}=3x^2\sin y\cos y(\cos y-\sin y)$，

$\dfrac{\partial z}{\partial y}=-2x^3\sin y\cos y(\cos y+\sin y)+x^3(\sin^3 y+\cos^3 y)$

（4）$\dfrac{\partial z}{\partial x}=e^{xy\cos\ln(x^2-y)}\left(y\cos\ln(x^2-y)-\dfrac{2x^2y\sin\ln(x^2-y)}{x^2-y}\right)$，

$\dfrac{\partial z}{\partial y}==e^{xy\cos\ln(x^2-y)}\left(x\cos\ln(x^2-y)+\dfrac{xy\sin\ln(x^2-y)}{x^2-y}\right)$。

16. （1） $z'_x=yf'_1+2xf'_2$，$z'_y=xf'_1-2f'_2$；

（2） $z'_x=-\dfrac{y}{x^2}f'_1+\dfrac{1}{y}f'_2$，$z'_y=\dfrac{1}{x}f'_1-\dfrac{x}{y^2}f'_2$；

（3）$u'_x=2xf'_1+yf'_2+yzf'_3$，$u'_y=xf'_2+xzf'_3$，$u'_z=xyf'_3$ ；

（4） $z'_x=\dfrac{1}{2}\sqrt{\dfrac{y}{x}}f+\sqrt{xy}(f'_1+yf'_2)$，$z'_y=\dfrac{1}{2}\sqrt{\dfrac{x}{y}}f+x\sqrt{xy}f'_2$；

（5） $u'_x=(2x+yz)f'$，$u'_y=(xz-2y)f'$，$u'_z=xyf'$ ；

（6） $z'_x=ye^{xy}-\dfrac{y^3}{x^2}f'$，$z'_y=xe^{xy}+2yf+\dfrac{y^2}{x}f'$。

17. （1）$\dfrac{2xy^2-3x^2}{3y^2-2x^2y}$；　（2）$\dfrac{x+y}{x-y}$。

18. （1） $\dfrac{\partial z}{\partial x}=-\dfrac{2xyz-3y^2z+4yz^2+2}{2x^2y-3xy^2+4xyz+4}$，$\dfrac{\partial z}{\partial y}=-\dfrac{2x^2z-3xyz+4xz^2-3}{2x^2y-3xy^2+4xyz+4}$；

（2） $\dfrac{\partial z}{\partial x}=\dfrac{3-y\cos(xy-z)}{2y^2z-\cos(xy-z)}$，$\dfrac{\partial z}{\partial y}=\dfrac{-2yz^2-x\cos(xy-z)}{2y^2z-\cos(xy-z)}$。

19. 切线方程$\dfrac{x-2}{4}=\dfrac{y}{-1}=\dfrac{z-1}{3}$，法平面方程$4x-y+3z-11=0$。

20. $x+4y+6z\pm 21=0$。

21. $(-3,-1,3)$, 切平面为$x+3y+z+3=0$。

22. 极大值$z(0,0)=0$，极小值$z(2,2)=-8$；

23. 边长均为$\sqrt{\dfrac{a}{6}}$。

24. 长与宽为$\dfrac{2a}{\sqrt{3}}$，高为$\dfrac{a}{\sqrt{3}}$。

25. $\left(\dfrac{21}{13},2,\dfrac{63}{26}\right)$。

26. 长度为 100m，高为 75m。

27. 28 188 元。

习　题　12

1. （1） $\int_0^{\frac{3}{2}}\mathrm{d}x\int_0^x f(x,y)\mathrm{d}y+\int_{\frac{3}{2}}^3\mathrm{d}x\int_0^{3-x}f(x,y)\mathrm{d}y$ 或 $\int_0^{\frac{3}{2}}\mathrm{d}y\int_y^{3-y}f(x,y)\mathrm{d}x$；

（2） $\int_{-2}^1\mathrm{d}x\int_x^{2-x^2}f(x,y)\mathrm{d}y$ 或 $\int_{-2}^1\mathrm{d}y\int_{-\sqrt{2-y}}^{y}f(x,y)\mathrm{d}x+\int_1^2\mathrm{d}y\int_{-\sqrt{2-y}}^{\sqrt{2-y}}f(x,y)\mathrm{d}x$；

（3） $\int_1^4\mathrm{d}x\int_{\frac{1}{x}}^x f(x,y)\mathrm{d}y$ 或 $\int_{\frac{1}{4}}^1\mathrm{d}y\int_{\frac{1}{y}}^4 f(x,y)\mathrm{d}x+\int_1^4\mathrm{d}y\int_y^4 f(x,y)\mathrm{d}x$。

2. （1） $\int_0^a\mathrm{d}x\int_{-\sqrt{a^2-x^2}}^{\sqrt{a^2-x^2}}f(x,y)\mathrm{d}y$；　　（2） $\int_{-2}^0\mathrm{d}y\int_{2y+4}^{4-y^2}f(x,y)\mathrm{d}x$；

（3） $\int_0^{\frac{1}{2}}\mathrm{d}x\int_0^x f(x,y)\mathrm{d}y+\int_{\frac{1}{2}}^1\mathrm{d}x\int_0^{1-x}f(x,y)\mathrm{d}y$；　（4） $\int_0^2\mathrm{d}y\int_{\frac{y}{2}}^{3-y}f(x,y)\mathrm{d}x$。

3. （1）0；（2）$\frac{225}{4}$；（3）18；　（4）$-\frac{27}{8}$；　（5）$\pi^2-\frac{40}{9}$；　（6）-2。

4. （1）$\frac{a^3}{3}$；（2）$\frac{\pi}{2}(5\ln 5-4)$；（3）$\frac{\pi}{3}-\frac{4}{9}$。

5. （1）$\mathrm{e}-\frac{1}{\mathrm{e}}$；　（2）$\pi(\mathrm{e}^9-1)$。

6. $\frac{4}{3}$。

7. $\frac{17}{6}$。

8. $\frac{32\pi}{3}(\sqrt{2}-1)$。

9. $\frac{\pi^5}{40}$。

10. $\left(\frac{2R}{3\alpha}\sin\alpha,0\right)$其中扇形的顶点为原点，中心角的平分线为$x$轴。

11. $\left(\frac{35}{48},\frac{35}{54}\right)$。

12. $-2\pi a^2$。

13. （1）$\frac{8}{15}$；　（2）$\frac{1}{12}$；（3）$\frac{1}{3}$；（4）$\frac{5}{6}$。

14. （1）$-\frac{5}{3}$；　（2）0；（3）$\frac{1}{5}(1-\mathrm{e}^{\pi})$。

15. （1）-13；（2）5。

16. $\frac{\pi^2}{4}$。

习 题 13

1．（1）收敛，和为$\frac{1}{3}$；（2）发散；（3） 收敛，和为$\frac{1}{2}$；（4）发散。

2．（1）收敛；　（2）发散；　（3）发散；　（4）发散。

3．（1）收敛；　（2）发散；　（3）发散；　（4）收敛。

4．（1）收敛；　（2）发散；　（3）收敛；　（4）发散。

5．（1）收敛，条件收敛；（2）收敛，绝对收敛；（3）发散。

6．（1）收敛半径$R=2$，收敛区间（−2,2）；

（2）收敛半径$R=\mathrm{e}$，收敛区间 （−e,e）；

（3）收敛半径$R=\sqrt{2}$，收敛区间$(-\sqrt{2},\sqrt{2})$；

（4）收敛半径$R=\frac{1}{2}$，收敛区间$\left(-\frac{1}{2},0\right)$；

（5）收敛半径$R=3$，收敛区间（−2,4）。

7．（1） $S(x)=-1-\frac{1}{x}\ln(1-x)$，$|x|<1$ ；（2） $S(x)=\frac{2x-x^2}{(1-x)^2}$，$|x|<1$ ；

（3） $S(x)=\frac{2x}{(1-x^2)^2}$ ，$|x|<1$。

8．（1） $\sum\limits_{n=0}^{\infty}\frac{(-1)^n}{2^{n+1}}x^n$，$x\in(-2,2)$；（2）$\ln 3-\sum\limits_{n=1}^{\infty}\frac{x^n}{n\cdot 3^n}$，$x\in(-3,3)$ ；

（3） $\frac{1}{2}-\sum\limits_{n=0}^{\infty}\frac{(-1)^n x^{2n}}{(2n)!2^{2n+1}}$ ，$x\in(-\infty,+\infty)$；

（4） $-\frac{1}{4}\sum\limits_{n=0}^{\infty}\left((-1)^n+\frac{1}{3^{n+1}}\right)x^n$，　$x\in(-1,1)$。

9．3.0049。

10．0.4613。

11．$a_n=\frac{1}{3}\cdot 2^{n+1}+\frac{1}{3}\cdot(-1)^n$ 。

12．$f(x)=\frac{\pi}{2}+\sum\limits_{n=1}^{\infty}\frac{(-1)^n}{n}\sin nx$，$x\in(-\pi,\pi)$。

13．$f(x)=\frac{2}{\pi}+\frac{4}{\pi}\sum\limits_{n=1}^{\infty}\frac{(-1)^{n+1}}{4n^2-1}\cos nx$，$x\in[-\pi,\pi]$。

14．$f(x)=\frac{3\pi}{4}-\sum\limits_{n=1}^{\infty}\left(\frac{2}{\pi(2n-1)^2}\cos(2n-1)x+\frac{1}{n}\sin nx\right)$，$x\in(-\pi,0)\cup(0,\pi)$。

15．$f(x)=\frac{\mathrm{e}^{\pi}-\mathrm{e}^{-\pi}}{2\pi}+\frac{\mathrm{e}^{\pi}-\mathrm{e}^{-\pi}}{\pi}\sum\frac{(-1)^n}{1+n^2}(\cos nx-n\sin nx)$，$x\in(-\pi,\pi)$，当$x=\pm\pi$时级数收敛于$\frac{\mathrm{e}^{\pi}+\mathrm{e}^{-\pi}}{2}$ 。

16．正弦级数 $f(x)=\sum_{n=1}^{\infty}\left[\frac{2}{\pi n^2}\sin\frac{n\pi}{2}-\frac{(-1)^n}{n}\right]\sin nx$，$x\in[0,\pi)$；

余弦级数 $f(x)=\frac{3\pi}{8}+\sum_{n=1}^{\infty}\frac{2}{\pi n^2}\left(\cos\frac{n\pi}{2}-1\right)\cos nx$，$x\in[0,\pi]$。

习 题 14

1．$\boldsymbol{A}+\boldsymbol{B}=\begin{bmatrix}12 & 10 & 8 & 6\\ 4 & 0 & 5 & 4\\ 2 & 0 & 3 & 5\end{bmatrix}$；$2\boldsymbol{A}+3\boldsymbol{B}=\begin{bmatrix}32 & 27 & 22 & 17\\ 12 & 1 & 10 & 10\\ 4 & -3 & 8 & 15\end{bmatrix}$。

2．（1）$\begin{bmatrix}-8 & 12\\ -6 & 9\\ -12 & 18\end{bmatrix}$；（2）36；（3）$\begin{bmatrix}2 & 7\\ 4 & 9\\ 3 & 8\end{bmatrix}$；（4）$\begin{bmatrix}0 & 0\\ 0 & 0\end{bmatrix}$。

3．$\begin{bmatrix}-11 & 0 & -5\\ 6 & 7 & -11\end{bmatrix}$。

4．$\begin{bmatrix}-3/2 & -2/3\\ -3/2 & 4/3\end{bmatrix}$。

5．（1）$\begin{bmatrix}6 & 0\\ 0 & 6\end{bmatrix}$；（2）$2x_1^2+3x_2^2+x_3^2+x_1x_2+3x_1x_3-3x_2x_3$；

（3）$\begin{bmatrix}20 & -4 & -4 & -16\\ -4 & 20 & 4 & 16\\ -4 & 4 & 20 & 16\\ -16 & 16 & 16 & 28\end{bmatrix}$；（4）$\begin{bmatrix}\lambda^n & 2n\lambda^{n-1} & 2n(n-1)\lambda^{n-2}\\ 0 & \lambda^n & 2n\lambda^{n-1}\\ 0 & 0 & \lambda^n\end{bmatrix}$。

6．（1）秩是 2；（2）秩是 3；（3）秩是 4；（4）秩是 2。

7．det（$\boldsymbol{AB}^{\mathrm{T}}$）=-600；det$\boldsymbol{A}$+det$\boldsymbol{B}$=25；det（-3$\boldsymbol{A}$）=405。

8．（1）-15；（2）-10740；（3）-3。

9．略。

10．1/35。

11．（1）$x_1=3,x_2=-2,x_3=2$；（2）$x_1=-8,x_2=3,x_3=6,x_4=0$。

12．（1）$\begin{bmatrix}9 & 5 & -1\\ -3 & -2 & 0\\ 2 & 0 & -1\end{bmatrix}$；（2）$\begin{bmatrix}-1/6 & 1/2 & -7/6 & 10/3\\ -7/6 & -1/2 & 5/6 & -5/3\\ 3/2 & 1/2 & -1/2 & 1\\ 1/2 & 1/2 & -1/2 & 1\end{bmatrix}$；

（3）$\begin{bmatrix}1/4 & 1/4 & 1/4 & 1/4\\ 1/4 & 1/4 & -1/4 & -1/4\\ 1/4 & -1/4 & 1/4 & -1/4\\ 1/4 & -1/4 & -1/4 & 1/4\end{bmatrix}$。

13．提示：设 $\boldsymbol{AX}=\boldsymbol{B}$，$[\boldsymbol{A}\vdots\boldsymbol{B}]\xrightarrow{\text{初等行变换}}[\boldsymbol{E}\vdots\boldsymbol{X}]$，$\boldsymbol{X}=\begin{bmatrix}-1 & -4 & 0\\ -7 & -23 & -1\\ 4 & 9 & 1\end{bmatrix}$。

14．（1）$\begin{bmatrix}x_1\\x_2\\x_3\end{bmatrix}=\begin{bmatrix}-1\\1\\2\end{bmatrix}$；（2）无解；

（3）$\begin{bmatrix}x_1\\x_2\\x_3\\x_4\end{bmatrix}=\begin{bmatrix}-3\\-4\\0\\0\end{bmatrix}+k_1\begin{bmatrix}1\\1\\1\\0\end{bmatrix}+k_2\begin{bmatrix}-1\\1\\0\\1\end{bmatrix}$，其中 k_1，k_2 为任意常数；

（4）$\begin{bmatrix}x_1\\x_2\\x_3\\x_4\end{bmatrix}=k_1\begin{bmatrix}1\\0\\0\\1\end{bmatrix}+k_2\begin{bmatrix}-2\\1\\0\\0\end{bmatrix}$，其中 k_1，k_2 为任意常数。

15．当 $b=0$ 时或当 $a=1$ 且 $b\neq 1/2$ 时，方程组无解；当 $a=1$ 且 $b=1/2$ 时，方程组有无穷多个解，其通解为 $\begin{bmatrix}x_1\\x_2\\x_3\end{bmatrix}=\begin{bmatrix}2\\2\\0\end{bmatrix}+k\begin{bmatrix}-1\\0\\1\end{bmatrix}$（其中 k 为任意常数）；当 $a\neq 1$ 且 $b\neq 0$ 时，方程组有唯一解，其解为

$$x_1=\frac{2b-1}{b(a-1)},\quad x_2=\frac{1}{b},\quad x_3=\frac{2ab-4b+1}{b(a-1)}$$

16．设 x_n, y_n 分别表示该市在第 n 月使用该企业品牌产品的人数和不使用该企业品牌产品的人数。则 $x_0=60000, y_0=140000$，现要求 x_3, y_3。下 1 个月使用该企业品牌产品的人数和不使用该企业品牌产品的人数为

$$\begin{bmatrix}x_n\\y_n\end{bmatrix}=\begin{bmatrix}0.8 & 0.5\\0.2 & 0.5\end{bmatrix}\begin{bmatrix}x_{n-1}\\y_{n-1}\end{bmatrix}=\boldsymbol{A}\begin{bmatrix}x_{n-1}\\y_{n-1}\end{bmatrix}=\boldsymbol{A}^n\begin{bmatrix}x_0\\y_0\end{bmatrix}$$

取 $n=3$，$\begin{bmatrix}x_3\\y_3\end{bmatrix}=\boldsymbol{A}^3\begin{bmatrix}x_0\\y_0\end{bmatrix}=\begin{bmatrix}0.8 & 0.5\\0.2 & 0.5\end{bmatrix}^3\begin{bmatrix}60000\\140000\end{bmatrix}=\begin{bmatrix}0.722 & 0.695\\0.278 & 0.305\end{bmatrix}\begin{bmatrix}60000\\140000\end{bmatrix}=\begin{bmatrix}140620\\59380\end{bmatrix}$，

3 个月后该企业的产品市场占有率为 $\dfrac{140620}{140620+59380}=70.31\%$。

17．$\begin{bmatrix}4 & 15 & 8 & 23\\15 & 21 & 15 & 15\\0 & 18 & 13 & 18\\25 & 0 & 5 & 11\end{bmatrix}$

参考文献

1 侯风波．高等数学．北京：高等教育出版社，2000
2 同济大学数学教研室．高等数学．北京：高等教育出版社，2000
3 盛祥耀．高等数学．北京：高等教育出版社，2000
4 王信峰．应用数学与计算．北京：电子工业出版社，2000
5 吴筑筑，谭信民，邓秀勤．计算方法．北京：电子工业出版社，2000
6 钱椿林．线性代数．北京：电子工业出版社，2001
7 刘树利，王家玉．计算机数学基础．北京：高等教育出版社，2004
8 丁大正．科学计算强档 Mathematica 4 教程．北京：电子工业出版社，2002